JN436768

ELECTRIC RAILWAY ENGINEERING

# 전기철도공학

김양수 · 유해출 · 이유경 · 이성근 공저

# 머리말

산업의 발전으로 도시인구가 증가되고 교통 수송 수요가 증가함에 따라 교통문제가 중요하게 부각되면서 전기철도에 관심이 집중되게 되었다.

21세기 들어 교통혁명을 선도하면서 타 교통수단과 경쟁하여 우위를 차지할 수 있었던 것은 전기철도가 가지고 있는 고속성, 친환경성, 에너지 절약 및 대량 수송 등의 신교통 시스템인 고속철도, 도시철도, 경량 전철이 건설되어 교통 수요에 크게 기여하고 있으므로 국민에게 각광을 받고 있다.

현재 우리나라 전기철도 전철화율이 80[%]에 이르고 있으며, 최근 각 대학에서 전기철도의 중요성을 인식하고 전기철도 학과를 신설하여 전기철도에 입학한 학생들에게 입문서로 또는 수험서뿐만 아니라 실무 책자로도 기여하고 있다. 전기철도공학 책자를 교재로 사용하고 전문 기술인력을 양성하고 있는 것은 전기철도의 발전을 위해서 큰 의미가 있다고 본다.

이번 개정판에 전기철도 일반과 변전설비 및 고속 전차선로 등에 기술적인 자료를 추가하고 수정·보완하여 출간하게 되었다

부족한 부분은 많은 조언을 받아 보완해 나가도록 하겠으며, 전기철도 발전에 발 맞추어 최선을 다할 것을 약속하며 많은 이해와 지도 편달을 부탁드린다.

끝으로 본서의 개정을 완성할 수 있도록 도움을 주신 분들과 이 책이 출간되도록 수고하신 동일출판사 임직원에게 감사의 뜻을 전하고 싶다.

저자 씀

# 차 례

# MEMO

Chapter 1

# 전기철도일반

# 1.1 전기철도 개론

## 1.1.1 전기철도의 정의

전기철도(Electric Railway)를 알기 위해서는 우선 그 근본이 되는 철도(鐵道)에 대해서 먼저 알아야 할 필요가 있다.

철도란(한국과 일본 鐵道, 영국 Railway, 미국 Railroad, 독일 Eisenbahn, 중국 鐵路, 프랑스 Chemins de Fer) 레일 또는 일정한 가이드웨이(Guide Ways)에 유도되어 여객, 화물운송용의 차량을 운전하는 설비를 말한다. 다시 말해서 철도는 일정한 교통공간을 점유한 특정한 주행로(runway) 위를 전용의 차량이 유도되어 주행하는 육상교통수단의 일종이다. 따라서 좁은 의미로는 레일을 부설한 노선위에 동력을 이용한 차량을 이용하여 사람과 물건을 운반하는 교통시설을 말하며, 넓은 의미로는 강삭철도(鋼索鐵道, Cable railway), 가공삭도(架空索道, aerial ropeway), 모노레일(monorail), 신교통시스템, 자기부상철도 등도 포함된다.

철도는 기술, 경제 또는 사회상의 관점에서 50여 개의 종류로 분류되어지고 있으며, 이 중에서 철도를 기술상의 동력방식에 의하여 분류하면 증기철도(Steam Railway), 전기철도(Electric Railway), 내연기철도(Internal Combustion Railway)로 분류된다. 이와 같이 전기철도는 철도의 한 종류이며 이것은 전기를 주동력으로 하여 열차를 운행하는 철도를 말하는 것이다. 즉, 전기철도는『전기를 주동력으로 하는 전기차를 운행하여 여객 및 화물을 수송하는 철도를 말한다.』라고 정의할 수 있다.

철도는 기존에 가지고 있던 대량 수송성, 안전성에 전기가 가지고 있는 고속성, 친환경성, 에너지절약의 특성과 결합하여 새로운 형태의 전기철도가 되는데 이것을 전기철도화(전철화)한다고 말하며 전철이라고 줄여서 부르고 있다.

예를 들어 도시철도, 고속철도, 경량철도는 다른 동력원의 철도로도 운행될 수 있기 때문에 그 자체는 전기철도가 아니며 전철화(電鐵化)가 되었을 때 비로소 도시전철, 고속전철, 경량전철이라고 할 수 있다. 이것이 현대사회의 교통 수요에 크게 기여하면서 각광을 받게 되므로 해서 철도의 제2전성시대인 철도 르네상스시대를 맞이하였다.

## 1.1.2 전기철도의 구성

앞의 1.1.1절에서의 전기철도의 정의는 넓은 의미의 해석이며, 공학적인 의미에서의 전기철도는 그림 1.1과 같이 전기차에 적정한 전력으로 변성(變成)하고 분배해주는 전철변전소와 전력을 전기차까지 공급하는 급전선로(전차선로) 및 레일과 전기차로 구성되어 있다. 이것을 다시 전기적인 등가회로로 구성하면 전기차는 전동기, 즉 부하설비로 되며 레일은 귀선으로 취급되어 급전선로에 포함되어지므로 전기철도의 설비는 전철 변전설비, 급전설비, 부하설비로 구성되어 있다고 할 수 있다.

따라서 기존의 일반철도와 구분되어지는 점은 기존의 철도에 전기를 주된 동력으로 하는 전기차와 이것에 전기를 공급하는 전원공급 설비가 되어 있는 구간을 전기철도 구간(전철 구간)이라고 하며 이 설비들을 전기철도 설비라고 한다.

이와 같은 전기철도의 설비에는 선로, 차량, 열차운전, 신호설비, 통신설비 등 많은 공학 분야의 기술을 요하는 것들이 계통화 되어 있다. 전기철도공학은 전철의 건설, 운용, 보수 등에 필요한 기술상의 학문으로 그 범위는 모든 분야의 기술을 총망라한 것이라고 할 수 있다. 이러한 의미에서 원래 전기공학(電氣工學)의 한 분야인 전기철도공학(電氣鐵道工學)은 전기공학에 관한 사항만을 취급하여야 하나 그 특성상 다른 분야도 필요에 따라 취급하지 않으면 안 된다. 이는 전기철도공학이 각 분야 기술의 집합체이기 때문이다. 따라서 전기철도공학은 관련 분야와 시스템으로서 취급되어지고 있다.

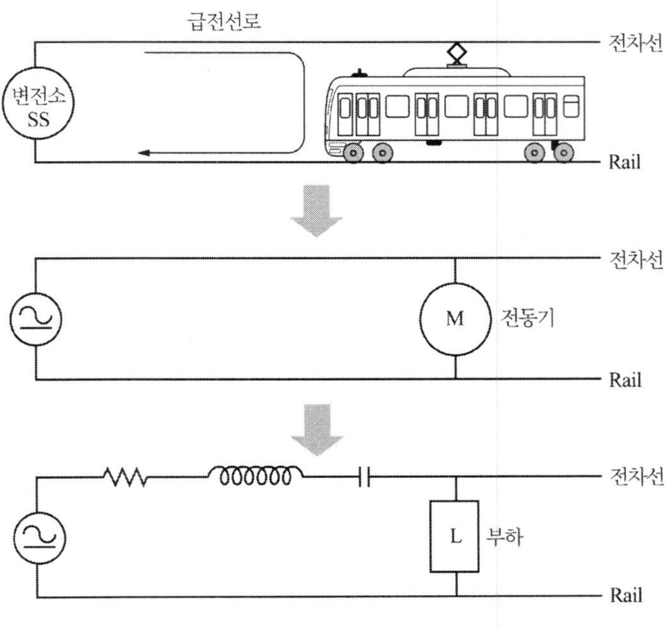


▶그림 1.1◀ 전기철도 등가회로

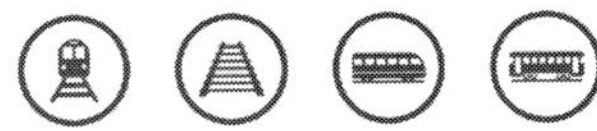



## 1.1.3 전기철도의 발전

최근 산업의 고도화에 따른 물류량 증가와 도시 인구집중에 따른 교통난 심화로 교통문제 해결이 심각하게 부각되고 있고, 자동차의 급속한 증가와 함께 육로교통은 이제 한계 상황에 이르렀으며 공해, 소음 등 환경오염에 대한 우려도 그 어느 때 보다 높아지고 있다.

그러나 사회간접자본에 대한 지속적인 투자 미흡으로 교통과 환경문제는 가장 시급히 해결해야 할 국가의 주요 정책과제로 대두되고 있으며, 이런 상황에서 환경친화적이고 에너지를 유효하게 이용할 수 있으며 안전성과 신속성, 편의성 등 대중교통 수단으로서 여러 가지 이점을 갖고 있는 전기철도는 교통문제 해결의 최선의 대안으로 제시되고 있다. 전기철도의 시작은 1879년 5월 31일 독일의 지멘스(Siemens)사가 베를린에서 열리는 세계산업박람회에 제3궤조방식으로 직류 150[V], 3[HP] 2극 직권전동기를 사용하여 시속 12[km], 20인승 전기기관차를 출품한 것이 효시라고 할 수 있으며, 1881년에 베를린 남부 근교에서 영업을 개시한 것이 전기철도를 최초로 실용화한 것이다.

영국에서는 독일 지멘스(Siemens)의 기술을 도입하여 1883년 프라이던에 전차가 등장하였고, 미국은 1880년에 Edison이 소형 전기차를 개발하여 시내전차를 운행하였다. 일본에서는 명치 23년(1890년)에 동경 우에노(上野)공원에서 박람회가 열릴 때 미국에서 도입한 15마력 500(V)용 전차를 처음으로 선보였다.

우리나라는 1899년 5월 4일 미국인 콜브렌(H.Collblen)과 보스트위크(H.D Bostwick) 양인이 조선왕실의 허가를 얻어 서대문–동대문 간에 직류 600[V]방식인 노면전차를 처음 운행한 것이 전기철도의 시작이라 할 수 있다.

이어서 1927년 경원선(철원–내금강) 116.6[km] 구간을 직류 1,500[V] 방식으로 전철화 하여 1930년 5월 15일에 개통하였고, 1937년에는 경원선 복계–고산 간 53.9[km]를 직류 3,000[V]로 전철화 하였으며, 1944년에도 중앙선 단양–풍기 간 23[km] 구간을 직류 3,000[V]로 전철화 공사를 착수하였으나 6.25 사변으로 중단되고 말았다.

전후 우리나라는 경제개발5개년의 성과로 인하여 급증되는 시멘트 및 무연탄 기타 광석 등의 주요 산업물자를 수송하기 위하여 험준한 산악지대와 장대터널과 교량이 연속된 산업선(중앙선, 태백선, 영동선) 전철화를 1969년 착공하여 1972년 6월 9일 태백선(증산–고한 간) 10.7[km]시험구간을 교류25[kV] 방식으로 완성한 후 1973년 6월 20일 중앙선 청량리–제천 간 155.2[km], 1974년 6월 20일에는 태백선(제천–고한 간) 80.1[km], 1975년 12월 5일 영동선(철암–북평 간, 고한–백산 간) 85.5[km]를 개통 하였다.

한편 1970년도 수도 서울의 인구을 중심으로 한 반경 45[km]의 수도권(인천, 부평, 안양, 수원, 성북, 의정부 등)의 인구까지 합하면 1,000만 명에 육박하였다. 이와 같이 급증

하는 수도권 내의 인구에 대한 자동차 도로교통으로는 수송능력과 효율이 한계점에 도달하였기 때문에 도심지 교통난 해소와 도시 기능의 광역화, 도심지 인구의 교외분산 및 대량 수송수단의 확보 방안으로 선진국에 비하여 조금 늦은 감이 있지만 1970년 6월에 우선 경인선 서울–인천, 경부선 서울–수원, 경원선 용산–성북 간 98.6[km]의 기존선 전철화와, 지하전철 1호선 서울–청량리 간 7.8[km]를 신설하여 상호 직통 운전할 수 있도록 대단위 교통망을 형성하는 계획을 수립하여 1971년 4월 7일 인천공설운동장에서 착공식을 거행한 후 1974년 8월 15일 드디어 수도권 대단위 교통망의 완성을 보게 되었다. 이때부터가 우리나라 도시전철의 본격적인 시작인 것이며, 현재는 주요 대도시(서울, 인천, 대구, 광주, 대전, 부산)에서 도시전철이 운영되고 있다.

**표 1.1 전철화율 증가 현황** (단위 : km)

| 구 분 | 전철화 증가 현황 | | | | | | 비 고 |
|---|---|---|---|---|---|---|---|
| | '04.01.01 | '07.01.01 | '11.01.01 | '16.01.01 | '21.01.01 | '22.01.01 | |
| 철도 거리 | 3,140.3 | 3,392.0 | 3,555.9 | 3,873.5 | 4,154.3 | 4,188.8 | |
| 전철 거리 | 682.5 | 1,818.4 | 2,147.0 | 2,727.1 | 3,043.0 | 3,273.7 | |
| 전철화율(%) | 21.7% | 53.6% | 60.4% | 70.4% | 73.3% | 78.2 | |
| 전차선 가선연장 | 1,778.8 | 5,354.1 | 6,549.0 | 8,320.6 | 9,202.4 | 9,738.06 | 고속 : 10개 노선<br>일반 : 97개 노선 |

세계의 여러 나라들은 철도의 미래를 개척하기 위한 새로운 기술의 개발에 진력하여 기존선에 대한 전철화는 물론이고 최고속도 380[km/h]의 고속전철이 상업운전 중에 있다. 우리나라의 경우는 1992년 6월 30일 천안～대전 간 43.64[km] 시험선 구간을 착공하였고, 2004년 4월 1일 1단계 경부고속전철이 개통되었고 2009년 11월 1일 2단계 경부고속전철 동대구～부산간이 개통되었으며, 2015년 12월에 경부고속철도 통과 구간이 개통되었다. 또한, 2015년 4월 1일 호남고속철도 오송～광주송정간 개통 되었으며 2016년 12월 9일 수서～평택간이 고속철도가 개통되었고, 2017년 12월22일 경강선 서원주～강릉간 개통으로 우리나라 고속철도 현재 영업거리 775[km]로 고속열차가 운행하고 있다.

## 1.1.4 전기철도의 효과

### (1) 수송능력 증강

철도의 수송능력은 열차당의 편성량 수와 운전속도 등에 의해 정해지는데 일반적으로 전기기관차는 견인전동기의 출력이 커서 급한 구배에서도 장대열차를 높은 속도로

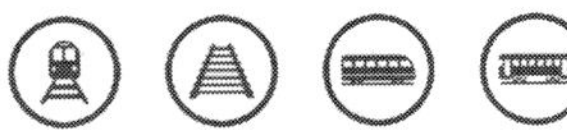



운전할 수 있어 산악지역의 산업철도에 유리하며, 정차장 간격이 짧은 도시철도 구간의 전동차는 속도의 가감특성이 우수하므로 고빈도 운전으로 열차회수를 높일 수 있어 통근, 통학생 수송과 같이 대량수송이 가능하다. 또한, 디젤기관차는 탑재되어 있는 내연기관의 출력에 제한되나 전기차는 강력한 대(大)전력계통에서 전력을 공급 받으므로 용이하게 대(大)출력으로 열차를 견인할 수 있으며 속도도 높일 수 있다.

열차의 견인력은 동륜점착계수($U$)에 비례한다.

$$U \propto \frac{F}{W} \tag{1-1}$$

여기서, $W$ : 동력차의 중량[kg], $F$ : 견인력[kg]

위 식에서 일반적으로 디젤기관차의 점착계수는 약 0.25～0.28이며 전기기관차의 점착계수는 약 0.32～0.34이므로 전기기관차가 약 30[%]의 견인력이 증가하는 것을 알 수 있다. 따라서 동력차의 점착성능의 차이로 출발 및 구배선에서 전기운전은 디젤운전에 비하여 견인력이 크므로 열차의 평균속도가 높아지고, 열차회수를 증가시키므로 수송력이 증가되는 것이다.

**표 1.2 선로용량 산출식**

| 단 선 구 간 | 전동차 전용 구간 | 복 선 구 간 |
|---|---|---|
| $N=\frac{T}{t+C}\cdot f$ | $N=\frac{T}{h}\cdot f$ | $N=\frac{T}{tV+(r+u+1)V'}\cdot f$ |

여기서, $N$ : 선로용량(상 · 하 총 열차 수)
$T$ : 시간(일 24시간 × 60분=1,440분)
$C$ : 폐색취급 시분(자동 1.5분, 기타 2.5분)
$V'$ : 저속 열차 회수비
$r$ : 대피 열차 간 최소시격(저속⇒고속)
$f$ : 선로 이용률
$t$ : 1개 고속열차 역간 평균운전시분
$h$ : 열차 상호간 최소운전시격
$V$ : 고속열차 회수비
$u$ : 대피 열차 출발 최소 간격(고속⇒저속)

### (2) 에너지이용효율 증대

각국의 에너지 보유 상태는 상이하나 대체적으로 석탄자원, 유류자원, 수력자원 및 원자력자원으로 본다면 이러한 에너지 자원을 어떠한 형태로 변환하여 동력으로 이용하는 것이 가장 큰 효율을 얻을 수 있는지가 중요하다.

표 1.3과 같이 철도 운전수단별 에너지이용 효율을 비교하여 보면 디젤기관차(DL : Diesel Locomotive)와 전기기관차(EL : Electric Locomotive)간의 에너지 소비율 차이는 약 25[%]정도 전기기관차가 에너지절약 효과를 얻을 수 있는 것을 알 수 있다.

따라서 우리나라와 같이 석유가 생산되지 않는 나라에서는 석유에너지에 거의 의존하여 수송하는 일반철도를 전철화 할 경우 수력, 화력, 원자력 등을 이용한 비교적 원가가 싼 전기에너지로 대체 활용할 수 있으며, 전기 운전용 전력은 전력공급자 측면에서 볼 때 대수용가이며 장거리 수송의 주야 운전으로 연중무휴의 심야전력 이용자가 된다. 그러므로 발전소는 기저(基底)부하율이 높아지므로 에너지를 효율적으로 이용하게 되는 등 에너지를 효율적으로 이용할 수 있다.

**표 1.3 철도 운전수단별 에너지이용 효율 비교**

| EL 운전 | | | DL 운전 | | 증기 운전 | |
|---|---|---|---|---|---|---|
| | 직류 | 교류 | | | | |
| 화력발전소 (송전단) | 37 (87) | 37 (87) | 기관 열효율 | 30 | 보일러 열효율 | 60 |
| 송전선 | 90 | 90 | 기관차 | 85 | 증기 효율 | 11 |
| 전철용 변전소 | 95 | 98 | | | | |
| 전차선 | 90 | 95 | 전달 효율 | 80 | 기관 효율 | 80 |
| 기관차 | 85 | 80 | | | | |
| 견인에 유효하게 이용되는 에너지 | 24 (57) | 25 (58) | | 20 | | 5 |

( ) 는 수력 발전의 경우 [단위:%]

### (3) 수송원가 절감

디젤기관차(DL)에 비해 전기기관차(EL)는 내연기관 등 설비가 적어 유지보수 비용이 40[%]정도 감소되고 차량의 내구연한도 2배가 길며 차량 중량도 줄어 궤도 보수비용도 절감된다. 또한, 장거리 운전이 가능하고 회차율이 높아 적은 차량으로 운용이 가능하며, 열차 운행시간 단축으로 승무원 운용효율을 증대시킬 수 있다. 이러한 수송원가의 절감은 결과적으로는 경영의 합리화와 수입을 증대시키는 것이기 때문에 철도의 경영개선에 한 몫을 하게 된다.
(※ 일 열차 km 및 일 승무 km도 EL이 DL의 약 1.7～1.8배)

### (4) 환경개선

전철은 무엇보다도 매연이 없고 소음이 적어서 공해 문제가 심각한 현시점에서 볼 때 그 장점이 돋보이는 환경친화적(親和的)인 설비이다. 또한, 도시철도의 지하구간의 전철화는 그 특성상 필수적인 것이다.

표 1.4 수송 수단별 대기오염 비교(단위 수송량 당) [단위 : 배]

| 전기철도 | 승 용 차 | 화 물 차 | 해 운 | 기 타 |
|---|---|---|---|---|
| 1 | 8.3 | 30 | 3.3 | |

### (5) 지역균형 발전

도시전철은 인구 및 경제활동의 분산, 도심 도로 혼잡도 완화, 지역 주민의 교통편의 제공 등 도심에 집중된 도시기능을 외곽지역으로 적절히 분산 배치하여 도시 전체의 균형적 발전에 기여하고 있으며 간선전철은 인접 도시 및 지역 간 대용량 수송 체계를 구축하게 되어 원활한 인적, 물적 교류로 균형 있는 경제발전에 기여한다. 또한, 짧은 시간 간격의 고빈도 운전으로 대량 고속수송이 가능하며 높은 품질의 교통서비스를 제공해 준다.

## 1.1.5 전기철도방식의 선정

전기철도의 방식 선정과 기술의 적용은 전철화에 있어서 대단히 중요한 문제이다. 각각의 교통 여건에 적합한 전철화 방식을 선정하기 위해서는 다음 제반 요소들을 충분히 검토하여야 한다.

### (1) 수송조건

전철화 방식을 선정하는 데에 있어 먼저 수송조건을 고려하여야 한다. 이는 수송하고자 하는 수송 대상이 여객인지 화물인지 아니면 여객과 화물을 같이 수송하는 것인지를 검토하고, 다음은 수송거리가 장거리인지 단거리인지를 또 수송량이 많은지 적은지 등 수송조건을 충분히 분석하여 방식을 선정할 필요가 있다.

### (2) 선로의 조건

해당 운행 선로의 조건에 따라 전철화 방식을 고려할 필요가 있다. 이는 운행선로가 지상, 지하, 터널, 과선교, 기타 지장물 등에 따라 전차선로의 절연이격거리나 높이 등의 제한을 받아 가선조건이 다르게 되기 때문이다. 이와 같이 선로조건에 적합한 방식을 선정하지 않으면 시설공사 과정에서 불필요한 예산의 낭비를 가져올 수 있는 것이다.

### (3) 인접구간의 전기방식

인접 전철화 구간에 운행 중인 차량의 전기방식을 고려할 필요가 있다. 이는 기존의 전기방식이 직류방식, 교류방식 여부에 따라 직통운전을 할 경우 기술적인 측면이나 효율성에서 좋지 않기 때문에 가급적 같은 전기방식을 시설할 필요가 있기 때문이다.

### (4) 전력의 수급조건

공급받을 전력계통의 표준전압과 주파수 및 공급가능용량 및 전원망 등 수급조건을 고려할 필요가 있다. 예를 들면 우리나라의 표준 주파수가 60[Hz]인데 유럽에서 사용하고 있는 50[Hz]의 전원 급전방식으로 선정하거나 전력계통의 표준전압이 아닌 다른 전압의 전철화 방식으로 선정할 경우에는 전력공급을 받지 못하거나 별도의 설비가 필요한 문제점이 발생하게 된다.

### (5) 장래계획

전철화 하고자 하는 구간의 주변에 전원의 개발이나 도시화, 공업 단지화에 따른 교통수요를 예측하여 장래에 전철이 확장될 것을 충분히 고려한 전기철도방식을 선정하여야 한다.

### (6) 경제성

위 각 조건을 충분히 고려한 방식 중에서 초기 투자비와 투자효과 등의 경제성을 검토한 후 전기철도방식을 선정하여야 한다.

## 1.2 전기철도의 분류

전기철도는 기존의 각종 철도와 결합하여 새로운 형태의 전기철도로 전철화 되어 지고 있다. 이들의 형태는 크게 나누어 전기방식, 급전방식, 전기차 형식, 수송목적 등에 따라 분류되어지고 있다. 그러나 이러한 분류는 명확히 구분되어지지 않고 서로 중복되거나 혼용되어 사용되기 때문에 같은 전철에 대해서도 각기 다른 명칭으로 사용되고 있다. 따라서 본서에서는 세계 각국(各國)에서 주로 사용되고 있는 전철을 중심으로 하여 설명하기로 한다.

### 1.2.1 전기방식에 의한 분류

현재 세계 각국의 전기철도를 전기방식으로 크게 나누면 직류 전기철도와 교류 전기철도로 크게 나눌 수 있으며, 직류방식은 전압별로 분류되며, 교류방식은 상별, 주파수별, 전압별로 분류된다.

표 1.5 전기방식의 분류

| 전 기 방 식 | 전 압 종 별 |
|---|---|
| 직 류 식 | 600[V], 750[V], 1500[V], 3000[V] |
| 단상 교류식 | 16 2/3[Hz]: 11[kV], 15[kV]<br>25[Hz]: 6.6[kV], 11[kV]<br>50[Hz]: 6.6[kV], 16[kV], 20[kV], 25[kV]<br>60[Hz]: 25[kV] |
| 3상 교류식 | 16 2/3[Hz]: 3.7[kV], 6[kV]<br>25[Hz]: 6[kV] |

#### (1) 직류 전기철도

직류방식은 "전철용 변전소"에서 일반 전력계통으로부터 수전(受電)한 특별고압의 교류전력을 변압기로 적절한 전압으로 낮추고 실리콘정류기(SR) 등으로 직류로 변환하여 전차선로에 직류전력을 공급하여 전기운전을 하는 방식이다.

도시철도의 전동차량은 제어방식이 진화하면서 저항제어방식에서 초파(chopper) 제어를 거쳐 최신형 VVVF(Variable Voltage Variable Frequency, 가변전압 · 가변주파수) 전동차량으로 발전하였다. 또한, 전압이 낮기 때문에 전차선로나 기기의 절연이 쉽고, 터널이나 교량 등에서 절연거리도 짧게 할 수 있으며 활선작업을 하기가 쉬워지는 장점이 있다. 그리고 통신선로에 유도장해가 작고 신호궤도회로에도 교류방식을 사용할 수 있다. 그러나 교류방식과 비교하여 전차선 전류가 크기 때문에 전압강하가 크게 되어 변전소 간격이 짧아지고, 누설전류에 의한 전식 대책이 필요하며 전류가 크기 때문에 전류용량이 큰 전선을 사용할 필요가 있다.

직류 전기철도 방식은 현재 세계 전기철도의 약 48[%]정도를 차지하고 있으며, 사용전압은 대개 600[V], 750[V], 1500[V], 3000[V]등이 있으며, 저압으로는 600[V], 고압으로는 1500[V], 3000[V]가 많이 사용되고 있다.

#### (2) 교류 전기철도

교류식은 "전철용 변전소"에서 일반 전력계통으로부터 수전(受電)한 특별고압의 교

류전력을 변압기로 적절한 전압으로 낮추어 전차선로에 교류전력을 공급하여 전기운전을 하는 방식으로 단상 교류방식과 3상 교류방식이 있다. 교류 전기철도 방식은 1889년 스위스에서 처음으로 3상 2선식 42[Hz] 750[V] 방식으로 시작되었다.

그 후 독일, 스웨덴, 노르웨이 등 유럽 각국에서 16 2/3[Hz] 15,000[V]교류 전철이 많이 보급되었으며, 최근에는 상용주파수 50[Hz], 60[Hz] 25[kV] 교류전철이 러시아, 프랑스, 영국, 인도, 일본, 중국에서 널리 보급되었으며 일본에서는 20[kV]방식이 공급되다가 신간선부터 25[kV]방식이 도입되었다. 우리나라는 단상 60[Hz] 25[kV]방식이 사용되고 있다.

### 1) 단상 교류방식

단상 교류방식에는 전압, 주파수에 따라 여러 방식이 있지만 최근에는 상용주파수를 채용하는 경우가 많아지고 있다. 이것은 일반 송전선으로부터 수전한 상용주파수의 전력을 주파수 변환없이 그대로 전기차에 공급 가능하기 때문에 변전소에 변압기만 설비하면 되므로 설비가 간단하다.

전기차에는 변압기를 설비하고 있기 때문에 차내에서 전압을 자유롭게 선택이 가능하여 전차선 전압을 비교적 높게 할 수 있고, 전차선 전류가 작게 되어 전압강하도 작게 되고 변전소 간격이 크게 되어 변전소의 수가 적어진다.

전압강하가 큰 경우에도 변전소 또는 전차선로에 직렬콘덴서를 설치하여 회로의 임피던스를 보상하는 방법으로 비교적 쉽게 전압을 보상할 수 있다. 그러나 상용주파수의 높은 전압을 사용하기 때문에 근접한 통신선로에 대하여 통신유도장해를 주게 되므로 이것을 경감하는 대책이 필요하다.

일반적으로 3상 송전선로로부터 전기철도용의 단상전력을 수전하기 때문에 3상 전원계통의 단락용량이 작은 경우에는 전압의 불평등이나 변동의 문제가 발생하는 일이 있기 때문에 전원의 선정에 있어서 유의할 필요가 있다.

### 2) 3상 교류방식

3상 교류방식은 전차선 설비나 집전장치가 복잡하게 되며, 전선 상호간 절연 때문에 전압을 높이는 데는 한계가 있는 등 불리한 면이 많아 초기의 저전압의 교류방식에 사용하였으나 보통의 전기철도에서는 사용되고 있지 않고 있다.

## 1.2.2 운전속도에 의한 분류

### (1) 저속전철

일반적으로 운전속도가 200[km/h] 미만인 경우를 저속전철이라 정의하고 있다. 저속전철의 대표적인 것은 도시전철, 수도권전철, 광역전철, 도시간전철 등이 있다.

### (2) 고속전철

고속전철은 속도가 200[km/h] 이상(철도건설법)을 말하며 그 한계는 명확하게 정해져 있지 않으나 일반적으로 레일점착(wheel on rail)방식의 속도 한계까지로 정의되고 있다. 이것은 속도한계에 있어서 1997년 프랑스의 TGV-A가 레일점착방식으로 574.8[km/h]의 속도를 기록하였지만 상용화되지 못하고 있기 때문에 현재로서는 점착력과 저항력의 분기점이 되는 속도한계는 350[km/h]에서 400[km/h]로 보고 있다. 그러나 기술의 발전으로 인하여 이 한계 속도는 변동될 수 있을 것으로 보인다.

철도의 기술 발달사에서 고속전철은 1964년에 일본의 동해도 신간선의 영업운전의 최고속도가 200[km/h]를 넘은 것이 실질적인 고속전철의 시작이라고 할 수 있다. 동해도 신간선이 개통할 때까지 일반철도에 의한 최고속도는 유럽의 선진국에서도 160[km/h] 정도였다. 시험운행에서는 독일의 시험 차량이 세계2차대전 전에 200[km/h]를 넘었으며 1955년에 프랑스의 전기기관차가 331[km/h]로 주행한 기록이 있지만 실제로 실용화되지는 못했었다.

신간선의 기술과 영업에서의 성공은 선로에서의 실질적 최대운행속도가 약 160[km/h]라고 오랫동안 믿고 있었던 유럽의 기존철도 산업계에 커다란 충격을 주었다. 이는 유럽 철도에 분발을 촉구하는 계기가 되어 1966년 프랑스에서 종래의 기술을 향상시켜 200[km/h]의 속도를 기존선에서 달성하였고 그 이상의 속도 증가는 신기술 개발과 새로운 선로 건설에 의하여 시도되었다.

1972년의 오일쇼크 등으로 동력효율이 우수한 전기차 개발에 박차를 가하게 되어 1983년에 파리-리용간 남동선 398[km]의 일부 구간을 양단 동력차방식의 전기열차로 최고속도 260[km/h]로 운전을 시작하여 1983년 전구간 개통 시에는 270[km/h]로 향상하였다. 이어 1989년 개통한 서남선은 TGV-A로, 1993년 개통한 북유럽선은 TGV-R로, 1994년 영불 해협을 통과하는 Eurostar에 의해 최고속도 300[km/h] 운전을 행하고 있다.

독일에서는 재래간선을 개량하여 1977년부터 ET403형 전차로 220[km/h]의 운전을 시작하여 1991년부터 고속신선 426[km]에 양단 동력차방식의 전기열차 ICE에 의해 280[km/h] 운전을 하고 있다.

▶그림 1.2◀ 전기기관차(고속용 TGV)

표 1.6 각국의 고속철도시스템 비교

| 국가별 / 구 분 | 한 국<br>경부고속 | 일 본<br>신간선 | 프랑스<br>TGV | 독 일<br>ICE | 스페인<br>AVE |
|---|---|---|---|---|---|
| 최고속도 | 300[km/h] | 275[km/h] | 300[km/h] | 280[km/h] | 270[km/h] |
| 전기방식 | AC 25[kV] | AC 25[kV] | AC 25[kV] | AC 15[kV] | AC 25[kV] |
| 최소곡선반지름 | 7000[m] | 4000[m] | 6000[m] | 7000[m] | 4000[m] |
| 최급구배 | 25[‰] | 15[‰] | 25[‰] | 12.5[‰] | 12.5[‰] |
| 궤도중심간격 | 5[m] | 4.3[m] | 4.5[m] | 4.7[m] | 4.3[m] |
| 터널 단면적 | 107[$m^2$] | 60[$m^2$] | 100[$m^2$] | 82[$m^2$] | 74[$m^2$] |
| 수송방식 | 여객 전용 | 여객 전용 | 여객 전용 | 여객, 화물 혼용 | 여객 전용 |
| 동력방식 | 동력 집중식 | 동력 분산식 | 동력 집중식 | 동력 집중식 | 동력 집중식 |
| 대차형식 | 관절형 | 일반형 | 관절형 | 일반형 | 관절형 |
| 축 중 | 17[t] | 16[t] | 17[t] | 19.5[t] | 17.2[t] |
| 제어형식 | ATC | ATC | ATC | ATC | ATC |
| 시공기면 구배 | 3[%] | 3[%] | 4[%] | 5[%] | 4[%] |

우리나라는 2004년 4월 1일 경부선 서울~부산 간(동대구~부산 간은 기존선 활용)을 비롯하여 호남선 서대전~목포 간을 전철화하여 KTX 고속전철을 개통하게 되었다. 현재는 고속철도 서울~부산 간 완공되어 2시간 20분이 소요되어 타 교통수단과의 경쟁에서도 우위를 다질 수 있는 계기가 되었다.

### (3) 초고속전철

초고속전철의 정의는 앞에서 설명한 바와 같이 고속철도의 속도 한계를 넘는 운전속도로 주행할 수 있는 것을 초고속전철이라고 정의하고 있다. 즉, 초고속전철은 레일점착구동방식이 아닌 비점착, 비접촉구동방식으로 하는 것이 필연적이므로 현재 여러가지 방식이 연구되고 있으나 가장 접근된 방식으로는 자기부상방식이 있다.

자기부상방식은 부상(Levitation) 및 추진(Propulsion)의 원리에 따라 상전도 흡인식(EMS)과 초전도 반발식(EDS)이 있다.

이 방식의 자기부상열차는 자기력에 의해 궤도 위를 떠서 달리는 열차를 말하는 것으로 일반 전기차와 같이 회전형전동기를 사용하지 않고 무한대의 반지름을 갖는 선형전동기(linear motor)를 사용하여 비접촉식으로 운행되기 때문에 소음 및 진동이 거의 없다. 또한, 대차가 궤도를 감싸는 구조이므로 탈선의 위험이 적고 초고속으로 운전이 가능하다.

▶그림 1.3◀ 초고속전철

자기부상열차는 현재 중국에서 세계 최초로 상용화되어 상하이 푸둥국제공항역에서 롱양루(龍陽路)역까지 32[km]구간을 최고 시속 430[km]로 8분 만에 주파하고 있으며, 미래교통수단으로 초고속 진공열차(하이퍼튜브 캡슐형)가 시속 1,200[km]로 현재 여러나라 연구기관에서 시험단계에 있으며 2030년경에 상용운전을 예상하고 있다.

### 1.2.3 수송목적에 의한 분류

**(1) 시가지전철**(Street electric railway)

시가지 도로상에 건설하여 버스처럼 운행되는 경량철도로 노면전차라고도 하며, 저속으로 운전되고 시간 간격을 짧게 운행하는 철도로서 스위스 등 유럽에서는 아직도 많이 운행되고 있다.

우리나라에서는 1898년에 미국인 H. Collblen과 H.D Bostwick 양인이 조선왕실의 허가를 얻어 서대문–동대문 간에 최초로 노면전차를 운행하였으며 1969년 도시교통 혼잡에 따른 교통장애를 이유로 서울과 부산에서 철거하였다.

**(2) 도시전철**(Rapid transit electric railway)

도시 내의 짧은 역간 거리에서도 높은 속도를 유지할 수 있어 대량 교통운송수단으로 적합한 철도로서 고가 전기철도 및 지하 전기철도 등을 총칭하는 중형철도이며, 타 교통수단에 지장 없이 운전이 가능한 전기철도로서 대도시 교통수단으로 각광을 받고 있다.

**(3) 수도권전철**(capital region electric railway)

도시전철과 같은 형태이나 우리나라에서와 같이 서울을 중심으로 인구가 급증하여 주변 도시와 결합하여 대규모의 도시 형태가 이루어진 구간을 운행하는 중대형 전기철도이다.

**(4) 광역전철**(wide area electric railway)

규모는 도시전철이나 수도권전철을 중심으로 도시 외곽을 운행하거나 도시에서 교외로 운행되는 전기철도를 말한다. 교외전철(Suburban electric railway)로도 분류된다.

**(5) 도시간전철**(Intercity electric railway)

도시와 도시간을 연결하는 중대형 철도로 일반적으로 정차 간격이 길어서 표정속도가 크기 때문에 전기차의 출력이 높고 고속운행에 유리하도록 되어 있는 전기철도이다.

**(6) 간선전철**(Trunk Line electric railway)

국내의 간선을 이루는 철도로서 정차장 간격이 길고 열차 단위가 커서 전기기관차 또는 전기차로 고속운행을 필요로 하는 전기철도이다.

### (7) 산업선전철(Industrial Line electric railway)

산업용 원자재(석탄, 시멘트 등)의 수송을 목적으로 운용되는 것으로 주로 산악이 많은 지역과 대량의 화물수송이 요구되는 곳에 충분한 견인력을 얻기 위하여 시설하는 전기철도이다.

## 1.2.4 전기차 형태에 의한 분류

### (1) 경량전철(輕量電鐵)

경량전철은 수송 능력이 기존 버스 또는 전용 궤도를 갖는 가이드 버스의 1000~10,000명/시간 · 방향과 기존 중량 지하철의 20,000~70,000명/시간 · 방향의 중간 규모인 5000~30,000명/시간 · 방향 규모의 승객을 수송하는데 적합한 시스템이며, 승차 정원도 50~100인/차량으로 다양한 수송 수요에 적용 가능하며, 비교적 짧은 운행시간 간격으로 기존 도시 철도망과 대규모 개발지역 또는 위성도시를 자동 주행으로 연계하는 교통시스템이다.

경량전철은 대중교통 수단의 하나로 기존의 노면전차로 대표되던 20세기 초의 경량철도와 선진국에서 1960년대부터 주목 받기 시작하여 1980년대 이후로 본격적으로 실용화되기 시작한 경량전철로 구분할 수 있다.

경량전철(輕量電鐵)은 일반적으로 경전철(輕電鐵)이라고 칭하며 외국에서는 LRT(Light Rail Transit), Trolley, Tram, AGT(Automated Guideway Transit), APM(Automated People Mover), DPM(Downtown People Mover), PM(People Mover)등으로 불리고 있다.

경량전철의 특징은 차량의 크기가 작고 노선계획의 탄력성으로 기존 도시철도에 비하여 건설비가 저렴하고 차량운행의 완전 자동화 및 역업무의 무인자동화 등으로 운영비가 절감되며 구배가 큰 노선(100[‰]) 이나 곡선 반지름이 작은 노선($R=30$[m])의 격자형 도시 구조에 적합하다.

경량전철은 현재 미국 및 영국 · 독일 · 프랑스 등 유럽의 대부분 국가에서 약 90여 개 노선을 운영 중에 있으며, 아시아에서는 일본 외에도 최근 말레이시아, 태국, 대만과 싱가포르가 건설을 완료하여 이미 운행을 개시하였으며, 우리나라에서도 지역교통 혼잡을 해소하기 위한 방안으로 서울, 용인, 김해, 의정부, 김포 등 여러 도시에서 경량전철을 운영하고 있다. 경량전철은 시스템 제작사별로 제각기 독특한 차량특성 및 시스템 특성을 갖고 있어 체계적인 형태로 분류하기는 쉽지 않지만 일반적으로 외형

적 형태에 의한 분류는 표 1.7과 같으며 이 중에서 대표적인 경전철에 대하여 간략하게 설명하기로 하겠다.

표 1.7 외형적 형태에 의한 분류

| 구 분 | | 적 용 시 스 템 | 비 고 |
|---|---|---|---|
| 차 량<br>규모별 | 대형 | - 자기부상, AGT(VAL, APM), 모노레일<br>노면전차, LIM(ART), 철제차륜 경량전철 | |
| | 중형 | - 노웨이트, SYSTEM 21 | |
| | 소형 | - PRT 류 | |
| 차 륜<br>형식별 | 철제바퀴 | - LIM(ART), 노웨이트, SYSTEM 21<br>철제차륜 경량전철, 노면전차 | |
| | 고무바퀴 | - AGT(VAL, APM), 모노레일, PRT | |
| | 자기부상 | - 자기부상 | |
| 동력발생<br>방식별 | 원형모타식 | - AGT(VAL, APM), 모노레일, PRT<br>SYSTEM 21, 노면전차, 철제차륜 경량전철 | |
| | 선형모타방식 | - LIM 자기부상, 노웨이트 | |
| | 압축공기방식 | - Aeromovel | |
| | 케이블견인식 | - Cable Liner | |
| 지 지<br>방식별 | 하부지지 | - AGT(VAL, APM), PRT, 노면전차, 철제차륜<br>경량전철, LIM, 자기부상, 노웨이트, 과좌식 모노레일 | |
| | 상부지지 | - 도시형 삭도, 현수식 모노레일 | |
| | 측면지지 | - SYSTEM 21 | |
| 전력공급<br>방식별 | 가공선방식 | - 철제차륜 경량전철, LIM, 노면전차 | |
| | 제3궤조식 | - 철제차륜 경량전철, LIM | |
| | 강체복선식 | - AGT(VAL, APM), 모노레일, PRT,<br>자기부상, LIM | |

### 1) 노면전차(SLRT)

노면 위 또는 도로와 분리된 전용궤도를 저상형의 차량이 주행하는 대중교통 시스템으로 차량 바닥 높이를 낮추어 승하차 편리, 접근성이 우수하고, 또한 타 시스템에 비해 건설비가 아주 저렴하며, 차량의 증가로 인하여 정체 등을 야기하는 기존 노면전차의 선로 및 운행방식을 획기적으로 개선한 것으로 프랑스를 비롯한 세계 많은 나라에서 운행하고 있다.

고령화되어 가는 사회에서 노면전차는 특히 고령자 및 장애인 등에게 좋은 시스템으로서 접근성, 정시성이 좋고 승하차가 편리하며 기존 노면전차의 운행 최고속도는 40

[km/h]정도로 아주 낮았으나 최근 철도산업기술의 발달로 인하여 최고 100[km/h] 이상을 주행할 수 있는 시스템들이 개발되어 세계 여러 나라에서 활용되고 있다. 차량은 여러 대의 차량을 2~7대 연접형태로 조합하여 운행하고 있으며, 대개 길이 18.55~43.1[m], 폭 2.3~2.6[m], 높이 3.1~3.8[m] 정도이고 차체 재질은 강재 또는 스텐레스 등을 주로 사용하였으나, 최근에는 알루미늄이 주종을 이루고 있다.

▶그림 1.4◀ 노면전차

차량 1량은 2차체 4~6축(2~3대차) 또는 3차체 6축(3대차), 5차체 6~8축(3~4대차), 7차체 8축(4대차)방식 등이 사용되고, VVVF인버터 제어방식에 의한 3상유도전동기를 사용하여, 전동기로부터 기어박스를 거쳐 차륜을 직접 구동한다. 대차는 차축이 없는 독립차륜 대차를 사용하여 차체를 저상화 하였고, 모든 대차의 동축 바퀴에 견인전동기가 장착되어 신속한 기동력이 확보되고 있으며 전동기를 소형화하고 탄성차륜을 채용하여 소음 및 진동을 경감한 구조로 되어 있다. 또한 노면을 따라 주행하는 특성에 맞게 평균 가·감속도 4.3~5.0[km/h/s] 구배 등판능력도 최대 40~80

[‰] 정도로 높으며 곡선 통과능력도 R20～60[m] 수준으로 우수한 편이다.

신호시스템은 스위스 취리히 등 세계의 여러 나라에서 SLRT 우선 신호시스템을 운행하고 있으며, 이는 교차로 전방에 차량감지기를 설치하여 감지기에 SLRT가 감지되면 전방의 신호기는 SLRT 우선통과 신호로 바뀌어 노면전차를 우선으로 통과시킨다. 그러나 SLRT 우선 신호체계 도입 시 도로교통 체증이 심한 도심지역의 잦은 신호변경으로 도로교통 흐름에 지장을 초래하는 등의 문제가 발생할 수 있어 선로를 부분적으로 지상 또는 지하로 건설하기도 하며 이는 건설비가 높아지는 요인이 되고 있다. 또한 도심지내 낮은 전차선 설치로 안전 및 도시미관 저해요인이 되어 최근 일본에서는 전차선의 지지방식을 빔 방식에서 센타폴 방식(전차선과 가로등 결합)으로 변화하는 추세이다.

노면전차는 도로를 점유함으로 기존의 좁은 도로에의 적용은 제한이 따르나 도심의 강력한 차량억제와 외곽지역의 환승 주차장 활성화시에는 어느 정도 좁은 도로 및 도심지내 주행 또는 위성도시 간 연결(2편성 연결운행가능)에도 적용할 수 있는 대중교통 수단이다.

### 2) 모노레일(monorail) 경량전철

모노레일 시스템은 고가철도 형태의 독립된 1개 주행로(궤도주형)에 열차가 궤도나 빔에 의해 지지되거나 매달려 운행되는 단일 궤도형 교통수단으로 차량의 지붕부분이 매달려 운행되는 현수식(懸垂式, suspended type)과 차량의 하부 부분이 궤도 위에 안내되는 과좌식(跨座式, Straddle type)으로 분류 된다.

모노레일 시스템은 고무차륜을 사용하므로 주행성능이 우수하다. 개발 초기에는 주로 대규모 공원, 테마파크, EXPO, 박람회장 등에 주로 운행하였으나, '64년 동경 하네다공항～동경(13.1km)간의 개통을 시점으로 일본에서 주로 대중교통 수단으로 활발하게 건설되어 현재 운행 중인 노선이 7개(동경, 쇼난, 북규슈, 지바, 오사카, 타마, 동경 디즈니랜드), 확장중(지바)이거나 건설 중(오끼나와)인 노선이 각각 1개씩 있다.

유원지나 박람회장에 설치된 모노레일은 승차인원이 얼마 되지 않으나(량당 10～20명) 일본에서 도시교통수단으로 운행하는 모노레일의 차량규모는 길이 16[m], 폭 3[m], 높이 2[m](동경), 수송용량도 10,000명/시간 · 방향 이상이며, 2～6량 1편성으로 운행되고, 차체는 알루미늄 등 경량재질을 사용하여 제작하고 있다. 대차는 2축 보기식(1축 2륜)으로 고무차륜과 회전형전동기를 사용하며 주행차륜 및 안내차륜이 많아(16～20개/량) 차량의 대차 구조가 복잡하다. 또한 철제차륜에 비해 고속성능이 떨어지며 고무타이어의 마찰력이 높아 동력소비가 다소 많다.

그러나 고무차륜 사용으로 점착력이 높아 구배 등판능력은 약 60[‰]~70[‰]까지 가능하며, 곡선통과 능력은 R20~R120[m]로 기존 간선도로(도로폭 약 30~35[m]) 선형을 따라 건설할 수 있다. 지지기둥은 T형 철근콘크리트이고, 궤도의 경우 과좌식은 철근콘크리트를, 현수식은 강제를 사용하며, 타 시스템의 고가 구조에 비하여 도로 점유면적이 적다.

전차선도 과좌식은 고가 구조물 양 측면에 알루미늄/스테인레스 복합강체를 사용(복합강체식)한 + -의 가선을 설치하여 급전하고 있으며, 현수식은 궤도 빔내에 Third-Rail(제3궤조)에 의해 급전한다. 궤도의 전철기는 과좌식의 경우 관절가동식으로 3방향 이상의 분기가 가능한 Switching이 개발되어 적용되고 있고, 현수식에는 편개분기식이 주로 사용되고 있다. 과좌식분기기 구조는 현수식 보다 복잡하여 고속 스위칭에 불리하다.

특히 과좌식은 궤도면의 동결, 강우시 등 철제차륜에 비해 기후의 영향을 많이 받아 이에 대한 대책이 필요하며, 차량 길이에 따라 최소곡선반경에 제약이 있으며(차량 길이 15[m] 기준 : 최소반경 약 100[m]), 주행면의 노출로 날씨에 따라 점착계수 변화가 크다. 또한 분기기(궤도주형 본체) 구조가 복잡하고, 유지관리에 불리하다.

현수식은 도로를 주행하는 자동차(화물차 등) 높이에 영향을 받으며(구조물 높이가 높아짐), 강구조물로 건설되므로 도색이 필요하고, 궤도 주행면의 점검 및 보수가 필요하다. 또한 풍압이 높을 경우 운전이 불안하고, 화재 등 비상시 승객 피난유도 대책이 필요하나, 차륜이 궤도속에서 주행함으로 눈, 비 등에 영향을 적게 받는다.

현수식 모노레일(일본 지바)

과좌식 모노레일(일본 오사카)

▶그림 1.5◀ 모노레일

운전은 현재까지 주로 1인 운전을 시행하였으나, 최근 기술발전 추세로 보아 무인운전방식이 점차 확대될 것으로 보인다. 모노레일 시스템은 경량전철 중 실용화가 가장 일찍 이루어졌으며, 일본 등 외국에서 상용화 실적이 많은 시스템이다.

### 3) LIM형 경량전철

차륜과 레일의 마찰력(점착력)에 의해 주행하는 것이 아니고 차량과 안내궤도(Guide way)간의 전자력을 이용한 선형유도전동기(LIM : Linear Induction Motor)에 의해 주행하는 시스템으로 동력전달장치가 불필요하므로 소음 및 진동 특성이 우수하다. 차체크기는 대략 길이 16.5[m] 폭 2.5[m] 높이 3.15[m](동경 12호선 기준)정도로 기존 지하철 전동차에 비하여 차체높이가 낮다.

▶그림 1.6◀ LIM형 경량전철

모터의 선형화로 차륜직경(520mm 오사카 7호선 기준)이 작아져 소단면 지하 건설이 가능하며, 이로 인하여 터널 건설비를 약 30[%]정도 줄일 수 있는 시스템이다. 견인과 제동이 비점착방식으로 이루어지므로 기후에 의한 미끄럼 영향이 비교적 적고 구배 등판능력은 약 50~80[‰]정도로 양호하여 급구배에서도 가·감속시 공전 및 활주기가 발생하지 않으며 자기조향대차를 사용하여 급곡선에서도 주행성능이 우수하다. 차량에 부착된 리니어모터의 고정자와 궤도에 부탁된 유도자기판의 간격이 회전식 모터에 비해 적기 때문에 동력 소비량이 회전식에 비하여 약 10[%] 정도 더 소요되며, 이로 인한 터널 내 발열문제를 고려하여야 한다. 차상 고정자방식의 VVVF인버터 제어방식으로 가속도는 3.6[km/h/sec]이고, 감속도는 4.2[km/h/sec]정도로 가·감속도가 비교적 높은 편이다.

또한 Driving Gear Unit(감속기)가 필요없어 대차의 유지보수가 용이하나, 선로를 정밀하게 유지하여야 하므로 유지보수 비용은 많을 것으로 예상된다. 집전방식은 가공선방식과 제3궤조방식 모두 사용가능하며, 궤도구조도 기존의 지하철에서 사용해온 방식과 별차이가 없으나 견인을 위한 리액션플레이트가 추가로 설치된다. 비점착 제동으로 자동운전 측면에서도 정위치 정차 정밀도가 우수하므로, 자동무인운전에 아주 적합한 시스템이다.

#### 4) 안내궤도식철도(AGT)

AGT(Automated Guideway Transit)는 전용궤도를 소형 경량의 고무차륜 부착차량이 가이드웨이를 따라 운행하며, 컴퓨터에 의해 자동운행 관리되는 수송시스템이다 차량은 경량으로 길이 9.64[m], 폭 2.4[m], 높이 3.5[m](국토교통부 표준사양 기준)로 크기 및 중량이 비교적 작다. 대차는 단축대차방식이고 동력전달방식은 직각구동방식(차동치차방식)으로 원형유도전동기가 사용된다.

점착계수가 높은 고무차륜을 사용하여 급구배, 급곡선에서의 선로주행성능이 우수(단축대차 사용)하고 소음이 낮으며 승차감 계수가 1 이하(ISO기준)로 승차감이 우수하다. 안내방식은 중앙안내방식, 중앙측구안내방식, 측방안내방식 3가지가 있으며 안내륜은 4륜 고무차륜 이고, 주행륜의 궤간(주행륜 중심간 거리)은 1,747[mm]로 표준궤간보다 넓다.

고무차륜의 마찰계수가 높아 에너지 소비율이 약 96[Wh/t-km](건설 추진중인 하남시 경량전철 시뮬레이션 자료참고)로 철제차륜 방식보다 훨씬 높다. 고무타이어를 사용하므로 점착계수가 최대 약32[%](철제차륜 약22%)이고, 가·감속도는 3.96~4.86[km/h/sec] 정도로 높다. 또한 구배등판 능력(50~100‰)과 곡선통과능력(R

30∼60[m])이 우수하므로 역간 거리가 짧고, 급곡선이 많은 도심구간에 적용하는 것이 유리하다. 고무차륜의 수명은 최대 10만[km] 정도로 짧으나, 완전자동시스템 도입으로 무인운전이 가능하고, 고밀도 운전에 의한 수송효율이 높으며, 무인운전 · 무인역사 운영으로 운영경비를 절감할 수 있다.

선로는 주로 고가 구조물(콘크리트)로 높이는 모노레일 및 자기부상과 비슷하나, 상부 폭이 약 2[m]정도 크다. 앞에서도 언급하였지만 급구배 및 급곡선 운행능력이 뛰어나 선로선정이 비교적 자유로우며, 차량의 크기 및 중량 감소로 터널과 구조물의 단면적을 축소할 수 있어 구조물 강도를 작게 하여도 되는 등 건설비를 상당액 줄일 수 있다. 그러나 레일을 전력귀선으로 사용할 수 없어 전차선은 복선식(대개 강체복선)으로 건설되며, 이로 인해 차량의 집전판 수량이 기존 지하철 차량의 4배가 되고 전차선 마모 및 유지 보수량은 약 2배가 된다.

AGT(일본 도쿄 유리카모메)

AGT(프랑스 릴리 VAL)

▶그림 1.7◀ 고무차륜 경량전철

궤도는 차량의 반복 운행에 따라 콘크리트 궤도 표면에 콜게이션(corrugation)이 발생되어 승차감이 악화될 뿐만 아니라 보수가 곤란하고 고무차륜 주행로에 강설에 대비한 해빙열선을 설치해야 하므로 복잡하다. 또한 레일을 신호 궤도회로로 사용할 수 없어 신호방식을 CHECK IN, OUT방식 등으로 하게 되어 복잡하다. CHECK IN, OUT방식은 지상에는 폐색별로 케이블 LOOP를 설치하고 열차의 전후부에 안테나를 설치하여, 지상의 LOOP에 열차의 전두부 안테나가 검지되면 CHECK-IN하여 타열차의 폐색진입을 금지 시키고, 지상의 LOOP에 열차의 후부 안테나가 검지되면 CHECK-OUT하여 다른 열차의 진입을 허가하는 방식의 신호시스템이다.

컴퓨터 시스템 도입으로 무인운전, 무인 역사 운영이 가능한 외에 소량 편성의 열차를 다수로 고밀도 운행이 가능하여 전력회생율이 증가된다. 모노레일과 마찬가지로 고무차륜의 마찰저항이 커 에너지 소비율이 높고, 고속운행시 타이어펑크의 우려와 허용 축중이 낮아 대형차량에 적용이 곤란함으로 역간 거리가 긴 경우와 직선선로가 많은 선로에서는 비경제적이다.

### 5) 도시형 자기부상열차

전자력의 흡인력 및 반발력을 이용하여 차량을 부상하고, 선형 모타로 추진하며, 궤도와 차량 간을 접촉 없이 주행하므로 소음, 진동이 작고 분진이 없는 환경친화적인 시스템이다. '98년 이후 한국기계연구원과 한국철도차량(주)가 공동 개발하여 시험운행중인 차량을 중심으로 살펴보면 차량의 크기는 길이 17.5[m], 폭 3.12[m], 높이 3.4[m] 규모이다.

중 · 저속형으로 개발되고 있는 도시형 자기부상열차는 상전도 흡인부상식으로 VVVF인버터제어, 선형유도전동기 추진방식으로 되어 있고 대차 후레임은 경량화를 위하여 알루미늄 재질을 사용하였으며, 곡선통과 성능 향상을 위하여 Tie Beam Hinge 방식을 채택하고 있다.

▶그림 1.8◀ 도시형 자기 부상 열차(대전 EXPO)

선형유도전동기에 의해 가 · 감속력이 발생하므로 구배 등판능력이 70～80[‰]로 높으며, 가 · 감속도도 각각 3.6[km/h/sec] 수준으로 비교적 높다. 토목구조물의 Girder는 직선로에는 콘크리트, 곡선로에는 Steel Box를 사용하며 규모는 AGT나 모노레일과 거의 동일하다.

전력공급은 강체복선식으로 차량의 대차하부에 설치된 2개의 collector shoes를 통하여 집전되며, 레일을 귀선으로 사용하지 않아 전식의 피해는 없으나 전차선이 복선으로 되어 전차선과 차량의 유지관리비용은 높은 편이다. 선형 유도전동기는 회전형에 비해 Reaction Plate 와전류 및 Back Iron의 철손과 와류손 때문에 부상시스템에 대한 추가 전력이 소요되어 에너지 소비율이 비교적 높다.

국내 시험선에 사용된 선로절환기 방식을 살펴보면 궤도와 구조물이 일체로 된 전철기가 평행 이동하여 절환을 하므로 큰 동력을 필요로 하고 있으며 절환기 길이 25[m], 횡 이동거리는 3.5[m]로 절환시간이 약90초 정도 소요되어 이에 대한 대책이 필요하다.

신호방식은 차량이 레일과 비접촉으로 운행되므로 레일을 궤도회로로 사용할 수 없으며 따라서 check in/out 방식이나, GPS 이용 등 기존방식과는 새로운 방식의 적용을 검토하여야 할 것이다.

### (2) 중전철(重電鐵)

중전철은 일반전철의 전기차를 말하며 크게 나누어 여객수송을 목적으로 하는 전동차와 여객과 화물수송 겸용인 전기기관차로 구분할 수 있다.

#### 1) 전동차(도시전철용)

단거리 도시간철도 및 도시철도에 사용되는 방식으로 빈번한 주행, 정지가 반복되는 도심구간과 근교의 고밀도 수송 수요를 담당하고 있으며, 높은 가감속 성능을 그 특징으로 하는 가장 큰 수송용량을 갖는 교통수단이다.

도시전철은 차량의 형식에 의하여 다음과 같이 분류되어지고 있다.

① 대형 전동차

승차정원 150명 규모 이상의 차량 6～10량을 1개 편성으로 연결하여 시간당 방향당 40,000명 이상 규모의 수송능력을 담당할 수 있는 최대 규모의 도시전철로서 국내에서는 1974년에 한국철도공사 경부선(서울-수원), 경인선(서울-인천), 경원선(청량리-성북)과 서울교통공사의 1호선(서울-청량리)에서 처음 개통된 이래로 지속적인 규모를 확대하여 수도권 대중교통 수단의 중추적 역할을 담당하고 있다.

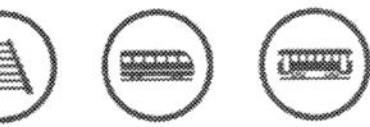

– 차체 크기 : 19,500(L)×3,120(W)×,3600(H)[mm]
– 승차 정원 : 150(운전실차), 160(중간차)명

▶그림 1.9◀ 대형 전동차(일산선)

② 중형 전동차

승차정원 120명 규모의 차량 4~8량을 1개 편성으로 연결하여 시간당 방향당 25,000~40,000명 규모의 수송능력을 담당할 수 있는 도시전철 형식으로 국내에서는 1988년에 부산교통공사에서 총연장 약 32.5[km]의 노선에서 약 300량의 중형 전동차가 1일 평균 약 60만 명의 승객을 수송하고 있으며 이 외에도 대구광역시, 인천광역시, 광주광역시, 대전광역시에서 운행하고 있다.

– 차체 크기 : 17,500(L)×2,750(W)×3,600(H)[mm]
– 승차 정원 : 116(운전실차), 124(중간차)명

▶그림 1.10◀ 중형 전동차(대구광역시 1호선)

### 2) 전기기관차

디젤기관차(DL)는 경유를 사용하여 디젤엔진을 구동하고 여기에 축으로 연결된 주발전기를 회전시켜 발전된 전기로 견인전동기를 구동하고 있으나 전기기관차(EL)는 전차선로를 통하여 급전된 전기를 직접 견인전동기로 구동하므로 설비가 간단하고 에너지 효율이 높으며 고속도, 고출력의 견인전동기를 사용할 수 있는 장점이 있다.

전기기관차(EL)는 동력차의 동력원을 집중 배치하는 방식으로서 주로 전기기관차 1대 또는 2대로 객차를 견인하는 방식이므로 동력원을 분산 배치하는 방식의 전동차에 비하여 구동전동기 수가 작기 때문에 고장 발생률이 비교적 적고 또한 여객과 화물 수송을 병행 운용이 가능하여 동력차(전기기관차)의 운용효율이 향상된다. 아울러 기존에 사용되고 있는 객차의 사용이 가능하기 때문에 전철화시 차량 투자비를 절감할 수 있으며, 일시적으로 디젤기관차 등과 병행운용을 할 수 있기 때문에 초기투자 자본이 집중되는 것을 피할 수 있다. 차량보수비 면에서도 유리하기 때문에 이 방식은 장거리 여객열차나 화물수송 전용열차에 널리 사용되고 있는 방식이다.

우리나라에서는 1973년 산업선의 화물수송을 목적으로 AC 25[kV] 60[Hz] 사이리스터제어 직류직권전동기 방식의 전기기관차(EL)을 처음으로 도입하여 사용하고 있으며, 현재 기존 운행 중인 산업선 구간과 신설되는 전철화 구간에 장거리 여객열차나 화물수송 전용열차로 사용하기 위하여 개량 발전된 AC 25[kV] 60[Hz] VVVF 제어 3상유도전동기 방식의 신형 전기기관차(EL)를 운행하고 있다.

▶그림 1.11◀ 전기기관차(한국철도공사)

# 1.3 전기철도 관련 시스템

철도는 타 교통수단과는 달리 단독적인 운전이 아닌 정해진 선로 위에서 종합적인 시스템에 따라 대량수송이 가능하도록 되어 진 교통 수송수단이다. 철도의 시스템에는 선로, 차량, 역, 전기, 열차운전 등으로 구성되어 있으며 이와 같은 시스템은 기계공학, 전기공학, 제어공학 등 모든 분야가 복합적으로 이루어져 운영되는 독특한 특성을 가지고 있다.

전기철도와 직접적으로 관련이 있는 시스템은 선로, 전기차, 전기차 운전 등이 있으며 이것은 전장에서 설명한 바와 같이 전기철도를 전기적 관점에서 보면 주된 부하설비가 전기차이므로 집전장치에 의하여 동력을 공급받은 전기차의 전기설비 특성에 직접적인 영향을 받게 된다.

이와 같은 전기차의 전기특성은 선로의 구배, 곡선 상태에 따라 변동되며 선로는 특히 전차선로의 귀선으로 이용되며, 기계적으로 전기차 집전장치에 유효하게 집전하기 위한 전차선로의 높이와 편위에 중요한 영향을 준다.

시스템 운용의 전기차 운전은 전기차의 운행속도, 운행간, 운행회수 등의 열차운전 특성에 의하여 전기 공급설비의 용량을 결정하는 등 전기철도방식의 선정과 운용 등에 있어 대단히 중요한 영향을 주게 된다.

따라서 전기철도는 관련 시스템의 이해와 인터페이스가 무엇보다도 중요하므로 본 장에서는 전기철도와 직접적인 관계가 있는 관련 시스템을 중심으로 기본적인 설비의 개념에 대하여 설명을 하겠다.

## 1.3.1 철도선로(鐵道線路)

철도선로(鐵道線路)란 열차 또는 차량을 운행하기 위한 수송로로서 궤도와 궤도를 지지하는 노반 및 각종 선로 구조물을 총칭한다.

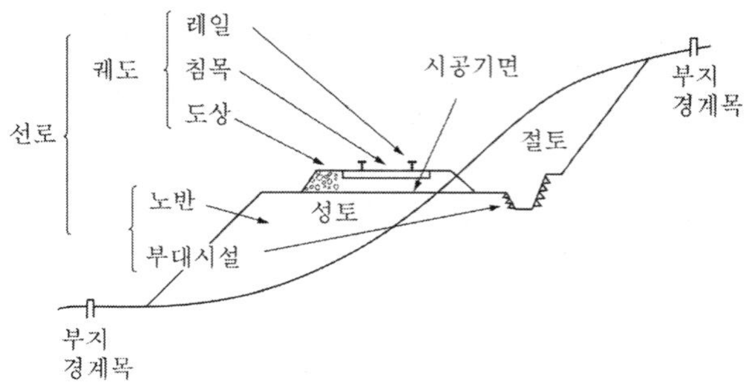


▶그림 1.12◀ 선로의 구조

### (1) 선로의 구성

선로의 궤도는 도상, 침목, 레일과 그 부속품으로 이루어지며 노반은 궤도를 직접 지지하는 것으로 기준레벨구간이거나, 쌓기, 깎기 등의 흙 구조물이나 교량, 고가구조물, 터널(Tunnel)구조물 등이 있다.

노반의 높이를 표시하는 기준면을 시공기면(formation level)이라 하고 선로구조의 기준이 된다.

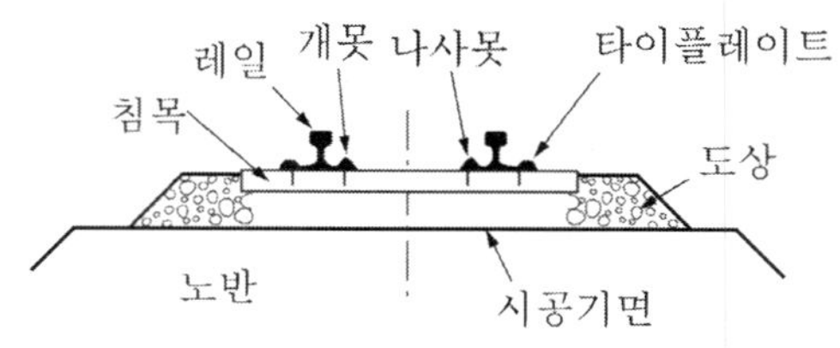


▶그림 1.13◀ 선로의 구성

#### 1) 설계속도

설계속도를 정하기 위해서는 속도별 비용 및 효과분석을 고려하여 건설비, 운영비, 유지보수비용 및 차량구입비 등의 총비용 대비 효과 분석과 역간거리, 해당노선의 기능, 장래 교통수요를 감안하여 동일한 설계속도 유지 또는 구간별 설계속도를 다르게 정할 수 있다.

표 1.8 설계속도별 곡선반경

| 설계속도 $V$(킬로미터/시간) | 최소 곡선반경(미터) | |
|---|---|---|
| | 자갈도상 궤도 | 콘크리트도상 궤도 |
| 400 | –(1) | 6,100 |
| 350 | 6,100 | 4,700 |
| 300 | 4,500 | 3,500 |
| 250 | 3,100 | 2,400 |
| 200 | 1,900 | 1,600 |
| 150 | 1,100 | 900 |
| 120 | 700 | 600 |
| ≤70 | 400 | 400 |

(1) 설계속도 $350 < V \leq 400$ 킬로미터/시간 구간에서는 콘크리트도상 궤도를 적용하는 것을 원칙으로 하고, 자갈도상 궤도 적용 시에는 별도로 검토하여 정한다.

설계속도는 새로운 철도를 건설하거나 기존철도를 개량할 때 표 1.8과 같이 설계속도별로 400[km/h]부터 70[km/h] 이하까지 8단계로 구분하여 정하고 있다.

#### 2) 궤간

양 레일의 상부 내측사이의 최단거리를 궤간(gage)이라 한다. 궤간의 종류에는 광궤간(Broad gage), 표준궤간(Standard gage), 협궤간(Narrow gage)이 있으며, 표준궤간은 영국에서 1825년 개통된 철도가 1,435[mm]로 채용하여 1845년 영국의회에서 철도의 궤간을 1,435[mm]로 정하였고, 이 궤간이 그 후 구미 각국에서 채용·보급되고 1887년 국제철도회의에서 세계의 표준궤간으로 정하였다.

궤간을 넓히면 노반, 궤도, 터널, 교량 등이 크게 되고 건설비가 높아진다. 반면에 대형차량이 사용되므로 차량 내부가 넓어지고 차량의 안정도가 좋게 되며 동요가 작게 되어 승차감이 좋으며 고속운전이 가능하고 수송력이 증가한다. 그러나 실제의 궤간은 열차의 동요와 선로의 보수 등을 고려하여 다음 치수 범위 이내가 되도록 하고 있다.

※ 실제의 궤간 = 1,435 + 슬랙 ± 공차

### (2) 궤도(軌道)

궤도는 레일과 그 부속품, 침목 및 도상으로 구분되며 이것은 견고한 노반 위에 자갈 등으로 도상을 정해진 두께만큼 깔고 그 위에 침목을 일정한 간격으로 부설하여 두 개의 레일을 평행하게 고정시킨 구조이다.

궤도를 구성하는 3요소는

- 차량을 지지하고 차량의 운행을 유도하는 레일
- 레일의 위치를 고정시켜 주고 차량으로부터 하중을 받아 도상에 전달하는 침목
- 침목의 위치를 일정한 장소에 고정시키고 침목으로부터 받은 하중을 다방면으로 광범위하고 균형있게 분산시켜 노반에 전달하며 주행 중인 열차로부터의 충격력을 완화시키는 도상 등이다.

#### 1) 레일(軌條, Rail)

차량의 하중을 침목, 도상에 분포시키면서 차륜이 탈선하지 않도록 안내하고 신호전류의 궤도회로, 동력전류의 통로를 형성한다. 레일은 강도, 마모 및 부식에 강한 성질, 인성, 접촉피로에 강한 성질 등이 요구될 뿐만 아니라 용접이 가능해야 하므로 이러한 특성을 고루 갖춘 고탄소강으로 제작된다. 또한, 열차회수가 많은 곡선외측 레일 등은 마모를 줄이기 위해 레일의 두부 표면을 가스화염법이나 고주파가열법 등으로 열처리하여 상용하기도 한다. 레일의 규격은 1[m]당의 중량[kg]으로 표시하며, 우리나라는 주로 30[kg], 37[kg], 50[kg], 60[kg] 레일이 사용되고 있다.

최근에는 세계적인 추세인 열차의 고속화 및 선로보수작업 경감대책의 일환으로 중

량레일을 많이 사용하는데, 한국철도는 25[m] 길이의 정척레일(standard rail)을 주로 사용하고 있으며, 레일 여러 개를 용접하여 200[m] 이상 되는 장대레일(long rail)도 널리 채용되고 있다.

### 2) 침목(枕木)

침목은 레일을 견고하게 붙잡아 좌우 레일의 간격을 바르게 유지하면서 레일로부터 받은 열차하중을 도상에 넓게 분포시키는 역할을 한다. 침목은 분류 방법에 따라 여러 가지 이름으로 분류되나 목침목과 PC(Prestressed Concrete)침목이 주로 쓰인다. 탄성이 좋은 목침목은 레일의 체결이 쉽고 취급이 용이하며 전기절연도도 높다. 또한, 가격도 저렴하여 오랫동안 사용되어 왔으나 내용연수가 짧고 도상저항력이 적을 뿐만 아니라 목재 자원을 구하기 어려운 점 때문에 최근에는 PC침목이 대부분 사용되고 있다.

PC침목은 목침목에 비해 약 5배나 오래 쓸 수 있고 레일을 고정하는 방법이 탄성 체결이기 때문에 보수비용이 절감되며, 도상저항이 커서 장대레일 부설이 쉽다는 점 등 이점이 많지만 무게가 무거워 취급이 어렵고 도상을 보수할 때 파괴되기 쉬우며 전기절연이 목침목에 비해 떨어지는 등 단점도 있다.

### 3) 도상(道床)

도상은 레일, 침목을 경유하여 전달 된 하중을 넓게 분포시켜 노반에 전달한다. 또, 온도변화에 의한 레일신축으로 나타날 수 있는 침목의 이동을 도상저항력으로 방지하며 차량의 진동을 흡수하여 승차감을 좋게 할 뿐만 아니라 배수를 용이하게 하고 잡초가 자라는 것을 막는 등 여러 가지 역할을 한다.

이와 같은 특성을 비교적 잘 갖추고 있으면서 구하기 쉬운 점 때문에 자갈, 깬 자갈 또는 콘크리트가 도상의 재료로 사용되고 있는데, 건설비가 특히 싸고 궤도가 뒤틀릴 때 바로잡기가 비교적 쉬우며 무거운 차량 주행을 합리적으로 지지하여 일반적으로 많이 사용되고 있다.

자갈도상은 사용기간이 길어지면 자갈이 마멸되어 미립자화 되고 토사 유입으로 배수가 나빠지거나 또는 굳어져 탄성을 상실하게 되므로 자갈치기를 하거나 갱신 작업이 필요하다. 따라서 이들 작업이 필요 없는 콘크리트도상을 사용하면 보수를 위한 작업이 크게 경감되고 배수도 양호하며 동상, 잡초 발생 등이 없다. 또한, 도상의 진동과 차량의 동요가 적은 장점 등이 있으나 궤도의 탄성이 적으므로 충격이 크고 소음도 자갈 도상에 비해 크다. 그 밖에 건설비가 높고 레일의 파상 마모, 레일이음매부 손상의 우려가 있으며 침목 갱환, 도상 파손 시 보수의 어려움 등 단점도 가지고 있다.

### (3) 노반(路盤)

노반(road bed)은 천연의 지반을 가공하여 궤도를 직접 지지하기위한 토목 구조물을 말한다. 노반은 궤도 하부에서 궤도를 지지하는 흙 구조물로서 상층부의 궤도와 함께 높은 속도로 운행되는 중량물인 열차의 하중을 끊임없이 받고 있는 부분이어서 열차하중(정하중, 동하중, 충격하중)에 의해 침하되거나 변형되지 않을 만큼 충분한 강도와 탄성이 필요하다. 또, 강우 및 유수에 의한 피해도 고려하여 절취(깎기) 부분에서는 시공기면 양측에 성토(쌓기) 부분에서는 양쪽 법면 끝에 배수로를 설치하는 등 적당한 배수설비가 필요하다.

### (4) 곡선(曲線, curve)과 구배(勾配, grade)

철도 선로는 가능한 한 직선이고 고저차가 없는 것이 이상적이겠지만 지형과 구조물의 영향으로 부득이 곡선이 필요하거나 기울기가 생기게 된다. 곡선인 경우 열차가 통과할 때의 원심력에 의해 차량이 선로 외측으로 넘어지는 것을 막고 승객의 승차감을 좋게 하여야 한다.

수송력에 직접적인 영향을 주는 구배 역시 수평에 가까울수록 좋으나 선로를 수평으로 건설할 경우 절취 또는 성토를 위한 많은 양의 토사작업과 긴 터널이 필요하게 되어 건설비가 과다하게 소요되므로 부득이 구배(勾配)를 두지 않을 수 없다.

#### 1) 곡선(曲線, curve)

① 곡선의 종류 및 표시

철도선로는 가능하다면 직선이라야 하나 지형과 구조물 등으로 방향을 전환하는 지점에는 곡선을 삽입한다. 곡선의 종류에는 평면곡선에서 단곡선(單曲線, simple curve), 복심곡선(復心曲線, compound curve), 반향곡선(反向曲線, reverse curve), 완화곡선(緩和曲線, transition curve) 등이 있으며 철도에서는 단곡선과 완화곡선이 많이 이용되고 구배의 변환점에는 종곡선을 삽입한다. 곡선의 표시는 보통 원곡선을 사용하며 곡선반경 R로 표시한다.

② 최소곡선반경(minimum radius of Curve)

곡선반경은 운전 및 선로보수를 위해서는 가능한 큰 것이 좋으나 불가피하게 반경이 작은 곡선을 두어야 할 때가 많다. 최소곡선반경은 궤간, 열차속도, 차량의 고정거리 등에 따라 결정되며 그 선로구간의 열차운행 최고속도로 속도의 제한이 없는 상태로 안전하게 주행할 수 있는 최소곡선반경을 선로의 등급별로 정하고 있다.

③ **캔트**(Cant)

곡선에서는 열차 통과시 원심력에 의해 외측레일에 과대한 하중이 걸리며 차량이 외측방향으로 전도하게 된다. 이것을 방지하기 위하여 외측레일을 내측레일보다 높게 부설하여 원심력과 중력의 균형을 도모하는데 이 고저차를 캔트(Cant)라 한다.

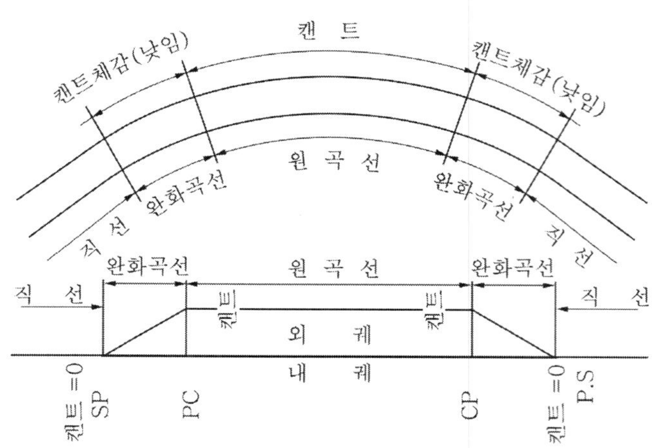


▶그림 1. 14◀ 캔트

㉮ 이론캔트

$$C = \frac{G \cdot V^2}{g \cdot R} = \frac{G \cdot V^2}{127R} \qquad (1-2)$$

여기서, $C$ : 이론 캔트량[mm]

$G$ : 궤간[차륜과 레일 접촉면과의 거리]

$V$ : 열차속도[km/h]

$g$ : 중력가속도[9.8m/s$^2$]

$R$ : 곡선반경[m]

㉯ 설정캔트

$$C = 11.8\frac{V^2}{R} - C_d \qquad (1-3)$$

여기서, $C$ : 설정 캔트 [mm]

$C_d$ : 부족 캔트[mm]

$R$ : 곡선반경 [m]

$V$ : 설계속도 [km/h]

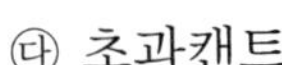



㉰ 초과캔트

열차의 실체 운행속도와 설계속도의 차이가 큰 경우에는 다음 공식에 의해 초과캔트를 검토하여야 하며, 이 때 초과캔트는 110밀리미터를 초과하지 않도록 하여야 한다.

$$C_e = C - 11.8\frac{V^2}{R}$$

여기서, $C_e$ : 초과캔트 [mm]

$C$ : 설정캔트 [mm]

$R$ : 곡선반경 [m]

$V$ : 설계속도 [km/h]

④ **완화곡선**(Transition Curve)

차량이 직선에서 원곡선으로 진입하거나 원곡선에서 바로 직선으로 진입할 경우에는 열차의 주행 방향이 급변함으로써, 차량의 동요가 심하여 원활한 운전을 할 수 없으므로 직선과 곡선사이에 완화곡선을 삽입하여야 한다. 또한, 원곡선에는 차량의 원심력으로 외측 레일에 캔트가 있고 직선에는 양측 레일이 수평하기 때문에 곡선과 직선이 직접 접촉할 때 접촉점의 외측 레일에 층이 생기므로 이러한 것을 제거하여 열차가 안전하고 원활하게 통과되게 하기 위하여 직선과 곡선사이에 반경이 무한대에서 원곡선 반경의 곡률을 가진 곡선을 삽입해야 하는데, 이 곡선을 완화곡선이라고 한다.

완화곡선의 종류에는 3차 포물선(Cubic Parabola), Sin반파장 곡선, 클로소이드 곡선, 나선 곡선(Spiral Curve), 렘니스케이트(Lemniscate) 곡선 등이 있으며 우리나라 철도는 3차 포물선방식을 채택하고 있다.

㉮ 완화곡선을 설치하여야 하는 곡선반경

곡선반경은 승차감을 좋게 하기 위하여 클수록 좋으나, 건설비 및 유지 보수 관리, 승차감 등을 감안하여 최소곡선반경을 정할 필요가 있다. 승차감을 해치지 않는 범위인 부족캔트량 100[mm]를 기준하여 직선 체감으로 설정하여 다음 각 호의 구분에 따른 길이내에서 정한다.

㉯ 완화곡선의 길이

주행 차량이 받는 단위시간당 캔트량의 변화와 캔트 부족량의 변화는 승차감이 나쁘지 않은 범위 내에서 일정한 값 이상이어야 한다. 따라서 완화곡선의 길이는

열차의 운전속도에 비례하여 길이를 정하게 된다.

완화곡선의 길이는 차량이 3점 지지현상이 일어났을 때, 차륜 플랜지의 최소높이 25[mm]까지 부상하여도 탈선하지 않는 기울기의 캔트 체감 거리 이상이어야 하고, 열차가 주행할 때 속도에 따라 1초에 1¼"씩 높이로 변하기 때문에 이에 따라 충분한 완화곡선의 길이가 정해져야 한다.

또한, 캔트량의 급변화로 인하여 열차가 통과할 때 단위시간에 경사되는 정도와 열차가 받는 원심 가속도의 변화 등으로 승차감이 나쁘지 않은 정도의 길이를 정하여야 한다.

$$L = \frac{V}{C_o} \cdot C = 8.75\,VC \tag{1-4}$$

여기서, $L$ : 완화곡선의 길이[m]

$V$ : 열차속도[km/h]

$C$ : 설정 최대캔트량[160mm]

$C_o$ : 캔트량 체감의 시간적 변화율

[1¼"/sec=3.175cm/s=0.1143km/h]

1. 완화곡선이 있는 경우 : 완화곡선 전체 길이
2. 완화곡선이 없는 경우 : 최소 체감길이[m]는 $0.6\Delta C$ 보다 작아서는 아니 된다. 여기서 $\Delta C$는 캔트변화량[mm]이다.

| 구 분 | 체감 위치 |
|---|---|
| 곡선과 직선 | 곡선의 시종점에서 직선구간으로 체감 |
| 복심구간 | 곡선반경이 큰 곡선에서 체감 |
| 직선구간에서 체감을 원칙으로 한다. 다만, 선로의 개량 등으로 부득이한 경우에는 곡선부에서 체감할 수 있다. | |

### ⑤ 종곡선(Vertical Curve)

선로의 구배 변화점에는 열차가 주행할 때 열차 전후방향으로 인장력과 압축력이 크게 작용하여 연결기의 파손 위험이 발생될 뿐만 아니라 차량이 부상되어 궤도방향으로 인장력과 횡압 등이 작용하여 탈선위험과 선로의 손상을 주게 되고 상하 동요가 증대되어 승차감을 악화시키고 있으며, 건축한계와 차량한계에 영향이 있으므로 이러한 악영향을 완화시키기 위하여 구배의 변화점에는 종곡선을 설치하고 있다.

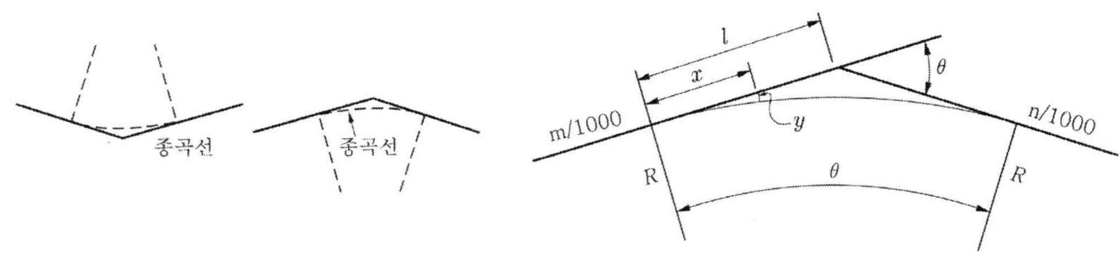


▶그림 1.15◀ 종곡선

- 종곡선 간 직선 선로의 최소 길이는 설계속도에 따라 다음 값 이상으로 하여야 한다.

$$L = \frac{1.5\,V}{3.6}$$

$L$ : 종곡선 간 같은 기울기의 선로길이[m]

$V$ : 설계속도[km/h]

### 2) 구배(勾配, grade)

선로의 구배(기울기)는 최소곡선반경보다도 수송력에 직접적인 영향을 주게 됨으로 가능한 수평에 가깝도록 하는 것이 좋으나 수평으로 하면 큰 토공과 장대터널을 필요로 하게 되어 건설비가 많이 소요되므로 우리나라에서와 같이 산악이 많은 지역에서는 구배가 많아진다.

#### ① 구배의 표시(indication of grade)

구배의 표시는 각국에 따라 다르나 철도에서는 다음의 3가지 중 천분율을 많이 사용하고 있다.

㉠ 천분률(千分率, permillage of permill) [‰]

수평거리 1,000에 대한 고저차로 20/1,000 또는 20[‰]로 표시하고 한국, 프랑스, 독일, 일본 등 세계 각국의 철도에서 널리 사용되고 있다.

㉡ 백분률(百分率, percentage of percent) [%]

수평거리 100에 대한 고저차로 2/100 또는 2[%]로 표시하고 미국철도에 사용되고 있으며 한국에서도 철도와는 달리 도로에서 사용하고 있다.

㉢ 고저차(高低差)

1에 대한 수평거리를 표시하며 영국에서 사용되고 있다. 일반적으로 고저차는 분자로 하고 수평거리를 분모로 하여 고저차와 수평거리의 비율로 표시하고 있다.

② 구배(勾配)의 종류

㉠ 최급(最急)구배(maximum grade)

선로 운전구간 중 가장 경사가 급한 구배를 말한다. 우리나라에서는 선로 등급별 최급구배와 특별한 경우의 허용한계를 규정하고 있다. 다만 전동차 전용선로인 경우는 선로등급에 관계없이 그 한도를 35[‰]로 완화하고 있다. 이는 전동차 전용선로 대부분 대도시와 근교에 건설되므로 급구배가 필요하며 전기차량은 단거리 급구배를 쉽게 운전할 수 있기 때문이다.

㉡ 제한(制限)구배(ruling grade)

운전 구간의 견인 중량을 제한하는 구배, 즉 그 구간에서 열차의 운전에 대해 가장 큰 저항을 주는 상 구배를 말하며 제한구배가 반드시 최급구배와 일치하는 것은 아니다.

㉢ 타력(惰力)구배(momentum grade)

열차의 타력을 이용하여 구배를 통과할 수 있는 기울기를 말한다.

㉣ 표준(標準)구배(standard grade)

역간에서 1[km]를 이격한 2지점을 연결하는 많은 직선 구배 중에서 가장 급한 구배를 말한다.

㉤ 가상(假想)구배(virtual grade)

구배를 운전하는 열차의 속도의 변화를 구배로 환산하여 실제의 구배에 대수적으로 가상한 것을 말하며 열차운전 시분에 적용된다.

㉥ 선로의 기울기가 변화하는 개소의 기울기 차이가 설계속도에 따라 다음 표의 값 이상인 경우에는 종곡선을 설치하여야 한다.

| 설계속도 V [km/h] | 기울기 차 [‰] |
|---|---|
| $200 > V \leq 400$ | 1 |
| $70 > V \leq 200$ | 4 |
| $V \leq 70$ | 5 |

㉦ 최소 종곡선 반경은 설계속도에 따라 다음 표의 값 이상으로 하여야 한다.

| 설계속도 V [km/h] | 최소 종곡선 반경 [m] |
|---|---|
| $335 \leq V$ | 40,000 |
| 300 | 32,000 |
| 250 | 22,000 |
| 200 | 14,000 |
| 150 | 8,000 |
| 120 | 5,000 |
| $V \leq 70$ | 1,800 |

※ 이 외의 값은 다음의 공식에 의해 산출한다.

$$R = 0.35\,V^2$$

여기서, $R_v$ : 최소 종곡선 반경[m], $V$ : 설계속도[km/h]

다만, 종곡선 반경은 500[m] 이상으로 하여야 한다.

### (5) 분기기(分岐器, turnout)

하나의 궤도를 두 개의 방향으로 나누는 설비를 분기기라 하고, 두 개의 선로가 동일 선로에서 교차하는 것을 크로싱이라 한다. 일반적으로 분기기와 크로싱을 총칭하여 분기기류라고 하고 간단히 분기기라고 한다. 분기기는 포인트(point)부분, 리드(lead)부분, 크로싱(crossing)부분으로 구성되어 있다. 분기기는 궤도구조상 매우 중요하며 많은 종류가 있으나 보수작업이 어렵고 속도의 제한을 받는 약점이 있다.

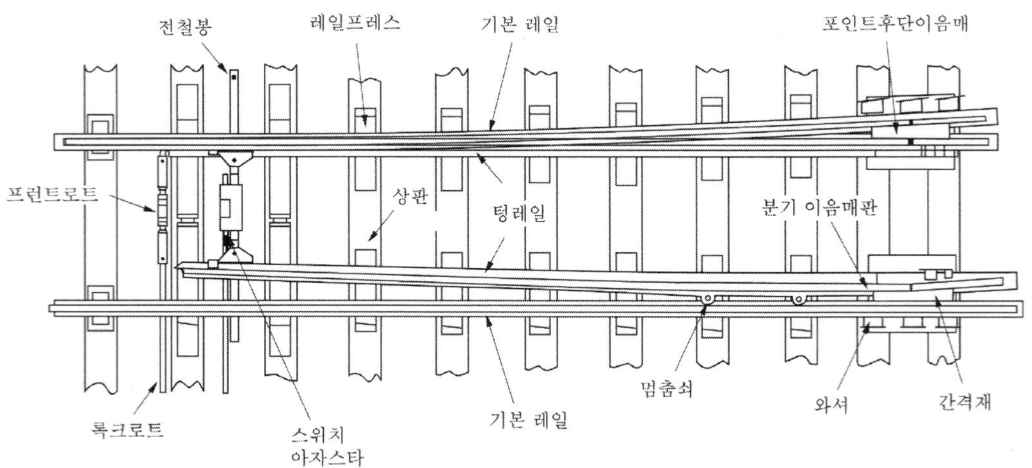


▶그림 1.16◀ 분기기의 구조

## 1.3.2 철도신호

### (1) 철도와 신호설비

다른 교통시스템과 비교하여 철도가 가지고 있는 특징 중의 하나는 일정한 궤도 위를 열차가 주행한 다는 것이고, 둘째로 열차에는 운전방향을 조정하는 핸들장치가 없기 때문에 열차가 주행하는 선로(Rail)를 좌, 우로 이동시켜 열차의 운전방향을 결정해 준다. 이것은 다시 말해서 선로의 어느 부분에 열차운행에 대한 장애물이 발생하였을 경우 열차는 그 지점을 피하여 갈 수 없기 때문에 사전에 장애요소를 발견하여 장애물 이전에 정지하여야 한다는 것이다.

셋째로는 열차의 제동거리가 길다는 점이다.

열차는 차량자체의 무게도 클 뿐만 아니라 보통 6량에서 10량 또는 그 이상의 많은 차량을 연결하여 운행하는데 여기에 더하여 탑승한 승객 또는 화물의 무게를 합하면 엄청난 제동력을 필요로 하고 레일 위를 철로 된 열차의 차륜들이 접촉함으로서 마찰력이 적기 때문에 제동 시 제동거리가 길어질 수 밖에 없다. 여기에다 열차의 속도가 높을수록 제동거리는 기하급수적으로 늘어난다.

열차를 운전하는 기관사가 전방을 눈으로 확실히 인식할 수 있는 거리는 대체로 800[m] 정도가 되며, 따라서 열차의 제동거리가 이것보다 더 길 경우이거나 시야를 가리는 장애물 등이 있을 때에는 제동거리 부족으로 추돌 및 충돌 등의 운전사고로 이어질 수 있다. 이와 같은 특성을 갖고 있는 철도에서 열차를 안전하게 운행하기 위하여서는 열차의 핸들 역할을 대신할 수 있는 시스템과 사전에 장애요소를 검지하여 기관사에게 예고하고 열차의 속도에 맞추어 자동으로 사전에 브레이크를 작동시키는 특수한 기능의 장치가 시설되어야 한다. 이렇게 운행되는 열차의 기본적인 안전을 지켜주는 것이 신호설비라 할 수 있다.

### (2) 신호시스템의 필요성과 역할

철도에 대한 근본적인 요구사항은 다른 모든 교통시스템과 마찬가지로 안전과 효율적인 운영이다. 그러나 열차운전이 안전하려면 한정된 노선에 가급적이면 열차운행 빈도를 적게 하는 것이 좋으나, 효율적인 운영을 하려면 더 많은 열차가 빈번하게 운행하여야 한다. 즉, 안전과 효율은 서로 상충된 성질이 있으며 이 두 가지 목적을 달성하려면 완벽한 신호시스템의 개발과 도입이 필요하다. 신호시스템의 일차적인 목표는 열차의 안전한 이동을 방호하는 것이다. 기관사가 육안으로 분명하게 볼 수 있는 거리

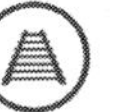

보다 열차의 제동거리가 더 크거나 또는 비상제동에 대한 접근이 매우 취약하여 사고의 가능성이 높은 경우에는 신호시스템이 제공되어야 한다.

열차의 속도가 저속이고 열차운행 빈도가 적을 때에는 신호시스템의 역할과 필요성이 그리 많지 않았지만, 경제가 발전하여 교통수요가 늘어나고 물동량이 커져 한 노선에 더 많은 열차를 투입하여 운행횟수가 증가함에 따라 철도사고로 인한 인명 피해와 재산상의 손실을 방지하기 위하여 열차 또는 차량이 안전하게 운행할 수 있도록 여러 가지 규칙과 신호시스템이 필요하게 되었다.

신호시스템은 열차의 운행조건을 제시하여 열차의 진행 가부 및 그 구간에서의 운행속도와 위험의 유무 등을 알려 주는 것으로 열차 또는 차량의 안전을 확보하고 정확성과 신속성으로 수송능률의 향상을 도모하기 위한 열차제어시스템이다. 철도신호는 열차의 안전운행 뿐만 아니라 수송능률의 향상을 도모하는데 매우 중요한 역할을 한다. 또한 철도 수송에 있어서 수송력의 증강과 경영의 합리화를 이루게 하는 한편 열차 속도의 향상, 열차 운행 횟수 및 수송 단위의 증가가 급속하게 이루어지는데 기여하고 있다.

신호시스템은 열차가 진입 또는 진행할 레일 위의 이상 유 · 무, 선행열차의 레일 점유상태, 분기기의 개통 및 밀착상태 등을 파악하여 하나의 신호로 집약한 다음 기관에게 운행조건을 제시하여 사고의 예방과 열차의 운용효율을 높일 수 있는 체계를 갖추어야 한다.

### (3) 철도신호의 발달

1825년 영국의 스티븐슨이 스톡턴과 다링톤간 40[km]를 처음으로 열차를 운행하였을 때의 신호설비는 기마수가 신호기를 들고 열차 앞에서 달리며 선로의 이상 유무를 알려주는 것으로부터 시작되었다. 당시의 열차운전은 기관사가 전방의 운행조건을 눈으로 보면서 운전할 수 있는 16[km/h] 정도의 속도였으나 점차 열차운행횟수가 증가하고 사고가 발생함에 따라 1841년 완목식 신호기가 등장하고 열차운전설비에 전신이 사용되게 되었다. 이후 철도신호 근대화 작업은 1872년 윌리암 로빈슨의 궤도회로 발명, 1907년 연동폐색의 개발, 1927년에는 열차집중제어장치를 실용화하기에 이르렀다.

우리나라에서는 1899년 경인선 노량진~제물포간 33.2[km]의 철도가 개통되면서 완목식 신호기와 통표폐색을 사용하기 시작한 이래 1942년 자동폐색신호기 설치, 1955년 계전연동장치의 사용, 1968년에는 중앙선 망우~봉양간 31개 역에 열차집중제어장치가 개통되었다.

신호설비는 선로, 차량과 함께 3대 안전설비 중의 하나이다. 철도운전사고는 운전관계요원의 인위적인 잘못과 3대 안전설비중의 하나가 정상기능이 아닐 경우에 운전장애나 사고가 발생하게 된다. 이와 같이 신호설비는 열차안전운행을 위한 수단으로 발전되어 왔으나 열차의 고속, 고밀도 운전으로 선로의 효율적 이용은 물론 다양한 운전정보 제공 등 철도통합관리시스템과의 연계가 이루어지고 있다.

산업이 발전하고 인구가 증가함에 따라 승객수송수요 및 물동량이 급속하게 늘어나게 되고, 이것을 충족시키기 위해 열차의 운행횟수와 운행속도가 급속도로 증가할 수 밖에 없었다. 이러한 상황에서 열차의 안전운행을 도모하기 위하여 철도신호시스템은 그 시대에 적합한 모든 기술을 총 동원하여 한 단계씩 발전시켜왔으며, 각종 사고와 장애 등의 경험을 통하여 사고와 장애가 발생하지 않도록 노력하고 있다.

철도가 발명 되었던 초기에는 완목식 신호기 등 기계식 신호장치가 사용되었고, 전기가 발명되면서 전구를 사용한 신호등, 궤도회로, 계전연동장치 등이 개발되어 열차안전운행과 선로용량을 획기적으로 증대 시켰으며 최근에는 최신의 컴퓨터기술과 무선통신을 이용하여 안전하고 효율적인 열차제어시스템을 개발 실용화하여 무인운전도 가능하도록 하고 있다.

**1) 기계식 신호**

▶**그림 1.17**◀ 기계식 신호장치

① 수신호

철도 발명 초기에는 안전운전에 대한 사고는 매우 단순하여 지금까지 도로를 주행하던 마차 교통이 레일 위를 기관차가 차량을 견인하는 기차교통으로 변한 것에 불

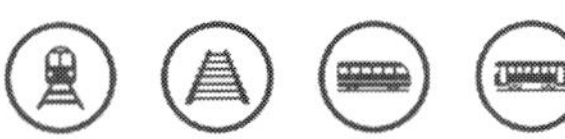



과하다고 생각하였으므로 특별한 안전 시스템을 채용하려고 하지 않았다. 당시 열차는 대부분 주간(晝間)에 운전하고 속도는 약 6~16[km/h] 로 신호기를 사용하지 않고 기관사의 주의력에 의한 무신호 가시 운전방식으로도 안전하게 운전할 수 있었다. 그러나 철도는 점차 가장 빠른 수송 수단으로 성장하여 속도는 약 48[km/h]를 초과하게 되었고 이에 따른 열차의 안전운행 확보가 대두 되었다.

그러나 인접 역과의 상호 연락수단이 전무했던 당시에는 시간간격법으로 열차운행 할 수 밖에 없었다. 신호원은 분기기 근처에서 전환업무를 수행하고 선행열차 출발 후 일정시간 이내에 후속열차가 도착하면 "정지", 일정시간이 지나면 "주의" 또는 "진행" 수신호를 현시 하였다. 따라서 선행열차의 고장으로 인한 돌발적인 도중 정차 등으로 인한 추돌사고가 빈발하였다.

② 완목식 신호기

신호는 그 현시가 간단하고 보는 사람에게 정확하고 신속하게 정보를 전달하여야 하는데 원형과 직사각형 신호기의 투시 거리를 비교해 보면 동일 면적일 경우 직사각형이 매우 우수하며 직사각형은 기 기울기에 따라 신호현시를 명확하게 구별할 수 있다. 1841년 Charles Gregory는 이를 바탕으로 착색한 직사각형판을 사용하여 신호를 현시하는 새로운 신호기구를 고안하였다. 이것이 현재의 완목 신호의 기원이며 영국 해군에서 메시지를 전달하는데 사용한 완목식 통신기에서 착안한 것이다.

이 완목식 신호기의 현시는 수평일 때 완목이 기주에서 가장 멀리 돌출되어 식별이 가장 명확하므로 "정지", 하향 45도는 "주의"를, 완목이 수직일 때를 "진행"으로 하였다. 이는 신호원의 수신호 방식을 그대로 적용한 것으로 이 현시 방식의 원칙은 현재까지 각국 철도에 계승되고 있다.

그 후 기관사들에 의해 "완목의 위치가 수직일 때에는 기주와 일직선이 되어 신호현시가 불명확하다"라는 의견 등으로 완목 위치를 45도 하향 또는 상향으로 하여 "진행"을 현시하도록 변경되었다.

③ 연동기

초창기에는 역구내의 선로전환기와 신호기의 취급 리버가 현장에 설치되어 취급할 필요가 있을 때마다 현장에 가서 취급하였다. 이러한 불편을 해소하기 위하여 1843년 영국 Bricklayer's Arms역에 선로전환기와 신호기요 리버를 1개소에 집결한 "리버집중장치"가 최초로 설치되었다. 이 장치에 대한 상세한 것은 알려지고 있지 않으나 매우 간단한 것으로 신호원이 손으로 선로전환기를 조작하고 발로 신호기 리버를 취급하였다고 전해지고 있다.

1853년 John Sayby는 신호기를 도선(wire)으로 원격 제어하는 장치를 고안하여 1856년에 연동기에 대한 특허를 취득하고 Bricklayer's Arms역에 자기가 제작한 연동기를 설치하였다. 이어 1859년 Saxfy-Farmer가 제작한 연동기가 미국 뉴저지의 East Newark역에 설치되었는데, 이것은 기계 연동기의 효시로 전세계에 보급되어 열차운전의 안전도 향상에 크게 기여하였다.

④ 신호 현시방식의 종류

(a) 색정식 (장내 * 출발 * 폐색)

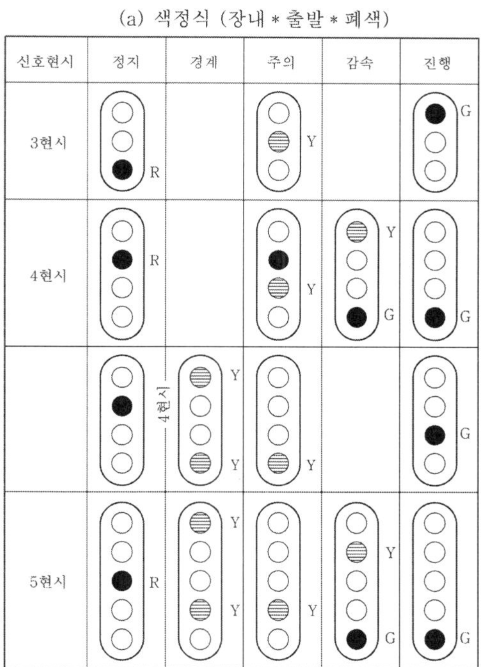


(b) 정열식 (入換)

(c) 완목식 (入換)

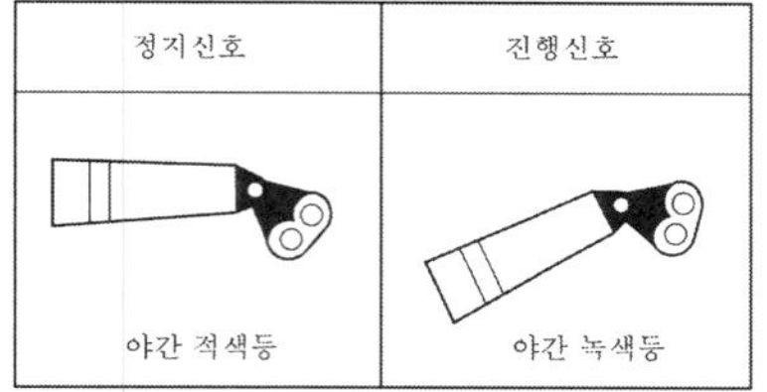


(d) 임시신호기

서행신호
서행예고신호
서행해제신호
등반사판
등
35
35
흑반사판

## 2) 전기식 신호

▶그림 1.18◀ 전기계전연동장치 및 색등식 신호기

전기가 발명되고 나서 흔히 산업 현장이나 일상생활에 쓰이는 전기를 신호장치에 도입하기 시작하면서부터 신호장치는 안전도와 열차의 운행효율이 비약적으로 증가하기 시작하였다. 전구를 사용한 색등식 신호기는 야간에도 열차에게 정확한 신호를 현시할 수 있도록 하였고, 궤도회로의 발명으로 열차의 위치 추적이 가능해 졌으며 이를 이용한 열차제어 기술이 다양한 형태로 발전하여 열차의 간격을 적절하고 안전하게 제어 할 수 있게 하였다. 또한 계전연동장치의 출현으로 분기부에서의 열차진로 확보는 물론 안전을 보증할 수 있게 되었으며, 빈번한 열차의 운행에도 적절히 대응할 수 있게 되었다.

① 신호등

완목식 신호기는 야간에 사용할 수 없는 단점이 있어 Stockton & Darlington 철도에서 적색등과 백색등을 사용 "적색등"을 야간의 정지 신호로 "녹색 또는 백색등"을 야간의 진행 신호로 현시하게 되었다.

그리고 1841년 2월에 영국 Birmingham 시에서 개최한 영국 철도 연합 회의에서는 각 철도회사마다 서로 다르게 사용하던 신호방식을 "적색은 정지, 녹색은 주의, 백색은 진행의 의미를 표시하는 신호로 한다."로 통일하여 직통 운전시 발생하는 위험 요소를 없앴다.

그 후 백색등은 선로 주변에 산재해 있는 민가의 조명등과 오인하기 쉬운 문제점이 있어 점차로 녹색등을 진행 신호로 사용하게 되었다.

② 궤도회로

1872년 미국의 윌리암 로빈슨(William Robinson)이 처음 발명한 궤도회로는 직류궤도회로이며 각국의 철도에서 실용화 되었다. 일본에서는 1904년에 처음 채용되었으며, 우리나라는 서울역 남북부에 제1종 전기기 연동장치로 개량되던 1922년부터 도착 본선에 한하여 교류궤도회로가 처음 사용된 것으로 보인다.

이 기간의 기술은 기본적으로 전기기계방식 이었으며 열차검지는 계전기를 사용하는 교류궤도회로를 사용하였다. 이것을 고정폐색방식의 색등식 신호와 결합하였다. 기계연동장치와 계전기는 흔히 안전한 동작을 위하여 사용되었고, 이후 증가된 성능 요구에 발 맞추어 여러 가지 형태의 궤도회로가 개발되었다.

철도가 직류전철화 됨에 따라 직류궤도회로는 사용할 수 없게 되었다. 이것을 해결하기 위하여 임피단스본드와 2원형 교류계전기에 의한 교류궤도회로가 탄생하였다. 임피단스본드는 레일을 전차전류의 귀선 및 궤도회로의 두 가지를 중첩하는 것을 가능하게 하였다. 또 이원형 교류계전기의 국부측과 궤도측의 전류 극성을 변경시킴으로써 진행, 주의, 정지의 3위의 조건을 용이하게 얻을 수가 있다. 그래서 전철화 구간에 교류궤도회로가 채용되게 되었다.

③ 계전연동장치

1825년 아마추어 연구가인 William Sturgeon이 연철을 U자로 구부리고 바니시를 도장한 전자석을 처음으로 발명한 후, 1829년에는 Joseph Henry가 바니시를 도장하지 않고 절연동선을 연철위에 빈틈없이 감은 강력한 전자석을 제작하였다. Midgael Faraday는 2년 후 자기유도(도선이 구성하는 회로의 전류가 변화할 때 회로 내에 기전력이 발생하는 현상)를 발견하였고, 1839년경에는 전자석을 이용한 계전기가 개발되었다.

계전기는 입력 신호(미리 정해진 전기량, 물리량)에 의하여 작동되고 전기회로를 제어하는 기능을 가진 장치로, 1926년에는 미국에서 많은 종류의 계전기를 사용하여 신호기와 선로전환기 상호간에 필요한 쇄정관계를 신호제어회로와 선로전환기 동작회로에 직접 실현하는 계전연동장치가 개발되었다.

### 3) 전자식 신호

▶그림 1.19◀ 차상신호장치 및 운전취급실

1950년대의 전자회로의 주요부품은 열전자관이었다. 이것은 사용하기 어려운 여러 가지 단점(고전압 공급의 필요와 같은)이 있었다. 신호 애플리케이션 엔지니어들은 종종 이러한 단점을 메우고 장점을 갖도록 하여 확실하게 운영되는 회로를 만드는 문제 그리고 관련된 비용을 고려하였으나 이 부문에서의 개발 작업은 거의 수행되지 않았으며 엔지니어들은 자신들이 좀 더 익숙하고 확실한 기술을 계속 사용하기를 선호하고 있었다.

1950년대 말 경에 열전자 관 회로는 대부분 트랜지스터 회로로 교체되는 과정에 있었다. 최초의 트랜지스터는 1948년에 제조되었다. 신호 애플리케이션 엔지니어들은 트랜지스터 회로를 사용하는 것이 훨씬 더 적합하다는 것을 인식하였으며 적용을 위해 상당히 많은 연구가 수행되었다.

① 열차의 검지와 방호기술의 개발

㉮ 코드화 궤도회로, 차상신호 및 연속적인 자동열차방호

트랜지스터의 출현은 코드화 궤도회로 장치를 거친 철도환경에 훨씬 더 적합한 형태로 발전시키는 기회를 제공하였다. 그것은 차상에 장착되는 진동방지를 수월하게 했으며 진자 코드 계전기의 보수업무를 상당히 감소시켰다.

우선 정규적인 시간장치 역할의 진자는 트랜지스터 스위칭으로 대체되었다. 열차검지를 위한 궤도회로 수신기와 차상장치는 트랜지스터와 자기 증폭기술을 사용했다.

코드를 변조하여 열차가 이동할 수 있는 최대 속도를 열차시스템에 허가할 수 있게 되었다. 만약 허가된 속도를 초과하는 경우 열차시스템은 제동이(비상제동) 체결되도록 설계되었다.

성능에 있어서 중요한 개선 역시 이러한 연속적인 방호로부터 이루어졌다. 운전실에서 열차의 바로 앞에 놓인 궤도에 대한 신호정보를 화면에 표시하는 것이 가능하게 되었다. 그러나 이것이 궤도변 신호기에 대한 필요성을 제거하지는 못했지만 그 필요한 숫자는 감소시켰다.

㉯ 차축 카운터 개발

열차검지를 위한 차축 카운터는 기존의 궤도회로 장치로는 문제를 안고 있는 과도한 습기나 강구조 교량과 같은 구간에서의 열차검지가 개발의 초점이었다. 처음에는 기계적인 카운터를 사용하였는데 그 신뢰성이 충분하지 못하였다. 차축 검지장치는 신호 엔지니어들이 열차 전면의 특정위치를 검지하는 방법으로 사용하였는데 그것은 시간회로를 작동 시키거나 조기해정을 용이하게 하는데 사용될 수 있었다. 그후 기계적인 카운터는 전자장치로 교체되어 열차검지 및 열차속도 측정에 차축 카운터를 좀 더 널리 사용하도록 만들었다.

② 자동열차운전(ATO)

열차를 연속적인 자동열차방호장치(ATP)에 의하여 운영하는 문제의 변화는 자동열차운전(ATO)의 도입으로 이어졌다. 새로운 도시철도 노선이 건설되는 경우 두 가지 시스템을 동시에 개발하였는데 그 이유는 시스템 통합이 이루어지는 동안 매

일 승객 서비스가 제공되어야 하는 기존 노선에 대해 적용하는 것보다 ATO 애플리케이션이 새로운 철도에서 훨씬 더 용이하였기 때문이다.

ATO는 수동 운전열차와 비교하여 열차 시간표를 단축할 수 있도록 하는 열차이동의 밀도를 제공함으로써 보다 성능을 개선 가능하게 하였다.

③ 데이터 통신의 개선(CTC, TTC)

반도체 회로는 신호 엔지니어링이 또 다른 분야에서 자유롭게 하는 효과가 있었다. 이것은 표시를 만들어내는 신호장치가 위치한 곳으로부터 상당한 거리가 있는 곳에 많은 수의 신호 표시들을 나타낼 수 있도록 하는 개선된 통신 방법이 용이하게 도입되도록 하였다. 현장의 신호장치 역시 원격으로 제어할 수 있게 되었다. 신호취급소가 제어해야할 지역에 인접해 있어야 할 필요가 없게 되었다.

이것은 철도가 전체 노선에 대한 중앙 관제실을 가질 수 있도록 만들었고 전체 노선의 상태를 고려하여 결정을 내릴 수 있었기 때문에 열차 서비스 관리를 보다 효율적으로 하게 되었다. 효율적인 협조로 제어를 하여 사고관리도 개선되었으며 이 모든 것이 적은 수의 직원으로 달성될 수 있었다. 이것은 비용 측면에서의 이익뿐만 아니라 일련의 명령 및 통신을 단축할 수 있도록 하였으며 동시에 갱신된 정보를 광범위하게 전파할 수 있게 하였다.

어떤 도시철도에서는 새로운 중앙관제실을 만들면서 진로설정 과정을 자동화하는 기회를 가졌다. 초기에는 열차운행 다이아그램에 따라 단지 행선지(선입선출)에 의해 사전진로를 구축하는 것이었다. 이 장치는 플라스틱 또는 종이 위에 일련의 천공을 하여 열차 시간표 정보를 장치에 입력하는 식이었다.

최근에는 눈부시게 발전하는 마이크로 프로세서 또는 IT 기술을 이용하여 좀 더 스마트한 열차운행관리를 하고 있다.

### 4) 컴퓨터, 무선통신을 이용한 신호

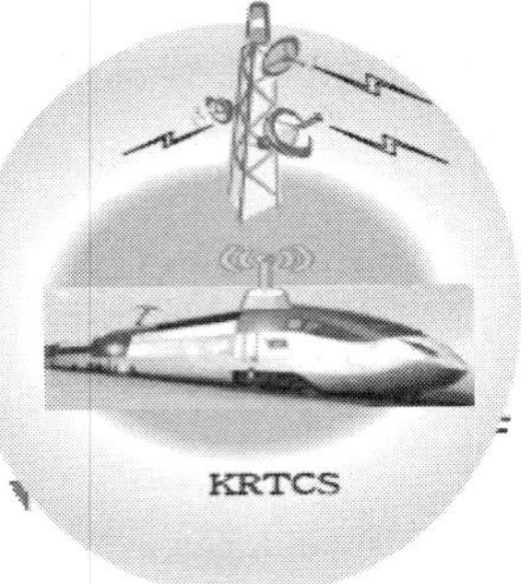


▶그림 1.20◀ KRTCS

직접회로는 트랜지스터 회로로부터의 논리적인 발전이었으며 매우 커진 처리 능력이 터널과 열차의 제한된 공간에서 수용될 수 있었으므로 신호시스템 애플리케이션에서 큰 장점을 제공하였다. 이 세대의 컴퓨터는 점진적으로 실물이 더 작고, 더 빠르고, 더 싸며, 더 강하게 처리능력이 증가됐다.

동시에 애플리케이션을 가능케 하는 운영시스템이 그 자체는 좀 더 복잡하지만 사용하기에는 더 용이하게 되었다. 특별한 요구사항에 대한 비용이 포함되는 경우에도 신호시스템 애플리케이션에 컴퓨터를 사용하는 것이 경제적이 되었다. 그 동안 기계식에서 전기, 전자식으로 변화를 거듭 해온 철도신호 분야에도 정보통신을 기반으로 하는 신호시스템이 등장하기에 이르렀다. 특히, 무선을 이용한 열차제어시스템은 세계 철도 네트워크에 영향을 미치고 있다. 무선통신을 기반으로 하는 열차제어시스템(CBTC)는 새로 발명된 기술이라기보다는 열차제어시스템으로부터 진화한 결과로 볼 수 있다. 차상신호, 자동열차보호, 자동위치추적, 무선통신 등 그 요소들이 때로는 열차제어에 때로는 다른 철도 응용에 이미 사용 중인 것들이다. 이러한 요소들은 새로운 제품으로 통합되고 있고 최근에는 개방표준을 기초로 상호운용이 가능한 시스템 개발에 집중하고 있다.

① 전자연동장치

간선철도와 도시철도를 위한 신호 연동기능을 수행하기 위한 컴퓨터의 사용이 1950년 후반 미니컴퓨터가 보편화되기 전에 신호 엔지니어들에 의해 논의되었다. 그러나 이러한 시스템의 설계와 실행은 안전성과 통합성을 보장하는 실질적인 문제 때문에 많은 신호 엔지니어들 간에 받아들여 적용되는 것은 서서히 이루어졌다. 이것은 시스템을 평가할 수 있는 기준이 없음으로써 더 악화되었다. 이 같은 문제는 안전 시스템으로 사용되는 타 분야의 적용에 있어서도 마찬가지였다. 만약 이 문제가 해결될 수 있었다면 컴퓨터 기반의 연동장치는 도시철도에 특별히 적합한 것으로 고려되고 또한 상당한 이점을 제공했을 것이다. 1970년대 이후에 도시철도에서 이 기술의 적용이 증가되었고 문제들은 점진적으로 해결되었다. 1990년대 중반까지 신설 또는 교체 시 대부분의 도시철도는 전자연동 시스템을 채택하였다. 아직도 완전히 해결되어야 하는 표준문제가 남아 있지만 유럽에서는 CENLEC 표준인 EN61508과 EN50126이 전자연동장치와 같은 소프트웨어 안전시스템의 구매에 사용되고 있다.

② 통신기반의 열차제어시스템(CBTC)

차량과 지상시스템 간의 연속적인 통신은 보다 현대적인 자동열차제어시스템의 기본이다. 이러한 통신기반 시스템의 채택은 열차제어에 새로운 방법을 도입하게 되었다.

CBTC(Communication Based Train Control)란 통신을 이용하여 열차의 안전운행을 제어하는 기술을 말하며 통신은 주로 유도식 루프나 무선주파수를 사용한다. CBTC는 선로변의 신호시설물을 최소화하고 열차의 위치 검지 및 제어를 무선통신에 의하여 연속적으로 수행하며 이동폐색(MBS)을 구현하는 유일한 방식이다.

CBTC시스템의 공통점을 살펴보면 첫째, CBTC시스템은 거의 항상 열차와 선로변 간에 정보를 전송하기 위해 궤도회로 이외의 기술을 사용한다. 둘째, CBTC시스템은 열차위치 결정에 궤도회로 보다 더 정밀한 방식을 사용한다. 셋째, CBTC시스템은 열차의 운행에 대한 정보를 처리하고 열차의 안전속도를 연속으로 결정함으로써 컴퓨터를 사용하여 안전운행에 대한 조치를 취한다.

유럽에서는 열차가 국경을 지날 때 상이한 시스템이 제어하는 영역을 운행하는 동안에도 계속 안전하게 운행해야 하기 때문에 상호운용성을 필요로하여 ERTMS/ETCS 라고 하는 열차제어시스템을 개발하여 사양을 표준화 하고 단계적으로 유럽 전역에 사용할 뿐만 아니라 전 세계에 그 기술을 전파하고 있다. 또한 북아메리카에서는 미국과 캐나다의 주요철도에 ATCS(Advanced Train Control System)라는 무선기반의 열차제어기술을 채택하고 있으나 철도 이용이 유럽보다 용이하지 않아서 아직은 널리 확산되지 않고 있다.

우리나라의 경우 최근에 활발하게 건설되는 경전철에 외국의 우수한 철도신호 제작사의 검증된 CBTC시스템을 도입하고 있으나, 유지보수 및 관리의 어려움 등이 있기 때문에 정부와 연구소, 제조업체 등이 협력하여 한국형CBTC(KRTCS)라는 국산화 사업을 전개하고 있다.

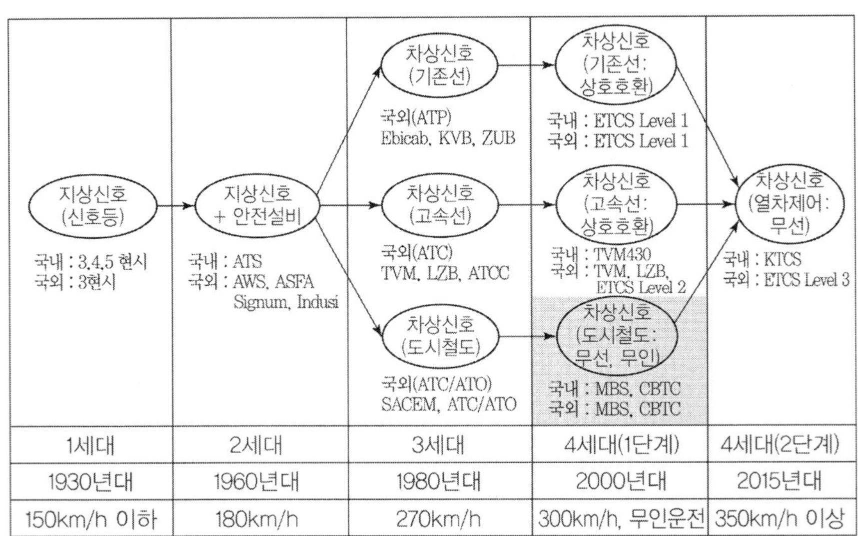


**표 1.9 열차제어시스템 발전단계**

## 1.4 전기차(電氣車)

철도 차량(rolling stock)이란 전용의 궤도 위를 주행할 수 있도록 여객이나 화물의 수송을 목적으로 하는 차량과 이들 차량을 견인하기 위하여 동력장치를 탑재하여 주행하는 차량을 총칭하는 것을 말한다.

철도 차량(rolling stock)을 크게 분류하면 동력차(기관차, 동력객차), 객차(客車) 및 화차(貨車)로 구분하며 동력차는 동력방식에 따라 증기차, 디젤차, 전기차로 구분할 수 있다. 본 서 에서는 전기철도와 직접적으로 관계가 있는 전기차를 중심으로 기본적인 설비와 개념에 대하여 설명을 하겠다.

전기차(electric motor vehicle)는 전기적 에너지를 기계적 에너지로 바꾸어 열차를 주행시키는 차량을 말한다. 전기차는 외부로부터 전력을 공급받는 것과 자체의 차상에서 전력을 발생하는 것이 있는데 넓은 의미로는 전기를 동력으로 사용하는 모든 철도차량을 말할 수 있으나 일반적으로는 전차선이나 제3레일 등에 의해서 외부로부터 전력을 공급받아 운행하는 차량을 말하고 있다.

전기차는 전기철도 급전계통상의 부하설비에 해당되기 때문에 전기적으로 직접적인 영향을 주게 되며, 기계적인 관점에서도 전기차의 집전장치가 직접 전차선로에 접촉하여 운행되어 가선방식 등에 영향을 미치게 되므로 전기철도에 있어서 전기차는 매우 중요하게 취급되어지고 있다.

## 1.4.1 전기차(電氣車)의 분류

### (1) 전기방식에 의한 분류

① 직류 전기차

② 교류 전기차

③ 교직 양용 전기차

### (2) 성능에 의한 분류

① **전기기관차**(electric locomotive)

강력한 구동용 전동기를 가지고 다수의 부수차를 견인할 수 있는 차량

② **전동차**(motor car)

구동용 전동기를 설비하여 자체 또는 부수차를 연결 운행하는 차량

③ **제어차**(control car)

구동용 전동기는 없으나 차량의 운전이 가능 하도록 제어장치가 설비되어 있는 차량

④ **부수차**(trailer car)

구동용 전동기나 제어장치가 설비되어 있지 않은 객실만 갖춘 차량

### (3) 대차에 의한 분류

① **4륜차**(단대차: four wheel car)

한 개의 대차위에 차체를 고정시킨 것(소형용)

② **보기차**(bogie car)

차체가 2대의 대차로 지지되며 대차는 차체에 대하여 자유로히 회전하므로 급곡선을 주행할 수 있다.

③ **연접차**(articulated car)

2대의 차체가 1대의 대차를 공유하고 있는 것. 두 차륜을 분리할 수 없으나 대차수를 줄일 수 있어 전체의 중량이 경감된다. 관절대차는 속도를 증대시킬 수 있고 보수비 및 가격이 싸게 되는 특징이 있다.

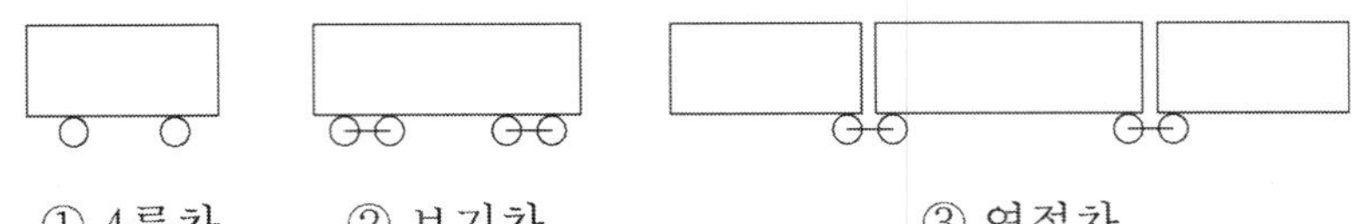

① 4륜차 ② 보기차 ③ 연접차

▶그림 1.21◀ 대차구조에 의한 차량의 분류

### (4) 동력방식(動力方式)에 의한 분류

동력방식에는 동력차의 동력원을 집중 배치하거나 분산 배치하는 것에 따라 동력집중방식과 동력분산방식으로 나눌 수 있다.

#### 1) 동력집중방식

동력차의 동력원을 집중 배치하는 방식으로서 주로 전기기관차 1대 또는 2대로 객차를 견인하는 방식으로 견인전동기 수가 작기 때문에 고장 발생률이 비교적 적고 객차에 견인전동기가 없기 때문에 진동, 소음이 적고 승차감이 양호하다. 또한, 여객과 화물 수송을 병행 운용이 가능하여 동력차(전기기관차)의 운용 효율이 향상된다. 아울러 기존 사용되고 있는 객차의 사용이 가능하기 때문에 전철화시 차량투자비를 절감할 수 있으며, 일시적으로 디젤기관차 등과 공동 운용을 할 수 있기 때문에 초기 투자자본이 집중되는 것을 피할 수 있다. 차량 보수비 면에서도 동력집중방식이 유리하다고 할 수 있다. 따라서 이 방식은 장거리 여객열차나 화물수송 전용열차에 사용되고 있는 방식이다.

#### 2) 동력분산방식

견인 전동기를 분산 배치하여 탑재한 방식으로서 속도 급상승, 급제동이 용이하고 축중이 가볍고, 선로의 제한속도를 높일 수 있다. 또한, 편성의 양단에 운전실이 있어 운전이 용이하며 편성수를 가감하여도 성능을 동일하게 할 수 있는 장점이 있으나 초기 투자비가 많이 드는 단점이 있다. 즉, 동력분산방식은 성능을 고려할 때 유리하고 경제적인 면에서는 불리하다. 따라서 이 방식은 정차, 출발이 반복되는 여객수송 전용의 도시 전동열차에 사용되고 있는 방식이다.

## 1.4.2 전기차(電氣車)의 설비

전기차는 급전선으로부터 동력을 받아들이는 집전장치, 받아들인 동력을 각 요소 및 장치에 알맞은 전력으로 변환시키는 변환장치, 전기적인 에너지를 기계적인 에너지로 바꾸어 열차를 구동시키는 구동장치, 이외 제어장치 등으로 구성되어 있다.

### (1) 집전장치(集電裝置)

차량의 외부로부터 전기차 내부로 전력을 인입하는 장치를 집전장치라고 한다. 집전장치는 전기차의 형태에 따라 여러 종류가 있으나 가공전차선의 경우 일반적으로 팬터그래프(pantagraph)가 널리 사용되고 있으나 노면전차에서는 트로리 볼(trolley ball)이나 뷰겔(bugel)이 사용되며 경량전철에서 주로 사용하는 제3레일의 경우 집전슈(current collector shoe)를 사용하고 있다.

### 1) 팬터그래프(pantagraph)

경량의 강관으로 마름모꼴(하부프레임 교차형)과 반 마름모꼴(싱글 암형)의 두 종류가 있으며 구조는 상부에 집전체가 있고 중간에 집전체를 지지하는 연결대가 있으며 하부에 집전체의 상승장치와 완충장치 등으로 구성되어 있다.

상부의 강판을 팬슈(pan shoe) 또는 팬 플레이트(pan plate)라고 하며 단일(single)의 것도 있지만 2중(double)일 경우도 있다. 이 팬 슈(pan shoe)위에 미끄럼판(slider) 또는 습동판(contact plate)이 있으며 재질은 탄소판 또는 소결합금판(燒結合金板) 등으로 되어 있다.

일반적으로 교류 전기차는 탄소판을 사용하며 직류 전기차는 구리, 철판, 소결합금판이 주로 사용되고 있으며 접촉압력은 5~10[kg/cm$^2$] 정도이다.

▶그림 1.22◀ 팬터그래프(pantagraph)의 구조

### 2) 트롤리 봉(trolley pole)

기둥 모양의 봉(pole)의 앞부분에 황동제의 회전 휠(wheel) 또는 금속, 탄소 등의 습동판을 설치하고 봉(pole) 하부의 스프링장치에 의하여 올리어져 트롤리선과 접촉하여 집전하는 구조이다. 접촉압력은 10[kg] 전후이고 간단한 구조로 되어 있으나 트롤리선에서 벗어나기 쉽고 접촉할 때 아크가 발생하며 집전자나 트롤리선의 전기적 마모도 크기 때문에 속도가 작고 소형의 무궤도전차 또는 노면전차에 많이 사용된다.

### 3) 뷰겔(bugel)

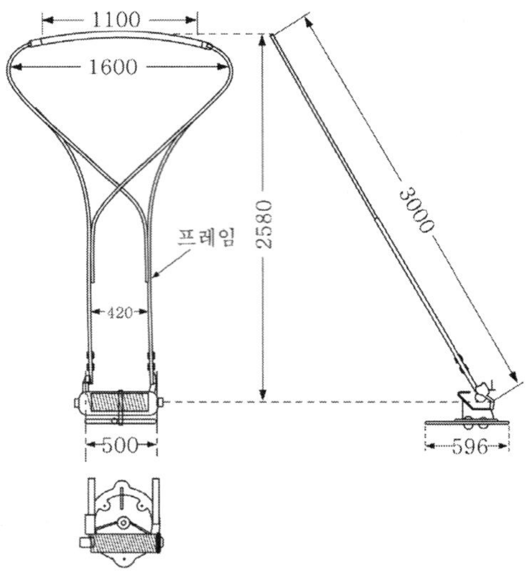


▶그림 1.23◀ 뷰겔(bugel)

활(弓) 모양으로 되어 있어 궁형 집전장치라고도 하며 프레임은 경량강관으로 제작하며 상부에 습동판이 있으며 하부에는 스프링장치가 설치되어 있다.

접촉압력은 5～7[kg/cm$^2$] 정도이고 트롤리선에서 벋어 나지 않으며 방향전환 시에도 편리하여 트롤리 폴 대신에 노면전차에 널리 사용되고 있다.

### 4) 집전 슈(current collector shoe)

경전철 등의 제3레일방식에서 사용하는 집전장치로 상면접촉식, 하면접촉식, 측면접촉식이 있고 스프링의 압력으로 제3레일에 접촉한다. 접촉압력은 10～20[kg/cm$^2$] 정도이고 슈의 재질은 주철, 주강으로 보기(bogie)에 연결시켜 접촉한다.

### 5) 팬터그래프의 구비 조건

전기차의 집전은 전차선과 팬터그래프와의 접촉에 의하여 이루어지며 집전장치는 전기차의 속도한계와 직접적인 관계가 있다. 즉, 이선현상에 의한 Arc발생, 고속에서의 진동현상에 의한 전차선의 진동 등의 문제점이 있으며, 실제 300[km/h] 이상의 속도 상승에 있어서는 주행장치보다 집전계의 공진에 의한 파손이 더 어려운 문제가 되고 있다. 집전용 팬터그래프의 구비조건은 다음과 같다.

- 집전판과 전차선의 접촉점에서 적은 유효질량을 가질 것
- 작용 위치 범위 내에서 충분하고 일정한 접촉력을 갖고 작용 부품간 상호작용이 적을 것

- 공기저항을 적게 하고 소음이 적을 것
- 이선율이 적을 것
- 열차당 팬터그래프 수를 최소화하고 충분한 거리를 유지할 것
- 집전판은 충분한 집전용량(최고속도의 120[%]에서 집전상 문제가 없는)과 마모율이 작아야 한다.

#### 6) 집전속도(集電速度)

일반적인 집전속도 산출 공식은 가선을 질량이 없는 현이라 보면 상하 방향의 스프링으로 가정할 수 있으므로 집전체의 고유진동수 $f$는 다음 식으로 나타낼 수 있다.

$$f = \frac{1}{2\pi}\sqrt{\frac{k+K}{m}} \quad (1-5)$$

여기서, $k$ : 스프링 상수
$K$ : 복원 스프링 상수
$m$ : 집전체 질량

$k$는 실제 가선에서 지지물의 바로 밑에서는 크고, 지지물간의 중앙에서는 작으므로 그 평균을 $k'$, 부등률을 $\varepsilon$, 지지물 간격을 $S$라 하면 가선과 팬터그래프가 공진하는 속도 $V_c$와 이선을 시작하는 속도 $Vr$은 다음 식으로 나타낸다.

$$V_c = \frac{S}{2\pi}\sqrt{\frac{k'}{M+m}} \quad (1-6)$$

여기서, $M$ : 프레임 조립체 상당 질량

$$Vr = \frac{Vc}{\sqrt{1+\varepsilon}} \quad (1-7)$$

이 식들로부터 고속도까지 이선을 하지 않는 집전시스템을 제작하기 위해서는 부등률 $\varepsilon$을 작게 한 가선과 질량이 작은 집전체, 등가질량이 작은 프레임 조합체로 된 팬터그래프가 필요한 것이다. 이선율 $= \frac{\text{이선시간의 합}}{\text{전체 주행시간}}$으로 표현하며, 집전시스템의 양부를 판정하는 값으로서 작을수록 좋다.

팬터그래프에 작용하는 외력은 압상력 × 마찰계수 = 전후력이라 할 수 있다. 이선이 발생하면 동력장치는 동력을 잃게 되고 속도를 증가시킬 수 없게 되며, 이선 시 발생하는 아크방전에 의하여 전차선과 팬터그래프 집전판에 전기적 마모가 발생하고 아크시에 발생하는 전자파에 의한 통신유도장해가 발생한다. 따라서 전차선의 진동을

줄일 수 있는 방안으로 등가질량을 갖도록 하고 가능한 가선의 장력을 크게 하여 파동전파속도를 높여 주는 방법을 사용한다. 일반적으로 파동전파속도는 다음과 같은 식으로 산출된다.

$$C = \sqrt{\frac{T}{\rho}} \tag{1-8}$$

여기서, $T$ : 전차선 장력 [N]

$\rho$ : 단위길이 질량 [kg/m]

따라서 파동전파속도를 높이기 위해서는 장력 $T$를 크게 하고, 단위길이 질량 $\rho$를 작게 하여야 한다.

### (2) 변환장치

전기차는 집전장치를 이용하여 외부로부터 전기차 내부로 전압을 공급받아 운행되는데, 공급받은 전압은 전력변환장치를 이용하여 각종 주변장치가 원하는 다양한 형태의 전압으로 변환된다. 전력변환장치는 크게 전차선로의 직류전원(DC)을 적절한 크기의 직류전원으로 변환시키는 컨버터와 직류전원을 교류 전원(AC)으로 바꾸는 인버터 시스템으로 구분된다. 또한 전기차 종류에 따라 다양하게 설계가 가능하며 스위칭 제어방식에 따라 위상제어(phase control)방식과 펄스폭 변조(PWM : Pulse Width Modulation) 방식으로 구분된다.

#### 1) 컨버터

컨버터(Converter)는 임의의 직류전원을 부하가 요구하는 형태의 직류전원으로 변환시키는 전력변환장치이다. 서울지하철 2호선, 3호선에서 운행되는 전기차는 견인전동기로 직류 직권전동기를 사용하고 있는데, 속도제어에 따라 전차선로로부터 공급받은 직류전압은 속도에 비례하여 적절한 크기의 전압을 견인전동기에 공급한다. 따라서 컨버터 원리를 살펴보면 아래 그림과 같다.

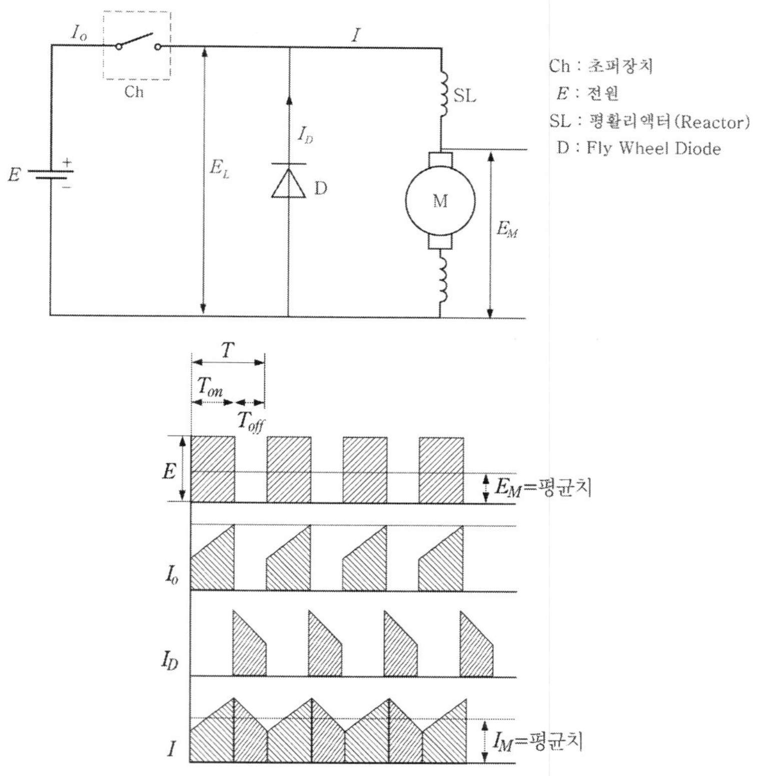


▶그림 1.24◀ DC-DC 컨버터의 원리

반도체 소자(SCR, IGBT 등)의 스위칭 동작(ON, OFF)를 이용하여 직류전압을 전동기(Motor)에 필요 전압을 공급하도록 제어한다. 스위치 Ch가 닫히면 부하전압 $E_L$은 입력전압 $E$가 인가되어 전동기에 흐르는 전류 $I_o$는 회로의 시정수에 비례하여 증가한다. 전류 $I_o$가 일정값 도달 후 스위치 Ch가 열리면 부하전압 $E_L$은 0이 되며 평활리액터에 축적된 에너지는 플라이 휠 다이오드 $D$를 통해 부하에 전류 $I_D$를 환류시키며 감소하게 된다.

부하에 공급되는 전류와 공급전압을 수식으로 표현하면 다음과 같고 부하에 흐르는 전류와 공급전압은 스위치 Ch가 ON되는 시간에 비례한다.

$$EI_o = E_M I_M \tag{1-9}$$

$$I_o = \frac{E_M}{E} I_M = \frac{T_{on}}{T_{on} + T_{off}} I_M \tag{1-10}$$

$$E_M = \frac{T_{on}}{T_{on} + T_{off}} E \tag{1-11}$$

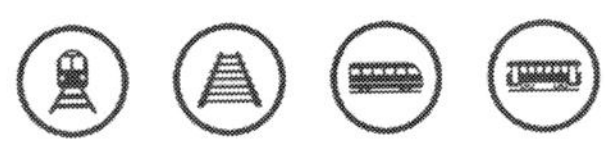



아래 그림은 직류전원 1,500[V]에 대해 팬터그래프를 통해 견인전동기(Traction Motor, 이하 TM)에 공급되는 직류 전기차 회로구성도와 DC/DC 컨버터 역할을 하는 초퍼 스위치를 통해 견인전동기에 공급되는 전류, 전압파형을 나타낸다.

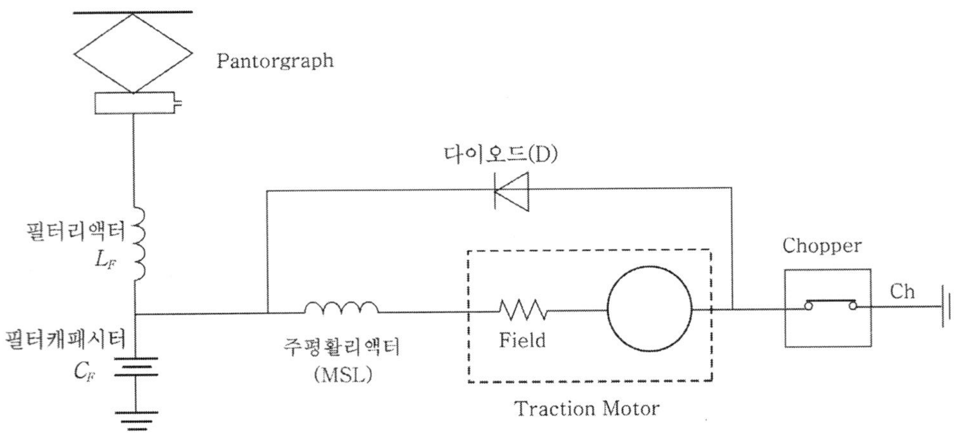


▶그림 1.25◀ 직류 전기차 회로구성도

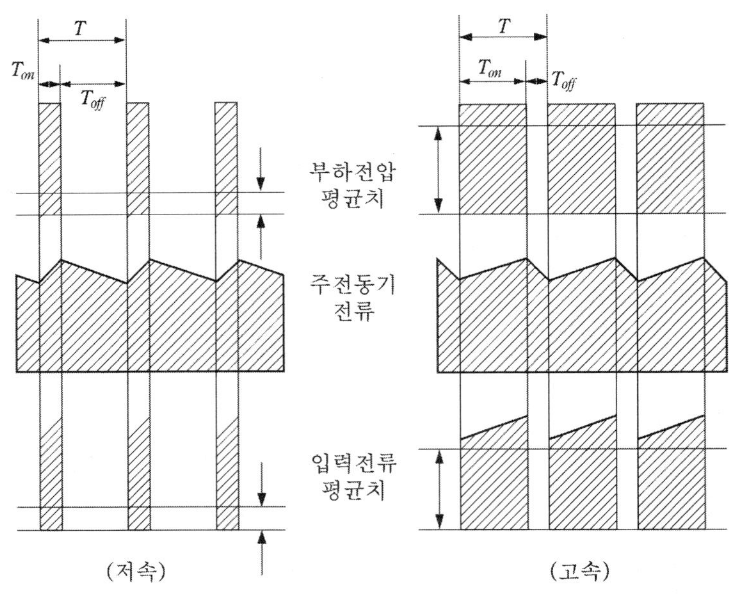


▶그림 1.26◀ 직류전기차 역행제어

초퍼제어를 수행하게 되면 전원으로부터 유입되는 전류파형이 왜곡되는데, 이로 인해 고조파 성분에 의한 유도장해와 신호전류 방해 등을 야기 시킨다. 따라서 입력 측

에 리액터($L_F$)와 커패시터($C_F$)를 사용하여 필터를 설치하여 최소화한다.

한편 TM에 공급되는 전류의 연속성을 보장받기 위해 평활리액터와 환류다이오드를 구성하며 동작원리는 컨버터 원리와 동일하다. 저속일 때는 초퍼가 ON되는 구간을 작게 되도록 제어하여 TM에 전원을 공급하고, 고속일수록 ON구간을 크게 하여 공급 전원을 높인다.

### 2) 인버터

인버터(Inverter)는 직류전압(전류)을 교류전압(전류)으로 변환하며 평균전력이 직류측으로부터 교류측으로 전달되는 DC-AC 전력변환장치를 말한다. 인버터를 제어한다는 것은 교류 출력전압에서 다음 중 하나 이상을 제어한다는 것을 의미한다.

① 기본파의 크기
② 기본파의 주파수
③ 고조파 성분

일반적으로 인버터의 출력은 가능한 정현파에 가까운 파형이 되도록 제어한다. 즉 이상적인 인버터의 출력파형은 고조파를 전혀 포함하지 않는 기본파만의 순수한 정현파가 된다. 그러나 실제 인버터는 직류 입력전압을 스위칭한 각 조각(segment)들의 조합으로 구성되므로 고조파 성분이 포함되어 왜곡된 형태의 비정현 주기파가 된다.

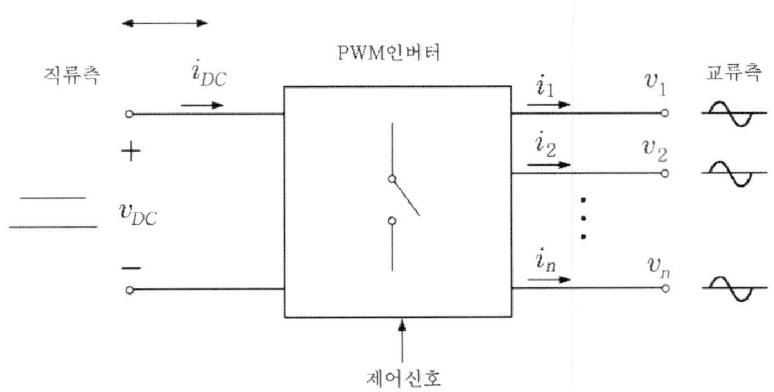


▶그림 1.27◀ 인버터의 기능

한편 SCR 사이리스터 반도체 소자의 위상각을 제어하는 인버터를 위상제어 인버터라고 하는데, 반도체 스위치를 턴 오프 하기 위해서는 외부의 교류전압의 극성을 이용하기 때문에 교류 측에 상용 교류 전원과 동일한 교류 전압원을 필요로 한다. 따라서 위상제어 인버터의 교류측 출력 주파수는 교류전원의 주파수로 고정될 수밖에 없다.

반면 GTO 사이리스터, IGBT 등과 같은 ON, OFF 제어가능 스위치를 사용함으로써 교류 측에 교류 전압원이 요구되는 제한을 없애고, 아울러 교류 측의 전압이나 전류의 크기와 주파수를 임의로 제어할 수 있는 PWM 인버터가 있다.

PWM 인버터는 직류 입력전원의 성질에 따라 크게 두 종류로 나눌 수 있는데, 입력이 직류 전압원(DC voltage source)인 경우는 전압원 인버터(VSI : Voltage Source Inverter), 입력이 직류 전류원(DC current source)인 경우는 전류원 인버터(CSI : Current source inverter)라고 한다.

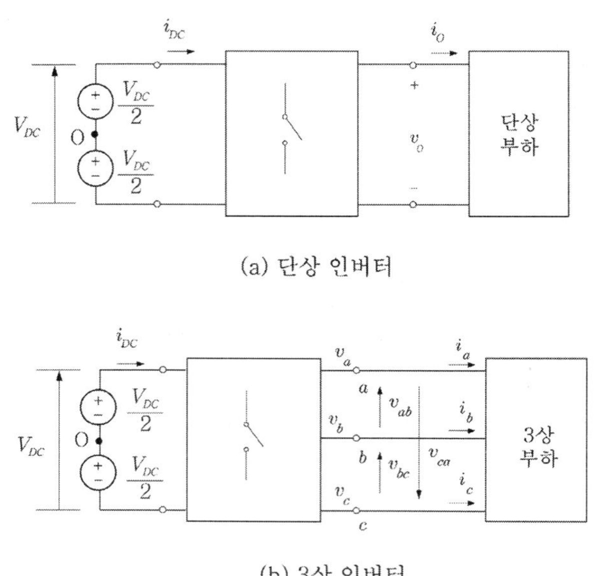


▶그림 1.28◀ 단상 인버터와 3상 인버터

인버터는 교류출력의 상수(number of phase)에 따라 단상 인버터(single-phase inverter), 3상 인버터(three-phase inverter) 등으로 나타낼 수 있는데, 아래 그림은 직류측이 전압원이므로 전압원 인버터이며 교류측이 각각 단상과 3상인 단상 인버터와 3상 인버터를 나타낸다.

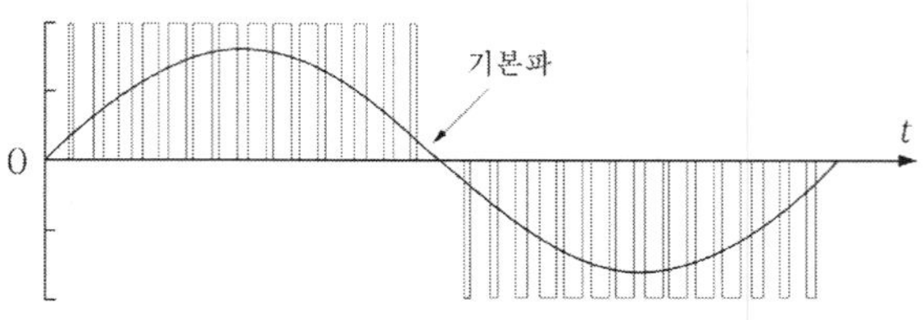


(a) 단상 인버터의 부하상전압

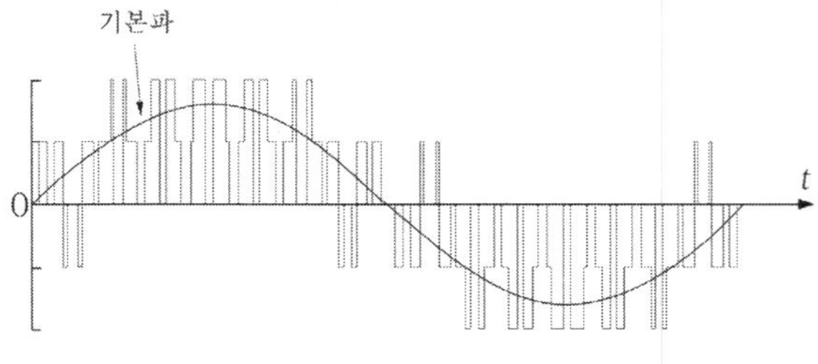


(b) 3상 인버터의 부하상전압

**▶그림 1.29◀ 인버터의 출력전압 파형**

아래 그림은 교류구간과 직류구간을 운행하는 교직류 전기차를 보여준다. 교류구간 AC 25,000[V]를 전기차가 운행하는 경우 팬터그래프(Pan)와 주차단기(MCB), 교직절환기(ADCg)를 거쳐 주변압기에서 임의의 교류전압으로 강압된다.

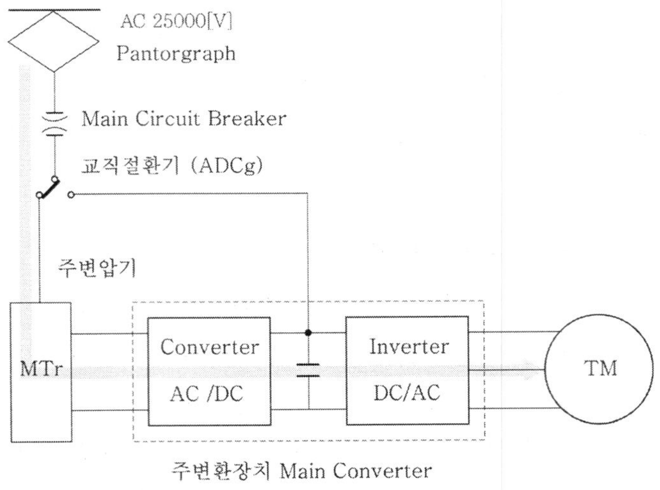


**▶그림 1.30◀ 교직류 전기차 회로구성도**

강압된 전압은 컨버터(AC/DC)를 통해 직류 전압원으로 변환된 후 인버터(DC/ AC)를 통해 견인전동기가 구동될 수 있도록 적절한 전압과 주파수로 변환된다. 직류구간 DC 1,500[V]를 전기차가 운행하는 경우는 주변압기와 컨버터를 통하지 않고 팬터그래프(Pan)와 주차단기(MCB), 교직절환기(ADCg)를 거쳐 인버터 입력단으로 직류전원이 공급된다. 인버터 스위칭 패턴에 따라 견인전동기를 다양하게 제어할 수 있는데, 현재 가장 많이 사용되고 있는 방식은 VVVF 인버터제어방식이다.

VVVF(Variable Voltage Variable Frequency : 가변전압 가변주파수) 인버터제어방식은 반도체 소자 및 마이크로프로세서 성능향상 등 전력전자 기술의 발달로 인해 그동안 제어의 어려움을 겪어 왔던 유도전동기를 효율적으로 구동시키게 되었다. VVVF 제어는 주파수를 변화시킬 때 인버터 출력전압을 동시에 제어하여 유도전동기 자속을 일정하게 유지하고 광범위한 운전에 대해 전동기의 효율 및 역률을 저하시키지 않도록 제어하는 방식이다.

### (3) 구동장치(驅動裝置)

전기차는 철도 레일을 따라 움직이게 되는데, 전력변환장치를 통해 공급받아 구동된다. 전기차의 구동방식은 레일상에 접촉하여 움직이는 접촉방식과 비접촉방식으로 나눌 수 있는데, 국내 6대 도시철도공사, 한국철도공사 등에서 운행되는 전기차는 대부분이 접촉방식으로 전력변환장치를 통해 주전동기(TM)를 구동시킨다. 주전동기의 토크(Torque)는 치차(톱니바퀴)장치, 치차상자, 동력 전달축과 연결축 등으로 구성된 구동장치를 거쳐 차륜을 구동시킨다. 반면 자기부상열차 등은 레일상에서 차륜이 비접촉된 상태에서 운행된다. 본서에서는 구동장치의 핵심인 주전동기(TM)를 중심으로 설명하겠다.

#### 1) 직류 직권전동기(DC Series Motor)

전기차에 가장 적합한 특성을 가지고 있어 종래부터 전기차용으로 널리 채용되고 있다. 구조는 일반용과 큰 차이가 없으나 주극은 4극 또는 6극의 것이 많고 정류개선의 목적으로 보통 보극을 가지고 있으며 냉각방식은 소용량에서는 자기통풍식, 대용량에서는 강제통풍식이 채용된다. 정류기형의 교류 전기차, 교직류 전기차에 사용되는 직류 직권전동기는 맥류의 악영향을 경감하기 위한 대책이 실시되어 있으며 이것을 맥류전동기라고 부른다.

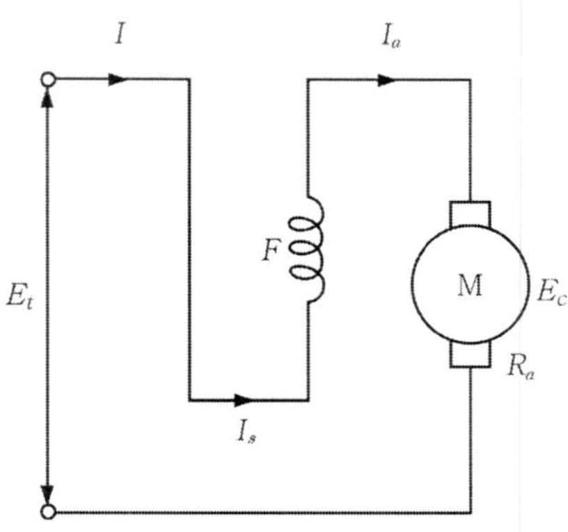


▶그림 1.31◀ 직류 직권전동기 구조

또한 사이리스터(Thyristor)를 사용한 장거리 대형 구배구간의 교류전력 회생제어 전기차나 서울지하철 2, 3호선에 사용되는 직류초퍼(Chopper)제어 전기차 등에도 직류 직권전동기가 많이 사용되고 있다.

직류 직권전동기는 아래 그림과 같이 계자권선과 전기자권선이 직렬로 연결된 구조를 갖는다. 따라서 유기기전력 즉, 역기전력(Counter e.m.f)의 식은 다음과 같이 표현된다.

$$E_c = \frac{P}{a} Z\Phi \frac{N}{60} [\mathrm{V}] \qquad (1-12)$$

여기서, $N$ : 전동기 회전수[rpm]

$E_c$ : 역기전력[V]

$a$ : 전기자 코일의 병렬회로수

$P$ : 극수

$Z$ : 전기자 전체 도체수

$\Phi$ : 1극의 자속[Wb]

전동기의 단자전압 $E_t$는 아래 식으로 표현된다.

$$E_t = E_c + I_a R_a \,, \quad E_c = E_t - I_a \cdot R_a \cong E_t \qquad (1-13)$$

식 (1-15), (1-16)을 이용하여 회전수 $N$을 구하면 다음과 같다.

$$N=\frac{E_t-I_aR_a}{\frac{PZ}{60a}\Phi}=\frac{60a(E_t-I_aR_a)}{PZ\Phi}=k_1\frac{E_t-I_aR_a}{\Phi}[\mathrm{rpm}] \quad (1-14)$$

여기서, $k_1=60a/PZ$이고, 계자 자속이 포화가 아니면 $\Phi\propto I$이다.

식 (1-17)을 살펴보면, 직류 직권전동기의 회전수 $N$은 단자전압과 역기전력에 거의 비례하고 계자자속($\Phi$)에 반비례한다. 또한 부하에 흐르는 전류와 계자자속은 비례하므로 부하전류에 거의 반비례한다.

한편 직류 직권전동기의 토크(Torque) 관계식은 식 (1-15)로 표현된다.

$$T=\frac{Z}{2\pi}\frac{P}{a}\Phi I_a=k_2\Phi I_a[\mathrm{N\cdot m}] \quad (1-15)$$

여기서, $k_2=PZ/2\pi a$

계자자속($\Phi$)과 부하전류($I_a$)는 비례하므로 식 (1-12)에서 토크는 부하전류의 제곱에 비례한다. 부하전류의 변화에 따른 직류 직권전동기의 속도와 토크 특성을 그래프로 표현하면 아래와 같다.

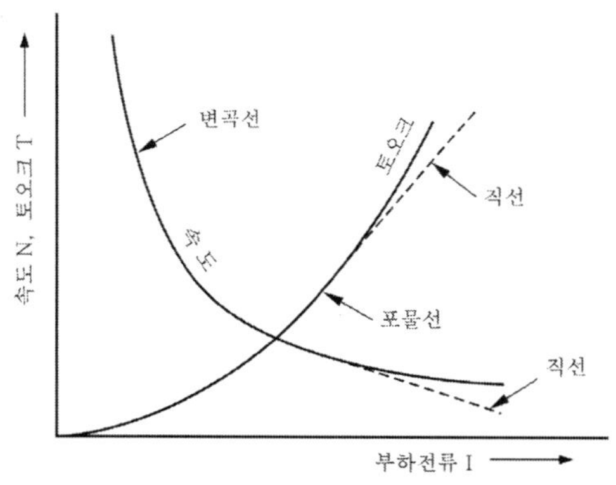


▶그림 1.32◀ 부하전류 변화에 따른 속도, 토크 특성

### 2) 유도전동기

현재 철도공사 및 도시철도 5, 6, 7, 8호선 등 6대 광역 지하철공사에서 운행되는 전기차는 견인전동기로 3상 유도전동기를 사용하고 있다. 종래에는 견인전동기로 기동토크가 우수하고 제어하기 쉬운 직류 직권전동기를 많이 사용하였으나 유지보수하기

가 어렵다는 단점으로 인해 전력전자 및 제어기술의 발달과 더불어 유도전동기가 견인전동기로 각광받고 있다.

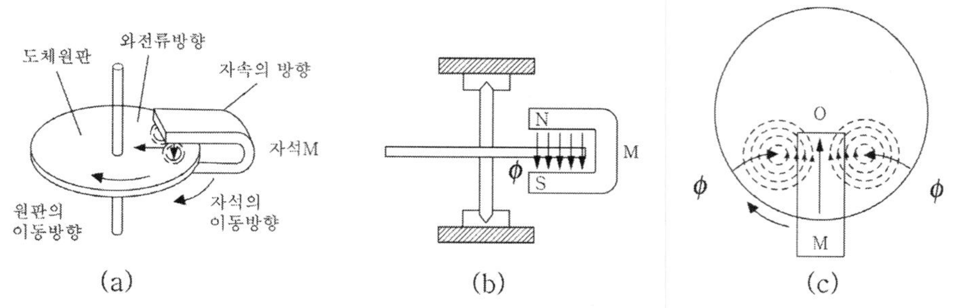


▶그림 1.33◀ 아라고 원판의 원리

유도전동기의 기본 원리는 1824년 프랑스의 물리학자 아라고(Arago)가 발견해낸 아라고의 원판(Arago's Disc)으로 거슬러 올라간다. 아라고의 원판이란, 마찰이 매우 작은 평면 위에 놓여진 동판(물위에 띄워진 원판 혹은 아래의 그림과 같이 마찰을 무시할 수 있는 막대에 연결된 원판) 위를 자석이 회전하면, 자석의 회전 속도만큼은 아니지만 약간의 속도 차이를 두고 회전한다는 것이다.

우선 자석 M이 시계방향으로 회전을 한다. 자석 M이 고정되었다고 생각하면, 원판은 반시계 방향으로 회전을 한다고 생각 할 수 있다(보통 발전기에서는 자속은 일정하고 고정된 상태에서 자속을 끊어 내는 전기자의 방향을 고려하여 플레밍(Fleming)의 오른손법칙을 적용하기 때문이다).

이 상태에서 플레밍의 오른손법칙을 적용하면, 원판의 중심을 향해 와전류가 발생한다. 고정되었다고 가정한 자석 M의 자계와 중심으로 향하는 와전류에 의한 전기적 합성에 의하여 힘이 발생되는데(플레밍의 왼손법칙), 이 힘에 의해 전동기로써 약간의 차이는 있지만(이 약간의 차이를 유도전동기에서 슬립(Slip)이라 한다.) 자석 M의 회전방향으로 원판도 회전하게 된다.

실제 유도전동기는 자석 M의 회전과 유사한 작용을 하도록 3상 전원을 이용한다. 전기적으로 120°의 위상차를 두고 3상 권선에 교류전류가 흘렀을 때 생기는 회전자계는 회전하는 자석과 같은 역할을 하게 되어 회전자가 움직인다. 이 때 유도전동기의 회전자계는 동기속도로 회전하므로 회전수를 $N_s$, 극수 $P$, 주파수를 $f$라 하면, 다음과 같이 표현된다.

$$N_s = \frac{120 \cdot f}{P} [\text{rpm}] \qquad (1-16)$$

3상 유도전동기의 실제 회전속도는 $N_s$보다 적다. 이것은 회전자가 $N_s$보다 느리게 돌아야만 자속을 끊게 되므로 기전력을 유기(誘起)하고 회전자에 전류가 통해서 이 전류와 자계의 자속사이에 토크가 생기기 때문이다. 따라서 전동기의 속도 $N$이 $N_s$보다 느린 정도를 슬립(Slip) $S$로 표시한다.

회전자계와 회전자 사이의 상대속도는 $N_s - N = SN_s$가 된다. $S = 1$이면 $N = 0$이 되어 전동기가 정지하고 있는 것이 되며 $S = 0$이면 $N = N_s$가 되어 전동기가 동기속도로 회전하게 되는데 이 경우는 이상적인 무부하상태를 의미한다.

한편 유도전동기의 정격전압과 주파수 변화에 따라 다양한 형태의 특성 곡선을 얻을 수 있는데 아래 그림은 최근 전기차에 적용되고 있는 VVVF 인버터 제어시의 토크-속도 곡선을 영역별로 나타내었다.

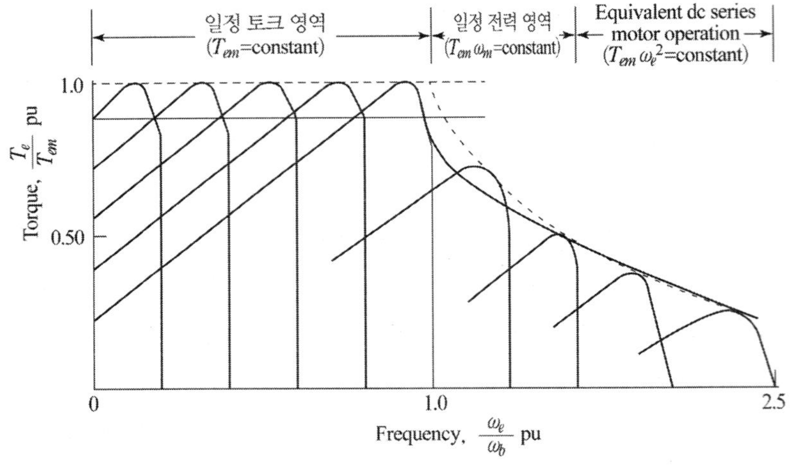


▶그림 1.34◀ VVVF 인버터 제어에 의한 영역별 토크-속도 곡선

### 3) 동기전동기

전기차에 많이 쓰이는 직류 직권전동기는 브러시와 회전하는 정류자의 접촉부위의 마모가 심하여 유지보수비가 많이 든다. 따라서 최근의 전기차에서는 정류자가 아닌 링과 브러시의 접촉에 의해 회전자에 전기를 공급하는 동기전동기나 아예 회전자에는 전기를 공급하지 않고 고정자의 회전자장을 회전자가 따라 도는 유도전동기를 많이 사용하는데 이들 모두 교류전동기이고 프랑스 TGV기술을 기본으로 제작한 KTX 고속전철은 견인전동기로 동기전동기를 채택하였다.

① 회전 원리

동기전동기는 고정자(stator)와 회전자(rotor)로 구성되어 있으며 고정자는 유도전동기의 고정자 같으나, 회전자는 자극(poles)과 여자 권선으로 되어 있으며 이 권선에 brush와 slip ring을 통하여 직류 전류를 공급하여 자극을 여자하게 된다. 즉 유도전동기의 고정자에 해당하는 전기자에는 분포권선이 배치되어 있어 교류전원이 인가되면 회전자계가 만들어지고 회전 자기장 속에서 직류 전류에 의해 여자 된 회전자가 토크가 발생하여 회전자계와 동일한 속도로 회전하게 된다.

정상적으로 운전할 경우의 회전자 속도는 전원 주파수가 일정한 $N=120f/P$로 된 일정 값이 된다. 아래 그림에서 대해 설명하면, 자극으로 되어 있는 회전자 주위에 자석을 회전시키면 흡인력에 의해 회전자는 자석이 회전하는 속도와 같은 속도로 시계방향으로 회전한다. 자석을 회전하는 대신 아래 그림처럼 3상 권선을 한 고정자의 안쪽에 회전자를 두면 회전자는 고정자의 회전 자기장의 속도와 같은 속도로 회전한다. 단, 정지하고 있는 동기전동기는 자극이 무거워 회전 자기장과 같은 속도로 회전할 수 없으므로, 초기에 회전자를 동기속도까지 회전시켜 주는 기동방법이 필요하다.

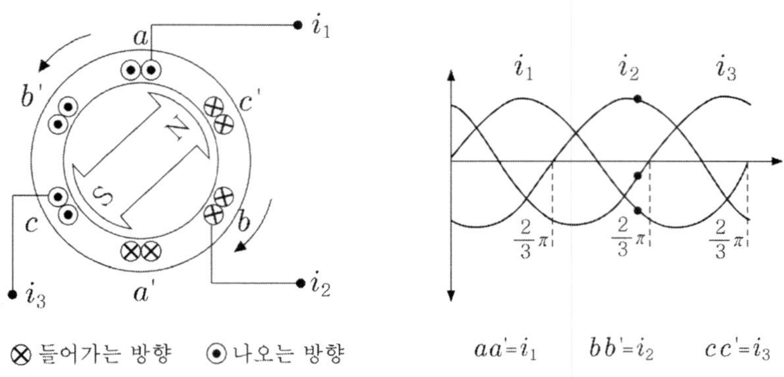


▶그림 1.35◀ 동기전동기의 원리

중, 대용량 전동기로 많이 사용되는 동기전동기는 회전 계자에 직류여자를 인가하기 위해 슬립링과 브러쉬가 갖추어져 있으나 소용량의 동기전동기는 계자극에 영구자석을 사용하거나 특수한 용도로 변형시킨 것을 사용하여 전기자에 인가하는 교류전원외에 별도의 직류전원을 필요로 하지 않는다.

② 특징

㉠ 교류전원의 주파수와 극수로 결정되는 동기속도에 완전히 동기되어 일정한 속도로 회전한다.

㉡ 일정한 범위 내에서 부하증감으로 속도가 변하지 않는다.

㉢ 회전 계자에 인가하는 직류 전류를 가감하여 역률을 쉽게 조정할 수 있고 효율이 좋다.

㉣ 유도전동기에 비해 여자기를 필요로 하며 구조가 복잡하고 보수가 어려우며 가격이 높다.

㉤ 일정범위 이상으로 부하가 올라가면 동기속도를 이탈하게 되어 큰 전류가 흐르고 권선이 소손될 가능성이 크므로 전동기 용량을 선정하기에 앞서 부하의 토크 및 관성모멘트를 고려해야 한다.

㉥ 대용량 기기에는 기동을 위하여 계자방전저항, 한류장치, 계자여자기 등의 장치가 필요하다.

③ 동기 이탈-탈출 토크

아래 그림은 동기전동기의 속도-토크 특성 곡선을 나타낸다. 전동기의 회전속도가 a점에 도달하면 동기 인입되어 토크가 a~b인 구간 동안은 동기속도로 회전한다. 토크가 증가하여 b점에 도달하면 전동기는 동기속도에서 이탈되어(동기이탈, 탈조) 원래 유도전동기의 속도-토크 점에서 운전하게 되나 이때의 부하전류는 매우 크므로 계속 운전할 수는 없다. 동기인입 토크는 부하의 관성모멘트에 따라 변하므로 부하의 관성모멘트에 주의할 필요가 있으며 일반적으로 전동기 회전자 관성모멘트의 5~6배로 제한하는 것이 일반적이다.

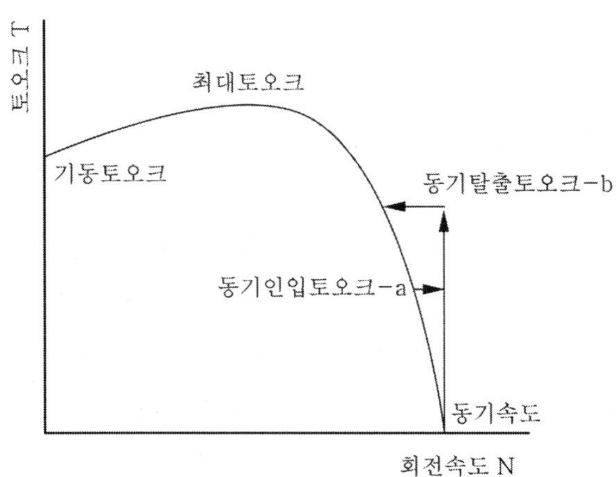


▶그림 1.36◀ 동기전동기의 특성곡선

④ V–곡선

동기전동기를 일정한 전압에서 일정한 출력으로 운전하면서 계자전류 $I_f$를 줄여 나가면 필요한 자속을 더 발생시키기 위해 전기자 전류 중 지상분의 여자전류가 더 흘러 들어간다. 반대로 계자전류 $I_f$를 차츰 증가시키면 일정한 자속을 유지하기 위하여 전기자권선에 유입되는 전류 중 여자전류는 점차 감소되고 계자전류만으로 자속이 유지되는 점에 도달하면 전기자의 여자전류는 0이 되어 역률은 100[%]가 된다. 이 점을 지나 다시 계자전류를 증가시키면 전기자권선에는 반대로 진상의 전류가 흘러 들어가게 된다. 이와 같이 계자전류 $I_f$에 대해 전기자 전류 $I_a$가 증감하는 모양은 아래 그림과 같이 V자 모양이 되어 V–곡선이라고 한다.

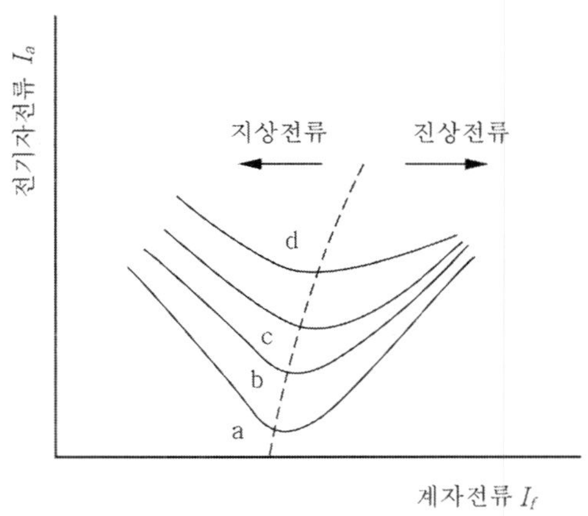


▶그림 1.37◀ V–곡선

동기전동기가 일정한 출력으로 운전하고 있는 상태에서 계자의 직류여자를 증감함에 따라 전기자 전류의 지상분(lagging)과 진상분(leading)을 취할 수 있게 되는데 이것은 역률을 조정할 수 있다는 것을 의미하며 동기전동기의 정속도 특성과 더불어 중요한 특징 중의 하나이다.

### (4) 선형 유도전동기(Linear Induction Motor, 이하 LIM)

자기부상철도 차량은 문자 그대로 자기에 의한 힘을 이용하여 차량을 부상시켜 운행되는 전기차이다. 유도전동기에 대응하는 리니어 전동기(LIM)가 설치되어 있는데, 회전형태의 유도전동기를 반경방향으로 잘라 펼친 것으로 고정자에 해당하는 차상측에 이동자계를 발생시켜, 회전자에 해당하는 지상측에 알루미늄 등의 비자성체 도체

판에 전류가 유기되어 이동자계와 작용하여 차량이 추진되는 것이다. LIM은 지상측의 구조가 간단하여 지상측에 전력공급을 필요하지 않은 좋은 이점이 있으며, 리액션 플레이트와 차량과의 간격은 1[cm]가 적당하다.

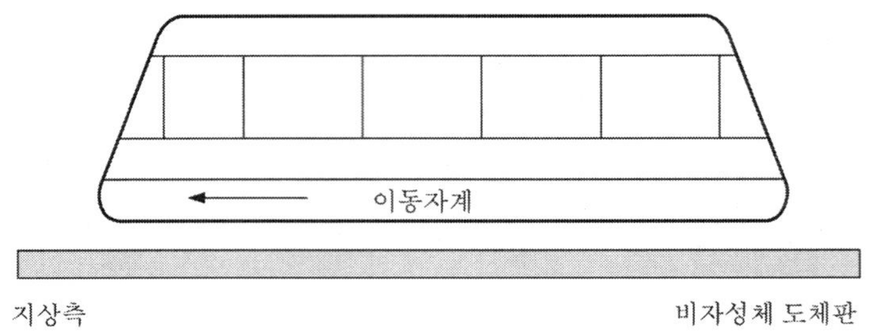


▶그림 1.38◀ Linear Induction Motor

LIM을 이용한 자기부상 차량은 종래의 철도가 레일 위를 차륜이 회전하면서 가는 시스템과는 전혀 다른 시스템으로 크게 초전도 자기부상 철도차량과 상전도 자기부상 철도차량으로 분류된다.

### 1) 초전도 자기부상 철도차량(반발형)

초전도현상에 의해서 만들어진 강력한 초전도자석의 반발력을 이용하는 방식이다. 이 중에서 초전도현상이란 물질의 온도가 내려가면 어느 온도 이하에서는 전기저항이 없어지는 현상이며, 수은을 액체헬륨 온도 가까이 냉각시키면 전기저항이 제로(0)가 되는 현상으로서, 1911년에 네덜란드의 카멀링 온즈에 의해 발견되었다. 그 뒤 주석, 납, 니오브, 티탄 합금 등의 많은 금속과 합금에 의해 이 현상이 발견되고 있다.

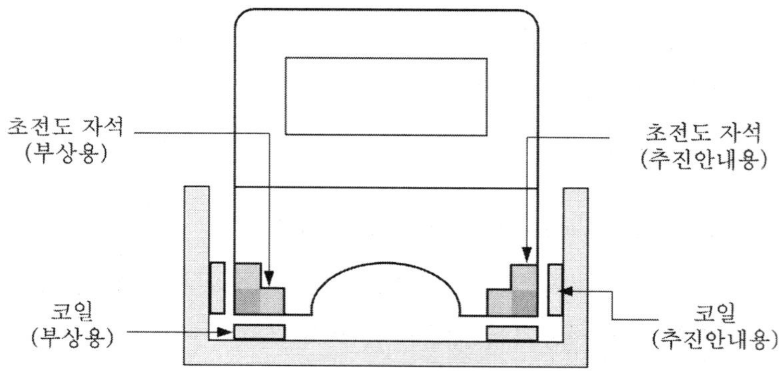


▶그림 1.39◀ 초전도 전자유도 반발형

초전도자석이란 초전도현상을 이용한 자석으로 니오브티탄 합금 등의 초전도 재료의 도체를 여러 번 감아서 만들고 있다. 이 초전도코일에 극저온 상태에서 한번 전류를 흐르게 하면 오랫동안 전류가 감소되지 않고 강력한 전자석이 된다. 초전도자석의 강도는 상전도자석보다 몇 배로 크다. 또한 초전도 코일은 극저온 상태를 유지하기 위하여 액체헬륨 (−269℃)이 들어 있는 용기에 넣어져 있다.

### 2) 상전도 자기부상 철도 차량(흡인형)

일반 전자석(상전도 재료인 구리 등의 전선을 여러번 감아 만든 것)이 철 등의 금속을 끌어당기는 힘을 이용하는 방식이다. 전자석이 열차를 레일면으로 끌어 당겨 1[cm] 정도의 틈을 유지하면서 달리며, 가까운 거리의 운송에 적합하다.

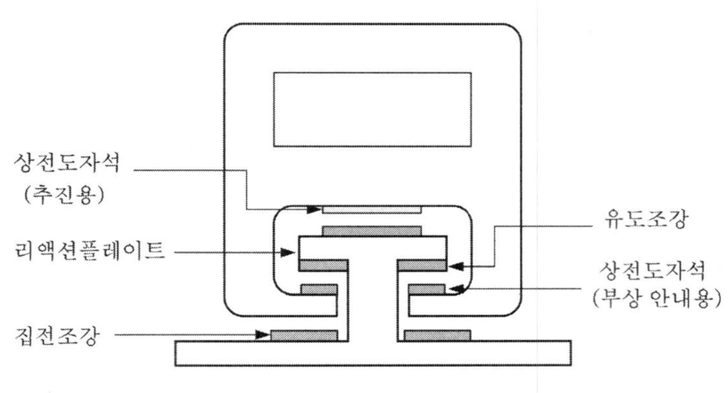


▶그림 1.40◀ 상전도 전자흡인형

### 3) 선형 동기전동기(Linear Synchronous Motor, 이하 LSM)

보통의 동기전동기는 전원주파수에 대응하여 회전자가 회전하는 전동기로 직류 여자된 회전자의 자극이 고정자측의 회전자계에 동기해서 회전하고 회전력을 발생시키려는 것으로, 유도전동기와는 달리 부하의 변동에 변함없이 일정한 회전속도로 회전하는 특징이 있으며, 타 전동기에 비해 구조가 복잡하고 비싼 편이다.

동기전동기에 대응하는 선형전동기가 LSM이다. 이 전동기는 회전형의 동기전동기를 반경방향으로 잘라 펼친 것으로, 고정자에 해당하는 지상측 코일에 이동자계를 발생시켜 회전자에 해당하는 차상측 자석과의 흡인력 및 반발에 의해 차량이 추진하는 것이다. LSM은 동기를 얻기 위해 LIM과 비교하여 구조 및 제어장치가 복잡하지만 에너지 효율을 높일 수 있는 특징이 있으며, 대전력을 필요로 하는 고속전철에 적용하고 있다.

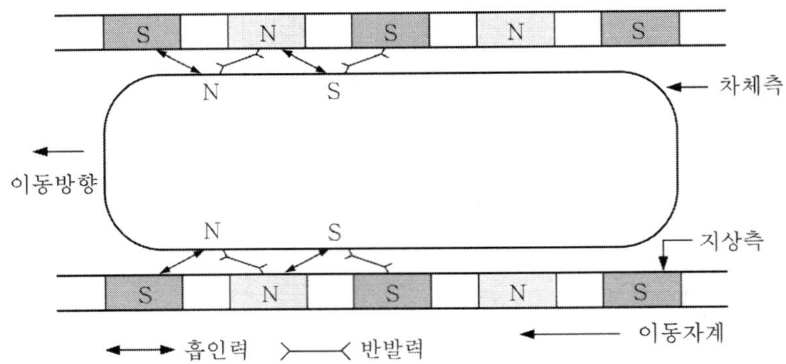


▶그림 1.41◀ Linear Synchronous Motor(LSM)

## 1.4.3 전기차 운전(電氣車 運轉)

### (1) 운전속도(運轉速度)

운전속도는 그 속도에서 1시간에 주행한 거리로서 단위는 [km/h]가 이용되고, 운전속도는 일반적으로 평균속도, 표정속도, 최고속도의 3종류로 나타낸다.

#### 1) 평균속도

주행한 운전구간의 거리를 도중 정차시간을 제외한 순주행 시간으로 나눈 속도를 말한다.

$$\text{평균속도} = \frac{\text{운전거리}}{\text{순주행시간}}$$

#### 2) 표정속도

주행한 운전구간의 거리를 도중 정차시간을 포함한 전운전 시간으로 나눈 속도를 말한다.

$$\text{표정속도} = \frac{\text{운전거리}}{\text{순주행시간} + \text{정차시간}}$$

일반적으로 열차운행도표(열차 다이아)에 나타난 운행시간은 순주행시간과 정차시간을 포함한 시간으로 표시한 것이다.

#### 3) 최고속도

운전 중의 열차가 선로 상태 또는 차량의 성능에 의해 얻어진 속도의 최고값을 말한

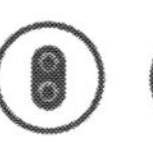



다. 그 외에 단순히 운전 중의 열차속도의 순간적인 최고값을 말하는 경우도 있다. 최고속도는 철도의 종류, 선로의 상태, 전기차의 성능 등에 의해 차이가 나며, 선로 등급, 곡선 반지름 및 선로 구배의 크기에 따라 일반적으로 최고속도를 정하고 있다. 곡선이나 구배에서는 최고속도가 제한된다.

### (2) 가속도 · 감속도(제동도)

열차의 운전속도가 증가하는 경우에는 그 증가 비율을 가속도라 말하며 [km/h/s], [m/s$^2$]의 단위로 나타낸다. 반대로 열차의 속도가 감소하는 경우에는 그 감소 비율을 감속도라 말하며 가속도와 동일한 단위가 사용된다. 제동을 걸어 감속되는 경우의 감속도를 특히 제동도라고 한다.

**표 1.10 가속도와 제동도의 개략 값**

| 전 기 차 종 별 | | 가속도[km/h/s] | 제동도[km/h/s] |
|---|---|---|---|
| 전기기관차 | 여 객 | 1.0~1.5 | 0.7~1.5 |
| | 화 물 | 0.5~0.8 | 0.5~1.0 |
| 노 면 전 차 | | 2.0~3.0 | 2.2~3.0 |
| 시 내 고 속 전 차 | | 2.4~3.3 | 3.0~4.5 |
| 교외 철도 고속 전차 | | 1.5~4.0 | 2.5~4.0 |
| 간선 철도 고속 전차 | | 1.5~2.5 | 2.5~4.0 |

가속도와 제동도를 크게 하면 타행거리(惰行距離)가 길어져서 운전시간을 단축하여 전력소비량이 감소하는 등의 효과가 있는 반면, 승객이나 차량에는 충격을 주게 된다. 또한, 가속도를 너무 크게 하면 차량의 공전을 발생시키거나 주전동기의 부하전류가 너무 커져 정류 불량에 의한 섬락을 발생시키고 더 나아가 변전소의 부하변동이 크게 되므로 급전 불능을 초래할 우려가 있다. 제동도가 너무 크면 차륜이 활주되어 제동효과가 줄어드는 동시에 차륜답면에 플랫(flat ; 답면이 국부적으로 평평하게 손상되는 현상)을 발생시킨다.

이와 같이 가속도와 제동도의 크고 작음이 열차의 운전시간은 물론 승객이나 차량, 변전소 등에 미치는 영향이 크며, 차륜과 레일간의 점착계수와 동륜상 중량에도 영향을 미친다. 이 때문에 각각의 수송조건에 따라서 적당한 값이 선정되고 있다.

### (3) 열차저항

열차가 주행 중 또는 출발할 때에 이것에 대항하여 열차의 진행을 방해하도록 하는 힘의 총칭을 열차저항이라 한다. 그 크기의 정도는 차량구조, 기후, 기온, 열차속도,

선로상태 등 여러 종류의 조건에 의해 변화하게 된다.

- 출발저항 : 정지 중에 열차가 출발할 때 발생하는 저항
- 주행저항 : 열차가 평탄한 직선로 위를 운전할 때 발생하는 저항.
  (열차가 타행하고 있을 때 주행저항을 특히 타행저항이라고 한다.)
- 구배저항 : 열차가 구배를 올라갈 때 중력에 의해 발생하는 저항
- 곡선저항 : 열차가 곡선로를 통과할 때 차륜과 레일간의 마찰에 의해 발생하는 저항
- 가속도저항 : 열차가 주행 중 가속할 때에 발생하는 저항으로 열차를 가속하기 위해서 필요한 견인력과 같게 된다.

### (4) 견인력(牽引力)

전동차, 전기기관차의 견인력은 그 차량의 주전동기에 전력을 공급하여 그 전기자에서 발생하는 토크가 동륜에 전달되면 동륜답면 또는 연결기에 나타나는 힘을 말한다. 견인력은 다음과 같은 종류가 있다.

#### 1) 지시견인력(주전동기 견인력)

전기자에 발생된 토크가 동륜에 전달되기까지의 치차, 축수 등 동력전달장치의 손실이 없다고 가정한 경우 동륜에 나타나는 견인력을 말한다.

#### 2) 동륜주견인력(動輪周牽引力)

주전동기의 토크가 동력전달장치를 거쳐 동륜의 주변에 나타나는 견인력을 말한다. 지시견인력에서 동력전달장치의 손실을 빼기 때문에 동륜주인장력이라고도 한다.

#### 3) 인장봉견인력(引張棒牽引力)

전기차 연결기에 미치는 견인력을 말한다. 동륜주견인력에서 전동차나 전기기관차 자신의 열차저항을 뺀 견인력이다. 유효하게 작용하는 견인력이라는 의미로서 유효견인력으로 불리어지고 있다.

$$
\begin{aligned}
\text{인장봉견인력} &= \text{동륜주견인력} - \text{기관차의 열차저항} \\
&= \text{유효견인력}
\end{aligned}
$$

#### 4) 정격견인력(定格牽引力)

주전동기의 정격전압, 정격전류에 대한 지시견인력을 말한다.

#### 5) 유효견인력

열차운전에서 동작하는 유효견인력은 다음 3가지의 관계에 의해 정해진다.

① 특성견인력

주전동기의 운전특성에 의해 제한되는 견인력을 말한다. 주전동기의 특성, 치차 및 공급전압에 의해 결정된다.

② 기동견인력

열차를 기동시킬 때 주전동기의 기동 평균전류에 의해 제한되는 견인력을 말한다.

③ 점착견인력

동륜답면과 레일 간의 마찰력에 의해 제한되는 견인력으로 동륜이 공전을 시작하기 직전의 최대견인력을 말한다.

#### 6) 견인중량과 가속력

기관차가 발휘하는 인장봉견인력이 열차저항보다 커지는 동안은 열차는 가속되지만 양자가 동등하게 되면 가속도 감속도 하지 않게 된다. 이와 같은 견인력과 열차저항이 균형을 이루어 가속도 · 감속도가 발생하지 않는 속도를 균형속도라 한다.

#### 7) 치차비(치수)와 동력전달효율

전기차의 대부분은 주전동기의 토크를 동륜에 전달하는 방법으로서 치차(齒車)장치가 이용되고 있다. 치차장치의 큰 치차의 치수와 작은 치차의 치수와의 비를 치차비(또는 치수비)라 한다.

전기차의 견인력은 치차비에 비례하며 동륜 지름에 반비례한다.

#### 8) 점착견인력과 점착계수

동륜에 견인력을 가하면 동륜답면과 레일간에 마찰력이 발생되는데, 이것을 점착력이라 하고 동륜상 중량을 점착중량이라 한다. 동륜답면과 레일과의 정지마찰계수를 점착계수라 하며 동륜이 공전을 시작하기 직전의 마찰력을 점착견인력이라 한다. 점착견인력은 점착 중량과 점착계수에 의해 제한되며 다음의 관계가 있다.

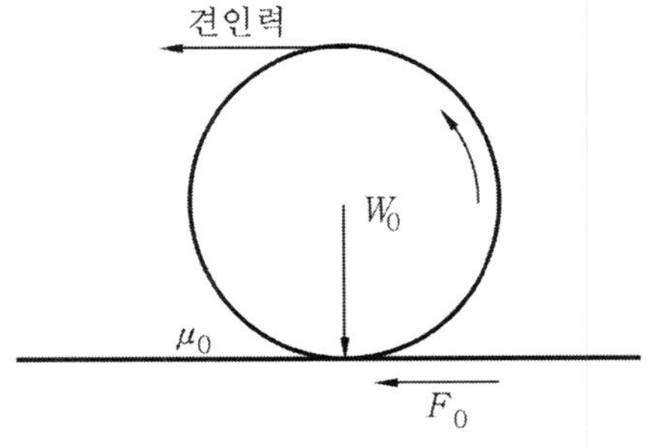


▶그림 1.42◀ 점착견인력

$$F_0 = 1,000\mu_0 W_0$$

여기서, $F_0$ : 점착 견인력[kg], $\mu_0$ : 점착계수, $W_0$ : 점착중량[t]

### 9) 축중보상(軸重補償)

전기기관차가 객차와 화차를 견인하여 기동하는 경우 또는 운전 중에 선로상태에 변화가 있게 되는 경우에는 각 동축의 축중은 균일하게 분포되지만 각 축의 위치에 따라 불균형을 이룬다.

이 축중의 불균형에 대하여 주전동기의 토크 또는 축중을 가감시켜 공전을 방지하는 방법을 축중보상법이라고 하며, 최근 고성능 전기기관차에는 높은 점착력을 얻기 위하여 대부분 채용하고 있다.

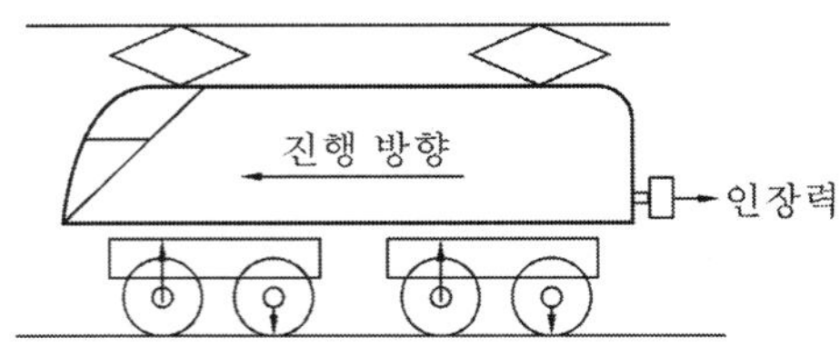


▶그림 1.43◀ 축중의 변화

축중보상법으로는 전기적보상법과 기계적보상법 등이 있다. 전기적보상법의 원리는 주전동기 토크를 축중에 따라서 전기적으로 조정하여 축중과 토크의 비를 일정하게 보존하게 하는 것이다. 이것은 약한 계자를 사용하여 각 주전동기의 전기자전류를 일정하게 하고 축중이 가벼운 주전동기의 계자만을 약화시켜 토크를 작게 하는 방법이다. 기계적보상법에는 차체에 공기실린더를 설치하고 축중이 가볍게 된 대차틀을 아래로 눌러 붙이는 방법이다.

### 10) 견인력의 계산

#### ① 토크로 견인력을 구하는 방식

주전동기 토크 $T$는 전기자 주변에 발생하는 힘 $f_A$와 전기자 반지름 $R_A$와 상승적 $f_A \times R_A$로 표시된다. 이 토크가 소치차, 대치차에 의해 확대되어 $T$로 되면서 차륜에 전달된다.

$$T = f_A \times R_A = f_p \times R_p \quad (1-17)$$

$$T' = f_p \times R_G = F \times R_s \quad (1-18)$$

위 식에서 주전동기 1대당의 견인력은

$$F=\frac{T}{R_S}\times\frac{R_G}{R_P}[kg] \tag{1-19}$$

여기서, $f_A$ : 전기자 힘, $f_P$ : 동륜의 힘, $R_P$ : 소치차
$R_G$ : 대치차, $R_S$ : 동륜 반지름, $R_A$: 전기자 반지름

이 된다. 이것에 치차비 $\gamma=\frac{R_G}{R_P}$ 및 동륜 지름 $D=2R_S$를 넣으면 전기차 견인력은 다음 식과 같다.

$$F'=T\gamma\frac{2}{D}N\ [\text{kg}] \tag{1-20}$$

$F'$는 동력전달효율($\mu$)을 무시한 지시 견인력이며, $F'$에 동력전달효율($\mu$)을 곱하여 동륜주 견인력 $F''$가 구해진다.

$$F''=T\gamma\mu\frac{2}{D}N\ [\text{kg}] \tag{1-21}$$

$F''$로부터 전동차, 전기기관차 자체의 저항을 빼면 인장봉견인력 $F'''$가 구해진다.

$$F'''=F''-\text{동력차의 저항}[\text{kg}] \tag{1-22}$$

여기서, $T$ : 주전동기 토크[kg · m]
$\gamma$ : 치차비
$D$ : 동륜 지름[m]
$N$ : 주전동기 수
$F'$ : 동력전달효율을 무시한 지시견인력[kg]
$F''$ : 동륜주견인력[kg]
$F'''$ : 인장봉견인력[kg]

**② 속도와 입력으로 견인력을 구하는 방식**

주전동기 단자전압 $E_t$[V], 전 전류 $I$[A]로 한다면 주전동기 효율 $\eta$, 대수 $N$의 경우 출력은

$$P=\frac{E_t\ I}{1000}\eta N\ [\text{kW}] \tag{1-23}$$

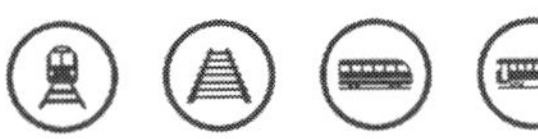



전력을 일로 환산하면 1[kW]=102[kg−m/s]로 되므로 전기적 출력을 기계적 출력으로 환산하면 다음과 같다.

$$P = \frac{E_t\, I}{1000} \times 102 \times \eta N \text{ [kg−m/s]} \tag{1−24}$$

이것에 동력전달효율 $\mu$를 곱하면 동륜에 주어지는 출력을 구할 수 있다.

$$P = \frac{E_t\, I}{1000} \times 102 \times \eta \mu N \text{[kg−m/s]} \tag{1−25}$$

보통 동력차가 1초에 하는 일은 견인력 $F$[kg], 속도 $V$[km/h]라고 한다면

$$F \times V \times \frac{1000}{3600} \text{[kg−m/s]}$$

가 되므로 견인력 $F$는 다음 식과 같다.

$$F \times V \times \frac{1000}{3600} = \frac{E_t I}{1000} \times 102 \times \eta \mu N \tag{1−26}$$

$$\therefore\ F = 0.365 \frac{E_t IN}{V} \eta \mu \tag{1−27}$$

여기서, $E_t$ : 주전동기 단자전압 [V]
$I$ : 주전동기 전류 [A]
$N$ : 주전동기 대수
$\eta$ : 주전동기 효율
$\mu$ : 동력전달효율

### 11) 주전동기의 토크와 출력

#### ① 주전동기의 토크

주전동기의 전기자가 $n$ 회전할 때의 일 $W$는

$$W = 2\pi R_A \times f_A \times n \text{[kg−m/min]} \tag{1−28}$$

여기서, $R_A$ : 전기자 반지름 [m]
$f_A$ : 전기자 주변에 발생하는 힘 [kg]
$n$ : 매분 회전수 [rpm]

$f_A \times R_A$ =토크 $T$ [kg−m]이므로

$$W = 2\pi Tn \text{[kg−m/min]} \tag{1−29}$$

주전동기의 출력을 전력식으로 표시하면

$$P = \frac{E_t\ I}{1000}\eta \text{[kW]} \tag{1−30}$$

1[kW] = 102[kg−m/s]로 되므로 기계적 일을 전기적 출력으로 환산하면

$$\frac{E_t\ I}{1000}\eta\ =\ 2\pi\frac{T}{102}\times\frac{n}{60}\text{[kW]} \tag{1−31}$$

$$\therefore\ \ T = 0.976\times\frac{E_t\ I}{n}\eta\ \text{[kg−m]} \tag{1−32}$$

여기서, $E_t$ : 주전동기 단자전압 [V]
$I$ : 주전동기 전류 [A]
$\eta$ : 주전동기 효율

② 주전동기의 출력

열차가 견인력 $F$[kg], 속도 $V$[km/h]로 운전하고 있을 때 동력차 주전동기의 출력 $P$를 구하려면

$$P = F\times V\times\frac{1000}{3600}\text{[kg−m/s]} \tag{1−33}$$

1[HP]=75[kg−m/s]이므로 $P$를 [HP]로 환산하면

$$P = F\times V\times\frac{1000}{3600}\times\frac{1}{75} = \frac{FV}{270}\text{[HP]} \tag{1−34}$$

1[HP]=0.735[kW]이므로 $P$를 [kW]로 환산하면

$$P = \frac{FV}{367}\text{[kW]} \tag{1−35}$$

주전동기의 수량을 $N$대, 효율을 $\eta$, 동력전달효율을 $\mu$라 하면 1대당 출력 $P_0$와 입력 $P_i$는

$$\text{출 력}\ \ P_0 = \frac{FV}{367}\times\frac{1}{N\mu}\ \text{[kW]} \tag{1−36}$$

$$입\ 력\ \ P_i = \frac{FV}{367} \times \frac{1}{N\mu\eta}\ [\text{kW}] \tag{1-37}$$

## (5) 전기차의 특성곡선

### 1) 특성곡선

그림 1.44의 주전동기 특성곡선에 나타난 회전수를 속도로 표시하고 토크를 동륜주(動輪周)견인력으로 표시하며 주전동기 효율에 동력전달효율을 곱한 것을 효율로서 나타내어 이 3가지의 곡선을 주전동기 전류를 횡축에 넣고 종축에 속도, 견인력, 효율을 각각 넣어 그림으로 표시한 것을 전기차 특성곡선이라 한다.

주전동기 회전수에서 전기차 속도를 구하려면 주전동기 특성곡선의 임의의 전류 $I$에 의하여 회전수 $n$을 구하여 다음 식으로 계산한다.

$$V = \frac{60\pi D}{10^3}\frac{n}{\gamma} \tag{1-38}$$

여기서, $V$ : 속도 [km/h]

$D$ : 동륜 지름 [m]

$\gamma$ : 치차비

$n$ : 주전동기 매분 회전수 [rpm]

따라서 전기차의 속도는 동륜 지름과 주전동기의 회전수에 비례하고 치차비에 반비례한다.

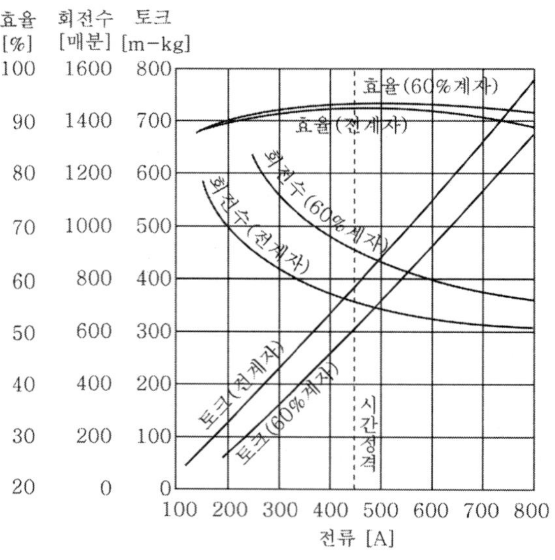


▶그림 1.44◀ 주전동기 특성곡선의 예

동륜주견인력은 앞에서 설명한 것과 같이

$$F'' = T\gamma\mu\frac{2}{D}N\,[\text{kg}] \tag{1-39}$$

로 되므로 동륜 지름에 반비례하고 치차비에 비례한다.

### 2) 속도곡선의 변화

주전동기 특성곡선, 전기차 특성곡선은 일정 전압을 가정하여 나타낸 그림이므로 전압을 변화시키면 주전동기 회전수가 변화하여 전기차의 속도곡선도 변화한다. 직류 직권전동기의 회전수는

$$n = \frac{E - I \cdot r}{K\phi} \tag{1-40}$$

여기서, $E$ : 전차선 전압(주전동기 단자 전압)
$r$ : 내부저항
$I$ : 주전동기 전류
$\phi$ : 자속

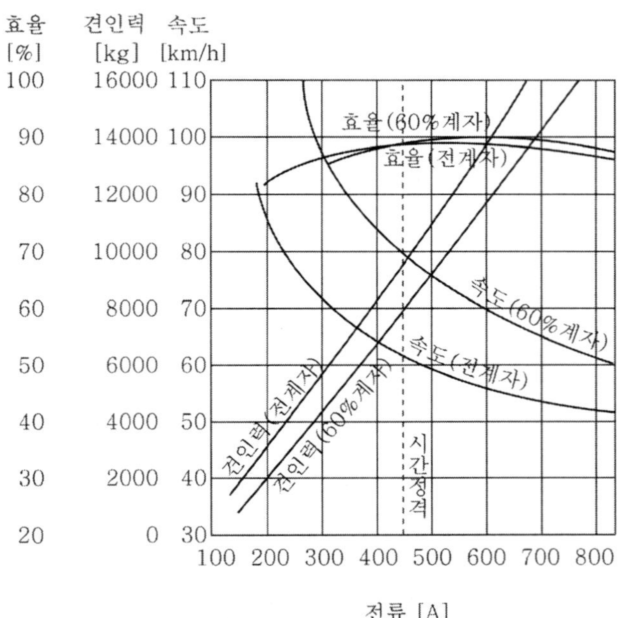


▶그림 1.45◀ 전기차 특성곡선의 예

전차선 전압이 $E_1$에서 $E_2$로 변화된 경우 주전동기 회전수 $n_1$, $n_2$ 전기차 속도 $V_1$, $V_2$의 관계는

$$\frac{V_1}{V_2} = \frac{n_1}{n_2} = \frac{E_1 - I \cdot r}{E_2 - I \cdot r} \tag{1-41}$$

여기에서 전차선 전압 $E_1$, 동륜 지름 $D_1$, 치수비 $\gamma_1$이 각각 $E_2$, $D_2$, $\gamma_2$로 변화한 경우에 속도는 다음 식과 같다. 단, $E_1 - I \cdot r \simeq E_1$, $E_2 - I \cdot r \simeq E_2$로 한다.

$$\frac{V_1}{V_2} = \frac{n_1}{n_2} = \frac{E_1 \cdot D_1 \cdot \gamma_2}{E_2 \cdot D_2 \cdot \gamma_1} \tag{1-42}$$

### (6) 운전선도(運轉線圖)

#### 1) 운전선도의 종류

열차운전 중의 속도, 시간, 주행거리, 전류, 전력량 등의 상호 관계를 도표로 표시한 것을 일반적으로 운전선도 또는 운전곡선이라 하며 시간 기준으로 하는 방식과 거리 기준으로 하는 방식이 있다.

① 시간 기준

- 속도 시간 · 거리 시간 곡선
- 전류 시간 곡선
- 전력 시간 곡선
- 전력량 시간 곡선

② 거리 기준

- 속도 거리 · 시간 거리 곡선
- 전류 거리 곡선
- 전력 거리 곡선
- 전력량 거리 곡선

이것의 각 곡선을 2개 이상 동일한 도표에 그려서 이용할 때가 많다.

#### 2) 속도시간, 거리시간 곡선

시간 기준으로 하여 횡축에 시간을 종축에 속도와 주행거리를 주어 그린 운전선도로서 속도시 곡선(속도시간 곡선)과 거리시 곡선(거리시간 곡선)을 동일한 도표로 나타낸 것이다.

이 선도는 주로 운전시격(時隔)을 결정할 때 이용되며 주행열차와의 간격, 대피시분, 반복시분 및 신호기의 설치 위치 등의 결정에도 이용된다. 속도시간 곡선의 직선 가속구간은 주전동기가 기동하게 되어 전류는 일정하게 유지되며 가속도도 일정하게 되므로 직선적으로 나타내어진다. 특성 가속 부분은 단(노치)의 최종단에 이르기까지 전기차의 특성곡선에 따라 가속되는 부분으로 인장봉견인력과 열차저항 등이 같아지면 균형속도가 된다. 타행부분은 전류가 차단되면 열차는 타력에 의하여 주행하며 점차 감속하여 운동에너지가 소멸되어 정지한다.

거리 시간 곡선은 시간의 경과에 대한 주행 거리의 변화를 나타내며 속도시간 곡선의 주변 면적은 주행거리를 표시하고 있다. 그림 1.46에서 평균속도와 표정속도를 다음 식으로 구할 수 있다.

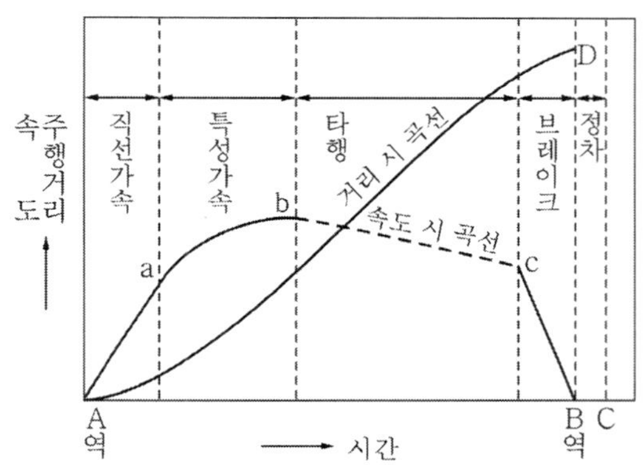


▶그림 1.46◀ 속도 시간 · 거리 시간 곡선의 예

$$\text{평균속도} = \frac{BD}{AB} \tag{1-43}$$

$$\text{표정속도} = \frac{BD}{AC} \tag{1-44}$$

**3) 속도 거리 · 시간 거리 곡선**

거리를 기준으로 하여 횡축에 취하고 종축에 속도와 시간을 주어 표시한 운전선도로서 속도거리 곡선(속도 곡선)과 시간거리 곡선을 같은 도표에 나타낸 것이다. 그림 1.47에 그 예를 표시하였다. 이 운전선도는 주로 운전시분의 조사 결정에 이용되며 역행(동력운전)시분, 가속상태, 타행(무동력운전)위치, 균형속도, 제동 개시점과 속도, 속도제한 개소와 제한속도 등을 조사하는데 편리하다.

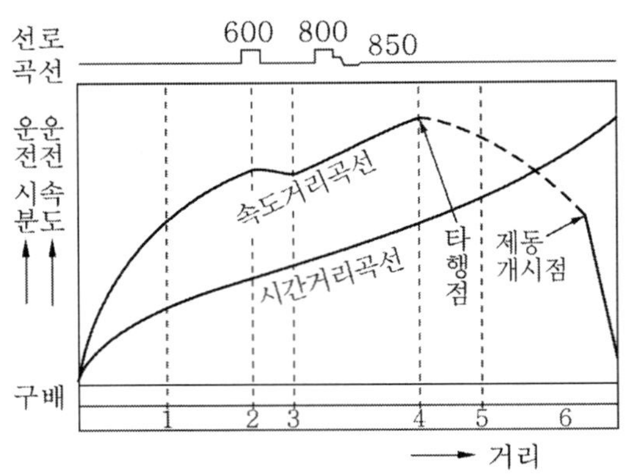


▶그림 1.47◀ 속도 거리 · 시간 거리 곡선의 예

### 4) 전류시간곡선

시간을 기준하여 횡축에 취하고 전류와 시간과의 관계를 나타낸 곡선으로 그림 1.48(b)에 그 예를 나타내었다. 전류시간곡선은 그림 1.48(a)의 속도시간곡선을 근거하여 전기차 특성곡선에서 각 속도에 의해 전류를 산출하며, 이 전류를 종축으로 나타낼 수 있다. 이 경우 횡축에 거리를 취하면 전류거리 곡선이 된다.

속도시간곡선의 직선 가속부분에서는 직렬단(노치)에서 병렬단(노치)로 진행하면 선로전류는 배가한다. 특성 가속부분에서 전류는 특성곡선에 따라서 감소하며 단(노치)오프 하여 타행(무동력운전)으로 들어가면 전류는 차단된다.

### 5) 전력시간곡선과 전력량시간곡선

전항에서 구한 전류시간곡선을 근거로 전차선 전압 $E$와 전류값 $I$에서 전력으로 환산하여 간단하게 전력시간곡선을 구할 수 있다. 그림 1.48(c)에 전력시간곡선의 예를 나타내었다. 전력시간곡선의 면적은 전력량에 비례하기 때문에 다음 식에 의해 전력소비량을 구할 수 있다.

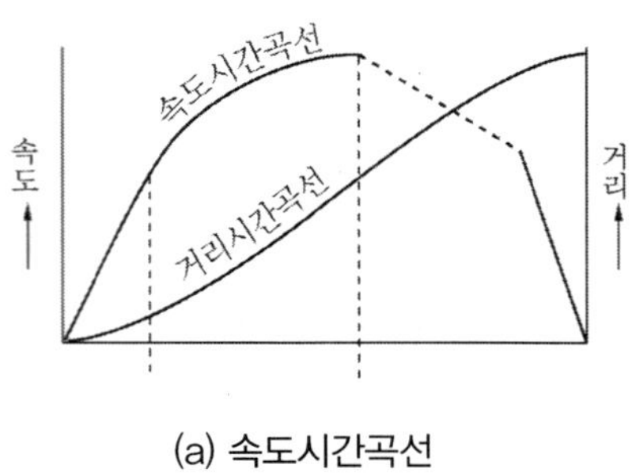


(a) 속도시간곡선

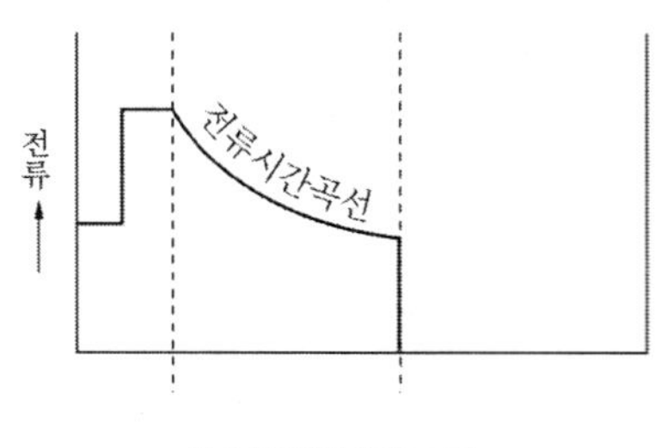


(b) 전류시간곡선

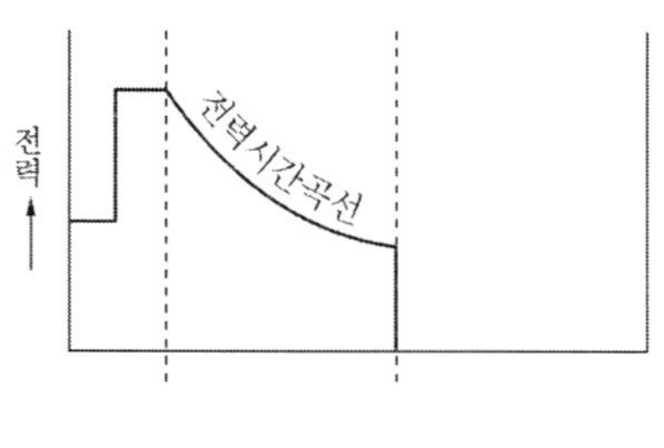


(c) 전력시간곡선

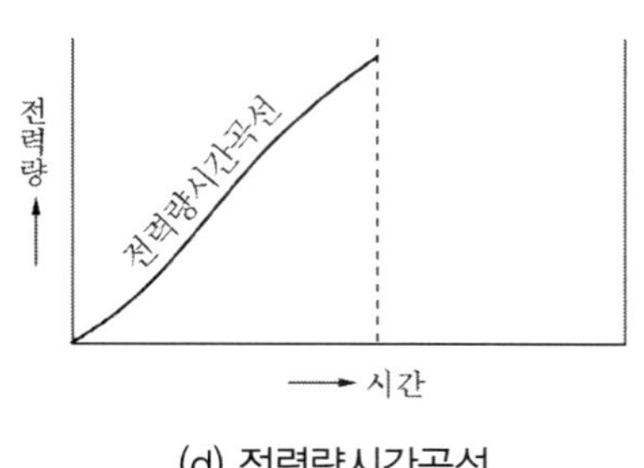


(d) 전력량시간곡선

**▶그림 1.48◀** 전류시간, 전력시간, 전력량시간곡선의 예

$$전력소비량 = \frac{곡선\ 전면적}{단위\ 면적} \times 단위면적\ 표시\ 전력량 \quad (1-45)$$

전력량 시간 곡선은 시간을 횡축으로 하고 종축에 전력량을 취하여 누계 전력소비량을 표시한 것으로 그림 1.48(d)에 그 예를 나타내었다.

### 6) 전력소비량의 계산

전력소비량을 계산하기 위해서는 전력시간곡선의 면적을 이용하여 계산하는 방법 외에 속도시간곡선을 근거로 하여 전기차 특성곡선에서 각 속도의 전류를 구해 그 사이에 평균전류에 적합한 전력량을 다음 식에 의하여 구할 수 있다.

$$전력량 = \frac{E \cdot I}{1000} \times \frac{t}{3600}\ [\mathrm{kWh}] \quad (1-46)$$

여기서, $E$ : 전차선 전압[V]

$t$ : 소요 시분 $= t_2 - t_1$

$I$ : 속도 $V_1$ 에서 $V_2$ 사이의 평균 전류 $= \frac{1}{2}(I_1 + I_2)$ [A]

$I_1$ : 속도 $V_1$일 때의 전류

$I_2$ : 속도 $V_2$일 때의 전류

$t_1$ : 기동 후 속도 $V_1$일 때의 시분

$t_2$ : 기동 후 속도 $V_2$일 때의 시분

이 전력량을 누계한다면 전력량시간곡선을 표시할 수 있다. 또한, 전류시간곡선을 이용하여 평균전류, 평균전력, 소비전력량을 구할 수 있다.

$$평균전류\ I_m = \frac{전류시간\ 곡선의\ 면적}{역간전체\ 주행시분}\ [\mathrm{A}] \quad (1-47)$$

$$평균전력\ P_m = \frac{I_m \times E}{1000}[\text{kW}] \tag{1-48}$$

$$소비전력량 = P_m \times 역간체전주행시분[\text{kWh}] \tag{1-49}$$

### 7) 운전선도를 구하는 방법

운전선도를 구하는 방법에는 직접화법과 간접화법이 있다. 직접화법은 가속력곡선에서 기하학적으로 운전선도를 구하는 도식화법(圖式畵法)으로 계산에 의한 임의의 속도에서의 가속도와 이 속도까지 가속하는 데 필요한 운전시분을 구하여 운전선도를 그려 계산하는 방법이다. 도식화법에는 여러 가지 방법이 많이 있으나 최근에는 컴퓨터를 이용하여 운전선도를 그리는 방법이 많이 이용되고 있다.

간접화법은 운전구간이 긴 경우이거나 선로의 구배 변화가 많은 곳에 이용되며, 사전에 구배별로 운전선도를 그려 두고 이것을 구하는 구간의 선로상태에 따라 주어지는 방법이 있다.

① 속도시간곡선

㉠ 직선 가속부분의 가속도 $A$[km/h/s]는

$$A = \frac{F-(R_r \pm R_g + R_c)W}{28.35(1+x)W} \tag{1-50}$$

단(노치) 곡선에서 기동 가속할 때 평균전류를 구하며 특히 이것을 이용하여 전기차 특성 곡선에서 견인력 $F$를 구하고, 주행저항 $R_r$, 구배저항 $R_g$, 곡선저항 $R_c$는 선로조건에 따라 주어진다.

이와 같이 하여 운전속도 0, 10, 20, … [km/h]에 대하여 가속도 $A_0$, $A_{10}$, $A_{20}$, … 를 구하게 된다. 다음에 속도가 $V_1$에서 $V_2$까지 상승시키는 데 필요한 운전시분은 다음과 같이 구할 수 있다.

$$t = \frac{V_2 - V_1}{A} \tag{1-51}$$

위 두 식을 이용하여 속도를 10[km] 정도로 나누어 0~10, 10~20[km/h]로 하여 속도곡선의 직선 가속부분을 구할 수 있다.

㉡ 특성가속 부분도 직선가속부분과 같다.

예를 들면 속도 60~70[km/h]에 대하여는 평균속도 65[km/h]에 상당하는 것을 구하여 가속도와 운전시분을 얻을 수 있다. 이와같이 하면 특성 가속부분의 운전선도를 구할 수 있다. 견인력과 열차저항이 똑같이 되면 균형속도에 도달한다.

㉢ 제동부분은 제동도와 운전시분이 주어져 있으므로 그림 1.46의 B점이 정해지며 제동부분은 경사각은 $\tan\theta = \frac{속도}{시간}$의 관계에서 $\theta = \tan^{-1}D$($D$는 제동도[km/h/s])에 의해 제동부분 c~B를 나타낼 수 있다.

㉣ 타행부분은 타행(무동력운전)에 들어가면 견인력이 0이 되며 감속도 $D$는 다음과 같다.

$$D = \frac{R_r \pm R_g + R_c}{28.35(1+x)} \tag{1-52}$$

여기서 운전시분 및 제동도가 주어지므로 가감할 수 있는 것은 타행(무동력운전) 개시의 시점이다. 그림 1.47의 속도시간 곡선 A, a, b, c, B로 둘러싸인 면적은 역간 거리 A, B를 표시하면서 적당한 타행 곡선을 그리고 그 면적이 역간 거리가 되도록 몇 번이고 수정하여 속도시간곡선을 완성한다.

② 거리시간곡선

속도가 $V_1$에서 $V_2$까지 상승 또는 하강하는 사이의 주행거리는

$$S = \frac{V_1 + V_2}{7.2} t\,[\text{m}] \tag{1-53}$$

여기서, $V_1$ : 최초의 속도[km/h]

$V_2$ : 구하는 점의 속도[km/h]

$t$ : $V_1$에서 $V_2$까지 속도가 변화하는 사이의 시분[s]

따라서 각 속도에 도달하는 사이의 주행 거리를 구하여 쉽게 거리시간곡선을 구할 수 있다.

### 8) 전력소비량과 열차운전

동일한 전기차에 있어서도 속도, 가속도, 제동도 등의 운전조건에 따라서 전력소비량이 달라진다. 또한, 차량이나 선로조건에 따라서도 전력소비량이 변화한다.

① 운전조건과 전력소비량

가속도를 크게 하면 전력소비량은 적게 된다. 운전거리 · 운전 시분 및 제동도가 일정할 때 가속도를 크게 하면 역행(동력운전)시간이 짧게 되고 타행(무동력운전)시간이 길게 되므로 전력소비량은 적게 된다. 반면 동일 전기차에서 가속도를 크게 한다면 전류가 과대해져 정류 불량을 일으키며 변전소의 피크(peak)부하도 크게 되고, 승객이나 차량에 충격을 주며 차륜의 공전을 일으킬 우려가 있다. 제동도를 크게 하면 전력소비량은 적게 된다. 또한, 제동도를 크게 하면 역행(동력운전)시간이

단축되고 타행(무동력운전)시간은 길어지며 전력소비량은 적게 된다. 그러나 제동도를 너무 크게 하면 차량이나 승객에 충격을 주는 동시에 차륜의 미끄러짐이 발생될 수 있다. 속도를 작게 하면 전력소비량은 적게 된다. 또한, 속도를 작게 하면 운전시분은 길어지지만 역행(동력운전)시간을 단축하여 전력이 빨리 차단되므로 전력소비량이 적게 된다.

② 차량조건과 전력소비량

동일 운전조건에서도 차량중량, 치차비, 제어방법 등에 따라 전력소비량이 변화한다. 차량중량을 가볍게 하면 전력소비량이 적어진다. 차량중량이 큰 만큼 열차 저항이 크게 되므로 중량을 가볍게 하기 위해 주전동기 용량도 적게 하면 전력소비량이 적게 된다. 역간 거리가 짧은 경우에는 치차비(치수비)가 큰 만큼 역간 거리가 긴 경우에는 치차비가 적은 만큼 전력소비량은 유리하게 된다. 치차비가 클 때는 토크가 동일하여도 견인력이 크게 되며 따라서 기동 가속도는 크게 되지만 반면, 속도는 적게 되며 최고속도도 낮아진다. 이 때문에 역간 거리가 짧은 경우에는 최고속도는 그다지 큰 값이 필요하지 않으므로 기동 가속도를 크게 하는 방법이 전력소비 면에서 보다 유리하다. 반대로 역간 거리가 긴 경우는 치차비를 적게 하여 최고속도를 높이는 방법이 유리하다. 회생제동에 의해 전력소비량을 적게 할 수 있다. 전력 회생제동에 의해 30[%]정도 전력소비량을 절약할 수 있다. 또한, 정차장의 위치를 높게 함으로써 기동 가속력 및 제동력은 적게 되어 전력을 절약할 수 있다. 저항 제어는 전력소비량을 크게 하며, 저항손에 의해 전력 손실이 크고, 직 · 병렬 제어나 탭 제어는 전력소비량이 적게 된다. 또한, 자동제어를 하게 되면 운전기술의 숙련도에 관계없이 적정한 제어를 하게 되므로 전력소비량은 적게 된다.

③ 선로조건과 전력소비량

구배구간이나 곡선구간에서는 열차저항이 크게 되어 전력소비량도 크게 된다. 반면 하(下)구배에서 가속을 주는 경우는 구배저항이 가속력으로 작용하여 역행(동력운전)시분도 단축되어 전력소비량도 적게 된다. 그러나 하(下)구배에서는 속도가 너무 커지는 것을 방지하기 위해 속도가 제한되어 있기 때문에 전력소비량 절감을 위해 하구배를 반드시 효과적으로 이용할 수는 없다. 하구배에서 전력회생제동을 채용하는 경우에는 앞에서 설명한 바와 같이 회생제동을 채용하지 않는 경우에 비해서 전력소비량은 적게 된다. 또한, 일반적으로 역간 거리가 짧을 때는 가속 및 제동시간이 많고 타행(무동력운전) 시간이 적게 된다. 반대로 역간 거리가 길 때는 타행(무동력운전) 시간이 길게 되어 전력소비량도 적게 된다.

# 1.5 전기철도의 급전방식

## 1.5.1 직류급전방식

일반 전력계통으로부터 수전하는 특별고압 (22.9 [kV], 154 [kV])의 교류전기를 전철용변전소 변압기에서 적절한 전압으로 강압 (1,200 [V] 등)하여 정류기에 의한 장치에서 직류 (1,500 [V] 등)로 변환하여 전차선로에 직류전기를 공급하여 운전을 하는 방식으로 세계 전기철도의 48 [%]를 점유하고 있다.

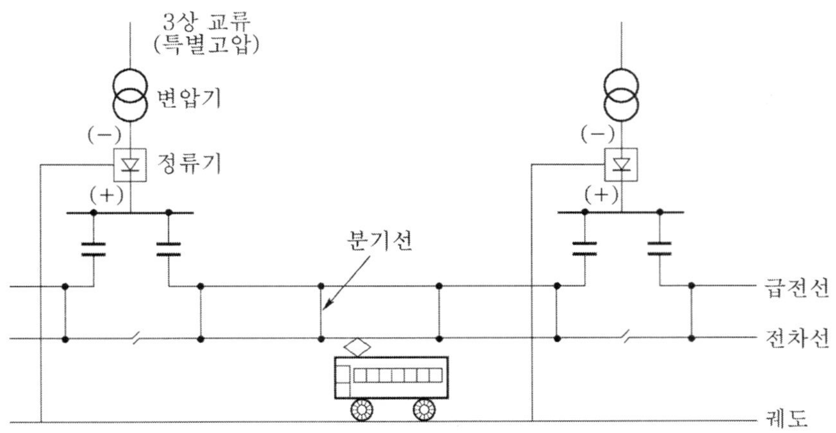


▶그림 1.49◀ 직류 급전 방식(병렬급전)

사용전압으로는 600[V], 750[V], 1,500[V], 3,000[V] 등이 있으나 우리 나라에서는 1,500[V] 전압을 사용하고 있으며, 전철변전소 간격은 전압강하 등을 고려하여 대략 4~10 [km]마다 설치 운용하고 있다. 직류방식의 특징은 전압이 낮아 절연계급을 낮출 수 있고 통신유도장해가 없으며, 경량 단거리 수송에 유리하나 운전전류가 커서 누설전류에 의한 전식(電蝕) 대책이 필요하다.

### (1) 가공단선식

전차선을 궤도 상부에 가선하고 운전용 궤도를 귀선(歸線)으로 하는 급전방식으로 가선 구조가 간단하여 설비비 및 보수비가 저렴하다. 결점으로는 누설전류에 의한 전식의 피해가 크다.

### (2) 가공복선식

정, 부 2본의 전차선을 궤도 상부에 가선(架線)하는 방식으로 노면전차의 일부에 사용되는 급전방식으로 가공단선식보다 전식이 적다는 이점이 있으나 전차선의 설비가 복잡해지는 단점이 있다.

### (3) 제 3 궤조식

전차선 대신 운전용 궤도와 병행으로 급전 궤도를 부설하여 집전(集電)하는 방식으로 지하철이나 터널 등에 채용되는 방식이다. 최근에 절연기술의 발달과 전차선의 단선 사고의 우려가 없고 구조가 간단하여 도시철도에 새롭게 채택되고 있는 급전방식이다.

## 1.5.2 교류급전방식

교류방식은 일반적으로 한전변전소로부터 수전하는 상용주파수 3상전기를 변환장치에 의해 단상교류전기를 전차선로에 공급하여 운전하는 방식으로 세계 전기철도의 약 52 [%]가 이 방식을 채택하고 있다.

교류방식의 특징은 대용량 중 · 장거리 수송에 유리하며 에너지 이용률이 높고 사고시 선택차단이 용이하며 전식의 우려가 없으나 통신유도장해 대책이 필요하다.

교류방식 전기철도는 급전방식에 따라 직접급전방식, 흡상변압기(BT)방식, 단권변압기(AT)방식으로 구분된다.

### (1) 직접급전방식(Simple feeding system)

가장 간단한 급전회로로 전차선로 구성은 전차선과 레일만으로 된 것과 레일과 병렬로 별도의 귀선을 설치한 2가지 방식이 있다.

이 방식의 특징은 회로 구성이 간단하기 때문에 보수가 용이하며 대단히 경제적이지만 전기차 귀선전류가 레일에 흐르므로 레일에서 대지 누설전류에 의한 통신유도장해가 크고 레일전위가 다른 방식에 비해 큰 결점이 있다.

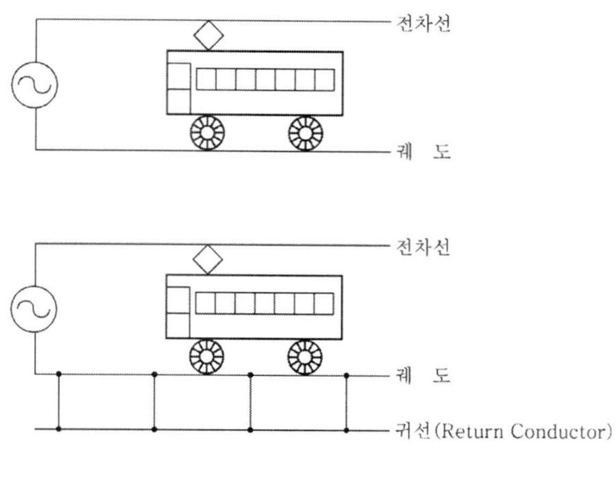


▶그림 1.50◀ 직접급전회로

## (2) BT급전방식

BT(Booster–Transformer)급전방식은 권선비 1 : 1의 특수변압기를 약 4[km]마다 설치하여 전차선에 부스터섹션(booster section)을 설치하고 BT의 1, 2 차측을 전차선과 부급전선(NF : Negative Feeder)에 각각 직렬로 접속하고, BT와 BT 사이는 중간점에서 레일과 부급전선을 흡상선으로 접속하여 레일에서 대지에 누설되는 전기차 귀전류를 BT 작용에 의해 강제적으로 부급전선에 흡상시켜 통신선로의 유도장해를 경감하는 방식이다.

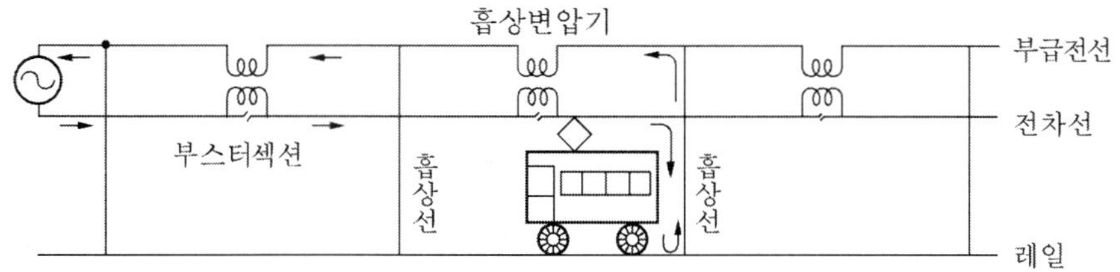


(a) 부급전선이 있는 경우

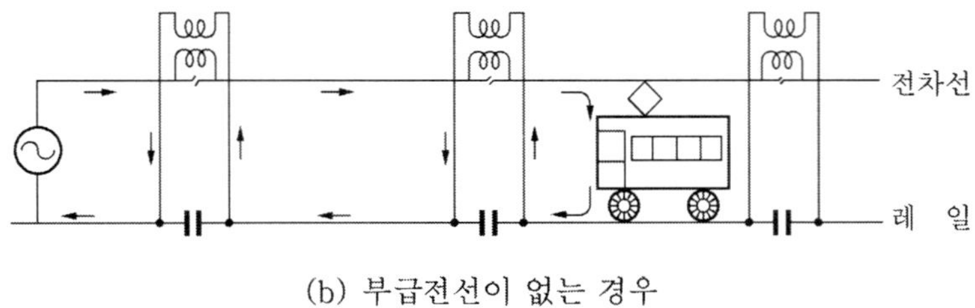


(b) 부급전선이 없는 경우

▶그림 1.51◀ 흡상변압기 급전방식(BT급전방식)

여기서 변압기는 전류를 흡상하므로 흡상변압기라 하고 권선비는 1 : 1이며 약 4 [km]마다 설치하여 1차 단자는 전차선에 2차 단자는 부급전선에 각각 직렬로 결선하여 1차측과 2차측에 흐르는 전류를 같게 하는 것이다.

한편 BT급전방식은 통신유도 경감 효과가 크지만 부스터섹션 부분에서 부하전류를 차량의 팬터그래프에서 개폐하므로 아크 발생으로 부하전류가 크고 속도가 고속화되면 운전 및 보수상 문제점이 된다. 변전소 간격은 약 30~40 [km]로 설치하며 우리나라 산업선 전철에 채택되어 사용하였으나 현재는 단권변압기(AT)방식으로 개량하여 BT방식은 없는 상태이다.

### (3) AT급전방식

AT(Auto-Transformer)급전방식은 변전소에서 급전선(feeder)을 선로를 따라 가선하여 이 급전선과 전차선 사이에 약 10[km] 간격으로 AT를 병렬로 설치 접속하여 변압기 권선의 중성점을 레일에 접속하는 방식으로서 우리나라의 수도권전철 및 중앙선 청량리~영주, 영동선 영주~철암 간 등 모든 구간의 급전방식으로 채택되고 있으며, 경부고속철도 구간도 이 방식이 채용되고 있다.

이 방식은 대용량 열차부하에서도 전압변동, 전압 불평형이 적어 안정된 전력 공급이 가능하며 레일에 흐르는 전류는 차량을 중심으로 크기는 같고 각각 반대 방향의 전류가 AT쪽으로 흐르기 때문에 근접 통신선에 대한 유도장해가 적게 되는 장점이 있다. AT급전방식의 특징을 전력공급 측면에서 정리하면 다음과 같다.

① 급전전압이 차량 공급전압의 2배이므로 전압강하율이 적기 때문에 대전력 공급 측면에서 유리하다.
② 전압강하가 적으므로 변전소 이격거리가 길다.
③ 철도변전소의 위치를 전력용 변전소(한전) 근처에 선정이 가능하므로 송전선 건설비가 절감된다.
④ 급전전압은 차량전압의 2배이나 중성점이 접지되어 실제 절연레벨은 1/2이 된다.
⑤ 부하전류는 인접한 양쪽의 AT로 흡상되므로 통신유도장해가 적다.
⑥ BT급전방식과 같은 부스터섹션이 불필요하다.

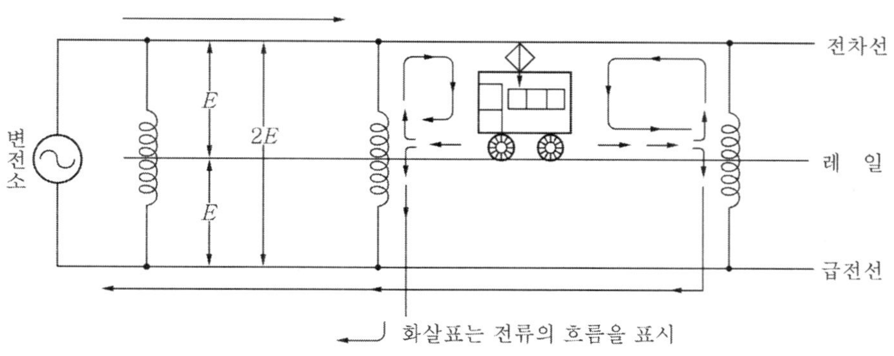


▶그림 1.52◀ 단권변압기급전방식(AT급전방식)

# 1.6 전기철도의 급전계통

## 1.6.1 급전계통의 구성 및 특성

### (1) 급전계통의 구성

전철 급전계통이란 변전소로부터 급전거리, 전압강하, 사고시의 구분, 보수 등을 고려하여 전차선로를 적당한 구간으로 나누어 급전, 정전이 가능하도록 한 전기적인 계통 구성을 말한다. 급전계통은 전압강하, 사고시의 구분, 보호계전기의 보호 범위 및 가선 범위 등과 관련하여 전철화 계획 시 고려되어야 할 중요한 요소 중의 하나이다.

일반적으로 급전계통은 급전방식과 변전소의 위치에 따라 계통이 구성되며 여기에 필요한 구분장치의 위치 선정, 급전 범위의 설정 등에 따라 계통이 완성된다. 전차선로의 어느 일부에 지락, 단락 등의 사고가 발생한 경우 또는 작업상 전차선로의 일부분을 정전한 경우 전구간 또는 장구간에 걸쳐 급전이 정지되고 전기운전을 중지하여야 하는 급전회로는 바람직하지 못하다.

이와 같은 불합리한 점을 해소하고 열차의 운전계통, 사고시의 급전방법 및 정전시간의 확보 등을 미리 예상하여 사고 발생 시에도 전기차운전에 영향을 최소화할 수 있도록 전차선을 구분장치로 구분함과 동시에 급전선은 전차선의 각 구간마다 단독으로 급전 또는 급전정지가 가능하도록 급전계통을 분리하여 구성할 필요가 있다.

### (2) 급전계통의 특성

전철 급전계통은 일반 전력계통과 다른 특성이 있다. 전철은 동력원인 전기가 정전되면 열차운행이 정지되므로 높은 신뢰도, 높은 안정도의 전원 설비가 요구된다.

전철부하는 차량의 특성상 기동, 정지가 빈번하게 반복되고 그 위치가 이동하기 때문에 부하의 크기 및 시간적 변동이 극히 심하다. 차량에 대한 전력 공급은 전차선과 집전장치(pantograph)의 접촉에 의존하는데 고속운전 시에도 양호한 접촉을 유지하여 안정적으로 전력을 공급하여야 한다.

전기철도에서는 레일을 귀선로로 사용하므로 1선접지상태의 회로가 된다. 따라서 교류방식에서는 통신선에 대한 유도장해, 직류방식에서는 지중 매설 금속체에 전식 문제를 발생시키므로 이에 대한 대책이 필요하다. 또한, 전차선의 지락 시에는 선간 단락의 상태로 되므로 사고전류가 크게 된다.

교류방식에서는 부하가 단상이고 더구나 변동이 심하기 때문에 전압변동, 전압불평형 등의 문제가 발생한다.

## 1.6.2 급전계통의 운전 및 분리

### (1) 급전계통의 운전 조건

위에서 언급한 바와 같이 전철 급전회로는 특수하지만 안전하고 신속하며 확실하게 열차를 운행하게 하기 위해서는 전차선 전압이 차량의 운전에 영향을 주지 않는 일정한 범위를 유지하여야 하고 전류 용량이 차량부하에 충분히 견딜 수 있도록 하여야 한다.

변전소, 전차선로, 차량간의 절연협조가 충분히 검토되어 요구되는 절연강도, 절연이격이 확보되어야 하고 보수작업 및 사고 발생 시 신속하게 사고개소를 구분하고 필요한 조치를 취할 수 있도록 하여 열차에 주는 영향을 최소화하여야 한다.

### (2) 급전계통의 분리

#### 1) 급전별 분리

급전별 분리는 인접 변전소와 상호 계통운전을 원칙으로 하고 각 변전소별로 전압위상별, 방면별, 상 · 하선별로 구분하여 급전할 필요가 있다. 이는 사고 시에 열차운전에 영향을 최소화하기 위하여 해당 운전계통이나 상 · 하선별 등으로 분리하여 사고가 발생되지 않은 다른 계통이나 선로에 정상급전하거나 인접 변전소로부터 연장급전을 받을 수 있도록 하기 위한 것이다.

**2) 본선간의 분리**

본선간의 분리는 동일 계통 급전구간에 사고 발생 시 해당 구간을 분리하고 급전할 수 있도록 급전구분소 (SP) 및 보조급전구분소 (SSP)를 두어 구분하는 것이다. 또한, 7[km] 이상의 긴 터널에 있어서는 터널 내 사고 복구 작업에 상당한 시간이 요하므로 터널 양단에 단로기를 설치하여 구분하도록 하여 사고구간을 단축하는 방법과 구분소간에 에어조인트(air joint)를 두어 필요한 경우 균압선을 제거하여 에어섹션(air section)으로 분리하는 방법이 있다.

**3) 본선과 측선의 분리**

주요 역구내에서는 사고시 사고구간의 단선운전 또는 타절(운행중지)운전 등을 할 필요가 있기 때문에 주요 역구내의 전차선을 분리하여 상 · 하선별 다른 급전계통으로부터 상호 급전 가능하도록 하거나 측선에서 사고발생시 본선과 분리하여 열차운행을 할 수 있도록 하는 것이다.

**4) 차량기지와 본선과의 분리**

전동차 및 전기기관차 기지는 수많은 열차가 대기 및 정비를 하고 있기 때문에 차량의 장애에 의한 전차선로의 차단 등이 많아 본선 운행 중인 열차에 지장을 주거나 본선 계통의 사고에 의한 구내의 검수 등에 영향을 받기 때문에 본선으로부터 분리하여 별도의 급전을 할 필요가 있다.

## 1.6.3 전기방식별 급전계통

### (1) 직류 급전계통

직류급전구간에는 변전소(SS : Sub Station) 및 급전구분소(SP : Sectioning Post)간을 1구간으로 하여 방면별, 상 · 하선별로 급전하는 것을 표준으로 하고 있다. 상 · 하 방면별 외에 큰 역구내, 차량기지 등에 별도의 단독급전회로를 구성한다. 각 회선은 이상 시에 고속도차단기에 의하여 다른 계통과 분리되도록 되어 있으나 정상 급전 시에는 전압강하의 경감, 구분장치에서의 아크방지 때문에 급전선과 변전소 및 급전구분소 모선을 전기적으로 연결하여, 인접 변전소와 병렬급전방식으로 하고 있다.

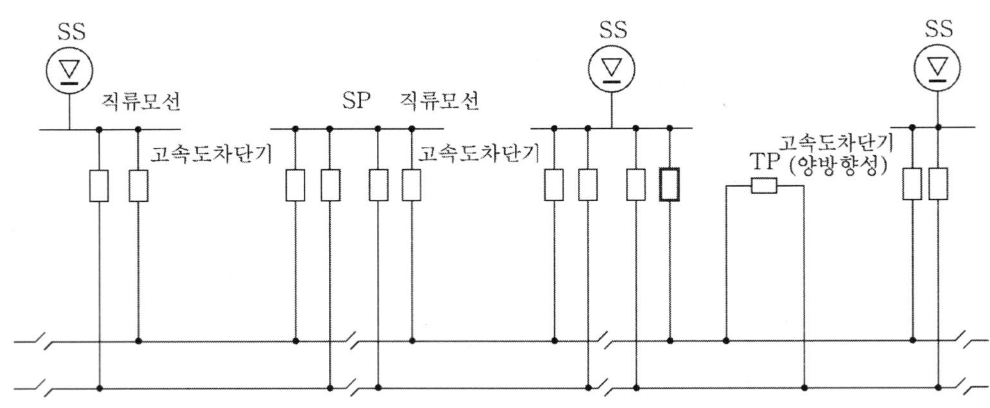


▶그림 1.53◀ 직류 급전구간의 급전계통

이 방식은 변전소간의 중간점에 상하의 급전선을 직류모선으로 연결하고, 급전회로의 저항을 낮게 하여 전압강하를 경감시키는 방식이 있는데, 복선구간의 시간대에 따라 상 · 하선의 부하가 크게 다른 구간에 유효한 방식이다.

### (2) 교류 급전계통

교류 급전구간의 급전계통은 직류구간과 달리 위상각의 문제가 있기 때문에 일반적으로 병렬급전이 어렵고, 각각의 변전소로부터 급전을 행하는 '단독급전방식'을 채택하고 있다. 급전구분은 변전소 간의 중앙에 설치된 급전구분소에 의하여 이루어지고 또 한쪽의 변전소가 단전될 경우 이 급전구분소로부터 단전된 변전소까지 연장하여 급전할 수 있도록 되어 있다.

단상 교류의 전기철도는, 교류용 전철변전소에서 변압기에 의하여 20[kV] 또는 25[kV]로 강하시켜 3상 전력을 2상으로 변환하고 있다. 이 변성된 2상의 전력을 급전회로에 공급하는 방식을 급전계통 구성의 형태에 따라 분류하면, 변전소를 중심으로 하여 좌 · 우의 급전회로에 급전하는 '방면별 급전방식'과 상 · 하선별로 급전하는 '상 · 하선별 급전방식'이 있다.

방면별 급전방식은 방면별로 나누어 공급하는 전력의 위상이 동상의 경우에는 '방면별 동상급전'이라 하고 다른 경우를 '방면별 이상급전'이라고 한다. 또한, 상 · 하선별 급전방식은 복선 이상의 선로에 있어서 공급전력을 상 · 하선별로 나누어 공급하는 방식으로, 상 · 하선별로 공급하는 전력의 위상이 동상의 경우를 "상 · 하선별 동상급전"이라 하고 다른 경우를 "상 · 하선별 이상급전"이라고 한다.

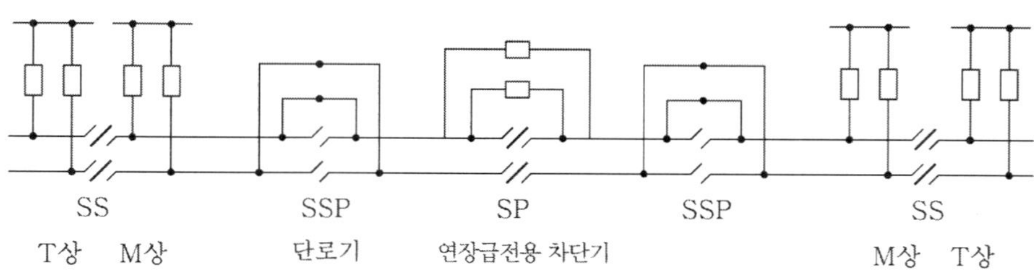


▶그림 1.54◀ 교류 급전구간의 급전계통

### 1) 방면별 이상급전방식

송전계통의 3상을 단상으로 변환하는데 있어서 전원 측에 불평형 부하의 영향을 가능한 작게 하도록 90°의 위상차를 갖는 2상으로 변환하고, 이 두 개의 상을 변전소를 중심으로 방면별로 급전하는 것을 '방면별 이상급전방식'이라고 한다. 건넘선에서는 이상 구분장치가 불필요하기 때문에, 역구내나 건넘선이 많은 구간에서의 급전방식으로 적절하지만 본선의 변전소 위치에 이상 구분장치가 설치되는 결점이 있다.

### 2) 상 · 하선별 이상급전방식

두 개의 상을 변전소를 중심으로 상 · 하 선별로 나누어 급전하는 방식을 '상 · 하선별 이상급전방식'이라고 한다.

변전소 앞에 이상 구분장치가 들어가지 않기 때문에 비교적 고속운전에 적합하지만, 역 구내의 건넘선에 이상구분장치가 들어가는 결점이 있다.

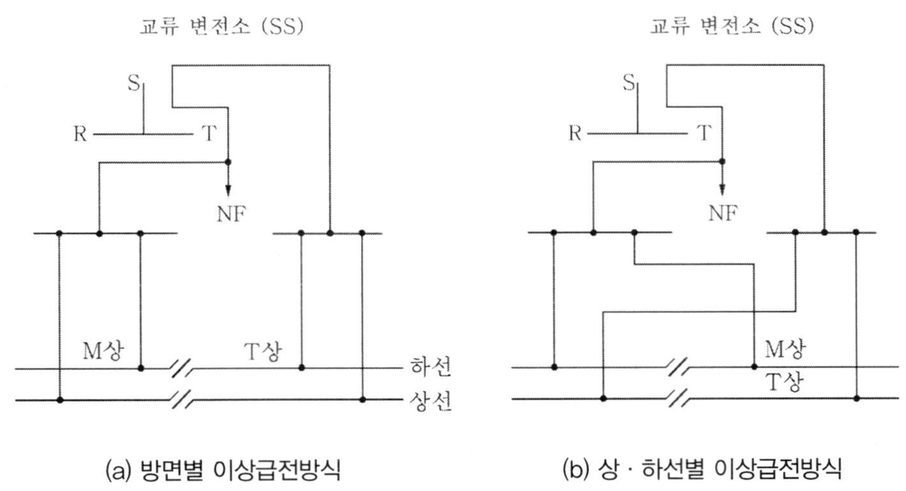


(a) 방면별 이상급전방식

(b) 상 · 하선별 이상급전방식

▶그림 1.55◀ 방면별, 상 · 하선별 이상급전방식

표 1.11 방면별, 상 · 하 선별 이상급전방식의 비교

| 항 목 | 방면별 이상급전방식 | 상 · 하선별 이상급전방식 |
|---|---|---|
| 변전소 앞 구분장치 | 이상 구분장치 | 동상 구분장치 |
| 상하 건넘선 구분장치 | 동상 구분장치 | 이상 구분장치 |
| 상하 타이 급전방식의 채용 | 가 능 | 불 가 능 |

# 1.7 교류 급전시스템의 해석

## 1.7.1 전원 및 주변압기의 등가임피던스

### (1) 3상 전원의 단락용량

일반적으로 3상 전원의 용량은 단락용량으로 주어진다. 이 경우 전원의 단락용량은 다음 식에 의해 3상 임피던스로 환산한다.

$$Z_0 = \frac{V^2}{P_s}[\Omega] \qquad (1-54)$$

여기서, $Z_0$ : 3상 임피던스 [Ω]

$V$ : 기준전압(급전 전압을 사용) [kV]

$P_s$ : 단락용량 [MVA]

또한, 전원의 임피던스가 %임피던스로 주어지는 경우도 있는데 이때의 3상임피던스는 식 (1−55)에 의해 계산된다.

$$Z_0 = \%Z_0 \frac{10 \cdot V^2}{P}[\Omega] \qquad (1-55)$$

여기서, $Z_0$ : 3상 임피던스[Ω]

$\%Z_0$ : 3상측 %임피던스 [%]

$V$ : 기준전압(급전전압을 사용)[kV]

$P$ : 기준용량(일반적으로 10,000 [kVA])

### (2) 급전용 스코트결선변압기

단상의 대용량 전철 전력을 공급받기 위해서는 3상 전력계통과 연계되어야 한다. 이를 위해 교류 급전회로는 보통 3상-2상변환 장치에 의해 단상으로 변환된 전력을 급전선, 전차선, 레일에 의해 차량에 공급한다. 이러한 급전용 스코트변압기는 3상을 2상으로 변환하고 있기 때문에 일반적으로 3상용량의 1/2 이 2차 측 단상용량이 된다. 이 경우 M상 또는 T상의 임피던스 $Z_{TR}$은 다음 식 (1-56)으로 구한다.

$$Z_{TR} = \% Z_{TR} \frac{10 \cdot V^2}{P_{TR}/2} [\Omega] \tag{1-56}$$

여기서, $Z_{TR}$ : 스코트변압기의 M상 또는 T상 임피던스

$\% Z_{TR}$ : 스코트변압기의 % 임피던스 [%]

$V$ : 기준전압(급전전압) [kV]

$P_{TR}$ : 스코트변압기의 3상용량 [kVA]

스코트결선 변압기를 이용한 경우의 전원임피던스와 변압기임피던스를 그림 1.56에 도시 하였다. 그림 1.56에서 M상측 및 T상측으로 환산한 등가부하는 다음과 같이 집계된다.

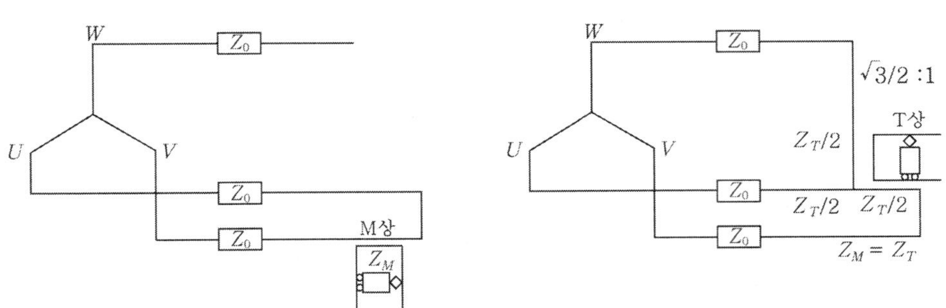


(a) M상 부하등가회로

(b) T상 부하등가회로

▶그림 1.56◀ 3상 전원과 스코트 결선 변압기의 임피던스

**1) M상부하**

그림 1.56(a)로부터 전원임피던스는 2배로 고려되므로 M상 등가부하는

$$Z = 2Z_0 + Z_M \tag{1-57}$$

**2) T상부하**

그림 1.56(b)로부터 T상측으로 환산한 전압강하는

$$V_T = [(Z_0 + \frac{Z_T}{2})\frac{2I_T}{\sqrt{3}} + (Z_0 + \frac{Z_T}{2})\frac{I_T}{\sqrt{3}}] \cdot \frac{2}{\sqrt{3}} \tag{1-58}$$

전압강하를 전류로 나누면, T상 등가부하는

$$Z = \frac{V_T}{I_T} = 2Z_0 + Z_T \tag{1-59}$$

즉, M상 부하와 마찬가지로 T상측에서도 전원임피던스는 2배로 고려된다.

## 1.7.2 급전선로의 등가임피던스

### (1) AT 급전선로

전기철도에서 일반적으로 AT(단권변압기)의 설치 간격은 10[km] 정도이며 변전소 간의 거리는 약 50[km]이다. 변전소와 변전소의 중간지점은 양쪽 변전소의 전압위상이 다르기 때문에 개폐설비로서 전기적으로 구분하여(급전구분소) 운전하고 있는데, 이것은 변전소 고장 시 인근 변전소에서 연장급전을 하기 위한 역할도 한다. 단권변압기는 변전소 간격에 따라 중간에 1~2개소에 설치하게 되는데 이곳에 상·하행선을 연결하는 개폐기가 함께 설치된다(병렬급전소).

이러한 AT급전계통에 대한 일반적인 등가모델은 그림 1.57과 같이 구성되며, 아울러 단권변압기 특성에 의한 루프전류의 분포도 그림 1.57에 함께 나타내었다. 이제 O−O' 단자에서 AT 급전계통을 바라본 테브난 임피던스 $Z_{TH}$를 계산한다.

$V_{ab} = V_{ac}$의 관계로부터 양쪽 AT의 흡상전류비 $H$를 식 (1−60)과 같이 정의한다.

$$H = \frac{I_2}{I_1} = \frac{2Z_{r2} - 2Z_{cr2}}{2Z_{r3} + Z_{cr2} - Z_{rf2} - Z_{cr3} - Z_{rf3}} \tag{1-60}$$

그림 1.57의 회로도에서 부하전류($I_1 + I_2$)를 공급하기 위해서는 O−O' 단자에 전류 $I_1(1+H)/2$를 삽입해야 하며, 이 경우 단자전압 $V_\infty{}'$은 식 (1−61)과 같다.

$$\begin{aligned} V_\infty{}' = & I_1(0.5Z_{AT} + 2Z_{C2} + 2Z_T + 2Z_{r2} - 4Z_{cr2} + 0.5Z_{c1} + 0.5Z_{f1} - Z_{cf1}) \\ & + I_2(Z_{c2} + 2Z_T - Z_{cf2} - Z_{cr2} + Z_{rf2} + 0.5Z_{c1} - 0.5Z_{f1} - Z_{cf1}) \end{aligned} \tag{1-61}$$

식 (1−60)을 식 (1−61)에 대입하여 $I_2$를 소거하면 식 (1−62)로 정리된다.

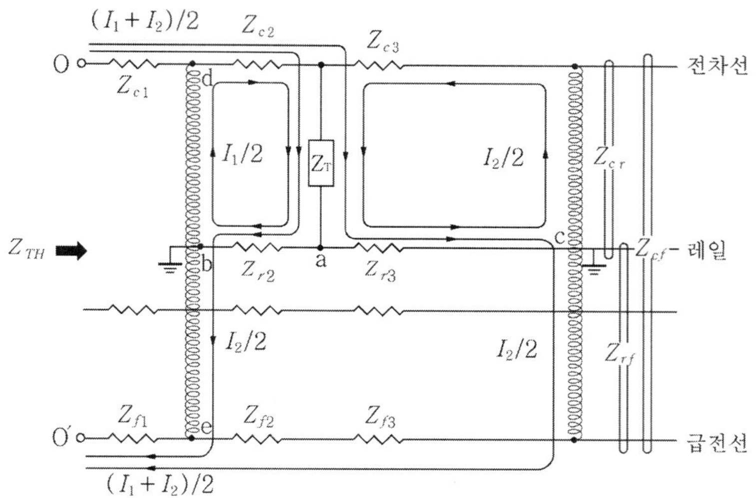


▶그림 1.57◀ AT 급전계통의 등가모델

$$V_{\infty}' = I_1 ([0.5Z_{AT} + 2Z_{c2} + 2Z_T + 2Z_{r2} - 4Z_{cr2} + 0.5Z_{c1} + 0.5Z_{f1} - Z_{cf1})$$
$$+ H(Z_{c2} + 2Z_T - Z_{cf2} - Z_{cr2} + Z_{rf2} + 0.5Z_{c1} + 0.5Z_{f1} - Z_{cf1})] \quad (1-62)$$

결국 O-O' 단자에서의 전압-전류 관계로부터 테브난 임피던스는 식 (1-63)과 같이 계산된다.

$$Z_{TH} = \frac{V_{\infty}'}{I_1(1+H)/2}$$
$$= \frac{2}{1+H}[(0.5Z_{AT} + 2Z_{c2} + 2Z_T + 2Z_{r2} - 4Z_{cr2} + 0.5Z_{c1} + 0.5Z_{f1} - Z_{cf1})$$
$$+ H(Z_{c2} + 2Z_T - Z_{cf2} - Z_{cr2} + Z_{rf2} + 0.5Z_{c1} + 0.5Z_{f1} - Z_{cf1})] \quad (1-63)$$

식 (1-63)의 $Z_{TH}$는 AT 급전시스템을 포함한 철도부하를 표현한 것으로 열차의 대수 및 위치에 의존하며, AT 급전선로에 대한 테브난 등가임피던스 $Z_{TH}$로서 회로 해석에 직접 고려할 수 있다.

### (2) BT 급전선로

BT 급전회로의 등가임피던스는 그림 1.58과 같이 전차선 T-레일 R과 전차선 T-부급전선 NF의 단락방식에 의해 구할 수 있으며, 임피던스특성은 전차선 T-레일 단락 시에는 계단 형태, 전차선 T-부급전선 NF의 단락 시에는 직선 형태가 된다.

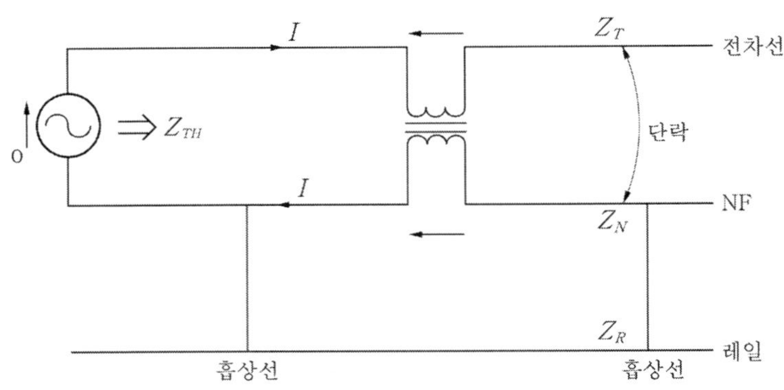


▶그림 1.58◀ BT 급전회로구성

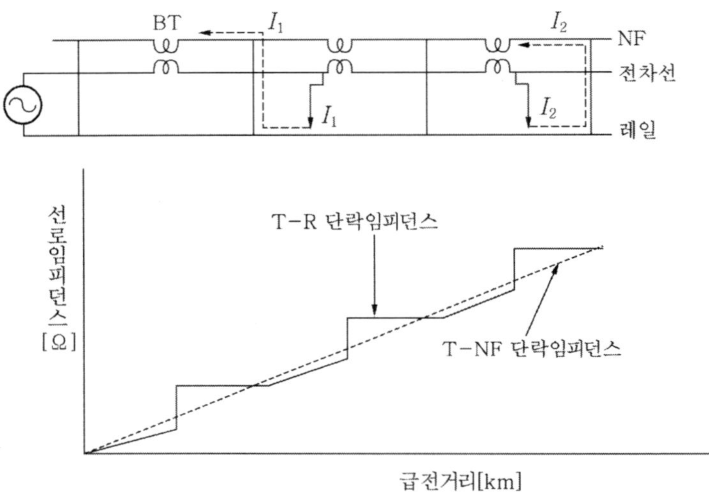


▶그림 1.59◀ BT 급전회로임피던스

이 때문에 전차선 T-부급전선 NF 단락방식으로 임피던스를 구한다. 그림 1.59에서 등가 자기임피던스를 사용하면

$$Z_T = Z_{TT} + Z_{NR} - Z_{TN} - Z_{TR}$$
$$Z_N = Z_{NN} + Z_{TR} - Z_{TN} - Z_{NR}$$
$$Z_R = Z_{RR} + Z_{TN} - Z_{TR} - Z_{NR} \quad (1\text{-}64)$$

흡상변압기의 누설임피던스를 무시하면

$$V_0 - V + V = Z_T I + Z_N I \quad (1\text{-}65)$$

를 전류 $I$로 나누면 BT 급전선로의 임피던스는 단위 길이당 다음 식으로 나타낼 수

있다.

$$Z_{TH} = Z_T + Z_N = Z_{TT} + Z_{NN} - 2Z_{TN}[\Omega/\text{km}] \qquad (1\text{–}66)$$

## 1.7.3 고장회로 해석

### (1) 급전측 단상 단락사고

급전측의 고장전류 계산을 위한 등가회로는 그림 1.60과 같이 구성되며 이때 고장전류는 다음 식으로 계산된다.

$$I_s = \frac{V}{2Z_0 + Z_{TR} + Z_L + r_g} \qquad (1\text{–}67)$$

여기서, $I_s$ : 고장전류[kA] $V$ : 급전전압[kV]

$Z_0$ : 전원임피던스[Ω] $Z_{TR}$ : 변압기임피던스[Ω]

$Z_L$ : 선로임피던스[Ω] $r_g$ : 고장점저항

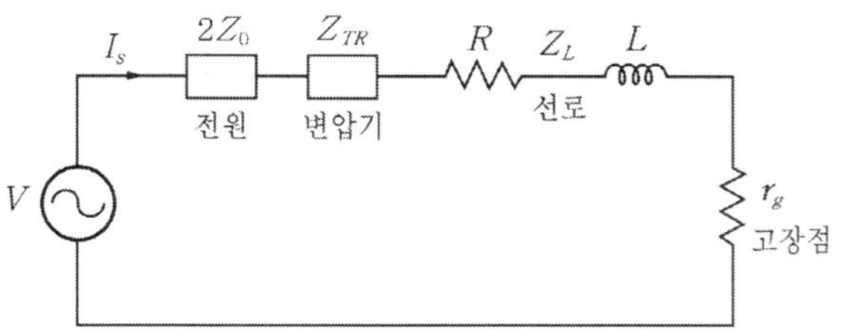


▶그림 1.60◀ 급전회로 고장 등가회로

선로임피던스는 회로구성에 따라 또 기준전압에 따라 다르다. 또한 고장점 저항의 최대값은 제1종접지공사의 상한값인 10[Ω]으로 급전전압을 기준으로 하면 전압비의 자승에 비례하여 40[Ω]이 되므로 주의해야 한다.

### (2) M · T 혼촉 고장

위상이 90° 다른 M상과 T상이 혼촉한 경우의 고장전류는 다음 식으로 구할 수 있다.

$$I_{MT} = \frac{V_{MT}}{(4Z_0 + Z_M + Z_T + 2Z_{AT})} \qquad (1\text{–}68)$$

여기서, $I_{MT}$ : MT 혼촉전류

$Z_{AT}$ : AT 누설임피던스

이 경우 변압기의 1차 전류는 $V_{MT}=\sqrt{2}\ V_{UV}$ 이므로

$$I_U=(1+\frac{1}{\sqrt{3}})I_{MT},\quad I_V=\frac{2I_{MT}}{\sqrt{3}},\quad I_W=(1-\frac{1}{\sqrt{3}})\,I_{MT} \tag{1-69}$$

가 되며 $I_U$, $I_V$, $I_W$ 순으로 전류는 작아진다. 그림 1.61은 M · T 혼촉 고장에 대한 벡터도를 나타낸 것이다.

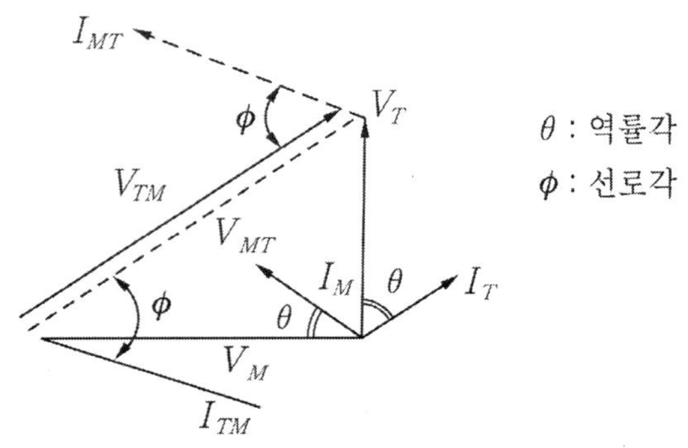


▶그림 1.61◀ M · T 혼촉 벡터도

Chapter 2

# 전철 변전설비

# 2.1 변전설비 일반

전철 변전설비는 일반 변전설비와 같이 전압을 변성하는 설비이지만 일반 변전설비는 보통 전등, 전력의 부하공급을 주된 목적으로 하고 있으나 전철 변전설비는 전기차의 부하공급을 주된 목적으로 하고 있다. 직류 전기방식에서는 교류를 직류로 변환하여 공급하여야 하고, 교류 전기방식에서는 3상을 단상으로 변환하여 공급하여야 하는 특수 목적의 변전설비이다. 따라서 본서에서는 일반적이고 공통되는 변전설비에 대해서는 가급적 생략하고 전철변전소만의 특수설비를 위주로 구성하였다.

일반적으로 직류방식의 전철변전소는 간격이 5~20[km] 정도이고 전기차의 속도제어가 용이하고 전압이 낮아 절연계급을 낮출 수 있으며, 선로에 근접한 통신선에 대한 유도장해가 없다는 등의 장점이 있어 도심 지하구간 등 단거리 수송 구간에서 이 방식을 적용하여 건설해 왔다. 그러나 차량 내에서 전압변경이 어려워 전동기의 사용전압과 같은 전압으로 급전하는 관계로 급전전압을 높게 할 수 없어 운전전류가 크게 되고 그만큼 전압강하가 크게 되는 단점이 있으며 누설전류에 의한 전식대책이 필요하게 된다.

교류방식의 전철변전소는 간격이 30~50[km] 정도이고 통신선에 대한 유도장해의 문제는 있으나 급전전압이 높아 부하전류와 전압강하가 적고 에너지이용률이 높으며, 또한 사고시 선택차단이 용이하고 전식의 우려가 없다는 등의 장점이 있어 간선철도 등 대용량 중 · 장거리 수송 구간에서 이 방식을 적용하고 있다.

전철설비 운전의 기본적인 조작 방법은 연동조작으로 하고 있으며 급전사령실(Control Center)에서 원격으로 전철설비를 감시, 제어 및 운용할 수 있도록 원격감시 제어설비(SCADA : Supervisory Control And Data Acquisition)를 사용하고 있다.

## 2.1.1 전철 변전설비의 구성

전철 변전설비의 구성은 전기차에 운전용 전력을 공급하기 위한 변전소와 급전된 전력을 구분, 분리하거나 전압강하의 보상 및 유도장해 등을 방지하기 위한 급전구분소, 보조급전구분소, 포스트 등과 이것을 감시, 제어, 운용하는 설비 등으로 구성되며 변전설비의 구성 방법은 전원공급조건, 급전하고자 하는 선로의 수송량, 설비의 구성 등에 따라서 경제성을 고려하여 정하여지고 있으며 다음과 같은 형태가 있다.

### (1) 직류 변전설비의 구성

직류 전철구간에는 복수의 변전소가 병렬로 접속되는 병렬급전방식이 표준이며 변전설비의 구성에는 변전소(SS:Sub-Station), 구분소(SP:Sectioning Post), 급전 타이포스트(TP:Tie-Post), 정류포스트(RP:Rectifying Post) 등으로 구성되어 있다.

#### 1) 변전소만으로 구성하는 경우

일반적인 구성은 그림 2.1과 같이 정류기의 정극(正極)을 급전선에 접속하고 부극(負極)을 레일에 접속한다.

#### 2) 급전구분소가 있는 경우

급전구분소는 전원(특고 변전소, 송전선 등)이 가깝게 없는 경우이거나 용지의 확보가 곤란하여 변전소 간격이 길게 되고 변전소 간의 전차선 전압을 소정의 값 이하로 확보하기가 곤란한 경우, 본선 분기 등으로 전차선로를 구분할 경우에 설치한다.

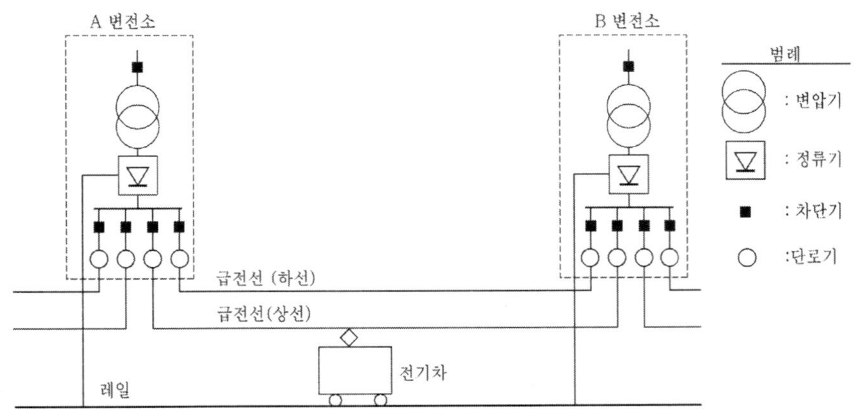


▶그림 2.1◀ 변전소만으로 구성하는 경우

이것은 그림 2.2에 표시한 것과 같이 변전소와 변전소 간에 상하의 급전선을 고속도 차단기로 모선에 구분하거나 접속하고 있다. 그림 2.3은 급전구분소가 없는 경우와 있는 경우의 전차선 전압의 차를 표시한 것이다. 급전구분소가 있는 경우에는 변전소와 급전구분소간의 상 · 하급전선이 병렬로 접속되고 있기 때문에 급전선의 합성저항은 1/2로 되고 전압강하가 경감된다. 다만 급전구분소에는 전원(정류기)이 없기 때문에 각 급전회로에는 역방향의 전류가 흐르게 되므로 보호방식이 약간 다르다.

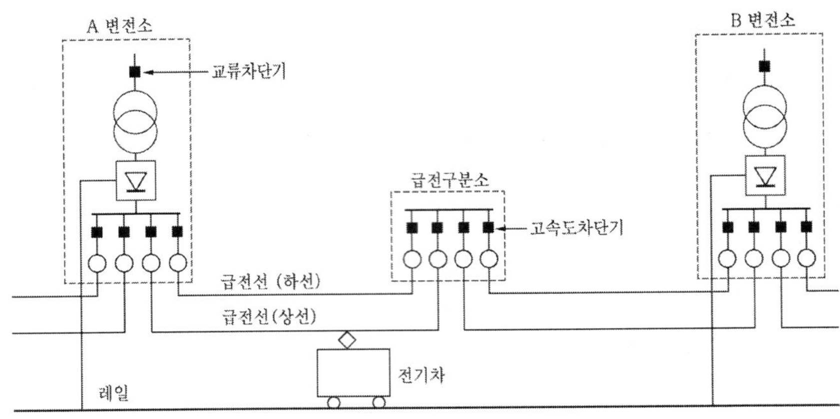


▶그림 2.2◀ 급전구분소가 있는 경우

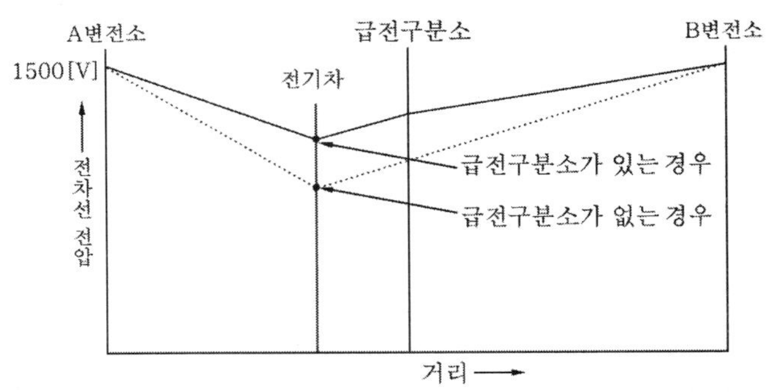


▶그림 2.3◀ 급전구분소가 있는 경우의 전차선 전압

### 3) 급전 타이-포스트가 있는 경우

급전 타이-포스트는 급전구분소와 같이 전차선의 전압강하를 경감하기 위하여 설치하는 것으로 그림 2.4와 같이 변전소와 변전소간에 상하의 급전선을 1대의 고속도차단기를 개방하거나 접속하는 것으로 이것을 상하 타이-포스트라 한다. 따라서 전차선의 전압강하의 차이는 그림 2.3과 같다.

급전구분소에 있는 급전회로의 구성은 변전소의 급전회로와 거의 같으나 급전 타이-포스트는 양방향성의 고속도차단기가 사용되고 있고, 급전선 보호장치도 전압 요소가 있는 것이 사용되고 연락차단의 방법도 약간 다르다.

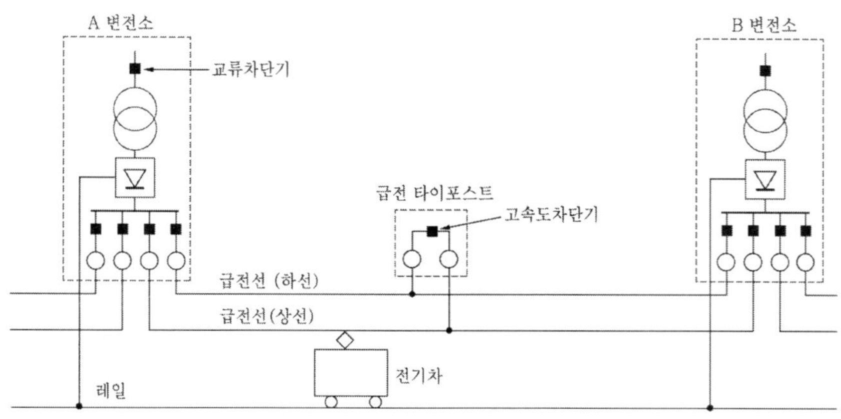


▶그림 2.4◀ 급전 타이-포스트가 있는 경우

#### 4) 정류포스트가 있는 경우

정류포스트는 직류 전철구간에서 레일과 대지간의 누설전류를 경감하기 위한 것이다. 전기철도에서 누설전류를 경감하기 위해서는 변전소의 간격을 짧게 하면 되겠지만 변전소 간격이 짧으면 변전소 수량이 늘게 되어 건설비가 올라가게 된다.

정류포스트는 이러한 건설비를 절감하기 위하여 직류변전소의 차단기를 전부 없앤 것이다. 따라서 급전회로에 단락사고가 발생하였을 경우에는 전원을 공급하는 변전소의 차단기만으로 차단하여야 한다. 따라서 정류포스트로 단락사고를 검출하면 연락차단장치로 변전소에 차단신호를 전송하여야 하기 때문에 고신뢰도가 요구된다.

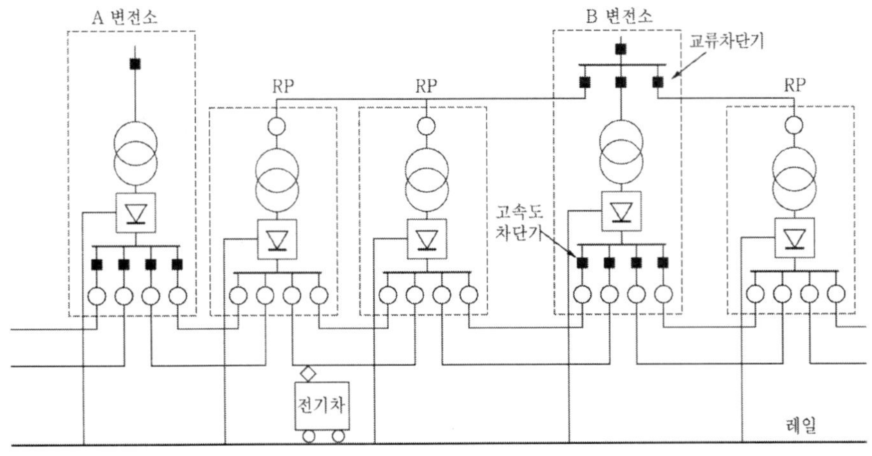


▶그림 2.5◀ 정류포스트가 있는 경우

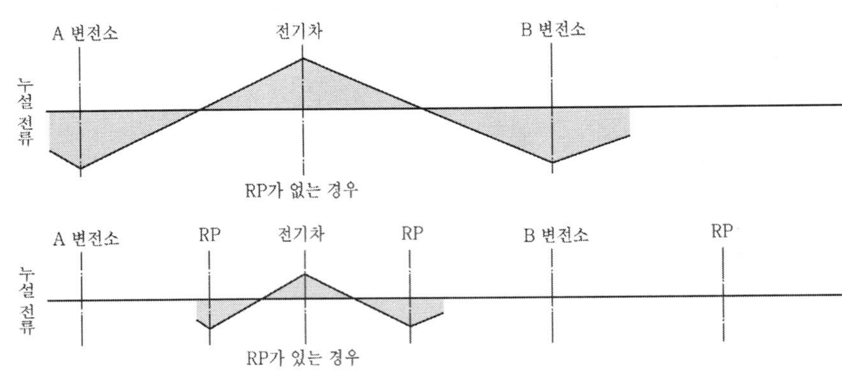


▶그림 2.6◀ 정류포스트에 의한 누설전류의 억제(개념도)

### 5) DCVR가 있는 경우

DCVR은 전차선의 전압강하를 경감하기 위하여 직류전압조정장치(사이리스터형)을 주정류기와 조합시킨 것이다.

직류전압조정장치는 부하가 증가함에 따라 전압강하분을 합리적, 경제적으로 구제하기 위한 것이며 그림 2.7과 같이 주정류기와 직렬로 접속된다. 그림 2.8의 DCVR의 특성곡선에서 부하가 정격값보다 작은 영역은 전압이 상승하는 것을 막고 정격값보다 큰 영역에서는 전압이 저하하는 것을 구제하도록 동작되는 것을 알 수 있다.

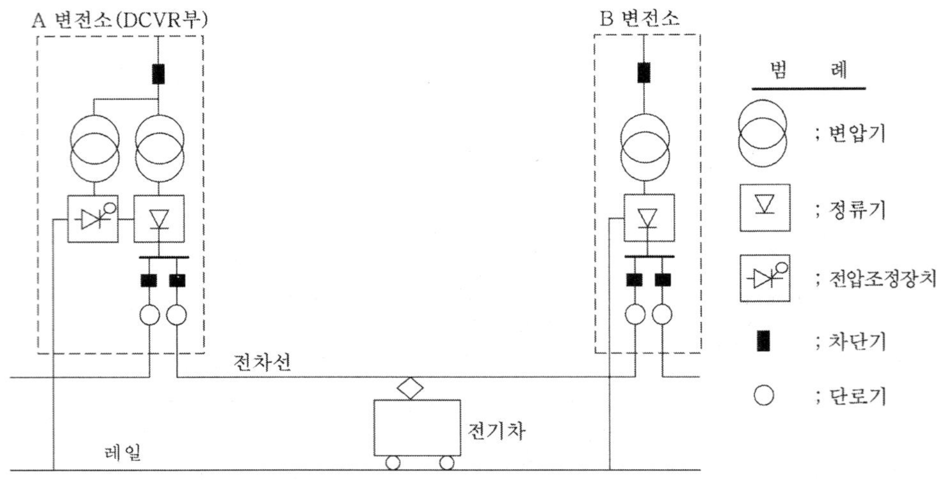


▶그림 2.7◀ DCVR가 있는 경우

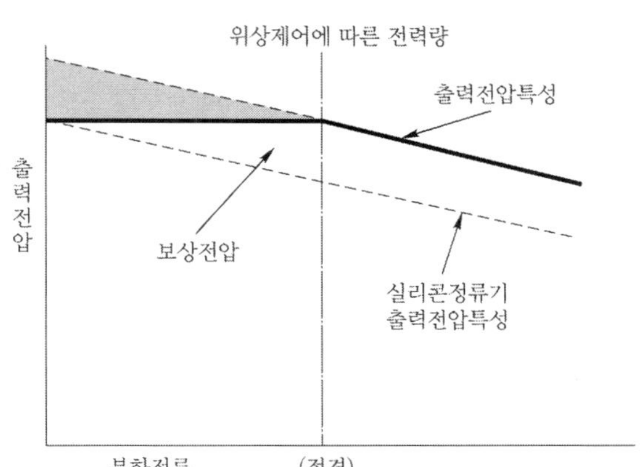


▶그림 2.8◀ DCVR의 출력전압특성곡선

### 6) 직류 수전설비

변전계통은 한국전력에서 154[kV] 또는 22.9[kV]를 수전하여 전차선로에 공급하는 DC 1,500[V] 와 역사 부대설비에 공급하는 AC 6.6[kV]로 전력을 변환하여 공급하고 있다. 또한, 수전설비는 한전에서 직접 수전을 받는 수전선로와 수전전력의 급전 장애발생시 인접한 변전소와 연락 송, 수전이 가능하도록 송, 수전선로가 설치되어 있다.

전차선로에 공급하는 DC 1,500[V]의 전력변환설비는 실리콘정류기를 변전소별로 4대를 설치하여 변전소 간에 병렬급전하고, 급전설비는 내 · 외선으로 분리한 4개의 급전설비와 1개의 예비 급전설비로 구성한다.

#### ① 수전설비

수전설비는 송전선로에서 특별고압의 전력을 수전하기 위한 설비로서 교류차단기(52R), 단로기(89R), 계기용변류기(Current Transformer, 이하 CT), 계기용변압기(Potential Transformer, 이하 PT), 계기용변성기(Metering Out Fit, 이하 MOF), 수전모선(Bus), 보호계전기 등으로 구성되어 있다. 개폐장치로서 교류차단기(52R)는 수전선로의 부하전류 개폐와 단락 또는 지락 등의 사고전류를 차단하며, 단로기(89R)는 주 회로를 구분하기 위하여 사용되는 것으로 통상 차단기와 조합하여 사용된다.

#### ② 변환설비

직류 전력변환은 교류 수전모선에 분기기로부터 교류차단기, 정류기용변압기, 정류기와 정류기 2차측 직류고속도차단기를 경유하여 직류 정극(正極) 모선(DC 1,500[V] BUS)에 들어가기 까지를 말한다. 정류방식은 보통 변압기의 이용률이 높고 보

다 정상적인 전류를 얻을 수 있도록 이중 3상전파(全波)브리지 방식의 12펄스방식을 사용하고 정류기 2차측에는 직류 고속도차단기(54)가 설치되어 있다.

정류기용변압기와 정류기의 설치 대수는 운전부하조건에 따라 산정하였고 변압기용량은 4,520[kVA]이고 1차전압은 AC 22.9[kV]와 2차전압은 AC 1,200[V]이다.

교류전압을 정류기의 교류 측에 인가하면 실리콘정류기의 용량은 대당 4,000[kW]로 DC 1,500[V]의 전압과 2,667[A]의 전류를 출력한다.

그림 2.2는 변환설비의 구성 유형에 따라 차이는 있으나 정류기용변압기(SR, TR), 실리콘정류기(SR), 교류차단기(52), 직류고속도차단기(54), 보호계전기 등으로 구성된다.

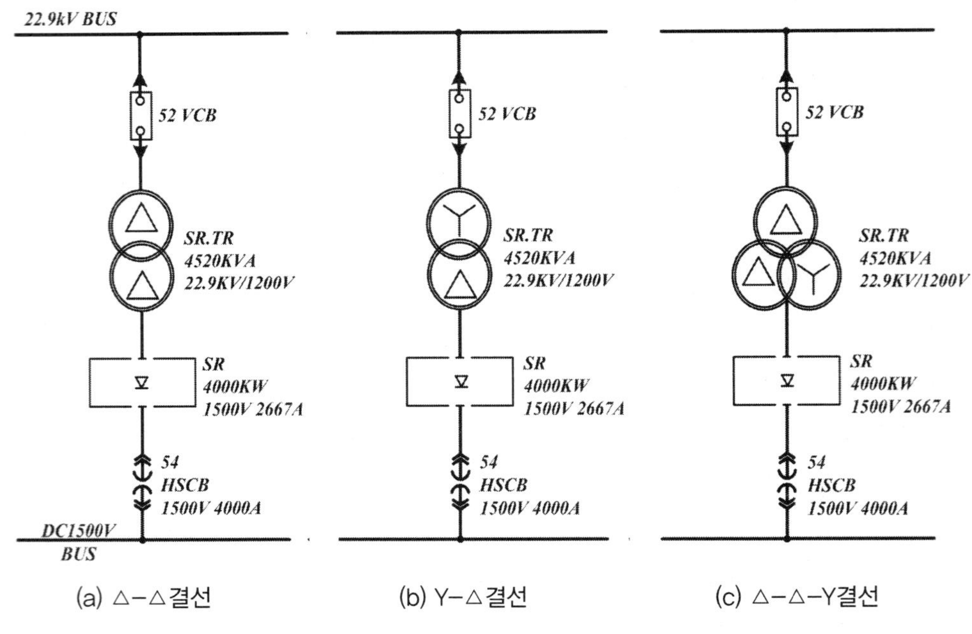


(a) △-△결선 (b) Y-△결선 (c) △-△-Y결선

▶그림 2.9◀ 변환설비의 유형

### (2) 교류 변전설비

교류전철방식에는 선로에 근접하는 통신선 등 약전류 전선에 유도장해를 일으키는 문제가 있다. 교류전철방식에는 BT방식(Booster Transformer)과 AT방식(Auto Transformer)이 있다. AT, BT는 유도장해방지를 위하여 설치하는 방식으로서 AT 방식은 전차선로의 전압강하의 저감 효과도 있다.

### 1) BT방식의 구성

BT란 권수비 1 : 1의 흡상변압기를 설치하여 급전하는 방식을 말하며 BT방식의 구성은 그림 2.10과 같다.

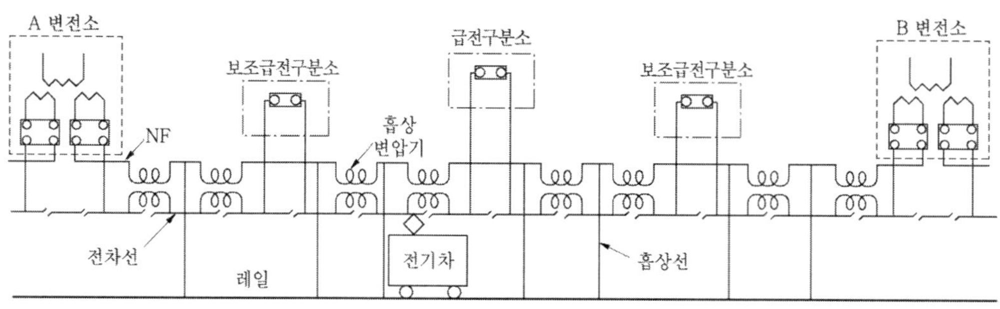


▶그림 2.10◀ BT방식의 구성

그림 2.10은 전기차가 운전될 때 전류 분포를 표시한 것으로 흡상변압기에 의하여 1차전류와 2차전류가 동등하게 되어 레일에 흐르는 범위가 전기차와 전원측 흡상변압기의 흡상선 사이에 한정되고 있는 것을 표시하고 있다.

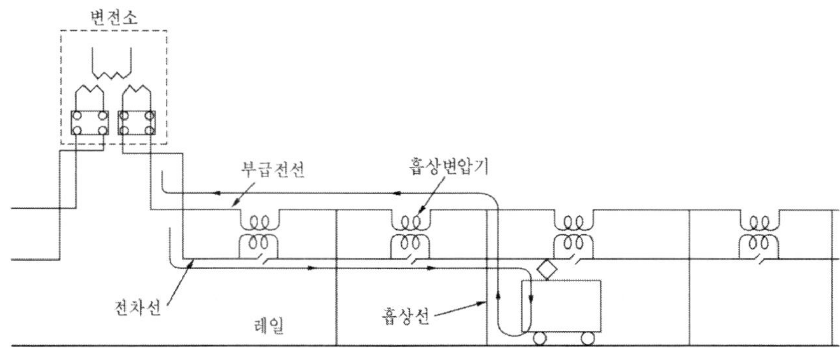


▶그림 2.11◀ BT급전회로의 전류 분포

이에 따라 전차선과 부급전선에는 크기가 같고 방향이 반대인 전류가 흐르게 되어 유도작용이 소멸되어 통신유도장해를 경감시키게 된다.

### 2) AT방식의 구성

AT란 권수비 1 : 1의 단권변압기를 설치하여 급전하는 방식을 말하며 AT방식의 구성은 그림 2.12와 같다.

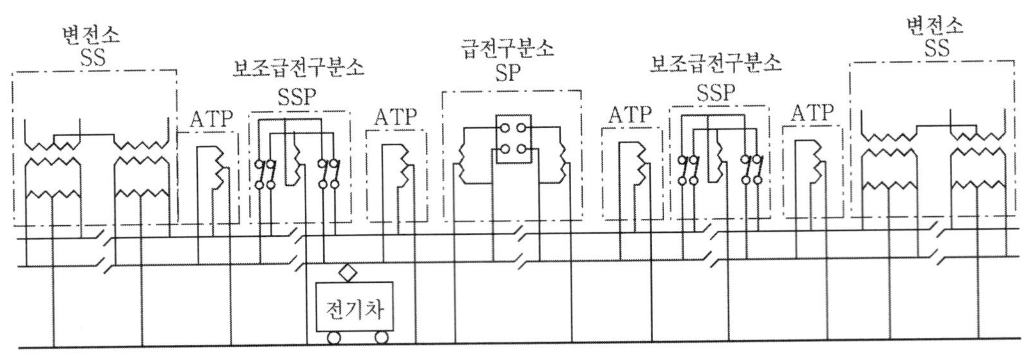


▶그림 2.12◀ AT방식의 구성

그림 2.13은 전기차가 운전될 때의 전류분포를 표시한 것으로 AT의 두 개의 회로 전류가 같게 되어 레일에 흐르는 범위가 전기차 전후의 2개의 중성선 사이에 한정되고 있는 것을 표시하고 있다.

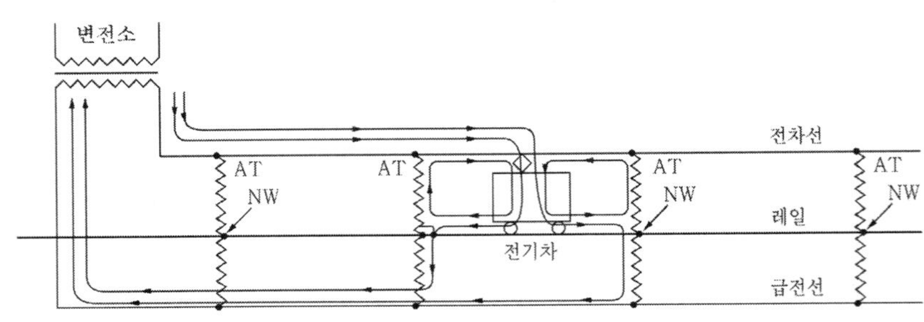


▶그림 2.13◀ AT급전회로의 전류 분포

이에 따라 전차선과 급전선에는 크기가 같고 방향이 반대인 전류가 흐르게 되어 유도 작용이 소멸되어 통신유도장해를 경감시키게 된다. 교류 전철구간에서 급전용변압기와 전차선로에 전압강하를 보상하기 위하여 종전에는 직렬콘덴서를 설치하였으나 전원 계통의 운용, 조류 제어에 따른 전압변동이 크고 초고압 전원회로에 직렬콘덴서를 삽입하면 급전회로 사고시 전원 보호계통 교란의 위험성과 급전회로의 이상진동 발생시 억제대책 등에 약간의 문제가 있다.

이와 같은 점을 해결하기 위하여 최근에는 주변압기 2차측에 교류 급전전압보상장치 (ACVR : AC Voltage Regulator)나 자동탭절환장치 (OLTC : On Load Tap Changer)를 사용하고 있다. ACVR에는 변전소용과 선로용이 있으며 OLTC는 변전소 주변압기에만 사용하고 있다.

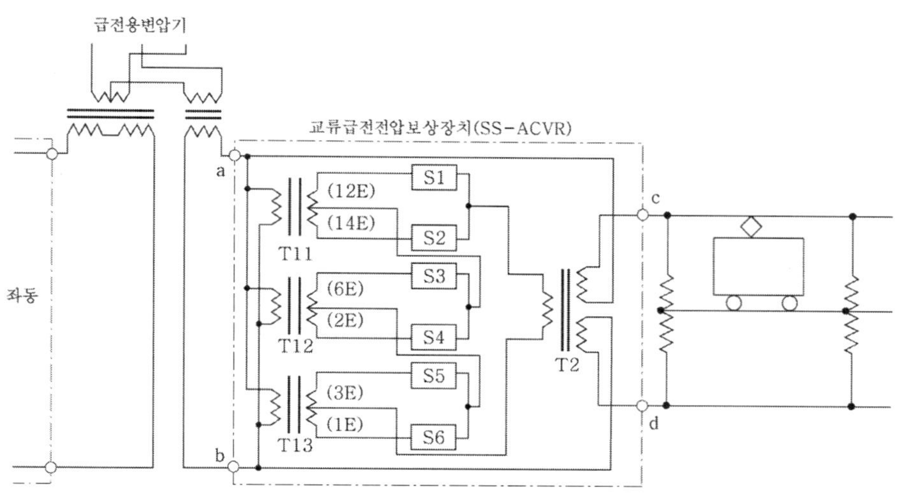


▶그림 2.14◀ ACVR(변전소용)

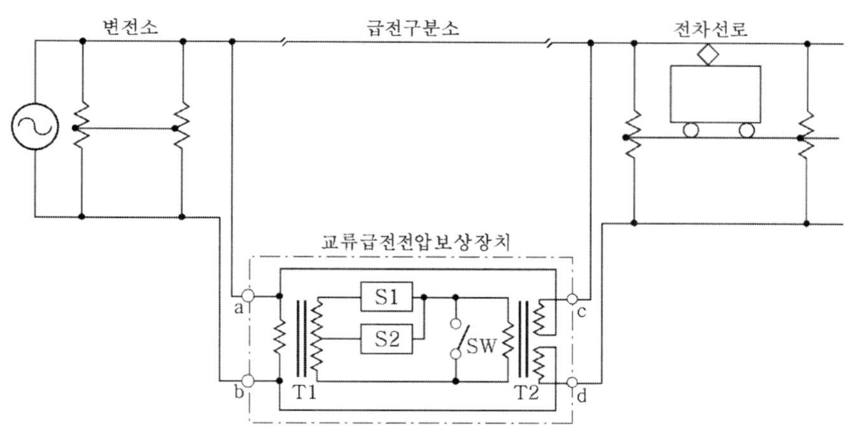


▶그림 2.15◀ ACVR(선로용)

## 2.1.2 부하관리

부하관리는 설비용량이 운전측의 요구를 만족하고 있는가 여부를 파악하는 것과 적절한 가동상태에 있는가 등의 설비용량 관리와 각종 보호장치가 부하의 이상현상을 정확하게 포착하는지를 관리하고 조정하는 정정값 관리가 있다.

구체적으로는 순회검사에 따라 전류, 전력량의 기록 · 집계를 행하여 부하상태를 파악하거나 설비의 사용개시와 열차다이아의 변경에 따라 변화가 예상되는 시기 등을 파악하고 전류, 전력량의 측정을 하지 않고 필요에 따라 변압기의 탭 변경 등의 조치를 한다.

## (1) 부하의 측정

### 1) 순시 최대전력(Z)

변전소의 부하전류는 시시각각 그 값이 변동하고 있으므로 1일 중 최대값을 순시 최대전류라고 하고 이것에 대응하는 전력을 순시 최대전력[kW]이라 한다.

### 2) 1시간 최대전력(Y)

변전소 부하를 1시간마다 나누어 그 1시간 내에 사용된 전력량의 최대값을 1시간 최대전력이라 한다.

### 3) 평균전력

평균전력은 부하상태를 파악하고 설비가 어떻게 유효하게 사용되고 있는가를 표시하는 부하율의 산출에 이용되며 다음 식으로 산출한다.

$$\text{평균전력} = \frac{\text{1일공급전력}}{24(\text{시간})} \tag{2-1}$$

### 4) 부하율

부하율은 설비의 유효도를 표시하는 것으로 다음 식으로 산출한다.

$$\text{부하율} = \frac{\text{1일평균전력}}{\text{1일의 1시간최대전력}} \times 100[\%] \tag{2-2}$$

따라서 출퇴근 시간대의 부하가 크고 점심시간이나 심야 시간대에 부하가 작은 선구에는 부하율이 낮은 값이 된다.

### 5) 부담률

정류기와 급전용변압기는 부하의 특이성 때문에 단시간에 정격용량의 200~250[%] 부하에 견딜 수 있도록 설계되어 있으며, 이 과부하의 비율을 나타내는 것이 부담률이라 하며 다음 식으로 산출한다.

$$\text{부담률} = \frac{\text{순시 최대출력}}{\text{설비용량}} \times 100[\%] \tag{2-3}$$

## (2) 부하의 계산

### 1) 전력소비율

사용 전력량을 구하는 방법에는 전류커브면적계산법, 평균속도에 의한 방법, 운동에너지환산법, 전력소비율법 등이 있으나 전력소비율에 의한 계산방식이 가장 많이 사용되고 있다.

$$전력소비율[kWh]/1000[t·km] = \frac{상·하선\ 전력량 \times 1000}{2 \times 열차주행[km] \times 견인력[t]수} \qquad (2-4)$$

즉, 전력소비율은 차량중량 1[ton]당 1[km] 주행하는 데 필요한 전력량을 단위로 하며 전철화 계획을 할 경우에 기존 선구의 전력소비율의 실적을 이용하기도 한다. 변전소의 전력량은 열차주행 [km]를 변전소의 급전담당 [km]로 환산하여 각각의 전력소비율에 열차 대수를 곱해서 집계하면 1시간최대전력과 1일 전력량을 구할 수 있다.

### 2) 1시간 출력

열차의 운전조건과 변전소 위치를 고려하여 전력소비율을 이용하여 1시간 출력을 상정할 수 있다.

ⓐ 열차다이아와 계산용지(표 2.1)를 준비한다.

**표 2.1 변전소 부하계산표** 담당 급전 거리 (a) [km]

<table>
<tr><th colspan="2">열차 종별 / 항 목</th><th colspan="2"></th><th colspan="2"></th><th colspan="2"></th><th colspan="2"></th><th colspan="2">합 계</th></tr>
<tr><td colspan="2">전력소비율<br>(b)=[kWh]/1000[t · km]</td><td colspan="2"></td><td colspan="2"></td><td colspan="2"></td><td colspan="2"></td><td colspan="2"></td></tr>
<tr><td colspan="2">견인정수(c) ton</td><td colspan="2"></td><td colspan="2"></td><td colspan="2"></td><td colspan="2"></td><td colspan="2"></td></tr>
<tr><td colspan="2">열차 [km]당 전력량<br>(d)=(b)×(c)÷1000</td><td colspan="2"></td><td colspan="2"></td><td colspan="2"></td><td colspan="2"></td><td colspan="2"></td></tr>
<tr><td colspan="2">열차 1대당 전력량<br>(e)=(a)×(d)</td><td colspan="2"></td><td colspan="2"></td><td colspan="2"></td><td colspan="2"></td><td colspan="2"></td></tr>
<tr><th colspan="2">전력량 / 시 간</th><th>본수 $f_1$</th><th>전력량 [kWh] (e) · $f_1$</th><th>본수 $f_2$</th><th>전력량 [kWh] (e) · $f_2$</th><th>본수 $f_3$</th><th>전력량 [kWh] (e) · $f_3$</th><th>본수 $f_4$</th><th>전력량 [kWh] (e) · $f_4$</th><th>본수</th><th>전력량 [kWh]</th></tr>
<tr><td rowspan="9">시<br>간</td><td>0시~1시</td><td></td><td></td><td></td><td></td><td></td><td></td><td></td><td></td><td></td><td></td></tr>
<tr><td>1시~2시</td><td></td><td></td><td></td><td></td><td></td><td></td><td></td><td></td><td></td><td></td></tr>
<tr><td>2시~3시</td><td></td><td></td><td></td><td></td><td></td><td></td><td></td><td></td><td></td><td></td></tr>
<tr><td>3시~4시</td><td></td><td></td><td></td><td></td><td></td><td></td><td></td><td></td><td></td><td></td></tr>
<tr><td>4시~5시</td><td></td><td></td><td></td><td></td><td></td><td></td><td></td><td></td><td></td><td></td></tr>
<tr><td>5시~6시</td><td></td><td></td><td></td><td></td><td></td><td></td><td></td><td></td><td></td><td></td></tr>
<tr><td>∫</td><td></td><td>∫</td><td></td><td>∫</td><td></td><td>∫</td><td></td><td>∫</td><td></td><td>∫</td></tr>
<tr><td>22시~23시</td><td></td><td></td><td></td><td></td><td></td><td></td><td></td><td></td><td></td><td></td></tr>
<tr><td>23시~24시</td><td></td><td></td><td></td><td></td><td></td><td></td><td></td><td></td><td></td><td></td></tr>
<tr><td colspan="2">합 계</td><td></td><td></td><td></td><td></td><td></td><td></td><td></td><td></td><td></td><td></td></tr>
</table>

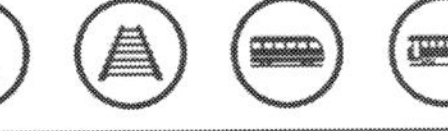



ⓑ 다이아용지 위에 변전소의 위치를 기입한다(직류전철 구간에는 변전소 간의 중앙에 가상의 급전 경계선을 기입한다).

ⓒ 급전 경계에서 변전소 담당 급전거리를 구해서 계산 용지의 (a)난에 기입한다.

ⓓ 기존 유사 선구의 전력소비율을 조사하여 계산 용지의 (b)난에 기입한다.

ⓔ 열차 종별마다 견인정수(중량)를 계산 용지의 (c)난에 기입한다.

ⓕ 다이아 위에 각 시간대마다 변전소 담당 급전구간을 통과하는 열차대수를 열차 종별마다 정리하여 계산 용지에 기입 한다($f_1$, $f_2$, $f_3$,⋯).

ⓖ 기입이 끝나면 계산 용지에 표시되어 있는 방법으로 계산하여 매시간의 1시간 출력과 1일의 출력량을 계산한다.

### 3) 순시 최대출력

순시 최대출력은 다이아에서 변전소의 담당 급전구간에 최대부하를 발생하는 시점을 선택하여 그때의 열차 위치와 열차 전류에서 변전소의 부하전류를 구하지만 이것은 다음 실험식에 따라 구할 수 있다.

변전소에서 매시간의 1시간 출력($Y$)과 순시 최대출력($Z$)은 날짜에 따라 변동하지만 이것은 어떤 시기(예: 1개월)에 대하여 평균하면 양자 간에 다음 식으로 표시할 수 있다.

$$Z = Y + C\sqrt{Y} \tag{2-5}$$

여기서, $Y$ : 1시간 최대출력 [kW]

$Z$ : 순시 최대출력 [kW]

정수 $C$ 는 1개 열차의 전류의 크기나 파형 및 변전소의 입지 조건 등에 따라 정해지는 것으로 그 값은 60～140 정도이다. 또한, $C$ 는 열차전류의 파형률이 변하면 열차 최대전류의 평방근에 비례한다.

$$C = K_c\sqrt{I_{tm}} \tag{2-6}$$

여기서, $K_c$ : 정수

$I_{tm}$ : 1개 열차의 최대전류 [A]

여기에서 실적이 있는 변전소에 대하여 $C = \dfrac{(Z - Y)}{\sqrt{Y}}$ 에 따라 값을 확인할 수 있다.

순시 최대전력과 1시간 최대출력의 비 $\dfrac{Z}{Y}$ 는 2～3, 평균 약 2.5 정도이다.

#### 4) 최대출력

앞에서 1시간 최대출력이 결정되었으면 여기에 변전소 내의 변성 손실을 더하고 수전 측에 환산하여 배전용의 부하를 더하면 필요한 최대전력이 된다.

## 2.2 직류 변전설비

직류 급전방식의 변전계통으로는 변전소(SS), 급전구분소(SP), 급전 타이포스트(TP) 등이 있다. 변전소는 한국전력공사에서 보통 22.9[kV]를 수전하여 직류 1,500[V] 및 AC 6,600[V]로 변성하여 전차선 및 일반 부대설비용으로 공급한다.

수전설비는 한전에서 직접 수전을 받는 수전선로와 유사시 인접한 변전소와 연락 송·수전을 할 수 있도록 송·수전 설비가 설치되어 있다. 변성설비는 실리콘정류기 등을 여러 대 설치하여 서로 병렬로 운전하며, 급전설비는 보통 상·하선으로 분리한 4개의 급전설비와 1개의 예비 급전설비로 구성되어 있다.

고압배전설비는 1호계·2호계·3호계로 부하를 분담하도록 되어 있는데, 1호계 및 2호계는 조명·신호·동력 등에 전력을 공급하며, 3호계는 환기 및 역사 냉방설비에 전력을 공급하고, 1호계 및 2호계 예비설비로 활용할 수 있도록 배전 구간을 선정하여 구성한다.

소내 전원설비로는 변전소 내의 제어전원·환기·조명 등에 필요한 전원을 공급할 수 있도록 소내용 변압기 2대를 설치하여 상호 유기적인 운전을 할 수 있도록 ATS가 설치되어 있다. 이러한 변전소 이외에도 전차선의 전압강하를 경감시키는 목적으로 설치된 급전구분소(SP)와 급전 타이포스트(TP)가 있다. 급전구분소는 본선과 분기되는 지점에 설치되며, 급전 타이포스트는 전차선로에 병렬로 급전할 수 없는 전차선로의 종단 부분인 상·하선 간에 설치되어 있다. 평상시에는 고속도차단기를 투입 전기적으로 연결하여 전압강하를 방지하다가 사고 시 또는 보수 점검 시에는 회로를 분리하여 정전구간을 축소하는 기능을 갖고 있다.

## 2.2.1 전철변전소(SS)

변전소의 역할은 한국전력공사 또는 인접 변전소에서 수전한 교류 3상 22.9[kV] 등의 전원을 전기차에 공급전원에 적합한 형태로 변환시켜 공급하여 주는 역할을 한다. 변전소를 부하조건에 따라 구분하면 고압배전설비가 설치되어 있는 변전소와 없는 변전소, 한전에서 직접 수전 받는 수전변전소와 인접한 수전변전소에서 전원을 공급받는 연락변전소로 구분된다. 수전전압은 보통 22.9[kV]이며, 수전용 개폐장치를 통하여 수전모선이 가압되면 수전모선에 설치되어 있는 차단기에 의하여 정류기용변압기와 고배용변압기의 1차 측에 수전전압이 가해진다.

그러면 정류기용변압기 2차 측은 약 1,200[V]의 전압으로 변환되어 정류기의 1차 측을 가압하고 정류기의 2차 측에는 1,500[V]의 직류전압이 발생된다. 이 전압을 직류 정극모선에 병렬로 접속하여 이 모선으로부터 각각의 개폐장치를 사용하여 각 방향별로 구분된 전차선에 급전된다. 이와 같이 수전 · 변압 · 교직변환 · 급전을 기능적으로 행하는 역할을 하는 설비를 변전소라고 부른다. 직류변전소는 수전설비, 변성설비, 급전설비, 고압배전설비, 소내 전원설비 등의 설비로 구성되어 있다.

### (1) 수전설비

수전설비는 송전선로에서 특별고압의 전원을 수전하기 위한 설비로서 교류차단기(52R), 단로기(89R), 계기용변류기(CT), 계기용변압기(PT), MOF(Metering Out Fit), 수전모선(Bus), 보호계전기 등으로 구성되어 있다. 개폐장치로서 교류차단기(52R)는 수전선로의 부하전류 개폐와 단락 또는 지락 등의 사고전류를 차단하며, 단로기(89R)는 주 회로를 구분하기 위하여 사용되는 것으로 통상 차단기와 조합하여 사용된다.

변류기는 주회로의 단락사고 또는 지락 사고를 검출하기 위하여 특별고압의 주회로 전류를 보호계전기 등에 적합한 전류로 변환하는 역할을 하며, MOF는 수전전력을 계측하기 위하여 특별고압의 주회로 전압 및 전류를 전력량계에 적합한 전압, 전류로 변환하는 역할을 한다.

수전모선은 수전선로가 2회선 이상이거나 부하선로가 2회선 이상인 경우 이들 회선간을 연결하는 역할을 한다. 수전모선은 일반적으로 단모선이지만 중요한 변전소에는 모선을 2중화하여 복모선으로 하기도 한다.

보호계전기는 과전류, 주회로의 단락사고 또는 지락사고에 의한 변전소 설비의 손상을 방지하고 전원계통의 영향을 방지하기 위하여 설치한다. 이들 보호계전기는 변전소의 구성 또는 한전 측 변전소의 보호방식 및 상호 위치 등에 따라 약간 차이가 있다.

### (2) 변성설비

변성설비는 수전모선의 분기로부터 교류차단기, 정류기용변압기, 정류기와 정류기 2차 측 직류고속도차단기를 경유하여 직류정극모선(DC 1,500[V] BUS BAR)에 들어가기까지를 말한다.

정류방식은 보통 변압기의 이용률이 높고 보다 정상적인 전류를 얻을 수 있도록 3상 전파브리지방식의 12펄스방식을 사용하고 있다. 정류기 2차 측(직류측)에는 직류고속도차단기가 설치되어 있으며, 이 차단기를 통하여 정극 모선에 가압됨으로 정극모선용 고속도차단기라고도 한다.

정류기용변압기와 정류기의 설치 대수는 부하의 조건에 따라 산정되어지며 정류기의 용량은 대당 보통 4,000[kW]이며, 이에 전원에 공급되는 정류기용변압기는 대당 4,480[kVA]이다.

변성설비의 구성은 규모에 따라 약간의 차이가 있으나 정류기용변압기(SRTR), 실리콘정류기(SR), 교류차단기(52), 직류고속도차단기(54), 변류기(CT), 보호계전기 등으로 구성되어 있다.

정류기용변압기(SRTR : Silicon Rectifire Transformer)는 수전 받은 특별고압을 정류기에서 필요로 하는 적합한 전압(약 AC 1,200[V])으로 변환하는 역할을 하며, 실리콘정류기(SR : Silicon Rectifire)는 정류기용변압기에서 발생하는 교류(3상 1,200[V])전기를 직류(1,500[V]) 전기로 바꾸어 주는 역할을 한다.

교류차단기(52)는 정류기용변압기의 1차 측(전원 측)에 설치하는 것으로 부하전류를 개폐하고 사고전류를 차단하여 변성설비를 보호하는 역할을 하며, 직류고속도차단기(54)는 실리콘정류기의 직류 측에 설치하는 것으로 부하전류를 개폐하고 사고전류를 차단하여 변성설비를 보호하는 역할을 한다.

보호계전기로는 수전모선 측에 과전류계전기(51)와 정류기 정극 측에 역류계전기와 직류 과전류계전기가 설치되어 있다. 이들 보호계전기는 설비의 구성에 따라 약간 다르나 대표적인 보호계전기의 역할은 다음과 같다.

- 교류 과전류계전기 (51) : 과부하 또는 단락사고 시 동작
- 온도계전기 (26) : 정류기용변압기 또는 정류기의 과열 시 동작
- 역류계전기 (32) : 실리콘정류기의 내부 단락사고 시 동작
- 접지계전기 (64) : 정류기함 접지 또는 내부접촉 시 동작
- 직류 과전류계전기 (76T) : 정류기 정극 측에 설치하여 직류 과전류를 검출

### (3) 급전설비

급전설비는 직류 정극모선으로부터 각 방면별 급전개폐장치를 통하여 급전선에 접속되어 있다. 이 설비의 역할은 전차선에 급전하면서 급전회로에 단락 · 접지 · 과부하 등의 사고가 발생하였을 때 이 사고를 검출하여 사고전류를 차단하여 사고시간을 최소로 한다.

급전설비는 변성설비에서 변성된 직류(1500[V])를 전기차에 공급하기 위한 설비이며 직류 고속차단기(54F), 단로기(89F), 직류변류기(DCCT), 분류기(SHUNT), 직류모선, Z모선, 피뢰기(LA), 보호계전기 등으로 구성되어 있다.

직류 고속도차단기(54F)는 방면별, 상 · 하선별의 회선마다 설치하며 부하선로를 개폐하고 부하측 단락사고 시 전류를 차단하여 급전설비나 전기차를 보호한다. 또한, 직류 고속도차단기는 삽입형으로 되어 있어 정전 작업 시 주 회로에서 분리할 수 있는 기능을 가지고 있다.

직류변류기(DCCT)와 분류기(SHUNT)는 직류 부하전류를 계측하거나 부하회로의 사고전류를 보호계전기에 적합한 전류로 변환하는 역할을 담당한다. 급전회로는 방면별, 상 · 하선별로 설치하기 때문에 복선 구간에서는 보통 4회선이 되며 이 급전회로는 1개의 직류 모선에 연결되어 있으므로, 이 직류 모선은 여러 개의 급전회로에 대하여 병렬로 급전하는 역할을 하고 있다. 또한, 급전용 직류고속도차단기가 고장 났을 경우나 점검을 위해 사용 정지하였을 경우 급전회로에 급전을 계속할 수 있도록 예비의 직류 고속도차단기를 설치하며, Z모선은 예비 직류 고속도차단기와의 절체를 용이하도록 하며 모선에는 각 급전회로에 대응하여 Z모선용 단로기가 설치되어 있다.

피뢰기는 선로 측의 이상전압(뇌)이 변전소에 침입하는 것을 막는 역할을 한다.급전설비를 대상으로 하는 보호장치로서 과부하전류는 주 회로에 접속된 분류기(SHUNT)에 의하여 176F가 검출하며, 순시 과전류는 고속도차단기 몸체에 설치된 76F에 의하여 검출된다. 또한, 과부하나 지락사고 시 급전회로의 전압강하를 감지하여 동작하는 80F와 80A 계전기가 있다.

80F는 병렬급전하는 변전소의 급전분기선용 단로기 2차 측에 접속되어 있으며 전차선의 병렬급전하는 중간지점(mid point)에는 80A 계전기가 설치되어 전차선의 전압이 900[V]이하로 되었을 때 동작한다.

지락사고 검출은 전차선로가 지락 되었을 때 대지전압이 상승되는 것을 감지하도록 궤도와 대지 사이에 직류고압지락계전기(64P)가 설치되어 있다. 이들 보호계전기가 동작을 하면 당해 변전소의 차단기가 트립 됨과 동시에 전차선에 병렬급전하는 상대

변전소의 차단기에 차단 신호를 보내 차단기를 개방시킨다. 대표적인 보호계전기의 역할은 다음과 같다.

- 직류 부족전압계전기(80F, 80A) : 전차선의 단락사고 시 발생하는 전압강하를 감지하여 전차선 전압이 900[V] 이하가 되면 동작
- 직류 고압지락계전기(64P) : 급전구간 내 직류고압의 지락사고 시 동작
- 직류 과전류계전기(76F, 176F) : 급전회로의 과전류(순시, 한시) 시 동작

직류 급전방식은 동일 급전구간을 양변전소에서 전원을 공급하는 병렬급전하는 방식으로서 전차선로에서 단락 또는 지락사고 등이 발생할 경우 양단의 차단기를 개방하여 설비를 보호할 필요가 있는데, 사고점이 한쪽 변전소 부근일 경우에는 다른 쪽 변전소는 흐르는 전류가 작아서 사고를 검출할 수 없는 경우가 있다. 이와 같은 경우 한쪽 변전소에서 사고를 검출하면 다른 쪽 변전소의 차단기에 차단 명령을 보내 동일 급전구간의 사고전류를 완전히 차단하는데, 이와 같이 차단 명령을 전송하기 위한 장치를 연락차단장치라 한다.

### (4) 고압 배전설비

고압 배전설비는 수전모선으로부터 변성설비와 병렬로 분기되는 곳으로부터 고배선로와 접속되는 부분까지를 말한다. 이 설비의 주요기기는 교류차단기, 단로기, 고배용 변압기 등과 이에 부속되는 보호장치 등으로 구성되어 있다. 이 설비의 역할은 22.9[kV]등의 수전전압을 열차의 운전 및 승객 수송에 필요한 신호 · 조명 · 동력 · 환기 · 냉방 등의 설비에 전원을 공급하기 위하여 6.6[kV]로 변압하여 공급하는 설비이다.

이 6.6[kV]의 전압은 고압모선과 고배용변압기 사이에 설치된 차단기에 의하여 고압모선에 공급되며 고압모선에서 3회선으로 배전하게 된다. 이들 중 2회선 즉 1호계와 2호계는 조명 · 동력 · 신호설비 등에 전력을 공급하게 되어 있고, 3호계는 터널 환기와 역사 냉방설비 등에 전력을 공급하며 경우에 따라서 1호계 및 2호계 예비설비로 활용할 수 있도록 구성되어 있다. 이 설비에 있어서의 보호계전기로는 과전류 · 접지 · 부족전압계전기 등이 있다.

### (5) 소내 전원설비

소내 전원설비는 고압배전설비의 고배 단로기 2차측에서 분기된 소내 전원공급 설비로서 주요기기는 소내변압기 1 · 2호, 자동절체스위치(ATS), 충전기, 축전지 등으로 이루어져 있다. 이 설비의 역할은 변전소 내 차단기 등의 투 · 개방 전원, 각종 계전

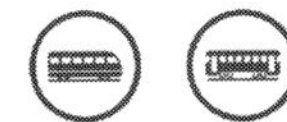



기 동작전원, 각종 제어전원, 변전소 내의 조명 · 환기 · 전열기 등의 일반부하에 전원을 공급하여 주는 것이다.

교류용 전원은 소내 변압기에서 공급되며, 직류제어전원은 축전지와 충전기가 병렬로 연결되어서 평상시에는 축전지를 충전하면서 직류전원을 부하측에 공급하다가 정전시 또는 대전류가 흐를 때 축전지에서 제어전원을 공급하도록 되어 있다.

## 2.2.2 급전구분소(SP : Section Post)

급전구분소는 본선과 지선이 분기되는 곳에 설치하는 설비로서 전차선로의 전압강하를 경감시키고 고장검출을 용이하게 하며, 또한 사고구간을 한정 구분하고 사고시나 작업시에는 정전구간을 단축하게 하는 역할을 한다.

고속도차단기는 평상시 본선과 분기선의 전압강하를 방지하기 위해 투입되어 있다가 본선 또는 분기선의 어느 쪽의 방향에 정정값 이상의 과대전류가 흐르면 자동차단할 수 있는 양방향성 특성을 가지고 있다.

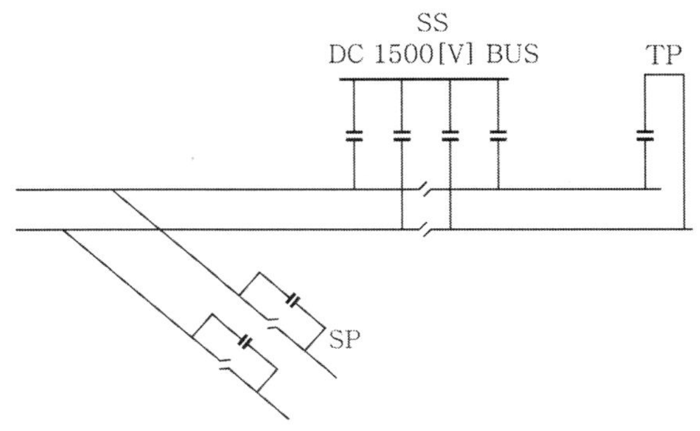


▶그림 2.16◀ SS, SP, TP 계통도

## 2.2.3 급전 타이포스트(TP : Tie Post)

급전 타이포스트는 복선구간에서 전차선을 병렬급전할 수 없는 단말부분의 상선과 하선을 차단기를 통하여 접속할 수 있도록 한 설비이며 그 역할은 급전구분소와 같다. 고속도차단기는 평상시 본선의 상 · 하선 전압강하를 방지하기 위해 투입되어 있다가 상선과 하선의 어느 쪽 방향이든 정정값 이상의 과전류가 흐르면 자동차단할 수 있는 양방향성 고속도차단기이다.

## 2.2.4 정류포스트(RP)

정류포스트는 급전구간의 레일과 대지간의 누설전류를 경감할 목적으로 설치하는 것으로 누설전류를 경감하기 위하여 변전소를 설치하는 대신에 변전소 설비에서 고속도차단기를 생략하여 건설비를 절감시킨 것이다. 따라서 급전회로에 단락사고가 발생하면 전원을 공급하는 주변전소에서 차단을 하여야 하므로 정류포스트에서 단락사고를 검출하면 연락차단장치로 변전소에 차단신호를 전송하여야 하는 고신뢰도가 요구된다.

## 2.2.5 고속도차단기

### (1) 직류 고속도차단기(HSCB) 개요

직류 대전류는 전해공장, 모터 속도를 제어하는 제철소, 전기철도 등 매우 한정된 분야에서 사용하고 있으며, 특히 750[V], 1500[V]와 같은 고전압 직류를 사용하는 산업은 전기철도 뿐이다.

직류회로의 개폐 및 과전류, 사고전류 차단에 이용되는 것이 직류차단기 인데 ,직류전류는 교류전류에 비해 영(0)점이 없어 차단하기 어려운 점이 있다.

이를 해결하기 위해 차단기 자체에 사고전류 검지능력을 갖추도록 하여 자체적인 힘으로 접점을 개방하는 기구와 사고전류가 커지기 전에 신속하게 전류를 차단하여 회로나 기기의 손상을 방지하는 성능을 갖추도록 하고 있는데, 이것을 직류 고속도차단기라 하며 교류차단기와 구별하고 있다.

직류 고속도차단기는 직류 회전변류기의 섬락보호용으로 개발되었으며, 회전변류기의 단락전류를 극간 단락으로 발전하기 전에 신속하게 차단한다는 것에 중점을 두어 트립코일에 병렬로 유도분로를 설치하여 선택특성을 부가하는 것을 고안하였다. 특히, 이 선택특성은 급전회로에 사용하면 사고전류와 운전전류를 선별할 수 있으며 급전회로 보호에 매우 유리하여 널리 사용하게 되었으며, 오늘날 실리콘정류기에도 적용하기에 이르렀다.

도시발전에 수반하는 수송수요 증대로 열차편성수의 증가, 운전간격 단축으로 급전용 직류 고속도차단기는 유도분로에 의한 운전전류와 사고전류를 판별하기가 곤란하게 되었으며, 이를 해결코자 ΔI 형 고장선택장치를 개발하게 되었으며, 연락차단장치를 병용하여 오늘날 고속도차단기와 함께 직류 급전보호방식의 표준에 이르렀다.

### (2) 직류 고속도차단기의 종류

직류 고속도차단기 종류로는 자동차단하는 직류전류가 흐르는 방향에 따라 3종류로 구분한다.

#### 1) 정방향 고속도차단기

정상상태일 때 흐르는 전류의 방향으로 눈금조정수치 이상의 과대전류가 흐를 때 자동차단하는 기능을 갖춘 고속도차단기

#### 2) 역방향 고속도차단기

정상상태일 때 흐르는 전류의 방향과 반대 방향으로 눈금조정수치 이상의 전류가 흘렀을 경우에 자동차단하는 기능을 갖춘 고속도차단기

#### 3) 양방향 고속도차단기

전류의 방향에 관계없이 눈금조정수치 이상인 전류가 흘렀을 때 자동차단하는 기능을 갖춘 고속도차단기

<table>
<tr><td>정방향<br>고속도<br>차단기</td><td>Ⓟ Ⓝ</td><td rowspan="3">(범 례)<br>→ 정상 전류의 방향<br>▷ 자동 잡아빼기가 되는 정방향 과전류<br>◀······ 자동 잡아빼기가 되는 역전류<br>◀········· 자동 잡아빼기가 되는 역방향 과전류</td></tr>
<tr><td>역방향<br>고속도<br>차단기</td><td>Ⓟ Ⓝ</td></tr>
<tr><td>양방향<br>고속도<br>차단기</td><td>Ⓟ Ⓝ</td></tr>
</table>

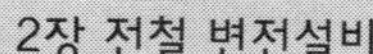



### (3) 고속도차단기에 요구되는 기본성능

고속도차단기는 그것이 설비된 직류회로에 이상이 발생한 경우, 조속히 사고를 감지하여 고속도로 회로를 개방하여 사고전류를 차단해야 한다.

이미 설명한 바와 같이 직류 전기철도에서는 변전소에서 정류기 보호, 급전회로 보호 및 개폐용으로 고속도차단기를 설비하고 있는데 사용 조건에서 고속도차단기에는 기본적으로

- 부하전류를 확실하게 개폐하는 능력이 있을 것. 즉, 동작이 안정되어 부하전류 개방, 투입에 잘못이 없을 것
- 예상되는 부하전류에 대하여 전기적, 기계적으로 안전할 것
- 사고가 발생한 경우, 자기 차단 또는 외부로 부터의 차단 명령에 따라 확실하게 사고전류를 차단할 수 있을 것
- 가능한 점검하기가 쉬울 것

등의 성능이 요구된다.

또, 전철 급전회로에 대해서는 전압강하를 적게 하기 위하여 그림과 같이 변전소 출구에 설비한 급전용 고속도차단기(54F)를 매개로 하여 연접된 변전소 사이를 항상 병렬로 하여 전기차의 운전전력을 공급하는 [병렬급전방식]이 기본이다.

이 때문에 급전용 고속도차단기에 대해서는 특히

- 시시각각 변화하는 운전전류(부하전류)에 의해 자동 개방하는 등의 잘못된 동작이 없을 것
- 급전회로 작업 등으로 정전된 경우(개방상태인 경우) 작업원에게 안전하도록 충분한 전기적 절연을 확보할 수 있을 것
- 통전상태, 개방상태에서도 변전소 및 급전회로의 이상전압에 대하여 충분한 절연내력이 있을 것 등이 필요하다.

그러나, 급전회로 보호를 급전용 고속도차단기에만 의존하는 것은 경제적으로도, 기계적으로 좋은 방법은 아니므로 고장검출장치(50F), 연락차단장치를 병용하거나 급전용 동력단로기를 조합시켜 설비하는 방법 등으로 보호에 만전을 기하고 있다.

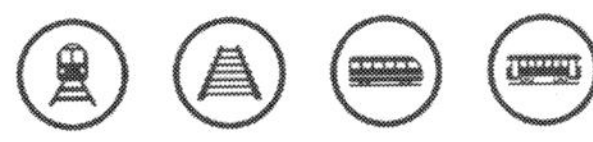



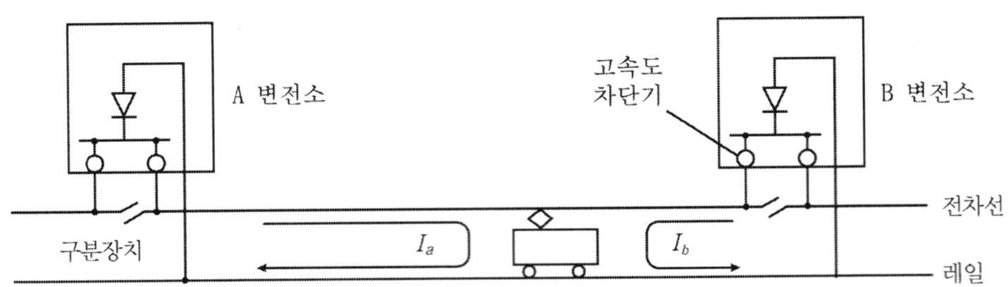


▶그림 2.17◀ 직류급전방식

### (4) 직류 고속도차단기 원리

고속도차단기(High Speed Circuit Breaker, 이하 HSCB)는 고장검출을 구비하고 직류회로에 단락전류 또는 역류 등의 이상이 발생한 경우에 최대한 빠른 시간에 고속도로 개방한다. 그림 2.18은 직류회로의 차단과 같으며 이상전류가 최대치에 도달하기 전에 일정한 전류를 제한하여 직류 급전회로의 고장전류를 차단하는 특성이 있다.

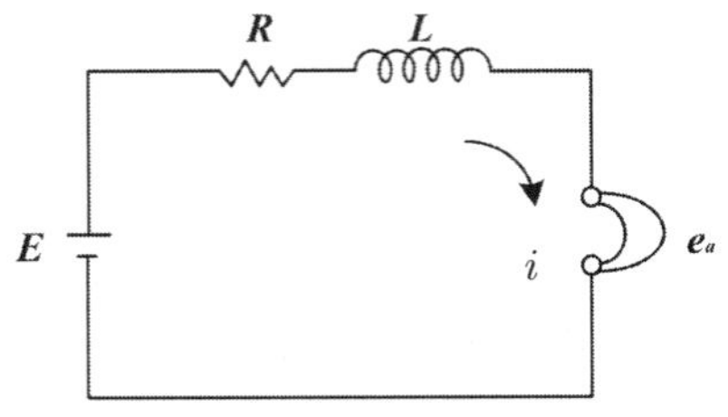


▶그림 2.18◀ 직류회로의 차단

직류회로의 차단 시는 식 (2-7)에 의해서 표시된다.

$$L\frac{di}{dt}+Ri+e_a=E \tag{2-7}$$

여기서, $E$ : 직류전압, $R$, $L$ : 회로상수, $e_a$ : 아크전압, $i$ : 고장전류

식 (2-7)을 변경하면 식 (2-8)과 같다.

$$e_a-(E-Ri)=-L\frac{di}{dt} \tag{2-8}$$

그러므로 식 (2-8)에 의해서 차단기의 아크전압, $e_a$가 $(E-R_i)$보다 크게 되면 큰 만큼 전류는 신속하게 감소하고 차단은 빠르게 수행되는 것을 알 수 있다.
동시에 아크에너지(Arc Energy), $E_A$는 식 (2-9)로 표시한다.

$$E_A = \int e_a i\,dt = \int_0^\infty (E - Ri)dt - \int_0^\infty L\frac{di}{dt}i\,dt$$
$$= \int_0^\infty (E - Ri)idt - \int_0^\infty Lidt$$
$$= \int_0^\infty (Ei - Ri^2)dt + \frac{1}{2}LI_o^2 \qquad (2-9)$$

여기서, $I_o$ 는 개방 시 회로전류

식 (2−9)의 제1항은 아크 지속시간에 아크에 대해 전원에서 공급되는 에너지이고 제2항은 차단시작 전에 회로가 가지고 있는 전자에너지이다.

아크에너지는 전류, 회로인덕턴스 및 아크시간의 증가에 따라서 증가하고 이것이 증가하면 접촉자를 손상시키고 이어서 차단 불능으로 된다. 그림 2.19는 $i$을 사고전류, $e_a$는 아크전압, $I_s$는 단락전류 최대값, $V_r$은 회복전압이라고 할 때 그림 2.19와 같이 인덕턴스를 가지는 직류회로를 고속도차단기에 의해서 차단한 경우의 전류, 전압파형이다.

인덕턴스를 가지는 직류회로를 고속도차단기로 차단하는 경우에 차단성능으로 필요한 조건은 다음과 같다.

첫째, 전류가 정정치를 초과하면 신속하게 차단을 수행하고 발호되어야 한다.

둘째, 소호 후에 신속하게 아크길이를 증가시키고 아크전압을 증가시켜 차단을 완료하여야 한다. 그러나 아크전압의 피크치가 크게 초과되면 이상전압으로 회로의 절연을 위협할 우려가 있으므로 기준치 이내로 들게 하여야 한다. 사고전류가 최종적인 단락전류 $I_s$로 증가하기 전에 이것을 차단할 수 있게 되고 아크에너지를 감소시켜 차단을 용이하게 수행하여 사고피해를 줄일 수 있다.

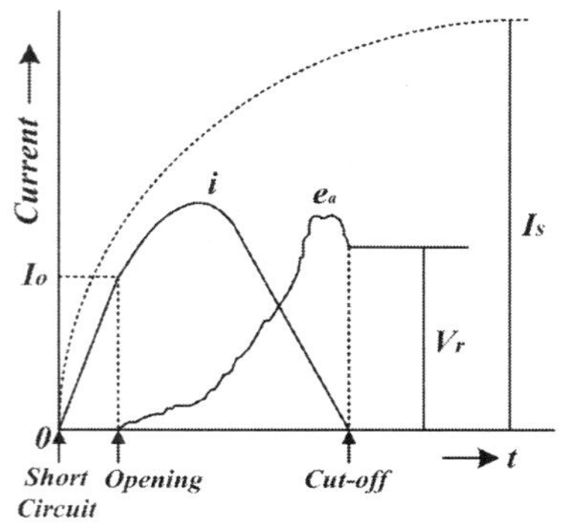


▶그림 2.19◀ 직류회로 차단시의 파형

### (5) 고속도차단기의 구조 특징

고속도차단기는 고장전류의 검출부분과 전류를 차단하는 차단부분을 동시에 갖고 있다. 그림 2.20은 고속도차단기의 회로도를 나타내고 있다. 유지코일을 여자하면 개방 용수철을 끌어당겨 접극자를 흡인하지만 트립코일에 주회로 전류가 흐르면 이 흡인력을 소멸시키는 방향의 기자력이 발생하고 그 전류가 어느 값을 초과하면 흡인력이 감쇄되어 용수철에 의해 접극자가 고속도로 떨어진다.

눈금조정나사는 유지철심의 자기저항을 변화시킬 수 있으며 유지기자력을 변화시킴으로써 고속도차단기의 동작값을 조정한다. 또한, 트립코일과 병렬로 인덕턴스분의 큰 유도분로를 설치하여 사고전류와 같이 급변하는 전류에 대해서는 트립코일 측에 흐르는 비율이 크게 되어 조정값보다 적은 전류로 차단시킨다. 이것을 고속도차단기의 선택특성이라 말하고 전류가 0에서 급격하게 증가하는 경우와 서서히 증가하는 경우의 동작값의 비율을 선택률이라 말하고 있다.

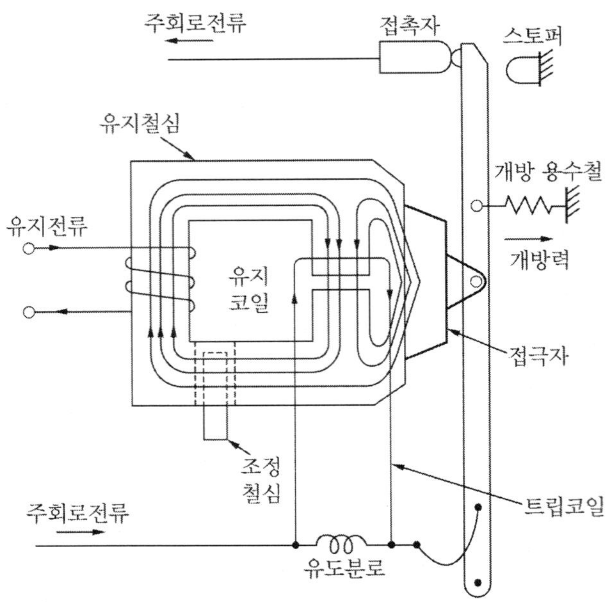


▶그림 2.20◀ 직류 고속도차단기의 회로도

### 1) 구조특징

직류 고속도차단기는 단극형 차단형으로서 전자력 제어형이며 자냉식이다. 과전류 발생시에 신속한 응동을 하여 접점을 개방하고 즉시 과전압을 아크의 전 존속기간 동안 일정하게 지속시켜 아크를 소호하도록 설계되어 있다. 장점으로는

① 대지에 대한 고(高)절연레벨을 가진다.

② 고속차단 능력을 보유하고 수명이 길다.

③ 유지관리가 간편하고 크기가 작다.

④ 기후조건에 영향을 받지 않는다.

### 2) 유지방식

#### ① 전기유지

전자석에 철 조각이 부착되는 현상을 이용한 방식으로 그림과 같이 전자석에 접극자를 흡인시킴으로써 접점을 닫아두도록 한 것이다.

개방하려면 전자석의 코일(유지코일)의 전류를 끊어주면 흡입력이 없어져 접극자는 개방스프링에 끌려가 접점을 연다.

유지전원은 DC100[V], 유지전류는 0.6-1[A]이다.

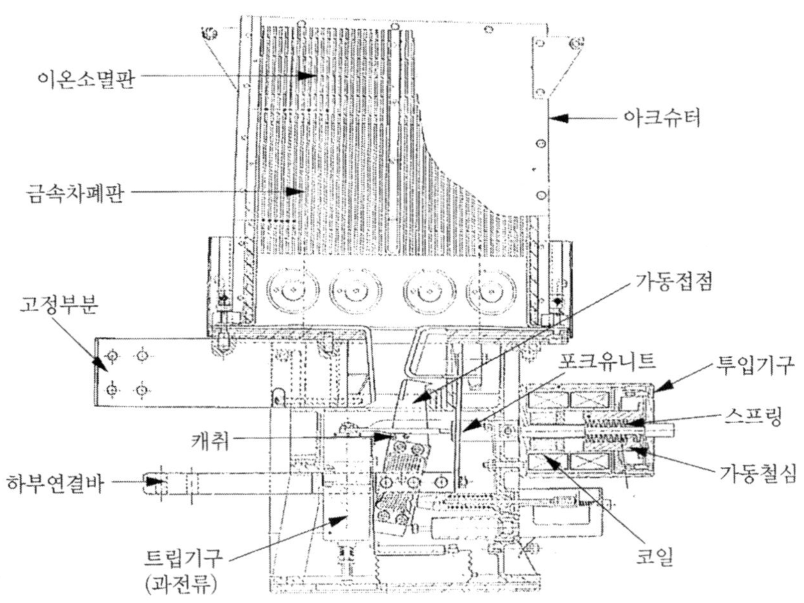


▶그림 2.21◀ DC 차단기 내부

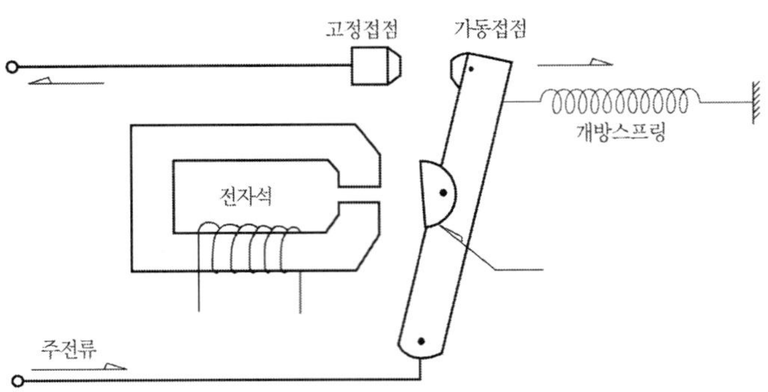


▶그림 2.22◀ 전기유지방식의 원리(개방상태)

② 기계유지방식

이것은 접점을 서로 닫은 상태로 유지해 두는 방법으로 기계적인 걸림을 이용한 것으로 그림과 같이 접촉암이 개방스프링에 의해 고정접점에서 떨어지려는 것을 하부 래치로 눌러두는 방식이다.

따라서, 개방하려면 이 래치를 화살표 방향으로 돌려주면 걸린 것이 풀려 접촉암이 개방스프링으로 끌려가 접점을 연다.

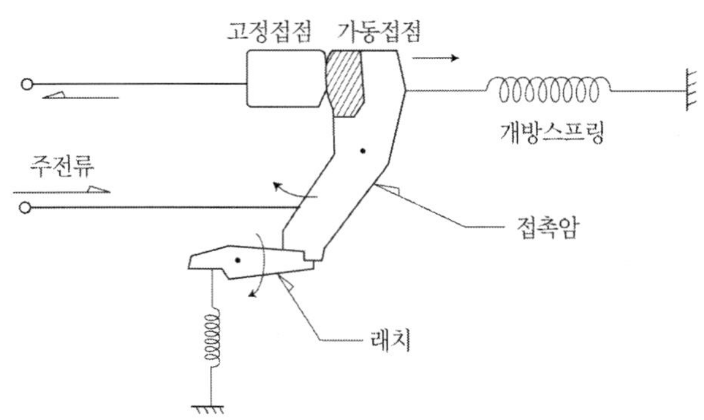


▶그림 2.23◀ 기계유지방식의 원리(투입상태)

### 3) 자동 잡아빼기(트립)

① 자동 잡아빼기 동작 기구

그림 2.24는 고속도차단기의 자동 잡아빼기 원리를 나타낸다. 한 방향 차단기는 그림 2.24(a) 회로로 주전류가 흐르는 잡아빼기 코일이 만드는 자속 $\Phi$는 접촉면에서는 유지코일이 만드는 유지자속 $\Phi_H$와 반대방향이 되도록 설계되어 있다.

따라서, 주회로에 이상전류가 흘렀을 경우, 즉, 잡아빼기 코일에 동작 방향의 전류가 많이 흘렀을 경우에는 접극자면에서 $\Phi$가 $\Phi_H$를 없애는 방향으로 작용하므로 접극자는 유지력을 잃고 가동접촉자가 조속절단스프링에 의해 빠져 나온다.

양방향 차단기는 그림 2.24(b)와 같이 잡아빼기 부분에 정방향용과 역방향용 2개의 접극자를 가지며 정방향 및 역방향 이상전류를 각각 검출하여 잡아빼기 동작을 하는 기구로 되어 있다.

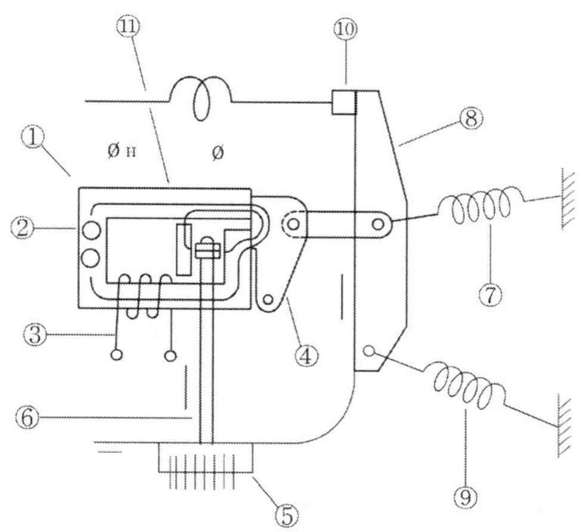


(a) 한방향 차단기 잡아빼기 원리

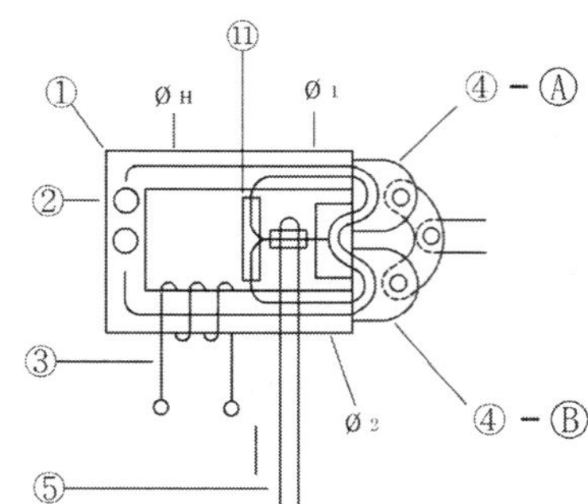


| 번호 | 명칭 | 번호 | 명칭 |
|---|---|---|---|
| 1 | 유지철심 | 7 | 조속절단스프링 |
| 2 | 눈금조정 마개 | 8 | 기동접촉자 |
| 3 | 유지코일 | 9 | 폐로스프링 |
| 4 | 접극자 | 10 | 고정접촉자 |
| 5 | 유도분로 | 11 | 바이어스철심 |
| 6 | 잡아빼기 코일 | | |

(b) 양방향 차단기 잡아빼기 원리

▶그림 2.24◀

즉, 이상전류가 화살표 방향으로 흐르면 잡아빼기 코일에 의한 자속 $\Phi_1$, $\Phi_2$가 발생하여 접극자 A에서는 유지자속 $\Phi_H$와 $\Phi_1$가 합성되어 유지력이 증가하는데 접극자 B에서는 $\Phi_H$와 $\Phi_2$가 서로 없애 유지력이 소멸되어 조속 절단 스프링에 의해 잡아빼기 동작이 이루어진다.

이렇게 직접 주전류의 방향과 크기에 따라 접촉자를 분리하여 주전류를 차단할 수 있는 기구를 갖추고 있는 것이 고속도차단기의 최대의 장점이며 커다란 특징이라 할 수 있다.

또한, 고속도차단기 유지전자석에는 자기회로에 의한 동작 지연을 작게 하여 개방 동작을 빠르게 하거나, 혹은 자속 변화의 시간적 지연을 방지하는데 구조적 배려를 하고 있다.

② 전류눈금수치

고속도차단기에 동작 방향의 점진전류를 흐르게 한 경우, 자동 잡아빼기 동작을 하는 주 전류의 최소 수치를 [전류눈금수치]라 한다. 동작전류 눈금은 차단기의 형식이나 용량에 따라 다르며 사용하는 회로의 부하상황으로 수치를 조정한다.

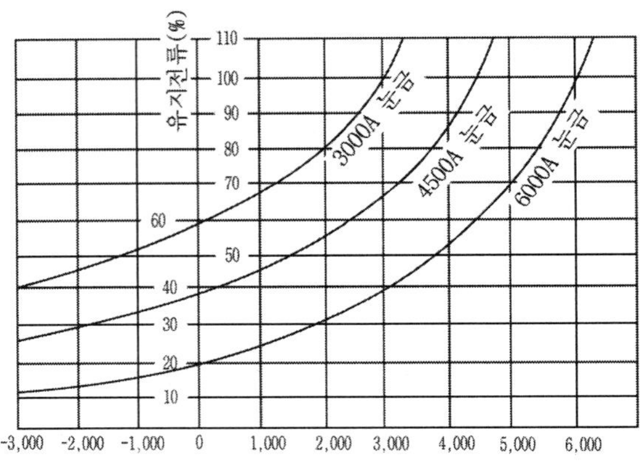


▶그림 2.25◀ 동작전류(A)

그림은 [전류눈금 조정선] 즉, 차단기의 동작전류와 유지전류의 관계를 나타낸 곡선이다.

눈금전류수치를 바꾸려면 유지전류의 크기를 바꾸는 방법과 유지전류 수치를 일정하게 해두어 유지 철심의 자속을 변화시키는 방법 등이 있는데 일반적으로 후자의 방법을 이용하고 있다.

이것은 다음 그림과 같이 유지 철심의 일부에 설치된 전류눈금조정 나사를 빼거나 넣음으로써 유지철심의 자기저항 수치를 바꾸어 유지자속의 양을 가감시켜 같은 유지전류 수치라 하여도 유지력을 변화시키는 방법이다.

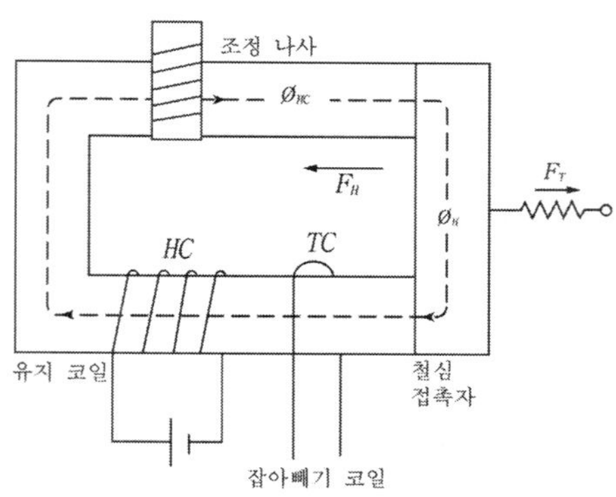


▶그림 2.26◀ 눈금조정

③ 유도분로

과전류로 자동 잡아빼기 동작하는 고속도차단기에서 운전전류와 같이 완만하게 증가하는 주전류(점진전류)와 사고전류와 같이 급격하는 돌진전류에 대해서는 전류수치가 작을 때 차단하는 방식에 따라 설치된 것이 [유도분로]이다.

유도분로는 잡아빼기 코일과 병렬로 접속된 인덕턴스분이 큰 분로로 그림 2.27과 같은 구조로 되어 있다.

점진전류인 경우는 잡아빼기 코일과 유도분로에 각각의 저항에 반비례하는 전류가 흐르는데 돌진률이 큰 전류(돌진전류)인 경우는 유도분로의 인덕턴스 때문에 잡아빼기 코일에 분류되는 비율이 커져 눈금조정수치 이하인 주전류로 개극하여 사고전류를 조속히 차단한다. 이 특성을 고속도차단기의 [선택특성]이라 한다.

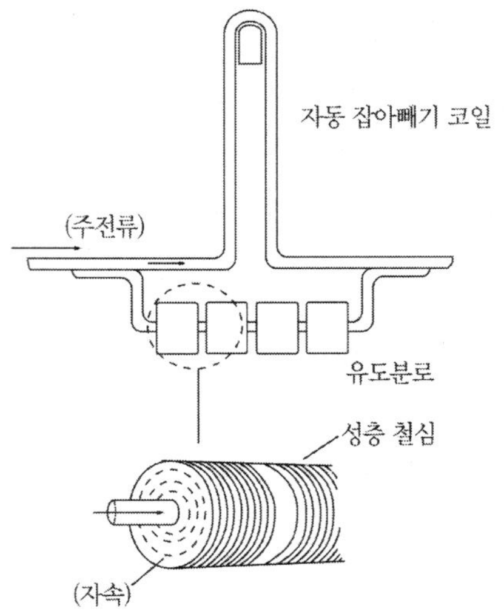


▶그림 2.27◀ 유도분로의 구조

과전류에 의한 자동 잡아빼기는 잡아빼기 전자석을 관통하고 있는 잡아빼기 도선(패킹바)에 흐르는 전류가 설정 수치를 초과하면 가동철심 잡아빼기 전자석에 흡인됨으로써 실행된다.

동작전류 수치는 전류 눈금설정장치 내의 설정 스프링 강도를 바꿈으로써 설정된다.

기계유지식 고속도차단기는 주전류의 방향에 관계없이 주전류의 크기만으로 자동 잡아빼기가 되므로 양방향 고속도차단기로 사용할 수 있다.

### (6) 아크 개로 이론과 기구

그림에 나타낸 회로에서 전류 $I$가 흘렀을 때 스위치 S를 조금 열면 아크가 발생한다. 아크가 발생하는 회로에서는 식 (2-10)이 성립한다.

$$E = L \cdot \frac{di}{dt} + R \cdot i + e_a \qquad (2-10)$$

$e_a$는 아크전압으로 급전력의 방향은 전원(급여전압) $E$와 반대로 되어 있다.

식 (2-10)에서 전류 $I$가 0이 되려면 전류가 감소되어야 하므로 $\frac{di}{dt}$는 (−)이어야 한다. 따라서,

$$e_a - (E - Ri) = -\frac{Ldi}{dt} \qquad (2-11)$$

$$e_a > E - Ri$$

즉, 아크전압 $e_a$는 항상 $E - Ri$보다 커야 한다.

여기에서 아크의 전압, 전류특성을 아래 그림으로 설명한다.

그림에서 $E$와 $i$를 연결하는 직선을 그으면 이 직선은 전류의 순간수치 $i$와 $E - Ri$와의 관계를 나타내므로 이 직선보다도 아크전압이 크지 않는다면 전류는 감소하지 않는다.

또, 차단완료시 전류가 0부근에서는 아크전압은 반드시 급전전압 $E$보다 크지 않으면 전류를 끊을 수 없다.

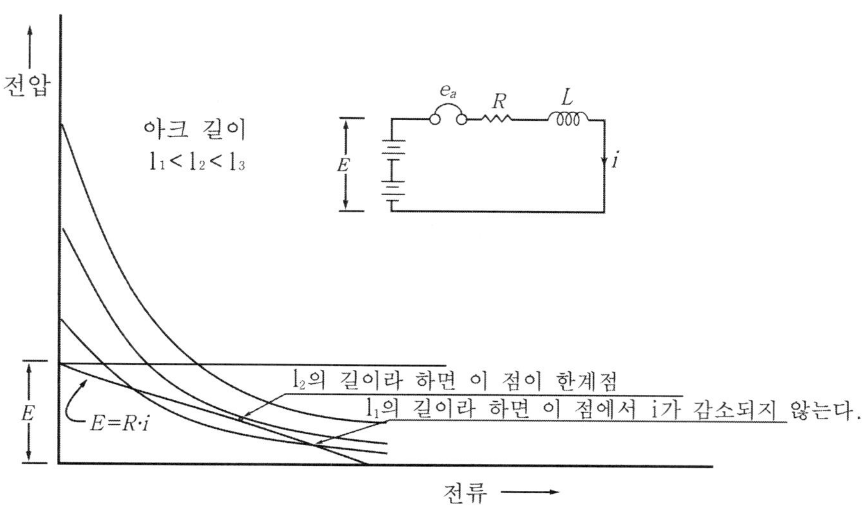


▶그림 2.28◀ 아크전압, 전류 특성

아크전압이 높을수록 전류의 감소는 빠르고 접점 손상도 적어진다. 그러나, 아크전압 $e_a$가 너무 커지면 전극간 절연을 견딜 수 없어 일단 소호되어도 다시 발호되거나 기기의 절연을 파괴하는 경우가 있다.

직류를 차단하는데 아크를 이용하는 것은 가장 일반적으로 유효한 방법인데

① 아크의 열에 의해 접점을 용손시킨다.

② 처리를 잘못하면 아크전압이 이상하게 커져 절연을 파괴한다.

라는 결점이 있다.

직류회로가 개방될 때 전류의 감소도를 크게 하여 빨리 차단시켜 아크를 빠르게 삭감시키면 접점의 용손을 작게 할 수 있는데 이를 위해서는 아크전압을 안전한도까지 빨리 높여야 한다는 요구를 적절하게 처리해야 한다. 때문에 직류계전기, 개폐기, 차단기에는 각각의 용도에 따라 아크를 없애기 위한 기구를 연구해야 한다. 고속도차단기는 자기 불어 없애기에 의한 소호기구를 갖추고 있다.

## 2.2.6 정류기(整流器)

### (1) 정류용 다이오드

그림 2.29(a) 회로에서 교류 전압량의 반주기 동안은 다이오드가 순방향 바이어스로 동작하여 양의 반주기 동안은 전도상태로 된다. 그러나 음의 반주기 동안 다이오드는 역방향 바이어스로 되어 미소한 양의 바이어스 전류가 흐르게 된다. 여기서 역방향

상태에 흐르는 전류를 무시하면 교류전류는 한쪽 방향으로만 흐르는 것이 된다. 이때 다이오드는 교류전류를 정류했다고 하며 이 회로에서의 다이오드를 정류다이오드라 한다.

그림 2.29(b)는 정류다이오드 기호를 나타낸 것으로 P형을 양극, N형을 음극이라고 하며 순방향 전류는 P형에서 N형으로 전류가 흐른다는 것을 의미하여 화살표 모양으로 표시한 것이다.

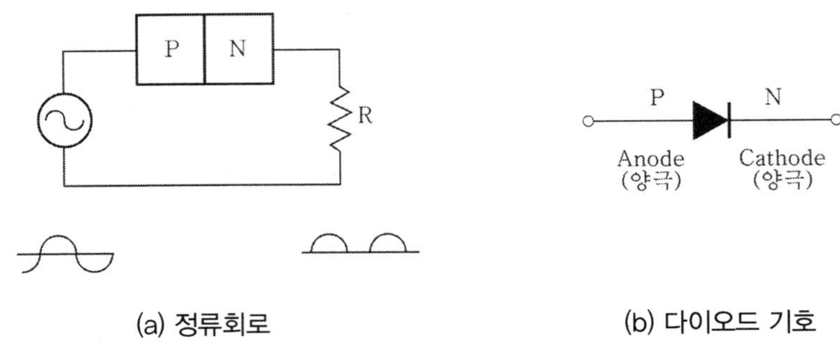


▶그림 2.29◀ 정류회로 및 다이오드

### (2) 3상 전파정류방식

실리콘 정류소자를 사용하여 직류전력으로 변환하는 정류기와 변압기의 표준 결선 방법에는 여러 가지가 있으나 현재 사용하는 방식은 변압기 권선의 이용률이 높고 변압기 용량을 작게 할 수 있는 3상 전파브리지정류방식을 많이 사용하고 있으며, 정류기용 변압기 직류 측 권선이 △결선된 것을 사용하고 있으므로 3각 3상전파브리지방식이라고도 한다.

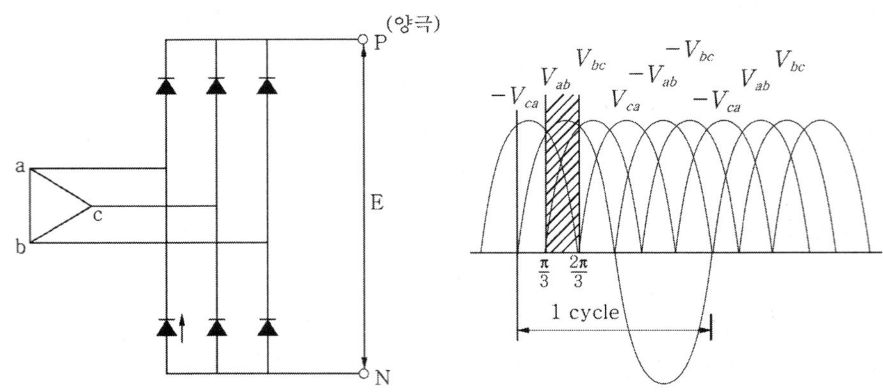


▶그림 2.30◀ 3상 정류방식의 직류전압

이와 같이 결합된 정류기의 입력 측에 3상 교류전압을 가하면 그림 2.30과 같은 전압 파형이 직류단자에 나타난다.

이 전압 파형은 120°의 차를 가진 교번전압의 정류파형이므로 직류 측 단자 간에는 3개의 교번전압에 의해 중첩된 파형이 1 사이클 동안 6개의 반파가 1/360[sec]의 간격으로 나타난다. 수 개의 나란한 반파 모양의 전압을 맥동전압이라고 하며 이 맥동전압의 평균값 $E$는 다음과 같다.

$$S = \int_{\frac{\pi}{3}}^{\frac{2\pi}{3}} V_m \sin(wt) = V_m \int_{\frac{\pi}{3}}^{\frac{2\pi}{3}} \sin(wt)$$

$$= V_m [-\cos wt]_{\frac{\pi}{3}}^{\frac{2\pi}{3}} = - V_m \left[-\frac{1}{2} - \frac{1}{2}\right] = V_m$$

$$E = \frac{3}{\pi} V_m = \frac{3\sqrt{2}}{\pi} V = 1.35 \times V \qquad (2\text{–}12)$$

이 식을 사용하여 실리콘정류기의 직류 측 단자전압을 DC 1,500[V]로 하여 계산하면 정류기용변압기의 직류권선의 전압은 1,110[V]가 나온다.

$$\text{교류전압} = \frac{1{,}500}{1.35} = 1{,}110[\text{V}]$$

실제로는 정류기에 부하가 걸리면 정류기용변압기 및 실리콘정류기의 자체저항으로 인한 전압강하가 발생하므로 무부하시는 전압이 높게 나오다가 정격전류의 부하가 걸릴 때 DC 1,500[V]의 전압이 나오도록 직류권선의 전압을 1,200[V]로 하였다. 그러므로 무부하시 발생하는 직류전압은 1,620[V]가 나온다.

$$E = 1.35 \times V = 1.35 \times 1{,}200 = 1{,}620[\text{V}]$$

여기에 부하를 걸면 직류전압이 맥동하므로 부하전류도 맥동하게 된다. 그러나 작은 전류라도 흐르게 될 때에는 변압기 또는 정류기 부하회로의 저항($R$)이나 인덕턴스($L$)의 영향을 받게 되어 전압, 전류의 맥동 폭은 무부하시에 비하여 어느 정도 낮아진 평활한 파형이 되므로 정류기의 암전류나 권선전류의 파형도 맥동폭이 적은 전류로 취급한다.

## (3) 6상 정류기연결방식

### ① 6상 직렬연결정류기

3상 전파정류회로의 정류기용변압기는 22.9[kV]/1188[V]이며, 6상 직렬연결 정류기용변압기는 22.9[kV]/590[V]이다.

따라서 6상 직렬연결정류기의 2차측 무부하전압은

$$2 \times 1.35 \times 590[V] = 1593[V]$$

가 된다.

즉 다음 그림과 같은 정류기 2차측 출력전압이 발생한다.

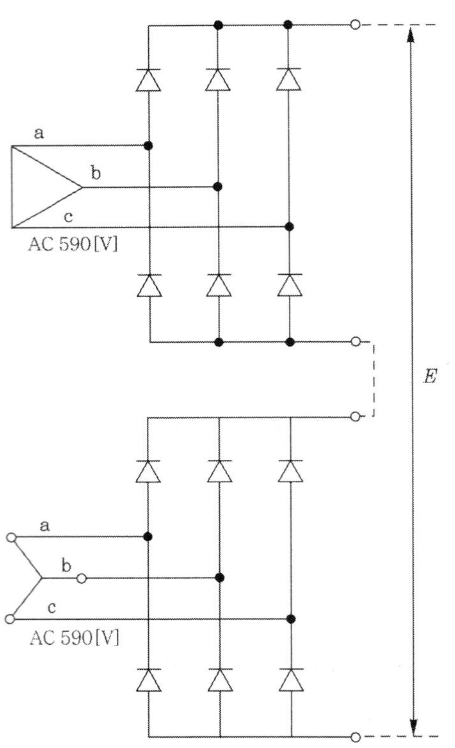


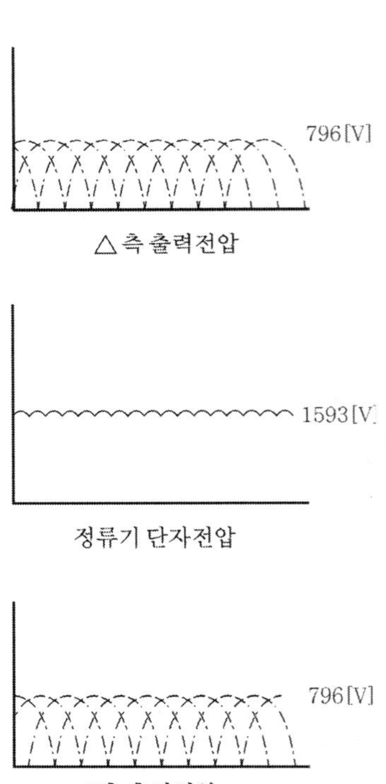

② 6상 병렬연결정류기

6상 병렬연결정류기의 경우는 각 정류회로의 2차측 전압이 6상 직렬연결정류기의 합성전압과 같다. 즉, 6상 병렬회로의 경우는 각 3상 회로의 2차측 전압이 직류 1,500[V] 회로에 전력을 공급하게 된다. 단, 6상 병렬회로의 경우 각 정류회로의 2차측 전압이 서로 30°의 위상각을 갖고 있으므로 동일하지 않고 다음 그림과 같이 차이가 있다. 실제 병렬 연결시는 직류회로이므로 최대전압 부분에서만 통전이 이루어지므로 각 회로의 각상의 통전기간이 $1/2\times(2\pi/12)$ 되므로 실효치 전류량은 $\sqrt{2}$ 배로 증가되어야 정류기의 정격전류를 흘릴 수 있게 된다. 따라서 $2\pi/6$기간동안 각 정류기가 통전하도록 하기 위해서는 △V의 전압차이를 흡수할 수 있는 Interphase Reactance를 추가하여야 2대의 정류회로가 독립적으로 통전가능해진다.

즉, 6상 병렬회로의 경우는 Interphase Reactance의 설치가 필수적이며 일반적으로 Diode의 소요 숫자가 많아진다.

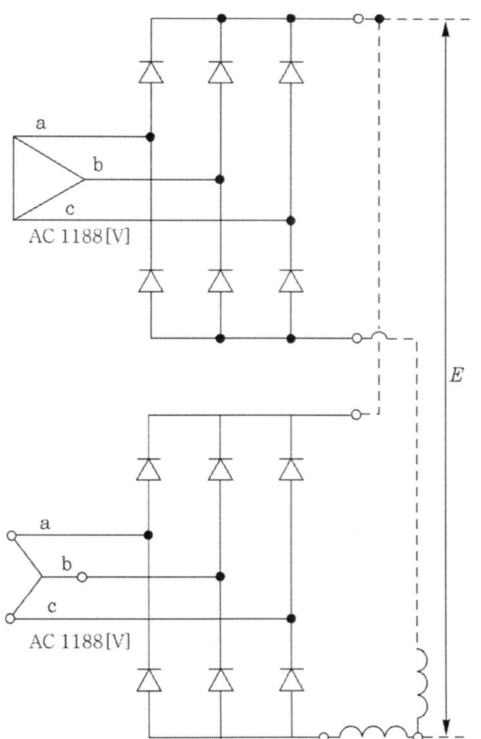


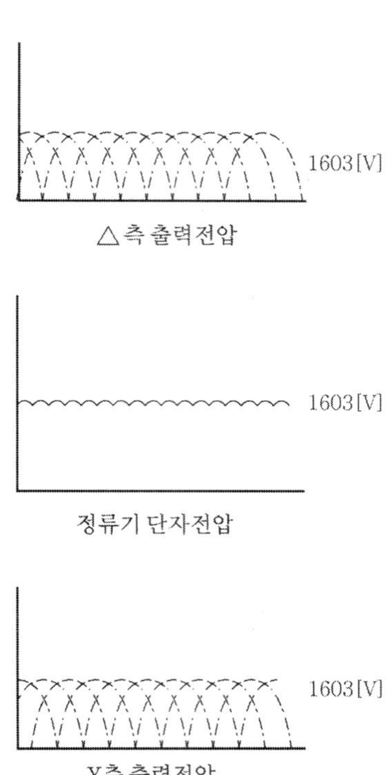

③ 정류 특성 비교

정류회로의 특성을 비교하면 다음과 같다.

| 구분 | 3상 회로 | 6상 직렬회로 | 6상 병렬회로 |
|---|---|---|---|
| 전압 파형 | 전압 파형이 나쁘다 | 전압파형이 비교적 좋다 | 전압파형이 비교적 좋다 |
| 사용 변압기 | 2권선 변압기 사용 | 3권선 또는<br>4권선 변압기 사용 | 3권선 또는<br>4권선 변압기 사용 |
| 변압기 2차전압 | 약 1200[V] | 약 600[V] | 약 1200[V] |
| Interphase Reactance | 불필요 | 불필요 | 필요 |
| 소요 Diode | 적다 | 적다 | 많다 |
| 고조파 | 많다 | 적다 | 적다 |

한전은 입력측 교류 전원의 고조파 함유분을 3[%] 이내로 권장하고 있으며 전자산업의 발달에 따라 첨단 전자장비의 사용이 증가되는 추세이므로 교류전원의 고조파 함유분에 대한 규제는 강화될 전망이다.

3상 정류기는 고조파 발생분이 6상 정류기에 비하여 특히 크므로 도시철도 변전소의 정류방식으로는 6상 정류방식이 우수하며 6상 정류방식 중 직렬연결방식이 병렬연결방식에 비하여 소요 다이오드 숫자가 적고 Interphase Reactance도 필요치 않으므로 보다 더 우수하고 경제적인 점을 고려하여 정류방식은 6상 직렬연결방식을 적용하고 있다.

④ 정류기 결선의 유형

표 2.2에서 3상 전파결선과 6상 전파직병렬결선을 보여준다.

△-△결선을 통해 전달된 교류전압은 3상 다이오드 정류기를 거쳐서 직류전압으로 변환된다.

**표 2.2** 정류기 결선의 종류

| 구 분 | 결 선 도 | 수 식 |
|---|---|---|
| 3상 전파 결선 | $I_f$, $I_d$, $E_{rms}$, $I_p$, $E$ | $E_{rms} = 0.74 \cdot E_{dc}$<br>$I_{rms} = 0.816 \cdot I_d$<br>$I_p = 0.577 \cdot I_d$ |

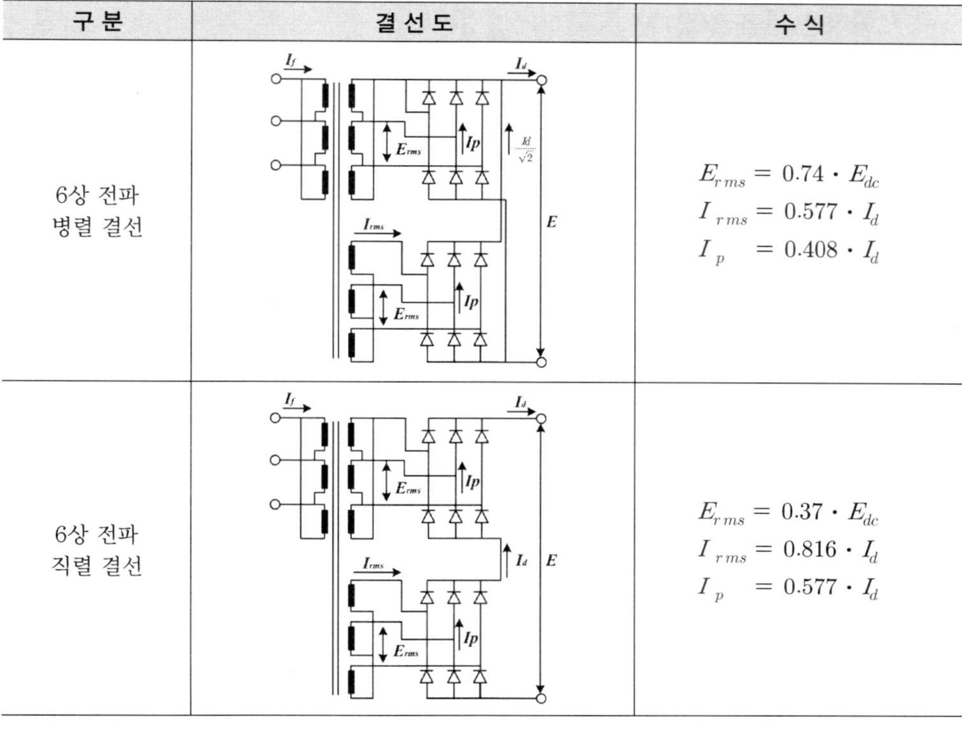

| 구분 | 결선도 | 수식 |
|---|---|---|
| 6상 전파<br>병렬 결선 | $I_f$, $I_d$, $E_{rms}$, $I_p$, $\frac{Id}{\sqrt{2}}$, $I_{rms}$, $E$ | $E_{rms} = 0.74 \cdot E_{dc}$<br>$I_{rms} = 0.577 \cdot I_d$<br>$I_p = 0.408 \cdot I_d$ |
| 6상 전파<br>직렬 결선 | $I_f$, $I_d$, $E_{rms}$, $I_p$, $I_{rms}$, $E$ | $E_{rms} = 0.37 \cdot E_{dc}$<br>$I_{rms} = 0.816 \cdot I_d$<br>$I_p = 0.577 \cdot I_d$ |

### (4) 사이리스터와 다이오드 정류방식

① 정류기의 종류

㉠ 직류 전기철도용 정류기는 초기 수은정류기가 사용되었으며 전력 전자기기의 발달로 전력용 실리콘 다이오드(Silicon Diode)의 개발에 따라 현재 사용되는 거의 모든 정류기는 실리콘 다이오드 정류기이다.

㉡ 사이리스터 정류기는 최근 산업용 직류전동기 제어에서 적용한 사이리스터 컨트롤러를 응용 개발하여 전기철도용으로 제작 사용하고 있으며 현재 운전중인 사이리스터 정류기는 전압조정형 정류기로 독특한 특징을 가지고 있다.

이 사이리스터 정류기의 특징은 부하전류 증가에 따라 정류기 출력전압을 증가시켜 전압강하를 보상하므로 다이오드 정류기에 비하여 급전거리가 길어지며 또한 기본회로에 반대 방향의 사이리스터를 병렬로 부착한 더블 컨버터(Double Converter(Converter+Inverter))를 사용하여 회생전력을 교류측으로 회수 가능한 형식이다.

② 사이리스터 정류방식의 검토

사이리스터 변전설비의 계통은 특고압차단기, 정류기용변압기, 사이리스터정류기 및 직류배전반으로 이루어지며 사이리스터 정류방식과 다이오드 정류방식과의 차

이점은 다음과 같다.

| 구 분 | 다이오드 방식 | 사이리스터 방식 |
|---|---|---|
| 정류기 형식 | 다이오드 | 사이리스터 |
| 직류 모선 | 공통 모선 사용 | 분리 모선 사용 |
| 직류 배전반 | 직류 고속도차단기 사용 | 직류 전동 단로기 사용 |
| Air Section | 단순함 | 다이오드 사용 및 복잡하다 |

㉠ 수전전압

사이리스터 정류방식의 경우 급전거리를 길게 할 수 있으므로 단위 변전소의 용량이 커져서 22.9[kV] 수전보다 154[kV] 등의 초고압 수전이 유리하게 된다.

㉡ 모선분리

사이리스터 방식의 출력전압 조정형 정류기를 사용하면 전차선 부하의 변동에 따라 공급전압을 가감하기 위하여 동일 변전소 내의 각 정류기의 출력 전압이 변화하게 됨에 따라 각 직류모선의 전압이 동일하지 않게 되므로 직류모선의 분리가 요구되며 또한 각 정류기 및 변압기는 직류모선의 분리에 따라 일방향의 전차선에만 공급하는 것으로 제한된다.

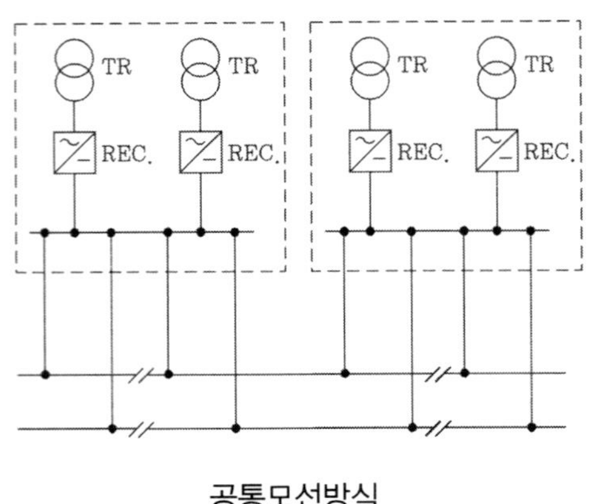

공통모선방식

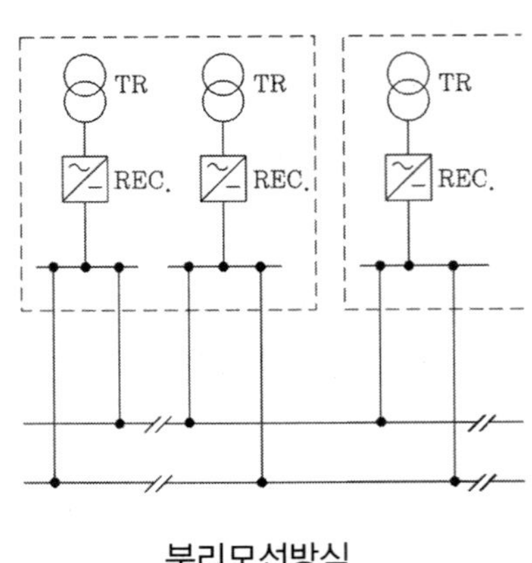

분리모선방식

㉢ Air section 설비

모선분리 및 전압조정형 사이리스터 정류기는 Air Section 구간에서 전위차가 발생하며 이 전위차에 의해 Arc가 발생되고 가선의 손상, Panto 손상, Chopper 또는 Inverter의 기능 저하의 요인이 될 수 있으며 이러한 단점을 보완하고 Arc 발생 방지를 위하여 Air Section에 Diode를 채용하여 구분하고 있다.

㉣ 직류 배전설비

사이리스터 정류방식의 직류 배전계통은 전동단로기를 사용하여 회로의 개폐를 하고 있으며 사이리스터의 Gate Block에 의해서 과부하 또는 고장전류의 차단을 행하고 있다. 따라서 과부하 또는 고장시 상하선이 일괄 차단되는 단점이 있다.

㉤ 정류기 용량

모선분리에서 언급한 바와 같이 단위 정류기의 용량 선정시 용량이 증가하는 경향이 있다. 일반적으로 변전소의 총합 최대유효부하는 양방향의 총합 최대유효부하의 합보다 적으나 전압조정식 정류기 설비에서는 일방향의 총합 최대유효부하 용량에 맞추어 용량 산정을 하게 되므로 단위기기의 용량이 증대되는 단점이 있다.

㉥ 변압기 용량

정류기의 출력전압을 증가시키기 위하여 점호각을 조정하여 전압을 조정하기 때문에 변압기의 용량이 증가한다.

아래의 그림과 같이 사이리스터 정류기는 점호각을 무부하에서 최대부하까지 조정하게 되며 최대부하시 최고전압을 낼 수 있게 하기 위하여 변압기의 무부하 전압이 높아져 변압기 용량이 증가하게 된다.

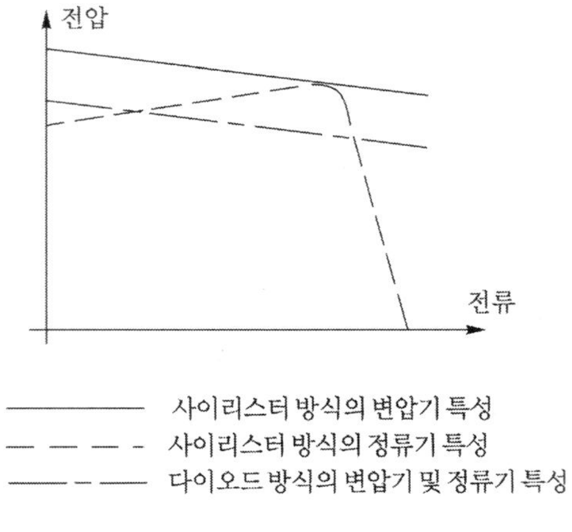


정류기 및 변압기 특성 곡선

㉦ 전차선 전력손실

급전전압을 조정하여 변전소 간격을 크게 하면, 전차선 통전전류가 커지므로 전차선의 송전용량을 크게 하여야 한다. 일반적으로 사이리스터 정류방식의 경우

는 다이오드 정류방식에 비하여 급전거리가 약 1.5배 되며 변전소의 급전전류도 1.5배가 된다.

따라서, 동일 전차선을 사용할 경우

㉮ 급전구간의 전차선 전력손실은 Loss= $(1.5I)^2 \times 1.5R = 3.375I^2R$이 되어 정류방식의 3.375배가 된다.

㉯ 전체노선의 전차선 전력손실은 Loss= $(1.5I)^2 \times R = 2.25I^2R$이 되어 정류방식의 2.25배가 된다.

ⓞ 회생효율 감소

전동차의 회생특성은 출력전압이 높아지면 회생전류가 감소하며 일반적으로 1800[V]에서는 출력전류가 0이 된다.

사이리스터 정류기 사용시 변전소에서 먼곳의 전동차들이 구동을 할 경우 정류기 출력전압이 상승하여 회생차가 변전소 주위에 있을 경우 회생차는 회생실효의 가능성이 높아지게 되어 일반적으로 전체 효율이 저하하게 된다.

ⓩ 고조파 발생

사이리스터 정류방식의 경우 교류필터, 직류필터 설비 및 정류기 제어설비 등 변전설비가 복잡하며 변전소 소요부지가 많아지며 제어설비 등이 복잡한 전자회로로 구성되어 있어 상기 설비의 유지보수를 위해서는 고도의 기술을 습득한 숙련된 보수요원이 필요하다.

### ③ 사이리스터 정류방식의 제작 운영현황

세계의 지하철 설비에 사용되고 있는 정류방식은 대부분 다이오드 정류방식이며 사이리스터 정류방식을 채용한 조정형 정류방식(급전거리 연장을 위한)은 1개 노선만이 운전중이다.

㉠ 특성비교

| 구 분 | 다이오드 정류방식 | 사이리스터 정류방식 |
|---|---|---|
| 정류 소자 | 다이오드 | 사이리스터 |
| 출력 전압 특성 | 부하 증가시 감소 | 부하 증가시 증가 |
| 변전소 급전거리 | 약 2～4[km] | 약 4～6[km] |
| 회생 전력 회수 | • 인근 차량에서 부분 회수<br>• Inberter 설치시 AC 계통으로 회수 가능 | • 인근 차량에서 일부 회수<br>• Double Converter 채용시 AC 계통으로 회수 가능 |
| 변전소수 | 12개소 | 7～8개소 |
| 수전 전압 | 22.9[kV] | 154[kV] |

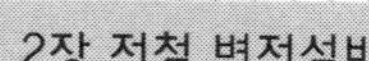


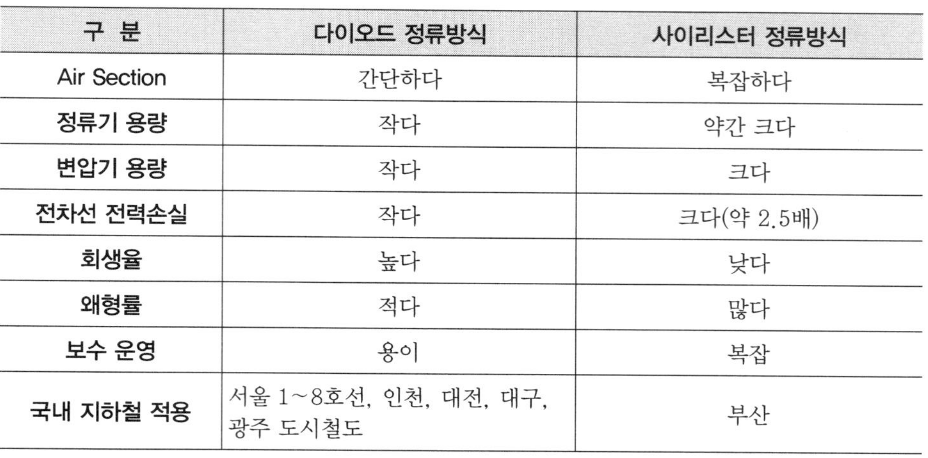

| 구 분 | 다이오드 정류방식 | 사이리스터 정류방식 |
|---|---|---|
| Air Section | 간단하다 | 복잡하다 |
| 정류기 용량 | 작다 | 약간 크다 |
| 변압기 용량 | 작다 | 크다 |
| 전차선 전력손실 | 작다 | 크다(약 2.5배) |
| 회생율 | 높다 | 낮다 |
| 왜형률 | 적다 | 많다 |
| 보수 운영 | 용이 | 복잡 |
| 국내 지하철 적용 | 서울 1~8호선, 인천, 대전, 대구, 광주 도시철도 | 부산 |

㉡ 결과

상기 내용에서 사이리스터 정류방식의 적용은 154[kV] 수전 및 필터 등의 투자비가 특히 크며 전문화된 운영요원의 확보 문제 및 전차선 전력손실, 수송력 확보, 회생율 저하 등 해결되어야 할 문제점들이 있고 특히 경쟁 구매가 곤란한 점 등의 단점이 많아 기존 노선의 방식 등을 고려하여 국내 대부분 도시철도 정류기는 다이오드 방식을 적용하였다.

### (5) 소자(素子)구성

3상 브리지정류방식의 실리콘정류기는 수 개의 정류 소자가 직 · 병렬로 접속하여 구성되어 있다. 정류소자의 직렬 수는 소자의 정격비 반복 피크 역전압과 각 암에 가해지고 있다고 추정되는 이상전압 등에 의해서 결정된다. 정류소자의 병렬 수는 정격의 300[%]에 달하는 순시전류(1분간) 등 직류 측에서 단락에 의한 사고전류에 견딜 수 있는 개수를 필요로 하므로 소자가 순간적으로 흘릴 수 있는 전류값 등은 정류기와 조합하여 사용하는 변압기의 임피던스 및 결선방식 등에 의해 결정된다.

다수의 소자로 정류회로를 구성하는 경우 각 소자의 특성이 같은 것을 사용하여야 하며 다소의 불안정이 나타나는 각 소자의 전압, 전류의 차이가 적도록 하는 대책이 필요하다. 그 대책으로 어떠한 직 · 병렬의 접속에도 평형용의 콘덴서나 저항(정류 시에 발생하는 피크 전압 흡수용을 겸함)을 소자와 병렬로 접속하여 전압 · 전류의 평균화를 도모한다.

## 2.2.7 보호계전기

### (1) 직류 과전류계전기

직류 과전류계전기는 정류기의 정극 측에서 정극모선 사이와 정 모선에서 분기된 각 피더 측에 설치되어 있다. 직류 과전류계전기는 직류회로에 과대전류가 흐를 때에 차단기를 차단하여 정류기 및 급전회로를 보호할 목적으로 사용한다.

#### 1) 76T(정극용)

그림 2.31과 같이 정류기와 DC 1,500[V] 모선 사이에 설치된 션트에 76계전기의 가동코일 단자를 접속한다. 주회로에 전류가 흐르면 션트 양단에는 션트 내부저항에 의한 전압강하가 발생하여 가동코일 구동전압이 걸리게 되며, 이 전압이 클 때 76 계전기의 가동코일이 회전한다. 가동접점도 회전하여 고정접점에 접촉되어 폐로상태가 되면 계전기 76T가 여자 되어 동작하고 76T 계전기의 접점에 의해 76TX 타깃을 통하여 54트립코일에 전류가 흘러 직류 고속도차단기(54)를 트립시켜 정류기를 보호하며, 정류기용변압기 1차 측 교류차단기(52)도 76T의 접점에 의해 52T가 여자되어 트립된다.

션트의 정격은 4,000[A]/50[mV]로 되어 있는데 이는 4,000[A]가 흐를 때 50[mV]가 생긴다는 것을 의미하며, 정정은 계전기 내부에서 행하도록 되어 있다. 가동코일 원통이 회전할 때 계속 회전하면 제어스프링의 반항 토크가 증가되어 동작속도를 줄이고, 또 내부 션트에 의해 역기전력을 발생하여 보상한다.

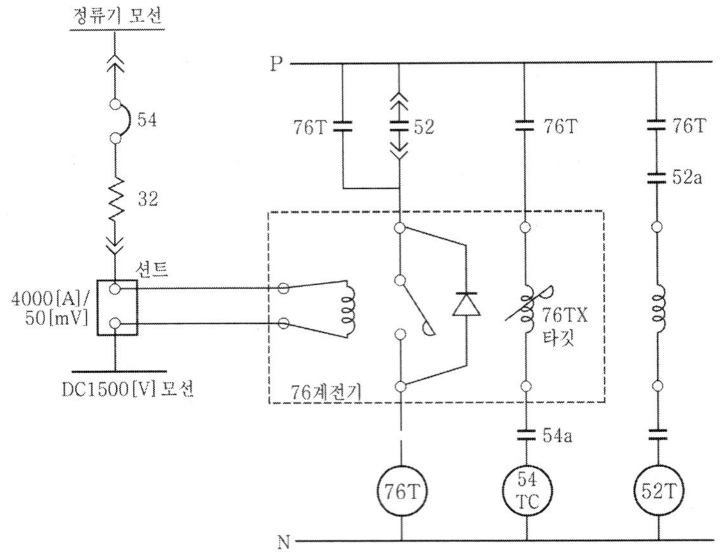


▶그림 2.31◀ 76계전기 내부 접속도 및 결선도

### 2) 176F(Feeder용 한시)

176F 계전기의 기본 동작원리는 76T와 같으나 타이머계전기(176FT)를 사용한 것이 다르다. 이 계전기는 가동 코일의 접점이 회전하여 고정접점에 도달하여 접촉되면 저항($R$)을 통하여 콘덴서($C$)가 충전된다. 이 시정수에 의해 동작이 지연되며, 지연 범위는 20～120[sec]이고 보통 80[sec]에 설정한다. 충전 전압이 트랜지스터의 바이어스 전압에 이르면 트랜지스터는 도통 상태가 되어 컬렉터와 이미터 간에 전류가 흐르게 된다. 그러면 176FT를 동작시키며 이 계전기의 접점에 의해 차단기를 트립시키게 된다.

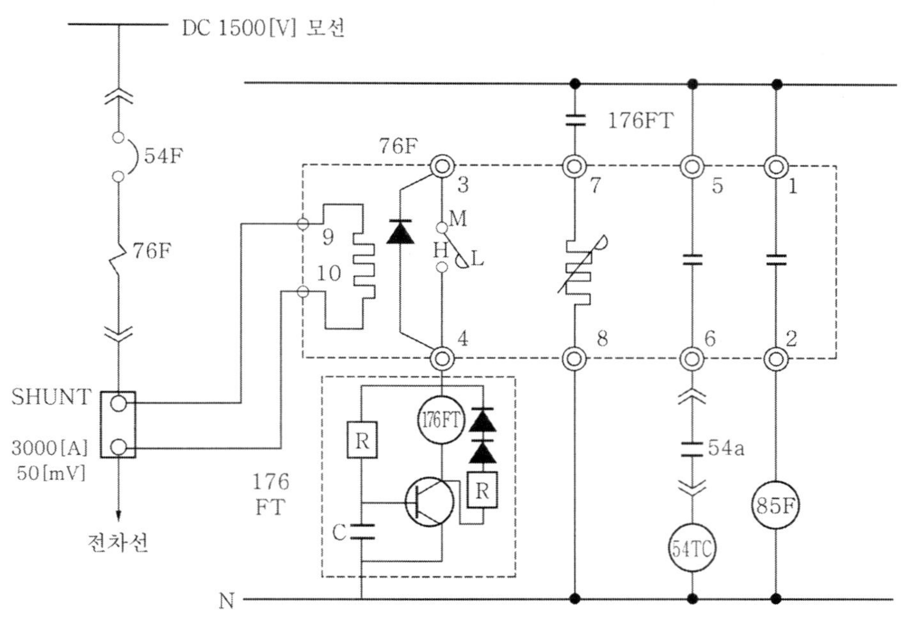


▶그림 2.32◀ 176계전기 내부 접속도 및 결선도

### 3) 76F(Feeder용 순시)

이 계전기는 차단기 몸체에 설치되어 있는 것으로 단락전류가 흐를 때 차단기 스스로 차단이 행하여지는 순시계전기이다. 동작원리는 뒷부분에 있는 하부 주도체는 과부하전류에 의해 자화되면 아마추어를 당기게 되는 적층 철심 요크를 통과하도록 되어 있다. 이 통과된 전류가 정정값에 도달하면 캘리브레이션 스프링의 힘을 극복하고 끌어당겨 트립로드를 통하여 차단기가 트립되게 한다. 동작전류 세팅 범위는 이 스프링의 장력을 조정함으로써 가능하다.

### (2) 역류계전기

역류계전기는 실리콘정류기의 보호계전기로서 정류기의 정극과 직류 1,500[V] 모선 사이에 설치되어 있다. 이 계전기의 사용 목적은 정류기 1련의 소자가 어떤 원인으로 단락상태가 되면 역류현상을 나타내고, 또한 정류기용변압기 2차 권선은 단락상태로 되어 권선이 소손된다. 그러므로 정류기에 유입되는 전류를 감지하여 동작하고 차단기를 차단하여 기기 및 계통을 보호하는 데 있다.

차단기 하부 주도체(bottom main contact)는 적층 된 철판요크(인덕턴스)를 통과시키도록 되어 있다. 이 철판 요크는 그림과 같이 DC 전압원으로 차단기의 접점에 의해 여자 되는 2개의 직렬 결선된 극성코일(polarizing coil)에 의해 자화된다. 전류가 차단기를 통하여 정방향으로 흐를 때는 아마추어가 스톱바아의 반대로 기울어 있다.

역방향의 전류가 흐를 때는 아마추어가 반대편인 적층 철판 요크에 기자력이 발생되는 것에 의해 캘리브레이션 스프링의 장력을 이기게 되어 당겨지며 트립 로드를 통하여 차단기를 트립시키도록 되어 있다. 극성 코일이 단선 또는 고장이 났을 경우 극성을 잃게 되어 어느 방향의 과부하전류에도 트립되게 되므로 주의를 하여야 한다. 차단기 몸체에 설치된 역류계전기가 동작하면 차단기(52, 54, 54F)를 트립시키고 쇄정하여 차단기의 투입을 방지하도록 되어 있다.

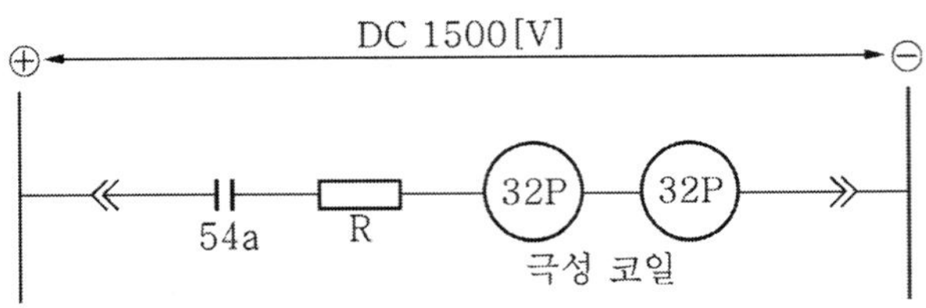


▶그림 2.33◀ 역류계전기 결선도

### (3) 직류 부족전압계전기(80F, 80A)

직류 부족전압계전기는 전차선 1개 급전구간 양단(급전 차단기 선로 측)에 80F, 전차선의 중간지점(mid point)에 80A를 설치하여 전차선의 전압이 900[V] 이하로 되면 사고로 판단하여 동작하도록 되어 있다. 이 계전기의 사용 목적은 전차선의 단락사고 시 발생하는 전압강하를 감지하여 회로를 보호하고 사고가 파급되는 것을 방지하는 데 있다.

80A 및 80F 계전기는 그림 2.34와 같이 전차선에 저항을 통하여 레일에 접속되어 있다. 이 계전기는 900[V] 이하로 될 때 동작하도록 세팅되어 있다.

변전소 부근에서 발생되는 사고는 80F가 동작하나 변전소에서 멀리 떨어진 지점(mid point)에서 사고가 발생할 경우는 감지가 어려워 사고가 파급될 수 있다.

이와 같이 피더차단기와 과전류계전기의 보호 범위를 벗어나는 사고에 대해서는 중간지점에 설치된 미드포인트릴레이(80A)가 동작하여 각 섹션 양단 피더차단기를 연락 차단시키도록 되어 있다.

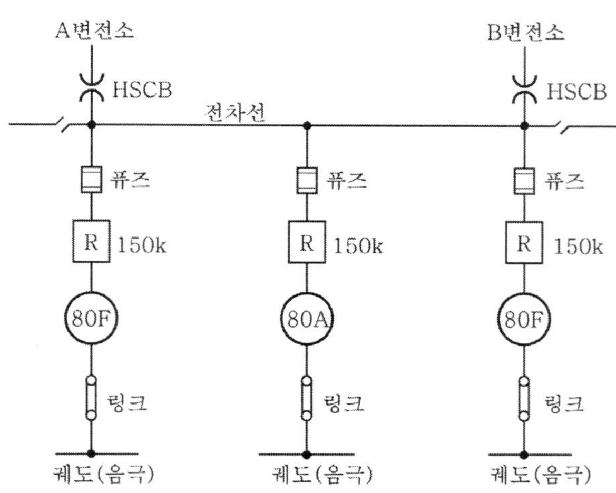


▶그림 2.34◀ 직류 부족전압계전기 접속도

### (4) 연락차단장치

인근 변전소 간 2선 1조의 파일럿 와이어에 94F 계전기가 85F 계전기 접점과 부족전압계전기 접점(80F, 80A)이 직렬로 연결되어 제어전원을 공급하도록 구성되어 있으며, 전차선이 가압되면 변전소의 80F 계전기와 미드 포인트 80A 계전기가 여자 되어 계전기 접점을 닫게 되고 94F 계전기가 여자되어 계전기 접점을 닫게 되고 94F 계전기가 여자되어 폐회로를 구성하게 된다. 이들의 연결 상태는 그림과 같다.

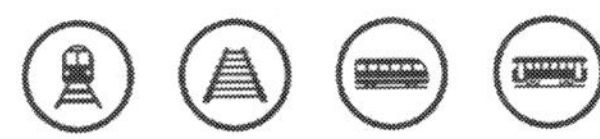



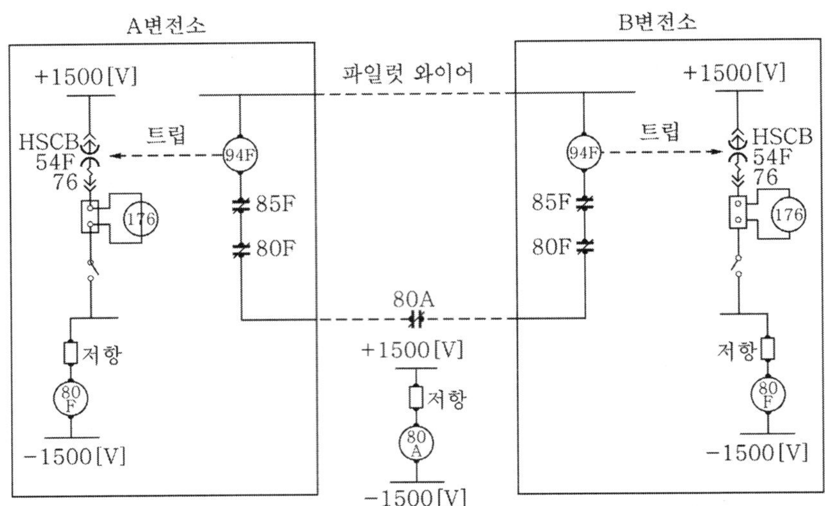


▶그림 2.35◀ 연락차단장치 회로도

이 방식은 상시에는 회로를 구성하고 있으나 일단 사고가 발생하면 양쪽 변전소의 80F와 85F 계전기, 미드 포인트의 80A 계전기 중 어느 하나라도 동작하면 파일럿 회로가 개방되어 양쪽 변전소의 94F 계전기가 동작하여 전차선 동일 급전구간에 전원을 공급하는 양쪽 변전소의 급전차단기를 개방시킨다.

## 2.3 교류 변전설비

교류 급전방식에는 크게 흡상변압기(BT)방식과 단권변압기(AT)방식으로 구분된다. 흡상변압기 급전방식은 권수비가 1:1인 특수변압기를 약 4[km]마다 설치하여 전차선에 부스터섹션을 설치하고 BT의 1 · 2차 측을 전차선과 부급전선에 각각 직렬로 접속하고 BT와 BT 사이의 중간점에서 레일과 부급전선을 흡상선으로 접속하여 레일에서 대지로 누설되는 전기차 귀전류를 BT작용에 의하여 강제로 부급전선에 흡상시켜 통신선로의 유도장해를 경감하는 방식이다. 여기서 변압기가 전류를 흡상하므로 흡상변압기라 한다.

BT(BT : Booster Transformer) 급전방식은 통신유도 경감 효과가 크지만 부스터섹션 부분에서 부하전류를 차량의 팬터그래프가 개폐하여 아크가 발생하므로 부하전류가 크고 속도가 고속화되면 운전 및 보수가 발생한다. 변전소 간격은 약 30[km]이며 우리나라에서는 산업선 전철에서 채택하여 사용하였으나 현재는 AT 방식으로 바뀌고 있다.

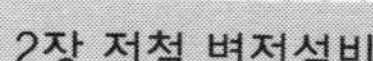



단권변압기(AT ; Auto Transformer) 급전방식은 변전소에서 급전선을 선로를 따라 가선하여 이 급전선과 전차선 사이에 약 8~10[km] 간격으로 AT를 병렬로 설치 접속하여 변압기 권선의 중성점을 레일에 접속하는 방식이다.

이 급전방식은 대용량 열차부하에서도 전압강하와 전압불평형이 적어 안정된 전력 공급이 가능하며, 레일에 흐르는 전류는 차량을 중심으로 각각 반대 방향의 AT쪽으로 흐르기 때문에 선로에 근접한 통신선에 대한 유도장해도 적게 되는 장점이 있다. 변전소 간격은 40~100[km]이며 우리나라에서는 수도권전철 전구간 등 모든 전철구간에서 채택하여 사용하고 있으며, 고속전철에서도 이 방식을 채택하고 있다. 교류 급전방식의 급전계통으로는 변전소와 급전구분소, 보조급전구분소, 급전 타이포스트, 변압기 포스트 등이 있다. 변전소는 한전으로부터 3상 154[kV]를 수전하여 스코트결선변압기로 단상(M상, T상)으로 변환하여 전차선에 전원을 급전하며 이를 위한 제반 변전설비들로 구성되어 있다. 급전구분소는 상시 변전소간 전원을 구분하고 변전소 장애 시에는 연장급전을 할 수 있도록 구성된 곳이며 보조급전구분소는 장애 또는 작업시 정전구간 단축을 위하여 변전소와 급전구분소 사이에 차단설비 등을 설치한 곳을 말한다.

## 2.3.1 BT 전철변전소(SS)

흡상변압기(BT) 급전방식 변전소는 한전에서 교류 3상 66[kV]를 수전하여 차단기와 단로기를 통해 주변압기(급전용변압기)를 가압하면 2차에 M상과 T상의 단상 25[kV] 2조의 전압으로 변성되고 방면별로 급전하며 한 상의 한 극(PF)은 1P 차단기를 통하여 전차선에 접속되고 다른 한 극(NF)은 차단기를 경유하지 않고 부급전선에 접속되어 전기차에 전원을 공급한다.

BT방식변전소는 수전설비, 주변압기(급전용변압기), 콘덴서설비, 급전설비, 고압배전설비, 소내 전원설비 등으로 구성되어 있다.

### (1) 수전설비

수전설비는 통상 상용, 예비 2회선을 수전 받을 수 있도록 되어 있으며 차단기, 단로기, MOF, 계기용변류기(CT), 계기용변압기(PT), 피뢰기(LA), 보호계전기 등으로 구성되어 있다. 차단기는 전력계통의 개폐와 회로의 이상전류를 차단하는 장치로서 고전압 대전류를 투입 개방 시의 아크를 소호하기 위해 소호성능이 우수한 차단기로서 최근에는 거의 가스차단기를 사용하고 있으며 일부 유입차단기가 사용되고 있다.

계기용변류기는 주회로에 흐르는 전류를 일정한 비율로 변환시켜 보호계전기 등에

적합한 전류를 공급하기 위하여 사용하며, 계기용변압기는 주회로의 전압을 일정한 비율로 변환하여 계기에 적합한 전압을 공급하기 위해 사용한다. 또한, 변전소의 입구에는 피뢰기를 설치하여 외부에서 유입하는 이상전압을 대지로 방전시켜 변전소 내 기기를 보호하기 위하여 설치한다.

### (2) 급전용 변압기(feeder transformer)설비

급전용 변압기는 주변압기라고도 하는데 수전전압인 66[kV] 3상 교류전압을 25[kV] 단상 교류전압으로 변압하기 위하여 사용하며, 단상부하에 의한 3상 전원에 대한 불평형을 경감하기 위하여 특수변압기로서 스코트결선변압기를 사용하고 있다.

교류 급전방식은 3상 교류전원에서 단상 교류 대용량을 얻어 전기차 부하에 사용하는데, 3상 전원계통에 불평형이 생기면 동일계통에서 수전하고 있는 타공장이나 전원 발전기 등에 악영향을 미치므로 3상에서 2상으로 변환하는 스코트결선변압기를 사용하여 이러한 불평형을 줄여 주는데, 변압기 2차측 M상, T상에 동일한 역률을 가진 동일 용량의 전기차를 운전하여 동일부하가 걸렸을 경우에는 변압기 1차 측에 평형 3상 전류가 흐른다.

급전용 변압기 2차 측은 M상, T상 2개의 코일로 구성되어 25[kV] 단상전압으로 변환하며 각 방면별로 급전할 수 있도록 M상 모선과 T상 모선으로 구분되어 있다. 급전용 변압기 설치 대수는 수송량을 감안하여 2대 이상이 병렬로 배열되어 있으며 부하에 따라 2대 이상을 병렬운전하고 있다. 변압기 1대의 용량은 보통 10,000[kVA]이며, 보호장치로는 유면계, 온도계, 공기호흡기, 트라포스코프(trafoscope), 안전밸브 등이 있다.

### (3) 콘덴서설비

전철변전소에서는 양질의 전기를 유지하고 공급하기 위하여 전압보상과 무효전력을 경감하기 위한 직렬콘덴서(SC : Series Condenser)와 병렬콘덴서를 설치하고 있다. 직렬콘덴서는 인덕턴스에 의한 전압강하를 보상하고 전기차 운행시 발생하는 분수 고조파 발생을 억제하기 위하여 부급전선에 직렬로 콘덴서를 설치하였으며, 병렬콘덴서는 평균 부하역률을 90[%] 이상으로 유지하고 급전회로에서 발생하는 고조파전류를 억제하기 위하여 설치하였다.

### (4) 급전설비

급전설비는 주변압기(스코트 결선)에 의하여 변압된 단상교류(M상, T상)의 전기를 전차선로에 급전하기 위한 설비로서 차단기, 단로기 등의 개폐장치와 계기용변류기, 계기용변압기 및 과전류계전기, 재폐로계전기, 부족전압계전기 등의 보호계전기와 피뢰기 등으로 구성되어 있다.

과전류계전기는 급전회로에서 애자 절연파괴나 지락사고 등의 장애가 발생할 경우 동작하여 차단기를 개방시키며 재폐로(재연결)계전기는 급전회로의 고장 소멸에 관계없이 자동적으로 차단기를 투입시켜 고장이 자연 소멸되면 정전 없이 급전을 계속하고 고장 요소가 남아 있으면 차단기가 자동 차단된다. 부족전압계전기는 전차선 전압의 유무를 검출하는 것으로 급전차단기의 투입은 외선에 전압이 없을 때만 가능하도록 되어 있어 인접 변전소에서 연장급전을 받고 있을 경우에는 차단기가 투입되지 않는다.

피뢰기는 수전설비에서와 동일한 기능으로 설치되어 있으며 방전기(static discharge)는 부급전선과 대지 간에 삽입하여 전차선 등에 접지사고가 발생할 경우 사고전류가 부급전선을 통하여 전철변전소로 귀로하기 쉽도록 설치하였다. 사고지점의 대지전압이 상승하여 방전개시전압(3,000[V])보다 높아지면 방전기가 방전을 시작하며 사고전류는 부급전선을 통하여 보호계전기를 동작시킨다.

### (5) 고압 배전설비

고압 배전설비는 열차 운전을 하기 위한 신호 전원, 역사의 조명 및 동력용 전원을 공급하기 위한 설비로서 6.6[kV] 고압전원을 공급하기 위하여 66[kV] 수전모선에 66[kV]를 6.6[kV]로 변환하는 500~1,500[kVA] 고압 배전용변압기를 설치하여 방면별로 배전하고 있다. 고압 배전설비의 보호계전기로는 과전류, 접지, 부족전압계전기 등이 있다.

### (6) 소내 전원설비

소내용 전원은 급전측 모선에 제어용변압기(OT : Operation Transformer)를 설치하여 충전장치 및 각 기기의 전열, 조명, 동력 등에 필요한 전기를 공급하고 있으며, 예비 전원은 고압 배전선로에서 고압용변압기(HT : High-Voltage Transformer)를 통하여 공급받고 있다. 직류제어전원은 축전지와 충전기가 병렬로 연결되어서 평상시에는 축전지를 충전하면서 직류전원을 부하측에 공급하다가 정전시 또는 대전류가 흐를 때 축전지에서 제어전원을 공급하도록 되어 있다.

## 2.3.2 AT 전철변전소(SS)

단권변압기(AT) 급전방식 변전소는 한전에서 교류 3상 154[kV]를 수전하여 차단기와 단로기를 통해 주변압기(급전용 변압기)가 가압되면 2차의 M상과 T상에 각각 단상 50[kV] 2조의 전압으로 변성하여 각 방면별로 급전하며 차단기, 단로기와 단권변압기(AT)를 거쳐 급전선(AF), 전차선(TF) 및 보호선(PW)에 접속하여 전기차에 전원을 공급한다.

AT방식 변전소는 수전설비, 주변압기(급전 변압기), 콘덴서설비, 급전설비, 고압배전설비, 소내 전원설비 등으로 구성되어 있으며 BT 방식과 유사하다.

### (1) 수전설비

전철변전소는 3상 154[kV]를 가공선로 또는 지중 선로를 이용하여 동일 한전변전소에 상용, 예비 2회선을 수전 받거나 서로 다른 한전변전소에서 1회선씩 수전 받아 무정전을 확보하고 있으며 구성기기는 BT방식 변전소와 유사하다.

### (2) 급전용변압기(주변압기)

급전용변압기(주변압기)는 수전전압인 154[kV] 3상 교류전압을 50[kV] 단상 교류전압으로 변압하기 위하여 사용하며 BT 방식의 급전용변압기와 같이 단상 부하에 따라 3상 전원에 대한 불평형을 줄이기 위하여 스코트결선 변압기가 사용되고 있다. 급전용 변압기는 종래에 한 몸체에서 전차선 전원 공급용 스코트변압기와 고배 전원용 Y−△ 결선 고배용 변압기가 내장되어 1차 부싱을 공유하는 구조로 되어 있으며, 1·2차간은 스코트결선 변압기로서 1차 측에 3상 154[kV] 전압이 인가되면 2차에는 M상과 T상 2조의 권선에 의해 단상 50[kV] 전압으로 변환되어 각 방면별로 급전할 수 있도록 M상 모선과 T상 모선에 연결되며, 1·3차간은 Y−△결선 고배용변압기로서 3차에는 3상 6.6[kV] 전압으로 변환되어 신호, 조명, 동력용 전원을 공급하기 위한 고압모선에 연결되는 방식을 사용하여 왔으나, 근래에는 전차선로와 고압 배전선로용 주변압기를 각각 사용하여 운영과 유지보수의 효율화를 이루고 있다.

스코트결선 변압기의 용량은 종래에는 30,000[kVA]를 많이 사용하였으나, 근래에는 전기철도 부하량이 증가하여 스코트결선 변압기의 용량은 일반철도에서 보통 45/60[MVA]를 많이 사용하고 있다.

급전용 변압기의 보호장치로는 온도계, 유면계, 흡습 호흡장치, 콘서베이터, 충격압력계전기, 방압판, 피뢰기 등이 취부되어 있어 변압기를 보호하며 변압기 1, 2, 3차에

는 부싱형변류기를 설치하여 주회로에 흐르는 전류를 감시하기 위한 보호계통을 구성할 수 있도록 되어 있으며, 2차의 변류기는 공급하고 있는 부하전류를 기록할 수 있는 기록전류계에 전류를 공급한다. 또한, 급전용변압기의 1차측에는 3P 차단기와 단로기가 설치되어 스코트결선 변압기와 고배용 변압기의 1차 전원을 동시에 투입 개방하며, 스코트 변압기 2차 측에는 4P 차단기와 단로기가 설치하여 M상과 T상을 일괄하여 투입 개방하고 고배용 변압기 2차 측에도 3P 차단기가 있어 고배용 전원을 투입 개방한다.

### (3) 콘덴서 설비

AT방식 전철변전소에서 양질의 전원을 공급하기 위하여 인덕턴스에 의한 전압강하를 보상하고 전기차 운행시 발생하는 분수고조파 발생을 억제하기 위하여 주변압기 2차측 M상, T상 급전선(AF)에 직렬콘덴서(SC)설비를 설치하고 있다.

직렬콘덴서에는 콘덴서, 보호장치, 한류리액터, 절연용 변압변류기, 분수고조파 억제 리액터, 저항기, 계기용변류기, 절연가대 등으로 구성되어 있다. 직렬콘덴서 설비에는 계통 단락시에 고장전류는 물론이고 과부하 및 계통운용 조작시에 발생하는 과전류에 의하여 콘덴서 단자간의 전압이 과도하게 상승하기 때문에 과전압 발생 시에는 콘덴서 단자 간을 단락하기 위하여 콘덴서와 병렬로 설치하고 있다. 또한, 전기철도는 전기차 팬터그래프의 구분장치 통과, AT 급전회로의 조작, 무부하 변압기의 투입이 빈번하게 행하여지기 때문에 분수고조파 억제장치를 콘덴서와 병렬로 설치 분수고조파 지속 시 이것을 검출하여 직렬콘덴서설비를 단락하는 단락개폐기를 설치하고 있다.

콘덴서 내부고장을 검출하는 변류기와 가대상의 주회로 고압부와 가대부와의 단락을 검출할 변류기도 설치하고 있다. 또한, 전기차 운행에 따라 발생하는 고조파를 저감시키기 위하여 변전소의 급전 측에 고조파 제거용 필터를 설치하여 운용하는 곳도 있다.

### (4) 급전설비

급전설비는 주변압기(스코트 결선) 2차 측의 급전용 모선으로부터 급전 인출설비까지를 말하며 중요설비로는 개폐장치인 차단기, 단로기와 보호장치 및 단권변압기 등으로 구성되어 있다.

차단기 전단에는 계기용변류기, 후단에는 계기용변압기가 설치되어 있으며 거리계전기(21F), 고장선택계전기(50F), 재폐로계전기(79F), 부족전압계전기(27F), 고장점표정 장치(99F) 등의 보호계전기와 접속되어 있다.

보호계전기 중 거리계전기(21F)는 급전회로에서 애자 절연파괴, 단락사고 또는 지락 사고 등이 발생할 경우 이를 검출하여 차단기를 자동 개방하기 위한 계전기로서 고장점까지의 거리(임피던스)에 따라 보호 범위를 정정하며, 부하전류에는 동작하지 않도록 하고 있다. 선로사고로 인하여 차단기가 자동 개방되면 재폐로계전기가 동작하여 0.4~0.5[sec] 후에 급전회로의 고장 소멸에 관계없이 1회에 한하여 자동적으로 차단기를 투입하며, 이때 사고가 자연 해소되었다면 정전 없이 급전을 계속하고, 사고가 해소되지 않고 지속되어 있으면 차단기가 다시 자동 개방된다.

고장선택계전기(50F)는 거리계전기로서 사고선택이 곤란할 때 후비 보호로 사용되며, 고저항의 접지사고 보호나 연장급전시 보호되지 않는 사고 보호 등에 사용한다. 부족전압계전기(27F)는 외선 전압유무를 검출하는 것이 주된 임무로서 BT 방식과 동일하다.

지락보호용방전장치(Discharge Device for Ground Protection)는 중성선(NW : Neutral Wire)과 대지(earth)간에 설치하며 사용 목적은 전차선이나 급전선에 접지사고가 발생할 때 변전소 대지전압의 상승을 방지하여, 단권변압기의 중성점 절연 파괴 소손을 방지하고 지락사고에 따라 보호계전기에 흐르는 전류를 크게 하여 동작하기 쉽게 한다.

단권변압기(AT)는 주변압기 2차전압의 1/2 전압을 공급하기 위하여 AT권선의 중간점을 레일(임피던스 본드)에 접속한다. 레일 전위는 거의 대지와 동전위로서 AT방식의 급전회로 각 기기의 대지에 대한 전위는 주변압기 2차전압의 1/2로 저감된다. 단권변압기는 BT 방식보다 선로의 전압강하가 저감되어 급전용량을 증대시키며 또한 전기차 운행시 통신유도장해를 경감한다.

피뢰기는 급전용 교류차단기의 외선 측에 설치하여 전차선로에서 유입되는 낙뢰 등의 이상전압으로부터 변전소 설비를 보호하는 역할을 한다.

CR장치는 필요시 설치하는 설비로서 콘덴서와 저항을 직렬로 넣고 전차선(TF)과 중성선(NW) 사이와 급전선(AF)과 NW 사이에 삽입하는 데 급전회로에 생기는 고조파에 의한 통신선 등에의 유도장해를 경감하기 위한 것이고 공진현상을 억제하는 역할도 한다.

### (5) 고압 배전설비

AT 급전방식 전철변전소의 수전전압은 보통 교류 3상 154[kV]이고 (특)고압배전용 주변압기는 단독으로 구성하여 열차운행을 위한 철도신호와 역사 조명 · 동력용 전원

을 공급하기 위하여 6.6[kV] 고압배전선로를 사용하여 왔으나, 근래에는 22.9[kV] 특별고압배전선로를 사용하는 추세이다.

### (6) 소내 전원설비

AT방식에서도 BT방식 변전소와 같이 소내 제어전원과 조명, 전열, 동력 등에 전원을 공급하기 위하여 소내 전원이 필요하며 이를 위해 당 변전소 내 고배전원인 OT 소내용 변압기와 다른 변전소에서 공급하는 고압 배전선로로부터 HT 소내용 변압기를 설치하여 ATS장치에 통하여 저압(220[V], 110[V]) 전원을 얻고 있다.

직류 제어전원은 BT 방식에서와 같이 축전지와 충전기가 병렬로 연결되어서 평상시에는 축전지를 충전하면서 직류전원을 부하측에 공급하다가 정전 시 또는 대전류가 흐를 때 축전지에서 제어전원을 공급하도록 되어 있다.

## 2.3.3 급전구분소(SP : Sectioning Post)

급전구분소는 급전계통을 구분하고 연장급전 등을 하기 위하여 변전소와 변전소의 중간 위치 또는 이종 전원을 구분하기 위한 위치에 차단기, 단로기의 개폐장치와 단권변압기 등을 설치한 곳을 말한다.

한쪽 전철변전소가 한전변전소 정전이나 작업 또는 고장 등이 발생하게 되면 고장 변전소와 급전구분소간의 전차선로에 전기 공급이 안 되어 전기차 운행이 중지되는데 이와 같은 경우 급전구분소의 차단기를 투입하면 인근 변전소 전원으로 연장급전이 가능하여 전기차 운행 중단을 방지할 수 있다.

교류 전철구간에서 전기차에 공급하는 교류전기의 위상차와 전위차 등의 문제점은 있으나 동일 급전구간에 양쪽 변전소의 전기를 전차선에 같이 공급(병렬급전)할 수 있다. 평상시 급전구분소의 차단기는 개방상태로서 양쪽 변전소에서 급전구분소의 차단기까지 전기 공급을 하고 있으나 선로조건이 나빠 급전용량을 증대할 필요가 있을 때에는 차단기를 투입하여 양변전소 간 병렬운전을 시행하기도 한다. 양측 변전소의 변압기가 병렬 운전하려면

- 양쪽 변전소 전원의 위상차가 3° 이하일 때
- 변압기 1, 2차의 정격전압 및 극성이 같을 때
- 두 변압기의 권선비가 같을 때
- 두 변압기의 백분율 임피던스가 같을 때
- 백분율 저항 및 리액턴스 전압강하비가 같을 때

이상의 조건이 일치되어야 병렬운전이 가능하며 특히 양변전소의 위상차는 문제가 되며 병렬운전 중 전원계통이 분리되거나 사고가 일어나면 전차선에 의해 막대한 횡류가 흘러 장애를 일으킬 우려가 있으므로 세심한 주의가 필요하다.

AT방식의 급전구분소는 교류차단기(52F), 단로기(89F), 단권변압기(AT), 계기용변류기(CT), 계기용변압기(PT), 소내용 변압기(OT), 보호계전기, 방전기(GP), 피뢰기(LA) 등의 설비로 구성되어 있으며 필요시 CR장치도 설치한다.

### 2.3.4 보조급전구분소(SSP : Sub Sectioning Post)

교류 급전방식에서만 설치하는 설비로 교류 급전구간에서는 변전소 설치 간격이 멀기 때문에 중간 위치에 급전구분소를 설치하여도 변전소와 급전구분소 간격이 멀어서 전차선 작업이나 장애 시에는 정전구간이 길게 된다. 따라서 정전구간 단축을 위하여 변전소와 급전구분소간의 전차선로에 구분장치를 설치하여 이곳을 보조급전구분소라 한다. 보조급전구분소에도 차단기와 단로기 등의 기기를 설치하였으며 차단기는 상시 투입되어 있고 작업이나 장애 등 필요시에만 개방한다. 즉, 보조급전구분소는 선로의 작업, 고장구간 구분, 급전계통의 분리가 필요한 경우에 설치하며 구성기기와 역할은 급전구분소와 유사하다.

### 2.3.5 변압기포스트(ATP : Auto Transformer Post)

전차선로에 있어서 전압강하의 보상과 통신유도장해 경감을 위하여 말단에 단권변압기(AT)만 설치하고 개폐장치는 설치하지 않은 곳을 말한다.

### 2.3.6 스코트결선 변압기

#### (1) 원 리

3상 전원에서 용량이 큰 단상 부하에만 전원을 공급하게 되면 전원측 3상 전원은 부하 불평형이 되며, 이를 해소하기 위해 단상변압기 2대를 사용해서 3상 전원을 2상으로 변환하여 3상 전원을 평형이 되도록 하는데 이 방식이 스코트결선 방식이다.

이 결선방식은 그림 2.36(a)와 같이 2개의 단상변압기를 사용하는데 T변압기는 M변압기의 1차권선 중심점에서 단자를 인출하여 T변압기 1차권선의 한쪽 단자와 연결하며, T변압기의 1차 권선은 권수의 $\frac{\sqrt{3}}{2} = 0.866$ 되는 지점에 단자를 만든다.

M과 T변압기의 1차 단자 b, d, a를 3상 전원의 R, S, T에 접속하고 가압하면 2차측 권선에는 M과 T변압기의 1차측 권선에 대응하는 $E_m$, $E_t$의 기전력이 유기된다. 이 경우 $E_m$, $E_t$는 그림 2.36(b)와 같이 공통점(O)에서 볼 때 90°의 위상차가 생긴다.

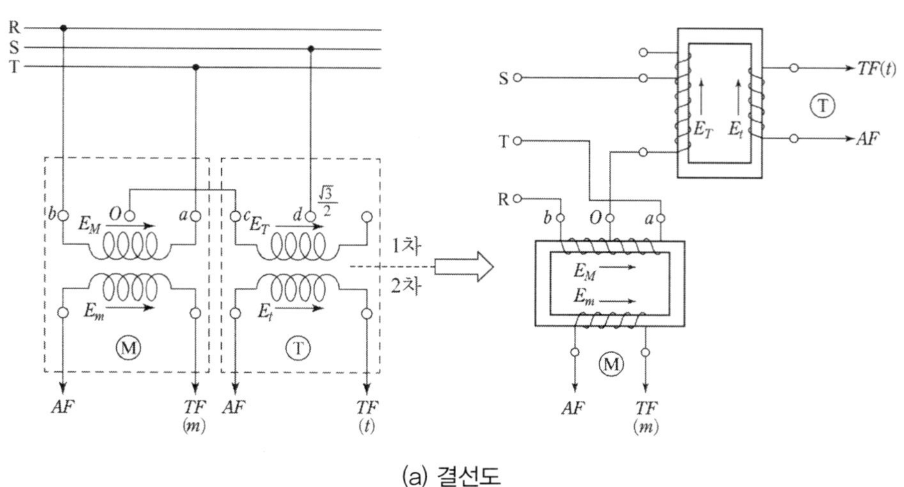


(a) 결선도

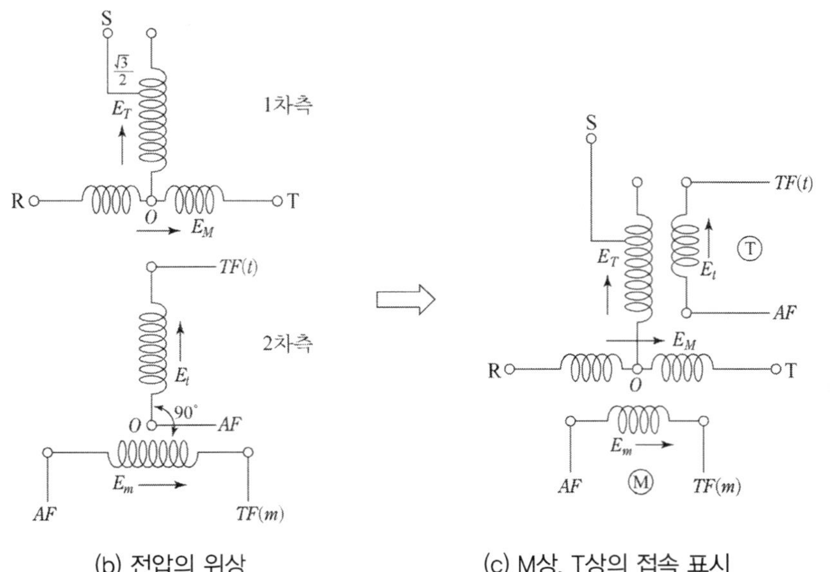


(b) 전압의 위상

(c) M상, T상의 접속 표시

▶그림 2.36◀ 스코트결선 변압기 결선도

이와 같이 단상변압기 2대를 스코트결선 하면 3상 전원을 2상 전원으로 변환하여 2차측에 90°의 위상차를 갖는 2상의 전압을 얻을 수 있다.

보통 그림 2.36(c)와 같이 M변압기를 M상 변압기, T변압기를 T상 변압기라고 한다. 현재 사용하는 스코트결선 변압기는 M상과 T상의 권선을 각각 별개의 철심에 감아서 동일 탱크에 수용하는 2철심형과 2개의 철심을 일체로 하는 1철심형으로 제작되고 있다.

### (2) 권수비

변압기 1차 측에 3상 154[kV]의 전압을 가압하면 2차 측의 M상과 T상에 각각 55[kV]의 전압이 발생한다. 이를 벡터로 표시하면 그림 2.37과 같으며 1차 전압 154[kV]를 정삼각형의 R, S, T로 표시하면 권수비는 다음과 같다.

$$\text{M상의 권수비} \quad n_M = \frac{R-T\text{간 전압}(E_M)}{TF(m)-AF\text{간 전압}(E_m)} \tag{2-13}$$

$$\text{T상의 권수비} \quad n_T = \frac{S-O\text{간 전압}(E_T)}{TF(t)-AF\text{간 전압}(E_t)} \tag{2-14}$$

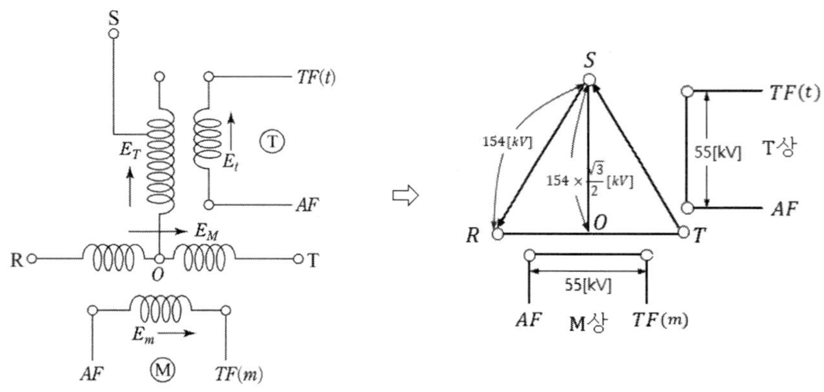


▶그림 2.37◀ 스코트결선 및 벡터

### (3) M상전류

M상만의 단상변압기를 고려할 때 변압기의 정격용량은 "1차 정격용량 = 2차 정격용량"이므로 전압과 전류의
관계에서 1차전류는 다음 관계식이 된다.

$$154 \times I_1 = 55 \times I_2$$

$$I_1 = I_2 \times \frac{55}{154} = I_2 \times \frac{1}{n_M}$$

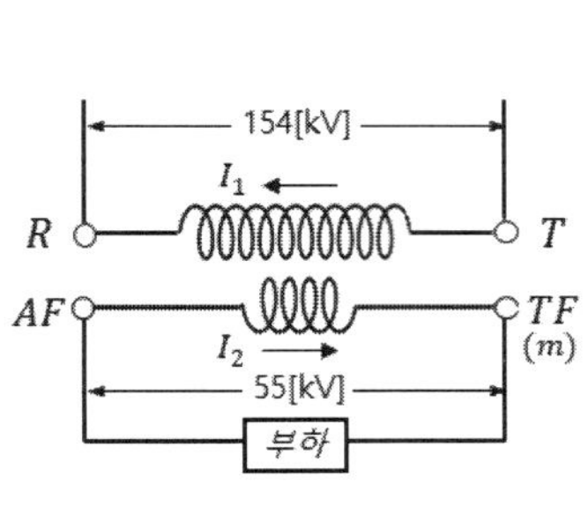


▶그림 2.38◀ M상의 전류

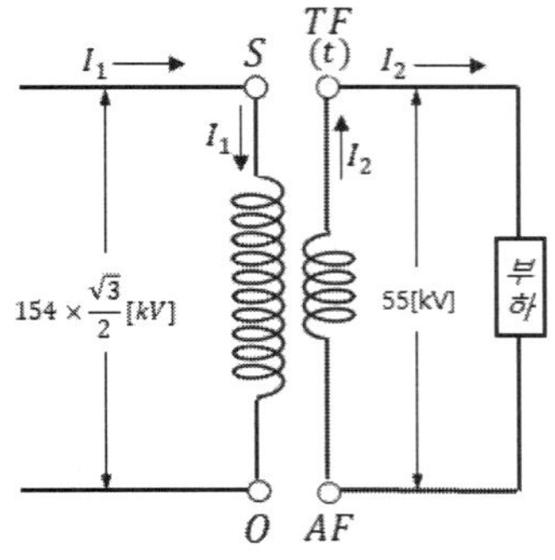


▶그림 2.39◀ T상의 전류

### (4) T상전류

T상만의 전류도 M상의 경우와 동일한 방법으로 구할 수 있다.

$$154 \times \frac{\sqrt{3}}{2} \times I_1 = 55 \times I_2$$

$$I_1 = I_2 \times \frac{55}{154 \times \frac{\sqrt{3}}{2}} = I_2 \times \frac{1}{n_T}$$

### (5) 벡터 해석

그림과 같이 스코트결선 변압기에서 역율이 동일한 2개 부하의 1차측과 2차측 전압, 전류의 방향을 정하고, 1차측 전압을 벡터로 나타내면 정삼각형의 3상 전압이 되는데 T상 권선의 OS간의 전압 $E_T$는 다음식으로 나타낸다.

$$E_T = \frac{\sqrt{3}}{2} E_M$$

2차측 전압 $E_m$, $E_t$는 $E_m = \frac{1}{n_M} E_M$, $E_t = \frac{1}{n_T} E_T$가 되고 부하전류 $I_m$, $I_t$는 각각의 전압보다 $\theta$ 만큼 차이를 두고 흐른다. 2차측 부하전류에 의한 기자력에 의해 1차 측에 전류 $I_R$, $I_S$, $I_T$가 흐른다.

다시 말하면 1차전류와 2차전류에 의한 기자력이 서로 같도록 평형상태를 유지한다.

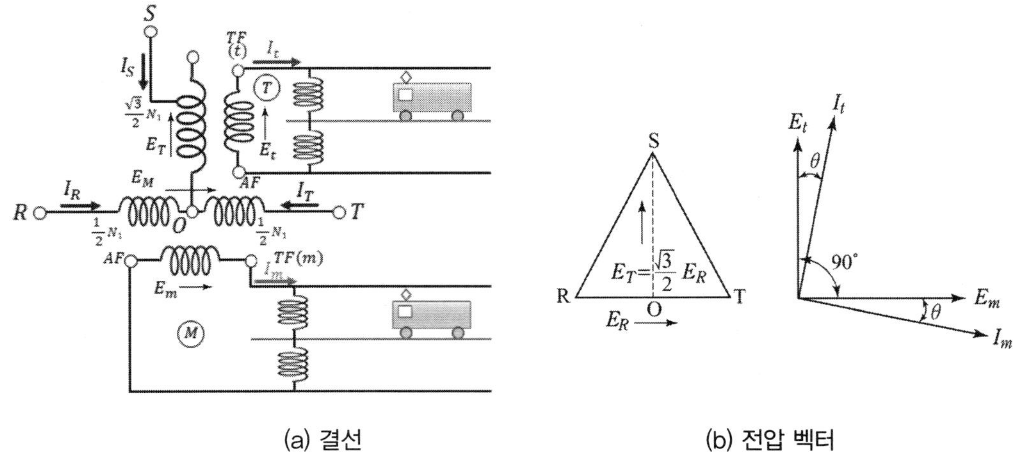


(a) 결선　　　　(b) 전압 벡터

▶그림 2.40◀ 스코트결선의 전압 벡터

M상에서 1차 권선을 $n_1$, 2차 권선을 $n_2$라 하고 $n_1 = n_2 = N$ 라 하면 "2차 기자력=1차 기자력"에서 다음 식이 성립한다.

$$NI_m = \frac{N}{2}I_T - \frac{N}{2}I_R$$

M상의 1차 권선 T−O−R에 흐르는 전류 $I_T$와 $I_R$ 방향은 서로 반대이고, 또한 권선이 O점으로 1/2이기 때문에 기자력은 $\frac{N}{2}I_T - \frac{N}{2}I_R$ 의 벡터 차가 된다.

$$I_m = \frac{1}{2}(I_T - I_R)$$

T상의 2차와 1차 기자력의 관계는

$$NI_t = \frac{\sqrt{3}}{2}NI_S$$

T상의 1차권수는 M상 1차권수의 $\sqrt{3}/2$ 으로 되어 있다.

$$I_t = \frac{\sqrt{3}}{2}I_S$$

1차전류가 3상 평형전류이면 3상전류의 벡터 합은 0(zero)이 된다.

$$I_R + I_S + I_T = 0$$

위의 식에서 1차전류와 2차전류의 관계를 구하면 다음과 같다.

$$I_R = -\frac{I_t}{\sqrt{3}} - I_m \ , \quad I_S = \frac{2}{\sqrt{3}} I_t \ , \quad I_T = -\frac{I_t}{\sqrt{3}} + I_m$$

위의 식을 벡터도로 나타내면 다음 그림과 같으며 스코트결선변압기 1차측에는 3상 평형전류가 흐른다.

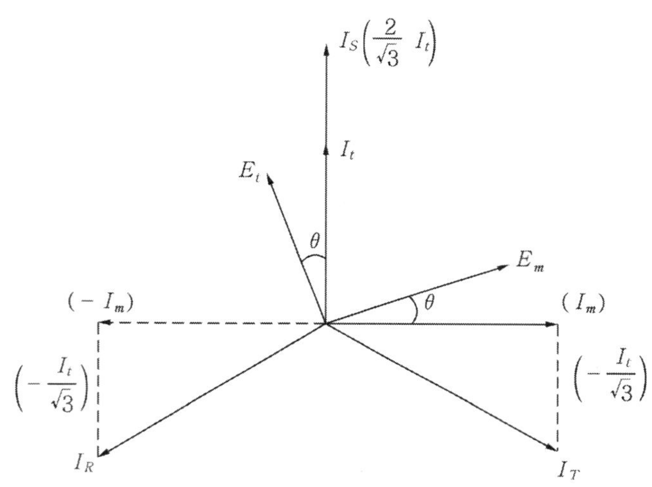


▶그림 2.41◀ 벡터도

## 2.3.7 단권변압기(AT)

### (1) 원리

단권변압기는 구조적으로 보통의 변압기처럼 1차권선과 2차권선으로 되어 있지 않고, 아래 그림과 같이 공통철심을 이용하여 코일 2개를 감고 이것을 직렬로 접속해서 1차와 2차의 단자를 인출해 낸 변압기를 말한다.

1차측은 b, c 권선으로 이것을 분로권선(分路捲線 : $S_C$)이라 하며, 2차 측은 분로권선($S_C$)과 직렬권선($S_S$)을 직렬로 접속한 a, c 권선을 말하며 이 양 권선에는 서로 다른 전류가 흐른다. 1차 측에 $E_1$의 전압을 인가하면 여자전류가 흘러 기전력이 발생하고 2차측에는 $E_2$의 전압이 나타난다.

1차와 2차의 전압, 전류비와 권수와의 관계는 다음과 같다.

$$\frac{E_1}{E_2} = \frac{n_1}{n_2}, \ \frac{I_1}{I_2} = \frac{n_2}{n_1} \tag{2-15}$$

위 식으로부터 차 전류 $I_3$를 구하면

$$I_3 = I_1 - I_2 = I_1 - I_1\frac{n_1}{n_2} = I_1(1 - \frac{n_1}{n_2}) \tag{2-16}$$

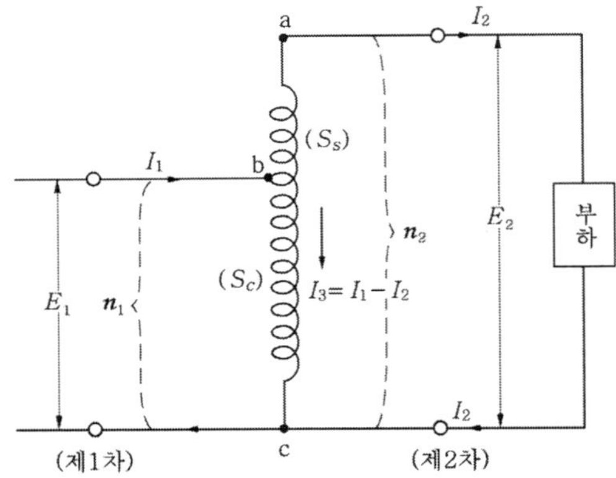


▶그림 2.42◀ 단권변압기

단권변압기는 다음 그림과 같이 전체의 a, c 권선을 a, b 권선(직렬권선)과 b, c 권선(분로권선)으로 나누어 변압기의 용량을 살펴보면, 변압기의 1차용량과 2차용량은 같기 때문에 다음 식이 성립한다.

$$E_1(I_1 - I_2) = (E_2 - E_1)I_2 \tag{2-17}$$

$$E_1 I_1 - E_1 I_2 = E_2 I_2 - E_1 I_2 \tag{2-18}$$

$$E_1 I_1 = E_2 I_2 \tag{2-19}$$

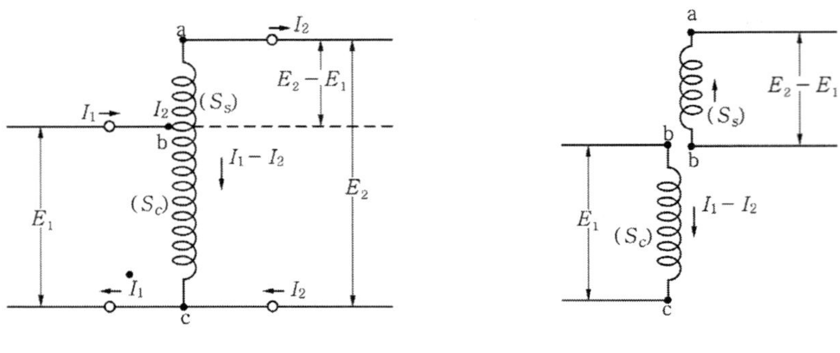


(a) 부하용량 설명도 (b) 자기용량 설명도

▶그림 2.43◀ 단권변압기 용량 설명도

단권변압기는 위에서 설명한 바와 같이 1차권선과 2차권선이 연결되어 있기 때문에 용량을 말할 때는 자기용량과 부하용량을 사용하고 있다.

자기용량이란 직렬권선 또는 분로권선의 용량을 말하며, 부하용량은 단권변압기를 통해서 공급하는 부하의 크기를 말하고 2차 단자전압($E_2$)과 2차전류($I_2$)의 곱으로 나타낸다.

자기용량과 부하용량의 관계식은 다음과 같다.

$$\frac{\text{자기용량}}{\text{부하용량}} = \frac{(E_2 - E_1)I_2}{E_2 I_2} \tag{2-20}$$

### (2) 급전회로의 전류 분포

교류 급전방식에서 급전효율을 좋게 하기 위하여 급전회로에 단권변압기(AT)급전 방식을 사용하며 이 방식에서 급전전류는 다음과 같이 구할 수 있다.
AT는 동일 철심에 감은 2개의 권선을 직렬로 접속하고 중심점에서 단자를 인출하여 1차와 2차가 작용하게 하여 O, a을 전차선과 궤도 간에 접속하고 O, b간을 급전선과 궤도 간에 접속하고 있다.

a, b 단자 간을 1차 측으로 하면 O, a 단자간은 2차 측으로 되기 때문에 1차 측 권수 $n_1$과 2차 측 권수 $n_2$간의 권수비는 $n_1 : n_2 = 2 : 1$로 된다.

그림 2.44와 같이 변전소에서 50[kV]의 전압이 AT를 가압하고 100[A]의 부하를 가진 전기차가 선로를 운행할 때의 급전전류 분포를 구해 보면, AT의 부하용량에서 $E_1 I_1 = E_2 I_2$가 되며, 이 식에 $E_1$=50[kV], $E_2$=25[kV], $I_2$=100[A]를 대입하면 $I_1$=50[A]가 되고, $I_3$는 분로권선의 전류로 $I_2$에서 $I_1$을 뺀 전류가 되기 때문에 $I_3 = I_2 - I_1$ =50[A]가 된다.

급전회로의 전류분포는 그림에서 화살표(→)로 표시한다.

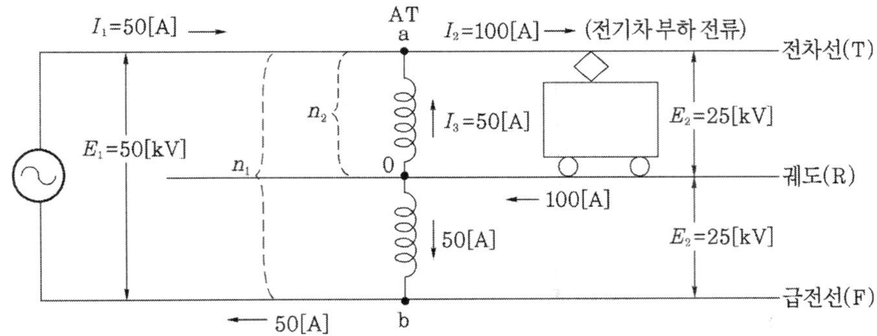


▶그림 2.44◀ AT 1대의 전류 분포

### 1) AT가 2대인 경우의 전류 분포(부하점이 중앙에 있는 경우)

① 전기차는 2대의 AT 중앙에 위치한다.

② 전기차에 흐르는 부하전류는 100[A]로 한다.

③ $AT_1$과 $AT_2$는 부하전류를 균등하게 분담한다.

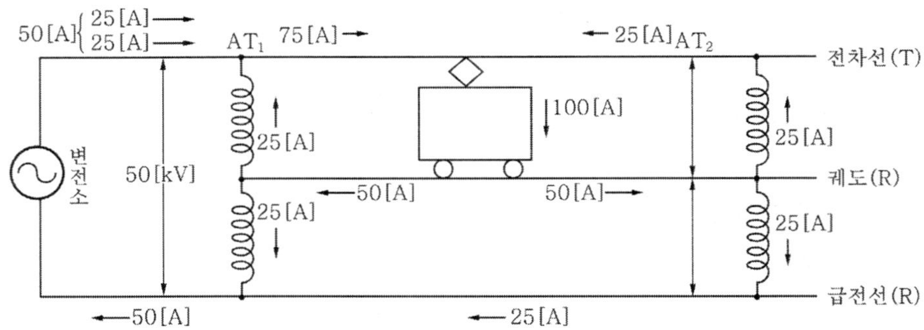


▶그림 2.45◀ AT 2대의 전류 분포(부하점 중앙)

### 2) AT가 2대인 경우의 전류 분포(부하점이 편중되어 있는 경우)

① 전기차는 $AT_1$과 $AT_2$ 사이에 있고 $AT_1$에서 3:1 지점에 위치한다.

② 전기차에 흐르는 부하전류는 100[A]로 한다.

③ $AT_1$과 $AT_2$ 에서 공급하는 전류값은 급전거리에 반비례한다.

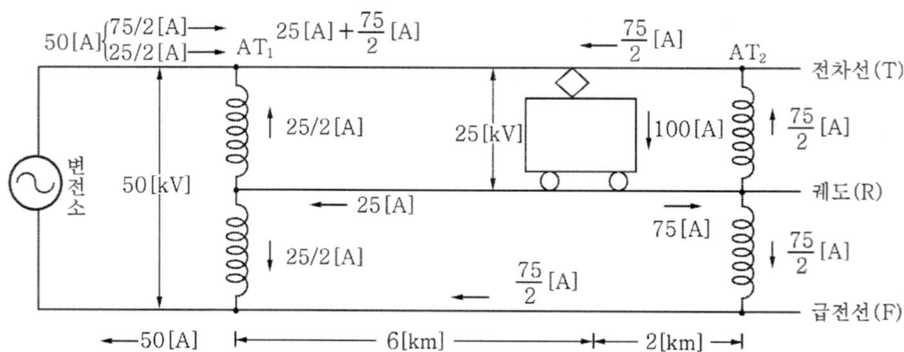


▶그림 2.46◀ 부하점이 편중된 경우의 전류 분포

## 2.3.8 차단기(遮斷器 : CB)

### (1) 유입차단기(OCB : Oil Circuit Breaker)

유입차단기는 전로의 차단이 절연유를 매질로 하여 동작하는 차단기, 즉 절연유를 소호매질로 사용하는 것으로 탱크형 유입차단기와 소유량형 유입차단기(MOCB : Minimum Oil Circuit Breaker)의 두 종류가 있다.

탱크형이라 함은 철제의 탱크 내부의 절연유 중에서 소호를 시키는 것이며 소유량형은 탱크 대신에 자기의 애관을 사용한 것이다. 유입차단기는 수도권 및 산업선 전철 개통 초기에 많이 사용하였으나 현재에는 성능이 우수한 가스차단기로 교체되었고 거의 사용되지 않고 있다.

### (2) 가스차단기(GCB : Gas Circuit Breaker)

가스차단기는 전로의 차단이 6불화 유황($SF_6$ : Sulfar Hexafluoride)과 같은 특수한 기체, 즉 불활성가스를 소호매질로 하여 동작하는 차단기를 말한다.

가스차단기의 특징은 $SF_6$가스가 물리적, 화학적, 전기적 성질이 매우 우수하여 절연내력과 소호능력이 뛰어나며, 아크가 안전 되고 절연회복이 빨라 고전압, 대전류 차단에 적합하며, 변압기의 여자전류 차단과 같은 소전류 차단에도 안정된 차단이 가능하여 교류 급전계통에서 차단기로 대부분 사용하고 있다.

$SF_6$가스는 다음과 같은 특성이 있다.

#### 1) 물리적, 화학적 특성

- 열전달성이 뛰어나다(공기의 약 1.6배).
- 화학적으로 불활성이므로 매우 안정된 가스이다.
- 무색, 무취, 무해, 불연성의 가스이다.
- 열적 안정성이 뛰어나다.
  (용매가 없는 상태에서 약 500℃까지 분해되지 않음)

#### 2) 전기적 특성

- 절연내력이 높다(평등 전계의 1기압에서 공기의 2.5~3.5배, 3기압에서 기름과 같은 절연 내력을 가짐).
- 소호성능이 뛰어나다.
- 아크가 안정되어 있다.
- 절연회복이 빠르다.

### (3) 진공차단기(VCB : Vacuum Circuit Breaker)

진공차단기는 전로의 차단을 높은 진공 중에서 동작하는 차단기로 높은 진공 중의 절연내력이 상당히 높고, 또한 금속 증기나 전하 입자의 확산에 의한 소호작용이 현저하기 때문에 이러한 특징을 살려 진공 용기 내에서 전류의 개폐, 차단을 행하도록 한 것이다. 대기압 상태에서 차츰 압력을 내리면 처음에는 절연내력이 저하하지만 다시 압력을 내리면 절연내력이 상승한다. 그래서 $10^{-4}$[Torr] 이하로 되면 압력에 관계없이 거의 일정한 절연내력을 얻을 수 있는데 진공차단기는 이 영역을 이용하고 있다. 이 진공차단기의 특성은 소형으로 무게가 가볍고, 불연성, 무소음이며 수명이 길어서 차단기로서 기본적으로 필요한 고속도, 고빈도 개폐기능과 차단성능이 우수하여 22.9[kV] 이하의 전압에서 많이 사용되고 있다.

## 2.3.9 가스절연개폐장치(GIS : Gas Insulated Switchgear)

### (1) GIS의 개요

전력 수요의 증가에 따라 최근의 변전소는 점차로 고전압화 되는 추세이다. 대도시 주변이나 도심지에 위치하게 되는 변전소 등은 용지구입이 점차 곤란해지고 있으며 염해, 먼지 등에 의한 절연물의 오손, 소음 공해, 안정성 등에 대해서도 고려를 해야 한다. 또한, 산업의 고도화에 따라 점차 인력 문제가 대두되고 있고 운전의 자동화, 보수의 합리화 및 설치공사의 성력화가 요구되고 있으며, 건물 내에 설치가 가능한 소형의 고전압 변전설비를 필요로 하게 된다.

이를 만족하기 위하여 도체가 공기 중에 노출된 철구형 설비들로 구성된 변전설비를 지양하고 높은 절연력을 갖는 $SF_6$ 가스를 이용한 가스절연개폐장치(GIS)가 개발되어 점차 사용되고 있다. GIS의 내장 기기로는 다음과 같은 것이 있다.

① 차단기(Gas Circuit Breaker)
② 모선(Main Bus)
③ 단로기(Disconnecting Switch)
④ 접지개폐기(Earthing Switch)
⑤ 피뢰기(Lightning Arrester)
⑥ 계기용변압기(Potential Transformer)
⑦ 계기용변류기(Current Transformer)

⑧ Cable Sealing End(지중선로인 경우)
⑨ Air Bushing(가공선로인 경우)

## (2) GIS의 특징

### 1) 설치 면적의 축소화

절연내력이 우수한 $SF_6$ 가스를 이용하여 개폐장치를 대폭 축소하였고, 장치의 입체 배치, 접속되는 기타 기기 및 송전 계통과의 관계를 고려하면 종전의 변전설비에 비해 설치 면적이 약 1/4 정도로 축소되고 옥내 설치도 가능하여 건물 및 부지의 비용 절감 효과가 매우 크다.

### 2) 높은 안정성

모든 충전부는 접지된 탱크 내에 내장되고 $SF_6$ 가스로 절연되어 있으므로 감전에 대한 위험이 없다. 더구나 $SF_6$ 가스는 불연성이기 때문에 화재의 위험이 없으며 안정성이 대폭 향상되어 인구밀도가 높은 도심지에 아주 적합하다.

### 3) 고도의 신뢰성

도전부, 절연부, 접속부 등의 충전부가 전부 가스로 충전된 금속 용기에 완전 밀폐되어 있으므로 염해, 먼지 등에 의한 오손이나 강풍, 뇌 등의 외부 환경에 영향을 받지 않으며, 만일 내부사고가 발생하더라도 가스 구획이 구분되어 있어 사고 확대가 방지되는 등 신뢰성이 대단히 높다.

### 4) 보수점검의 생력화(省力化)

절연물, 접촉자 등이 안정성이 높은 $SF_6$ 가스 중에 설치되어 있으므로 열화나 마모가 적어 모선이나 단로기 등의 보수가 필요 없으며, 차단기의 점검은 5~6년에 1회 정도면 충분하므로 유지보수가 상당히 간편하다.

### 5) 설치 기간의 단축

수송 및 포장을 고려하여 가능한 한 각 유닛별로 완전 조립된 상태로 공급하므로 설치가 간편하고 설치 기간이 단축된다.

### 6) 저소음

차단기를 포함한 개폐장치 모두가 탱크 내에 완전 밀폐되어 있으므로 조작 중의 소음이 적고 라디오 방해 전파를 줄일 수 있다.

## 2.3.10 보호계전기

### (1) 거리계전기(21F)

교류 급전회로의 임피던스는 사용 전선의 종류 가선 구조가 균일하고 간단한 단상 회로이므로 선로 길이에 비례한다. 예를 들면 변전소 $SS_1$에서 $l_1$, $l_2$ 떨어진 장소까지의 선로 임피던스는 $zl_1$, $zl_2$가 된다. 또한, 전기차의 부하임피던스는 노치오프 시에는 큰 값을 나타내지만 역행 시에는 노치에 따라 그림과 같은 궤적의 형태로 된다.

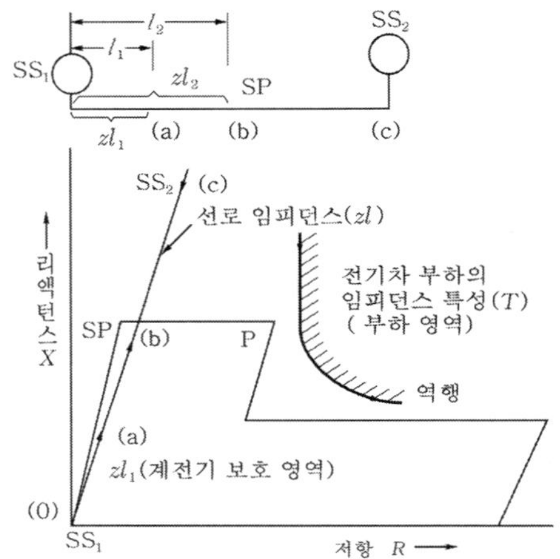


$SS_1$, $SS_2$ : 변전소　　$l_1$, $l_2$ : $SS_1$에서 점 a, b까지의 거리
$z$ : 전선로 단위 길이당의 임피던스

▶그림 2.47◀ 선로 및 전기차 부하의 임피던스 특성

따라서 변전소로부터의 상시 급전전류에 대해 통계적으로 본 운전전류에 대응하는 차량 임피던스 영역을 그림과 같이 부하영역으로 정해 두고 변전소 등에서 계측되는 급전회로의 임피던스가 이 영역 외부인 경우 급전회로에 어떤 사고가 발생한 것으로 선택, 검출하여 보호한다.

거리계전기는 고장점까지의 거리를 그때의 전압, 전류를 계측하여 정정값 이내일 때 동작하도록 한 것이다. 교류 급전회로의 저항과 리액턴스의 비는 1 : (2~4)로 리액턴스분의 쪽이 크다. 거리계전기가 설치되어 있는 변전소에서 급전구분소, 인접 변전소까지의 각각의 임피던스는 다음 그림의 점 B ($r_1$, $x_1$), C ($r_1+r_2$, $x_1+x_2$)로 나타내어진다.

또한 변전소, 급전구분소, 인접 변전소에서 고장 점 저항 $R$(예를 들면 10[Ω])가 들어간 조건으로는 $A'(r_0,\ 0)$, $B'(r_1+r_0,\ x_1)$, $C'(r_1+r_2+r_0,\ x_1+x_2)$로 표현된다. 부하 영역의 임피던스를 그리면 그림과 같다.

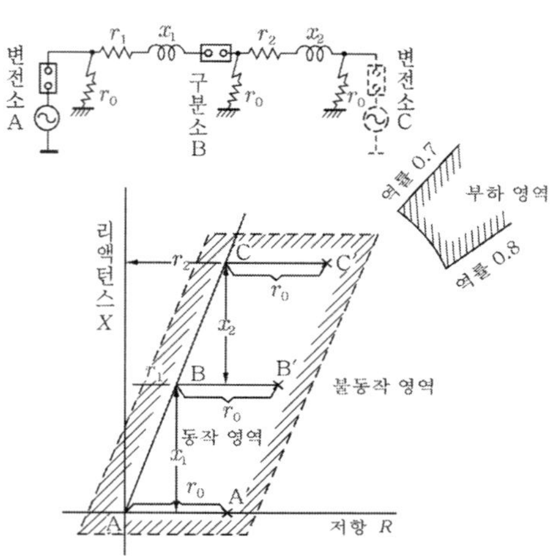


▶그림 2.48◀ 거리계전기의 원리도

거리계전기의 정정을 점선과 같이 설정하면 고장영역과 부하영역을 명확히 구분할 수 있다. 교류 급전회로에 사용되고 있는 거리계전방식은 이와 같이 고장과 부하의 영역을 임피던스 곱으로 선택하기 때문에 임피던스계전기라고도 부르고 있다.

거리계전기는 고장이 발생했을 때 고장 원인을 신속하게 제거하는 것은 물론 애자의 플래시오버와 같은 경우는 고장 구간을 고속도로 차단하여 아크를 자연적으로 소멸시키기 위해 고속도 재폐로방식을 채용하고 있다.

### (2) 고장선택계전기(50F)

부하전류 변화분과 고장전류 변화분의 차이에 의해 장애를 검출하는 계전기로 거리계전기의 후비 보호용으로 사용되고 있다. 교류 급전회로에서 거리계전기로서 선택이 곤란한 고저항의 접지고장이나 연장 급전시 거리계전기로서 보호되지 않는 접지고장 등을 검출하기 위해 거리계전기의 후비 보호로 사용된다.

### (3) 과전류계전기(51F)

과전류에 의해 동작하는 일반적인 계전기로서 후비 보호로서 저항이 큰 장애 검출을 위한 경우와 급전거리가 비교적 짧은 선로(역구내, 차량 기지 내 등)에 사용되고 있다.

### (4) 재폐로(재연결)계전기(79F)

교류 급전회로에서 장애가 발생할 때 장애 요인을 자동적으로 신속히 제거할 필요가 있다. 교류 전차선로에 수목이나 조류 등의 외부 접촉이나 애자섬락 등에 의해 순간 지락 또는 단락 고장이 발생하면 차단기가 회로를 자동적으로 차단하게 되어 있다. 이러한 장애의 원인으로 차단기가 자동 차단될 경우 어느 정도의 시간이 지난 뒤 차단기를 재투입하면 고장은 자연 회복되어 열차운전에 큰 지장을 주지 않고 급전을 계속할 수 있다. 만약 고장이 자연 소멸되지 않았다면 차단기는 다시 자동으로 차단된다.

이와 같이 재폐로계전기는 지락, 단락 등의 사고에 의하여 차단기가 자동 차단되면 동시에 동작을 개시하여 일정 시간 후 차단기를 재투입하며, 재폐로 시간은 보통 0.4~0.5[sec]로 설정하고 있다.

### (5) 고장점표정장치(99F : Locator)

교류 급전방식은 직류방식에 비해 변전소의 간격이 비교적 길기 때문에 전차선로에 고장이 발생하면 탐색구간이 길게 되고, 애자섬락 등에는 사고에 의한 화상 흔적이 적어서 순회점검으로 고장지점을 발견하기가 매우 곤란하다.

따라서 고장지점 또는 고장 구간을 빨리 알 수 있다면 사고복구 시간을 단축하는데 매우 효과가 크다. 고장점표정장치는 전차선로에 단락 또는 지락고장이 발생하게 되면 곧 동작하여 고장점까지의 거리를 나타내는 장치로서 사고의 조기복구에 기여하기 위한 것이다.

고장점표정장치는 변전소나 구분소에 설치하여 고장전류와 그 때의 전압으로 고장점까지의 선로 리액턴스를 구한다. 그 값은 고장점 거리에 따라 고유값이 된다.
따라서 거리에 의한 리액턴스 값과의 관계를 구하여 보면 고장점표정장치의 표정 결과에 따라 고장점까지의 거리를 알 수 있다. 고장점표정장치는 급전회로 보호계전기인 거리계전기(21F)나 고장선택계전기(50F)와 조합하여 사용한다.

고장점까지의 리액턴스값은 변전소에 디지털로 표시되며 원격전송장치를 통하여 전기관제실에 전송된다. 고장점표정장치에는 크게 리액턴스검출방식과 AT흡상전류비방식이 있다.

#### 1) 리액턴스검출방식

BT 급전회로에 적합한 방식이다. 급전회로의 변전소에서 본 단락 임피던스는 거리에 대하여 개략 직선이므로 당초 고장점까지의 임피던스를 계산하여 거리를 표정하는 방식이 채택되었다.

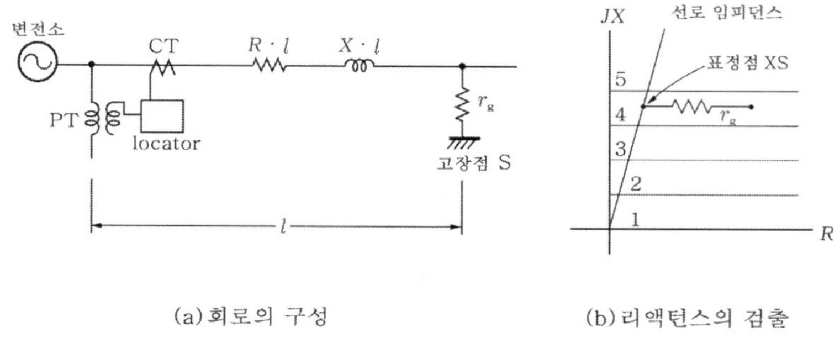


(a) 회로의 구성 (b) 리액턴스의 검출

▶그림 2.49◀ 리액턴스검출방식의 고장점표정장치

임피던스검출방식에서는 고장점에 저항분이 존재하는 경우 표정 오차가 생기므로 저항분의 영향이 없는 리액턴스검출방식의 표정장치를 사용하고 있다.

그림에서 변전소에서 본 단락점까지의 리액턴스는 $X_{ss} = X_t$ 따라서 이미 알고 있는 선로임피던스의 리액턴스분과 비교함으로써 변전소로부터 고장점까지의 거리를 구할 수 있다.

### 2) AT흡상전류비방식

AT 급전회로에 적합한 방식이다. AT 급전회로에서는 단락임피던스가 거리에 대하여 직선적이 아니기 때문에 리액턴스방식의 고장점표정장치를 사용하면 오차가 커진다.

AT 급전회로에서는 각 지점의 AT가 각각 전원의 역할을 하고 있어, 고장점 양측의 AT 중성점 전류는 각각의 AT로부터 고장점까지의 거리에 대략 반비례하게 된다.

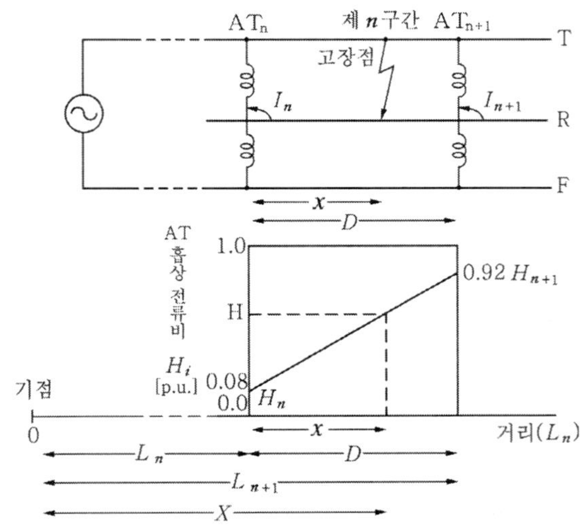


▶그림 2.50◀ AT 흡상전류비방식 표정장치의 원리

그림 2.50에서 흡상 전류비는

$$H_i = \frac{I_{n+1}}{(I_n + I_{n+1})} \tag{2-21}$$

$H_i$는 직선적인 관계에 있고 대략 다음 식을 만족한다.

$$X = L_n + \frac{H_i - 0.08}{0.84} D[\text{km}] \tag{2-22}$$

여기서, $X$ : 기점으로부터 고장점까지의 [km]

$L_n\,I_n$ : 기점으로부터 $n$번째의 AT [km]

$D$ : $AT_n$와 $AT_{n+1}$간의 거리

$x$ : $AT_n$에서 고장점까지의 거리

급전회로에 고장이 발생하면 해당 급전회로 전체의 AT 중성점 흡상전류를 자동적으로 계측하여 변전소에 계측 값을 전송하고 변전소에서는 소형 컴퓨터에 의하여 고장점까지의 거리를 산출하게 된다.

## 2.4 원격감시제어설비

전기철도 구간의 각 변전소, 급전구분소, 보조급전구분소 등은 급전사령실(CC : Control Center)에서 원격으로 감시, 제어 및 운용할 수 있도록 하고 있으며 이를 위하여 일반적으로 SCADA(Supervisory Control And Data Acquisition)시스템을 사용하고 있다.

SCADA시스템은 전기철도에서는 2가지의 중앙제어소를 구축하는데, 전철계통의 급전선을 운용하기 위한 시스템과 부대 전원설비를 공급하는 배전계통을 운용하는 시스템이다. 이들 SCADA 시스템을 운용하는 중앙제어실을 급전사령실이라고 한다. 최근의 중앙제어소의 개념은 컴퓨터 네트워크, 분산 제어처리와 분산 데이터베이스 등을 기본으로 한 컴퓨터 간 자료 연계, 내부 연계를 지원하는 통신제어시스템을 구축하는 것이다.

SCADA시스템은 타 기종의 컴퓨터와 인터페이스 및 유지 보수, 운용이 용이하고 무제한 확장이 가능한 분산형 네트워크(distributed network) 방식을 사용하므로 시스템의

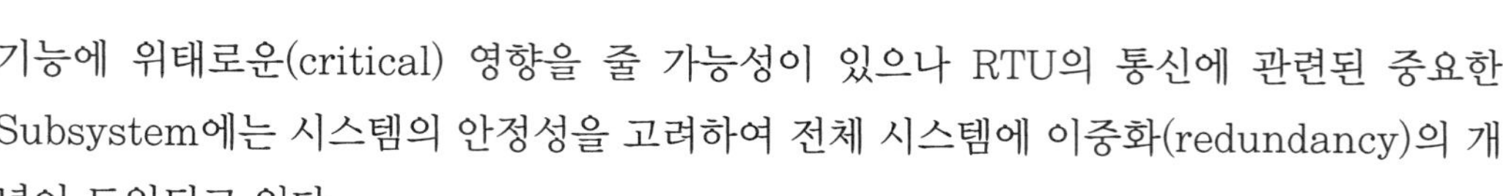


기능에 위태로운(critical) 영향을 줄 가능성이 있으나 RTU의 통신에 관련된 중요한 Subsystem에는 시스템의 안정성을 고려하여 전체 시스템에 이중화(redundancy)의 개념이 도입되고 있다.

원격제어, 감시설비는 향후 시스템의 장래 확장의 제한이 없고 업그레이드(upgrade)를 쉽게 하기 위하여 프로세싱 유닛(processing unit), 주변기기 및 워크스테이션(workstation)을 국제 표준에 입각한 개방형 구조(open architecture)와 분산형 시스템으로 갖추어져 있다.

원격 제어,감시 설비는 크게 나누어 제어를 하는 중앙제어소장치와 피제어되는 원격소장치로 구성되어 있다.

## 2.4.1 중앙제어소장치(Control Center Device)

중앙제어소(CC)는 각 변전소, 구분소, 전기실 등 피제어소의 각종 전력설비를 종합 관리할 수 있는 곳으로 중앙제어소장치는 전력계통 및 상태 변화를 원격감시제어시스템을 통하여 실시간 온라인으로 종합적으로 파악하기 위해 각종 기록업무 및 통계 업무 처리를 수행하고 발생 상황에 신속하게 대처할 수 있도록 하는 장치이다.

### (1) 장치의 구성

중앙제어소장치의 주요 구성은 주컴퓨터장치, 인간기계연락장치, 통신제어장치 및 각종 드라이버(driver) 등으로 구성되어 있다. 이들 장치들은 장차 증설할 필요가 있을 때나 새로운 소프트웨어 기능을 추가할 때 동일 모델이나 동등의 컴퓨터가 아닌 것도 사용할 수 있도록 개방형 구조로 할 필요가 있다.

아울러 모든 설비는 완벽한 예비(redundancy)와 고정탐색 및 복구절차 기능을 가지고 있어 중요기능이나 지원기능 어느 한 기능도 정지되지 않도록 하여야 하며 시스템의 주업무 및 부업무를 수행할 때 응답성능의 저하가 없도록 구성하여야 한다.

#### 1) 주컴퓨터장치

주컴퓨터장치는 시스템의 가장 중추적인 역할을 담당하는 시스템으로서 고속의 데이터 연산처리가 가능한 중앙연산처리장치(CPU)가 실장되고 OS 설치를 위한 CD-ROM 드라이브가 실장되며 각종 시스템 프로그램 및 처리 데이터를 일시 또는 영구적으로 저장할 수 있게 하는 대용량기억장치인 HDD(Hard Disk Drive)와 백업장치인 디지털 오디오 테이프 드라이브 등이 연결되고 시스템 동작 상태를 확인하고 각종 시

스템 프로그램 작동을 위한 모니터 및 프린터장치가 주컴퓨터 장치에 연결되어 시스템의 원활한 운영을 지원한다.

컴퓨터장치는 이중화 구조로 하여 장애로 인해 어느 한쪽(main)이 다운(down)되었을 때 자동으로 다른 컴퓨터장치(standby)로 기능을 넘겨주어서 전체 시스템 운영에 영향을 미치지 않도록 구성하여야 한다. 그리고 중앙의 각종 장치들은 고속(10[Mbps])의 데이터 송 · 수신이 가능한 인터넷의 근거리 통신망(LAN)으로 접속한다.

주요 구성 기기는 다음과 같다.

- 중앙처리장치(CPU : Central Processing Unit)
- 대용량기억장치(Hard Disk Driver)
- 테이프백업장치(Digital Audio Tape Drive)
- CD-ROM 드라이버
- 플로피 디스크 드라이버(Floppy Disk Driver)
- 시스템콘솔(System Consol)
- 시스템프린터(System Printer)

### 2) 인간/기계연락장치(Man/Machine Interface System)

인간기계 연락장치는 전력계통의 정상 시, 비정상 시, 회복 시에 전력계통 설비를 컴퓨터시스템을 이용하여 최적으로 감시 제어할 수 있도록 구성되며 제어상태 정보를 알기 쉽고 제어영역 전체의 상태를 사령자가 동시에 인지할 수 있도록 대형 화면에 다수의 윈도우를 사용하여 표시한다.

사령자가 손쉽게 운용을 할 수 있도록 대화형으로 구성되어 있으며 조작오류 검출 기능도 제공한다.

- 사령자 콘솔
- 영상복사장치
- 프린터장치
- 시스템관리용 컴퓨터
- 시스템관리용 프린터
- 프린터 절체기

### 3) 통신제어장치(Front end Processor)

본 장치는 컴퓨터장치와 원격소장치 간의 통신과 계통반을 제어하는 통신제어모듈, 변복조장치와 주변기기를 제어하는 입 · 출력제어장치, 원격소장치와 통신하기 위한 변복조장치로 구성한다.

① 통신제어모듈(CPU)

설비의 감시, 제어 기능을 주컴퓨터와 분산 처리하면서 원격소장치와 실시간으로 통신하고 그 데이터를 신속하게 처리하여 중앙처리장치로 송신하고 사령자의 제어 명령을 수신하여 안전하게 원격소장치로 전송하는 임무를 가지며 중앙처리장치의 고장 시에 전력설비의 상황을 용이하게 파악할 수 있도록 계통반의 제어 및 표시 기능을 관장한다.

② 입 · 출력제어장치

모뎀을 통신제어 모듈에 접속시키는 기능을 갖고 있다.

③ 변복조장치

입 · 출력 제어장치로부터의 디지털 신호를 아날로그 신호로 변환하여 원격소장치에 송신하고 원격소장치로부터 아날로그 신호를 디지털 신호로 변환하여 입 · 출력 제어장치로 송신한다.

#### 4) 시스템이중화장치

중앙장치와 같이 상태를 감시하여 이상이 발견되면 즉시 모든 프린터, 원격소장치, 통신 채널 등의 동작 중인 주변기기를 예비 컴퓨터로 무순간으로 절체시키며 주/예비 중앙장치는 전용 링크를 통해 고속으로 실시한 데이터와 주요 시스템 버퍼를 상호 백업하는 기능이 있다.

- Port A 그룹 : 주컴퓨터 장치 A 접속
- Port B 그룹 : 주컴퓨터 장치 B 접속
- 상태 표시 : LED에 의한 현재 운용 중인 채널 표시
- 수동 절환 기능 보유
- 절체 명령 수행 : 마이크로프로세서에 의한 순시 절체

주요 구성기기는 다음과 같다.

- CPU BOARD
- DIO BOARD
- RELAY BOARD
- 조작 판넬

### 5) 근거리 통신 네트워크(LAN)

① 랜 접속기

LAN 네트워크의 각 모드에 설치되어 LAN 시그널을 컴퓨터 로직 시그널로 변복조하며 Collision의 발생을 감지하여 이에 따라서 수신 여부를 판단하며 선로의 결함에 의하여 통신이 불가능한 경우에 이를 하드웨어적으로 감지하여 사령 자에게 정보를 처리한다.

② 랜 케이블

인터넷용 통신선로에는 THIN과 THICK가 있는데 우선 THIN은 현장 적용이 수월하고 필요시 설치 이후에도 변경이 손쉬우나 선로의 장애가 발생하기 쉬우므로 전산실이나 사무실 환경에서 주로 사용하며 THICK는 설치 및 변경이 어려우나 정보 전송 특성이 양호하여 대형 건물 내의 기간 정보 전송 선로로 사용된다.

### 6) 계통반

① 현시반(map board)

모자이크 타일로 조합된 보드 위에 계통도, 상태 알람 및 계측 창구 등을 조각 및 부착하여 상태 변화 및 사고경보에 따른 급전계통도 상태를 사령자가 일목요연하면서도 직관적으로 감시하여 원활한 전력공급을 도모하는 것이다.

② 맵 보드 컨트롤러

계통반 구동용으로 주컴퓨터 장치로부터 맵 보드 관련 데이터베이스를 다운로드 받아 컴퓨터장치 고장 시에도 영향을 받지 않도록 맵 보드 컨트롤러 장치가 포인트 드라이버 장치와 인터페이스 보드로 구성된다.

③ 포인트 드라이버

맵 보드 컨트롤러 장치와 시리얼 통신방식으로 접속되어 맵 보드 LED를 구동시켜 전체 시스템 운용 상황을 계통도로 그려진 현시반의 해당 소자를 on/off함으로써 감시, 제어를 용이하게 해 주는 것이다.

④ 팬 레코더

전력계통에서 현재의 전력소비를 기록하는 기능을 주로 하는 기록장치로서 정의된 주기로 회전하는 기록용지에 현장에서 수신한 정보를 아날로그 그래프 형태로 기록하여 사령자로 하여금 장시간의 변화량을 알 수 있도록 하여 현재의 계통 상태나 향후의 수요에 대한 계획을 수립하는 데 필요한 정보를 제공한다.

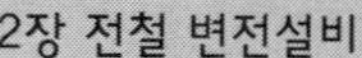



#### 7) 소프트웨어(Software)

① 표준 시스템 프로그램

컴퓨터 시스템의 유지와 관리 및 고장진단을 위한 프로그램으로 전력설비를 안전하고 쉽게 조작할 수 있도록 실시간의 운영체계 및 시스템 관리와 운영에 필요한 개발용 소프트웨어로 구성된다.

② 전력감시제어 프로그램

전력설비의 자료를 취득하고 그 상태에 따른 경보를 발생하고 제어하는 프로그램으로 보통 C언어로 작성되어 있으며 피제어소의 전력설비 계통망의 구성에 필요한 각 장치에 관한 자료를 원격소장치로부터 수신하고 운영자가 상황에 따라 즉시 각 장치를 제어할 수 있다.

③ 전력 감시 유틸리티 프로그램

본 시스템의 데이터 베이스를 추가 수정, 유지관리, 보수하기 위한 각종 프로그램 페키지로서 데이터베이스 편집기(database editor), CRT표시 생성/조작(graphic builder), 보고서 생성/변경(report builder)이 있다.

## 2.4.2 원격소장치(RTU)

RTU장치는 피제어소에 설치되어 변전설비로부터의 현장정보를 취득, 분석하여 제어소의 통신제어장치로 송신하고 통신제어장치로부터의 제어명령을 수신 처리할 수 있도록 설치된 장치이다.

### (1) 장치의 구성

본 장치의 구성은 각 기능 모듈로부터 정보를 종합 분석하여 처리하는 CPU 모듈부와 각 보드에 전원을 공급하는 전원부, 중앙장치와 정보통신을 행하는 변복조부 및 제어, 감시/누산, 아날로그(계측) 모듈로서 구성된다.

#### 1) CPU 모듈

중앙제어소로부터 전송되어 온 데이터를 분석, 번역하여 해당 I/O 모듈을 제어하고 각 모듈로부터 전송되어 온 데이터를 중앙제어소에 보고하는 모듈로서 원격소장치에서 중추 역할을 하며 복수통신 프로토콜을 가지고 있어 제어소 통신프로토콜에 따라 선택 가능하도록 하여야 한다. 또한, 필요시 복수개의 제어소 설비와 동시에 통신이 가능한 기능을 부가할 수 있다.

주요 구성 기기는 다음과 같다.

- CPU 프로세서
- 메모리
- 베터리 Back-up 기능
- HDLC 고속 데이터 전송 기능

### 2) 변복조 모듈

제어소와 피제어소 간의 원거리 통신을 위하여 사용되는 장치로서 디지털 신호를 아날로그 신호 또는 아날로그 신호를 디지털 신호로 변환하는 장치이며, 데이터라인 접속부는 동일 통신회선에 여러 개의 원격소장치를 접속하여도 통신에 지장을 주지 않아야 한다.

### 3) 감시/적산 모듈(indication/accumulator module)

감시/적산 모듈은 상태 감시, SOE 기능, 펄스 계수 및 적산기능을 가지고 있으며 전력설비의 차단기와 각종 계전기류의 개폐상태를 감시하거나 전력량을 읽어 현장 제어 모듈로 전송하는 것이다.

### 4) 아날로그 모듈(analog module)

전력설비로부터 취득한 아날로그 신호를 디지털 신호로 변환하여 공통제어 모듈로 전송하는 역할을 하며 입력은 변환기 장치에서 공급되며 아날로그 input를 처리한다. 또한, 기준 아날로그(sample analog) 신호를 발생하여 이를 디지털 신호로 변환하여 보드 내에서 이득(gain) 조정이 적합한가를 판별, 그 상태를 중앙장치로 전송할 수 있는 기능이 있다.

### 5) 제어모듈(control module)

제어모듈은 제어 보호계전기 접점을 이용하여 binary output 신호를 출력하여 현장의 기기를 제어하는 역할을 하며 제어동작은 ARM과 오퍼레이션의 2단계 명령에 의해 수행되며 동작 전 점검(check before operate) 기능을 갖고 제어 보조계전기 접점과 외부 단자 간 배선은 타 회로와 분리한다.

### 6) 주전원부(RTU main power supply)

원격소장치의 주전원부는 AC 전원으로부터 제어장치의 각 보드에 DC 전원을 공급하는 장치이며, 연속적인 운전을 유지하기 위하여 AC 전원이 고장일 때 배터리로 전환되는 기능을 갖추고 있어야 한다.

Chapter 3

# 전차선로 일반

# 3.1 전차선로 개요

## 3.1.1 전차선로의 정의 및 구성

### (1) 전차선로의 정의

전차선로는 전기철도 설비의 주체가 되는 것으로, 전기차에 전력을 직접적으로 공급하는 중요한 역할을 담당하고 있다. 특히 최근 전기차의 고속화(高速化), 대용량화(大容量化), 운전시격의 단축으로 대량 운전화(大量 運轉化)됨에 따라 전차선로의 성능, 신뢰도, 보안도 향상의 필요성이 요구되고 있다.

일반적으로 전차선로라 함은 전기차의 집전장치와 접촉하여 전력을 공급하기 위한 전차선 등의 가선설비와 이에 부속하는 설비를 총칭하여 전차선로라고 정의할 수 있다. 이와 같은 전차선로는 전기철도 시스템에 따라 여러가지의 형태로 가선되어지고 있다.

### (2) 전차선로의 구성

전차선로의 구성은 전기차에 전력을 직접적으로 공급하는 전차선 등의 가선설비와 이것을 전기적, 기계적으로 구분하거나 보호, 조정하는 전차선장치 및 구조물 등으로 구성되어 있다.

전차선로는 전기차에 양질의 전력을 공급하고 전기차 집전장치에 전력 공급이 원활히 되기 위한 집전 성능을 갖도록 하는 것이 전차선로의 설치 목적인 것이다. 전차선로는 일반적인 송·배전선로와는 달리 전기방식이나 급전방식 및 각종 가선 방식이 다르기 때문에 기본적으로 전차선로의 구성은 가선계로서의 특성, 신뢰도, 보안도의 협조를 고려하여야 할 필요가 있다. 또한, 전기철도의 부하는 일반 전력선로에서와 같이 일정한 지점에 고정된 부하가 아니고 이동하는 부하이기 때문에 급전하고자 하는 전기차 부하 변동에 대하여 충분한 검토가 요구된다. 아울러 집전의 원활을 위하여 동적상태에 대하여 등고성, 등장성과 적정한 압상량을 갖도록 하고 보안의 측면에서는 전기차의 진동과 강풍시에도 집전장치(pantograph)의 통과에 지장이 없도록 충분한 기계적 이격을 유지하고 동시에 진동과 동요가 작도록 할 필요가 있다. 연결 금구류는 진동, 부식, 열 등에 대하여 충분한 신뢰도를 가짐과 동시에 전차선로의 각 구성 요소와 수명, 신뢰도의 협조가 요구된다.

전기차에 전기를 공급하는 전차선의 가선방식에는 전기를 급전하는 방식에 따라 분류되고 있으며, 가선하고자 하는 선로의 조건 등에 따라 전차선을 여러가지 조가하는 방식이 있다.

## 3.1.2 전차선로의 가선 방식

### (1) 가공식(over head system)

#### 1) 단선식(single trolley system)

궤도 상부에 설치된 가공 접촉선(contact wire)으로부터 공급을 받은 전기차의 전류를 주행 레일을 통하여 변전소에 돌려 보내는 방식으로 가장 대표적인 방식이다. 직류 급전방식의 경우에는 귀선의 레일로부터 대지에 누설되는 전류에 의한 전식(electric corrosion)이 문제가 되기 때문에, 지중 매설물이 있는 경우에는 대책이 필요하게 된다. 또, 교류 급전방식의 경우에는 통신선에 대한 유도장해 대책이 필요하다.

#### 2) 복선식(double trolley system)

상호 절연된 정 · 부 2조의 가공 접촉 전선을 가설하고, 한쪽의 전선으로부터 전기차에 전기를 공급하여 다른 쪽의 전선을 통하여 변전소로 돌려 보내는(귀선전류를 레일, 대지에 흘리지 않는) 방식이다. 이 방식은 구조가 복잡하기 때문에 건설비가 높고, 절연 문제로 전압을 그다지 높게 할 수가 없기 때문에 무궤도 전차(전차버스)에 사용되고 있는 정도이다.

### (2) 강체식(rigid system)

#### 1) 강체 단선식(single rigid system)

전차선로의 가선 방식에 있어 지하구간에 적합하도록 개발되어진 가선방식으로 도시 지하철 구간의 대표적인 방식이다. 일반적으로 커티너리식의 가공 전차선을 지하구간에 적용하는 것은 협소한 공간에서의 전차선 단선에 따른 안전상 문제와 보수작업이 곤란하고 터널 단면이 대폭적으로 확대되기 때문에 건설비가 과다하게 소요되는 문제점이 있다. 그러므로 초기에는 이러한 것을 보완하기 위하여 제3궤조방식을 사용하다가 도시지하철 구간에 적합하고 단선의 우려가 없는 새로운 지하구간용의 가공전차선 방식으로 개발된 것이 강체 레일을 가공으로 하는 강체 전차선 조가방식이 출현하게 되었고, 현재에는 세계 각국의 지하구간의 전차선로가선 방식으로 널리 사용하게 되었다.

강체 전차선은 전차선을 강체에 완전하게 일체화시켜서 고정한 것으로 터널 등의 천정 또는 측면에 브래킷을 취부하고 여기에 강체 전차선을 조가하는 방식이다.

**2) 강체 복선식**(double rigid system)

모노레일 등에 사용되고 있는 것으로 주행 궤도 구조물에 강체구조로 한 급전용 및 귀선용의 정 · 부 도전 레일을 설비한 방식이다.

### (3) 제3궤조식(third rail system)

주행용 레일 외에 궤도 측면에 설치된 급전용레일(제3레일)로부터 전기차에 전기를 공급하여 귀선으로 주행 레일을 사용하는 방식이다. 이 방식은 지지구조가 간단하고, 가공설비가 필요하지 않기 때문에 터널단면을 작게 할 수 있는 이점이 있고, 종래의 지하철의 일반적인 방식이지만 감전의 위험 등으로 전압을 그다지 높게 할 수 없다.

## 3.1.3 전차선로의 조가방식

전차선로는 항상 양호한 상태로 전기차의 집전장치(pantograph)와 접촉되어야 하므로 운전속도, 운전밀도, 수송조건, 전기방식, 보수방식, 주변 여건과 기후조건에 따라 선로에 가장 적합한 구조로 가선되어야 한다. 대표적인 가선방식으로는 지상구간에서는 직접가선방식과 커티너리가선방식이 있으며, 지하구간에는 강체가선방식이 있고 특수 방식으로는 제3궤조식과 자기부상식이 있다.

### (1) 직접조가방식

가장 단순한 구조의 방식으로 전차선만 1조로 구성되며 전차선을 스팬선 또는 빔 등의 지지점에 직접 고정하는 구조와 전차선의 지지점에 짧은 로드나 와이어로 3각형(역 Y선)을 구성하는 구조의 2종류가 있다.

직접 고정의 경우는 구조가 간단하고 설비비가 적게 들지만 전차선의 장력을 일정하게 유지하기 어렵고 전차선의 높이를 일정하게 하기가 곤란하기 때문에 저속도의 구내 측선, 유치선 등에 적용되는 정도이다. 3각형(역Y선)의 경우는 수송밀도가 별로 높지 않은 전철 구간에 적합한 경제적인 가선방식으로서 중속도(85[km/h])까지 사용 가능하다.

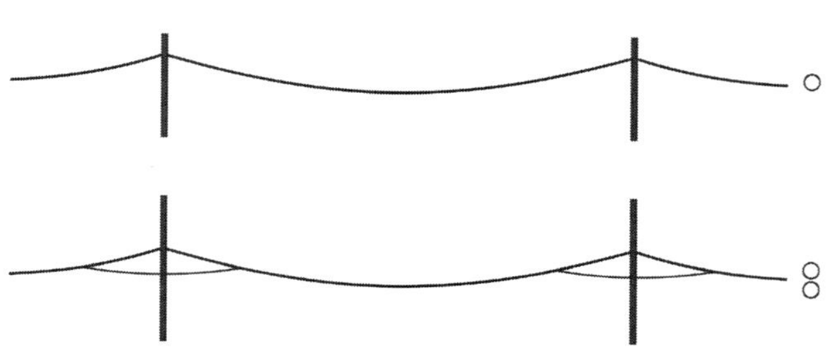

▶그림 3.1◀ 직접조가방식

## (2) 커티너리조가방식

전기차의 속도 향상을 위하여 전차선의 이도에 의한 이선율을 작게 하고 동시에 경간을 크게 하기 위하여 조가선을 전차선 위에 기계적으로 가선하고 일정한 간격으로 행거나 드로퍼로 매달아 전차선(trolly wire)을 두 지지 점 사이에서 궤도면에 대하여 일정한 높이를 유지하도록 하는 방식이다.

이 경우 조가선(messenger wire)의 형상이 커티너리 곡선을 이루기 때문에 이 방식을 커티너리 조가방식이라고 부른다.

### 1) 심플커티너리조가방식

조가선과 전차선의 2조로 구성되고 조가선으로 전차선을 궤도면에 대하여 평행이 되도록 한 방식이다. 커티너리 가선방식 중 가장 대표적인 것으로 현재 광범위하게 적용되고 있다. 이 방식은 일반적으로 110[km/h] 정도의 중속도용으로서 우리나라의 지상 전철구간 조가방식은 모두 이 방식을 사용하고 있다.

최근 이 방식은 연구 결과 드로퍼(dropper) 간격을 조정하고 설비를 일부 개량하여 270[km/h]까지 운전할 수 있도록 발전되었다.

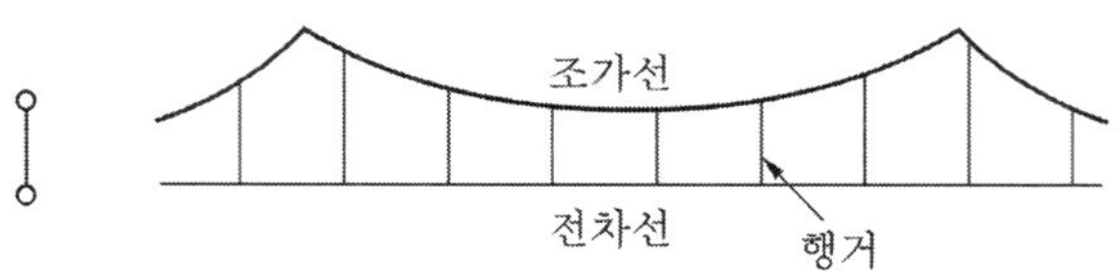


▶그림 3.2◀ 심플커티너리조가방식

### 2) 변Y형 심플커티너리조가방식

이 방식은 심플커티너리 가선방식의 지지점 부근에 조가선과 병행하여 15[m] 정도의 전선(Y선이라고 부르고 있음)을 가설하여 이것에서 전차선을 조가한 구조를 하고

있다. 이것은 Y선으로 지지점 부근의 압상량을 크게 하여 양 지지점 아래에서의 팬터그래프 통과에 대한 경점(hard spot)를 경감시키고, 경간 중앙부와 압상량의 차이를 적게하여 이선(contact loss) 및 아크를 작게 함으로써 속도 성능향상을 도모한 것이다. 그러나 이 방식은 Y선의 장력조정이 어렵고, 또 지지점의 탄성계수가 작고 가선의 압상량이 크며, 가고(wire height)가 크게 되므로 강풍시에 가선이 경사되는 등 내풍성능이 약하다.

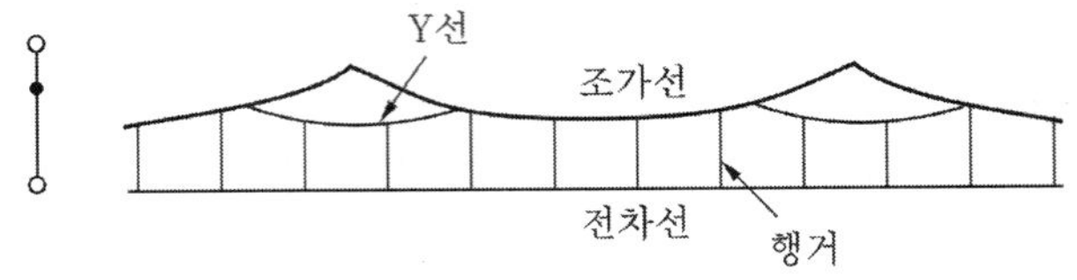


▶그림 3.3◀ 변Y형 심플커티너리조가방식

### 3) 트윈-심플커티너리조가방식

기존의 심플 커티너리구간의 가고를 변경하지 않고 고속도, 집전성능을 높여 줄 수 있도록 개발된 방식으로, 전차선과 조가선 2조를 일정한 간격(표준 100[mm])으로 병행하여 가설한 구조이다.

심플커티너리식에 비교하여 건설비가 높고, 가선 구조가 복잡하게 되지만 이 방식은 4가닥의 전선으로 구성되기 때문에 팬터그래프에 의한 가선의 상 · 하 변위가 적고, 전차선의 압상 특성이 좋다. 또, 전차선과 조가선이 2조로 되어 있기 때문에 집전 전류용량이 커서 고속 운전구간이나 운전밀도가 높은 구간 및 대도시 통근수송의 중부하(heavy load) 구간에 많이 사용된다. 또, 팬터그래프 압상량이 억제되기 때문에 가고(架高)가 작은 터널 구간에도 사용되고 있다.

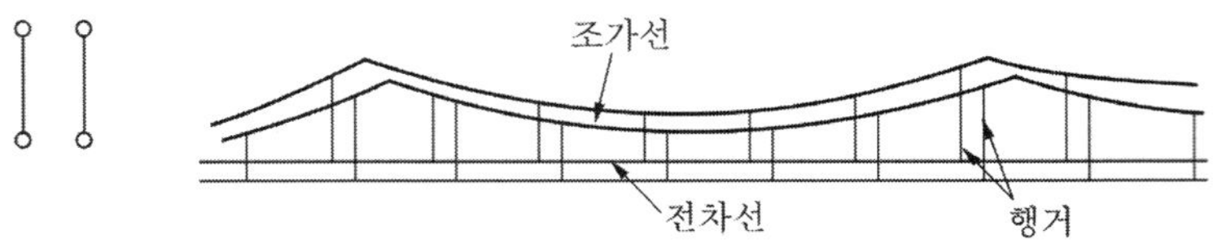


▶그림 3.4◀ 트윈-심플커티너리조가방식

### 4) 헤비 심플커티너리조가방식

심플 커티너리식 가선에서 전선의 장력을 크게 한 것으로 장력이 크기 때문에 경간 중앙 부근의 전차선의 압상량(押上量)을 적게하여 동적 이동 상태에서 등고성(等高性)

을 향상시켜 집전 성능의 향상을 도모함과 동시, 풍압에 따른 편위(deviation)의 증가를 억제함으로써 가선 진동 및 동요를 적게 하여 안전도 및 집전 성능의 향상을 도모한 것이다.

이것은 전차선을 굵게 하기 때문에 내마모성, 내부식성이 유리하다. 따라서 직류구간이나 전차선의 마모량이 많은 곳에서는 170[$mm^2$] 전차선을 사용하고 있다.

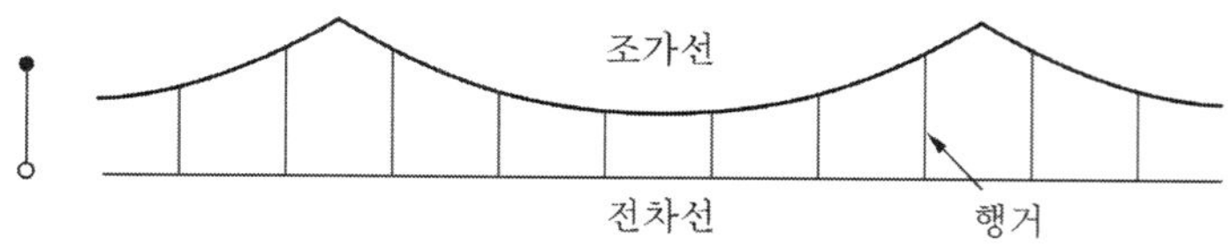


▶그림 3.5◀ 헤비 심플커티너리조가방식

### 5) 콤파운드 커티너리조가방식

심플 커티너리식의 조가선과 전차선에 보조조가선을 가설하여 조가선으로부터 드로퍼로 보조조가선을 조가하고, 행거로 보조조가선에 전차선을 조가하는 방식이다.

이 방식은 일반적으로 보조조가선에 경동연선 100[$mm^2$]을 사용하고 있어 집전용량이 크고, 팬터그래프에 의한 가선의 상방향 변위(압상량)가 지지점과 경간 중앙에서 큰 차이가 없기 때문에 속도성능도 높게 되어, 고속 운전구간이나 중부하 구간에 적당하다.

그러나 가선에 필요한 상방향 공간이 크고, 지지물(支持物)도 높게 할 필요가 있기 때문에 심플 커티너리식에 비교하여 건설비가 비싸다.

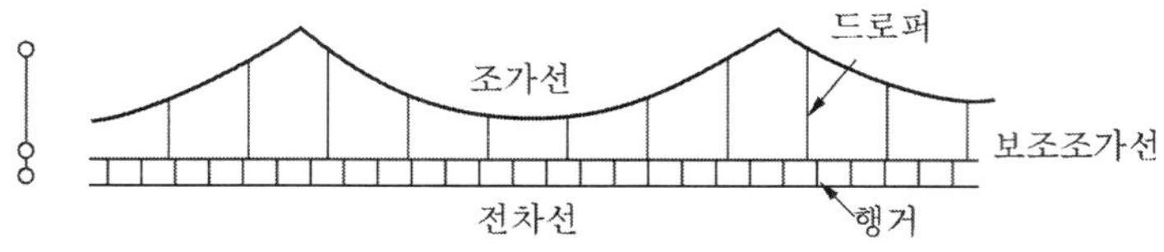


▶그림 3.6◀ 콤파운드 커티너리조가방식

### 6) 합성 콤파운드커티너리조가방식

콤파운드 커티너리식의 드로퍼에 스프링과 공기댐퍼를 조합한 합성소자를 사용한 방식으로, 합성소자에 의하여 지지점 부근의 경점을 경감시켜 전차선의 압상특성을 균일하게 하여 이선(離線)과 아크의 발생을 방지하여 속도 성능을 높인 방식이다.

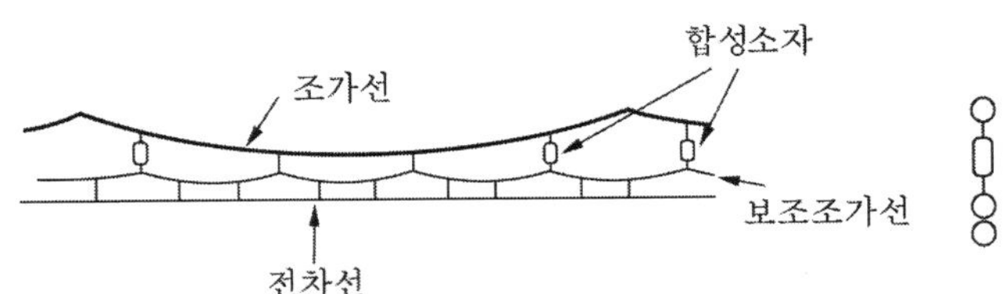


▶그림 3.7◀ 합성 콤파운드커티너리조가방식

### 7) 헤비 콤파운드커티너리조가방식

콤파운드 커티너리식의 각 전선의 굵기 및 장력을 크게 중가선화(重架線化)한 것이다. 합성 콤파운드식과 비교하여 속도성능 및 안전도가 향상되어 합성소자가 불필요하기 때문에 간소화된 것이다.

다수의 팬터그래프가 고속집전시(高速集電時)에 전차선의 압상 및 가선진동 등이 억제되기 때문에 강풍에 의한 가선 동요도 경감되므로 종합적인 집전성능의 향상을 목적으로 한 가선방식이다.

헤비 콤파운드방식의 특성은 250[km/h] 집전시에 전차선의 지지점에서 최대압상량이 25[mm] 정도이고 또한 가선의 진동도 작다.

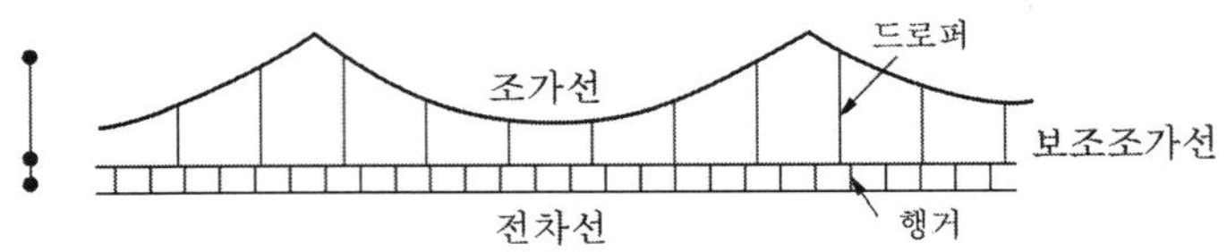


▶그림 3.8◀ 헤비 콤파운드커티너리조가방식

### 8) 사조식

일반적인 커티너리는 조가선과 전차선이 수평면에 대하여 수직으로 배열되어 있지만, 이 방식은 조가선과 전차선이 수평면에 대하여 경사를 갖고 있는 방식이다. 이 방식은 특수한 행거로 전차선을 조가선으로부터 경사지게 조가하고 있는 것으로 다음의 3종류가 있다.

① 반 사조식

곡선개소에서 선로에 따라 곡선이 되도록 전차선을 심플식으로 가선하여, 지지물 경간을 직선구간과 동일하게 하고 특수행거를 사용한 것으로서 곡선당김장치가 필요하지 않은 방식이다.

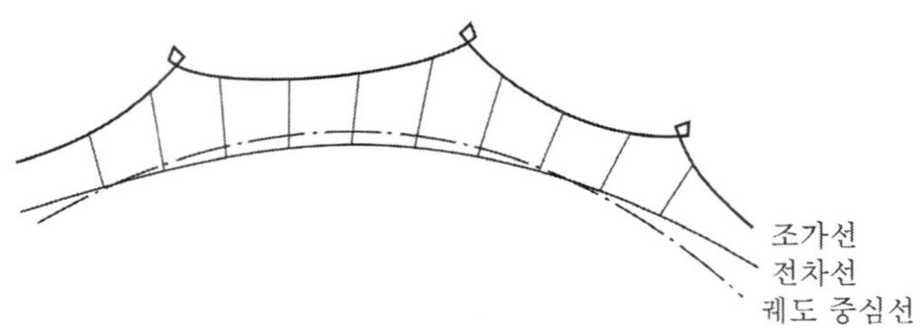


▶그림 3.9◀ 반 사조식

② 연 사조식

직선개소에 사용되고 있는 것으로, 조가선과 전차선을 경간 중앙에서 교차되도록 각 지지점에서 각기 다른 편위(deviation)를 갖도록 한 것이다. 연사조식은 지지점 개소에서 궤도 중심선에 대하여 조가선과 전차선을 같은 방향으로 하고 동시에 조가선에 편위를 크게 주어 전차선을 측면에서 조가하는 것으로 진동방지장치가 필요하지 않은 방식이다.

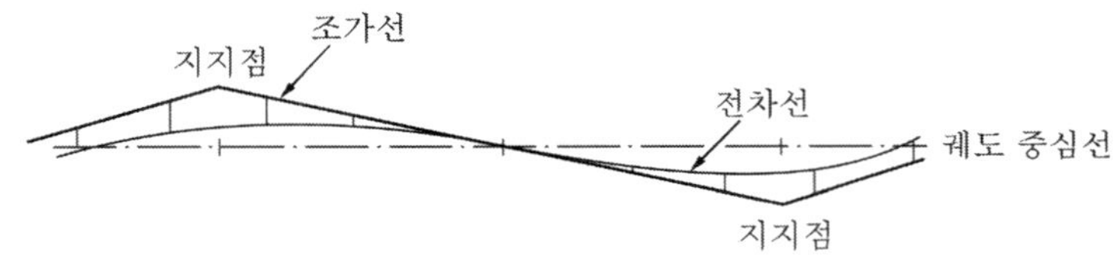


▶그림 3.10◀ 연 사조식

③ 경 사조식

지지점 개소의 전차선에 진동방지장치를 취부하고, 궤도 중심선에 대하여 전차선과 조가선을 각각 반대 편위(deviation)가 되도록 한 것으로, 풍압에 대하여 효과가 있는 방식이다.

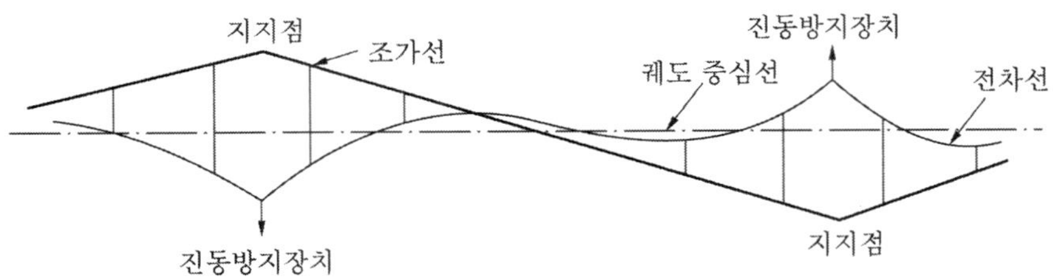


▶그림 3.11◀ 경 사조식

### (3) 강체 조가식

전차선을 조가하기 위하여 별도의 조가선을 사용하지 않고 강체바(bar)를 사용하여 직접 조가하는 방식으로 초기에 제3궤조방식 등에서 주로 사용되었던 방식이다.

커티너리식의 가공 전차선을 지하구간에 가선하면 협소한 공간으로 인한 보수작업의 어려움과 터널단면이 대폭적으로 확대되기 때문에 건설비가 과다하게 소요되는 문제점이 있으며 단선사고가 발생하였을 때 안전상 문제 때문에 사용할 수가 없었다.

그 후 강체 레일을 가공으로 하는 기술의 발달로 전차선을 강체에 삽입하는 강체조가방식이 개발되어 지하 직류구간에서만 사용되어 오다가 절연기술의 발달로 같은 터널단면의 교류구간에서도 사용 가능하게 되었다.

이 방식은 현재 도시전철의 지하구간에서 사용하는 대표적인 조가방식이 되었으며 현재 우리나라를 비롯한 각 나라 도시전철 지하구간에는 대부분 이 방식을 사용하고 있다.

#### 1) T-Bar방식

이 방식은 직류구간에서 사용하는 방식으로 전압이 낮아서 절연거리가 짧기 때문에 250[mm]의 지지애자에 T자형의 알루미늄합금제(rigid bar)로 조가하는 방식으로 T-bar방식이라고 한다.

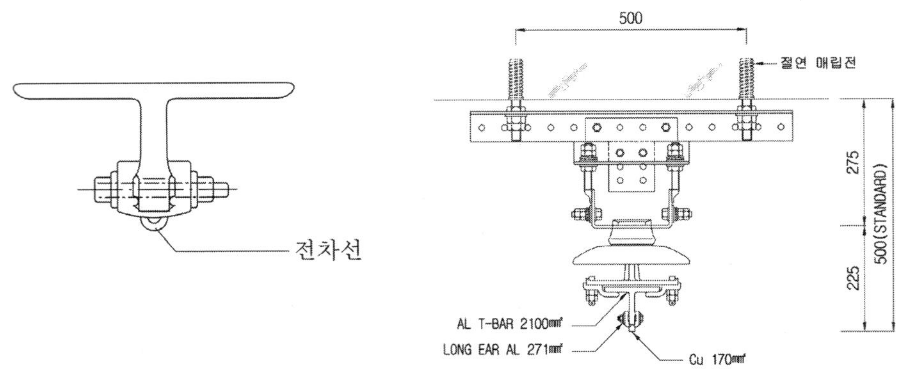


▶그림 3.12◀ T-bar 강체 조가 방식

#### 2) R-bar방식

이 방식은 교류구간에서 사용하는 방식으로 전압이 높아서 절연거리가 길기 때문에 강체의 직상부 좌, 우에 직선형 가동브래킷을 설치하여 rigid bar로 지지하는 방식으로 R-bar방식이라고 한다.

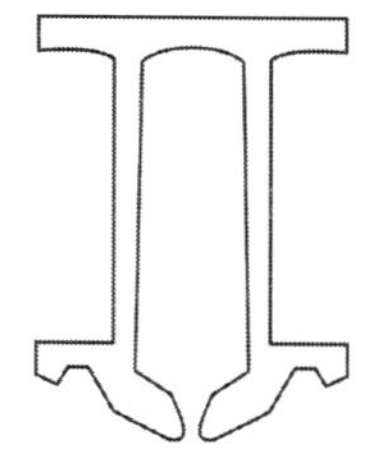
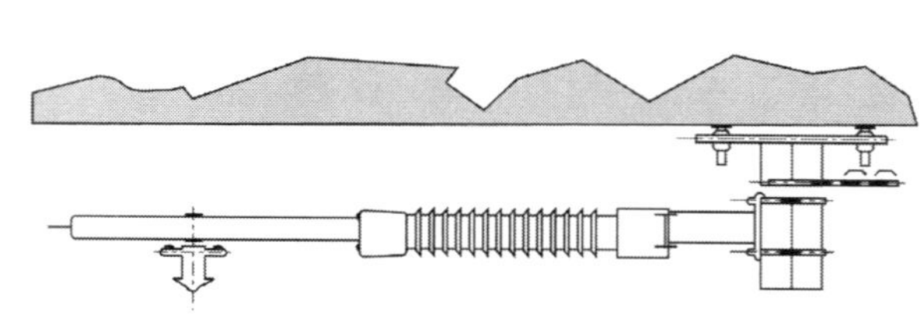

▶그림 3.13◀ R-bar 강체조가방식

표 3.1 각종 조가방식의 성능

| 조가 방식 | 표준 선종 [mm²] | | | 가선계 장력 [N] | 속도 성능 | 집전 전류 용량 | 비고 |
|---|---|---|---|---|---|---|---|
| | 조가선 | 보조조가선 | 전차선 | | | | |
| 직접 조가 방식 | | | GT110 | 9,800<br>12,740 | 저속도<br>중속도 | 소용량 | |
| 심플 커티너리식 | CdCu 80 | | GT110 | 19,600 | 중속도 | 중용량 | |
| 트윈 심플 커티너리식 | St 90×2 | | GT110×2 | 39,200 | 고속도 | 대용량 | |
| 심플 커티너리식 | St 90 | (Y선)<br>St55 | GT110 | 19,600 | 고속도 | 중용량 | 가선 특성의 균일화 |
| 심플 커티너리식 | St 90 | | GT110 | 19,600 | 고속도 | 중용량 | |
| 헤비 심플 커티너리식 | St 135 | | GT170 | 29,400 | 고속도 | 중용량 | 변위의 억제 및 안정화 |
| 더블 트롤리 심플 커티너리식 | St 90 | | GT110×2 | 29,400 | 중속도 | 대용량 | |
| 더블 메신저 심플 커티너리식 | St 90×2 | | GT110 | 29,400 | 중속도 | 중용량 | |
| 콤파운드 커티너리식 | St 135 | Cu 100 | GT110 | 31,948 | 고속도 | 대용량 | |
| 합성 콤파운드 커티너리식 | CdCu 80 | CdCu60 | GT110 | 29,400 | 고속도 | 대용량 | 가선 특성의 균일화 (신간선) |
| 헤비 콤파운드 커티너리식 | St 180 | PH150 | GT110 | 53,900 | 고속도 | 대용량 | 변위의 억제 및 안정화 (신간선) |
| 사조식 (반사조) | St 90 | | GT110 | 19,600 | 중속도 | 중용량 | |

※ GT (Grooved Trolly wire)

# 3.2 전차선로의 특성 및 영향

## 3.2.1 전차선로의 특성

### (1) 전기적 특성

#### 1) 부하의 특성

전철설비의 부하인 전기차는 그 특성상 시동, 정지가 빈번하게 반복되고 큰 견인력으로 주행해야 하므로 대용량의 부하전력이 요구되고 그 크기는 시공간적으로 급변한다. 또한, 전차선로는 주로 3상 전력계통으로부터 단상의 전력으로 변환하여 급전하고 있으므로, 3상 전원계통의 각상 전류는 평형을 유지하지 않고 전압의 불평형을 초래할 수 있다. 이러한 전압 불평형은 결과적으로 계통의 전력품질을 저해하여 관련된 다른 설비의 운전에 나쁜 영향을 끼치게 된다.

최근의 전철 구동 시스템에는 컨버터와 인버터가 포함되어 있으며 이러한 것은 위상제어 및 펄스폭변조방식에 의하여 제어되기 때문에 고조파를 발생시킨다. 최근에 적용되는 전기차는 대부분 회생제동을 채택하는 추세이며 제동에 의해 발생된 회생전력을 전원 측에 공급하고 있다. 따라서 제동성능은 좋으나 전기회로에 고조파를 발생시키는 단점이 있다.

#### 2) 전압의 변동 범위

전기차의 구동용 전동기는 주로 직류직권전동기와 3상 유도전동기가 사용되고 있다. 이 전동기의 특성은 같은 인장력에 대한 속도는 전압에 비례하기 때문에 전차선 전압이 저하하면 속도가 떨어지고 표정속도를 유지하기 위한 역행(동력운전)시간이 길어지게 되므로 규정의 운전시간을 유지할 수 없게 된다.

또한 전동기의 특성은 전차선 전압이 어느 정도 저하하여도 출력에는 크게 지장을 주지 않으나 전기차의 주제어기나 주회로 개폐기 등을 조작하는 제어전압은 어느 한도를 넘으면 급격히 출력이 저하하여 운전불능이 된다.

이 때문에 전기차에 공급하는 전력은 전압의 변동이 작은 양질의 전력이 필요하다. 따라서 우리나라 전차선 전압의 변동 범위는 표 3.2와 같이 정하고 있으며 최저전압은 전기차 부하의 변동이 극심한 특성을 감안하여 단시간(30～40[sec] 정도) 전압으로 하고 있다.

표 3.2 전차선 전압의 변동 범위

| 표 준 전 압 | 전차선 전압 | | | | 기 사 |
|---|---|---|---|---|---|
| | 최 고 | 표 준 | 최저 | | |
| 직류 1500[V] | 1800[V] | 1500[V] | 900[V] | −40[%] | |
| 교류 25[kV] | 27.5[kV] | 25[kV] | 20[kV] | −20[%] | 전차선~레일간 |
| 교류 25[kV] | 30[kV] | 25[kV] | 22.5[kV] | −10[%] | 고속 철도 |

☞ AC 25000[V] 교류 전차선로의 전압은 KR Code 2012(국가철도공단 전철전력설계편람)에는 아래와 같이 전압의 변동 범위를 표기되어 있으니 참고하기 바람.(KR E 03030)

1) 전차선로의 공칭전압은 단상교류 24[kV](급전선과 레일사이 및 전차선과 레일사이의 전압은 25[kV]가 되고, 전차선과 급전선사이는 50[kV]가 급전되는 시스템)을 표준으로 하며 최고, 최저전압은 다음 표에 의한다.

| 구분 | 전압[kV] |
|---|---|
| 비지속성 최고전압($V_{max2}$) | 29 |
| 지속성 최고전압($V_{max1}$) | 27.5 |
| 공칭전압($V_n$) | 25 |
| 지속성 최저전압($V_{min1}$) | 19 |
| 비지속성 최저전압($V_{min2}$) | 17.5 |

2) 용어정의

(1) 공칭전압 $V_n$ : 시스템 설계값

(2) 지속성 최고전압 $V_{max1}$ : 무한정 지속될 것으로 예상되는 전압의 최고값

(3) 비지속성 최고전압 $V_{max2}$ : 지속시간이 5[min] 이하로 예상되는 전압의 최고값

(4) 지속성 최저전압 $V_{min1}$ : 무한정 지속될 것으로 예상되는 전압의 최저값

(5) 비지속성 최저전압 $V_{min2}$ : 지속시간이 2[min] 이하로 예상되는 전압의 최저값

신설 또는 기존 전철구간의 열차 다이어 개정 등에 대한 설비증강 계획을 수립할 때에는 부하상정 및 전압강하의 검토를 하고 변전소 위치의 선정이나 전선의 선종 · 굵기 · 가닥수 등을 경제적이고 합리적으로 결정하여 원활한 열차운전이 되도록 계획할 필요가 있다.

최대의 선로 전압강하가 발생하는 조건은 변전소 부하가 최대일 때 뿐만 아니라 병렬 급전방식의 직류구간에서 변전소 중간부분과 단독급전방식의 교류구간에서 변전소로부터 가장 멀리 떨어진 급전 최말단 부분에서 전기차가 기동 최대전류를 발생시킨 때에도 발생된다. 이때 부하상정은 각 전기차의 선로조건을 감안한 「전류-시간 특성」과

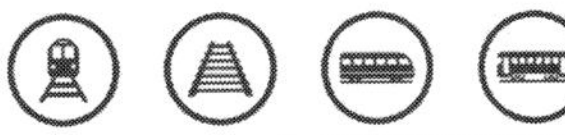



열차다이아에 의한 위치 · 상태를 파악하고 제일 전압강하가 크게 되는 것으로 예상되는 패턴을 선택할 필요가 있다.

교류 급전방식은 일반적으로 한 방향 급전방식이므로 전기차 부하를 일정하게 하면 변전소에서 멀어질수록 전압강하가 크게 된다.

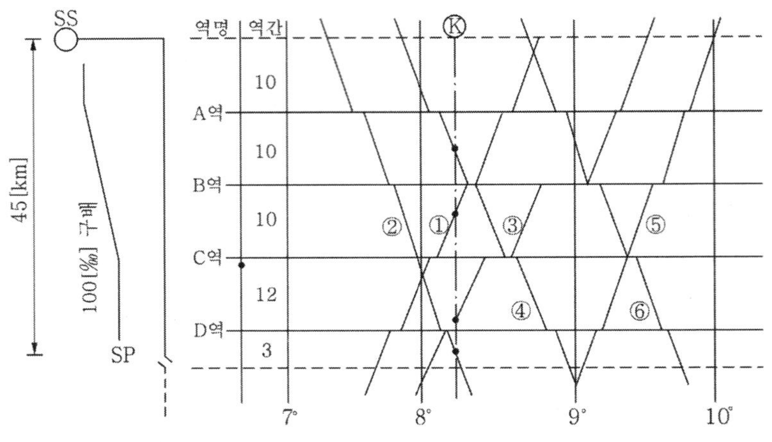


▶그림 3.14◀ 열차 다이아 예

부하 상정에 있어서는 부하전류와 부하점까지 거리(amp−km)가 클수록 전압강하가 크게 되는데 이와 같은 부하의 시간을 열차다이아에 의하여 알 수 있다.

그림 3.14 및 3.15에서 8시 15분에 4개 열차가 동일구간을 주행하게 되고, 그 중에서 급전 말단에 위치한 D역에서 상하열차(②와 ③ 열차)가 동시에 출발하고 ① 열차는 B~C 역간의 상구배를 역행(동력운전)하기 때문에 [A−km]가 가장 크고 전압강하가 최대가 되는 것을 알 수 있다.

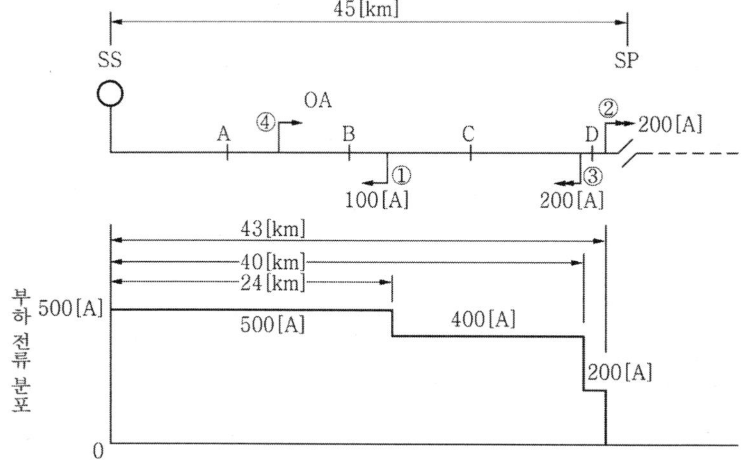


▶그림 3.15◀ 최대 전압강하 시간에서 부하분포의 예

## (2) 기계적 특성

전기철도의 전원공급은 궤도면 위 일정한 높이에 가설된 전차선과 전기차의 집전장치를 통하여 공급하게 되는데 전차선과 팬터그래프 사이의 동력전달은 동역학적 운동 등의 기계적 특성에 대단히 민감하며 이러한 접촉력 패턴에 대한 집전특성은 열차운전에 있어 가장 중요한 요소가 된다. 집전특성을 판단하는 방법으로는 다음과 같은 것이 있다.

### 1) 이선(離線) 현상

팬터그래프와 전차선은 계속 접촉된 상태로 있어야 하나 팬터그래프의 이동에 따라 순간적으로 이탈이 발생하며 이러한 현상을 이선현상이라고 한다. 이선은 전기적으로 불완전한 접촉을 발생시켜 아크를 일으키며, 이로 인해 전차선과 팬터그래프의 이상 마모 및 손상을 가져온다. 그러므로 차량의 이동 중에 생기는 이선현상은 열차의 속도를 결정하는 중요한 요소가 된다.

이선의 정도를 이선율이라 하고 식 (3-1), (3-2)로 표시한다.

$$\text{이선율} = \frac{\text{일정 구간 주행시의 이선시간의 합}}{\text{일정 구간 주행시간}} \times 100[\%] \quad (3-1)$$

$$= \frac{\text{일정 구간 주행시 이선하여 주행한 거리의 합}}{\text{일정 구간 주행거리}} \times 100[\%] \quad (3-2)$$

일반적으로 전철의 속도향상은 이선율을 얼마나 작게 하느냐로 말할 수 있으며, 일반전철에서는 3[%] 이하로 제한하고 있고 고속전철에서는 1[%] 이하로 제한하고 있다.

### 2) 탄성률(彈性率)

전차선로는 어느 정도의 탄성을 가지고 있기 때문에 고속운전을 위해서는 탄성을 가능한 낮추어야 한다. 탄성률($e$)은 식 (3-3)으로 표시된다.

$$e = \frac{S}{K(T_t + T_m)}[\mathrm{mm/N}] \quad (3-3)$$

여기서, $S$ : 전주 경간[m], $T_t$ : 전차선의 장력 [kN]

$T_m$ : 조가선의 장력[kN], $K$ : 상수

탄성률은 경간이 짧을수록 전차선, 조가선의 장력이 클수록 작아져 가선특성이 좋아진다.

### 3) 비균일률(非均一率)

전차선로는 경간 중앙 및 지지점에서 각기 다른 탄성을 갖고 있으므로 이들 두 개소에

서의 탄성을 가능한 일정하게 유지하여야 한다. 비균일률($U$)은 식 (3-4)로 표시된다.

$$\text{비균일률}(U) = \frac{E_{\max} - E_{\min}}{E_{\max} + E_{\min}}[\%] \tag{3-4}$$

여기서, $E_{\max}$ : 경간 중앙의 탄성, $E_{\min}$ : 지지점의 탄성

**4) 반사계수($r$)**

반사계수는 전차선로의 기술적 데이터에 의해 정해지며 식 (3-5)로 표시되어진다.

$$r = \frac{\sqrt{T_m \cdot m_m}}{\sqrt{T_m \cdot m_m} + \sqrt{T_t \cdot m_t}} \tag{3-5}$$

여기서, $m_m$ : 조가선의 단위 길이당 질량[kg/m]

$m_t$ : 전차선의 단위 길이당 질량[kg/m]

$T_m$ : 조가선의 장력[N]

$T_t$ : 전차선의 장력[N]

**5) 도플러계수($\alpha$)**

운전속도에 따라 달라지는 전차선로의 동적작용은 도플러계수에 의해 접근할 수 있다. 도플러계수($\alpha$)는

$$\alpha = \frac{C - V}{C + V} \tag{3-6}$$

여기서, $V$ : 운전속도 [m/s]

$C$ : 파동전파속도 [m/s]

**6) 증폭계수($\gamma$)**

반사계수($r$)와 도플러계수($\alpha$)의 비를 증폭계수라 하고 증폭계수($\gamma$)는

$$\gamma = \frac{r}{\alpha} \tag{3-7}$$

여기서, 도플러계수가 0에 가까워지면 증폭계수는 무한대로 되게 되는데 이는 운전속도가 전차선의 파동전파속도에 접근하는 경우가 된다.

**7) 무차원비**

$$\beta = \frac{V}{C} \tag{3-8}$$

#### 8) 전차선의 인장

전차선로의 장력 증가는 전차선의 인장을 가져오는데 그 인장 $\triangle L$은

$$\triangle L = \frac{\triangle F_t}{\rho e} \cdot L \text{ [m]} \tag{3-9}$$

여기서, $\rho$ : 전차선의 단면적[$m^2$]

$e$ : 탄성률

$L$ : 전차선의 유효 길이[m]

이 경우 드로퍼와 곡선당김금구를 정상 위치에서 이동하게 만들며, 곡선당김금구에 작용하는 원심력도 증가하게 된다.

### (3) 집전특성의 해석

팬터그래프와 전차선 사이의 접촉력 패턴은 동역할적 운동에 있어 가장 중요한 요소가 된다. 접촉력은 사용하는 팬터그래프로서 측정할 수 있으며 통계학적인 평균값과 표준편차, 최대, 최소값을 가지고 평가할 수도 있다.

팬터그래프와 더불어 전차선로가 하나의 진동 가능한 시스템을 형성하게 되며 이들 요소들은 각각 독립적으로 접근이 불가능하다.

#### 1) 파동전파속도

팬터그래프는 움직이면서 전차선을 파동, 변형시켜 동요하게 하고 이로 인한 파동은 전차선로를 따라 전파되며 이를 "파동전파속도"라고 한다. 만약 팬터그래프의 속도가 이 파동전파속도 이상이 되면 전차선은 강체와 같은 성질을 갖게 되어 접촉력이 비정상적으로 커지게 되므로 팬터그래프와 전차선에 큰 충격을 주어 둘 중 한쪽이 손상되거나 둘 다 손상될 수도 있다. 따라서 전차선의 파동전파속도는 정상적인 집전이 일어날 수 있는 최대속도를 알 수 있게 한다.

파동전파속도 $C$ 를 나타내는 식은,

$$C = \sqrt{\frac{T}{\rho}} = \sqrt{\frac{\delta F}{\delta f}} \text{ [m/s]} \tag{3-10}$$

여기서, $T$ : 전차선의 장력 [N]

$\rho$ : 전차선의 단위질량 [kg/m]

$\delta F$ : 전차선의 응력 [$N/m^2$]

$\delta f$ : 전차선의 단위길이당 단면질량 [$kg/m \cdot m^2$]

식 (3-10)에서 알 수 있는 바와 같이 가선의 형태(전차선의 종류)가 정해지면 파동전파속도는 주로 장력에 의해 영향을 받는다. 실제에 있어서는 파동전파속도의 80[%] 정도가 전철의 최대허용속도로 추정된다.

한편 전차선로의 동요 및 이에 따른 영향은 팬터그래프의 수량에 따라 상황이 바뀌게 된다. 팬터그래프의 숫자를 많이 설치하게 되면 고속으로 운행할 때에는 연속적으로 팬터그래프가 지나감에 따라 뒤이어 오는 팬터그래프의 집전율을 저하시키게 되는데 이는 앞서 지나간 팬터그래프에 의한 가선의 진동상태가 뒤이어 오는 팬터그래프의 초기상태가 되어 진동을 더욱 크게 하기 때문이다.

**2) 전차선의 압상량**

일반적으로 팬터그래프가 전차선에 원활히 접촉하기 위해서는 가선의 균일화(등고, 등장력, 등요)가 필요하며 전차선로 질량의 경량화와 팬터그래프의 등가질량의 경량화 등이 요구되나 팬터그래프와 전차선로의 질량이 줄어들면 압상량이 증가한다.

따라서 팬터그래프의 질량을 최대한 작게 하면서 집전 성능을 향상시켜야 하므로 전기철도에서는 전차선로와 차량의 부합성이 대단히 중요하다. 전차선로의 속도 향상은 파동전파속도의 향상에 있으며 이는 전차선의 장력에 비례하고 단위중량에 반비례하므로 장력을 높이든지 전차선의 중량을 가볍게 할 필요가 있으나 장력을 높이면 전선의 안전율에 한계가 있으며, 전차선의 중량 감소는 전기차 운전에 필요한 전류용량에 문제점이 있다. 그러므로 이들 두 가지를 같이 생각하여야 하며 여기에 팬터그래프와의 관계를 고려하여야 한다.

**① 정적 압상량**

정적 압상량은 팬터그래프의 접촉력과 탄성률의 평균값에 기초하여 계산될 수 있으며 실제로 이는 저속으로 운전시 관찰할 수 있고 운행속도가 증가하면 동적영향이 정적 압상에 보태어진다.

ⓐ 경간 중앙에서의 전차선 압상량

그림에서와 같은 현의 하중점의 압상량 $y$는

$$y = \frac{\left(\frac{S}{T} - \frac{X}{T}\right) \cdot \frac{X}{T} \cdot P}{\frac{S}{T}} \text{ [m]} \tag{3-11}$$

여기서, $y$ : 하중점의 압상량[m], $T$ : 현의 장력[N], $S$ : 경간[m]
$P$ : 압상력[N], $X$ : 지지점에서 하중점까지 거리[m]

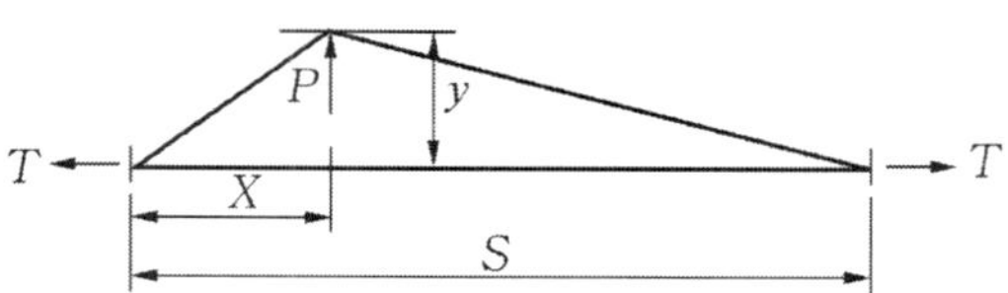


이 경우는 현이 1개일 경우이고 실제 전차선로는 조가선 및 때에 따라 보조조가선 등의 2~3개로 구성되어 있으나 이를 그냥 적용하여도 무방하며 단지 장력($T$)는 가선 총 장력으로 하면 된다.

ⓑ 지지점에서의 전차선 압상량

$$y = \frac{P \times S}{T_t} \times \frac{1 + \dfrac{T_m}{T_t}}{2 \times (1 + 2n\dfrac{T_m}{T_t})} \text{ [m]} \tag{3-12}$$

여기서, $n$ : 행거 개수　　　　　　$S$ : 경간(지지점 간격)[m]

$T_t$ : 전차선 장력[N]　　　$T_m$ : 조가선 장력[N]

기타는 경간 중앙부에서와 같다.

② **동적 압상량**

가선의 진동은 가선 형태가 단순하여도 생기며 매우 복잡하다. 따라서 가선 진동의 개요를 확인하는 것은 가선 진동의 본질을 파악하고 동시에 가능한 한 단순한 모델로 표현하는 것이 중요하다. 이 관점에서 가선을 양단 지지의 단순한 현이 아닌 경우의 동작을 나타내는 파동방정식은

$$\frac{\sigma^2 \cdot y}{\sigma \cdot t^2} - C^2 \frac{\sigma^2 \cdot y}{\sigma \cdot t^2} = \frac{P}{\sigma} \cdot \sigma^2 \cdot (x - V_t) \tag{3-13}$$

여기서, $P$ : 압상력[N]

$V$ : 주행속도[m/s]

$\sigma$ : 현의 선 밀도

$t$ : 현의 장력[N]

$S$ : 경간[m]

$C$ : 파동전파속도[m/s]

여기서 초기조건을 $y$(○, ×), $\dfrac{\sigma y}{\sigma t}$(○, ×)로 한 후 라플라스변환과 푸리에변환을 적용 정리하면

$$y = \frac{2P}{\sigma S} \cdot \sum_{n=1}^{\infty} \sin\frac{n\pi}{S} \cdot X\left(\frac{\sin\beta_{nt}}{\alpha^2{}_n - \beta^2{}_n} - \frac{V}{C} \cdot \frac{\sin\alpha_{nt}}{\alpha^2{}_n - \beta^2{}_n}\right) \qquad (3-14)$$

$$\alpha_n = \frac{n\pi C}{S}, \qquad \beta_n = \frac{n\pi V}{S}$$

식 (3-14)는 점 하중 $P$가 $X=0$에서 $X=S$까지 이동할 때 $y$의 변위를 나타낸다. 전차선의 동적 압상량은 시속 100[km] 미만의 구간에서는 전차선 정적 압상량의 3배 이상으로 계산한다.

## 3.2.2 전압강하

### (1) 직류 전압강하

#### 1) 합성저항

직류 전차선로의 전압강하 계산에 필요한 도체저항은 도체 온도를 20[℃]로 하고 레일의 누설전류는 30[%]로 하고 있다.

직류 전차선로의 전류회로는 다음과 같이 된다.

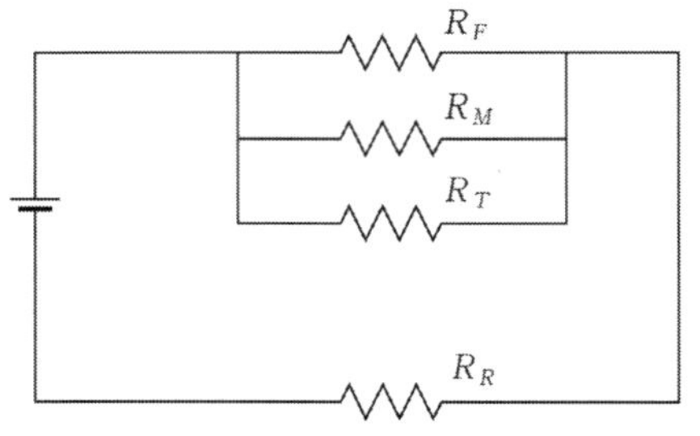


$R_F$ : 급전선의 저항
$R_M$ : 조가선의 저항
$R_T$ : 전차선의 저항
$R_R$ : 레일의 저항

▶그림 3.16◀ 전류회로

그러므로 전차선로의 합성 저항은 다음과 같다.

$$\text{전차선로의 저항} = \frac{1}{\frac{1}{R_F} + \frac{1}{R_M} + \frac{1}{R_T}} + R_R \qquad (3-15)$$

### 2) 전압강하 계산

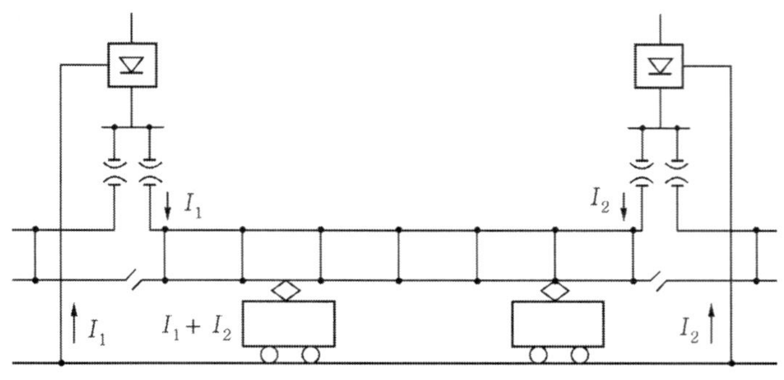


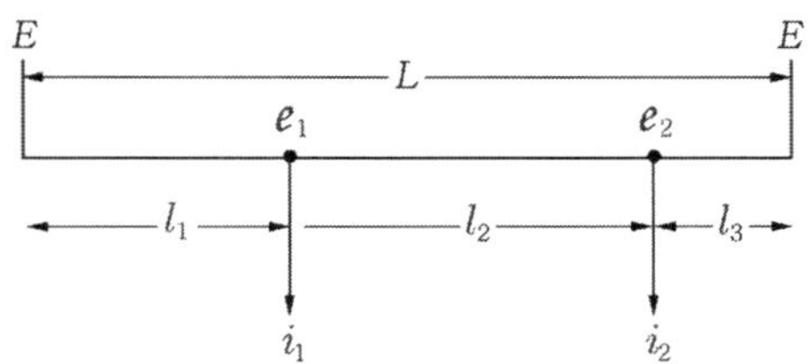


▶그림 3.17◀ 직류 급전회로

① 단독급전방식

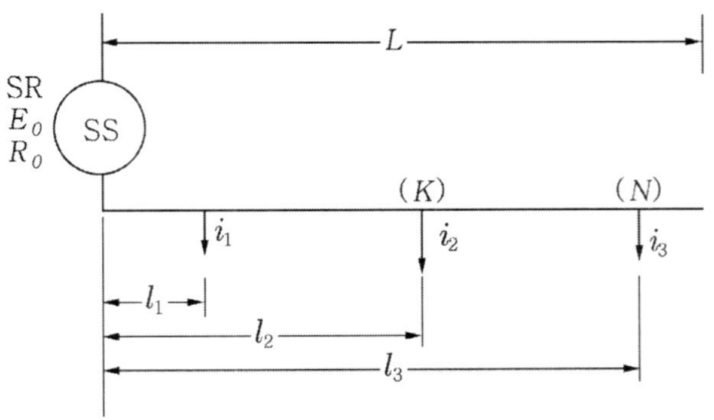


▶그림 3.18◀ 단독급전방식의 부하 분포

㉠ 변전소에서 임의의 거리에 있는 전기차 부하($K$)는 변전소 내부 전압강하를 $e_s$ 라 하면

$$e_s = R_0 (i_1 + i_2 + .... + i_n) = R_0 \sum i = R_0 I_0 \tag{3-16}$$

㉮ K점까지의 전차선로 전압강하를 $e_k$라 하면

$$e_k = r\{i_1 l_1 + i_2 l_2 + \cdots + i_k l_k + l_k(i_{k+1} + \cdots + i_n)\}$$
$$= r\left(\sum_{j=1}^{k} i_j l_j + l_k \sum_{j=k+1}^{n} i_j\right) \quad (3-17)$$

K점의 전차선 전압 $E_k$ 는

$$E_k = E_0 - (e_s + e_k) = E_0 - I_0 R_0 - e_k \quad (3-18)$$

여기서, $E_0$ : 변전소 무부하 전압 [V]

$I_0$ : 변전소 전류 [A]

$R_0$ : 변전소 내부저항 [R]

$r$ : 전차선로 저항 [Ω/km]

$i$ : 각 지점의 부하전류 [A]

$l$ : 변전소에서 각 부하점까지 거리 [km]

※ 변전소 내부저항은 실리콘정류기 6000[kW]일 때 0.03[Ω]
급전회로가 복선 이상일 때 $I = \sum I_0$ 이다.

㉯ 변전소 내부 전압강하의 개략 값은, 변전소 내부저항을 잘 알지 못할 때에는 일반적으로 전철용 변전소의 전압변동률이 용량 기준으로 8[%] 정도이므로

변전소 용량 $W_s = EI_n$ (3-19)

부하 출력 $W_t = EI_0$ (3-20)

여기서, $E$ : 표준 정격전압(1500[V])

$I_n$ : 정격전류

$I_0$ : 부하전류

변전소 내부 전압강하 $e_s$의 개략 값은

$$e_s = 1{,}500[\mathrm{V}] \times \frac{W_t}{W_s} \times 0.08 = 120 \times \frac{I_0}{I_n}[\mathrm{V}] \quad (3-21)$$

㉡ 변전소에서 가장 먼 거리에 있는 전기차 부하($N$)는 변전소 내부 전압강하를 $e_s$ 라 하면

$$e_s = I_0 R_0 \quad (3-22)$$

㉮ 전차선로 전압강하를 $e_n$라 하면

$$e_n = r(i_1 l_1 + i_2 l_2 + \cdots + i_k l_k + \cdots + i_n l_n) = r\sum_{j=1}^{n} i_j l_j \tag{3-23}$$

N점의 전차선 전압 $E_n$는

$$E_n = E_0 - (e_s + e_n) = E_0 - I_0 R_0 - e_n \tag{3-24}$$

② 병렬급전방식(양변전소의 무부하 급전전압과 내부저항이 같을 때)

일반적으로 병렬로 급전되는 변전소는 무부하 급전전압과 전압변동률이 거의 같도록 계획되고 있기 때문에 동일 용량의 변전소의 경우에는 내부저항이 거의 같다.

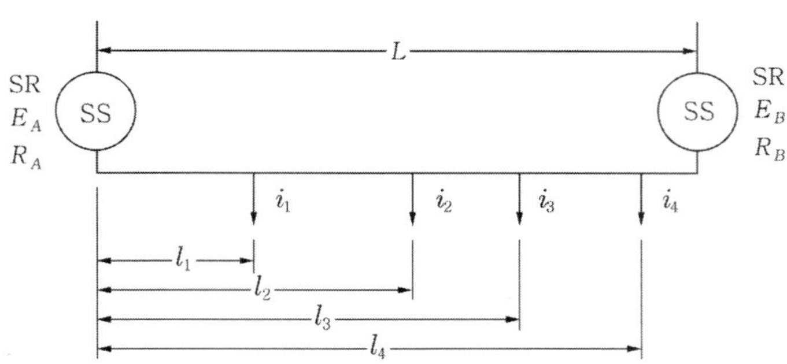


▶그림 3.19◀ 병렬급전방식의 부하 분포 예

㉠ A 변전소에서 임의의 거리에 있는 전기차 부하($K$)는

$$E_A = E_B = E_0\ , \quad R_A = R_B = R_0$$

㉡ A 변전소 내부 전압강하 $e_{AS}$ , A 변전소 분담전류 : $I_A$

$$I_A = \frac{(R_0 + rL)\sum_{j=1}^{n} i_j - r\sum_{j=1}^{n} i_j l_j}{R_{SL}} \tag{3-25}$$

여기서, $R_{SL} = 2R_0 + rL$, $e_{AS} = R_A I_A$ 이다.

㉢ B 변전소 분담전류 $I_B$는

$$I_B = \frac{R_0\sum_{j=1}^{n} i_j + r\sum_{j=1}^{n} i_j l_j}{R_{SL}} \tag{3-26}$$

㉣ A 변전소에서 임의의 거리에 있는 전기차($K$)까지의 전압강하 $e_{AK}$는

$$e_{AK} = r\left(\sum_{j=1}^{k-1} i_j l_j + i_k l_k\right) \tag{3-27}$$

여기서, $i_k = \dfrac{(R_0 + rL)\sum i_j - R_0 \sum i_j - r\sum i_j l_j}{R_{SL}}$

㉤ K점의 전차선 전압

$$E_k = E_A - (e_{AS} + e_{AK}) = E_0 - e_{AS} - e_{AK} \tag{3-28}$$

여기서, $E_A$, $E_B$ : 변전소 무부하 전압[V]

$I_A$, $I_B$ : 변전소 전류 [A]

$R_A$, $R_B$ : 변전소 내부저항[R]

$r$ : 전차선로 저항 [Ω/km]

$l$ : 변전소에서 각 부하점까지 거리 [km]

$L$ : 변전소 간격[km]

③ 병렬급전방식(별해)

총 전압강하는 급전회로 내의 전압강하와 변전소 기기(변압기, 정류기)의 전압강하의 합으로 하여 구한다.

변전소의 무부하 전압($V$)을 일정한 것으로 하면

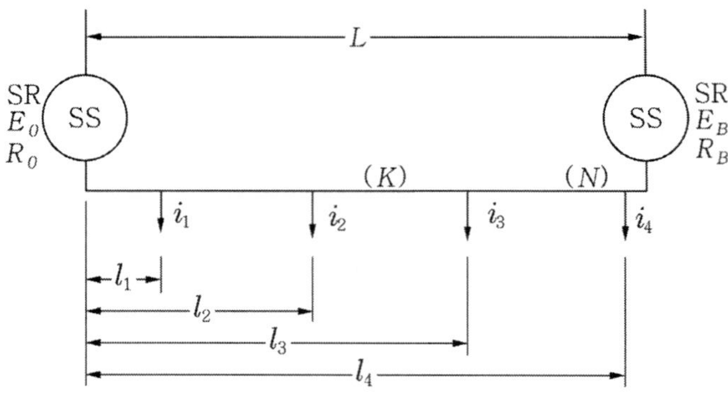


▶그림 3.20◀ 병렬급전방식의 부하 분포 예

변전소에 부하가 걸렸을 때 공급되는 전압($V_s$)은

$$V_s = V\left\{1-\left(\phi \times \frac{I_0}{I_n}\right)\right\} \tag{3-29}$$

여기서, $I_0$ : 변전소에 걸리는 전부하전류

$I_n$ : 변전소의 정격전류

$\phi$ : 변전소의 정격부하에 대한 전압변동률

전차선로의 전압강하($V_L$)는

$$V_L = I \times R \times l\,[\mathrm{V}] \tag{3-30}$$

여기서, $I$ : 부하전류

$R$ : 전차선로 합성저항

$l$ : 변전소에서 부하까지 거리

전차선로의 최저 전차선전압($V_0$)은

$$V_0 = V_S - V_L\,[\mathrm{V}] \tag{3-31}$$

④ 연장(loop)급전방식

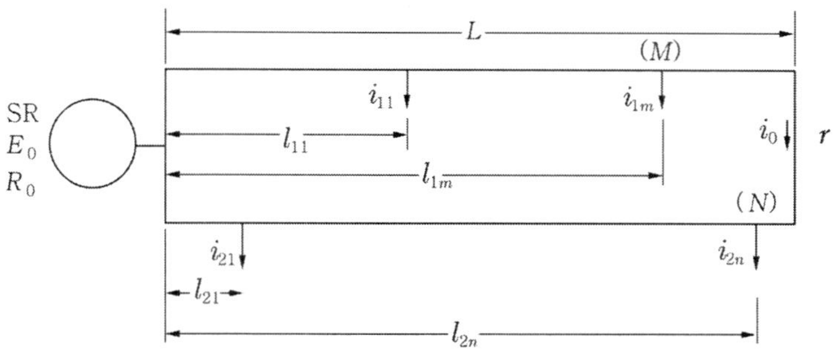


▶그림 3.21◀ 연장(loop)급전방식의 부하 분포 예

㉠ 변전소 내부 전압강하 : $e_s$

$$e_s = R_0\left(\sum_{j=1}^{m} i_{1j} + \sum_{j=1}^{n} i_{2j}\right) \tag{3-32}$$

M점, N점까지의 전차선로 전압강하 : $e_m$, $e_n$

$$e_m = r\left(\sum_{j=1}^{m} i_{1j} l_{1j} + I_0 l_{1m}\right) \quad (3-33)$$

$$e_n = r\left(\sum_{j=1}^{n} i_{2j} l_{2j} - I_0 l_{2n}\right) \quad (3-34)$$

단, $E_M > E_N$

$$I_0 = \frac{1}{2L}\left(\sum_{j=1}^{n} i_{2j} l_{2j} - \sum_{j=1}^{m} i_{1j} l_{1j}\right) \quad (3-35)$$

M점, N점의 전차선 전압 : $E_M$, $E_N$

$$E_M = E_0 - (e_s + e_m) \quad (3-36)$$

$$E_N = E_0 - (e_s + e_n) \quad (3-37)$$

여기서, $E_0$ : 변전소 무부하전압[V]
$E_M$ : M점의 전차선전압[V]
$E_N$ : N점의 전차선전압[V]
$I_0$ : 전차선 전류[A]
$R_0$ : 변전소 내부저항 $R$
$r$ : 전차선로 저항[Ω/km]
$i$ : 각 지점의 부하전류[A]
$l$ : 변전소에서 각 부하점까지 거리[km]

### (2) 교류 전압강하

#### 1) 선로정수

교류 전차선로의 전압강하를 계산할 때 선로정수는 직류 전차선로와 같이 저항분만 가지고는 안되고 전차선로의 대지 귀선으로 자기임피던스와 각 전선 상호간에 생기는 상호임피던스를 고려하여야 한다.

교류 전차선로 회로의 임피던스는 일반 3상 송전선과 다르고 귀선이 레일을 따라 대지에 접속되는 1선접지불평형 회로이다.

① 자기임피던스 : $Z$

지표상 가선된 전선의 대지 귀로 자기임피던스($Z$)는 전선 고유의 내부임피던스($Z_i$)와 가선의 지표상 높이와 대지 도전율 등에 따라서 변화하는 외부임피던스($Z_s$)의 합으로 구해진다. 즉, 가공전선의 대지 귀로 임피던스는 식 (3-38)과 같이 된다.

$$Z = Z_s + Z_i \ [\Omega/\text{km}] \tag{3-38}$$

② **외부임피던스 : $Z_s$**

일반적으로 지표에서 $h$[cm] 높이에 가선된 도체 반지름 $r$[cm]의 대지 귀로 외부임피던스($Z_s$)는 Carson–Pollaczek의 외부임피던스 산출 공식을 이용하여 계산한다.

$$Z_s = \left\{ w\left(\frac{\pi}{2} - \frac{4x}{3\sqrt{2}}\right) + jw\left(4.605 \times log_{10}\frac{4h}{rx} + \frac{4x}{3\sqrt{2}} - 0.1544\right)\right\} \times 10^{-4} [\Omega/\text{km}]$$

또는

$$Z_s = \left\{ w\left(\frac{\pi}{2} - \frac{4x}{3\sqrt{2}}\right) + jw\left(2 \times log_e\frac{4h}{rx} + \frac{4x}{3\sqrt{2}} - 0.1544\right)\right\} \times 10^{-4} [\Omega/\text{km}] \tag{3-39}$$

$$w = 2\pi f \ , \quad x = 4\pi h\sqrt{2\sigma f}$$

여기서, $h$ : 지표에서 도체(전선)까지 평균 높이[cm]
$r$ : 도체 반지름[cm]
$\sigma$ : 대지 도전율[emu]
$f$ : 주파수[Hz]

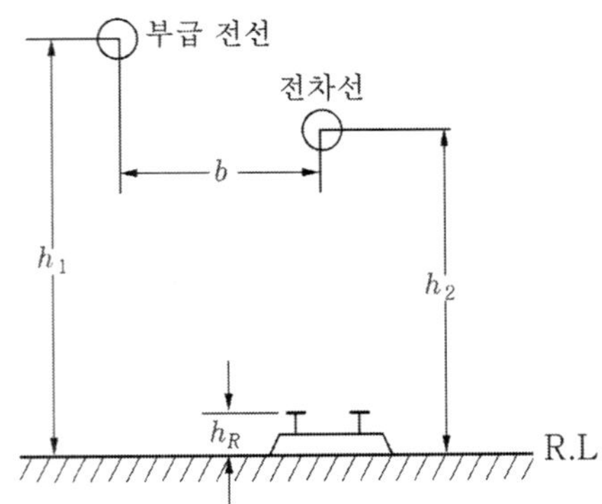


▶그림 3.23◀ 교류 전철 단선 구간의 전차선로

③ **내부임피던스 : $Z_i$**

전선의 내부임피던스($Z_i$)는 아래와 같다.

$$Z_i = R_i + jwL_i [\Omega/\text{km}] \tag{3-40}$$

$$L_i = \frac{\mu}{2} \times 10^{-4} [\text{H/km}] \tag{3-41}$$

여기서, $\mu$ : 전선의 비유전율

$R_i$ : 전선의 고유저항 [Ω]

$L_i$ : 전선 내부 유도계수 [H]

④ **상호임피던스 : $Z_M$**

지표상 높이가 $h_1$, $h_2$[cm]이고 수평 거리가 b[cm]인 두 도체간에 상호임피던스 $Z_M$은 Carson-Pollaczek의 상호임피던스 산출 공식을 이용하여 계산한다.

$$Z_M = \left[ w\left\{ \frac{\pi}{2} - \frac{4x'}{3\sqrt{2}}(h_1 + h_2) \right\} + jw\left\{ 4.065 \times log_{10} \frac{2}{x'\sqrt{b^2 + (h_1 - h_2)^2}} - 0.1544 + \frac{4x'}{3\sqrt{2}}(h_1 + h_2) \right\} \right] \times 10^{-4} \ [\Omega/\text{km}]$$

또는,

$$Z_M = \left[ w\left\{ \frac{\pi}{2} - \frac{4x'}{3\sqrt{2}}(h_1 + h_2) \right\} + jw\left\{ 2 \times log_e \frac{2}{x'\sqrt{b^2 + (h_1 - h_2)^2}} - 0.1544 + \frac{4x'}{3\sqrt{2}}(h_1 + h_2) \right\} \right] \times 10^{-4} [\Omega/\text{km}] \quad (3\text{-}42)$$

$$x' = 2\pi\sqrt{2\sigma f}$$

여기서, $h_1$ : 지표상에서 도체 (1)까지 평균 높이[cm]

$h_2$ : 지표상에서 도체 (2)까지 평균 높이[cm]

$b$ : 도체간 수평거리[cm]

⑤ **선로임피던스 : $Z_L$**

귀선 전류 대부분이 부급전선에 흐르는 것으로 생각한다면 임피던스는 전차선과 부급전선의 왕복 2회선으로 고려하여

$$Z_L = Z_T + Z_N - 2Z_{TN} + Z_B \ [\Omega/\text{km}] \quad (3\text{-}43)$$

여기서, $Z_T$ : 전차선의 자기임피던스[Ω/km]

$Z_N$ : 부급전선의 자기임피던스[Ω/km]

$Z_{TN}$ : 전차선과 부급전선의 상호임피던스[Ω/km]

$Z_B$ : 흡상변압기의 누설임피던스 [Ω/km]이 된다.

### 2) 단상 교류회로의 전압강하 계산

일반적으로 단상 교류회로의 전압강하는 다음과 같이 구할 수 있다.

$$V_s = \sqrt{\{V_r + I(R\cos\phi + X\sin\phi)\}^2 + \{I(X\cos\phi - R\sin\phi)\}^2} \quad (3-44)$$

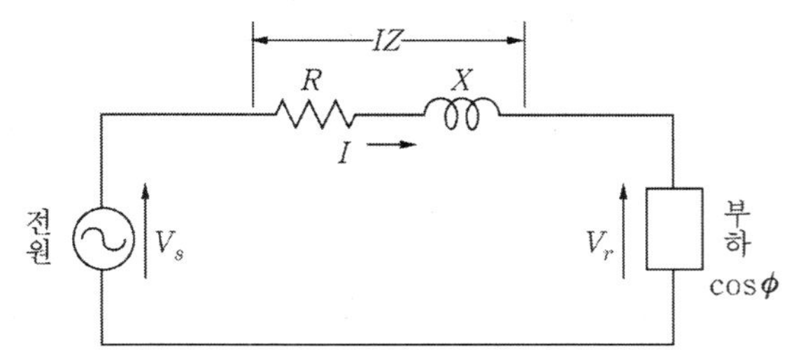


▶그림 3.24◀ 전압강하 계산 모델

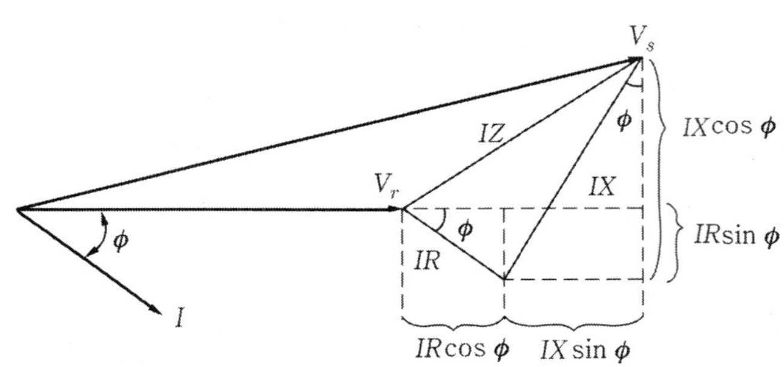


▶그림 3.25◀ 벡터도

식 (3-44)에서 $I^2(X\cos\phi - R\sin\phi)^2$은 극히 작으므로 무시하면

$$V_s \fallingdotseq V_r + I(R\cos\phi + X\sin\phi) \ [\mathrm{V}] \quad (3-45)$$

여기서, $V_s$ : 송전단 전압[V]

$I$ : 부하전류[A]

$V_r$ : 수전단 전압[V]

$\cos\phi$ : 전기차 부하역률

$R$, $X$ : 저항, 리액턴스

선로 전압강하($e_\ell$)는

$$e_\ell = V_s - V_r = I(R\cos\phi + X\sin\phi)\ [\mathrm{V}] \quad (3\text{-}46)$$

가 된다. 따라서 전차선로의 전압강하($V_L$)는

$$e_\ell = Z_L \sum_{j=1}^{n} I_j \cdot L_j\ [\mathrm{V}] \quad (3\text{-}47)$$

$$Z_L = R\cos\phi + X\sin\phi\ [\Omega/\mathrm{km}]$$

여기서, $I_j \cdot L_j$ : 변전소에서 1~$n$개 열차까지(부하전류) × (거리)의 누계

$\cos\phi$ : 전기차 부하 역률

전기차 부하 역률은 정류기식의 경우 실측 결과 정격값의 0.75~0.85 정도이며 전압강하의 계산에는 보통 0.8로 하고 있다.

### 3) BT(흡상변압기) 급전방식의 전압강하 계산

BT 급전회로의 전압강하를 검토할 때 BT와 레일의 누설임피던스를 무시한다. BT 급전방식은 전기차가 흡상변압기용 구분장치를 통과하기 직전과 직후 위치에 따라 레일과 부급전선(NF)을 흐르는 전류의 방향이나 구간이 변하는데 전기차 위치에서 본 회로 임피던스와 전압강하가 그림 3.26과 같이 변화한다.

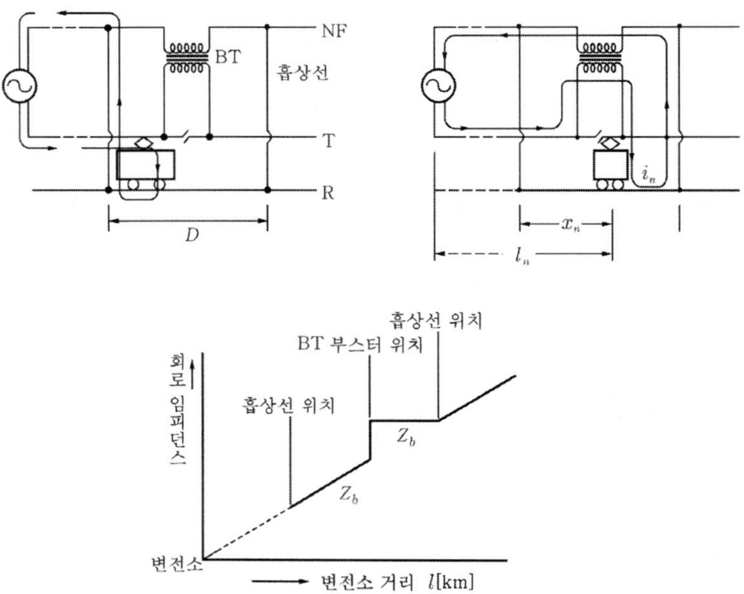


▶그림 3.26◀ BT급전회로의 선로임피던스 특성

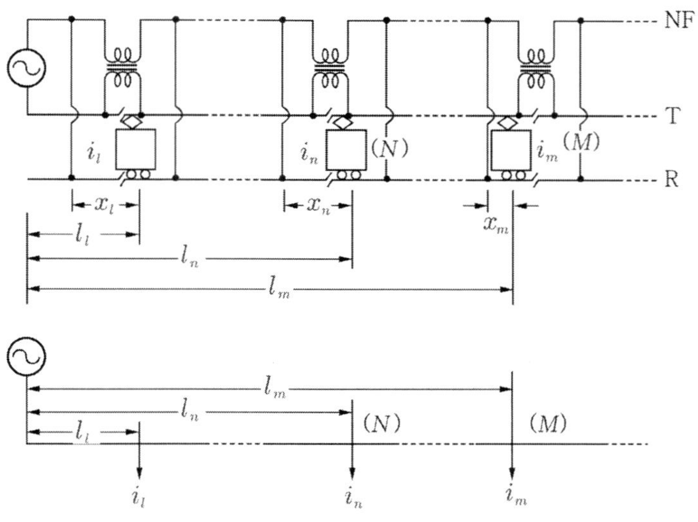


▶그림 3.27◀ BT급전방식의 열차가 많은 부하 예

열차가 많은 부하일 때 임의의 전기차까지 전차선로 전압강하를 구하려면 각각의 전기차 위치와 구분장치 및 흡상선의 상대 위치를 파악하지 않으면 안 되는데 계산이 복잡해지므로 실제는 단순한 단상회로로 계산하고 있다.

① 단독급전인 경우

BT 급전방식의 전압강하 계산은 전원과 변전소 내부 전압강하를 무시하고 있다.

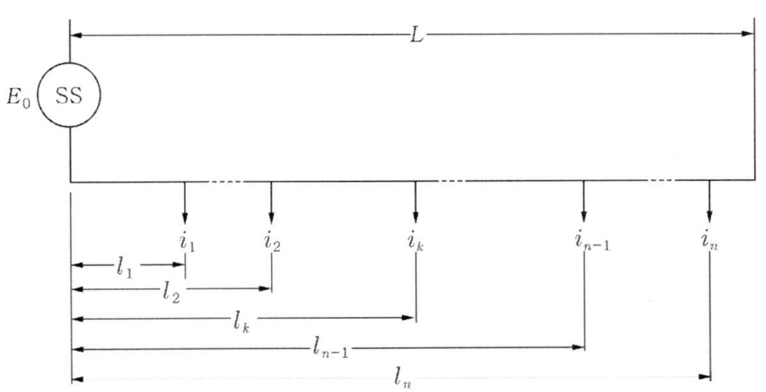


▶그림 3.28◀ 단독급전의 부하 분포

ⓐ 임의의 전기차 부하($K$)일 때, 전차선로 전압강하 : $e_k$

$$e_k = Z\{i_1 l_1 + i_2 l_2 + .... + i_k l_k + l_k (i_{k+1} + ... + i_n)\}$$

$$= Z(\sum_{j=1}^{k} i_j l_j + l_k \sum_{j=k+1}^{n} i_j) \text{ [V]} \qquad (3-48)$$

K점에 전차선 전압 : $E_k$

$$E_k = E_0 - e_k \text{ [V]} \qquad (3-49)$$

여기서, $E_0$ : 변전소 무부하전압[V]

$Z$ : 전차선로 1[A-km]당 전압강하[V/A-km]

$i$ : 각 점의 부하전류[A]

$l$ : 변전소에서 각 부하점까지 거리[km]

**표 3.4** 교류 전차선로(BT 급전방식)의 1[A-km]당의 전압강하 [V/A-km]

| 분 류 / 역 률 | 조가선의 선종 | | | |
|---|---|---|---|---|
| | 주파수 50 [Hz] | | 주파수 60 [Hz] | |
| | CdCu 60[mm²] | St 90[mm²] | CdCu 60[mm²] | St 90[mm²] |
| 0.75 | 0.634 | 0.683 | 0.719 | 0.796 |
| 0.80 | 0.612 | 0.666 | 0.688 | 0.766 |
| 0.85 | 0.580 | 0.629 | 0.644 | 0.711 |

※ • 역률은
- 직접형의 기관차와 전차 0.75~0.80
- 정류기형의 기관차와 전차 0.80~0.85

• 도체온도는 20[℃]로 한다.
• 흡상변압기는 4[km] 간격으로 설치하는 것으로 한다.
• 누설임피던스(단위 [km]당)에 대한 전압강하를 포함한다.

ⓑ 최말단 전기차 부하($N$)일 때, 전차선로 전압강하 : $e_n$

$$e_n = Z(i_1 l_1 + i_2 l_2 + \dots + i_k l_k + \dots + i_n l_n) = Z\sum_{j=1}^{n} i_j l_j \text{ [V]} \qquad (3-50)$$

점 N에 전차선 전압 : $E_n$

$$E_n = E_0 - e_n \text{ [V]} \qquad (3-51)$$

ⓒ 전차선로에 전압보상용 직렬콘덴서를 설치한 경우

전압강하를 경감하기 때문에 전차선로(NF와 PF)에 직렬콘덴서를 삽입하여 선로의 리액턴스를 보상하는 경우가 있다.

직렬콘덴서의 보상전압 : $V_c$

$$V_c = I_c \cdot X_c \sin\phi [\mathrm{V}] \tag{3-52}$$

여기서, $V_c$ : 직렬콘덴서 1[A-km]당의 전압보상값[V/A]

$I_c$ : 직렬콘덴서에 흐르는 전류[A]

$X_c$ : 직렬콘덴서의 용량[Ω]

전차선로 전압강하($e_k'$, $e_n'$)와 전차선 전압($E_K'$, $E_N'$)

$$e_k' = e_k - V_c\ [\mathrm{V}] \tag{3-53}$$

$$E_K' = E_K + V_c\ [\mathrm{V}] \tag{3-54}$$

$$E_N' = E_N + V_c\ [\mathrm{V}] \tag{3-55}$$

$$e_n' = e_n - V_c\ [\mathrm{V}] \tag{3-56}$$

**표 3.5 직렬콘덴서 1[A-km]당의 전압보상값[V/A]**

| 용 량 / 역 률 | 직렬 콘덴서의 용량 | | | | | | |
|---|---|---|---|---|---|---|---|
| | 2.0 | 2.5 | 3.3 | 5.0 | 6.6 | 10.0 | 13.3 |
| 0.75 | 1.32 | 1.65 | 2.18 | 3.30 | 4.36 | 6.61 | 8.80 |
| 0.80 | 1.20 | 1.50 | 1.98 | 3.00 | 3.96 | 6.00 | 7.98 |
| 0.85 | 1.05 | 1.32 | 1.75 | 2.65 | 3.50 | 5.30 | 7.05 |

② 루프 급전인 경우

ⓐ 변전소에서 M점, N점까지의 전차선로 전압강하 : $e_m$, $e_n$

$$e_m = Z\sum_{j=1}^{m} i_j l_j + I_0 Z l_{1m}\ [\mathrm{V}] \tag{3-57}$$

$$e_n = Z\sum_{j=1}^{n} i_{1j} l_{1j} - I_0 Z l_{1n}\ [\mathrm{V}] \tag{3-58}$$

단, $E_M > E_N$

$$I_0 = \frac{E_M - E_N}{2LZ} = \frac{1}{2L}\left(\sum_{j=1}^{n} i_{2j} l_{2j} - \sum_{j=1}^{m} i_{1j} l_{1j}\right)\ [\mathrm{A}] \tag{3-59}$$

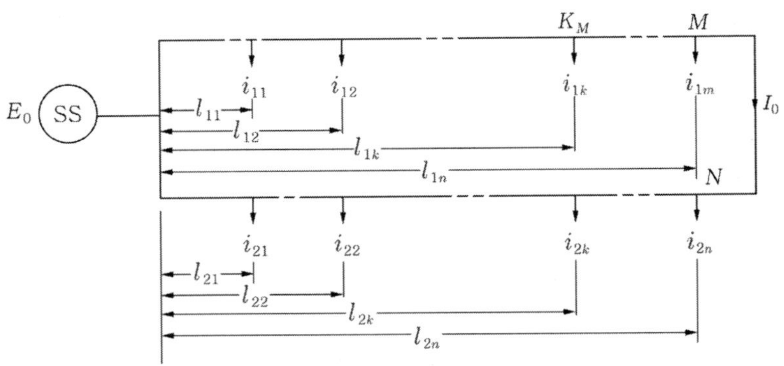


▶그림 3.29◀ 루프 급전의 부하분포

ⓑ M, N점의 전차선 전압 : $E_M$, $E_N$

$$E_M = E_0 - e_m \text{ [V]} \tag{3-60}$$

$$E_N = E_0 - e_n \text{ [V]} \tag{3-61}$$

여기서, $E_0$ : 변전소 무부하전압[V]

$I_0$ : M점에서 N점에 흐른 순환전류[A]

$i$ : 각 점의 부하전류[A]

$l$ : 변전소에서 각 부하까지 거리[km]

$Z$ : 전차선로 1[A-km]당의 전압강하[V/A-km]

#### 4) AT(단권 변압기)급전방식의 전압강하 계산

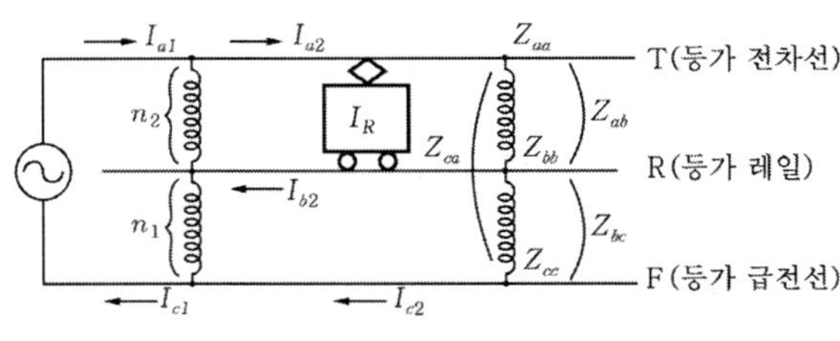


(a) 기본회로

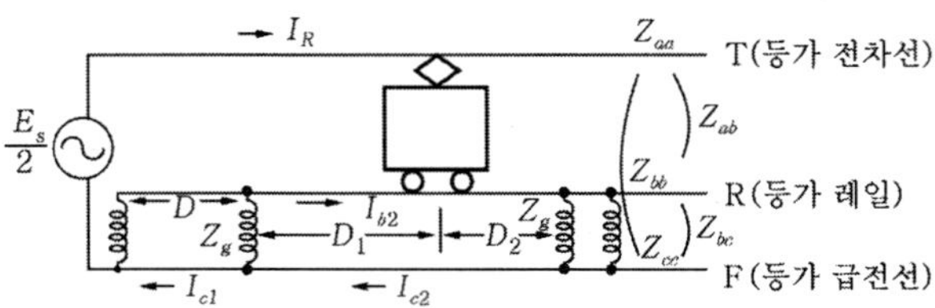


(b) 등가회로(전차선 전압측 환산)

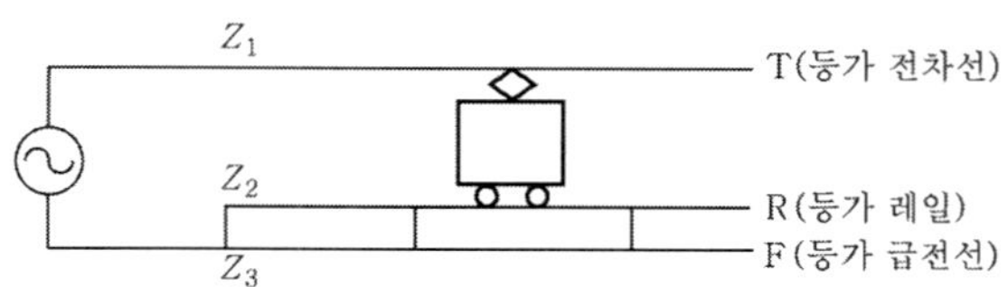


(c) (b)의 상호임피던스를 소거한 등가회로

▶그림 3.30◀ AT급전 방식의 등가 회로

AT방식 급전회로의 전압강하를 수작업으로 계산하여 검토할 때에는 AT와 레일의 누설임피던스를 무시한다.

전압강하 계산은 전원과 변전소 내부 전압강하를 무시하고 구한다.

① 임의의 전기차 부하($K$)의 경우

ⓐ 전차선로 전압강하 : $e_k$

$$e_k = Z_L(\sum_{j=1}^{k} i_j l_j + l_k \sum_{j=k+1}^{n} i_j) + Z_L{}'(1 - \frac{x_k}{D_k}) i_k x_k [\mathrm{V}] \qquad (3-62)$$

ⓑ K점에 있어서 전차선 전압 : $E_k$

$$E_k = E_0 - e_k [\mathrm{V}] \qquad (3-63)$$

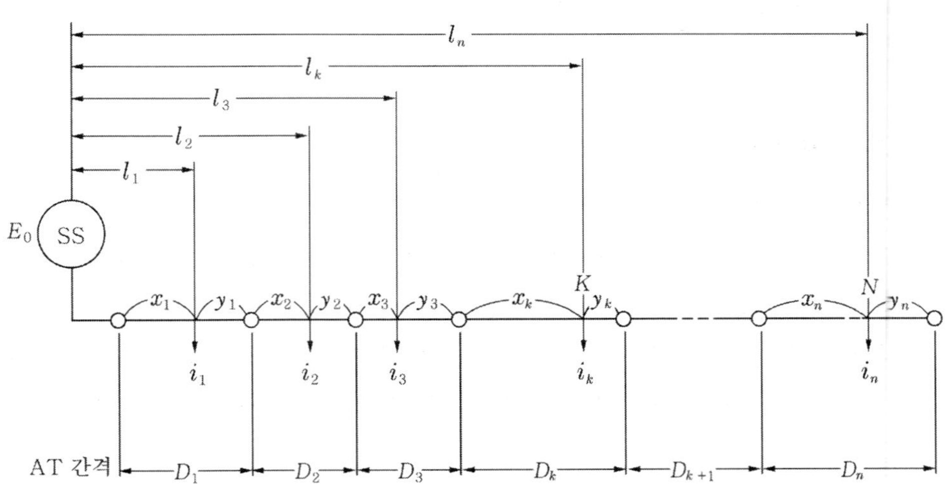


▶그림 3.31◀ 부하 분포

여기서, $E_0$ : 변전소 무부하전압(전차선 전압 25[kV]측 환산)[V]

$i$ : 각 점의 전기차 부하전류[A]

$l$ : 변전소에서 각 부하까지 거리[km]

$D$ : AT 설치 간격[km]

$Z_L$ : 전차선로 1[A−km]당의 전압강하[V/A−km]

$Z_L'$ : 전압강하 계산에 필요한 정수[V/A−km]

표 3.6 교류 전차선로(AT급전방식)의 $Z_L$과 $Z_L'$

| 항 목 / 역 률 | $Z_L$ [V/A−km] | | $Z_L'$ [V/A−km] | |
|---|---|---|---|---|
| | 주파수 50[Hz] | 주파수 60[Hz] | 주파수 50[Hz] | 주파수 60[Hz] |
| 0.75 | 0.199 | 0.222 | 0.388 | 0.452 |
| 0.80 | 0.194 | 0.215 | 0.365 | 0.424 |
| 0.85 | 0.187 | 0.205 | 0.337 | 0.390 |

※ • 역률은 직접형의 기관차와 전차 0.75∼0.80, 정류기형의 기관차와 전차 0.80∼0.85
- 도체의 온도는 20[℃]로 한다.
- AT 단권비 1:1, 전차선 전압 25[kV] 환산값
- 레일에 누설임피던스, AT의 누설임피던스는 무시

② 최말단 전기차 부하($N$)의 경우

ⓐ 전차선로 전압강하 : $e_n$

$$e_n = Z_L \sum_{j=1}^{n} i_j l_j + Z_L' \left(1 - \frac{x_n}{D_n}\right) i_n x_n \text{ [V]} \tag{3-64}$$

ⓑ N점에 있어서 전차선 전압 : $E_n$

$$E_n = E_0 - e_n \text{ [V]} \tag{3-65}$$

### 5) 고속철도 전차선로의 선로정수 계산

① 전차선로의 임피던스

교류 전차선로의 전압강하를 계산하는 경우의 선로정수는 직류 전차선로와 같이 저항분만이 아니고 자기 및 상호리액턴스를 고려해야 한다. 이 전선들의 자기 및 상호리액턴스는 전선의 선종, 배치 위치, 지상으로부터의 가선 높이, 대지 도전율 등에 의해 각종의 값을 갖게 되므로 일반적으로 전차선의 선종, 가선구조에 따라 다음과 같이 산출된다.

대지귀로자기임피던스($Z_s$)는 칼슨−폴라잭(Carson−Pallacjeck)의 외부임피던스 산출 공식에 의해 다음과 같이 표시한다.

$$Z_s = \left\{\omega\left(\frac{\pi}{2} - \frac{4x}{3\sqrt{2}}\right) + j\omega\left(2\log e\frac{4h}{rx} + \frac{4x}{3\sqrt{2}} - 0.1544\right)\right\} \times 10^{-4}$$

$$= R_s + jx_s (\Omega/\mathrm{km}) \tag{3-66}$$

ⓐ 전선의 내부임피던스($Z_i$)

$$Z_i = R_i + jwL_i (\Omega/\mathrm{km}) \tag{3-67}$$

ⓑ 가공전선의 대지귀로임피던스($Z$)

$$Z = Z_s + Z_i (\Omega/\mathrm{km}) \tag{3-68}$$

ⓒ 전선 간의 상호임피던스($Z_m$)

지표상의 높이 $h_1$, $h_2$의 두 수평거리 b로 가설된 두 도체 간의 상호임피던스는 칼슨–폴라잭(Carson–Pallacjeck)의 상호임피던스 산출공식에 따라 다음과 같다.

$$Z_m = \left[ w\left\{ \frac{\pi}{2} - \frac{4X'}{3\sqrt{2}}(h_1 - h_2) \right\} + jw\left\{ 2\log e \frac{2}{X'\sqrt{b^2 + (h_1 - h_2)^2}} - 0.1544 + \frac{4X'}{3\sqrt{2}}(h_1 + h_2) \right\} \right] \times 10^{-4}$$

$$= R_M + jX_M \, [\Omega/\mathrm{km}] \tag{3-69}$$

이상의 계산식을 이용하여 계산한다.

**② 합성 전차선의 선로정수 계산**

전차선의 대지귀로자기임피던스(Self Impedance)($Z_{sc}$)

ⓐ 전차선의 내부임피던스($Z_{ic}$)

$R = 0.1040 (\Omega/\mathrm{km})$

$wLi = 2\pi \times 60 \times 1/2 \times 10^{-4} = 0.01885$

$\therefore \; Z_{ic} = 0.1040 + j0.01885 (\Omega/\mathrm{km})$

ⓑ 전차선의 외부임피던스($Z_{sc}$)

$h = 603, \; r = 0.7745$

$X = 4\pi h \sqrt{2\sigma f} = 4\pi \times 603 \sqrt{2 \times 10^{-13} \times 60} = 0.02625$

$\frac{4X}{3\sqrt{2}} = \frac{0.105}{4.2426} = 0.02475$

$\frac{4h}{rx} = \frac{4 \times 603}{0.7745 \times 0.02625} = 118638.75$

$$\therefore Z_{sc} = \Big\{377(\frac{\pi}{2} - 0.02475)$$

$$+ j377(2\log e118638.75 + 0.2475 - 0.1544)\} \times 10^{-4}$$

$$= 0.0583 + j0.8761(\Omega/\text{km})$$

ⓒ 전차선의 대지귀로임피던스 $Z_{sc} = Z_{ic} + Z_{sc} = 0.1623 + j0.0895$

조가선의 대지귀로자기임피던스에는 내부임피던스와 외부임피던스가 있다.

ⓓ 조가선의 내부임피던스($Z_{im}$) $Z_{im} = 0.276 + j0.1885(\Omega/\text{km})$

ⓔ 조가선의 외부임피던스($Z_{sm}$)

등가 높이 $hm = 743 - \frac{2}{3}\frac{0.7103 \times 50^2}{8 \times 1428} \times 100 = 742.90(\text{cm})$

$$r = 0.575(\text{cm})$$

$$X = 4\pi \times 742.9\sqrt{2 \times 10^{-13} \times 60} = 0.03234$$

$$\frac{4X}{3\sqrt{2}} = 0.0305$$

$$\frac{4h}{rx} = 159802.1$$

$$\therefore Z_{sm} = 377(1.571 - 0.0305)$$

$$+ j377(2\log e159802.1 + 0.0305 - 0.1544) \times 10^{-4}$$

$$= 0.0581 + j0.8987(\Omega/\text{km})$$

ⓕ 조가선의 대지귀로임피던스

$Z_{SM} = Z_{im} + Z_{sm} = 0.3341 + j0.9176(\Omega/\text{km})$

ⓖ 전차선과 조가선의 상호임피던스

전차선의 높이 $h_2 = 603$, 조가선의 높이 $h_1 = 743$

$x' = 2\pi\sqrt{2\sigma f} = 2.1766 \times 10^{-5}$

$\frac{4x'}{3\sqrt{2}} = 2.0521 \times 10^{-5}$

$$Z_{MCM} = [\{377(1.571 - 2.052 \times 10^{-5} \times 1346)$$

$$+ j377(2\log e\frac{2}{2.1766 \times 10^{-5}\sqrt{1402}}$$

$$- 0.1544 + 2.052 \times 10^{-5} \times 1346\}] \times 10^{-4}$$

$$= 0.0582 + j0.4843(\Omega/\text{km})$$

ⓗ 등가 전차선의 대지귀로자기임피던스

등가임피던스 $Z_{SC} = \dfrac{Z_{SC} \cdot Z_{SM} - Z^{2}{}_{MCM}}{Z_{SC} + Z_{SM} - 2Z_{MCM}}$

$$Z_{SCM} = \frac{(0.1623 + j0.895)(0.3341 + j0.9176) - (0.0582 + j0.4843)^2}{(0.1623 + j0.895) + (0.3341 + j0.9176) - 2(0.0582 + j0.4843)}$$

$$= \frac{0.12683 + j0.6011}{0.85674} = 0.1480 + j0.7016$$

③ 레일과 가공보호선의 대지귀로자기임피던스

ⓐ 레일의 대지귀로자기임피던스

레일의 등가저항 $R = 0.0126(\Omega/\text{km})$ 단, 궤도종별 60N(누설전류 10%)

레일의 비중 : 7.86

단면적 $100X \times 7.86 = 60,000$

$\therefore\ A = 76.34(\text{cm}^2)$

$h = 60(\text{cm})$

$r = \sqrt{76.34/\pi} = 4.93(\text{cm})$

$X = 4\pi 60\sqrt{12} \times 10^{-6} = 0.00261$

$\dfrac{4x}{3\sqrt{2}} = 0.00246$

- 레일의 내부임피던스($Z_{ir}$) $Z_{ir} = 0.0126 + j1.885(\Omega/\text{km})$
- 레일의 외부임피던스($Z_{sr}$)

$$Z_{sr} = \{377(1.571 - 0.00246) + j377(2\log e18651.93 + 0.00246 - 0.1544)\} \times 10^{-4}$$
$$= 0.0591 + j0.7357(\Omega/\text{km})$$

- 레일의 대지귀로임피던스($Z_{SR}$) $Z_{SR} = 0.0717 + j2.6207(\Omega/\text{km})$

ⓑ 가공보호선의 대지귀로자기임피던스($Z_{SP}$)

- 내부임피던스($Z_{ir}$)

ACSR 93.3($\text{mm}^2$)의 전기저항 $r = 0.452(\Omega/\text{km})$

$Z_{ir} = 0.452 + j0.01885(\Omega/\text{km})$

- 외부임피던스($Z_{sr}$)

높이 $h_0 = 645(\text{cm})$, $W = 0.437(\text{rg/m})$

등가높이 $h=645-\frac{2}{3}\frac{0.437\times 50^2}{8\times 740}\times 100=632.7(\text{cm})$

$X=4\pi\times 632.7\sqrt{2\sigma f}=2.177\times 10^{-5}$

$\frac{4x}{3\sqrt{2}}=0.02597$

$$Z_{sr}=\{377(1.571-0.02597)$$
$$+j377(2\log e\,203308.46+0.02597-0.1544)\}\times 10^{-4}$$
$$=0.0582+j0.9167(\Omega/\text{km})$$

- 가공보호선의 대지귀로자기임피던스($Z_{sp}$)

  $Z_{sp}=0.5102+j0.9356(\Omega/\text{km})$

ⓒ 레일과 가공보호선과의 상호임피던스($Z_{HRP}$)

$h_1+h_2=632.7+60=692.7$

$h_1-h_2=572.7$

수평거리 $b=342$

$$Z_{HRP}=\Big[377\{1.571-2.0525\times 10^{-5}\times 692.7\}$$
$$+j377\Big\{2\log e\frac{2}{2.177\times 10^{-5}\sqrt{342^2+572.7^2}}$$
$$-0.1455+2.052\times 10^{-5}\times 692.7\Big]\times 10^{-4}$$
$$=0.0587+j0.3661(\Omega/\text{km})$$

ⓓ 레일과 가공보호선의 합성 대지귀로자기임피던스

- 등가 합성임피던스($Z_{SRP}$)

$$Z_{SRP}=\frac{Z_{SR}\cdot Z_{SP}-Z_{SRP}^2}{Z_{SR}+Z_{SP}+2Z_{MRP}}$$
$$=\frac{(0.0717+j2.6207)(0.5102+j0.9356)-(0.0587+j0.3661)^2}{(0.0717+j2.6207)+(0.5102+j0.9356)-2(0.0587+j0.3661)}$$
$$=\frac{2.78437+j7.0747}{8.19074}=0.3399+j0.8637(\Omega/\text{km})$$

### ④ 급전선의 대지귀로임피던스

ⓐ 급전선의 자기임피던스

- 내부임피던스($Z_{kf}$)

  전기저항 $R=0.12(\Omega/\text{km})$

$jWLi = 0.01885$

$\therefore Z_{kf} = 0.12 + j0.01885(\Omega/\text{km})$

- 외부임피던스($Z_{sf}$)

급전선의 등가높이 $h = 890 - \frac{2}{3}\frac{1.107 \times 50^2}{8 \times 1230} \times 100 = 871.3(\text{cm})$

전선의 반경 $r = 1.1025$

$x = 4\pi \times 871.3\sqrt{12} \times 10^{-6} = 0.0379$

$\frac{4x}{3\sqrt{2}} = 0.03576$

$$Z_{sf} = \{377(1.571 - 0.03576) + j377(2\log e 83408.42 + 0.03576 - 0.1544)\} \times 10^{-4}$$
$$= 0.0579 + j0.8499(\Omega/\text{km})$$

- 급전선의 대지귀로자기임피던스($Z_{MFR}$)

$h_1 + h_2 = 871.3 + 60 = 931.3(\text{cm})$

$h_1 - h_2 = 811.3(\text{cm})$

$x' = 2\pi\sqrt{2\sigma f} = 2.1766 \times 10^{-5}$

$\frac{4x}{3\sqrt{2}} = 2.0521 \times 10^{-5}$

$$Z_{MFR} = [377\{1.571 - 2.0521 \times 10^{-5} \times 931.3\} + j377\left\{2\log e\frac{2}{2.1766 \times 10^{-5}\sqrt{184^2 + 811.3^2}} - 0.1544 + 2.0521 \times 10^{-5} \times 931.3\right\}] \times 10^{-4}$$
$$= 0.0585 + j0.3496(\Omega/\text{km})$$

⑤ 급전선과 합성 전차선과의 상호임피던스

조가선의 높이 : 743(cm)

전차선의 높이 : 603(cm)

전차선과 조가선의 평균거리 $S_e = 129.64(\text{cm})$

$r = (0.7745 \times 0.575 \times 129.64^2)^{1/4} = 9.3(\text{cm})$

$he = hc + (\frac{hm}{hc + hm})Se = 603 + (\frac{743}{603 + 743}) \times 129.64 = 674.56$

급전선의 등가높이 : 871.3(cm)

$\therefore\ h_1 + h_2 = 871.3 + 674.56 = 1545.86(\text{cm})$

$h_1 - h_2 = 196.74(\text{cm})$

$b = 204(\text{cm})$

$x' = 2\pi\sqrt{2\sigma f} = 2.1766 \times 10^{-5}$

$\dfrac{4 \times 2.1766 \times 10^{-5}}{3\sqrt{2}} = 2.0521 \times 10^{-5}$

$$Z_{MFC} = [377\{1.571 - 2.0521 \times 10^{-5}\} + j377\left\{2\log e \frac{2}{1337.65 \times 10^{-5} \times \sqrt{204^2 + 196.74^2}} - 0.1544 + 2.0521 \times 10^{-5} \times 1545.86\right\}] \times 10^{-4}$$

$= 0.0580 + j0.4313(\Omega/\text{km})$

⑥ 등가 전차선과 등가 레일의 상호임피던스

$h_1 + h_2 = 871.3 + 674.56 = 1545.86(\text{cm})$

$h_1 - h_2 = 196.74(\text{cm})$

$x' = 2\pi\sqrt{\sigma f} = 2.1766 \times 10^{-5}$

$\dfrac{4 \times 2.1766 \times 10^{-5}}{3\sqrt{2}} \times 734.56 = 0.0151$

$$Z_{MCR} = \left[377\{1.571 - 0.0151\} + j377\left\{2\log e \frac{2}{1337.65 \times 10^{-5}} - 0.1544 + 0.0151 \times 10^{-4} - 0.1544 + 0.0151\right\}\right] \times 10^{-4}$$

$= 0.0586 + j0.3723(\Omega/\text{km})$

⑦ 급전회로의 선로정수

ⓐ 실회로와 임피던스

- 자기임피던스

  전차선: $Z_{SMC} = Z_{aa} = 0.1480 + j0.7016$

  레 일: $Z_{SRP} = Z_{bb} = 0.3399 + j0.8637$

  급전선 : $Z_{SF} = Z_{CC} = 0.1779 + j0.8687$

- 상호임피던스

  전차선과 레일간 : $Z_{MCR} = Z_{ab} = 0.0586 + j0.3723$

  급전선과 전차선간 : $Z_{MFC} = Z_{ca} = 0.0586 + j0.4313$

  레일과 급전선간 : $Z_{MFR} = Z_{bc} = 0.0585 + j0.3496$

ⓑ 등가회로로 변환시킨 임피던스

- 자기임피던스

전차선 : $Z_A = Z_{aa} = 0.1480 + j0.7016$

레　일 : $Z_B = Z_{bb} = 0.3399 + j0.8637$

급전선 : $Z_C = Zcc = 1/4(Z_{cc} + 2Z_{ca} + Z_{aa})$

$= 1/4(0.1779 + j0.8687 + 2(0.058 + j0.4313) + 0.1480 + j0.7016)$

$= 1/4(0.4419 + j2.4329) = 0.1105 + j0.6082$

- 상호임피던스

전차선과 레일간 : $Z_{AB} = Z_{AB} = Z_{ab} = 0.0586 + j0.3723$

레일과 급전선간 : $Z_{BC} = Z_{bc} = 1/2(Z_{ab} + Z_{bc})$

$= 1/2(0.0586 + j0.3723 + 0.0585 + j0.3496)$

$= 0.0586 + j0.3385$

급전선과 전차선간 : $Z_{CA} = Z_{aa} = 1/2(Z_{ac} + Z_{aa})$

$= 1/2(0.058 + j0.4313 + 0.148 + j0.7016)$

$= 0.1030 + j0.5665$

$I_c = 2I_c$, 여기서 $Z_g$는 무시한다.

ⓒ 상호임피던스를 소거한 임피던스

전차선 : $Z_1 = Z_A - Z_{AB} + Z_{CB} - Z_{AC}$

$= 0.148 + j0.7016 - 0.0586 - j0.3723 + 0.0586$

$+ j0.3385 - 0.103 - j0.5665$

$= 0.045 + j0.1013$

레일 : $Z_2 = Z_B - Z_{AB} - Z_{CB} + Z_{AC}$

$= 0.1105 + j0.6082 + 0.0586 + j0.3723 - 0.0586$

$- j0.3385 - 0.103 - j0.5665$

$= 0.0075 + j0.0755$

ⓓ 선로임피던스 $Z_L$ 및 $Z_L'$의 계산

$$Z_L = \frac{Z_2 Z_3}{Z_2 + Z_3}$$

$$= 0.045 + j0.1013 \frac{(0.3257 + j0.7194)(0.0075 + j0.0755)}{0.3257 + j0.7194 + 0.0075 + j0.0755}$$

$$= 0.045 + j0.1013\frac{0.0024 + j0.0246 + j0.0054 + 0.0543}{0.3332 + j0.7949}$$

$$= 0.045 + j0.1013\frac{0.0066 + j0.0513}{0.7429}$$

$$= 0.045 + j0.1013 + 0.0089 + j0.0691$$

$$= 0.0539 + j0.1704 = 0.1787 \angle 72°26'$$

$$Z_L = \frac{{Z_2}^2}{Z_2 + Z_3}$$

$$= \frac{0.1061 + j0.4686 - 0.5175}{0.3332 + j0.7949}$$

$$= \frac{-0.1371 + j0.1561 + j0.3270 + 0.3275}{0.1110 + 0.6319}$$

$$= \frac{0.2354 + j0.4831}{0.7429}$$

$$= 0.3169 + j0.6503 = 0.7234 \angle 64°1'$$

## 3.2.3 전류용량과 온도상승

### (1) 연속허용전류

전선에 전류가 흐르면 그 저항손(줄열)에 의해 전선의 온도가 상승한다. 온도가 어느 정도 높게 되면 전선이 연화(軟化)되고, 기계적 강도가 저하되기 때문에 일반 나전선에는 연속 사용온도를 90[℃] 이하로 정하고 그것을 만족하는 전류용량(연속허용전류)을 결정하고 있다.

허용전류는 전선표면의 열평형을 고려 『전선의 저항손에 의한 발생 열량과 일사에 의하여 흡수된 열량의 합이 복사 및 대류에 의하여 공기 중에 방산되는 열량과 같다』 한다.

$$W_i + W_s = W_r + W_c \tag{3-70}$$

여기서, $W_i$ : 전선의 저항손에 의한 발생열량 [W/cm]

$W_s$ : 일사에 의한 흡수열량 [W/cm]

$W_r$ : 복사에 의한 방산열량 [W/cm]

$W_c$ : 대류에 의한 방산열량 [W/cm]

$$W_i = I^2 R_0 \tag{3-71}$$

$$W_s = P_s d\eta \tag{3-72}$$

여기서, $I$ : 허용전류[A]

$R_0$ : $\theta$[℃]에서의 전선의 저항[Ω/cm]

$P_s$ : 일사량[W/cm$^2$]

$d$ : 전선의 바깥지름[cm]

$\eta$ : 완전 흑체의 복사계수에 대한 전선의 복사계수의 비

$$W_r = \pi d(\theta - T)h_r \eta \tag{3-73}$$

$$W_r = \pi d(\theta - T)h_w \tag{3-74}$$

여기서, $\theta$ : 사용온도[℃]

$T$ : 주위온도

$h_r$ : 복사에 의한 열방산계수[W/℃·cm$^2$]

$h_w$ : 바람이 있는 경우 대류에 의한 열방산계수[W/℃·cm$^2$]

$$h_r = 0.000576\frac{\left(\frac{273+\theta}{100}\right)^4 - \left(\frac{273+T}{100}\right)^4}{\theta - T} \tag{3-75}$$

$$h_w = \frac{0.00572}{\left(273+T+\frac{\theta - T}{2}\right)^{0.123}}\sqrt{\frac{V}{d}} \tag{3-76}$$

여기서, $V$ : 풍속 [m/s]

$$I = \sqrt{\frac{\left[h_w + \left\{h_r - \frac{P_s}{\pi(\theta - T)}\right\}\eta\right]\pi d(\theta - T)}{R_0}} \tag{3-77}$$

일반적으로는 다음과 같은 조건을 가정하여 나전선의 허용전류(전류용량)를 계산하고 있다.

주위 온도 $T = 40$[℃]

일 사 량 $P_s = 0.1$[W/cm$^2$]

전선의 복사계수비 $\eta$=0.9 (흑체를 1.0으로 한다)

풍 속 $V = 0.5$[m/s]

#### 1) 연선의 전기저항

연선의 전기저항은 전류가 각각의 소선에 따라 흐른다. 즉, 인접한 소선에 분류하지 않는 것으로 하여 계산한다.

$$R_t = \frac{R_{20}\{1+\alpha(t-20)\}}{N} \times (1+\frac{k}{100}) \tag{3-78}$$

여기서, $R_t$ : $t$ [℃]에 있어서 연선의 저항[Ω/km]

$t$ : 전선온도[℃]

$R_{20}$ : 20[℃]에 있어서 소선의 저항[Ω/km]

$\alpha$ : 저항온도계수

$N$ : 소선 개수[개]

또한, 강심알루미늄연선(ACSR)의 경우는, 아연도강선(St)에는 전류가 흐르지 않는 것으로 보고 알루미늄선(Al)만으로 계산한다.

**표 3.7** 각종 전선의 전기저항 (at 20[℃])

| 선 종 | 단면적[$mm^2$] | 조 성 | 전기저항 [Ω/km] | 비 고 |
|---|---|---|---|---|
| 경동연선(1종) | 325 | 61/2.6 | 0.056 | 일반용(H) |
| | 200 | 37/2.6 | 0.092 | |
| | 125 | 19/2.9 | 0.143 | |
| | 100 | 19/2.6 | 0.178 | |
| | 60 | 19/2.0 | 0.301 | |
| | 38 | 7/2.6 | 0.484 | |
| 경알루미늄연선 | 510 | 37/4.2 | 0.0563 | |
| | 500 | 61/3.2 | 0.0590 | |
| | 300 | 37/3.2 | 0.0969 | |
| | 200 | 19/3.7 | 0.140 | |
| | 95 | 7/4.2 | 0.295 | |
| 카드뮴동연선 | 80 | 19/2.3 | 0.276 | |
| | 60 | 19/2.0 | 0.365 | |
| 전차선 | 170 | | 0.1040 | |
| | 110 | | 0.1592 | |
| | 85 | | 0.2030 | |

① 저항온도계수

ⓐ 소선이 동선인 경우

$$\alpha = 0.00393 \times \frac{\lambda}{100}$$

여기서, $\lambda$ : 동선의 % 도전율

일반적으로 소선이 경동선인 경우는 0.00381($\lambda$=97[%])을 사용한다.

**표 3.8** 동선의 도전율과 저항온도계수 (at 20[℃])

| 도 전 율[%] | 100 | 99 | 98 | 97 | 96 |
|---|---|---|---|---|---|
| 저항온도계수 | 0.00393 | 0.00389 | 0.00385 | 0.00381 | 0.00377 |

ⓑ 소선이 알루미늄인 경우

$$\text{경알루미늄선 } \alpha = 0.0040$$

**표 3.9** 각종 전선의 저항온도 계수 (at 20[℃])

| 선 종 | 저항 온도 계수 | 선 종 | 저항온도계수 |
|---|---|---|---|
| 경동연선 | 0.00381 | 경동 전차선 | 0.00383 |
| 경알루미늄연선 | 0.0040 | 합금 전차선 | 0.00381 |
| 강심알루미늄연선 | 0.0040 | 주석 함유 전차선 | 0.0031 |
| 동복강심경동연선 | 0.00381 | 아연도강 연선 | 0.005 |
| 카드뮴동연선 | 0.00334 | | |

② **연입률**

연입률이란 연선의 실제 길이에 대한 소선의 실제 길이 증가 비율을 말하고, 각 연선 개수에 대한 표준 값으로서 표 3.10, 3.11과 같이 정하고 있다.

**표 3.10** HCu, HAl의 연입률

| 연선 개수[개] | 연입률[%] | |
|---|---|---|
| | 경동 연선 | 경 알미늄 연선 |
| 7 | 1.2 | 1.2 |
| 19 | 1.2 | 1.5 |
| 37 | 1.7 | 2.1 |
| 61 | 2.0 | 2.3 |
| 91 | 2.3 | 2.8 |

**표 3.11** ACSR의 연입률

| 연선 개수[개] | | 연입률[%] | |
|---|---|---|---|
| AL | Fe | AL | Fe |
| 26 | 7 | 2.6 | 0.5 |
| 30 | 7 | 2.7 | 0.5 |
| 54 | 7 | 2.7 | 0.5 |

### ③ 교류 실효저항

교류에 대한 저항을 고려하는 경우에는 전선의 표피효과(表皮效果) 때문에 다소간의 저항 증가가 있다. 이 증가분을 구하는 계산식은 아주 복잡하고, 상용주파수에서는 가느다란 전선(100[mm$^2$] 이하)의 경우는 무시하여도 좋으며, 전선의 단면적이 500[mm$^2$] 정도까지는 무시하여도 실용상 큰 차이는 없다.

또한, 강심알루미늄연선은 중심에 강연선이 있고, 그 주위를 감아 도는 상태로 전류가 흐르는 모양으로 되어 있기 때문에 철손에 의한 저항의 증가분이 있게 된다. 그러나 이 증가율은 알루미늄 소선이 2층인 강심알루미늄연선은 서로 반대 방향으로 꼬여졌기 때문에 교번자속이 서로 상쇄되어 그 증가분은 수[%] 이하로 된다.

## 2) 전기저항의 온도에 대한 계산

전기저항의 온도에 대한 환산은 식 (3-79)에 의하여 구한다.

$$R_t = R_{20}\{1 + \alpha(t - 20)\} \tag{3-79}$$

여기서, $R_t$ : 온도 t[℃]에서의 저항[Ω/km]

$R_{20}$ : 온도 20[℃]에서의 저항[Ω/km]

$\alpha$ : 저항 온도 계수

## 3) 연선의 허용전류

전류용량의 계산 조건

① 주위온도 40[℃]

② 일사량 0.1[W/cm$^2$]

③ 전선의 복사계수비 0.9(흑체를 1.0으로 한다)

④ 속도 0.5[m/s]

표 3.12 경동연선의 전류 용량

| 단면적 [mm²] | 연선 구성 소선수/소선 굵기 [mm] | 바깥 지름 [mm] | 전기 저항[Ω/km] | | | | 전류 용량[A] (주위 온도 40[℃]) | |
|---|---|---|---|---|---|---|---|---|
| | | | 20[℃] | 40[℃] | 90[℃] | 100[℃] | 연속 사용 온도 90[℃] | 최고 허용 온도 100[℃] |
| 325 | 61/2.6 | 23.4 | 0.0560 | 0.0603 | 0.0709 | 0.0731 | 890 | 1000 |
| 250 | 61/2.3 | 20.7 | 0.0715 | 0.0769 | 0.0906 | 0.0933 | 760 | 850 |
| 200 | 37/2.6 | 18.2 | 0.0920 | 0.0990 | 0.117 | 0.120 | 650 | 720 |
| 125 | 19/2.9 | 14.5 | 0.143 | 0.154 | 0.182 | 0.187 | 490 | 540 |
| 100 | 19/2.6 | 13.0 | 0.178 | 0.192 | 0.226 | 0.232 | 420 | 470 |
| 38 | 7/2.6 | 7.8 | 1.484 | 0.521 | 0.613 | 0.632 | 220 | 250 |
| 22 | 7/2.0 | 6.0 | 0.818 | 0.880 | 1.036 | 1.067 | 160 | 180 |
| PH 150 | 19/3.2 | 16.0 | 0.118 | 0.127 | 0.149 | 0.154 | 550 | 610 |
| PH 75 | 7/3.7 | 11.1 | 0.239 | 0.257 | 0.303 | 0.312 | 350 | 390 |

표 3.13 경알루미늄연선의 전류 용량

| 단면적 [mm²] | 연선 구성 소선수/소선 굵기 [mm] | 바깥 지름 [mm] | 전기 저항[Ω/km] | | | | 전류 용량[A] (주위 온도 40[℃]) | |
|---|---|---|---|---|---|---|---|---|
| | | | 20[℃] | 40[℃] | 90[℃] | 100[℃] | 연속 사용 온도 90[℃] | 최고 허용 온도 100[℃] |
| 510 | 37/4.2 | 29.4 | 0.0563 | 0.0608 | 0.0721 | 0.0743 | 940 | 1060 |
| 500 | 61/3.2 | 28.8 | 0.0588 | 0.0635 | 0.0752 | 0.0776 | 920 | 1030 |
| 300 | 37/3.2 | 22.4 | 0.0969 | 0.105 | 0.124 | 0.128 | 660 | 750 |
| 200 | 19/3.7 | 18.5 | 0.140 | 0.151 | 0.179 | 0.185 | 520 | 590 |
| 95 | 7/4.2 | 12.6 | 0.295 | 0.319 | 0.378 | 0.389 | 320 | 360 |

표 3.14 강심알루미늄연선의 전류 용량

| 단면적 [mm²] | 연선 구성 소선수/소선 굵기 [mm] | 바깥 지름 [mm] | 전기 저항[Ω/km] | | | | 전류 용량[A] (주위 온도 40[℃]) | |
|---|---|---|---|---|---|---|---|---|
| | | | 20[℃] | 40[℃] | 90[℃] | 100[℃] | 연속 사용 온도 90[℃] | 최고 허용 온도 100[℃] |
| 520 | Al 154/3.5<br>St 7/3.5 | 31.5 | 0.0559 | 0.0604 | 0.0716 | 0.0738 | 960 | 1090 |
| 58 | Al 6/3.5<br>St 1/3.5 | 10.5 | 0.0497 | 0.537 | 0.636 | 0.656 | 240 | 260 |
| 40 | Al 6/2.9<br>St 1/2.9 | 8.7 | 0.723 | 0.781 | 0.925 | 0.954 | 190 | 210 |

### (2) 순시전류용량

급전선에 지락 또는 단락사고가 발생한 경우에는 상당히 큰 고장전류가 흐르게 된다. 이 전류는 보호장치에 의하여 비교적 단시간 내에 차단되지만, 이것에 의한 발열에 대해서도 전선의 기계적 강도를 저하시키지 않도록 하여야 한다.

보호장치의 동작시간을 2～3초 이내로 가정하여 전선의 성능을 저하시키지 않도록 하는 허용전류값을 『순시전류용량』이라고 한다.

통전시간이 극히 짧은 경우는 열이 전선 표면으로부터 방산되지 않는 것으로 하여, 다음과 같은 열평형식이 구해진다.

$$\frac{\rho_T \alpha}{\sigma S_0} t \left(\frac{I}{S \times 10^{-2}}\right)^2 = \log_e \{\alpha(\theta - T) + 1\} \qquad (3\text{–}80)$$

여기서, $\rho_T$ : 주위온도 $T$ [℃]에서 전선의 고유저항[Ω/cm]

$\alpha$ : 전선의 저항온도계수

$\sigma$ : 전선 재료의 밀도[g/cm³]

$S_0$ : 전선의 비중[J/g · ℃]

$t$ : 통전시간[s]

$I$ : 통전전류[A]

$S$ : 전선의 단면적[mm²]

$\theta$ : 전선의 최고온도 [℃]

$T$ : 주위온도 [℃]

통전시간을 2～3[s]로 하면, 전선의 인장강도가 저하하지 않는 온도의 최고 한도는 경동선 200[℃], 경알루미늄선은 180[℃]로 되기 때문에 주위 온도를 40[℃]로 하였을 때의 순시전류용량을 구하는 식은 다음과 같이 된다.

① 경동선의 경우

$$I = 152.1 \times \frac{S}{\sqrt{t}} [\text{A}] \qquad (3\text{–}81)$$

② 경알루미늄선의 경우

$$I = 93.26 \times \frac{S}{\sqrt{t}} [\text{A}] \qquad (3\text{–}82)$$

③ 아연도강선의 경우

$$I = 49 \times \frac{S}{\sqrt{t}}[\mathrm{A}] \tag{3-83}$$

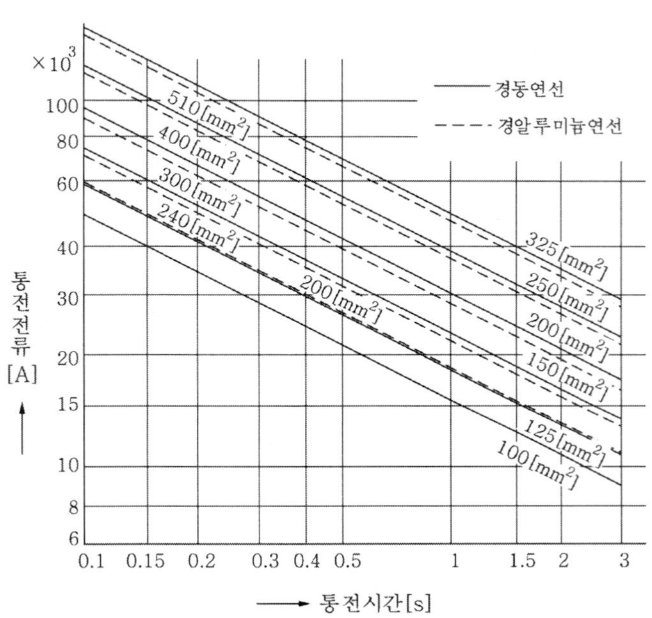


▶그림 3.32◀ 경동연선과 경알루미늄연선의 순시전류용량

## (3) 온도상승

### 1) 온도상승의 제한

전차선의 허용 온도는 90[℃]로 하고 급전선 등의 나전선에 있어서는 100[℃]로 한다. 나전선에 전류를 흘리면 줄 열에 의하여 전선의 온도는 상승한다. 온도가 아주 높게 되면 전선은 소손되고 그 인장강도는 저하된다. 이 때문에 사용 조건으로 최고허용 온도가 정하여져 있다.

전차선은 전기차의 팬터그래프와 접촉으로 항상 마모가 진행되고, 다음에 항장력이 저하 한다. 따라서 전차선의 마모한도에 있어서도 온도상승의 문제가 없는 온도는 90[℃]이고, 다른 나전선은 전차선과 같이 마모하지 않기 때문에 100[℃]로 되어 있다.

### 2) 온도상승 요인

급전회로에서 전차선 등 각종 도체의 온도상승의 요인은 전기차 주행시에 주전동기

전류에 의한 것과 정차시의 냉 · 난방 컴프레서 등의 보조기기 전류에 의한 것이 있다.

주전동기 전류의 전류값은 크지만 이동 부하이기 때문에 집전점(팬터그래프)의 온도 상승은 작게 된다. 이 때문에 온도상승이 심한 곳은 통전시간이 긴 변전소 급전인출구의 급전선 및 급전분기선 개소 등이 된다.

또한, 정차 중의 보조기기 전류는 전류값이 작지만 정차시간이 길기 때문에 전차선과 팬터그래프의 접촉저항이 큰 경우 한 점에서의 통전시간이 길어져 전차선의 온도가 상승하는 경우가 있다.

### 3) 직류 급전방식의 온도상승 개소

① 변전소 급전인출구의 급전선

직류 전차선로는 일반적으로 전차선과 급전선이 병렬회로로 되어 있으나 급전인출구의 급전선은 단독으로 되어 있다. 이 때문에 전기차 전류는 인접 변전소와의 경계점에 있는 에어섹션을 통과할 때까지 장시간 계속 흐른다.

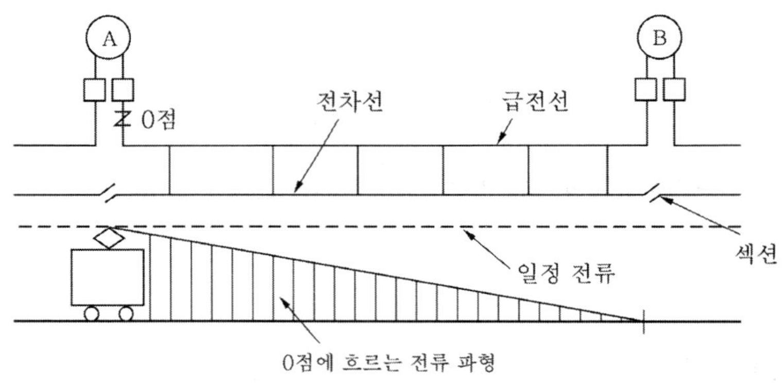


▶그림 3.33◀ 급전인출구의 전류파형

직류 급전방식에는 일반적으로 병렬급전방식을 채용하고 있고, 전기차 전류를 일정한 것으로 하면 0점의 급전선에 흐르는 전류파형은 그림 3.33과 같이 거의 삼각파로 된다.

② 급전분기선

급전분기선에 흐르는 부하전류는 집전전류를 일정한 것으로 하면 0점을 정점으로 한 거의 삼각형으로 된다. 직류 급전회로는 급전선과 전차선이 병렬회로이므로 팬터그래프의 집전전류는 $(I_T + I_F)$이다.

$I_T$는 전차선 자체를 흐르는 베이스 전류이기 때문에 급전분기선의 0점의 온도상

승에 영향을 주는 전류는 $I_F$뿐이고 이 전류는 급전분기선에 흐르게 된다.

급전분기선 개소의 온도상승은 급전분기선의 취부 간격에 따라 전류의 통전시간이 변하고, 또한 전기차가 기동전류를 취하는 경우에는 크게 다르게 된다. 또한, 전기기관차와 같이 팬터그래프가 집중하고 있는 단팬터인 경우는 심하고 전동차와 같이 팬터그래프가 분산되어 있는 다수 팬터의 방법이 온도상승면에는 유리하다.

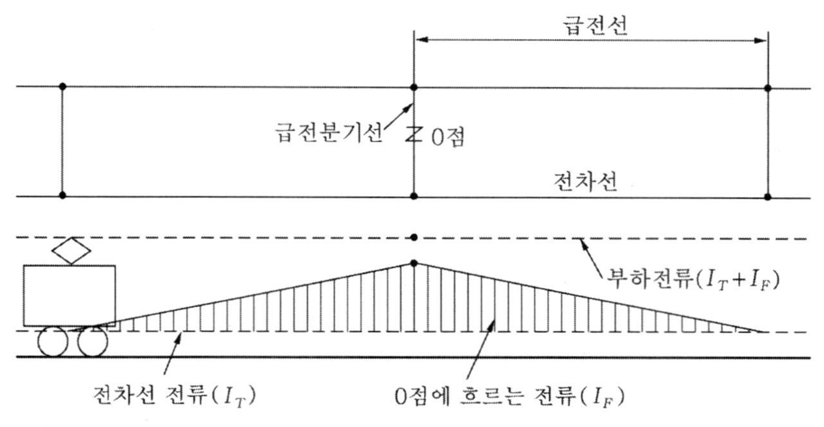


▶그림 3.34◀ 급전분기선의 전류파형

③ 급전분기점 근방의 전차선

휘드이어의 취부 상태가 좋지 않으면 접촉저항이 크게 되고 휘드이어 취부점의 전차선이 가열 단선되는 일이 있다. 이 급전분기점 근방을 흐르는 전류는 부하전류를 일정한 것으로 하면 그림 3.35와 같이 거의 삼각형이 된다.

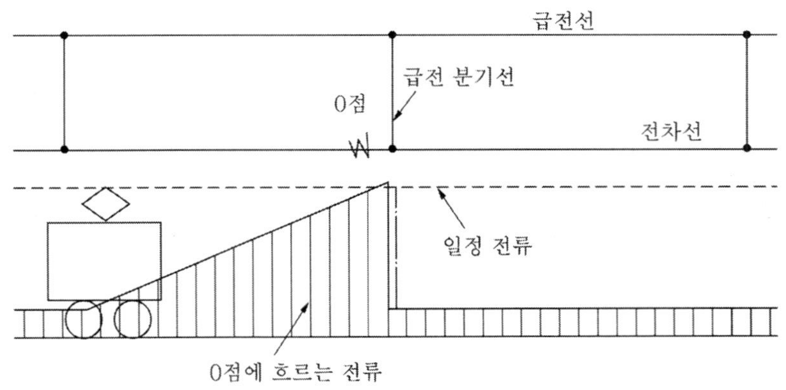


▶그림 3.35◀ 급전분기점 근방의 전류파형

### 4) 교류 급전방식의 온도상승 개소

교류 급전방식에서는 전압이 높고 전류가 작기 때문에 온도상승은 거의 문제가 되지 않는다. 그러나 전기차 용량의 증대에 따라 급전분기 개소의 금구 등의 접촉불량에서 오는 온도상승에 충분한 주의가 필요하다.

흡상변압기(BT) 급전방식의 경우에는 일반적으로 전차선만의 편송 급전이 되어 급전회로의 전부하전류가 변전소 급전인출점에 흘러 계속 시간이 길게 된다. 이 때문에 BT 구간에서 온도가 상승하기 쉬운 개소는 급전인출구의 전차선 개소이다.

### 5) 전선 종별의 온도 특성

전차선로를 구성하고 있는 전선류의 온도 특성과 온도상승 곡선은 표 3.15 및 그림 3.36~38과 같다.

**표 3.15 전차선로에 사용되는 전선의 온도특성**

| 종별 | 선종 [$mm^2$] | 바깥 지름 [cm] | 전기 저항 20[℃]일 때×$10^{-5}$ [Ω/cm] | 저항 온도 계수 ×$10^{-3}$ | 열 방산율[×$10^{-3}$ W/deg] | | | | 열용량 [W·s/deg] |
|---|---|---|---|---|---|---|---|---|---|
| | | | | | 표면이 새 것 $\eta=0.2$ | | 거무스름해짐 $\eta=0.9$ | | |
| | | | | | 풍속 0.5[m/s] | 풍속 1[m/s] | 풍속 0.5[m/s] | 풍속 1[m/s] | |
| 전차선 | GT 170 | 1.549 | 0.104 | 3.83 | 8.60 | 11.8 | 11.6 | 14.8 | 5.7937 |
| | 〃 | 0.850 | 0.202 | 3.83 | 6.20 | 8.57 | 7.87 | 10.2 | 2.9803 |
| | GT-Sn 170 | 1.549 | 0.145 | 3.10 | 8.60 | 11.8 | 11.6 | 14.8 | 5.7937 |
| | 〃 | 0.850 | 0.281 | 3.10 | 6.20 | 8.57 | 7.87 | 10.2 | 2.9803 |
| | GT 110 | 1.234 | 0.159 | 3.83 | 7.58 | 10.4 | 10.0 | 12.8 | 3.7871 |
| | 〃 | 0.750 | 0.259 | 3.83 | 5.80 | 8.02 | 7.30 | 9.50 | 2.3411 |
| | GT-Sn 110 | 1.234 | 0.222 | 3.10 | 7.58 | 10.4 | 10.0 | 12.8 | 3.7871 |
| | 〃 | 0.750 | 0.364 | 3.10 | 5.80 | 7.30 | 7.30 | 9.50 | 2.3411 |
| 조가선 | St 135 | 1.50 | 1.057 | 5.00 | 8.45 | 11.6 | 11.4 | 14.5 | 4.763 |
| | St 90 | 1.20 | 1.653 | 5.00 | 7.48 | 10.3 | 9.84 | 12.7 | 3.046 |
| | CdCu 80 | 1.15 | 0.276 | 3.34 | 7.30 | 10.1 | 9.57 | 12.3 | 2.699 |
| | CdCu 60 | 1.00 | 0.365 | 3.34 | 6.77 | 9.34 | 8.74 | 11.3 | 2.0905 |
| | PH 150 | 1.60 | 0.118 | 3.81 | 8.75 | 12.0 | 11.9 | 15.2 | 5.225 |
| 급전선 | Al 510 | 2.94 | 0.0563 | 4.00 | 12.2 | 16.5 | 17.8 | 22.2 | 12.392 |
| | Al 300 | 2.24 | 0.0969 | 4.00 | 10.6 | 14.4 | 15.0 | 18.8 | 7.1853 |
| | Al 200 | 1.82 | 0.092 | 3.81 | 9.40 | 12.9 | 13.0 | 16.4 | 6.8098 |

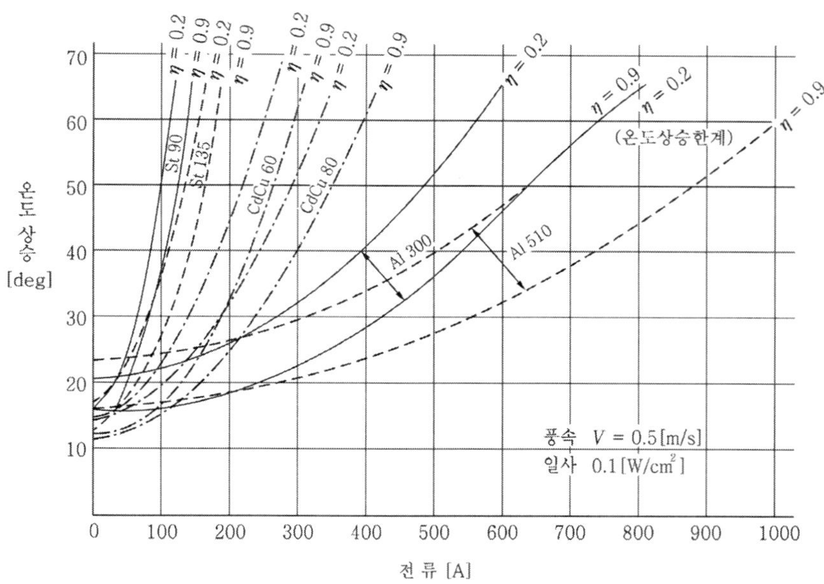


▶그림 3.36◀ 각종 전선의 온도상승

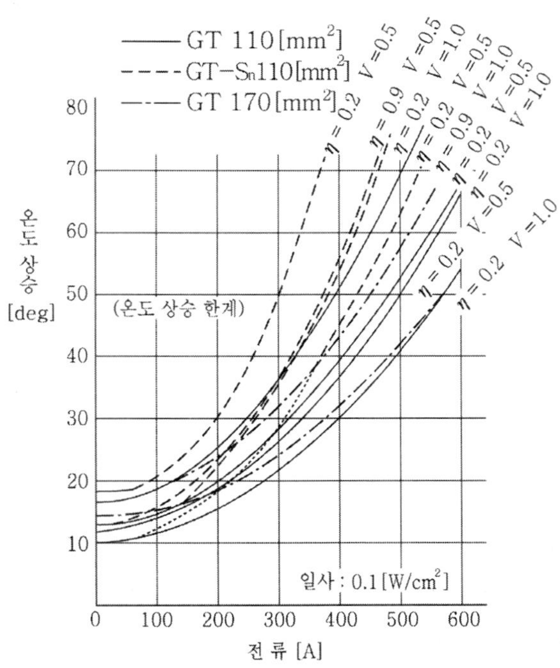


▶그림 3.37◀ 전차선의 온도상승(전차선이 마모되지 않은 경우)

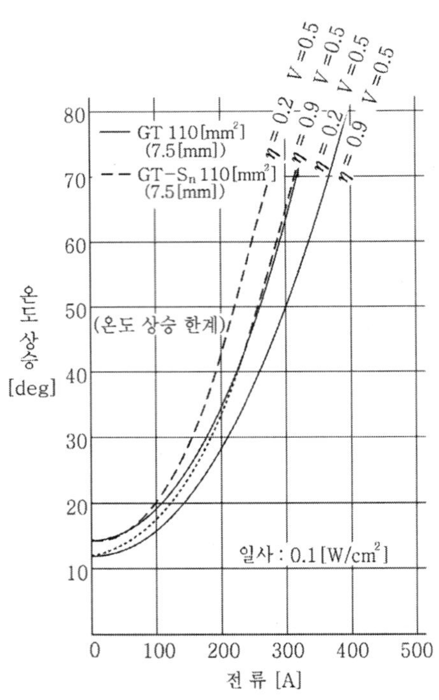


▶그림 3.38◀ 전차선의 온도상승(전차선이 마모된 경우)

#### 6) 고속철도 전차선로의 전류용량

① 전선의 열 특성

전선에 전류가 흐르면 그 저항손(주울열)에 의해서 전선의 온도가 상승한다. 온도가 너무 높게 되면 전선이 연화되어 기계적 강도가 저하되므로 일반의 나전선에서는 연속 사용온도를 90[℃] 이하로 정해 이것을 만족하는 전류용량(연속 허용전류)을 정하고 있다.

허용전류는 전선 표면의 열평형을 고려하여 계산한다. 특히, 전선의 저항손에 의한 발열량과 일사에 의해 흡수되는 열량과의 합이 복사 및 대류에 의해 공기중으로 방산되는 열량과 같다.

ⓐ 전선의 열방산계수

전선의 표면으로부터 열방산은 방사에 의하는 것과 전선주위의 공기층으로의 전도와 대류에 의하는 것의 2가지가 있다.

방사에 의한 열방산의 값은 열방산율 및 절대온도의 4승의 차에 의해 정해지는 스테판–볼쯔만(Stefan–Botzmann's)의 법칙에 의하면 복사열에 의한 열방산계수 hr[W/℃ · $cm^2$]는

$$hr = 0.000567 \frac{\left(\frac{273 + T + \theta}{100}\right)^4}{\theta} \ [\text{W}/℃ \cdot \text{cm}^2] \qquad (3-84)$$

ⓑ 전도 또는 대류에 의한 열방산

바람이 있는 경우는 라이스(Rice)의 실험식에서 대류에 의한 열방산 계수 $hw$ [W/deg · cm$^2$]는

$$hw = \frac{0.00572}{(273 + T + \frac{\theta}{2})^{0.123}} \sqrt{\frac{V}{d}} \qquad (3-85)$$

무풍의 경우 아담스(M. Adamce)의 실험식에서

$$hc = 0.00035 \sqrt[4]{\frac{\theta}{d}} \qquad (3-86)$$

ⓒ 총 열방산계수

- 바람이 있는 경우

총 열방산계수 $K$는 방사에 의한 것인 $hr\eta$와 전도와 대류에 의한 것의 $hw$의 합이므로 $K' = hr\eta + hw$ 또한 햇빛이 비치는 경우는 일사량을 [WsW/cm$^2$]로 하면 태양광선의 직각으로 놓인 것이 1(cm), 직경 $d$(cm)인 둥근 전선이 흡수하는 열량을 $Wsd\eta$로 표시할 수 있다. 허용전류 $I$를 $R$인 저항의 전선에 흘릴 경우 일사에 의한 열과 통전에 의한 주울열의 합은 전선의 허용온도 범위에서는 방산되는 총 열량과 같다.

즉 $Wsd\eta + I^2 R = (hr\eta + hw)\pi d\theta$

$$I = \sqrt{\frac{\left[hw + \left(hr - \frac{Ws}{\pi\theta}\right)\eta\right]\pi d\theta}{R}} \qquad (3-87)$$

이 식에서 일사가 있는 경우의 총 열방산계수 K는

$$K = \left(hr - \frac{W_s}{\pi\theta}\right)\eta + hw \qquad (3-88)$$

- 바람이 없는 경우

햇빛이 없는 경우 : $K' = hr\eta + hc$ (3-89)

$$\text{햇빛이 있는 경우 : } k' = \left(hr - \frac{W_s}{\pi\theta}\right)\eta + hc \qquad (3\text{–}90)$$

② 급전선의 온도상승과 허용전류 계산 (온도상승 50[℃]일 때)

고속철도 전차선로에 사용하는 급전선(ACSR 288.3[$mm^2$])의 온도상승과 허용전류를 계산하면 다음과 같다.

계산조건은 급전선 선종 ACSR 288.3[$mm^2$](Al 233.8[$mm^2$]), 주위온도 $T=40$[℃], 온도상승분 $\theta$=50[℃], 일사량 $Ws=0.1$[W/℃ · $cm^2$], 풍속 $V=0.5$[m/s], 전선의 표면방산률 $\eta$=0.9 (완전흑체를 1.0으로 함)

ⓐ 대류에 의한 열방산계수

$$hw = \frac{0.00572}{\left(273 + T + \frac{\theta}{2}\right)^{0.123}}\sqrt{\frac{V}{d}}$$

$$= \frac{0.00572}{\left(273 + 40 + \frac{50}{2}\right)^{0.123}} \times \left(\frac{0.5}{2.205}\right)^{\frac{1}{2}} = \frac{0.00272381}{2.0467121}$$

$$= 1.33082 \times 10^{-3} = 13.3082 \times 10^{-4}[\mathrm{W/℃ \cdot cm^2}]$$

- 전선의 열방산계수 $hr$

$$hr = 0.000567\frac{\left(\frac{273 + T + \theta}{100}\right)^4 - \left(\frac{273 + T}{100}\right)^4}{\theta}$$

$$= 0.000567\frac{\left(\frac{273 + 40 + 50}{100}\right)^4 - \left(\frac{273 + 40}{100}\right)^4}{50}$$

$$= 0.000567\frac{173.631 - 95.9793}{50}$$

$$= 8.8057 \times 10^{-4}[\mathrm{W/℃ \cdot cm^2}]$$

- 전기저항 $Rt$의 계산

$$Rt = R_{20}\{1 + \alpha(t - 20)\}$$

$$= 0.129\{1 + 0.004 \times 70\}$$

$$R_{90} = 0.15475[\Omega/\mathrm{km}] = 0.1547 \times 10^{-5}[\Omega/\mathrm{cm}]$$

일사가 있는 경우의 총 열방산계수 $K$는 위의 결과치를 대입하면

$$K = hw + \left(hr - \frac{W_s}{\pi\theta}\right)\eta$$
$$= 13.3082 \times 10^{-4} + \left(8.8057 \times 10^{-4} - \frac{0.1}{\pi \times 50}\right) \times 0.9$$
$$= 13.3082 \times 10^{-4} + 2.19555 \times 10^{-4}$$
$$= 15.50375 \times 10^{-4} [\mathrm{W/℃ \cdot cm^2}]$$

ⓑ 급전선(ACSR 288[$mm^2$])의 연속허용전류 $I$

$$I = (K\pi dL\theta / R_t)^{1/2}$$
$$= (15.5 \times 10^{-4} \times \pi \times 2.205 \times 50 / 0.15475 \times 10^{-5})^{1/2}$$
$$= 588.999 \fallingdotseq 589(A)$$

ⓒ 급전선의 순시전류용량

통전시간을 2~3초로 하면

$$I = 93.26 \frac{233.97}{\sqrt{3}} = 12597.9(A)$$

③ **급전선의 온도상승과 허용전류 계산 (온도상승 60[℃]일 때)**

고속철도 전차선로에 사용하는 급전선(ACSR 288.3[$mm^2$])의 온도상승과 허용전류를 계산하여 보면 다음과 같다.

계산조건은 급전선 선종 ACSR 288.3[$mm^2$], 주위온도 $T = 40$[℃], 온도상승분 $\theta$=60[℃], 일사량 $Ws$=0.1[W/℃ · $cm^2$], 풍속 $V$=0.5[m/s], 전선의 표면방산률 $\eta$=0.9 (완전 흑체를 1.0으로 함)

ⓐ 대류에 의한 열방산계수

$$hw = \frac{0.00572}{(273 + T + \frac{\theta}{2})^{0.123}} \sqrt{\frac{V}{d}}$$
$$= \frac{0.00572}{(273 + 40 + \frac{60}{2})^{0.123}} \times (\frac{0.5}{2.205})^{1/2}$$
$$= 2.7897 \times 10^{-3} \times 0.4722 = 13.2842 \times 10^{-4} [\mathrm{W/℃ \cdot cm^2}]$$

• 전선의 열방산계수 $hr$

$$hr = 0.000567 \frac{(\frac{273+T+\theta}{100})^4 - (\frac{273+T}{100})^4}{\theta}$$

$$= 0.000567 \frac{(\frac{273+40+60}{100})^4 - (\frac{273+40}{100})^4}{60}$$

$$= 0.000567 \frac{193.569 - 95.9793}{60} = 9.2222 \times 10^{-4} [\text{W/℃} \cdot \text{cm}^2]$$

• 전기저항 $Rt$의 계산

$$Rt = R_{20}\{1 + \alpha(t-20)\}$$

$$= 0.129\{1 + 0.004 \times 80\}$$

$$R_{90} = 0.17028[\Omega/\text{km}] = 0.1703 \times 10^{-5}[\Omega/\text{cm}]$$

일사가 있는 경우의 총 열방산계수 $K$는 위의 결과치를 대입하면

$$K = hw + (hr - \frac{W_s}{\pi\theta})\eta$$

$$= 13.2842 \times 10^{-4} + (9.2222 \times 10^{-4} - \frac{0.1}{\pi \times 60}) \times 0.9$$

$$= 13.2842 \times 10^{-4} + 3.5253 \times 10^{-4}$$

$$= 16.8095 \times 10^{-4} [\text{W/℃} \cdot \text{cm}^2]$$

ⓑ 급전선(ACSR 288[$\text{mm}^2$])의 연속허용전류 $I$

$$I = (K\pi dL\theta / R_t)^{1/2}$$

$$= (16.8 \times 10^{-4} \times \pi \times 2.205 \times 60 / 0.1703 \times 10^{-5})^{1/2}$$

$$= 640.51 \fallingdotseq 641(A)$$

**④ 가공보호선의 온도상승과 허용전류 계산 (온도상승 50[℃]일 때)**

고속철도 전차선로에 사용하는 가공보호선(ACSR 93.3[$\text{mm}^2$])의 온도상승과 허용전류를 계산하여 보면 다음과 같다.

계산조건은 선종 ACSR 93.3[$\text{mm}^2$], 주위온도 $T = 40$[℃], 온도상승분 $\theta$=50[℃], 일사량 $Ws = 0.1$[W/℃ · $\text{cm}^2$], 풍속 $V = 0.5$[m/sec], 전선의 표면방산률 $\eta$ =0.9 (완전 흑체를 1.0으로 함)

ⓐ 대류에 의한 열방산계수 (바람이 있는 경우)

$$hw = \frac{0.00572}{(273+T+\frac{\theta}{2})^{0.123}}\sqrt{\frac{V}{d}}$$

$$= \frac{0.00572}{(273+40+\frac{50}{2})^{0.123}} \times (\frac{0.5}{1.25})^{1/2}$$

$$= 1.76754 \times 10^{-3} = 17.6754 \times 10^{-4}[\mathrm{W/℃ \cdot cm^2}]$$

- 복사에 의한 열방산계수 $hr$

$$hr = 0.000567\frac{(\frac{273+T+\theta}{100})^4 - (\frac{273+T}{100})^4}{\theta}$$

$$= 0.000567\frac{(\frac{273+40+50}{100})^4 - (\frac{273+40}{100})^4}{50}$$

$$= 0.000567\frac{173.631-95.9793}{50}$$

$$= 8.8057 \times 10^{-4}[\mathrm{W/℃ \cdot cm^2}]$$

- 전기저항 $Rt$의 계산

$$Rt = R_{20}\{1+\alpha(t-20)\} = 0.4799\{1+0.004\times 70\}$$

$$R_{90} = 0.6143[\Omega/\mathrm{km}] = 0.6143\times 10^{-5}[\Omega/\mathrm{cm}]$$

일사가 있는 경우의 총 열방산계수 $K$는 위의 결과치를 대입하면

$$K = hw + (hr - \frac{W_s}{\pi\theta})\eta$$

$$= 17.6754\times 10^{-4} + (8.8057\times 10^{-4} - \frac{0.1}{\pi\times 50})\times 0.9$$

$$= 17.6754\times 10^{-4} + 2.19555\times 10^{-4}$$

$$= 19.871\times 10^{-4}[\mathrm{W/℃ \cdot cm^2}]$$

ⓑ 가공보호선 (ACSR 93.3[mm$^2$])의 연속허용전류 $I$

$$I = (K\pi dL\theta/R_t)^{1/2}$$

$$= (19.871\times 10^{-4}\times\pi\times 1.25\times 50/0.6143\times 10^{-5})^{1/2}$$

$$= 252(A)$$

ⓒ 가공보호선 ACSR 93.3[mm$^2$](Al 53.9[mm$^2$])의 순시전류용량
통전시간 $t = 3$초로 하면

$$I = 93.26\frac{53.9}{\sqrt{3}} = 2902.17(A)$$

⑤ **가공보호선의 온도상승과 허용전류 계산 (온도상승 60[℃]일 때)**

고속철도 전차선로에 사용하는 가공보호선(ACSR 93.3[mm$^2$])의 온도상승과 허용전류를 계산하여 보면 다음과 같다.

계산조건은 선종 ACSR 93.3[mm$^2$], 주위온도 $T = 40$[℃], 온도상승분 $\theta$=60[℃], 일사량 $Ws = 0.1$[W/℃ · cm$^2$], 풍속 $V$=0.5[m/s], 전선의 표면방산률 $\eta$= 0.9 (완전흑체를 1.0으로 함)

ⓐ 대류에 의한 열방산계수 (바람이 있는 경우)

$$hw = \frac{0.00572}{(273 + T + \frac{\theta}{2})^{0.123}}\sqrt{\frac{V}{d}}$$

$$= \frac{0.00572}{(273 + 40 + \frac{60}{2})^{0.123}} \times (\frac{0.5}{1.25})^{1/2}$$

$$= 2.7897 \times 10^{-3} \times 0.6324 \ = 1.76435 \times 10^{-3}$$

$$= 17.6435 \times 10^{-4} [\text{W/℃} \cdot \text{cm}^2]$$

• 복사에 의한 열방산계수 $hr$

$$hr = 0.000567\frac{(\frac{273 + T + \theta}{100})^4 - (\frac{273 + T}{100})^4}{\theta}$$

$$= 0.000567\frac{(\frac{273 + 40 + 60}{100})^4 - (\frac{273 + 40}{100})^4}{60}$$

$$= 0.000567\frac{173.631 - 95.9793}{60}$$

$$= 9.222 \times 10^{-4} [\text{W/℃} \cdot \text{cm}^2]$$

- 전기저항 $Rt$의 계산

$$
\begin{aligned}
Rt &= R_{20}\{1+\alpha(t-20)\} \\
&= 0.4799\{1+0.004\times 80\} \\
&= 0.6334[\Omega/\mathrm{km}] = 0.6334\times 10^{-5}[\Omega/\mathrm{km}]
\end{aligned}
$$

일사가 있는 경우의 총 열방산계수 $K$는 위의 결과치를 대입하면

$$
\begin{aligned}
K &= hw + (hr - \frac{W_s}{\pi\theta})\eta \\
&= 17.6435\times 10^{-4} + (9.222\times 10^{-4} - \frac{0.1}{\pi\times 60})\times 0.9 \\
&= 17.6435\times 10^{-4} + 3.5253\times 10^{-4} \\
&= 31.1688\times 10^{-4}[\mathrm{W/℃\cdot cm^2}]
\end{aligned}
$$

ⓑ 가공보호선 (ACSR 93.3[mm$^2$])의 연속허용전류 $I$

$$
\begin{aligned}
I &= (K\pi dL\theta/R_t)^{1/2} \\
&= (31.1688\times 10^{-4}\times\pi\times 1.25\times 60/0.6334\times 10^{-5})^{1/2} \\
&= 280.62 \fallingdotseq 281(A)
\end{aligned}
$$

### ⑥ 조가선의 온도상승과 허용전류 계산 (온도상승 50[℃]일 때)

고속철도 전차선로에 사용하는 조가선(Bz 65.45[mm$^2$])의 온도상승과 허용전류를 계산하여 보면 다음과 같다.

계산조건은 선종 Bz 65.45[mm$^2$], 주위온도 $T=40$[℃], 온도상승분 $\theta$=50[℃], 일사량 $Ws=0.1$[W/℃ cm$^2$], 풍속 $V=0.5$[m/s], 전선의 표면방산률 $\eta$=0.9(완전흑체를 1.0으로 함)

ⓐ 대류에 의한 열방산계수 (바람이 있는 경우)

$$
\begin{aligned}
hw &= \frac{0.00572}{(273+T+\frac{\theta}{2})^{0.123}}\sqrt{\frac{V}{d}} \\
&= \frac{0.00572}{(273+40+\frac{50}{2})^{0.123}}\times(\frac{0.5}{1.050})^{1/2} \\
&= 1.92854\times 10^{-3} = 19.2854\times 10^{-4}[\mathrm{W/℃\cdot cm^2}]
\end{aligned}
$$

• 복사에 의한 열방산계수 $hr$

$$hr = 0.000567\frac{(\frac{273+T+\theta}{100})^4-(\frac{273+T}{100})^4}{\theta}$$

$$= 0.000567\frac{(\frac{273+40+50}{100})^4-(\frac{273+40}{100})^4}{50}$$

$$= 0.000567\frac{173.631-95.9793}{50}$$

$$= 8.8057\times10^{-4}[\mathrm{W/℃\cdot cm^2}]$$

일사가 있는 경우의 총 열방산계수 $K$는 위의 결과치를 대입하면

$$K = hw+(hr-\frac{W_s}{\pi\theta})\eta$$

$$= 19.2854\times10^{-4}+(8.80567\times10^{-4}-\frac{0.1}{\pi\times50})\times0.9$$

$$= 19.2854\times10^{-4}+2.19555\times10^{-4}$$

$$= 21.48095\times10^{-4}[\mathrm{W/℃\cdot cm^2}]$$

• 전기저항 $Rt$의 계산

$$Rt = R_{20}\{1+\alpha(t-20)\} \quad (\text{여기서, } \alpha = 0.00393\times60/100 = 0.002358)$$

$$= 0.4474\{1+0.002358\times70\}$$

$$= 0.5221[\Omega/\mathrm{km}] = 0.5221\times10^{-5}[\Omega/\mathrm{cm}]$$

ⓑ 조가선 (Bz 65.45[$\mathrm{mm^2}$])의 연속허용전류 $I$

$$I = (K\pi dL\theta/R_t)^{1/2}$$

$$= (21.48095\times10^{-4}\times\pi\times1.05\times50/0.5194\times10^{-5})^{1/2}$$

$$= 261(A)$$

ⓒ 조가선 (Bz 65.45[$\mathrm{mm^2}$])의 순시전류용량

통전시간 $t = 3$초로 하면

$$I = 152.1\frac{65.45}{\sqrt{3}} = 5747.49 ≒ 5747.5(A)$$

⑦ 조가선의 온도상승과 허용전류 계산 (온도상승 50[℃] 일 때)

고속철도 전차선로에 사용하는 조가선(MgSnCu 70[$mm^2$])의 온도상승과 허용전류를 계산하여 보면 다음과 같다.

계산조건은 선종MgSnCu 70[$mm^2$], 주위온도 $T=40$[℃], 온도상승분 $\theta$=50[℃], 일사량 $Ws=0.1$[W/℃ · $cm^2$], 풍속 $V=0.5$[m/s], 전선의 표면방산률 $\eta=$ 0.9 (완전흑체를 1.0으로 함)

ⓐ 대류에 의한 열방산계수(바람이 있는 경우)

$$hw=\frac{0.00572}{(273+T+\frac{\theta}{2})^{0.123}}\sqrt{\frac{V}{d}}$$

$$=\frac{0.00572}{(273+40+\frac{50}{2})^{0.123}}\times(\frac{0.5}{1.050})^{1/2}$$

$$=1.92854\times10^{-3}=19.2854\times10^{-4}[\mathrm{W/℃\cdot cm^2}]$$

- 복사에 의한 열방산계수 $hr$

$$hr=0.000567\frac{(\frac{273+T+\theta}{100})^4-(\frac{273+T}{100})^4}{\theta}$$

$$=0.000567\frac{(\frac{273+40+50}{100})^4-(\frac{273+40}{100})^4}{50}$$

$$=0.000567\times1.5530=8.8057\times10^{-4}[\mathrm{W/℃\cdot cm^2}]$$

일사가 있는 경우의 총 열방산 계수 $K$는 위의 결과치를 대입하면

$$K=hw+(hr-\frac{W_s}{\pi\theta})\eta$$

$$=19.2854\times10^{-4}+(8.80567\times10^{-4}-\frac{0.1}{\pi\times50})\times0.9$$

$$=19.2854\times10^{-4}+2.19555\times10^{-4}$$

$$=21.48095\times10^{-4}[\mathrm{W/℃\cdot cm^2}]$$

- 전기저항 $Rt$의 계산

$$Rt=R_{20}\{1+\alpha(t-20)\}$$ (여기서, $\alpha=0.00383\times65/100=0.002489$)

$$= 0.408\{1 + 0.002489 \times 70\}$$
$$= 0.4791[\Omega/\text{km}] = 0.4791 \times 10^{-5}[\Omega/\text{cm}]$$

ⓑ 조가선 (MgSnCu 70[mm$^2$])의 연속허용전류 $I$

$$I = (K\pi dL\theta / R_t)^{1/2}$$
$$= (21.48095 \times 10^{-4} \times \pi \times 1.05 \times 50 / 0.4791 \times 10^{-5})^{1/2}$$
$$= 271(A)$$

ⓒ 조가선 (MgSnCu 70[mm$^2$])의 순시전류용량
통전시간 $t = 3$초로 하면

$$I = 152.1\frac{65.45}{\sqrt{3}} = 5747.49 \fallingdotseq 5747.5(A)$$

**⑧ 전차선의 온도상승과 허용전류 계산(Cu 150[mm$^2$] 신품일때)**

고속철도 전차선로에 사용하는 전차선(Cu 150[mm$^2$])의 온도상승과 허용전류를 계산해 보면 다음과 같다.

계산조건은 선종 Cu 150[mm$^2$], 주위 온도 $T = 40$[℃], 온도상승분 $\theta$=50[℃], 일사량 $Ws = 0.1$[W/℃ · cm$^2$], 풍속 $V = 0.5$[m/s], 전선의 표면방산률 $\eta$=0.9 (완전흑체를 1.0으로 함)

ⓐ 대류에 의한 열방산계수 (바람이 있는 경우)

$$hw = \frac{0.00572}{(273 + T + \frac{\theta}{2})^{0.123}}\sqrt{\frac{V}{d}}$$
$$= \frac{0.00572}{(273 + 40 + \frac{50}{2})^{0.123}} \times (\frac{0.5}{1.435})^{1/2}$$
$$= 1.64966 \times 10^{-3} = 16.4966 \times 10^{-4}[\text{W/℃} \cdot \text{cm}^2]$$

단, 전차선의 직경은 가로, 세로 크기의 평균치로 한다.

- 복사에 의한 열방산계수 $hr$

$$hr = 0.000567\frac{(\frac{273 + T + \theta}{100})^4 - (\frac{273 + T}{100})^4}{\theta}$$

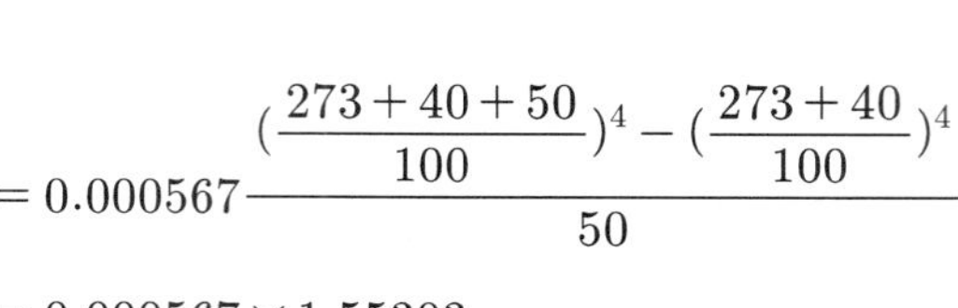

$$= 0.000567 \frac{(\frac{273+40+50}{100})^4 - (\frac{273+40}{100})^4}{50}$$

$$= 0.000567 \times 1.55303$$

$$= 8.8057 \times 10^{-4} [\text{W}/℃ \cdot \text{cm}^2]$$

일사가 있는 경우의 총 열방산계수 $K$는 위의 결과치를 대입하면

$$K = hw + (hr - \frac{W_s}{\pi\theta})\eta$$

$$= 16.4966 \times 10^{-4} + (8.80567 \times 10^{-4} - \frac{0.1}{\pi \times 50}) \times 0.9$$

$$= 16.4966 \times 10^{-4} + 2.19555 \times 10^{-4}$$

$$= 18.692 \times 10^{-4} [\text{W}/℃ \cdot \text{cm}^2]$$

- 전기저항 $Rt$의 계산

$$Rt = R_{20}\{1 + \alpha(t-20)\}$$

$$= 0.1173\{1 + 0.00383 \times 70\}$$

$$= 0.14875[\Omega/\text{km}] = 0.14875 \times 10^{-5} [\Omega/\text{cm}]$$

ⓑ 전차선 (Cu 150[mm$^2$])의 연속허용전류 $I$

$$I = (K\pi dL\theta / R_t)^{1/2}$$

$$= (18.692 \times 10^{-4} \times \pi \times 1.435 \times 50 / 0.14875 \times 10^{-5})^{1/2}$$

$$= 532(A)$$

ⓒ 전차선 (Cu 150[mm$^2$])의 순시전류용량

통전시간 $t = 3$초로 하면

$$I = 152.1 \frac{150}{\sqrt{3}} = 13172.25(A)$$

**⑨ 전차선 단면적이 마모 한도까지 마모시의 온도상승과 허용전류**

고속철도 전차선로에 사용하는 전차선의 마모 한도(85%)인 Cu 127.5[mm$^2$] 마모시의 온도상승과 허용전류를 계산하여 보면 다음과 같다.

계산조건은 선종 Cu 127.5[mm$^2$], 주위온도 $T = 40$[℃], 온도상승분 $\theta$=50[℃], 일사량 $Ws = 0.1$[W/℃ · cm$^2$], 풍속 $V = 0.5$[m/s], 전선의 표면방산률 $\eta$=0.9

(완전흑체를 1.0으로 함)

ⓐ 대류에 의한 열방산계수 (바람이 있는 경우)

$$hw = \frac{0.00572}{(273 + T + \frac{\theta}{2})^{0.123}} \sqrt{\frac{V}{d}}$$

$$= \frac{0.00572}{(273 + 40 + \frac{50}{2})^{0.123}} \times (\frac{0.5}{1.274})^{1/2}$$

$$= 1.7508 \times 10^{-3} = 17.508 \times 10^{-4} [\text{W/℃} \cdot \text{cm}^2]$$

• 복사에 의한 열방산계수 $hr$

$$hr = 0.000567 \frac{(\frac{273 + T + \theta}{100})^4 - (\frac{273 + T}{100})^4}{\theta}$$

$$= 0.000567 \frac{(\frac{273 + 40 + 50}{100})^4 - (\frac{273 + 40}{100})^4}{50}$$

$$= 0.000567 \times 1.55303$$

$$= 8.8057 \times 10^{-4} [\text{W/℃} \cdot \text{cm}^2]$$

일사가 있는 경우의 총 열방산계수 $K$는 위의 결과치를 대입하면

$$K = hw + (hr - \frac{W_s}{\pi\theta})\eta$$

$$= 17.508 \times 10^{-4} + (8.80567 \times 10^{-4} - \frac{0.1}{\pi \times 50}) \times 0.9$$

$$= 17.508 \times 10^{-4} + 2.19555 \times 10^{-4}$$

$$= 19.704 \times 10^{-4} [\text{W/℃} \cdot \text{cm}^2]$$

• 전기저항 $Rt$의 계산

$$Rt = R_{20}\{1 + \alpha(t - 20)\}$$

$$= 0.150\{1 + 0.00383 \times 70\}$$

$$= 0.1912[\Omega/\text{km}] = 0.1912 \times 10^{-5}[\Omega/\text{cm}]$$

ⓑ 전차선 (Cu 150[$mm^2$])의 연속허용전류 $I$

$$I = (K\pi dL\theta / R_t)^{1/2}$$
$$= (19.704 \times 10^{-4} \times \pi \times 1.274 \times 50 / 0.1917 \times 10^{-5})^{1/2}$$
$$\fallingdotseq 454(A)$$

ⓒ 전차선 마모후 (Cu 127.5[$mm^2$])의 순시전류용량
통전 시간 $t = 3$초로 하면

$$I = 152.1 \frac{127.5}{\sqrt{3}} = 11196(A)$$

⑩ 전선의 허용전류 계산 결과

표 3.16 연속허용전류표

| 선 종 | 규 격 | 연속허용전류(A) | 순시전류용량(A) | 비 고 |
|---|---|---|---|---|
| 급전선 | ACSR 288[$mm^2$] | 589(641) | 12,597 | |
| 보호선 | ACSR 93.3[$mm^2$] | 252(281) | 2,902 | |
| 조가선 | Bz 65.45[$mm^2$] | 261 | 5,747 | |
| 조가선 | MgSnCu 70[$mm^2$] | 271 | 5,747 | |
| 전차선 | Cu 150[$mm^2$] | 532 | 13,172 | |
| 전차선 | Cu 127.5[$mm^2$] | 454 | 11,196 | 다모 후 |

단, ( )내는 허용 온도 100℃의 경우의 연속허용전류이다.

이상의 계산 의하면 가공 전차선의 연속허용전류는 다음과 같다.

표 3.17 합성 전차선의 허용전류

| 구분 \ 선 종 | 전차선 / 조가선 | Cu 150[$mm^2$] / Bz 65.45[$mm^2$] | Cu 150[$mm^2$] / MgSnCu 70[$mm^2$] | 비 고 |
|---|---|---|---|---|
| 조 가 선 | | 261[A] | 271[A] | |
| 전차선 | 신 품 | 532[A] | 532[A] | |
| | 마모한도 | 454[A] | 454[A] | 127 5[$mm^2$] |
| 합성전차선 | 신 품 | 793[A] | 803[A] | |
| | 마모한도 | 715[A] | 725[A] | |

## 3.2.4 순환전류(Circulating Current)

### (1) 순환전류의 경로

변전소로부터 급전선, 급전분기선, 전차선을 통하여 전기차(부하)에 전기를 공급하는 경로(전차선로)는 복수의 전선과 전선을 지지하는 금구 등의 부재도 도체로 구성되어 있기 때문에 아주 복잡한 전류회로를 구성하고 있다.

실제 전차선로의 전류회로는

- 급전선 → 급전분기장치 → 전차선 → M-T 균압선 → 조가선
  → 행거 또는 M-T 균압선 → 전차선
- 급전선 → 급전분기장치 → 전차선
  → [행거 → 조가선, 곡선당김 · 진동방지장치] → 가압 빔
  → [조가선→행거, 곡선당김 · 진동방지장치] → 전차선

과 같은 복잡한 회로를 구성하고 있다.

이와 같이 변전소로부터 송출된 전류가 급전선, 급전분기장치를 통하여 전기차에 집전되기까지의 사이에 주회로(전차선) 이외의 전선, 가선금구 등에 흐르는 전류를 "순환전류(circulating current)"라고 한다.

실제의 전류 경로는 조가선과 행거, 드로퍼, 곡선당김장치, 진동방지장치의 전선 교차 개소에서의 접촉 등 불완전 접속 개소가 있기 때문에 진동 기타의 원인에 의하여 붙는다든지 떨어진다든지 하게 된다. 이 때문에 아크 열에 따라 금속의 용해 또는 접촉저항의 증대로 수반되는 온도상승에 따라 금속의 연화 등 순환전류에 기인하는 사고가 발생하고 있다.

전류회로의 구성은 순환전류에 따른 조가선, 행거 등이 손상하지 않도록 시설한다. 이를 위해서는 충분한 거리를 두거나 전기적으로 절연(절연방식)하거나 저저항으로 완전하게 접속(균압 방식) 한다.

### (2) 순환전류 사고방지 대책

순환전류에 의한 사고는 전류회로의 불완전 접촉에 기인하고 있다. 즉, 전선 상호, 전선과 가선금구, 가선금구 상호가 불완전접촉의 상태로 전기차나 바람 등에 의한 가선 진동으로 접촉하든지 떨어진다든지 할 때에 발생하는 아크에너지가 급격한 온도상승을 야기하여 금속체를 용해하기 때문에 발생한다. 이 때문에 순환전류에 의한 사고

방지 대책은 전선 상호, 전선과 가선금구 및 가선금구 상호를 완전하게 접속하던가 또는 완전하게 절연하는 것으로 하고 있다. 사고방지 대책의 기본사항은 전차선로를 구성하는 조가선, 보조조가선 및 전차선을 병렬회로를 구성하는 복합도체로 되게 하기 위하여, 각 전선 상호를 동일 개소에서 완전하게 접속하여 전위차를 작게 함과 동시에 전류회로가 완전하게 구성되도록 할 필요가 있다. 교차하는 전선은 같은 목적의 전선 그대로를 동일 개소에서 접속하든가 절연한다.

교차하는 전선 상호 간은 동일 개소에서 완전하게 접속하여 순환전류를 흐르게 하든가 또는 전기적으로 완전히 절연하여 전류가 흐르지 못하도록 한다. 가압 빔, 진동방지장치 등 직접 전선과 연결되고 있는 가선금구는 완전하게 접속하든가 절연한다. 가압 빔, 진동방지장치 등 직접 전선과 연결되어 있는 가선금구는 전류회로로 되기 때문에 각 전선과 완전하게 접속하여 등전위로 하여 전류회로를 구성하든가 또는 완전하게 전기적으로 절연하여 전류를 흐르지 않게 한다.

- M–T 커넥터 : 조가선(M)과 전차선(T)을 접속하여 균압하는 커넥터
- M–M 커넥터 : 조가선(M) 상호를 접속하여 균압하는 커넥터
- T–T 커넥터 : 전차선(T) 상호를 접속하여 균압하는 커넥터

#### 1) 건넘선장치 개소

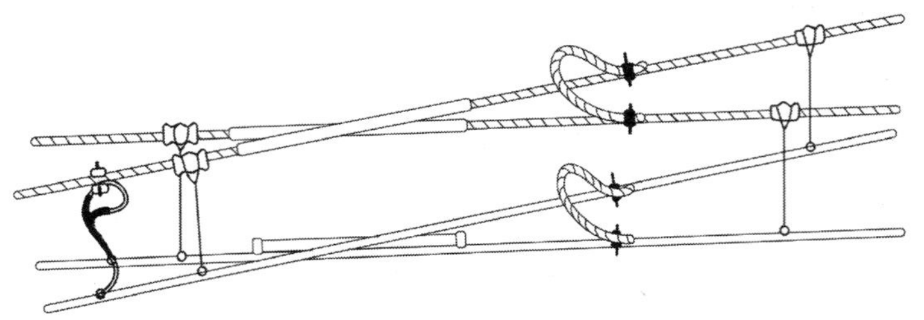

▶그림 3.39◀ 건넘선장치의 커넥터 취부 방법

조가선 상호, 전차선 상호 및 조가선, 전차선을 접속한다. 조가선, 전차선이 순환전류에 의하여 손상되지 않도록 하기 위해서는 같은 목적의 전선끼리(조가선은 조가선끼리, 전차선은 전차선끼리)를 전기적으로 완전하게 결합하는 것이 필요하다. 이를 위하여 동일 목적의 전선끼리 동일 개소에서 커넥터로 완전하게 접속한다. 이 경우 M–M 커넥터, T–T 커넥터(휘드이어)를 각각 설치하고 무효부분에서는 조가선과 전차선을 M–T 커넥터로 접속한다.

#### 2) 에어조인트개소

조가선 상호 및 전차선과 조가선을 일괄하여 접속한다. 에어조인트 개소에서는 평행부분의 양단에서 조가선 상호 및 전차선과 조가선을 커넥터(T-M-M-T)로 일괄하여 접속한다.

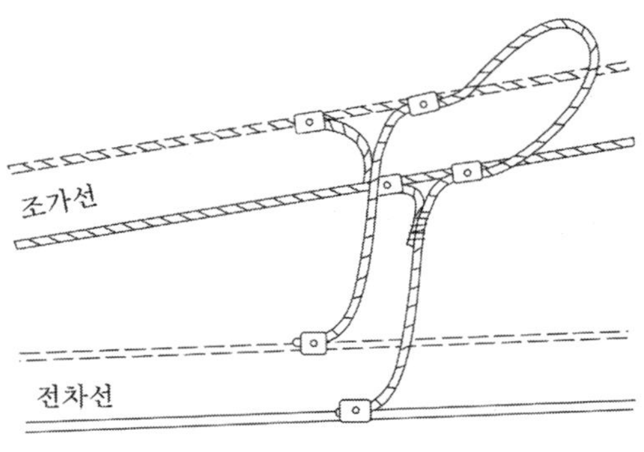


▶그림 3.40◀ T-M-M-T 커넥터

커넥터는 상호 이격된 장소에서 접속하면 그 효과를 기대할 수 없기 때문에 각 전선 상호의 접속을 동일 개소에서 행한다. 평행부분을 전기적으로 완전하게 접속하는 방법으로 T-M-M-T의 일괄 접속 커넥터를 사용하고 있다.

#### 3) 전차선 교차개소

각 전선 상호 및 가선금구가 접촉되지 않도록 충분한 거리를 확보하고, 각 전차선 상호 및 전차선과 행거 등 가선금구의 이격은 가능한 300[mm]를 초과하도록 시설한다. 각 전선 상호의 이격이 300[mm] 초과할 때에는 방호가 불필요하게 된다.

또한 온도변화, 전차선의 신장에 의한 가선의 이동 등에 수반되는 교차 위치의 변동 및 이격거리의 변화가 있기 때문에 주의가 필요하다.

충분한 이격이 확보되지 않은 경우는 다음에 따른다.

① 교류구간

조가선 상호(M-M) 및 전차선 상호(T-T)를 접속한다. 전선 상호를 접속하는 데 따라 새로이 전류회로가 구성되는 경우 등 접속하는 것이 적절하지 않은 경우는 전선 상호를 보호관으로 절연한다. 또한, 2조를 일괄 인류한 전선과 다른 전선 상호는 일괄하여 접속한다.

② 직류구간

전선 상호간을 보호관으로 절연한다. 보호관이 팬터그래프의 통과에 지장을 줄 우려가 있는 경우 등, 절연을 하는 것이 적절하지 않은 경우는 조가선 상호(M-M) 및 전차선 상호(T−T)간을 접속한다.

300[mm]를 넘는 이격거리를 확보할 수 없는 경우에는 교류구간에서는 균압방식, 직류구간에서는 절연방식을 원칙으로 하고 있다.

균압방식으로 하는 경우 같은 목적의 전선 상호(조가선은 조가선 상호, 전차선은 전차선 상호)를 전기적으로 완전하게 결합시키는 것이 필요하다. 이를 위하여 같은 목적의 전선 상호를 동일 개소에서 각각 커넥터로 완전하게 접속한다. 커넥터로 접속하는 경우에는 기계적 손상에 대한 방호 때문에 연선에는 클램프를 사용한다. 그러나 조가선과 전차선 등 다른 전선 상호의 접속은 해서는 안된다.

절연방식의 경우 전선 상호의 이격이 150[mm] 이하의 경우에는 기계적 전기적으로 접촉할 우려가 있기 때문에 양측 보호관을 취부하고, 150[mm]를 초과하고 300[mm] 이하의 경우에는 접촉의 가능성이 작기 때문에 한쪽에 보호관을 취부하는 것을 표준으로 하고 있다. 또한, 지지점 아래 및 그 근방의 전선 상호의 접촉이 없는 개소는 보호관을 취부하지 않는다.

보호관은 빗물 등으로 보호관 내부의 조가선의 부식을 방지하기 위하여 통기성이 좋고, 강연선의 부식을 촉진시킬 우려가 없는 "배수형"의 것을 사용하고, 직접 전선에 취부한다.

#### 4) 무효 인류개소

인류개소는 조가선과 전차선을 접속 한다. 인류개소로부터 2경간 이내에서는 조가선과 전차선을 M−T 커넥터로 접속 한다. 단, 인류개소로부터 2경간 이내에 조가선과 전차선의 접속이 있는 경우는 생략할 수 있다. 또한, 건넘선 등으로부터 인류개소까지의 거리가 길고 여러개의 경간에 걸치는 경우는 요크로 일괄하여 전선 교차개소의 단순화를 도모하는 것도 필요하다.

#### 5) 가압 빔 개소 및 진동방지 스팬로드 개소

가압 빔 또는 진동방지 스팬로드의 각 지지점은 조가선 및 전차선과 전기적으로 접속한 균압방식으로 한다. 단, 특히 전류가 많은 변전소 근방에는 필요에 따라 애자 등으로 절연하는 방식으로 한다. 이 경우 교류 구간에는 전파장해의 문제를 해결할 필요가 있다.

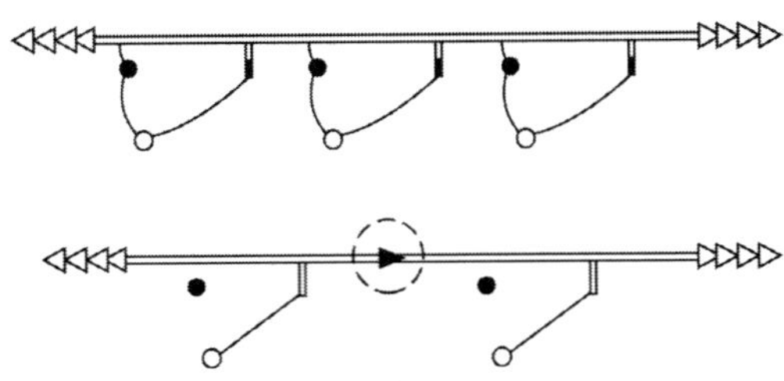

▶그림 3.41◀ 가압 빔 개소의 균압 및 절연 방식

### 6) 급전분기개소

조가선과 급전분기개소는 접속한다. 조가선과 급전분기개소를 접속하는 것이 적당하지 않을 때에는 조가선과 전차선을 접속한다. 필요에 따라 가동브래킷의 수평파이프와 곡선당김금구 등을 접속한다.

조가선과 급전분기장치를 지지접속한다. 이 경우 급전분기 리드선과 가동브래킷이 접촉하지 않도록 이격한다. 조가선과 급전분기선의 접속이 곤란한 경우에는 조가선과 전차선을 접속하고 M-T 커넥터로 급전분기장치의 가장 가까운 곳에 취부한다. 이 경우 급전분기선과 가동브래킷이 접촉하지 않도록 취부한다.

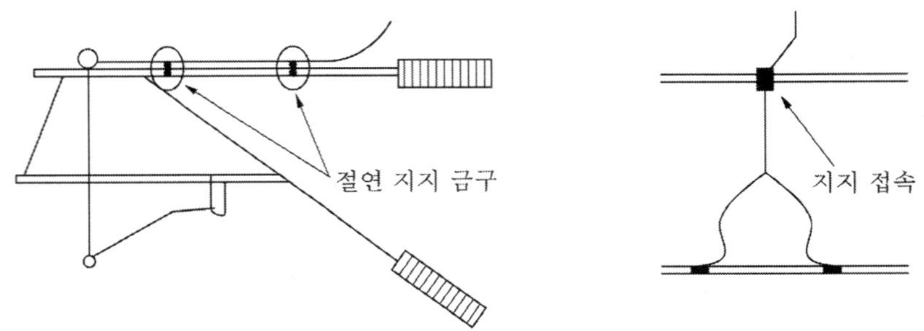


▶그림 3.42◀ 조가선과 급전분기장치를 접속하는 경우

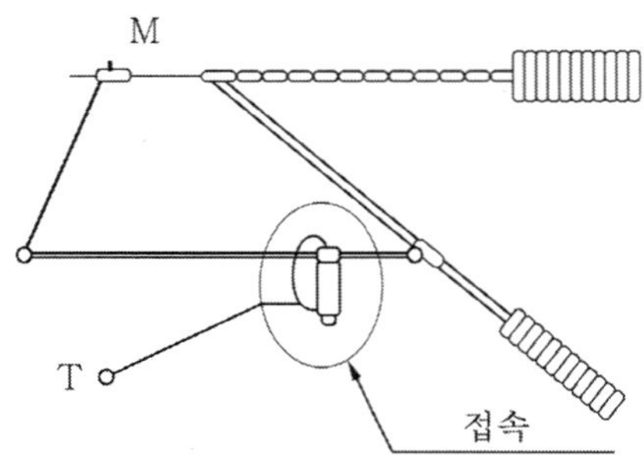


▶그림 3.43◀ 수평파이프와 곡선당김금구를 접속하는 경우

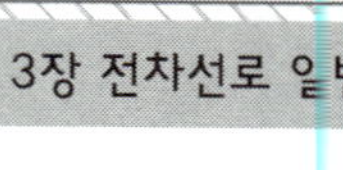



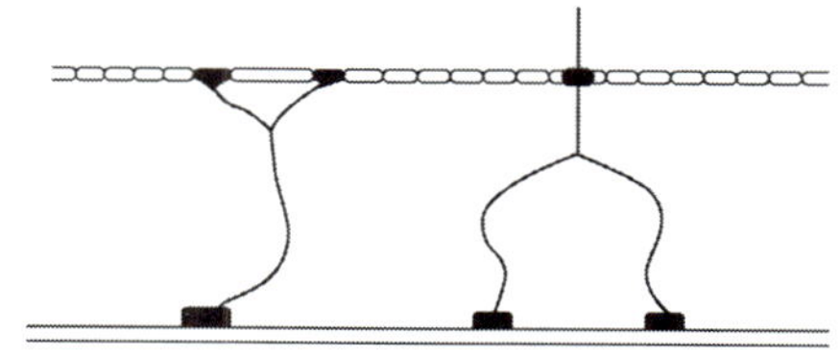

▶그림 3.44◀ 조가선과 전차선을 접속하는 경우

#### 7) 조가선과 전차선과의 접속

조가선과 전차선과의 사이는 커넥터로 접속한다. M-T 커넥터의 취부 간격은 표 3.18을 표준으로 하고 있다. 조가선과 전차선과의 접속은 종래 조가선에 동 계통(카드뮴동연선)의 전선을 사용할 때에는 조가선에 분류한 전류가 행거를 통하여 전차선에 흐르면 조가선의 소선절손의 원인으로 되기 때문에 약 500[m]마다 M-T 커넥터를 취부하였으나, 조가선이 철 계통인 경우에는 전차선 도전율과 조가선의 도전율의 비율이 크기 때문에 조가선에 흐르는 전류가 작아서 M-T 커넥터를 설비하는 경우가 드물었다.

표 3.18 커넥터(M-T용)의 취부 간격

| 구 분 | 일반 개소 | 연속하여 보호커버(행거)가 있는 개소 |
|---|---|---|
| 교류구간 | 250[m] | 125[m] |
| 직류구간 | 125[m] | 고정 빔 구간-급전분기간의 중간점<br>(가동파이프식 진동방지장치 구간을 제외) |
| | | 가동브래킷 및 가동파이프식 진동방지장치 구간-각 지지점 |

그 후 철 계통의 조가선에도 M-T 커넥터를 설비하도록 되어 열차의 속도상승, 장대화 및 고밀도화 등에 따라 전차선 전류가 크게 된다든지 전차선과 조가선간에 순환전류가 특히 문제시되어 조가선과 전차선과의 사이를 M-T 커넥터로 접속하는 것이 표준화되었다. 특히 보호커버(행거커버)가 연속하는 구간에는 커버가 없거나 또는 손상된 개소에 분류가 집중하게 되어 조가선의 소선절손이 일어나기 쉬워서 M-T간의 전위차 발생 방지를 위하여 M-T 커넥터를 증설하여 설치하는 것이 바람직하다.

### (3) 전류분포

전차선로에는 전차선, 조가선, 급전선 등 각각의 목적에 상응하는 많은 전선류가 사용되고 있다. 전선은 전류를 흘리는 것이 주목적이지만 조가선과 같이 전류를 흘리는 것이 주목적이 아닌 것도 있다. 그러나 순환전류를 고려할 경우에는 이들의 전선에 대

해서도 전기적으로 충분한 주의를 할 필요가 있다.

### 1) 직류구간

직류구간에서는 조가선, 전차선 외에 급전선이 병설되어 부하전류는 이 3선에 나누어져 흐르게 된다. 원거리 부하의 경우 이 3선에 흐르는 전류는 각각의 저항에 반비례하여 나뉘어 흐르는 것이 실제 시험을 통해서 확인되었으며 각각의 전류는 식 (3-91), (3-92), (3-93)과 같다.

$$i_F = \frac{R_M R_T}{R_M R_T + R_T R_F + R_F R_M} \times i_0 \tag{3-91}$$

$$i_M = \frac{R_T R_F}{R_M R_T + R_T R_F + R_F R_M} \times i_0 \tag{3-92}$$

$$i_T = \frac{R_F R_M}{R_M R_T + R_T R_F + R_F R_M} \times i_0 \tag{3-93}$$

여기서, $i_F$ : 급전선에 흐르는 전류 [A]
$i_M$ : 조가선에 흐르는 전류 [A]
$i_T$ : 전차선에 흐르는 전류 [A]
$i_0$ : 전부하전류 [A]
$R_F$ : 급전선의 저항 [Ω/km]
$R_M$ : 조가선의 저항 [Ω/km]
$R_T$ : 전차선의 저항 [Ω/km]

여기서, 급전선 : Al 510[mm$^2$]×2조, 조가선 : St 90[mm$^2$], 전차선 : GT 110[mm$^2$], 전부하전류 : 2000[A]로 했을 경우

$$i_F = \frac{1.653 \times 0.1592}{(1.653 \times 0.1592) + (0.1592 \times 0.0563/2) + (0.0563/2 \times 1.653)} \times 2000$$
$$= 1675[\mathrm{A}]$$

$$i_M = \frac{0.1592 \times 0.0563/2}{(1.653 \times 0.1592) + (0.1592 \times 0.0563/2) + (0.0563/2 \times 1.653)} \times 2000$$
$$= 29[\mathrm{A}]$$

$$i_T = \frac{0.0563/2 \times 1.653}{(1.653 \times 0.1592) + (0.1592 \times 0.0563/2) + (0.0563/2 \times 1.653)} \times 2000$$
$$= 296[\mathrm{A}]$$

즉,

$$i_F : i_M : i_T = 1675[\text{A}] : 29[\text{A}] : 296[\text{A}] = 83.7[\%] : 1.5[\%] : 14.8[\%]$$

로 된다.

### 2) 교류구간

교류의 경우에는 교류구간에서 조가선(M)과 전차선(T)에 흐르는 부하전류의 비는 조가선에는 10～20[%], 전차선에는 80～90[%]가 나뉘어 흐른다고 보고 있다.

**표 3.19** 마모된 전차선의 저항(참고 1)

| 선 종 | 바깥 지름[mm] | 저항[Ω/km] |
|---|---|---|
| Cu 170[mm²] | 8.50 | 0.2022 |
| Cu 110[mm²] | 7.50 | 0.2617 |

**표 3.20** 커넥터 등의 전기저항

| 종 류 | 직류 저항 [Ω] |
|---|---|
| 급전분기선 | 10[m]의 경우 0.00092 |
| 커 넥 터 | 1[m]의 경우 0.000484 |
| 행 거 | 50[cm]의 경우 0.000833 |

**표 3.21** 각종 전선의 전기저항 (참고 2)

| 종 별 | 선 종 | 공칭 단면적 (계산 단면적) [mm²] | 반지름 (등가 반지름) [mm] | 전기저항 20[℃] [Ω/km] |
|---|---|---|---|---|
| 급 전 선 | Al 510 | 510 (512.5) | 14.7 (12.772) | 0.0563 |
| | Cu 325[mm²] | 325 (323.8) | 11.7 (10.152) | 0.056 |
| | Cu 200[mm²] | 200 (196.4) | 9.1 (7.907) | 0.092 |
| 조 가 선 | St 135[mm²] | 135 (137.5) | 7.50 (6.616) | 1.057 |
| | St 90[mm²] | 90 (88.0) | 6.00 (5.292) | 1.653 |
| 보조조가선 | CdCu 60[mm²] | 60 (59.7) | 5.00 (4.359) | 0.365 |
| | Cu 100[mm²] | 100 (100.9) | 6.5 (5.667) | 0.178 |
| 전 차 선 | GT 170[mm²] | 170 (170.0) | 7.745 (7.356) | 0.1040<br>0.1017 |
| | GT 110[mm²] | 110 (111.1) | 6.17 (5.947) | 0.1592 |

## 3.3 계통 보호방식 및 설비

### 3.3.1 계통의 보호방식

전차선로 고장의 종류와 정도는 매우 복잡하고 다양하다. 예를 들어 전차선로와 레일간의 단락 등 금속단락은 변전소에서 보아 고장 검출이 용이하다. 그러나 전차선로 지지물, 철 구조물 등에 섬락하는 지락고장의 경우에는 접지전압이 회로에 직접 유입되기 때문에 고장 검출이 곤란하다.

이러한 지락고장을 될 수 있는 한 금속단락이 되도록 급전회로를 구성하여 고장 검출이 용이하고 확실하게 하여 이상전압이 도래시에는 신속하게 대지로 방전시킴으로써 애자 등 절연물의 손상을 방지하고 열차 정시운전을 확보하기 위한 보호설비의 설치가 필요하다.

#### (1) 보호선(PW)에 의한 방식

선로를 따라 보호선을 가선하는 방식이다. 이것은 2중절연방식으로 지칭되며 애자의 특별고압부와 고압부의 경계에서 연결하여 지락도선을 PW에 접속한다.

이 방식은 우리나라에서 적용되고 있는 방식이다. 최근에 외국의 보호방식은 전차선로 지지물에 접촉되는 지락고장에 대해서도 유효하도록 보호선(PW) 애자에 S형태의 혼(horn)을 설치하여 지지물의 전위상승에 순시적으로 방전하여 금속회로를 형성하는 방전 간극방식이 채용되고 있다. S혼의 방전전압은 간극에 따라 다른데 현재는 실효값으로 8~12[kV] 정도로 하고 있다.

BT급전회로에서 부급전선(NF)은 AT급전회로의 PW와 같은 역할을 담당하고 있다. 고장전류가 작은 AT급전회로에서는 PW에 애자를 설치하여 직접 지지물에 취부하고 있다.

#### (2) 가공지선(GW)에 의한 방식

역 구내 등 애자의 수가 많은 개소에서는 지지물을 가공지선(ground wire)으로 연결하고 이것을 접지하여 전차선이 지락되었을 때에 2.5[kV]로 동작하는 방전기를 통하여 PW(BT 급전회로는 NF)에 전류가 흐르도록 회로를 구성하는 방법으로 단독접지방식이라고 한다. 이때에는 지락도선을 설치하지 않는다.

### (3) 매설지선에 의한 방식

이 방식은 가선 궤도를 따라 매설지선을 설치하고 전차선로 지지물과 통신, 신호설비 등을 공동으로 접지하여 전차선로의 지락사고 등에 따른 대지전위를 억제시켜 타 설비를 보호하도록 하는 방식이다.

## 3.3.2 계통 보호설비

### (1) 보호선(P.W)

보호선은 AT급전방식에서 사용되고 있는 가공전선으로 각 지지물에 설치되어 있는 각종 애자의 섬락을 보호하기 위하여 급전선과 병행하여 설치되는 전선이다. 이것은 AT 설치점 및 AT와 AT간의 중간점에서 임피던스본드를 통해서 레일에 접속되어 있는 보호선용 접속선과 접속되어 있으며, 흡사 BT급전방식에서 BT를 제거한 부급전선과 같은 모양을 하고 있으나 부급전선은 귀선전류를 흡상시켜 변전소로 반환하는 귀선(歸線)으로서 전류용량이 크지만 AT용 보호선은 지지애자에 섬락이 발생한 경우 구성되는 것으로 지지물 등의 접지전위 상승을 억제하고 지지물에 첨가 또는 부근에 부설되어 있는 전력, 신호, 통신 등의 저압 전류회선과 기기의 절연파괴를 방지하며 변전소 등에서 사고 검출을 용이하게 하여 신속, 확실한 회로차단의 보호동작에 기여한다.

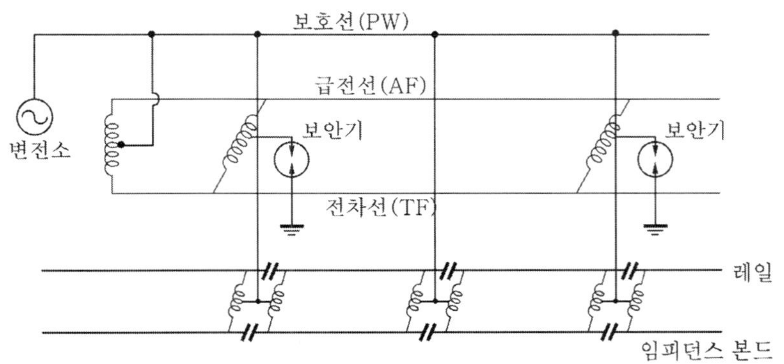


▶그림 3.45◀ 보호선 방식

이 외에도 보호선은 레일 회로와 함께 급전선 및 전차선에 대해서 차폐선 회로를 구성하기 때문에 전자유도(電磁誘導) 경감 효과가 있다. 결론적으로 보호선의 주요 목적은 사고시의 전차선로 보호를 목적으로 하고 있다.

보호선은 사고 전류를 흘릴 수 있어야 하므로 충분한 전류용량과 적당한 기계적 강도를 필요로 한다. 일반적으로 보호선은 HA1 95[$mm^2$], CU 75[$mm^2$]를 사용하고 있다.

### (2) 가공지선(G.W)

가공 전차선로에서의 가공지선이란 교류 전차선로에서는 애자의 섬락 보호를 위해서 지락도선의 일단을 부급전선 또는 보호선에 접속시키고 있으나 역구내 등에서의 설비가 복잡하여 완전한 2중 절연방식으로 시설하기 위하여 상당히 긴 도선이 필요하게 되어 설비가 더욱 복잡하게 되므로 각 애자의 지락도선을 생략하고 가공지선을 빔, 철주, 완금 등에 연접 접속하여 약 1[km]마다 구분한다. 가공지선은 통합접지를 시행하고 대략 그 가공지선의 중앙점에 보안기를 삽입하여 부급전선 또는 보호선에 접속하여 애자의 섬락보호를 위한 전선이다.

사용전선은 ACSR 40[$mm^2$], CU 38[$mm^2$], St 55[$mm^2$]와 동등 이상의 성능을 가진 전선을 사용하며 전차선의 가압부와 이격거리는 1.2[m] 이상 이격하여야 하고, 고 · 저압 가공전선 및 통신선 등과 병가하는 경우에는 0.5[m] 이상 이격하도록 한다.

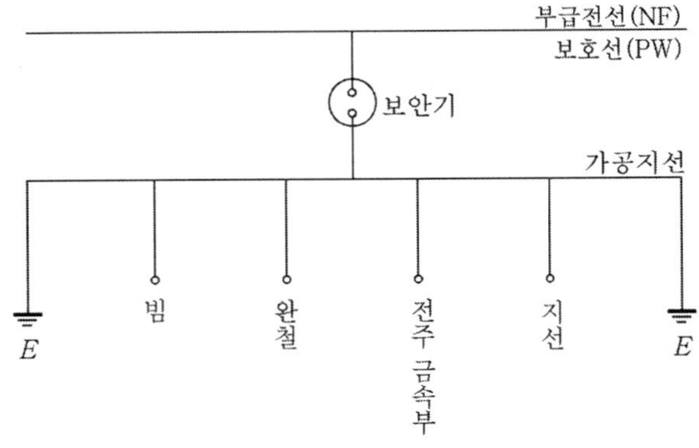


▶그림 3.46◀ 가공지선

### (3) 보안기

교류 전차선로용 보안기는 교류구간의 역구내 등에서 가공지선을 설치하는 경우에 가공지선과 부급전선과의 사이에 설치하는 것이다. 애자의 섬락사고 등이 발생한 경우 변전소 차단기의 동작을 확실하게 하기 위해서는 가공지선과 부급전선, 보호선을 접속해 둘 필요가 있으나 부급전선, 보호선 등에는 전압이 가해져 있으므로 양자를 직접 접속해 주면 지지물 등에 사람이 접촉할 경우 위험하므로 보안기를 사이에 설치하여 접속한다.

애자섬락사고 등에 의하여 부급전선에 이상전압이 발생하여 어느 값 이상의 전압이 보안기에 가해진 경우 방전간극이 동작하여 그 에너지를 가공지선을 통하여 대지로 방전시킨다.

보안기의 구조는 그림 3.47과 같이 전극, 애자, 단자에 의해 구성되어 있으며 전극의 방전 간극은 쉽게 조정할 수 있고 조정 후에는 볼트조임으로 쉽게 이완되지 않는 구조로 되어 있으며, 전극은 일정한 방전간극을 갖도록 조정하여 사용되나 피뢰기와는 달리 속류차단 능력은 없다.

보안기는 대부분 전주에 설치되어 있으며 그 동작이 불확실하면 사람에 위험을 미치게 되므로 1개소에 2개 병렬로 설치 사용하며 지표상 3.5[m] 이상의 높이에 설치한다. 그리고 이것의 배선용 리드선은 38[$mm^2$] 이상의 경동연선 또는 이것과 동등 이상의 성질을 가진 전선을 사용하여야 한다.

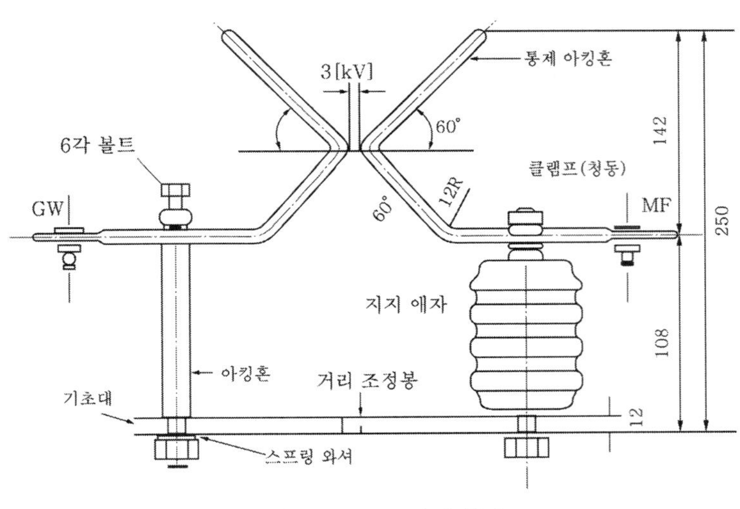


▶그림 3.47◀ 보안기 상세도

## (4) 피뢰기(L.A)

### 1) 기능 구조

피뢰기는 전차선로와 대지간에 설치하여 뇌 및 회로 이상전압을 대지로 방전시켜 이상 전압을 저감시키는 이외에 가선 전압에 의해 대지로 흐르는 전류를 차단하여 전차선의 안전을 도모한다. 피뢰기는 변전소, 급전구분소, 보조급전구분소 등 인입개소와 흡상변압기 양단, 전차선 및 부급전선, 직렬콘덴서의 양단, 선로변압기 1차측에 설치한다.

피뢰기는 방전전류가 클수록 이상전압의 파고를 경감하므로 방전용량이 크고 속류(續流)차단 능력이 우수한 것이 필요하다. 이와 같은 기능을 다하기 위하여 피뢰기는 일반적으로 직렬갭과 특성요소(特性要素)로서 구성되어 있다.

직렬갭은 주전극의 속류(續流) 아크 방전시 내부에서 발생하는 가스에 의해서 그 경로를 연장하며, 또한 회전시켜 냉각 효과에 의해서 차단을 용이하게 한다. 또한 애관 표면의 오손에 의해 방전개시가 변동하는 것을 방지하기 위해 간극(gap)에 방렬저항과 방렬 콘덴서를 설치한 것도 있다.

일반적으로 직렬갭은 동(銅) 또는 청동(靑銅)의 평판을 절연물에 의해 간극을 갖게 한 단위 갭을 다수 포개어 쌓은 구조로 되어 있다. 종전에는 이 갭 군(群)을 특성요소와 별도로 애관 속에 수용하였으나 최근에는 어느 일정한 갭 군과 특성요소를 애관 속에 같이 수용하여 이 애관을 정격전압에 응하여 적중(積重)하는 방식을 취하고 있다. 그래서 직렬갭은 상규(常規)전압에서는 가선과 대지간을 공기절연시키고 이상전압이 가해진 경우에는 불꽃방전에 의해 도전로(導電路)를 형성하는 기능을 갖고 있다. 특성요소는 일정값 이상의 전압에 대해서는 낮은 저항값을 나타내고 일정값 이하의 전압에 대해서는 큰 저항을 나타낸다. 모든 속류차단 능력을 갖고 있는 것으로 그 기구가 피뢰기의 방전용량을 결정한다. 따라서 특성요소는 피뢰기의 본체를 이루며 그 성능의 양부에 의해 피뢰기의 기능이 결정된다.

현재 특성요소의 대부분은 탄화규소를 주체로 한 도전 재료를 원판 상으로 소성한 것으로 이 특성요소가 습기를 흡수하면 제한 전압이 높게 되므로 밀봉 구조에 주의를 기울여야 한다.

### 2) 피뢰기의 종류

전차선로에 사용하고 있는 피뢰기는 다음과 같은 종류가 있으며, 일반적으로 교류 25[kV]에는 42[kV] 10[kA]를 사용하고 직류 1.5[kV]에는 1.81[kV] 5[kA]의 성능의 것을 사용한다.

① 비직선 저항형(non linear service resistor)

레지스터 밸브, 오토 밸브 등 대저항의 것이 이 종류에 속하며 동작곡선이 방전전류가 커져도 전압이 상승하지 않는 것을 말한다. 이는 제한전압을 낮게 할 수가 있으며 속류 차단 능력이 크다. 탄화규소를 주로 한 도전 재료를 원판 상으로 소성한 특성요소와 직렬갭을 정격전압에 응하여 다수 포개어 합한 것으로 구성되어 있다. 특성요소는 방전전류가 증가함에 따라 저항값이 감소하는 성질을 이용한 것으로 특성요소의 V-I 특성은 상시의 누설전류를 차단하고 있다.

② P 밸브형

특수 절연지에 금속박(金屬箔)을 몇 장 겹쳐 붙여서 둥글게 만든 것으로 방전은 한 쪽의 주석박으로부터 종이를 통하여 다른 쪽의 주석박에 나타난다. 이때 종이로부터 발생하는 가스에 의한 냉각작용으로서 전류를 차단한다.

같은 구멍에서 또다시 방전하지 못하므로 구멍의 수로서 방전회수를 알 수 있으며 구멍의 크기로 방전전류의 크기를 알 수 있다.

#### 3) 피뢰기의 설치

전차선로에 설치하는 피뢰기는 가급적 많이 설치하는 것이 좋으나 피뢰기의 고장이 비교적 많이 발생하므로, 그 지역의 뇌의 빈도에 따라 그 설치 거리를 조정할 필요가 있다. 피뢰기의 설치 위치는 다음과 같이 정해져 있다.

① 교류 전차선로

- 흡상변압기 양단의 전차선 및 부급전선
- 급전선 인출 및 터널의 케이블 양단

② 직류 전차선로

- 급전선 긍장 약 500[m]마다
- 급전선 인출 및 터널의 케이블 양단

## 3.3.3 이격거리

### (1) 건축물과의 이격거리

건축한계 및 차량한계는 열차의 운전을 안전하게 확보하기 위하여 유지하여야 할 최소의 공간을 정한 것으로, 양자 사이에는 상호 침범해서는 안되는 여유공간을 갖고 있다. 건축한계는 건물 및 기타의 건조물을 설치하는 경우에 적용되는 것으로서, 이 한계 내에 들어와서는 안되는 거리의 한계를 "건축한계"라고 한다.

#### 1) 건축한계의 원칙

건조물(건물 포함)을 차량한계 내에 가까이 밀접하게 설치하면 차량운전시 동요에 의하여 차량이 건조물에 접촉할 우려가 있기 때문에, 건조물은 차량한계에 대하여 얼마간의 간격을 두어 설치하지 않으면 안된다. 즉, 건조물 설치 주변 열차운전의 안전을 확보하기 위하여 차량한계 외에 확보하여야 할 최소 공간을 정한 것이 "건축한계"이다.

따라서 어떠한 경우에도 건축한계를 저촉하는 상태가 발생하지 않도록 궤도, 건조물 등의 이상에 주의하여 건축한계를 유지, 확보하는 것이 필요하다.

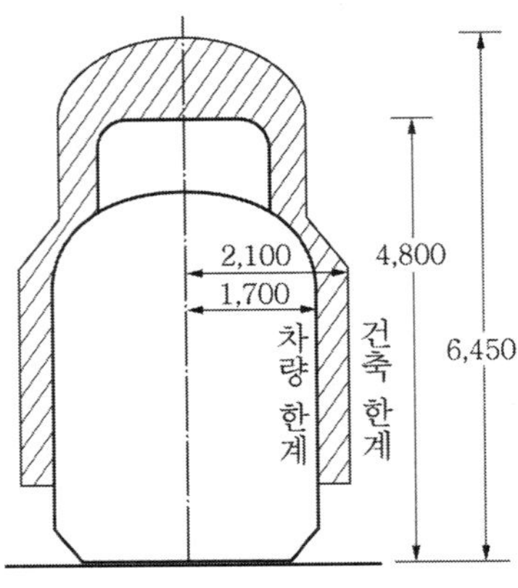


▶그림 3.48◀ 건축한계와 차량한계

## 2) 건축한계

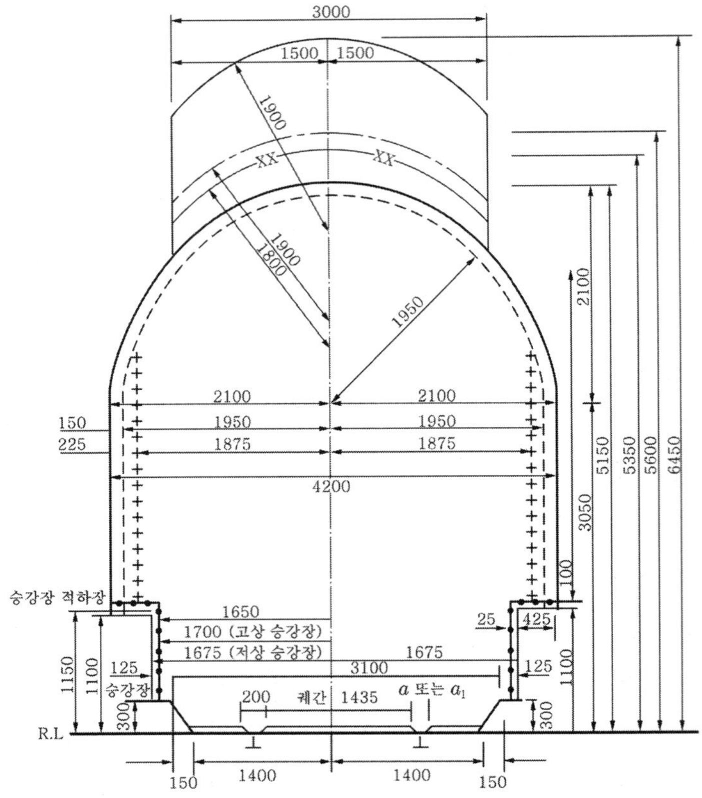


▶그림 3.49(1)◀ 건축한계

### 3) 곡선로에서의 건축한계

원곡선에 있어서의 건축한계는 반지름 800[m]을 초과하는 원곡선에 대해서는 직선로에 있어서와 동일한 건축한계로 하고, 반지름 800[m] 이하의 원곡선에 대하여는 직선로에 있어서의 건축한계의 각축에 다음의 식에 따른 계산에서 얻은 수값을 추가하는 것으로 한다.

$$W = \frac{50,000}{R} [\mathrm{mm}] \tag{3-94}$$

여기서, $W$ : 추가해야 할 수값

$R$ : 곡선 반지름[m]

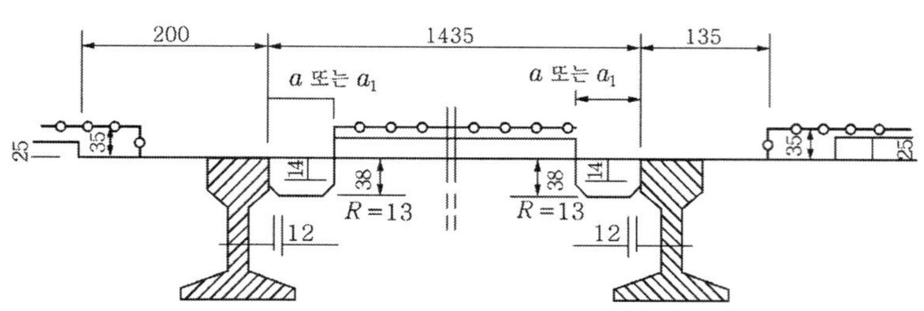


$a$, $a_1$또는 $a_2$ ······ 플랜지 웨이(바퀴길)

$s$ ······ 슬랙

1. 일반의 경우 ······ $a=75+s$
2. 한쪽에 가드레일이 있는 경우
   가드레일이 있는 쪽 ······ $a=40+s$
   가드레일이 없는 쪽 ······ $a=75+s$
3. 덩레일의 경우 ······ $a=70+s$
4. 크로싱부의 경우
   $a_1$ ······ 크로싱 가드레일이 있는 쪽
   $a_2$ ······ 크로싱윙 레일이 있는 쪽
   $a_1+a_2$ ······ 90+28로서 $a=40+s$
5. 가드레일이 있는 건널목의 경우 ······ $a=65+s$

【보기】

—— 일반의 경우에 대한 한계

------ 전기 운전을 하는 구간에 있어서 가공전차선 및 그 현수장치를 제외한 상부에 대한 건축 한계(이 한계는 교량, 터널, 눈덮개, 구름다리 및 그 앞뒤에 있어서 필요한 경우에는 ------ 까지, 가설된 교량 3.4종 터널, 눈덮개, 구름다리 및 그의 앞뒤에 있어서 필요한 경우에는 계수할 때까지 잠정적으로 -✕-✕-- 로서 표시된 한도까지 축소할 수 있다.)
축선에 있어서 급수, 급탄, 전차, 계중, 세차 등의 모든 설비, 신호주, 가공전차 선지지주, 차고의 문 및 내부장치 또는 본선 (중앙 태백 영동 황지 고한 및 함백선에 한한다)에 있어서 기설 된 교량 터널 구름다리 및 그 앞뒤에 있어서 부득이한 경우에 가공전차선 지지물에 대한 건축 한계를 축소할 수 있는 한계

+++ 전철기 표지 등에 대하여 건축 한계를 줄일 수 있는 한계

-●●●- 승강장 및 적하장에 대하여 건축 한계를 줄일 수 있는 한계

-○○○- 타넘기 부분에 대하여 건축 한계를 줄일 수 있는 한계 (다만, $a_1=a_2=70$ )

▶그림 3.49(2)◀ 건축한계

## (2) 차량과의 이격거리

차량한계는 차량의 단면의 크기를 제한한 것으로 그 어떠한 부분도 그 한계 내에 들지 않으면 안 되는 한계선을 "차량한계"라고 한다.

### 1) 차량한계의 원칙

차량은 평탄 궤도상에 있어서 차체, 대차, 차륜축 등의 중심선이 궤도 중심선과 일치한 상태에 정지하고 있는 경우, 승객 또는 적재 화물의 편중에 의하여 차체, 대차가 경사지지 않는 상태에서 차량한계 밖으로 나가지 않도록 되어 있다.

실제 차량 운전시 동요에 따라 차량이 건조물에 접촉할 우려가 있기 때문에 열차운전의 안전을 확보하기 위하여 차량한계 내에 확보하여야 할 최대의 공간을 정한 것이 "차량한계"가 된다. 차륜 등의 마모 또는 하중에 따라 스프링이 불균형이 된 경우도 이 한계를 벗어나지 않아야 한다.

### 2) 차량한계

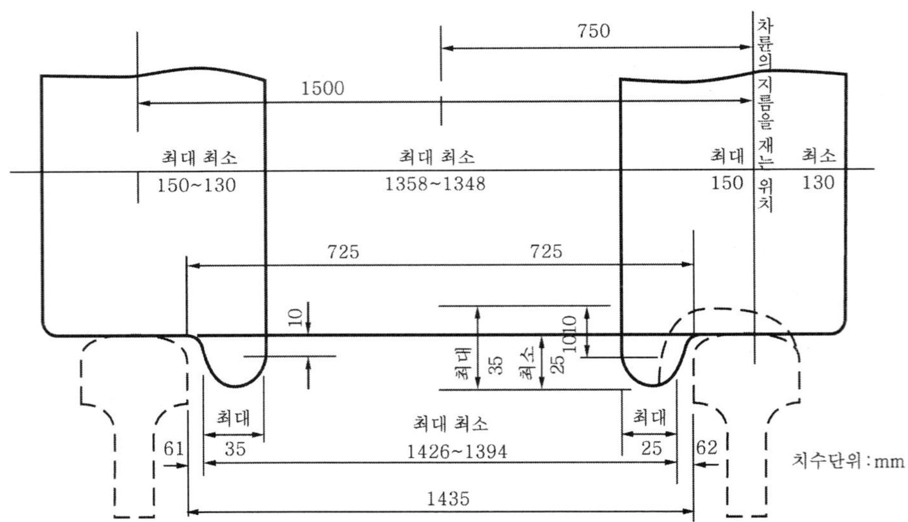

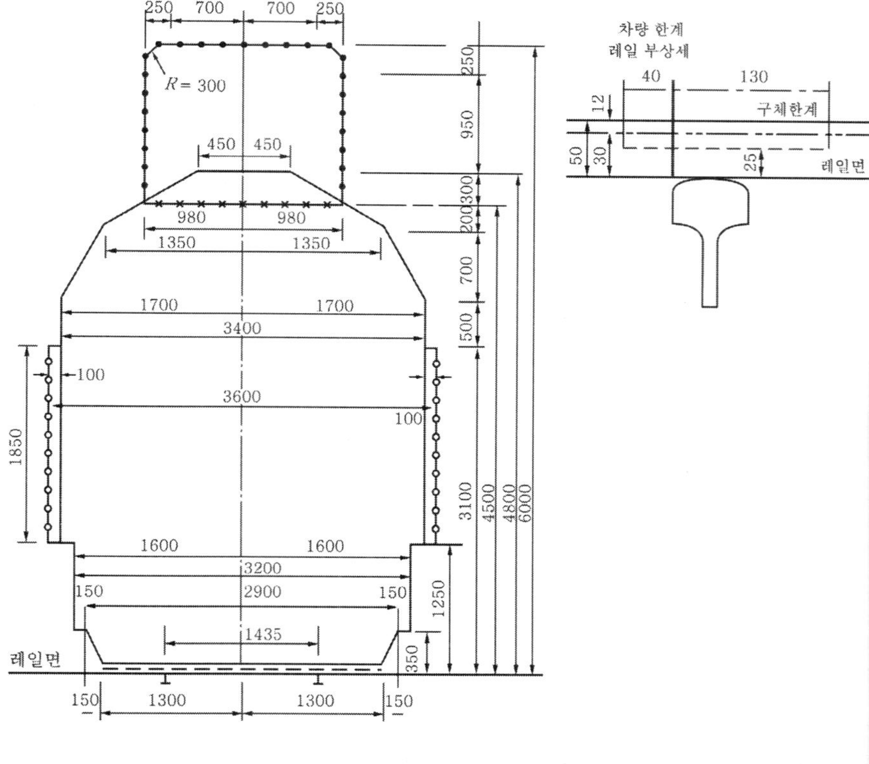


———— 일반 차량에 대한 구체 한계(이 한계는 전기 운전을 하는 구간 중, 중앙, 태백, 영동, 황지 고한 각선과 함백선에 한해서만 —×—×— 로서 표시된 한도까지 축소하여야 한다.)

—o—o—o— 열차 표지에 대한 한계

- - ——— 튀기의 작용에 의한 상하 움직이지 않는 부분에 대한 한계

— — — 제륜자 및 살사관에 대한 한계

—●—●—●— 전기 운전을 하는 차량의 집전 장치를 편 경우에 있어서 육상 장치에 대한 한계

▶그림 3.50◀ 차량한계

## (3) 전기적 이격거리

### 1) 대지 절연이격거리

가공 전차선 등과 교량 등의 건조물이 접근 또는 교차하는 경우에 전차선 등이 이들에 대하여 위험을 초래하지 않도록 급전선, 전차선 및 이들과 동전위의 가압 부분과 이들 접지물간의 절연거리를 규정하고 있다. 전차선로의 가압 부분은 터널이나 교량 등의 협소한 개소에서도 접지물에 대하여 충분한 이격거리를 확보하지 않으면 안된다.

표 3.22 대지 절연이격거리

| 이격거리 \ 급전방식 | 직류 1,500[V] | 교류 25[kV] | 비 고 |
|---|---|---|---|
| 표준 이격거리 | 250[mm] 이상 | 300[mm] 이상 | |
| 최소 이격거리 | 70[mm] 이상 | 250[mm] 이상 | |
| 순시 접근거리 | 30[mm] 이상 | 150[mm] 이상 | |

① 직류 1,500[V] 방식

ⓐ 표준 이격거리(250[mm])

전기차가 정지한 상태에서도 전기차의 보조기기가 전류를 집전 중에 있을 때 팬터그래프를 강하하는 경우에 아크가 발생하고, 강하된 팬터그래프와 전차선간의 이격거리가 짧으면 아크가 발생되며, 이 아크가 계속되면 전차선이 가열되어 단선될 우려가 있다.

따라서 팬터그래프와 전차선과의 이격거리는 집전 중에 팬터그래프를 하강하는 경우 전류차단에 필요한 거리가 된다. 이것은 전차선로나 차량의 특성에 따라 약간의 차이는 있지만 집전속도나 풍압에 영향을 받게 되므로 실험 결과에 의해서 일반적으로 이 이격거리를 250[mm]로 하고 있다.

ⓑ 최소 이격거리(70[mm])

직류 전차선로에는 약 500[m] 정도 간격으로 피뢰기가 설비되고, 이 피뢰기의 뇌임펄스 방전개시전압이 25[kV] 이하이기 때문에 25[kV]에 지락되지 않도록 이격거리에 여유를 주어 정한 최소 이격거리가 70[mm]이다.

ⓒ 순시 접근이격거리(30[mm])

순시 접근이격거리는 집전 중의 팬터그래프의 단부와 터널 등의 접지 건조물과의 사이 등에 필요한 동적순시 접근거리로 연구 결과 20[mm]가 필요한 것으로 밝혀졌으나 여기에 피뢰기의 이상전압 억제와 보안상의 필요에 의한 여유를 감안 30[mm]로 하고 있다.

② 교류 25,000[V] 방식

ⓐ 표준 이격거리(300[mm])

각종 실험결과에서 최소 이격거리 250[mm]에 여유 50[mm]를 더하여 300[mm]로 하여 표준 이격거리로 정하고 있다.

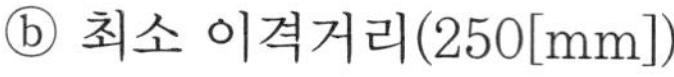



ⓑ 최소 이격거리(250[mm])

교류 전기철도 회로에 발생하는 이상전압을 최고 사용전압의 2.5배(27.5[kV]×2.5=68.75[kV])의 개폐 서지에 견딜 수 있는 간격은 통상의 경우에 250[mm]를 가압 부분과의 최소 대지 간격으로 정하고 있다.

ⓒ 순시 접근이격거리(150[mm])

협소한 터널이나 교량 등에서 주행 중의 팬터그래프와 건조물 등의 접지측과 근접은 극히 짧은 시간이다. 이 경우 전차선에 발생하는 이상전압은 최고 사용전압의 2배 정도(27.5[kV]×2=55[kV])의 개폐서지를 생각하면 충분하다. 따라서 일반적으로 150[mm]를 단시간 접근이격거리로 하고 있다.

**2) 가압부분 상호 이격거리**

교류 전차선로에 있어서 M상, T상의 급전계통이 다른 급전선의 상호간은 1200[mm] 이상으로 하고, AT방식에 있어서 급전선과 전차선의 이격거리는 550[mm] 이상으로 한다. 단, 부득이한 경우 350[mm] 이상으로 할 수 있다. 상시 팬터그래프의 승강을 행하는 개소에서는 전차선과 팬터그래프를 접은 높이와의 이격거리를 300[mm] 이상으로 한다.

**3) 활선 작업상 필요한 이격거리**

1,500[V] 직류 전차선로의 서로 다른 계통 전선이 접근하는 개소에서 보호구를 착용하지 않고 활선작업을 행할 경우 가압부분 상호의 이격거리는 0.6[m] 이상 필요하다. 25[kV] 교류 전차선로의 활선작업은 타의 공작물, 인접 건조물, 기타 접지물 등과 작업자 간의 이격은 2[m]을 확보할 수 있는 개소에서 행하여야 한다.

# MEMO

# Chapter 4

# 일반 전차선로

전기차에 전기를 공급하는 전차선의 가선방식에는 앞에서 설명한 바와 같이 가공단선식, 가공복선식, 제3궤조식, 강체식으로 대별되고 일반적으로는 가공단선식이 주로 사용되고 있다. 또, 가공단선식과 가공복선식을 총칭하여 가공식 전차선로 또는 가공 전차선로라고 한다.

가공 전차선로는 조가선에 행거를 이용하여 전차선을 조가시키는 "커티너리 시스템"이 주로 많이 채용되고 있다. 전차선은 가능하면 경점을 작게 하고 균일한 가요성을 갖도록 가선되기 때문에, 팬터그래프의 압상력에 대하여 전차선이 압상하는 성질, 즉 탄성작용을 갖게 되어 전차선은 탄성적으로 조가되도록 되어 있다.

이와 같은 것들은 전기차의 속도향상을 위하여 매우 중요한 요인이 되고 있으며, 전기철도를 운영하는 세계 각국에서는 각 나라마다 고속운전에 적합한 가선방식이 개발되었고 지금은 보다 더 빠르고 안전한 고속운전을 하기 위한 가선방법의 연구가 진행되고 있다.

가공 전차선로는 전기차의 집전장치와 접촉하기 위한 가공 전차선(overhead trolly wire)을 중심으로 하여 이것을 조가(messenger)하는 조가장치(messenger device)와, 급전선(feeder), 귀선(return wire) 등의 가선설비와 전차선장치 및 부속설비 등과 이것을 지지하기 위한 각종 구조물로 구성되어 있다.

## 4.1 급전선(Feeder Line)

급전선로는 급전선과 이것을 지지하는 지지물 등에 따라 구성되어 있다. 전철용 변전소(전기철도용 변전소)에서 전차선과 레일 등의 집전용 도체를 통해서 전기차(전동차, 전기기관차)에 전력을 공급하기 위한 전선을 급전선이라 한다.

### 4.1.1 급전선의 종류

급전선은 급전방식에 따라 다음 3종류로 나누어지고 있다.

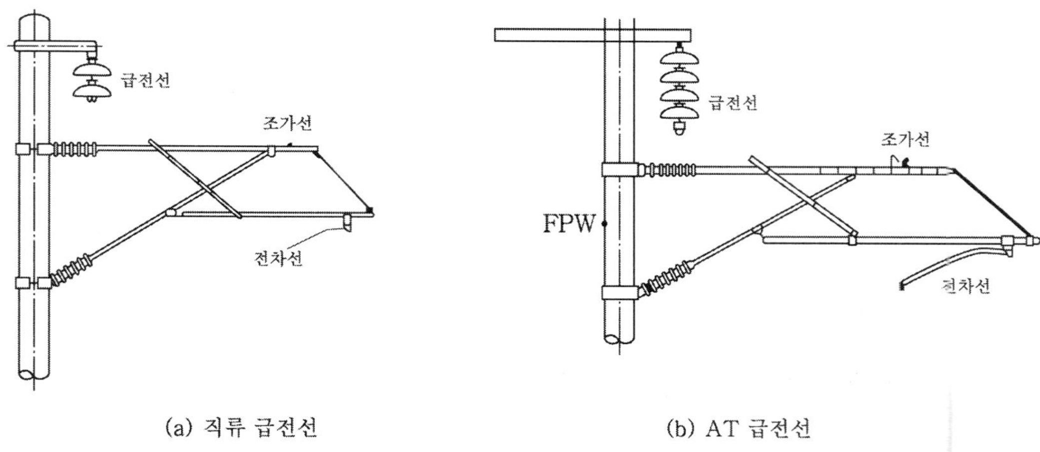


(a) 직류 급전선 (b) AT 급전선

▶그림 4.1◀ 급전선의 표준 장주

### 1) 직류 급전선

전차선과 병렬로 설치하여 전차선로의 전류용량과 전압강하를 구제하는 전선이다.

### 2) BT 급전선

전철용 변전소와 급전 인출구 부근의 절연구간(절연구분장치) 전후의 전차선 사이를 연결하여 전차선에 전력을 공급하기 위한 전선이다.

### 3) AT 급전선

전철변전소에서 전차선로에 분산 설치되어 있는 단권변압기(AT)에 전력을 공급하기 위한 전선이다.

## 4.1.2 급전선의 설치

작은 규모의 직류 급전방식과 교류(BT) 급전방식에서는 급전선을 설치하지 않고 변전소 전원에서 직접 전차선을 통해서 전력을 전기차에 공급하고 있다. 이렇게 직접 전차선만으로 급전하는 가공 직류 급전 방식은 전기차와 변전소 간에 전기저항이 크고 아주 큰 운전전류가 흐르기 때문에 전류용량이 부족해서 전차선이 가열되어 단선 사고의 원인이 됨과 동시에 전압강하가 크게 된다. 따라서 전기차에 가하는 전압이 강하되었을 때 운전속도나 기동력이 감소되어 운전불능이 되는 경우도 있다.

전차선로에 사고가 발생한 경우 전차선과 평행하게 전류용량이 큰 급전선을 시설하면 전차선 단독의 경우와 달리 전차선을 적당한 거리마다 구분이 가능하여 사고를 일으킨 구

간을 분리하여 사고의 영향이 전 전차선 계통에 파급되는 것을 방지할 수 있다. 이런 이유 때문에 직류 급전방식에서 급전선을 설치하고 있다. 다만 강체가선 방식인 경우에는 대전류 용량을 흐르게 할 수 있으므로 급전선을 설치하지 않는 경우도 있다.

교류(AT)급전방식은 전철용 변전소에서 급전전압을 전차선 전압보다 높여서 급전하여 전차선로에 설치된 단권변압기(AT)로 전차선 전압을 강압해서 전차선으로 공급하고 있기 때문에 전 선로에 AT급전선을 전차선과 별도로 가선하고 있다.

## 4.1.3 급전선의 특성

급전선은 소요되는 전기용량을 갖고 전압강하가 작으며 안정된 양질의 전력을 공급하도록 설비하는 것이 필요하다. 기본적으로 이상적인 상태에서 다음과 같이 고려되고 있다.

### (1) 전기용량

일반적으로 금속재료는 도전성이 좋지만 특히 도전재료로서 이용되고 있는 급전선은 전기 전도도가 큰 것이 제1조건이다. 급전전류에 대하여 전압강하가 허용되는 범위 내에 알맞은 전기저항을 갖는 전선을 선택하지 않으면 안 된다.

### (2) 급전선의 재질

급전선의 재질, 굵기는 부하전류에 따라 전압강하와 온도상승이 적고 기계적강도에 충분히 견딜 수 있는 것을 선정하여야 한다. 또한, 다른 공작물 등에 대하여 항상 일정한 이격거리를 확보하도록 지지경간, 완금의 길이를 검토하는 것이 필요하다. 특히 강풍구간에서는 전선의 중앙이 강풍시에 전선 이도와 이격 관계를 고려할 필요가 있다.

### (3) 급전시스템의 절연협조

급전시스템의 절연협조는 변전소, 전차선로, 전기차의 애자절연강도와 피뢰기(arrester)를 협조되도록 유지하여야 된다.

### (4) 급전계통

급전계통은 급전방식, 급전선로용량, 연장급전, 작업정전, 사고구분을 고려하여 가능한 간소화할 필요가 있다. 또한, 개폐기 등도 유사시 구간단전이 필요하거나 정전작업구간을 확보하는 등 극히 필요한 수량만으로 제한하여야 한다.

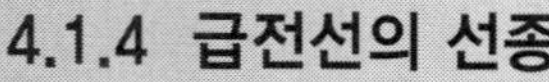

### 4.1.4 급전선의 선종

직류 전차선로의 급전선은 주로 경알루미늄 연선(Al) 또는 경동연선(Cu)을 사용하고 있다. 최근에는 고속화와 장대 편성화에 따라 부하증대로 용량이 큰 전선이 요구되고 있으나 전선이 굵어지면 시공상의 어려움 때문에 적당한 선종을 2～3조 복합해서 사용하기도 한다.

일반적으로 경알루미늄연선의 도전율은 61[%], 경동연선은 97[%]이므로 경알루미늄연선을 경동연선과 동일한 저항값을 얻기 위해서는 그 굵기를 경동연선의 1.59(97/61)배로 할 필요가 있다.

그러나 알루미늄과 동의 비중은 3.29(8.89/2.70)배이기 때문에 동일 저항값으로 하고도 중량은 동의 50[%]가 된다. 그리고 경알루미늄연선은 경동연선에 비하여 강도가 작고 팽창계수가 큰 단점이 있지만 가격이 저렴하고 중량이 가벼우므로 지지물을 경간할 수 있어 경제적이기 때문에 특수 개소를 제외하고 일반적으로 경알루미늄연선(Al)이 사용되고 있으며, 최근에는 알루미늄연선의 이도를 축소하기 위하여 강심알루미늄연선(ACSR)이 사용되고 있다.

특수개소는 강풍 구간, 염해가 심한 해안 구간, 알루미늄을 부식시키는 염소가스가 발생되는 화학공장의 부근, 알칼리성 누수가 심한 터널 등이 있다.

특히 터널 내에서 누수되는 물은 콘크리트 층을 통과할 때에 탄산칼슘을 포함한 알칼리성 용액(수산화칼슘)으로 되어 알루미늄연선에 접촉되면 표면에 공기 중의 탄산가스와 결합하여 탄산화 작용과 증발을 반복하게 되어 PH가 높아져서 알루미늄 표면의 보호 피복을 용해해서 급속히 부식이 진행 된다.(일반적으로 알루미늄은 PH 5～8의 범위에서 내식성이 양호하다.) 그러므로 이러한 개소에는 경동연선 또는 동등 이상의 선종을 사용해야 할 것이다.

**표 4.1** 경동선, 경알루미늄선의 모든 특성

| 항 목 | | 경동선 | 경알루미늄선 |
|---|---|---|---|
| 물리적 특 성 | 융점[℃] | 1083 | 658 |
| | 용해착열[cal/g] | 50.3 | 93 |
| | 비열(20[℃], [cal/g/℃]) | 0.093 | 0.214 |
| | 열전도율([cal/cm], [sec], [℃]) | 0.92 | 0.5 |
| | 비중(20[℃]) | 8.89 | 2.70 |
| | 선팽창계수(20[℃], [/℃]) | $17 \times 10^{-6}$ | $23 \times 10^{-6}$ |

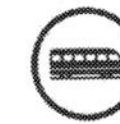

| 항 목 | | 경동선 | 경알루미늄선 |
|---|---|---|---|
| 기계적 전기적 특 성 | 인장강도[kgf/mm$^2$] | 41.6~44.9 | 16.1~18.63 |
| | 신축(伸縮)[%] | 0.6~2.0 | 1.5~2.0 |
| | 항복점(0.2[%], [kgf/mm$^2$] | 35~42 | 14~16 |
| | 탄성한도(0.01[%], [kgf/mm$^2$] | 17.5~31.5 | 8~10 |
| | 탄성계수[kgf/mm$^2$] | 약 12000 | 약 6300 |
| | 피로한도(10$^7$[kgf/mm$^2$]) | 11.5~12.5 | 5.0~5.5 |
| | 도전율[%] | 97 | 61 |
| | 저항온도계수(20[℃], [/℃]) | 0.00381 | 0.0040 |

또한, 급전선의 단면적은 변전소 간격, 전기차 출력과 열차밀도, 선로조건 등을 기본으로 하고 전기차 수전점의 전압강하와 급전선의 온도상승을 고려하여 결정하게 된다.

## 4.1.5 급전선의 표준장력(Standard Tension)

표준장력이란 그 지역에 있어서 표준온도시 무빙, 무풍 상태의 장력을 말한다. 일반적으로 표준장력은 기상이 최악 상태인 경우에도 허용장력(항장력/안전율) 이내로 정하고 있다.

장력을 크게 하면 이도가 작게 되기 때문에 급전선의 높이가 확보되고 지지물의 길이를 짧게 할 수 있기 때문에 경제적이다. 그러나 인류주나 곡선개소의 횡장력이 크게 되고 전주와 기초의 강도를 올릴 필요가 있다. 따라서 지지물의 경제적 밸런스 때문에 표준장력의 상한은 9800[N] 이내로 하는 것이 바람직하며 각 지역의 최저기온시에 그 선종의 안전율을 포함한 항장력 이하가 되도록 정하고 있다.

### (1) 표준장력의 산정

#### 1) 표준장력의 상한

최저 기온시 급전선 장력은 그 선종의 허용하중(허용 항장력) 이하로 되도록 한다. 표준온도일 때 장력을 $T$, 최저 온도일 때 장력을 $T_0$라 하면

표 4.2 급전선의 선종과 표준장력

| 선종[$mm^2$] | 표준장력[N] |
|---|---|
| 경동연선 325 | 11,760 |
| 경동연선 200 | 9,800 |
| 경동연선 150 | 8,820 |
| 경동연선 125 | 7,840 |
| 경동연선 100 | 5,880 |
| 강심알루미늄연선 330 | 9,800 |
| 강심알루미늄연선 288 | 8,820 |
| 강심알루미늄연선 240 | 8,820 |
| 강심알루미늄연선 200 | 4,900 |
| 강심알루미늄연선 160 | 3,920 |
| 강심알루미늄연선 95 | 1,960 |

(주) 표준온도는 10℃ 기준이며, 사용 주위온도는 +40[℃]~−25[℃] 지역기준으로 한다.

$$T = T_0 - \frac{8AE}{3S^2}({D^2}_0 - D^2) - AE\alpha(t - t_0) \qquad (4-1)$$

여기서, $T$ : 전선의 표준온도 $t$ 에서의 장력[N]

$T_0$ : 전선의 최저온도 $t_0$ 에서의 장력[N]≤허용 하중

$D$ : 전선의 표준장력 $T$ 에서의 이도[m]

$D_0$ : 전선의 최저장력 $T_0$ 에서의 이도[m]

$A$ : 전선의 단면적[$mm^2$]

$E$ : 전선의 탄성계수[N/$mm^2$]

$\alpha$ : 전선의 선팽창계수

$S$ : 경간 [m]

$$D_0 = w_0 \frac{S^2}{8T_0} \qquad (4-2)$$

$$D = w\frac{S^2}{8T} \qquad (4-3)$$

여기서, $w$ : 전선의 단위중량[kg/m]

$w_0$ : 풍압하중을 가한 전선의 단위중량[kg/m]

식 (4−1)에 식 (4−2), (4−3)을 대입하여 표준장력의 상한 $T$를 구한다.

**2) 표준장력의 하한**

지지물의 길이, 장주, 선간이격 등에 따라 한정되고 최대이도($D_{max}$)와 전선의 최고 온도의 조건에서 표준장력의 하한을 구한다.

식 (4-1)에 $D_0 = D_{max}$을 대입해서 $T_0$를 구하고 식 (4-1)에 식 (4-2)와 식 (4-3)을 대입하여 최대 이도로 되는 때의 장력(표준장력의 하한) $T$를 구한다.

**3) 표준장력의 결정**

기계적 강도와 공간이격 때문에 구하는 표준장력의 상한과 하한의 사이에서 표준장력을 결정한다.

## 4.1.6 급전선의 안전율

### (1) 급전선의 안전율

가공전선은 케이블인 경우를 제외하고 상정하중을 가했을 때 전선의 인장하중의 안전율은 2.2 이상으로 하고 기타 전선은 2.5 이상이 되도록 장력(상정최대장력)을 시설한다. 기타 전선의 안전율을 2.5 이상으로 하는 것은 경동선에 비하여 내구성이나 신뢰성이 떨어지기 때문이다.

전선은 이도를 크게 할수록 그것에 걸리는 장력이 감소하고 전선의 인장하중에 대한 안전율이 증가한다. 그러나 이도를 크게 하면 전선이 지표상 높이에 제한을 받기 때문에 지지물의 높이가 불필요하게 크게 되어 경제성이 없을 뿐만 아니라 바람에 의한 횡진이나 빙설에 따른 수하 등으로 사고가 날 우려가 있다.

### (2) 전선에 걸리는 상정하중

가공전선의 이도, 장력 계산 등에 이용하는 상정하중은 전선이 케이블인 경우를 제외하고 전선 중량 등에 대한 수직하중과 풍압하중에 대한 수평하중을 고려한다.

『수직 하중』은 전선 중량(자중)으로 한다. 다만 을종풍압하중을 적용하는 경우는 전선 주위에 두께 6[mm](비중 0.9)의 얼음이 부착한 때의 피빙중량(빙설중량)을 전선 중량에 가산한다.

또한, 『수평 하중』은 풍압하중으로 하고 갑종, 을종, 병종의 3종류의 풍압하중에 대하여 지역마다 다르게 정하고 있다.

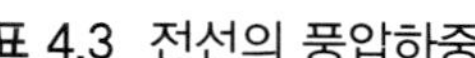



표 4.3 전선의 풍압하중

| 하중 종별 | 전선의 빙설 두께[mm] | 풍압[N/m²] | 기 사 |
|---|---|---|---|
| 갑종풍압하중 | 0 | 980 | 전선의 수직투영 면적 1[m²]당 풍압 |
| 을종풍압하중 | 6 | 490 | 피빙을 포함한 전선의 수직투영면적 1[m²]당 풍압 |
| 병종풍압하중 | 0 | 490 | 전선의 수직투영면적 1[m²]당 풍압 |

표 4.4 전선의 풍압하중 적용

| 하중 종별 | | 적용 풍압 | |
|---|---|---|---|
| | | 고온계 | 저온계 |
| 빙설이 많지 않은 지역 | | 갑종 | 병종 |
| 빙설이 많은 지방 | 저온계에 최대 풍속을 발생하는 지방 | 갑종 | 갑종과 을종 중 큰 것 |
| | 기타 지방 | 갑종 | 병종 |

### 1) 갑종풍압하중

고온계 하중으로서 여름철 태풍을 대비한 설계 조건으로 정하고 있다. 고온계(여름에서 가을까지 계절)에서 풍속 40[m/s]로 바람이 부는 것을 가정한 경우의 하중이다(고온계 표준 풍압).

### 2) 을종풍압하중

저온계 하중으로서 겨울철 계절풍을 대비한 설계조건으로 정한 것이다. 빙설이 많은 지방의 저온계(겨울에서 봄까지 계절로서 일반적으로 강풍은 없다)에서 전선에 빙설이 부착된 상태로 갑종풍압하중의 1/2 풍압을 받는다고 가정한 경우의 하중이다(풍속 28[m/s] : 저온계 표준 풍압).

### 3) 병종풍압하중

인가가 많이 밀집된 지방의 저온계(일반적으로 강풍은 없다)에서 전선에 빙설이 많지 않는 지방을 대상으로 갑종풍압하중의 1/2 풍압을 받는다고 가정한 경우의 하중이다.

## 4.1.7 급전선의 이도 · 장력

### (1) 이도와 장력의 관계식

가공 전선의 이도와 장력의 관계식은 다음 식으로 표시된다.

$$T = \frac{wS^2}{8D} \tag{4-4}$$

$$T_0 = \frac{w_0 S^2}{8D_0} \tag{4-5}$$

$$T = T_0 - \frac{8AE}{3S^2}(D^2{}_0 - D^2) - AE\alpha(t - t_0) \tag{4-6}$$

$$T^3 - \left\{T_0 - \frac{8AED^2{}_0}{3S^2} - AE\alpha(t - t_0)\right\}T^2 - \frac{AEw^2S^2}{24} = 0 \tag{4-7}$$

$$D^3 + \left[\frac{3S^2}{8AE}\{T_0 - AE\alpha(t - t_0)\} - D_0^2\right] \cdot D - \frac{3wS^4}{64AE} = 0 \tag{4-8}$$

여기서, $T$ : 전선의 온도가 $t$일 때의 장력[N]

$T_0$ : 전선의 온도가 $t_0$일 때의 표준장력[N]

$D$ : 전선의 장력 $T$일 때의 이도[m]

$D_0$ : 전선의 표준장력 $T_0$일 때의 이도[m]

$A$ : 전선의 단면적[mm$^2$]

$E$ : 전선의 탄성계수[N/mm$^2$]

$\alpha$ : 전선의 선팽창계수

$S$ : 경간[m]

$w$ : 전선의 단위 중량[kg/m]

$w_0$ : 전선의 무풍시 단위 중량[kg/m]

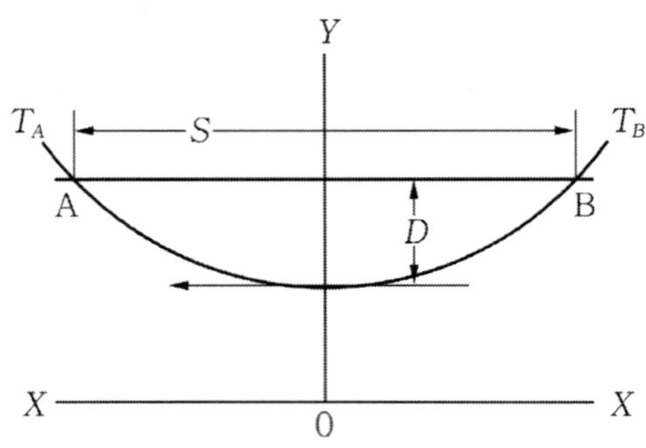

가공 전선로의 전선은 그 자신의 무게로 늘어져서 커티너리 커브를 그린다. 전선의 장력(tension)을 크게 하면 이도(dip)는 작게 되고, 그 반대로 장력을 작게 하면 이도는 크게 된다. 그러나 장력을 아무리 크게 하여도 이도를 0으로 하기는 불가능하다. 그 전에 전선이 끊어져 버린다.

온도가 상승하면 이도는 크게 되고 장력이 작게 된다. 그 반대로 온도가 내려가면 이도는 작게 되고 장력은 크게 된다. 또한, 바람과 눈 등이 하중을 증가시키면 이도와 장력은 증가하고 하중이 없게 되면 전선의 탄성에 따라 원상태로 돌아간다. 실제의 경우는 온도와 하중이 각각 변화하지 않고 동시에 변화한다. 그러므로 이도를 크게 하면 할수록 이것에 걸리는 장력이 감소하고 전선의 안전율이 증가한다. 그러나 너무 이도를 크게 하면 지지물의 높이를 증가시키게 되므로 비경제적일 뿐 아니라 바람이나 빙설 등에 따른 사고를 일으킬 우려가 있다.

### (2) 경동연선과 경알루미늄연선의 이도 · 장력 변화량의 비교

경동연선과 경알루미늄 연선의 이도 · 장력 변화량을 비교하면 다음과 같이 된다. 경알루미늄연선은 경동연선에 비하여 선팽창계수가 커서 온도변화에 대한 이도와 장력의 변화량이 크기 때문에 주의가 필요하다.

표 4.5 선종에 따른 이도 · 장력 변화량의 비교

| 온 도 | 이도[m] | | 장력[N] | |
|---|---|---|---|---|
| | 경동연선 325[mm²] | 경알루미늄연선 510[mm²] | 경동연선 325[mm²] | 경알미늄연선 510[mm²] |
| 15[℃] (표준) | 0.78 | 0.63 | 11,760 | 6,860 |
| 5[℃] | 0.70 | 0.49 | 13,130 | 8,820 |
| 변화율[%] | 10.3 | 22.2 | 115 | 280 |
| 선팽창계수 | $1.7\times10^{-5}$[1/℃] | $2.3\times10^{-5}$[1/℃] | | |

## 4.1.8 급전선의 높이

### (1) 가공 급전선의 높이

가공 급전선의 지표상 높이는 지상의 인축(人畜)등에 대한 위험한 교통 장애를 미치지 않도록 하는 일이 제일 중요한 조건이다. 따라서 철도횡단 개소에서는 열차에 대한 건축한계와 기타 관계를, 일반 도로에서는 화물 자동차의 높이를 각각 고려하여 규정되고 있다.

#### 1) 도로상 급전선의 높이

도로횡단에 대해서는 도로법 시행령 제11조에 전선의 지표상 높이는 노면에서 5[m] 이상으로 규정되어 있으므로 약간의 여유를 두어 6[m]로 하고 있다.

**표 4.6** 급전선의 높이

| 종 별 | 기준면 | 높 이 | |
|---|---|---|---|
| | | 직 류 | 교 류 |
| 일 반 | 지상면 | 5 이상 | 5 이상 |
| 도 로 횡 단 | 도로면 | 6 이상 | 6 이상 |
| 철도 · 궤도 횡단 | 레일면 | 6.5 이상 | 6.5 이상 |
| 터널 · 과선교 등 | 레일면 | 3.5 이상 | 3.5 이상 |
| 건널목횡단 | 도로면 | 5 이상 | 5 이상 |
| 횡단보도교 | 보도면 | 4 이상 | 5 이상 |
| 절취 개소의 경사면 | 경사면 | 0.3 이상 | 0.3 이상 |

#### 2) 철도 · 궤도상 급전선의 높이

철도 · 궤도를 횡단하는 경우 레일면을 기준면으로 하기 때문에 시공기면과 레일면은 50[cm]의 차가 있는데 6.5[m] 이상으로 규제되고 있다. 더욱이 전차선로의 조가선 등과 이격거리를 고려하지 않으면 안 된다.

#### 3) 횡단보도교 위 급전선의 높이

횡단보도교에서 가공 전선을 일반 도로와 같은 높이로 시설하는 것은 현실적이지 않고 더욱이 사람이 전용으로 다니기 때문에 일반 도로와 구별해서 규제되고 있다.

지붕이 있는 횡단보도교는 그 노면에서의 이격은 문제가 없으나 지붕과의 이격이 문제가 된다. 또한, 전선을 나전선 이외의 케이블 등을 사용할 경우에는 안전성이 높기 때문에 각각의 값이 규정되고 있다. 터널 · 과선교 등의 급전선 높이는 차량한계와 관계 때문에 3.5[m]까지 완화하여 규정하고 있다.

### (2) 도로 · 건조물 등과의 접근거리

도로 · 건조물 등과 접근상태로 가공 급전선 등이 시설될 때 접지단선 등에 따라서 공작물과 이런 것을 이용하는 사람에 피해를 미치지 않도록 이격거리를 확보하여야 하는데 다음과 같이 정하고 있다.

#### 1) 도로 등과의 접근

가공 급전선이 도로와 접근상태에 시설되는 경우 이격거리는 사람에 대한 위험성을 고려 안전성을 예상하여 규정되고 있다. 도로가 아래쪽에 있는 경우 수평거리가 2.5[m] 이상이면 3[m] 이상 이격거리를 두지 않아도 된다.

도로란 도로법상의 도로와 관계없이 교통용으로 제공되는 공도, 사도를 말한다.

#### 2) 건조물과의 접근

본래 가공 급전선이 건조물의 바로 옆으로 시설되거나 건조물의 위에 시설되는 것은 보안상 좋지 않다. 또한, 아래쪽 건조물의 화재에 따라 전선의 용단 등 급전선의 보안유지가 곤란한 사태가 예상되기 때문에 이러한 시설은 피해야 한다.

그렇지만 건조물에 부득이 접근할 경우가 있으므로 이러한 개소에 대해서는 자주 점검을 시행하고 결함은 즉시 개수토록 하여 사고를 미연에 방지하여야 한다.

가공 전차선로의 인류부분이 건물의 위쪽에 있는 경우 위험 방지를 위한 이격거리를 2[m] 이상으로 하거나 또는 절연한다.

건조물이란 조형물(토지에 정착하는 공작물로서 지붕과 벽을 갖는 공작물)로서 사람이 거주하거나 또는 근무하거나 출입이 빈번하거나 또는 사람이 모이는 건물을 말한다.

| 건조물로 보지 않는 것 |
|---|
| • 거주자의 유무에 관계없이 사람이 모이는 것을 목적으로 세워진 건물<br>• 이용률에 관계없이 사람이 모이는 것을 목적으로 세워진 공회당, 집회소<br>• 주거, 공장 등과 접속된 창고, 축사, 차고, 옥외 화장실 등 |

#### 3) 공작물 등과의 접근

공작물이란 사람이 만든 것 모두를 말하며, 식물이나 바위 등 자연의 것 이외의 모든 것을 말한다.

#### 4) 식물과의 접근

가공 전차선로 사고 중 수목접촉에 의한 것이 많다. 특히 폭설이나 강풍으로 수목이 전도되어 접지사고나 단선사고가 많이 발생하고 있다.

식물과의 이격거리는 눈이나 바람 기타 어떤 경우에서도 견딜 수 있어야 하고 전선의 이도 증가 · 동요 · 진동 등을 고려하고 또한 식물에 대해서도 전도되는 것을 고려할 필요가 있다. 따라서 사용하는 전선의 종류 및 굵기, 경간, 이도와 수목의 성장속도 등을 고려해서 건설할 때는 물론 보수에 있어서도 충분한 벌채를 하도록 하여야 한다.

### (3) 대지 절연이격거리

가공 급전선 등과 과선교 등의 건조물과 접근 또는 교차되는 경우에 급전선 등이 이에 대하여 위험이 미치지 않도록 하기 위하여 급전선・전차선과 동전위의 가압부분과 접지물(과선교 등 건조물)과의 절연이격거리가 규정되고 있다.

전차선로의 가압부는 터널 안이나 교량, 난간 등이 협소한 개소에서도 접지물에 대하여 충분히 이격거리를 유지하여야 한다. 급전방식별로 그 기준값이 정하여지고 있다. 다만 기설의 과선교에 급전선 등을 시설하는 경우에 표준 이격거리를 유지하기 곤란한 경우가 있는데 최소이격까지 제한을 완화하고 있다.

**표 4.7** 대지 절연이격거리 단위 : [mm]

| 급전방식 / 이격거리 | 직 류 1500[V] | 교 류(BT) 25[kV] | 교 류(AT) 25[kV] | 기 사 |
|---|---|---|---|---|
| 표준 이격거리 | 250 이상 | 300 이상 | 300 이상 | 일반의 경우 |
| 최소 이격거리 | 70 이상 | 250 이상 | | 부득이한 경우 최소 한도 |
| 비 고 | | 부급전선 제외 | | |

## 4.1.9 급전선의 지지・배열

### (1) 지지와 배열

급전선은 가공식으로 하고 전차선로 지지물에 병가(併架)한다. 다만 필요한 경우 전용주에 가설할 수 있다. 급전선을 가공식으로 하는 것은 케이블에 비하여 경제성과 신뢰도에서 유리하기 때문이다. 또한 급전선은 전용부지 내에 시설하면 경제적으로도 유리하기 때문에 특별한 이유가 없는 한 전차선과 병가를 하고 있다.

급전선의 지지방식은 일반전철이나 고속전철 모두 『수직조가방식』을 표준으로 하고 있지만 고속전철에서는 횡진동에 제한을 받는 개소와 터널 내 이격거리를 확보한 개소에는 『V형조가방식』으로 하고 있다.

급전선을 2조 일괄해서 가설하는 경우 풍압 등에 따라 전선 상호 진동하는 것을 방지하기 위하여 접속 금구를 취부하며, 취부 간격은 일반적으로 10[m] 이하로 균등한 간격으로 취부하고 있다. 풍압 등에 따른 진동 때문에 지지점 부근 소선이 손상되거나 피로 열화가 발생하기 쉬우므로 진동이 많은 개소의 지지점에 소선단선 대책으로 전선에 클립을 취부하고 있다.

트러스 교량 위 강풍구간 등에서 지지물 경간 내에 당해 지지물 이외의 구조물이 접근하는 개소, 전선의 가선 루트 중에 일부분에 풍압을 받아 이도가 큰 개소, 가선구배에 따라 이도가 큰 개소, 선로횡단 개소의 급전선은 구분하여 인류하든지 지지점에서 급전선이 미끄러지지 않도록 금구(현수 크램프 등)를 사용한다.

변전소 인출개소 등의 직류 급전선에 있어서 도로횡단, 철도횡단 또는 인가 등에 있어서 필요한 이격, 높이 등이 확보되지 않는 부득이한 경우에 한하여 케이블을 사용하고 있다. 이 경우 쥐 등에 따라 케이블 파손의 우려가 있는 개소는 대지 접지사고 등을 방지하기 위하여 애자로 절연할 필요가 있다.

급전선을 동일 급전계통의 지지물에 병가한 경우 전차선에 급전분기가 쉽고 분기선이 짧게 되며 타 계통의 선과 교차하는 일이 없으며, 또한 단전시에도 전차선과 급전선 양쪽 모두 단전이 가능하여 보수작업이 안전하게 된다. 특히 직류구간은 급전선의 가닥수와 급전분기선이 많기 때문에 전차선과 동일 배열로 하는 것이 필요하다.

### (2) 급전선의 루트(Rout)

급전선의 표준장주는 전차선로 지지물에 병가하고 고압 전선이나 통신선과의 관계 때문에 그 루트는 전차선과 같은 내측으로 시설하고 있다. 그 주된 이유는 직류의 경우 일정 거리마다 전차선에 급전분기할 필요가 있는데 전차선과 같은 루트의 방향이 분기선을 경제적으로 배선할 수 있기 때문이다.

다만 교류 BT급전방식 구간의 변전소 등의 인출구에서 이상섹션간에 설비되는 급전선은 대부분의 경우 전차선과 계통이 다르므로 작업안전상 전차선과 반대측 루트로 가선하는 것을 표준으로 하고 있다.

교류 AT급전방식의 급전선은 전차선과 급전선 상호간에 전자유도경감 효과를 보다 크게 하기 위하여 전차선과 같은 루트로 가설한다.

### (3) 급전선의 이격거리

급전선 상호 이격거리는 바람의 영향에 따라 전선의 횡진에 대한 이격거리, 빙설 빙착에 따른 전선의 수하, 여름철 고온시 장력, 부하전류에 따른 온도상승으로 이도가 증가하여 일어나는 접근과 피빙설의 탈락으로 전선의 진동 등을 감안하여 전선상호 이격거리를 결정하여야 한다.

교류 전차선로에서 M상, T상의 급전계통이 다른 급전선의 상호간은 1,200[mm] 이상 이격한다.

#### 1) 바람의 영향에 따라 전선의 횡진과 선간 이격거리

전선이 2조 이상 수평으로 배열되고 가설되는 경우 전선상호가 풍압 등에 따라 접근해서 선간단락 등이 발생하지 않도록 언제나 일정한 수평 선간이격거리를 유지할 필요가 있다. 특히 전선이 받는 풍압에는 시시각각으로 변화하는 바람의 영향에 따른 것이 있고, 이런 바람의 상황 아래 수평으로 배치된 전선에는 각각 다른 풍압을 받는데 전선상호의 진동은 그림 4.2와 같다.

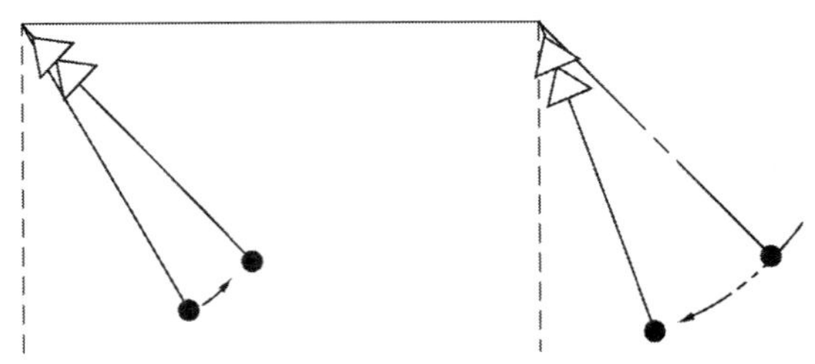

▶그림 4.2◀ 바람의 영향에 따른 전선의 횡진(橫振)

이런 바람의 영향에 따른 수평선간 이격거리는 양측의 전선이 반대 방향 바람의 영향을 받을 것을 고려해서 식 (4−9)를 이용하여 계산한다.

$$C_k \geq 2(L_i + d)\sin\theta + \varepsilon \tag{4-9}$$

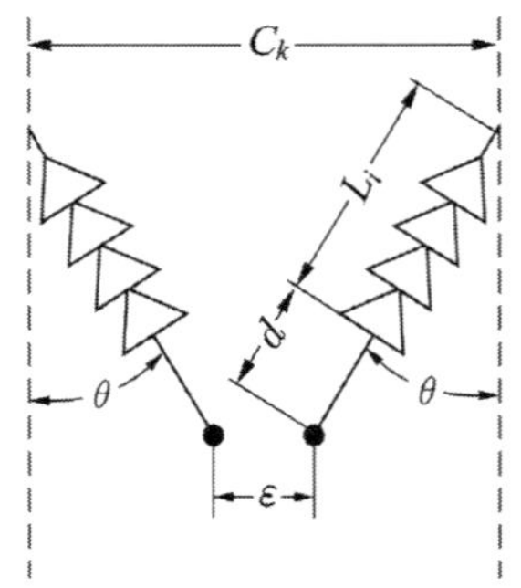


여기서, $C_k$ : 전선의 수평선간 이격거리[m]
$L_i$ : 애자의 연결길이(부속금구 포함)[m]
$d$ : 전선의 이도[m]
$\varepsilon$ : 최소 허용접근거리[m]
$V$ : 선간전압[kV]
$\theta$ : 바람의 영향에 따라 횡진하는 각도[°]

$$\theta = \tan^{-1}\frac{w'}{w} \qquad (4-10)$$

여기서, $w$ : 전선의 단위 중량[kgf/m]

$w'$ : 바람 영향의 등가풍속에 따른 전선이 받는 풍압[kgf/m]

단, 바람의 영향에 의한 등가풍속은 13[m/s]로 한다.

바람은 시시각각 그 속도가 변하는데, 수평으로 배열된 전선은 각각 다른 풍압을 받아 접근한다. 등가적으로 양측의 전선이 반대 방향으로 13[m/s]의 바람을 받아도 접촉하지 않는 이격거리를 계산하며 경간이 크고 동일 선종의 경우 송전선 설계방식이 응용되고 있고 이종 전선상호간은 진동주기가 다르고 바람의 영향에 따라 별도로 응동하는데 주의가 필요하다.

바람의 영향에 따른 등가속도는 한국전기연구소의 데이터에서 최대풍속의 ±10[%]의 변화값을 채택하고 풍속이 44[m/s]에서 40[m/s]에 변동하는 것으로 하면 $\frac{44^2-40^2}{2}=13^2$이 되므로 13[m/s]의 바람의 영향을 채택하고 있다.

즉, AL300[mm$^2$]×1조가 최대 진동각이 된다.

**표 4.8** 바람의 영향에 따른 진동각

| 항 목 \ 급전선 선종 | AL 300[mm$^2$] 1조 | AL 510[mm$^2$] 1조 | CU 325[mm$^2$] 2조 | AL 510[mm$^2$] 2조 |
|---|---|---|---|---|
| 단위 중량 $w$ [kg/m] | 0.820 | 1.413 | 5.874 | 2.826 |
| 단위 풍압하중 $w'$[kgf/m] | 0.236 | 0.311 | 0.297 | 0.373 |
| 진동각 $\theta$ | 16°03′ | 12°25′ | 2°54′ | 7°31′ |
| $\sin\theta$ | 0.277 | 0.215 | 0.050 | 0.131 |

### 2) 전선과 지지물과의 절연 이격거리

전선의 지지점이 풍압 또는 횡장력 등에 따라 동요 또는 경사된 경우에도 일정한 절연 이격거리를 유지하도록 가선할 필요가 있으며 식 (4-11)을 이용하여 계산한다.

$$C_h = L\sin\theta + D \qquad (4-11)$$

여기서, $C_h$ : 전선과 지지물과의 이격거리[m]

$L$ : 애자련의 길이(부속금구 포함)[m]

$D$ : 최소 절연이격거리[m]

$\theta$ : 풍압과 횡장력에 의한 경사각[°]

전선(AL200[$mm^2$])을 예로 하여 지지물과의 이격거리를 계산하면

$$(w_1 X_1 + w_2 X_2)\sin\theta - (P_1 X_1 + P_2 X_2)\cos\theta = 0 \quad (4-12)$$

$$\tan\theta = \frac{\sin\theta}{\cos\theta} = \frac{P_1 X_1 + P_2 X_2}{w_1 X_1 + w_2 X_2} \quad (4-13)$$

$X_1 = 0.757[\text{m}]$, $X_2 = 0.353[\text{m}]$

따라서 급전선과 지지물과의 이격거리는

$$C_h \geq \text{전주 반지름} + \text{최소 이격거리} + L\sin\theta \quad (4-14)$$

$$\geq \frac{0.350}{2} + 0.25 + 0.757 \times 0.963$$

$$\geq 1.154 \fallingdotseq 1.2[\text{m}]$$

| 항 목 \ 곡선 반지름, 경간 | | $R=\infty$[m] $S=60$[m] | $R=800$[m] $S=50$[m] | $R=500$[m] $S=40$[m] | $R=300$[m] $S=30$[m] |
|---|---|---|---|---|---|
| $w_1$ | AL200[$mm^2$]의 중량 | 33.6 | 28.0 | 22.4 | 16.8 |
| $w_2$ | 애자의 중량 | 15.6 | 15.6 | 15.6 | 15.6 |
| $P_1$ | AL200[$mm^2$]의 풍압하중<br>AL200[$mm^2$]의 횡장력 | 111<br>0 | 92.5<br>15.6 | 74.0<br>20.0 | 55.5<br>25.0 |
| $P_2$ | 애자의 풍압하중 | 13.7 | 13.7 | 13.7 | 13.7 |
| $\theta$ | 경사각 | 70°48′ | 72°53′ | 73°32′ | 74°31′ |

### 3) 전선의 도약(Sleet jump)

전선에 상당량의 빙설이 부착하여 그 빙설이 탈락할 경우 전선은 도약하게 되고 선간 혼촉 · 용단 등의 피해가 발생하게 되는데 이런 현상을 스리트점프(Sleet jump)라 한다.

지름 10[mm] 이상 전선의 착설은 일반적으로 지지물의 경우와 같이 매달리는 것보다 덮어쓰는 일이 많아 설해를 일으킬 정도로 착설하는 경우는 작다. 그러나 밤새도록 0[℃] 전후의 기온에서 많은 눈이 내리고 약한 바람이 부는 경우에는 무거운 눈이 매달려서 스리트 점프가 발생할 수 있다.

착설이 빈번한 지역에서 경알루미늄연선의 급전선을 사용하는 경우에는 선간 혼촉의 우려가 있는 데 혼촉방지를 고려할 필요가 있다.

## (4) 지지점에서의 인상력

### 1) 지지점의 높이가 다른 경우에 작용하는 인상력(인하력)

전선을 지지할 때 그 지지점의 고저차가 순차적으로 커지면 지지점에 인상력(인하력)이 작용한다. 또한, 하계와 동계의 전선장력의 변동에 따라 이도의 변화가 생기고 동계(최대 장력일 때)에 있어서 인상력이 작용하게 된다.

지지점의 높이가 다른 경우에 작용하는 인상력은 식 (4−15), (4−16), (4−17)로 계산한다.

① $S_1$에 의한 것

$$P_1 = \frac{T_1 H_1}{S_1} - \frac{wS_2}{2} \tag{4-15}$$

② $S_2$에 의한 것

$$P_2 = \frac{T_2 H_2}{S_2} - \frac{wS_2}{2} \tag{4-16}$$

③ B점에서의 수직분력 $P$는

$$P = P_1 + P_2 \tag{4-17}$$

④ $P > 0$일 때 B점에서 인상력이 작용한다.

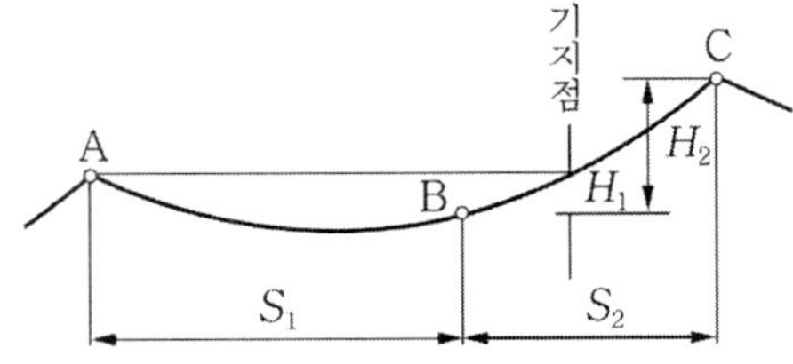


여기서, $P$ : B점에서 수직분력[N]

$T_1$, $T_2$ : 전선장력[N]

$H_1$, $H_2$ : 지지점의 고저차[m]

$S_1$, $S_2$ : 경간[m]

$w$ : 전선의 단위 중량[kg/m]

#### 2) 낮은 쪽 지지점에 인상력이 작용하지 않는 고저차

고저차가 양 지지점간의 이도보다 작으면 인상력이 작용하지 않는다. 낮은 쪽 지지점에 인상력이 작용하지 않는 고저차는 식 (4-18)로 계산한다.

$$H \leq \frac{wS^2}{2T} \tag{4-18}$$

여기서, $H$ : 지지점의 허용 고저차[m]
$T$ : 전선장력[N]
$S$ : 경간[m]
$w$ : 전선의 단위 중량[kg/m]

## 4.1.10 급전선의 접속

### (1) 급전선의 접속

접속이란 전선상호를 전기적, 기계적으로 결합하는 것을 말한다. 가공 급전선에는 주로 경동연선이나 경알루미늄선이 사용되고 있으나 드럼에 감는 표준길이는 1,000[m] 전후이므로 이것을 접속하여 가선하고 있다.

급전선의 접속은 처음에는 손으로 감아 접속하는 방법이 사용되었으나 전기차의 전류 용량 증대 등에 따라 전기적 접속의 문제가 중요시되어 현재에는 『압축접속』을 원칙으로 하고 있다. 이 접속방법은 전기적, 기계적으로 양호한 접촉성능을 얻을 수 있고 내구성도 좋기 때문에 급전선이나 기타 장력이 큰 전선의 접속에 많이 사용되고 있다.

전선을 접속하는 경우는 전선의 저항을 증가시키지 않도록 접속하고 전선의 기계적 모든 성능을 가능한 감소시키지 않도록 하여야 한다. 전선은 전류를 완전하게 통하는 것이 제일 중요하기 때문에 접속부분에서 전기저항이 다른 부분보다도 증가하지 않도록 사용 전선의 전기저항 이하로 하고 있다.

또한, 접속부분이 기계적으로 약하게 되지 않도록 전선의 강도를 경동연선 및 경알루미늄연선에서 10[%] 이상, 강심알루미늄연선에는 5[%] 이상 감소시키지 않도록 하고 있다.

표 4.9 직선 압축접속 슬리브를 사용한 경우 인장강도

| 전선종별 | 전선의 인장강도 | 기 타 |
| --- | --- | --- |
| 경동연선 | 90[%] 이상 | |
| 경알루미늄연선 | 90[%] 이상 | 중고 알루미늄연선의 경우 80[%] |
| 강심알루미늄연선 | 95[%] 이상 | |

### (2) 급전선의 직선압축 접속 위치

급전선의 접속 위치는 전선의 기계적강도에 많은 영향을 준다. 이 위치가 지지점 근방에 있는 경우에는 바람에 의한 전선의 진동이 억제되어 마치 접속점이 지지점에 있는 것과 같은 상태로 되어 접속점에서 전선의 연도가 다르게 되기 때문에 횡진시에 굴곡점이 되므로 국부적인 피로의 원인이 되어 소선이 단선되는 사고의 원인이 된다. 이러한 단선 사고를 방지하기 위하여 지지점에서 2[m] 이상 이격(離隔)한다.

### (3) 재사용 경알루미늄 연선의 접속

알루미늄 전선의 접속에 있어서는 알루미늄 전선 소선 표면에 발생하는 산화물이 견고한 절연물로 되기 때문에 전기저항이 증가하여 접속부분에 온도상승을 가져와 전선의 단선으로 인한 위험을 초래할 염려가 있기 때문에 사용했던 전선(중고선과 신선, 중고선과 중고선)을 접속할 때에는 사용하지 않은 신선 접속보다도 필히 전선의 산화피막 제거를 할 필요가 있다. 전선표면이 황색이 아닌 흑색으로 변색하는 것은 전선 접속부 외층만 잘라내고 단말을 돌출(철)상태로 하여 노출한 2층의 소선을 와이어브러시로 잘 연마하고 소선의 산화물을 제거한다. 또 이 부분의 외경 부족분에 알루미늄 컬러를 입혀 보강하고 접속용 충진제를 도포하여 압축한다. 이와같은 방법에 따라 두 층의 전기적 접속저항을 작게 하여 접속부분의 안전을 확보한다.

## 4.1.11 급전선의 인류장치(Anchor Clamp)

급전선의 인류장치는 그 지역에서의 최대장력을 고려하여 장치의 각 부재가 안전율 2.5 이상으로 되어야 한다. 인류장치의 높이에 대해서는 규정의 높이를 유지하면서 최대 장력일 때에도 애자가 들어 올려져서 비를 맞지 않도록 배려하여야 한다.

인류장치 설치 개소

- 역구내의 전후
- 교량개소 등에서 이격조건이 어려운 개소

- 연속하는 구배의 정점부근
- 지상구간에서 지하(tunnel) 구간으로 급전선을 가선하는 경우

## 4.1.12 급전선의 분기장치

### (1) 급전분기장치(feed branch)

급전선으로부터 전기를 전차선에 공급하기 위하여 급전선과 전차선 또는 보조조가선을 접속하는 전선을 "급전분기선"이라고 하고 급전분기선을 시설하기 위하여 설비된 것을 총칭하여 "급전분기장치"라고 한다. 급전분기장치에는 암식, 스팬선식 및 브래킷식의 3종류가 있다.

암식은 주로 직류구간 빔개소에 설비되고 절연을 위하여 250[mm] 현수애자를 사용한다. 그러나 암식은 바람에 의하여 횡진이 발생하여 전선의 접촉이 우려되기 때문에 교류구간 빔개소에서는 스팬선식을 표준으로 하고 있다. 스팬선식은 급전분기선이 밸런서에 의한 스팬선의 신축에 적응할 수 있도록 취부하여야 한다.

가동브래킷식은 주로 단독주 개소에 설비되며 급전분기선을 가동브래킷에 접속할 때 가동브래킷의 회전에 지장을 주지 않도록 하여야 한다.

가동브래킷을 매개로 한 순환전류에 의한 조가선의 소선 단선사고를 방지하기 위하여 전차선과 조가선간을 균압선(M-T)으로 접속하며 균압선의 설치 위치는 분기선 바로 옆으로 하고 있다.

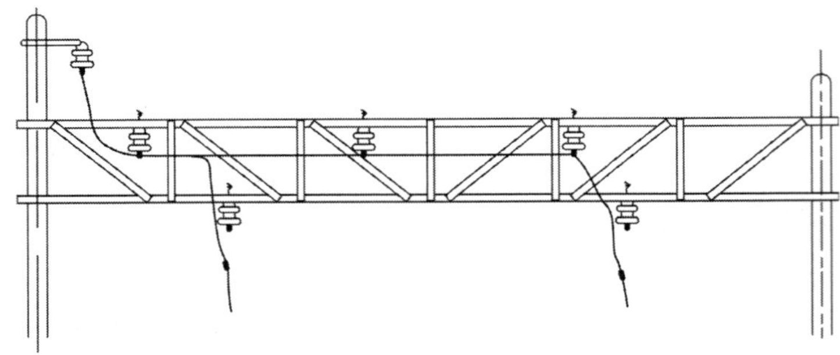

▶그림 4.3◀ Arm식 급전분기장치

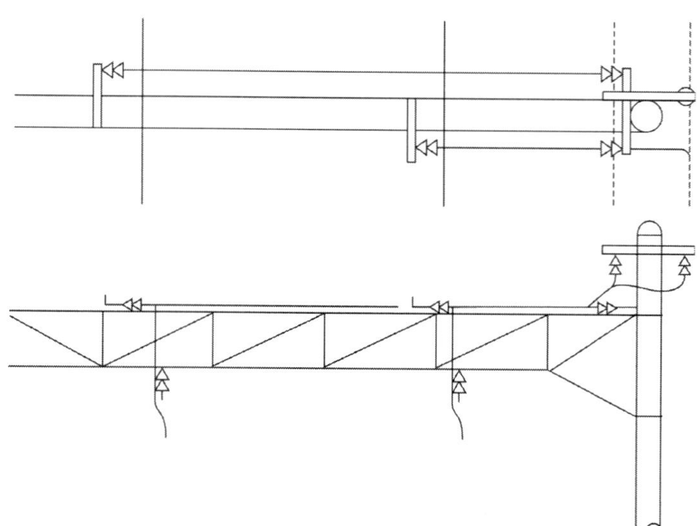

(a) 직류방식

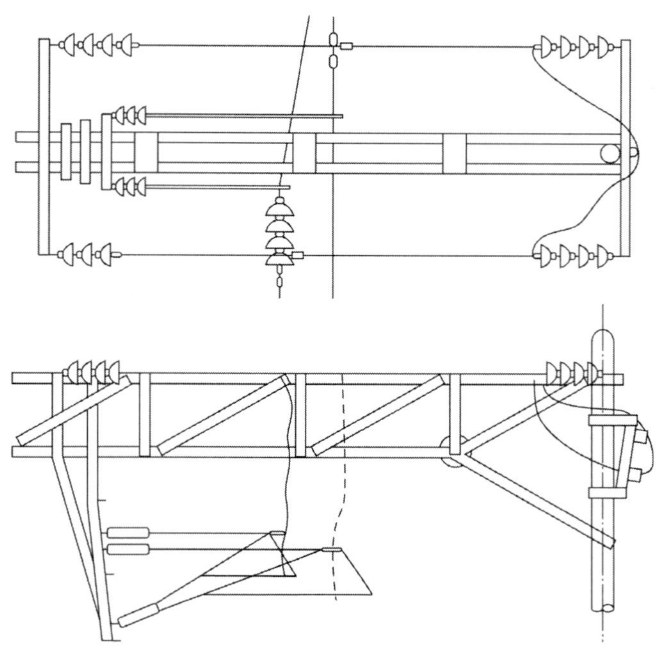

(b) 교류방식

▶그림 4.4◀ 스팬선식 급전분기장치

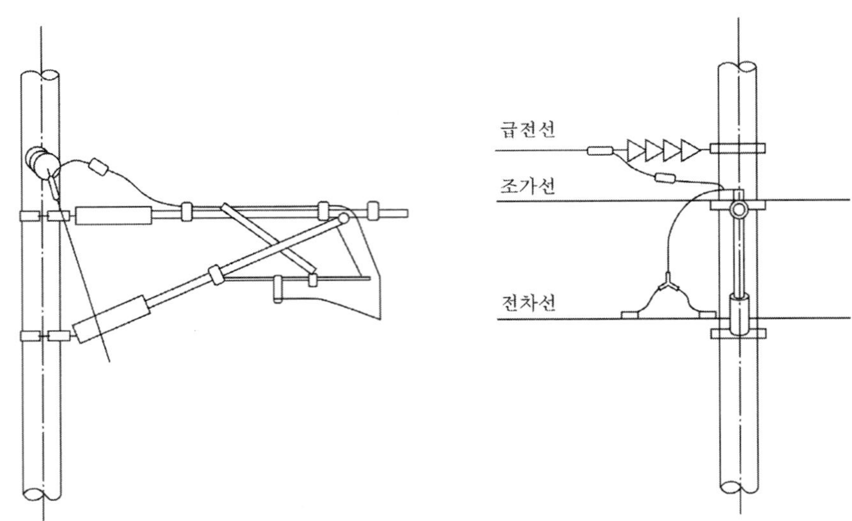


▶그림 4.5◀ 가동브래킷식 급전분기장치

## (2) 급전분기선

급전분기선의 간격은 직류구간에서는 전차선 전류용량의 부족에 의한 온도상승을 최고 허용온도 90[℃] 이하로 억제하도록 하기 위하여 설치하며, 교류구간에는 에어섹션 개소 및 급전말단 개소 등에 설치한다.

### 1) 직류구간의 급전분기 간격

직류구간의 급전분기 간격은 설비되어 있는 선로의 상태(구배, 곡선 등), 운행하는 전기차의 성능, 그 선로구간의 표정견인톤수 및 열차속도 등의 모든 조건을 고려하여 전기차가 전차선에서 안전하게 집전이 가능한 전류값과 집전 가능한 전류값에 따른 전차선의 온도상승 제한의 두 가지를 기본으로 하여 결정한다.

### 2) 급전분기간격의 계산

급전분기선 간격은 팬터그래프에 공급하는 전류를 전차선에 보내기 위한 전차선의 마모한도 상태와 그 단면적에 흐르는 전류용량을 고려하여 간격을 정한다.

또한, 전차선의 최고허용온도는 90[℃]로 정하고 있으며 외기온도 40[℃]를 감안하면 통전 후의 온도상승 허용값은 50[℃]로 된다.

급전분기간을 $t_0$초 통전 후 온도상승에 대한 관계식은

$$\theta_0 = \frac{I^2 r}{C}\left(\frac{1}{3}t_0 + \frac{A}{12C}t^2{}_0\right)e^{-\frac{A}{C}t_0} \qquad (4-19)$$

여기서, $\theta_0$ : $t_0$초 통전 후 온도상승[℃]

$A$ : 전선 단위 길이 열방산율[W/℃] = 단위 길이당 표면적 × 열방산계수

$C$ : 전선 단위 길이의 열용량[J/cm · ℃]

$r$ : 전선 단위 길이의 저항[Ω/km]

$t_0$ : 급전시간[s]

$I$ : 전기차의 통전전류[A]

열차 평균속도 $V$[km/h]일 때의 급전분기 간격을 구하는 식은

$$D = \frac{V \times 10^3}{3600} \times t_0 \tag{4-20}$$

여기서, $D$ : 급전분기 간격[m]

$V$ : 열차 평균속도[km/h]

$t_0$ : 급전시간[s]

급전분기선은 전류용량과 기계적강도를 고려하여 전선의 굵기를 결정하여야 한다. 특히 급전분기선의 허용전류값은 전차선의 허용전류값(조가선 CdCu70, 전차선 Cu110[mm²]일 때 555[A]) 이상의 경동연선 또는 이와 동등 이상의 성능을 갖는 전선을 사용하여야 한다.

표 4.10 경동연선의 전류 용량

| 선 종 | 전류 용량 | 선 종 | 전류 용량 |
|---|---|---|---|
| 60[mm²] | 300[A] | 150[mm²] | 550[A] |
| 80[mm²] | 360[A] | 200[mm²] | 650[A] |
| 100[mm²] | 420[A] | 250[mm²] | 760[A] |
| 125[mm²] | 490[A] | | |

### 3) 급전분기선의 접속

급전분기선과 전차선의 접속은 급전분기선에 인장력이 걸리지 않도록 하여 전차선의 자동장력조정장치의 기능을 저해하지 않도록 하고 전기차의 팬터그래프가 통과할 때 전선의 진동이나 전차선의 이동으로 인한 접속점의 국부 마찰로 소선단선이 발생하지 않도록 하여야 한다. 특히 가고가 낮은 터널 내에서는 가선의 이동을 고려한 후 급전분기선을 설치하는 것이 필요하다. 따라서 이러한 개소에는 급전분기용 피드이어(feed ear)를 사용하고 있다.

급전선에 급전분기선을 취부할 때에는 접속금구를 취부할 부분의 급전선 및 급전분기선을 와이어브러시로 잘 연마하는 것이 필요하다. 알루미늄 연선과 동연선을 접속하는 경우와 같이 서로 다른 금속을 접속하면 접촉 전위차에 의하여 부식이 발생하게 되므로 가급적 사용을 하지 않는 것이 좋으며, 부득이한 경우에는 서로 다른 금속에 대한 부식 대책을 강구한 합금제를 사용하여야 한다. 또, 알루미늄연선과 동연선을 접속하는 경우 동연선을 알루미늄연선보다 아래에 두어야 한다. 그렇지 않을 경우 동의 부식 생성물이 빗물 등에 의하여 알루미늄연선에 흘러 알루미늄연선을 부식시킴으로써 기계적 강도의 저하나 접속부분의 전기적 접촉저항의 증가로 인하여 가열단선 등의 사고 우려가 있다.

## 4.2 전차선(Trolley Wire)

전차선은 레일면상 일정 높이에 가선되고 전기차의 집전장치와 직접 접촉하여 전기차(motor)에 전기를 공급하기 위한 전선이다.

전기차의 트롤리에 접촉하는 전선이라는 의미로 트롤리 와이어 또는 콘택트 와이어라고 부르기도 한다.

### 4.2.1 전차선의 성능

전차선은 집전장치가 직접 습동해서 집전하는 것으로 전차선로 설비 중에서 가장 중요한 설비이다. 따라서 전차선에는 다음과 같은 성능이 요구된다.

① 가선 장력에 대하여 충분히 견딜 것

② 집전장치 통과와 집전에 지장이 없을 것

- 집전율이 높을 것
- 전류용량이 클 것
- 내열성이 우수할 것
- 내마모성이 우수할 것
- 내부식성이 우수할 것
- 피로강도에 충분히 견딜 것

③ 접속개소의 통전상태가 양호할 것

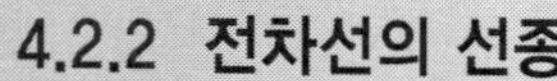

## 4.2.2 전차선의 선종

### (1) 전차선의 굵기

일반적으로 전선의 굵기를 결정하기 위해서는 허용전류, 전압강하, 기계적강도, 작업성과 경제성 등에 의하여 결정되어진다. 전차선은 일반의 가공전선과 달리 장력이 크고 팬터그래프의 충격을 받는 것을 고려하여야 하고 또한 차량 등의 사고시 대전류가 흘러 단선 위험을 수반하기 때문에 이것을 방지하기 위하여 송 · 배전선보다 굵게 할 필요가 있다.

전차선의 굵기를 결정하기에는 전기차의 집전전류뿐만 아니고 이런 점을 생각할 필요가 있다. 단면적에 대해서는 107[mm$^2$]에서 170[mm$^2$]까지 여러 종류가 있지만 작업성의 문제, 전류용량 및 기타의 측면에서 검토되어 선정되어야 할 것이다. 굵은 전선은 전류용량, 장력 등을 크게 갖는 이점은 있지만 초기 투자비의 증대와 작업의 불리한 점을 가지고 있다.

### (2) 전차선의 단면 형상

전차선 단면 모양은 원형, 홈원형, 홈제형, 홈이형 등이 있으나 홈원형을 많이 사용하고 있다. 전차선은 보통 홈경동선을 주로 사용하고 있으나 전차선의 성능을 향상시키기 위하여 합금 전차선을 사용하기도 하는데 홈 G 합금 전차선은 동에 은을 0.2[%] 정도 넣은 합금으로, 도전율이 그다지 저하되지 않고 내열성, 내마모성을 크게 한 것이다. 사용 온도는 경동의 2배 가까이 할 수 있어 방재 대책 개소 등에 사용하고 있다.

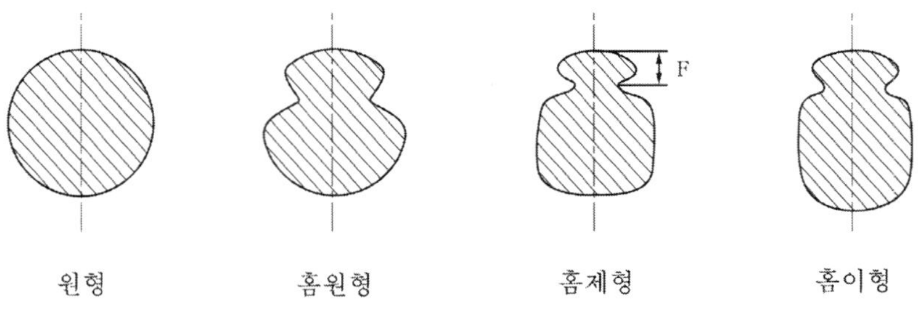


▶그림 4.6◀ 전차선의 단면 형상

표 4.11 홈경동선(trolley wire)의 치수 형상

| 공칭 단면적 | A | B | C | D | E | F | G | H |
|---|---|---|---|---|---|---|---|---|
| 170[mm²] | 15.49 | 15.49 | 7.32 | 7.74 | 11.43 | 2.4 | 27° | 51° |
| 110[mm²] | 12.34 | 12.34 | 6.85 | 7.27 | 9.75 | 1.7 | 27° | 51° |
| 85[mm²] | 11.00 | 11.00 | 5.70 | 6.12 | 8.50 | 1.5 | 27° | 51° |

### (3) 전차선의 재료

전차선은 이선을 고려해서 장력을 크게 갖는 것이 좋으며 도전율, 전류용량 등의 성능과 전압강하에 대해서 충분한 것이 좋다. 장대터널에서는 방재 대책으로 내열성 외에 피로한도에서도 우수한 “G합금 전차선(은입 전차선)”을 사용하고 있다. 또한, 최근에는 내마모성에 우수한 Sn합금(석입 동합금) 전차선을 사용하기도 하는데 이는 전차선 교체 시기를 연장할 수 있다.

## 4.2.3 전차선의 표준장력

전차선은 무빙, 무풍지구의 표준온도(15[℃] 또는 10[℃], 5[℃])에서의 장력을 표준장력으로서 가설한다. 일반의 표준장력은 기상이 최악 상태에서 장력이 허용장력(항장력/안전율) 이내로 오도록 정해지고 있다. 전차선은 고속도에 습동하는 집전장치에 대응하기 때문에 풍압을 받은 상태로 집전장치의 통과에 지장 없이 운전 가능한 전차선 편위의 확보와 자동장력조정장치의 유무에 따라 장력이 변화하고 집전장치의 습동에 따라 마모로 인한 잔존 단면적의 감소 등을 고려해서 정해진다.

표 4.12 전차선의 표준장력 [단위 : N]

| 자동장력조정장치의 유무 | 170[mm²] | 110[mm²] | 85[mm²] | 비 고 |
|---|---|---|---|---|
| 전차선, 조가선 자동장력조정의 경우 | 14,700 | 9,800 | 7,840 | |
| 전차선 자동장력조정의 경우 | 8,820 | 8,820 | 6,860 | |
| 자동장력조정을 않는 경우 | 7,840 | 7,840 | 5,880 | |

### (1) 표준장력 값의 근거

전차선의 마모한도는 전차선의 허용 장력의 한도와 밀접한 관계를 가지고 있다. 전차선의 허용장력 $T$는 식 (4-21)로 구할 수 있다.

$$T = \frac{\sigma_0 \cdot A}{S_t} \quad (4-21)$$

여기서, $\sigma_0$ : 전차선의 파괴강도[N/mm²]

$A$ : 전차선의 잔존 단면적[mm²]

$S_t$ : 전차선의 안전율

식 (4-21)에서 전차선(110[mm²])의 잔존 단면적을 67.6[mm²](잔존 지름 7.5[mm])으로 하고, 안전율은 2.2로 하면 전차선의 허용장력은 다음 식과 같이 된다.

$$T = \frac{\frac{3900}{111.1} \times 67.6}{2.2} = \frac{35 \times 67.6}{2.2} = 1075[\text{kgf}] = 10535[\text{N}]$$

### (2) 전차선과 조가선을 자동장력조정하는 경우

전차선 전체를 자동장력조정하는 경우는 일반적으로 가동브래킷 방식으로 하고 있기 때문에 가선의 이동에 대한 억제저항이 극히 적어서 전차선 장력의 변화를 허용장력의 5[%] 이내로 시설한다.

전차선의 표준장력 $T_0$는 식 (4-22)로 구할 수 있다.

$$T_0 = T(1 - 0.05) \quad (4-22)$$

위 식 (4-22)에서 전차선(110[mm²])의 허용장력 $T$를 1,075[kgf]로 하면 전차선의 표준장력은 다음과 같이 된다.

$$T_0 = 1{,}075 \times 0.95 = 1{,}000[\text{kgf}] = 9{,}800[\text{N}]$$

### (3) 전차선만 자동장력조정할 경우

전차선만 자동장력조정할 경우 억제저항이 있기 때문에 전차선 장력의 변화가 허용장력에 대하여 최대 15[%]이내(표준 10[%])로 하고 그 조정 구간을 선정해서 시설되기 때문에 전차선 표준장력 $T_0$는

$$T_0 = T(1 - 0.15) \quad (4-23)$$

위 식 (4-23)에서 전차선(110[mm²])의 허용장력 $T$를 1,075[kgf]로 하면 전차선의 표준장력 $T_0 = 1{,}075 \times 0.85 = 913 \fallingdotseq 900[\text{kgf}] = 8{,}820[\text{N}]$이 된다.

### (4) 자동장력조정을 하지 않는 경우

전차선이 표준온도보다 최저온도가 되었을 때 생기는 장력은 식 (4-24)로 구할 수 있다.

$$T = \frac{A\{\sigma_0 - S_t \cdot E \cdot \alpha(t_0 - t)\}}{S_t} \tag{4-24}$$

여기서, $\sigma_0$ : 전차선의 파괴강도[N/mm$^2$]

$A$ : 전차선의 잔존 단면적[mm$^2$]

$S_t$ : 전차선의 안전율

$E$ : 전차선의 탄성계수

$\alpha$ : 전차선의 선팽창계수

$t_0$ : 전차선의 표준가설온도[℃]

$t$ : 전차선의 최저가설온도[℃]

위 식 (4-24)에서 전차선(110[mm$^2$])의 허용 장력 $T$는

$$T = 67.6\,\frac{\{35 - 2.2 \times 1.2 \times 10^4 \times 1.7 \times 10^{-5} \times (15+10)\}}{2.2}$$

$$= 731 ≒ 800[\text{kgf}] = 7{,}840[\text{N}]$$

이 된다.

이 경우 최저 온도시에는 전차선의 안전율로 나누게 되는데 주의가 필요하고 안전율로 나누지 않는 잔존 지름은 8.0～8.5[mm]가 된다. 85[mm$^2$], 170[mm$^2$]에 대해서도 110[mm$^2$]와 같은 방법으로 계산하여 결정한다.

표준온도의 결정은 각 지역 기온기록과 송전용 지지물 설계기준을 참고해서 평균기온을 15[℃] 부근, 10[℃] 부근 그 이하를 3단계로 나눠 지역별로 표준온도가 결정되어지고 있다.

**표 4.13 우리나라의 표준온도 및 최고 · 최저온도**

| 구분 | 최저온도[℃] | 표준온도[℃] | 최고온도[℃] |
|---|---|---|---|
| 내륙 | −25 | 10 | 40 |
| 해안 | −20 | 15 | 40 |
| 터널 | −5 | 15 | 30 |

〈참고자료〉 KR CODE 2012(국가철도공단) KR E-01030

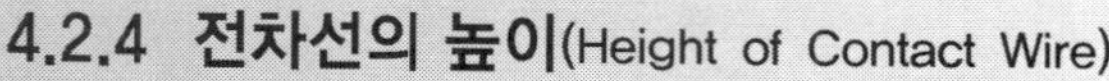

## 4.2.4 전차선의 높이(Height of Contact Wire)

전차선 높이는 레일(rail)면상에서 전기차가 직접 접촉하여 전기를 공급받는 전차선 하부까지를 말하며, 전기차 집전장치 등과의 관계를 고려해서 전차선 높이를 결정하여야 한다. 전차선 높이의 결정 여하에 따라 구조물의 크기에 직접적인 영향을 미치게 된다. 예를 들어 지하구간의 경우에는 100[mm]의 높이 차에 의하여 막대한 건설비가 더 소요되며, 기존선 전철화의 경우에는 터널이나 과선교 등을 새로 건설하게 되므로 전차선 높이의 결정은 전차선 가선에 고려해야 할 매우 중요한 사항이다.

전차선 최저높이는 전기차의 팬터그래프를 접었을 때 레일면상으로부터 높이와 팬터그래프의 최소작용 높이를 합한 값에 가선 이도변화의 여유분 50[mm]를 가미한 값으로 하고 있다. 또는 팬터그래프를 접었을 때 레일면상 높이로부터 보안 이격거리 250[mm]를 합한 값으로 정하기도 한다.

가공 전차선 높이는 영국에서 처음으로 전기차의 집전 장치와 전차선(contact wire)과의 관계를 고려해서 17[feet]로 정했다.

17[feet]를 m로 환산하면 약 5.2[m](17[feet]×0.3048[m])가 된다.

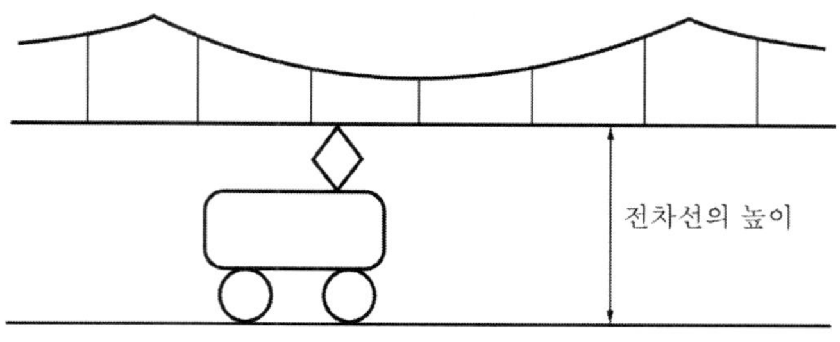


▶그림 4.7◀ 전차선의 높이

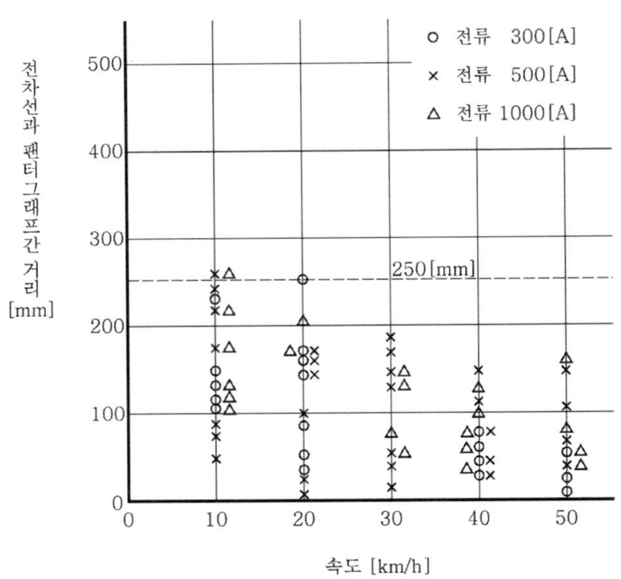


▶그림 4.8◀ 팬터그래프에 의한 전류 차단 시험

## 4.2.5 전차선의 편위(Deviation of Contact Wire)

전차선의 궤도 중심면에서 수평 거리를 편위(deviation)라 한다. 전차선의 편위가 너무 크면 집전장치가 전차선을 벗어나 사고를 일으키게 되는데 전차선의 편위는 일정한 한계를 두어 그 값이 정해지고 있다. 전차선의 편위를 정하는 요소는

- 전기차 동요에 따른 집전장치의 편위
- 풍압에 따른 전차선의 편위
- 곡선로에 의한 전차선의 편위
- 가동브래킷, 곡선당김금구(pull-off arm)의 이동에 따른 전차선의 편위
- 지지물의 변형에 따른 전차선의 편위

전차선의 높이 · 편위는 정지상태를 기준으로 한 것으로 전차선의 높이 · 편위의 측정 방법은 정적인 상태에서 궤도면상에서의 가선측정기에 의한 방법과 동적인 상태에서 전철시험차에 의한 방법이 있다.

※ 주의사항 : 정적인 상태에서 가선측정기에 의한 곡선구간의 측정은 외측 궤도를 기준으로 한다.

### (1) 가공 단선식 전차선의 편위

궤도면에 수직한 궤도중심면에서 200[mm]내로 하여야 한다. 가공전차선은 직선로에서 궤도중심면에 대하여 반드시 지그재그 편위를 주어야 하며 곡선로에서도 집전장치는 그 유효면에 분산하여 집전할 필요가 있기 때문에 그 시설에 대하여 궤도중심에서 좌우 편위를 주는 것이 바람직하다. 그러나 한도를 넘어서는 안 되는데 풍속 30[m/s]일 때 전차선의 풍압 편위, 지지물의 변형, 전기차 동요 등을 감안해서 최대 250[mm]로 규정하고 있다.

### (2) 편위 250[mm]의 근거

전기차의 경사를 레일면상 585[mm]의 점을 중심으로 해서 좌우 610[mm]의 수평점 상하 진동폭을 각각 최대 32[mm]로 하면 가공전차선의 표준높이 5,200[mm] 지점의 집전장치의 편위는 $(5200-585)\times\frac{32}{610}=242$[mm]가 된다.

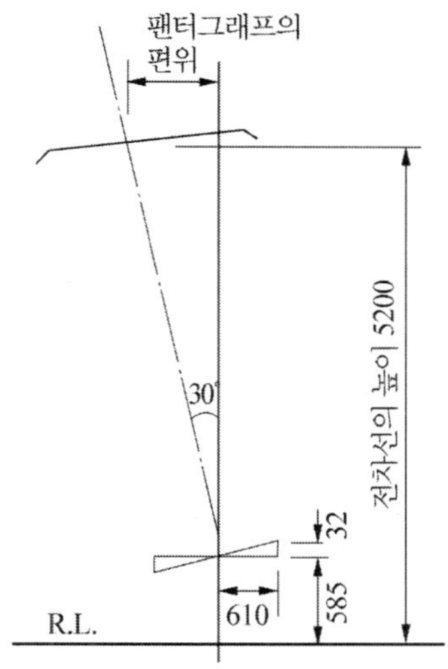


▶그림 4.9◀ 가공 전차선의 집전장치 편위

집전장치가 가공 전차선과 접촉하는 유효부는 약 1000[mm]로 되어 있기 때문에 가공 전차선의 허용 편위는 $\frac{1000}{2}-242=258$로 되어 이것을 250[mm]로 정한 것이다. 운전 가능시의 최대풍속을 30[m/s], 경간 50[m], 전차선 110[mm$^2$]의 편위와 전기차 동요, 선로공차, 지지물의 변형으로 집전장치의 유효폭을 넘지 않기 위해서는 최대 편

위가 약 200[mm]가 된다. 그러므로 전차선의 편위는 직선 구간에서는 좌우 200[mm], 강풍구간에서는 100[mm]를 표준으로 해서 지그재그 편위를 주고, 곡선로의 편위는 지지점에서 200[mm]로 하고 있다.

집전장치의 유효 집전폭은 555[mm]로 되어 있지만 집전장치의 할입 한계(전차선이 벗어나지 않기 위한 유효폭)는 655[mm]이다. 이것은 집전장치의 전 폭이 1,310[mm]이므로 $\frac{1,310}{2}$= 655[mm]인 것을 근거로 한 것이다.

전차선의 편위의 증대는 집전장치를 벗어나 사고의 위험성이 있거나 전차선의 마모가 많게 된다. 그러나 편위를 일정하게 한다면 집전장치가 전차선과 접촉 · 집전하는 개소가 일정하기 때문에 집전장치의 편마모를 발생시키는데 직선구간에서는 그 방지 대책으로서 지그재그로 편위를 주어 집전장치의 습동판을 균일하게 마모시킨다.

강풍구간의 편위는 100[mm], 일반구간에서는 풍압에 따라 편위를 증대해서 정하고 있다. 또한, 곡선로는 지지점의 편위를 최대로, 경간 중앙부의 편위를 최소로 할 필요성이 있다.

전차선의 횡장력에 따라 전주의 경사 또는 선로의 캔트 불량에 따라 편위의 증대 등에 대해서 주의해야 할 필요가 있다. 과거 그 지역의 풍해 등을 충분히 조사하고 그 결과를 편위 관리에 활용함과 더불어 성토개소에 의해 취상풍 등의 특수풍도 고려하여야 한다. 운전 가능한 풍속 30[m/s]일 때에도 전차선의 편위는 전기차의 동요, 지지물의 변형 등을 고려, 항상 집전장치의 유효폭 이내에 있도록 지지물, 경간 등을 설계하지 않으면 안 된다.

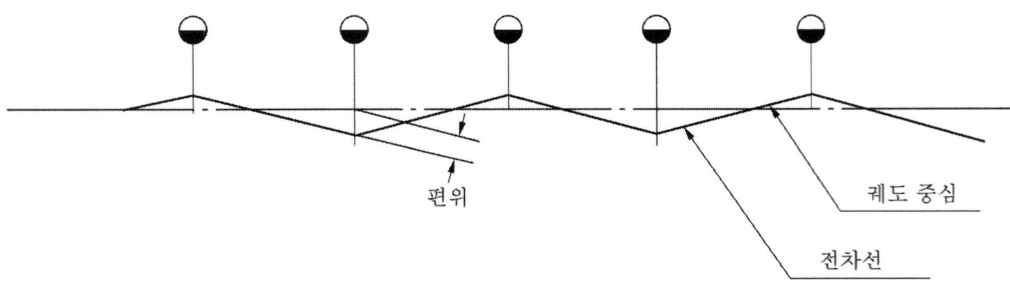


▶그림 4.10◀ 직선구간의 전차선 편위

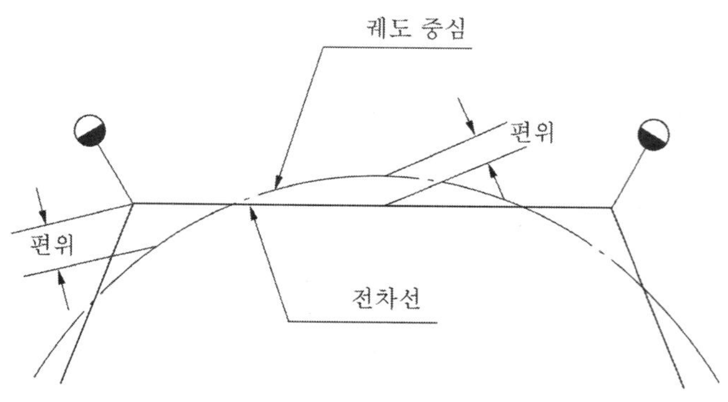


▶그림 4.11◀ 곡선구간의 전차선 편위

## 4.2.6 전차선의 구배(Gradient of Contact Wire)

가공 전차선의 구배의 변화 또는 궤도면에 대한 구배는 양쪽 드로퍼 간의 전차선을 직선으로 간주하고 그것에 대한 구배 변화 또는 궤도면에 대한 구배를 말한다.

전차선의 구배는 보통 1경간의 전차선 높이의 변화를 그 경간의 길이로 나눈 것으로 표시한다. 예를 들어 전차선의 구배를 3/1000이라고 할 때 전차선이 1000[m]의 거리에서 3[m]의 높이가 변하는 것을 말하는 것이다.

전차선의 구배는 열차 운전속도에 직접적인 영향을 주게 된다. 일반적으로 전차선의 구배는 구배 자체보다는 구배의 차(구배의 변화)가 중요한 요소가 된다. 직접조가방식의 전차선 높이의 변화는 경간 중앙과 지지점의 고저차가 된다.

### (1) 가공단선식 전차선의 구배

전차선의 구배는 열차 운전속도에 따라 적정한 구배 이하로 하지 않으면 안 된다. 전차선의 집전 성능상 보통 궤도면상 같은 높이에 가선하는 것을 원칙으로 하지만 보도육교·터널 등에서 그 높이를 변동시킬 필요가 있는 경우에는 전차선 구배를 변화 또는 궤도면에 대해 그 구배를 두지 않으면 안 된다.

구배의 변화 또는 레일면에 대한 구배가 크면 고속도로 운전할 경우에 이선율이 크게 되기(구배가 크게 되면 그 구배 변화점에서 팬터그래프가 전차선에 접촉되지 않아 이선 현상이 일어나게 됨) 때문에 각각의 한도가 규정되고 있다. 측선의 한도를 본선로의 한도보다 크게 한 것은 측선이 운전속도가 낮고 집전장치와 전차선의 접촉이 비교적 양호하기 때문이다.

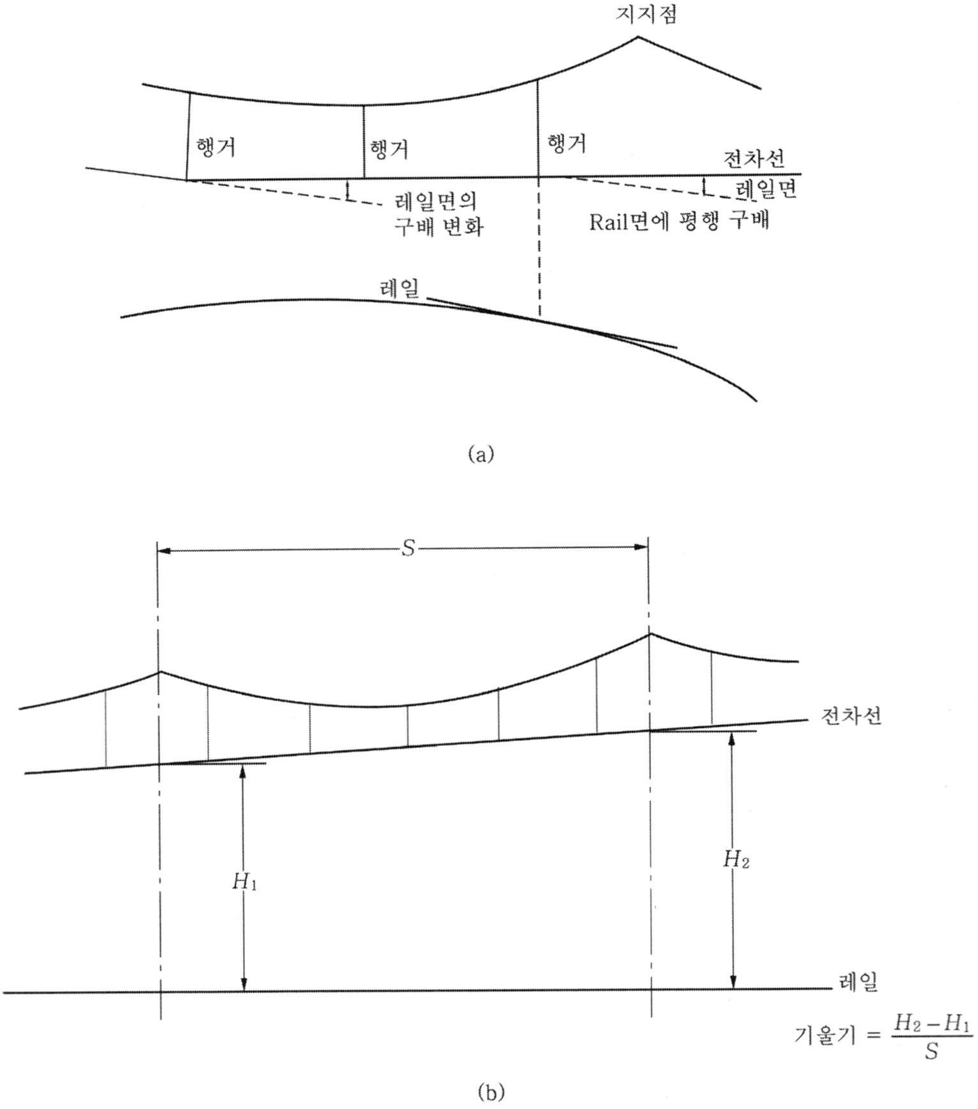

(a)

기울기 $= \dfrac{H_2 - H_1}{S}$

(b)

▶그림 4.12◀ 전차선의 구배

### (2) 전차선의 구배 변화점에 의해 이선하지 않고 집전가능 한도

집전장치가 전차선 구배 변화점에 의해 이선하지 않고 집전가능한 한도는 집전장치가 어떤 점으로 도약해서 착점이 다음 드로퍼 안에 있을 때를 말하고 이 경우를 이선하지 않고 집전가능한 한도라고 말한다. 이것을 식으로 표시하면

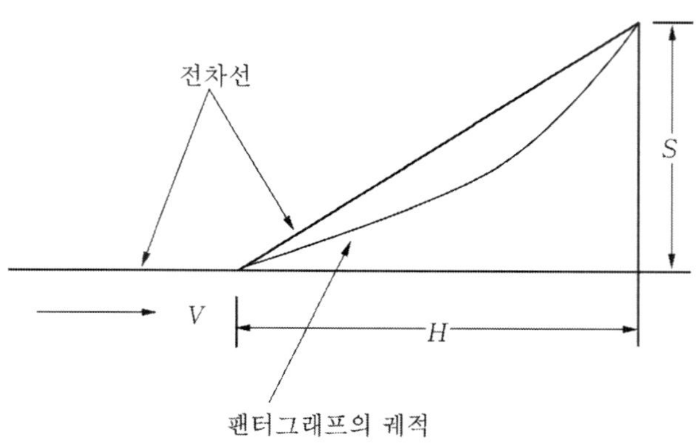


▶그림 4.13◀ 구배 변화점의 팬터그래프 궤적

$$FH = 2mbV^2 \tag{4-25}$$

여기서, $m$ : 팬터그래프의 질량(4.3[kg])

$b$ : 가공전차선의 구배[‰]

$V$ : 열차속도[km/h]

$F$ : 팬터그래프의 상승압력(5.5[kgf])

$H$ : 도약거리(5[m])

이것을 계산해 보면

| 구 배($b$[‰]) | 3 | 5 | 10 | 15 |
|---|---|---|---|---|
| 속 도($V$[km/h]) | 103 | 80 | 57 | 46 |

로 된다.

위 계산의 결과에 따라 현재 운행 중인 도시전철의 운전 최고속도가 110[km/h]이므로 본선 전차선의 구배는 3/1000으로 규정하게 된 것이다. 또한, 측선에 있어서는 운전 최고속도가 45[km/h]정도로 보고 측선 전차선의 구배는 15/1000으로 규정하고 있다.

## 4.2.7 전차선의 접속

전차선 상호접속은 팬터그래프의 통과에 지장을 주지 않도록 하여야 하며, 국부마모 등을 일으키지 않도록 전차선의 이동, 가선금구의 취부 위치, 건넘선장치(overhead crossing)의 교차, 평행구간, 지지점 등의 이격거리를 고려해서 위치를 선정해야 한다.

전차선의 접속에 사용하는 더블이어는 전차선 전류의 흐름을 위해 도전성이 우수하고, 전차선의 장력에 충분히 견디는 기계적강도를 가져야 한다. 더블이어는 3개 사용하고 팬터그래프가 원활하게 습동할 수 있도록 전차선의 앞부분을 구부려 처리하며 볼트는 미끄러짐이 없도록 접속되어야 한다.(커티너리식에 사용하는 더블이어의 최대체결 토크는 14,700[N · cm] 이상일 것)

더블이어로 전차선을 접속한 경우의 접속강도는 110[$mm^2$] 경동선 전차선에 더블이어를 300[mm] 간격으로 3개를 취부한 상태에서, 전차선의 길이 방향으로 7,840[N]의 장력을 가한 후, 9,800[N · cm]의 체결력으로 다시 체결하여 19,600[N]의 하중을 두어 3분간 두어도 미끄러지지 않고 각부에 어떤 이상이 발생하지 않도록 하여야 한다.

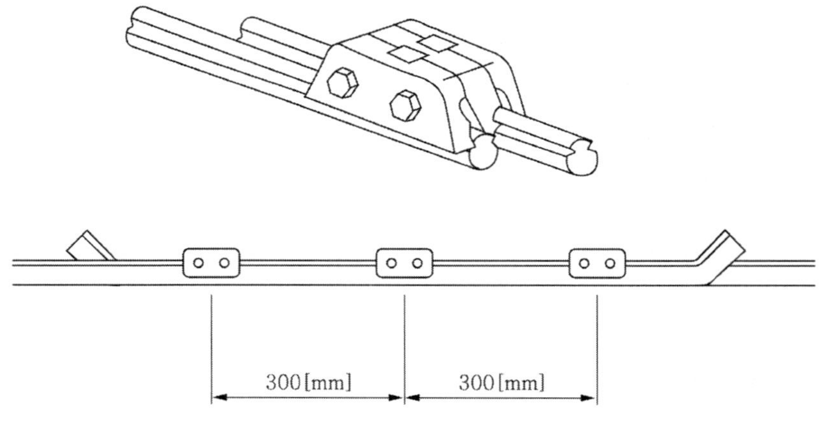


▶그림 4.14◀ 더블이어를 사용한 전차선 접속

건넘선 장치(overhead crossing) 개소에서 전차선을 접속할 때 팬터그래프와 전차선의 압상량 및 차량진동 등에 의하여 팬터그래프에 더블이어가 충격을 줄 가능성이 있는 범위를 설치금지범위라 한다. 건넘선장치에서 전차선의 접속개소는 궤도 중심선과 전차선의 간격이 0~1,200[mm] 이내에는 설치해서는 안 된다.

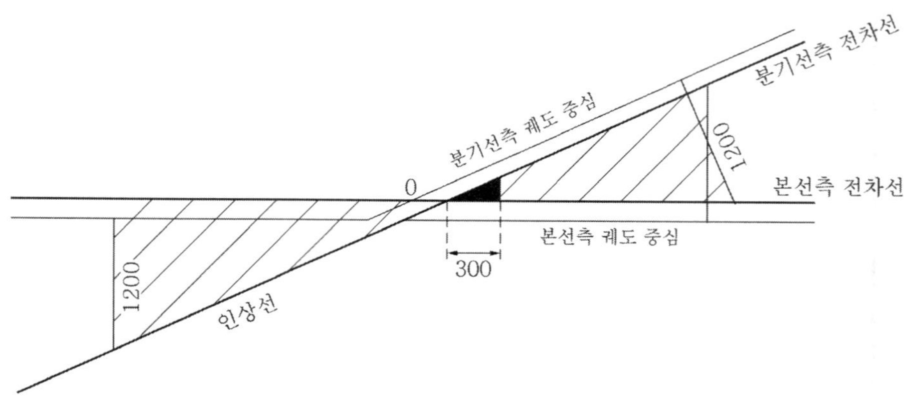


▶그림 4.15◀ 건넘선 장치 개소에서의 접속 금지 범위

## 4.2.8 전차선의 무효부분

전차선의 무효부분이 여러 경간에 걸쳐 있는 경우 아연도강연선(St) 등 다른 전선을 대용 전차선으로 사용할 수 있고, 전차선과 대용 전차선의 접속개소는 팬터그래프의 통과에 지장이 없는 위치에 설치한다.

전차선의 접속은 가급적 적은 것이 바람직하기 때문에 전차선의 무효부분이 여러 경간에 걸치는 경우 외에는 전차선을 그대로 인류위치까지 설치하는 것을 표준으로 하고 있다. 전차선과 대용 전차선을 접속할 때 수평방향은 팬터그래프 한계(1[m] 이상) 이상으로 하고, 수직방향은 압상에 의하여 팬터그래프와 접촉이 되지 않도록 충분한 높이(0.2[m] 이상)로 한다.

가선의 구부리는 각도가 크게 되면 횡장력이 크게 되므로 전차선의 장력이 9,800[N]일 때 구부림 각도는 10° 이내로 한다.

## 4.2.9 전차선의 이선

팬터그래프는 전차선에 접촉하여 집전하고 있으나 팬터그래프의 접촉력이 0으로 되어 전차선으로부터 분리되는 것을 “이선”이라고 한다.

팬터그래프의 이선이 허용되는 범위는 여러가지 조건에 따라 정하여지고 있으나, 보통 대이선(시간적으로 큰 이선)이 특히 문제가 되고 있다.

## (1) 이선의 종류

### 1) 소이선(팬터그래프 진동에 따른 이선)

이선시간이 수십분의 일초 정도의 것으로, 전차선 또는 팬터그래프 습판의 미세한 진동에 의한 것으로 보고 있다.

### 2) 중이선(불연속점[경점]의 이선)

이선시간이 수분의 일초 정도의 것으로 주로 팬터그래프가 경점 등의 충격에 의하여 전차선과 이선 충격이 반복되어 발생되는 것으로 보통 10~100[ms]로 수회 반복되는 상태를 말한다. 이와같은 이선을 방지하기 위하여 제거 가능한 경점은 제거하고 제거될 수 없는 경점은 전차선의 높이, 탄성계수, 질량의 변화를 작게 하는 방안 등이 있다.

### 3) 대이선(지지점 주기의 이선)

전차선의 경성점 또는 연성점에 의하여 일어나는 것으로서 보통 이선시간이 수분의 일초로부터 1~2초 정도이다.

전차선의 지지점을 통과한 직후에 팬터그래프 전체가 도약하여 발생하는 현상으로 전차선의 지지점 간격을 주기로 하여 발생한다. 가선의 탄성이 지지점 부근에서는 강하고, 지지점과 지지점 중간에서는 약하기 때문에 압상량이 일정한 팬터그래프는 그 아래를 추종하면서 주행하게 된다. 어느정도 이상에서는 관성력이 작용하여 팬터그래프가 추종하지 않게 되고 이윽고 팬터그래프와 가선의 진동이 공진에 가까운 상태가 된다. 결국 속도가 높게 되면 완전한 공진에 도달하게 되고 진동의 진폭은 최대로 된다. 이 이선이 집전을 불가능하게 하여 고속화에 장애가 된다.

## (2) 전차선에 미치는 이선의 영향

이선이 전차선에 주는 영향은 열차속도와 집전전류에 따라 변화한다. 이선하는 개소 부근의 전차선 마모는 다음과 같은 영향을 갖게 된다.

① 이선될 때에 발생하는 아크에 의하여 전차선의 미소부분에 용손이 발생한다. 이것이 전차선의 마모를 촉진하는 원인이 된다.
② 이선하기 직전 또는 재착선시에 전차선과 팬터그래프간의 접촉력이 순간적으로 크기 때문에 그 부분의 전차선이 쉽게 마모 된다.
③ 팬터그래프가 항상 이선하여 통과하는 개소의 전차선은 표면이 변색한다든지 용손하지만 마모는 진행되지 않는다.

그러나 이선개소의 전후 부분에 마모가 급속하게 진행되는 개소가 있다. 또 전차선에 굴곡이 있는 개소, 평행구간, 건넘선, 지지점 부근, 더블이어 접속개소 등에서 이선이 발생하기 쉽고 그와 같은 특정의 장소에서 여러번 반복 이선하게 되면 전차선의 마모가 빨리 진행된다. 직류구간의 에어섹션을 역행(동력운전)하여 통과할 때 이상 마모가 발생하는 것이 대표적인 경우이다.

### (3) 이선에 따른 장애

#### 1) 전차선의 아크방전에 따른 열화, 손상

전차선 표면에 아크 스폿이 생겨서 이상 마모의 원인이 된다. 또, 이것이 전차선의 피로 단선의 계기가 되는 예가 간혹 있고, 직류구간에는 아크방전의 영향이 크다.

#### 2) 팬터그래프의 아크방전에 따른 열화, 손상

아크방전이 심하면 팬터그래프 습판의 마모가 빨라지고 때에 따라서는 습판체가 용단된다. 직류구간에서는 교류구간에 비하여 전기차(부하)전류가 크기 때문에 팬터그래프에 대한 영향이 크다. 또 카본, 동습판은 아크성이 우수하다. 대이선에서 큰 아크방전이 발생하면 팬터그래프의 습판체 또는 본체에 아크가 이행하여 용손될 수 있다.

#### 3) 무선통신 잡음의 발생

이선될 때에 아크방전 또는 스팬방전으로 전류가 급변하기 때문에 무선기기에 고주파의 잡음을 주게 된다. 잡음의 크기는 눈으로 관찰되는 아크방전의 정도와는 비례하지 않는다. 예를 들면 대이선에서 아크방전이 발생할 때와 미소한 이선이 단속적으로 계속되는 경우에 후자의 경우가 잡음이 더 심하게 된다.

#### 4) 아크방전에 의한 지락

큰 아크가 발생되면 접근하는 접지물(지상측의 구조물, 차량의 상단 등)에 아크가 이행되어 지락될 우려가 있다.

### (4) 이선 장애 대책

#### 1) 이선 자체를 작게 한다.

전차선의 경점을 작게 하여 집전특성을 향상시킨다.

#### 2) 아크방전의 발생을 작게 한다.

2대의 팬터그래프를 모선에 연결하면, 한 대가 이선했을 때 발생하는 아크가 즉시 소멸하기 때문에 습판의 마모를 경감하는 역할을 하게 되고, 특히 고속의 직류구간은

집전전류가 크기 때문에 효과가 크다.

**3) 아크방전이 발생해도 미치는 장애를 작게 한다.**

아크방전에 따른 소모는 재질에 따라 차이가 나기 때문에 내아크성이 우수한 재료를 사용한다.(팬터그래프에는 가능하나 전차선측은 어렵다)

## 4.2.10 전차선의 마모(wear)

### (1) 전기적 마모와 기계적 마모

전차선은 팬터그래프 습판과 직접 접촉하여 전기를 공급하기 때문에 전기적, 기계적으로 전차선이 마모된다. 전기적마모(용착마모)는 팬터그래프와 전차선의 불완전 접촉 또는 이선 등에 의하여 발생하는 아크의 전기적 원인에 따른 것이다. 전차선의 구배 변화점, 경점개소, 장력 부적정 개소, 습동면의 요철이 문제가 된다. 기계적마모(절삭마모)는 팬터그래프 습판과 전차선간의 기계적 마찰 및 충격에 따라 발생되는 것이다. 이것은 팬터그래프의 습판과 전차선간의 기계적 마찰 및 충격에 따라 발생되는 것이며 팬터그래프의 압상력이 크고, 습판의 재질의 강도가 크면, 기계적 마모가 많으며 마찰계수에 비례하고 고속으로 될 수록 적게 된다. 일반적으로 전류가 작은 교류간에서는 전기적마모보다 기계적마모가 크고 직류구간에서는 반대로 된다.

### (2) 전차선 마모의 일반적 경향

**1) 팬터그래프의 압상력**

팬터그래프의 압상력이 크게 되면 전기적마모는 감소하고 반대로 기계적마모는 증가한다. 압상력의 증가에 따라 이선이 감소하는 경우에는 기계적마모가 증가하여도 전체적인 마모는 감소한다.

**2) 집전전류**

전차선의 마모는 집전전류의 대소에 그다지 영향을 받지 않는다. 그러나 직류구간에서는 이선이 자주 발생하면 마모가 촉진된다.

**3) 운전속도**

전차선은 저속구간에서는 심하게 마모되고 습동면도 거칠어진다. 고속구간에서는 팬터그래프와 전차선의 접촉력의 변동과 이선이 증대하기 때문에 국부마모가 발생하기 쉽다.

#### 4) 접촉력의 변동, 이선

경점부근에서 팬터그래프 통과시에 접촉력이 크게 되는 전차선 개소는 마모가 빠르고 특히 이선하기 직전 후 부근이 빨리 마모하는 경우가 있다. 이선과 접촉이 반복적으로 발생하는 전차선 개소의 마모는 극히 빠르고, 아크방전에 따른 전차선 표면이 변색되고 이 과정이 반복되면 마모가 많게 된다.

#### 5) 팬터그래프의 구조와 개수

팬터그래프가 경량이고 추종성이 좋게 되면 전차선의 마모는 작게 되고, 팬터그래프 개수가 많으면 기계적 마모는 증가하게 된다.

#### 6) 집전판의 특징

집전판 재질이 경도가 약하고 각이 없으며, 윤활성이 좋은 집전판이 전차선의 마모를 적게 한다.

#### 7) 전차선의 온도

전차선의 온도가 90[℃]에 가깝게 되는 것은 문제가 없지만 온도가 높게 되면, 온도상승에 따라 산화피막의 생성이 촉진된다. 집전전류가 작을 때 산화피막의 존재는 전차선의 마모에 보호효과(일종의 윤활효과)가 있다. 그러나 집전전류가 크면 전기접촉불량에 따라 아주 작은 이선이 발생하기 쉽게 되고 마모 증대의 원인이 된다. 온도상승에 따라 전차선의 구성이 변화하여 평행구간, 건넘선 등을 지날 때 전차선 마모가 증대되기도 한다.

#### 8) 궤도조건, 차량 동요

궤도의 정비 상태가 좋지 않다든지, 차량의 동요가 크면 마모가 증가한다.

### (3) 전차선의 허용마모한도

마모된 전차선의 항장력이 표준장력에 안전율을 곱한 값에 도달했을 때 전차선의 마모량을 "허용마모한도"라고 하고, 이때의 전차선의 지름을 "허용잔존지름"이라고 한다.

전차선은 팬터그래프의 습동에 따라 전기적, 기계적으로 마모하기 때문에 그 잔존 단면적은 점차적으로 감소하고 전차선의 항장력이 저하되기 때문에 단선의 우려가 있다.

전차선은 허용마모한도에 달할 때까지 사용하는 것이 경제적이기 때문에 그 선종 및 단면적을 선정하는 경우에는 집전특성 외에 전차선의 허용잔존지름에 걸리는 항장력과 전류용량도 검토되어야 한다.

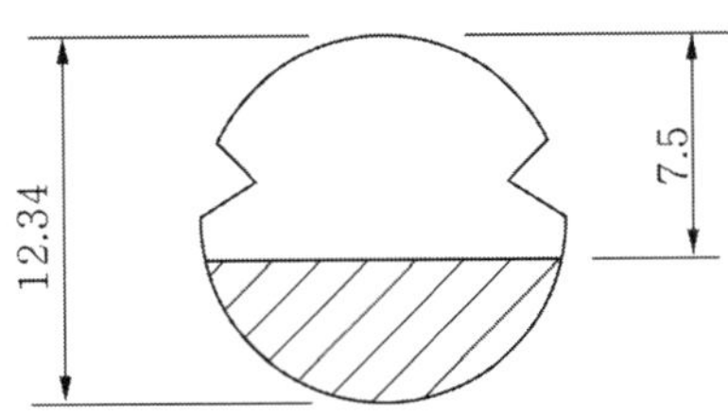


▶그림 4.16◀ 110[mm²]의 잔존 지름

전차선 마모의 정도는 "마모율"로 표시하고 있다. 마모율은 팬터그래프의 통과회수와 그에 따른 전차선 아래면이 마모하는 양을 표시하고 식 (4-26)으로 나타내어진다.

$$\text{마모율} = \frac{\text{전차선의 마모량}}{\text{팬터그래프 통과 회수 1만회}} ([\text{mm}]/1\text{만팬터}) \qquad (4\text{-}26)$$

**표 4.14** 전차선의 마모한도

| 전차선의 종류 | 마모 한도 | |
|---|---|---|
| | 잔존 지름 | 잔존 면적 |
| 170[mm²] | 8.5[mm] | 87.45[mm²] |
| 110[mm²] | 7.5[mm] | 67.59[mm²] |
| 85[mm²] | 7.0[mm] | 55.88[mm²] |

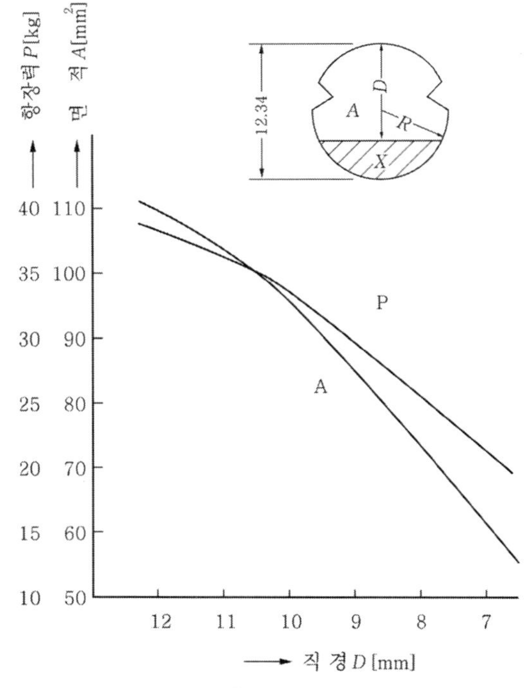


▶그림 4.17◀ 전차선(110[mm²])의 잔존지름과 잔존 면적 및 항장력

표 4.15 전차선의 모든 특성

① Cu 110[$mm^2$]

| 잔존 지름 [mm] | 잔존 면적 [$mm^2$] | 잔존 중량 [kg/m] | 항장력 [N] | 저항(at 20[℃]) [Ω/km] |
|---|---|---|---|---|
| 12.34 | 111.10 | 0.9877 | 38,220 | 0.1592 |
| 12.00 | 110.18 | 0.9795 | 37,903 | 0.1605 |
| 11.00 | 104.08 | 0.9253 | 35,805 | 0.1699 |
| 10.00 | 95.32 | 0.8474 | 32,792 | 0.1856 |
| 9.00 | 84.96 | 0.7553 | 29,228 | 0.2082 |
| 8.50 | 79.35 | 0.7054 | 27,298 | 0.2229 |
| 8.00 | 73.55 | 0.6539 | 25,303 | 0.2405 |
| 7.50 | 67.59 | 0.6009 | 23,251 | 0.2617 |
| 7.00 | 61.51 | 0.5468 | 21,160 | 0.2875 |

② Cu 170[$mm^2$]

| 잔존 지름 [mm] | 잔존 면적 [$mm^2$] | 잔존 중량 [kg/m] | 항장력 [N] | 저항(at 20[℃]) [Ω/km] |
|---|---|---|---|---|
| 15.49 | 170.00 | 1.5110 | 57,820 | 0.1040 |
| 15.00 | 168.22 | 1.4955 | 57,214 | 0.1051 |
| 14.00 | 160.74 | 1.4290 | 54,670 | 0.1100 |
| 13.00 | 150.41 | 1.3371 | 51,157 | 0.1175 |
| 12.00 | 138.20 | 1.2286 | 47,005 | 0.1279 |
| 11.00 | 124.67 | 1.1083 | 42,403 | 0.1418 |
| 10.50 | 117.53 | 1.0448 | 39,974 | 0.1504 |
| 10.00 | 110.21 | 0.9798 | 37,484 | 0.1604 |
| 9.50 | 102.73 | 0.9133 | 34,940 | 0.1721 |
| 9.00 | 95.13 | 0.8457 | 32,356 | 0.1859 |
| 8.50 | 87.45 | 0.774 | 30,723 | 0.2022 |
| 8.00 | 79.72 | 0.7087 | 27,115 | 0.2218 |

국부적인 마모로 인하여 응력이 집중하는 개소는 피로현상이 발생하기 쉽고, 전차선의 피로에 의하여 단선될 위험이 있다.

전차선의 마모는 선로, 운전조건 등에 따라 항상 균일하게 진행되지 않기 때문에 1 섹션의 전차선에서 어느 한 부분이 마모한도에 도달한 상태에서 전차선을 교체하면

이용률이 낮게 된다.

전차선의 이용률을 높이기 위해서는 전차선을 가선할 때 굴곡이 없게 하고 표면이 거칠지 않고, 이도를 정확하게 조정하는 등 전차선에 국부적인 마모가 발생하지 않도록 노력하고, 만일 국부적인 마모가 발생하였을 때 첨선 등으로 수명을 연장 조치하는 방법도 있으나 이는 본질적인 조치 방법은 아니다.

$$\text{이용률} = \frac{\text{마모량}}{\text{허용 마모량}} \times 100[\%]$$

### (4) 전차선의 경점(硬点)

전차선의 접속개소나 곡선당김금구, 진동방지금구의 취부 개소는 다른 부분에 비교하여 전차선의 중량이 증가된다. 이 부분을 팬터그래프가 통과할 때 전차선으로부터 충격을 받아 이선이 발생한다. 이와같이 전차선에서 부분적으로 중량이 큰 개소를 전차선의 경점이라고 한다. 전차선이 일정한 모양의 가요성을 가져야 하는 것은 중요한 요소이다. 이 때문에 전차선의 접속개소를 가능한 적게 하고, 가선금구의 경량화를 도모할 필요가 있다.

#### 1) 전차선 마모 관리상의 요주의 개소

- 에어섹션, 부스터섹션, 에어조인트 개소 등(특히 역행개소)
- 역행(동력운전)개소의 급전분기 및 더블이어 등의 경점개소 부근
- 전차선 교차개소 등의 굴곡개소

#### 2) 평행구간의 마모

평행구간인 경우에는 다수의 팬터그래프가 통과할 때마다 이선 개소가 일정하지 않기 때문에 아크 스폿이 발생한 전차선 습동면을 팬터그래프가 마찰하며 통과하기 때문에 상호 번갈아 아크 스폿을 만들거나 뛰어넘게 되어 그 곳의 마모는 빨리 진행되고, 특히 큰 아크 스폿이 발생하는 직류 전기철도의 역행(동력운전) 구간에는 단시간에 마모가 된다.

### (5) 전차선의 마모 경감 대책

#### 1) 전차선 수명의 강화

전차선의 수명은 대부분 마모에 따라 결정되기 때문에 마모 경감 대책으로 전차선의 재질, 단면형상 등에 대하여 다음과 같은 연구 · 개발이 진행되고 있다.

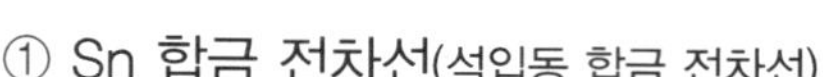

① Sn 합금 전차선(석입동 합금 전차선)

Sn 합금 전차선은 내마모성을 목적으로 하여 개발이 진행된 것으로 동(Cu)에 석(Sn:0.3[%])을 넣은 합금으로 하여 내마모성을 향상시켜서 실용화시킨 것으로 일본에서는 1981년부터 전면적으로 채용되고 있다. 도전율이 74.5[%]를 저하하지만 내마모성은 동에 비하여 20[%] 향상된다.

② 철, 알루미늄 전차선(TA 전차선)

TA 전차선은 Sn 합금 전차선과 같은 내마모성을 목적으로 하여 연구가 진행되고 있다. 철과 알루미늄의 복합체로 구성되고, 표면을 알루미늄으로 하고 중심부에 연강을 사용하여 전차선으로서 필요한 전류용량은 표면의 알루미늄 부분에서 맡고 인장, 진동 등의 기계적강도, 팬터그래프의 습동에 수반되는 전차선의 내마모성 등은 중심의 연강이 담당하는 것이다.

③ 종형 전차선

표준 전차선의 단면 형상을 변경하여 마모되는 면이 크게 되도록 단면을 병행한 것으로 특히 초기 마모가 작도록 시도된 것이다.

④ 횡권 전차선(전차선의 감는 방법에 따른 국부 마모의 경감)

전차선의 감는 방법에 따른 국부 마모의 경감 방법으로서 전차선의 마모는 균일하게 마모가 진행되지 않고 국부적인 모양으로 마모가 되어 전차선 전체의 수명을 단축시키는 경우가 많다. 전차선을 종방향으로 드럼에 감으면 전차선을 가선할 때에 감은 성질에 따라 상하 방향으로 굴곡이 생겨 이것이 국부마모의 원인이 된다.

그런데 전차선을 드럼에 횡으로 감는 방법으로 하면, 국부마모를 경감시키고 전차선의 수명을 연장시킬 수 있다. 전차선의 국부 마모를 방지하는 데는 전차선의 구배 및 구배 차를 작게 하고 장력을 일정하게 하는 것이 필요하다.

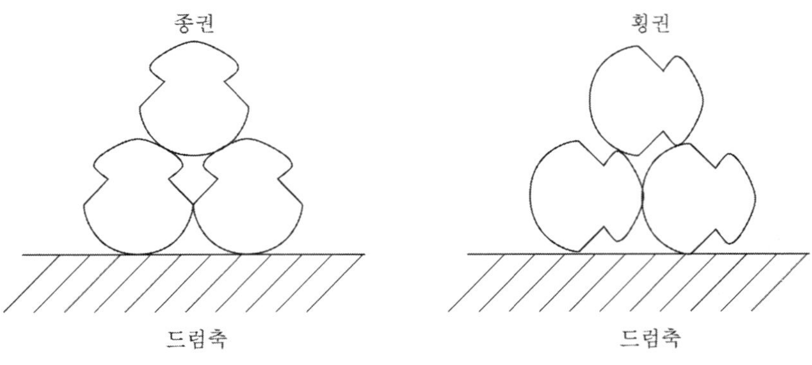


▶그림 4.18◀ 종권 및 횡권 전차선

## 4.2.11 전차선의 온도상승

전차선의 온도는 대기온도에 따른 온도상승, 일사에 따른 온도상승 및 전차선을 흐르는 전기차 전류에 따라 결정된다. 교류구간에는 급전 전압이 높기 때문에 전류가 작아 영향이 작지만 직류구간에서는 전기차전류가 크기 때문에 온도상승에 크게 영향을 주게 된다.

전차선의 온도상승을 측정할 때는 급전분기개소에서 한다. 이곳은 전류가 흐르는 시간이 제일 길고, 온도상승도 가장 높게 된다. 보통 직류 전기차의 사용전류는 3,000~4,000[A]가 되지만 대부분은 급전선을 통하여 흐르거나 전기차 부근의 급전분기선을 통하여 전차선에 유입하기 때문에 이동하는 전기차의 부하를 부담하는 전차선전류는 단시간의 전류가 된다.

### (1) 전차선의 최고 허용온도

경동선은 100[℃]에서 30분 가열 후에도 항장력이 저하하지 않고 인장강도가 100[%] 그대로 유지되기 때문에 최고허용온도를 100[℃]로 하여도 좋으나, 장시간 연속 가열할 경우 어느정도 기계적강도가 저하하는 경향이 있어서, 반복 가열에 따른 인장강도 저하와 연결 부위의 열화도 고려하여야 할 필요가 있어서, 90[℃]를 최고 허용온도로 하고 있다. 또, 일반적으로 나전선은 온도가 상승하면 항장력이 저하된다. 특히, 전차선은 팬터그래프의 습동에 따라 마모가 진행되기 때문에, 전차선의 마모 한도에 있어서도 항장력의 저하를 10[%] 이내로 하도록 최고허용온도는 90[℃]로 하고 있다.

### (2) 전차선의 허용온도상승

전차선의 최고허용온도를 90[℃], 최고주위온도(대기 온도)를 40[℃]로 하고 있기 때문에 전차선은 50[℃]까지 온도상승을 허용할 수 있다.

### (3) 전차선의 허용전류

#### 1) 전차선의 연속허용전류

경동 전차선의 상용최고온도를 90[℃], 150[℃], 250[℃]로 하고 주위 온도 40[℃], 온도상승을 50[℃]로 하여 전차선을 단순히 원형으로 가정하고 Luke의 식에 따라 계산한다. 이에 대한 허용전류는 그림 4.19와 같다.

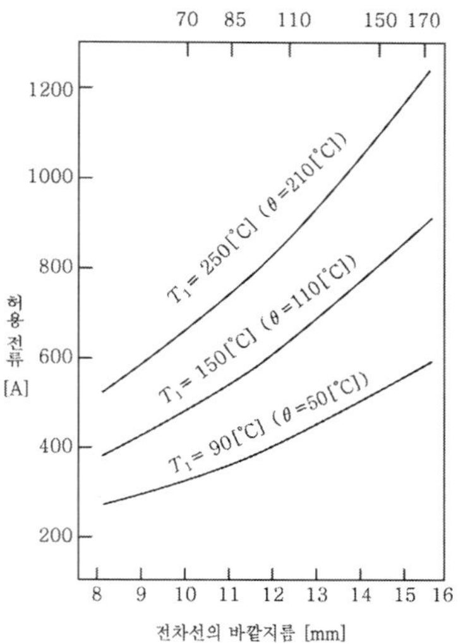


$T_1$ : 전차선의 허용온도
θ : 전차선의 온도상승

표면은 흑화 상태
일 사 량 : 0.1 [W/cm²]
풍 속 : 0.5 [m/s]
주위온도 : 40 [℃]

▶그림 4.19◀ 전차선의 허용전류

### 2) 단시간 부하전류에 따른 온도상승

경동 전차선 110[mm$^2$]에 단시간(간헐) 부하 2,200[A]의 전류를 통전한 경우 약 130[℃]까지 온도가 상승할 가능성이 있다. 이 경우 1[m/s]의 통풍이 있으면 90[℃]로 된다. 따라서 통풍의 효과가 대단한 영향을 미치는 것을 알 수 있다.

전차선의 한 점이 방전으로 가열되거나 접촉부분에서 아크방전이 발생하는 경우 전차선이 단전된다. 단선되는 시점은 접촉점을 흐르는 아크전류 $I$[A]와 지속시간 $t$[s]와의 곱이 750이 되면 단선된다.

$$\text{전차선(110[mm}^2\text{])의 단선시점 : } I \cdot t \geq 750$$

여기서, $I$ : 아크전류[A], $t$ : 지속시간[s]

예를 들면 3,000[A]라면 0.25[s]에 단선되게 된다.

표 4.16 전차선 110[mm$^2$]의 온도상승

| 부하 조건 \ 풍 속 | | 온도상승[℃] 0 | 1 | 2 | 3 | 4 | 비 고 |
|---|---|---|---|---|---|---|---|
| 단시간 부 하 | 1,750[A]<br>삼각파×60[초]<br>160[초] 휴지(休止) | 144 | 84 | 78 | 56 | 55 | |
| | 2,200[A]<br>삼각파×45[초]<br>222[초] 휴지 | 131 | 90 | 82 | 60 | 57 | |
| 연 속 부 하 | 600[A] 연속 | 165 | 53 | 49 | 28 | 19 | |
| | 800[A] 연속 | | 125 | 95 | 66 | 35 | |

## 4.3 조가선

조가선이라고 하는 것은 가공 전차선에 주로 사용되는 전선으로 전차선을 같은 높이로 수평하게 유지시키기 위하여 드로퍼, 행거 등을 이용하여 조가하여 주는 전선을 말한다.

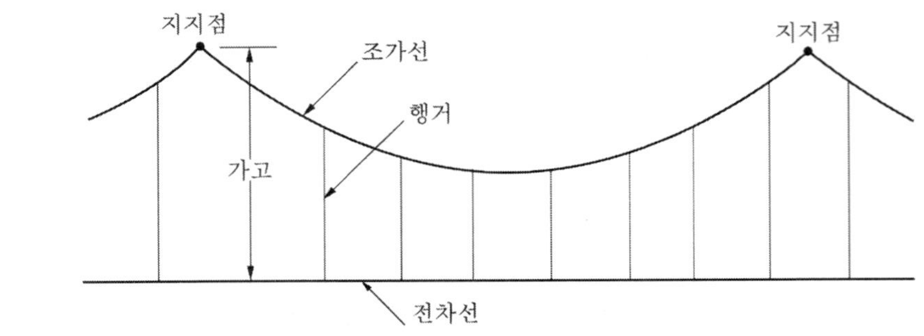


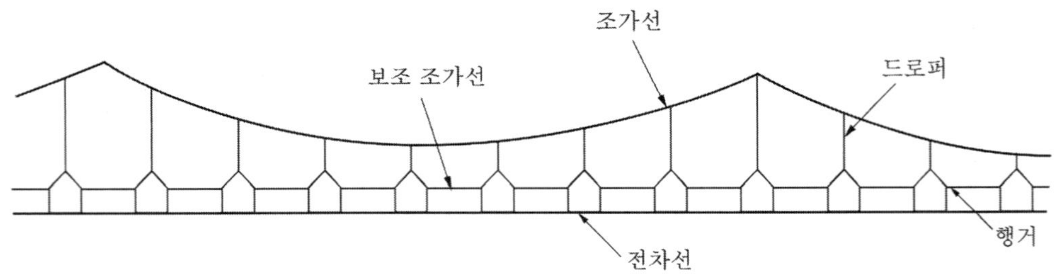


▶그림 4.20◀ 조가선

### 4.3.1 조가선의 성능

일반적으로는 전선은 부식, 기계적 진동, 마찰 등을 받아 항장력이 저하하기 때문에 내식성, 내마모성, 내진동 등에 강한 것이 바람직하다.

조가선에 제일 요구되는 성능은 인장하중이 큰 것이지만, 전차선용 전선은 단독으로 사용되는 것이 아니고 드로퍼, 행거 등으로 병행 구성되기 때문에 기계적 진동, 마모특성, 이종금속과의 전기, 화학적 접촉부식 특성을 고려할 필요가 있다.

### (1) 기계적강도가 클 것

조가선은 전차선을 단순히 지지하는 것만이 아니고, 이선을 방지하고 고속운전을 행하기 위해서는 조가선 및 전차선의 장력을 크게 하여 가선의 탄성계수를 높게 하는 것이 필요하고 인장강도가 큰 것이 가장 중요한 조건이다.

또, 높은 응력에 견딜 수 있고 진동피로 강도가 큰 것이 필요하다.

### (2) 내식성이 클 것

특히 전차선로는 시가지, 공장지대, 해안지대를 지나기 때문에 아황산가스($H_2SO_4$), 염수 등에 강한 내식성이 우수한 것이 필요하다.

### (3) 내마모성이 클 것

조가선은 드로퍼, 행거 등으로 전차선을 지지하면서, 기계적 진동을 받기 때문에 지지점과 드로퍼, 행거 등에 의한 기계적마모를 무시할 수 없다. 특히, 도금강선은 피막의 손상으로 이종금속 접촉에 의한 부식을 발생하게 하여 수명을 단축시킬 우려가 있다.

### (4) 도전성이 좋을 것

부하전류의 일부를 부담하기 때문에 도전성이 좋아야 한다.

### (5) 선팽창계수가 적절할 것

특히 고정빔 개소의 심플커티너리 등에는 조가선의 열신축에 따른 변화에도 전차선이 수평을 유지하지 않으면 고속집전에 지장을 주기 때문에 선팽창계수가 적은 것이 좋다.

조가선은 지지점, 접속부의 소선단선 및 부식, 손상의 확인과 이도, 장력의 조정 등이 유리한 것이 좋다. 동과 철과의 접촉(이종 금속의 접촉에 따른 부식)은, 가장 주의를 하여야 하는 것 중의 하나로 이 경우는 철이 부식된다.

## 4.3.2 조가선의 선종

조가선은 전차선의 조가방식에 따라 여러 전선이 사용되고 있으나, 일반적으로는 동에 비교하여 강하고, 손상을 쉽게 받지 않으며 항장력이 큰 강연선이 사용되고 있다. 그러나 대도시 부근이나 화학공장의 근처 등에는 아연도금의 방식 효과가 낮기 때문에 경동, 합금동, 스테인리스강 등의 전선을 사용하는 것이 좋다.

표 4.17 조가선의 조성과 특성

| 선 종 | 공 칭 단면적 [mm²] | 조 성 | 바깥 지름 [mm] | 중 량 [kg/km] | 저 항 [Ω/km] | 파괴 강도 [N] | 선팽창 계수 [1/℃] | 비 고 |
|---|---|---|---|---|---|---|---|---|
| 아연도금 강 연 선 | 90 | 7/4.0 | 12.0 | 697 | 2.15 | 55,566 | $1.2\times10^{-5}$ | 3종 |
| | 135 | 7/5.0 | 15.0 | 1,090 | 1.43 | 86,436 | $1.2\times10^{-5}$ | |
| | 90 | 7/4.0 | 12.0 | 697 | 2.15 | 71,334 | $1.2\times10^{-5}$ | 2종 |
| | 135 | 7/5.0 | 15.0 | 1,090 | 1.43 | 111,720 | $1.2\times10^{-5}$ | |
| 카 드 뮴 동 연 선 | 60 | 19/2.0 | 10.0 | 537 | 0.365 | 34,202 | $1.7\times10^{-5}$ | |
| 청동연선 | 65 | 37/1.5 | 10.5 | 605 | 0.4474 | 42,198 | $1.7\times10^{-5}$ | |

표 4.18 철제와 동제 조가선의 비교

| 항 목 | 철제 조가선 | 동제 조가선 |
|---|---|---|
| 내진동 피로, 내마모 특성 | 우 수 | 보 통 |
| 가선계의 전류용량 | 보 통 | 우 수 |
| 부 식 | 아연 도금에 의한 내부식성 향상 | 우 수 |
| 제품 가격 | 저 렴 | 고 가 |
| 제조 방법상의 문제 | 보 통 | 합금 제조상의 어려움과 공해 문제 |

따라서 조가선의 선종을 결정하기 위해서는 주변환경 등을 면밀히 조사하여 그 주변 환경에 가장 적합하고 경제적인 재질로 선정할 필요가 있다. 참고로 우리나라에서는 초기에 수도권 전철의 조가선을 심플구간에는 St 90[mm²], 헤비 심플 및 콤파운드 구간에는 St 135[mm²]를 사용하였으나 열차운행 증가에 따른 전류의 증가와 대도시 공해에 의한 부식 방지를 위하여 Cu-Mg-Sn 65[mm²]로 교체하여 사용하고 있다.

## 4.3.3 조가선의 표준장력

조가선의 표준장력은 전차선의 표준장력과 같은 방법으로 선종, 조가방식, 자동장력조정의 유무 등에 따라 결정한다.

## 4.3.4 전차선의 가고 · 경사

### (1) 전차선의 가고(架高)

전차선의 가고라 함은 지지점에서 조가선과 전차선과의 수직 중심간격을 말한다. 가고는 전차선의 선종, 경간, 장력, 지지점에 있어서 진동방지금구, 곡선당김장치의 설비 공간 등을 고려하여 결정한다. 가고가 크면 가선금구류의 취부가 용이하게 되고, 가선구성이 좋게 되어 가선특성이 좋아지므로 전차선의 진동이 작아 고속운전에 적합하다. 그러나 가고가 크면 지지물이 크게 되어 경제상의 제약이 있다.

표준가고($H$)의 계산은 다음 조건에 따라 계산한다.

$$H = D + h \tag{4-27}$$

$$D = \frac{wS^2}{8T_0} \tag{4-28}$$

$$w = w_m + w_t + w_n \tag{4-29}$$

여기서, $D$ : 조가선의 최대이도[m]

$h$ : 드로퍼의 최소길이 0.15[m]

$w$ : 전차선로의 단위 중량[kg/m]

$S$ : 경간[m]

$T_0$ : 표준장력[N]

$w_m$ : 조가선의 단위 중량[kg/m]

$w_t$ : 전차선의 단위 중량[kg/m]

$w_n$ : 드로퍼의 전차선 단위 길이당 환산 중량[kg/m]

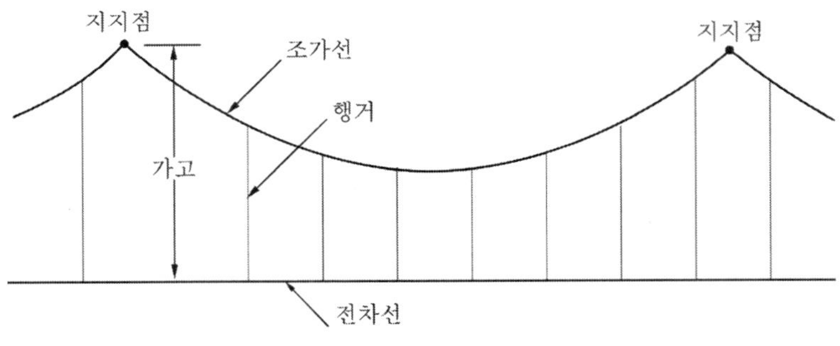


▶그림 4.21◀ 가고

표 4.19 조가방식별 표준가고

| 조가 방식 | 표준가고 | | 비 고 |
|---|---|---|---|
| | 역 간 | 역 구 내 | |
| 심플커티너리<br>트윈 심플커티너리<br>헤비 심플커티너리 | 960 | 710 | St 90[mm$^2$], Cu 110[mm$^2$]<br>최대 경간 : 역간 50[m]<br>역 구 내 : 50[m] |
| 변형 Y형심플커티너리 | 1,070 | 770 | |
| 콤파운트 커티너리 | 1,500 | 1,500 | St 135[mm$^2$] : Cu 110[mm$^2$]<br>최대 경간 : 역간 60[m] |

**1) 고정빔 구간(역구내)**

표 4.19에서 커티너리 시스템 전차선로에서 조가선은 St 90[mm$^2$](0.697[kg/m]), 전차선은 Cu 110[mm$^2$](0.988[kg/m])로 사용하고 드로퍼의 전차선 단위 길이당 환산 중량을 0.1[kg/m]라 하면 역 구내의 경우(경간 : 50[m])에 필요한 가고 $H$를 계산하면

$$w = w_m + w_t + w_n = 0.697 + 0.988 + 0.1 = 1.785[\text{kg/m}]$$

$$D = \frac{WS^2}{8T_0} = \frac{1.785 \times 50^2}{8 \times 1{,}000} = 0.558[\text{m}]$$

$$\therefore\ H = D + h = 0.558 + 0.15 = 0.708[\text{m}]$$

이다.

따라서 이것에 약간의 여유를 들어 역 구내(50[m] 경간)의 표준가고를 710[mm]로 한 것이다.

**2) 가동브래킷 구간(역간)**

바람의 영향이 없고 직선 및 곡선 반지름 1,600[m] 이상인 경우 역 중간의 경간은 보통 60[m]이므로 같은 전선을 사용한다면 가고 $H$는

$$w = w_m + w_t + w_n = 0.697 + 0.988 + 0.1 = 1.785[\text{kg/m}]$$

$$D = \frac{wS^2}{8T_0} = \frac{1.785 \times 60^2}{8 \times 1{,}000} = 0.808[\text{m}]$$

$$\therefore\ H = D + h = 0.808 + 0.15 = 0.958[\text{m}]$$

이다.

따라서 이것에 약간의 여유를 두어 역간(60[m]경간)의 표준가고를 960[mm]로 한 것이다.

### (2) 전차선의 경사

지지점에 있어서 조가선과 전차선을 연결하는 면이 궤도중심면과 이루는 각도는 10° 이하로 한다. 전차선과 조가선이 이루는 면이 필히 궤도중심면과 평행하도록 될 필요는 없으나, 수직 조가식의 전차선에서는 제한을 둔다. 이 각도가 크게 되면 전차선이 편마모를 일으켜 수명이 단축된다. 또, 팬터그래프에 따른 압상 상태를 고려하면, 풍압에 의한 경사의 증가와 차량의 동요 등이 작동하여 금구류와 팬터그래프의 충격으로 인한 사고 발생이나 팬터그래프의 낌(할입)사고 등이 예상되기 때문에 경사에 제한을 둔다.

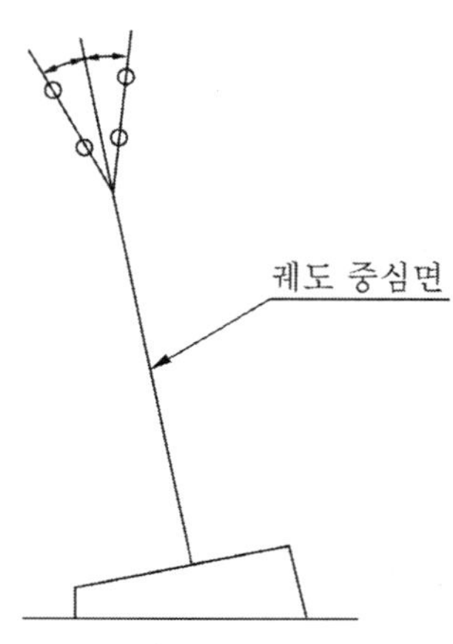


▶그림 4.22◀ 전차선의 경사

## 4.3.5 조가선의 절연

육교, 교량 및 승강장 상단에 시설되는 직류구간의 조가선은 소정의 이격거리를 확보할 수 있을 경우 절연할 필요가 없으나 조가선의 압상 등에 따라 접지의 우려가 있을 때 등 절연이격거리를 확보할 수 없을 때에는 조가선에 애자를 삽입하여 무가압으로 하고, 행거에도 애자를 삽입하든지 또는 절연행거를 사용하여야 한다.

조가선을 절연할 경우에는 그 양단에 행거 전류에 따른 행거 용손, 조가선의 소손 용손 등의 순환전류에 따라 사고가 발생할 우려가 있기 때문에 양단에서 조가선과 전차선을 커넥터로 접속할 필요가 있다. 반면 교류에 있어서는 유도에 의하여 무가압으로 할 수 없기 때문에 직류구간에만 시행하고 있다.

## 4.3.6 조가선의 보호(protector)

조가선, 보조조가선의 행거 개소 등에서 소선이 손상될 우려가 있는 경우에는 보호커버를 설치한다. 조가선, 보조조가선의 소선을 손상하는 원인은 기계적마모, 아크용손 및 이종금속의 접속에 의한 접속부식 등이 있으나, 이들을 방지하기 위하여 마모나 접촉 부식에 대해서는 절연하고, 아크용손에 대해서는 절연 또는 불완전접촉의 제거를 위하여 조가선 및 보조조가선에 보호커버를 설치한다.

곡선 반지름에 따라 취부 범위가 다른 것은 전차선의 압상에 따른 조가선과 접촉방지를 주목적으로 하기 위한 것이다. 교차개소, 평행부분에는 가선 이동에 따른 마찰 방지와 행거에 흐르는 전류가 다른 것에 비하여 크기 때문에 용손 방지를 겸하고 있다.

급전 조가선, 조가선 및 보조조가선이 동제, 알루미늄제의 경우는 전차선과 동등 또는 그 이상의 전류가 흘러 강제(鋼製) 조가선에 비하여 행거에 흐르는 전류도 크고, 아크용손의 우려도 크기 때문에 모두 보호커버를 설치한다.

보호커버가 연속하는 구간에서 커버가 벗겨진 행거는 다른 구간에 비교하여 아크용손을 일으킬 우려가 크게 된다. 이와 같은 이유로 조가선과 전차선 간의 전위차 발생 방지를 위하여 커넥터(M-T)를 증설할 필요가 있다.

**표 4.20** 보호커버의 취부 범위

| 조 건 | 취부 범위 | 비 고 |
|---|---|---|
| 직선 및 $R \geq 1{,}600$ | 조가선지지 개소로부터<br>양측에 1개 행거 | |
| $1600[\mathrm{m}] > R > 800[\mathrm{m}]$ | 조가선지지 개소로부터<br>양측에 2개 행거 | |
| $R \leq 800[\mathrm{m}]$ | 전 행거 | |
| 교차개소 | 〃 | |
| 평행개소 | 〃 | 평행부분 인접구간의<br>계속되는 2개 행거 |
| 급전분기개소 | 양측의 행거 | |

**표 4.21** 커넥터 증설 위치

| 직류구간 | | 교류 구간 |
|---|---|---|
| 고정빔 구간<br>(가동식 진동방지장치 구간을 제외) | 가동브래킷<br>가동식 진동방지장치 구간 | |
| 급전분기간의 중간점 | 각 지지점 | M-T 커넥터의<br>표준간격의 중간점 |

## 4.3.7 조가선의 접속

조가선의 접속개소는 팬터그래프의 통과에 지장이 없도록 설치하여야 하며, 조가선의 접속개소는 경간 중앙 등의 조가선의 낮은 개소는 피하여야 한다. 조가선의 접속에는 과거에는 와이어클립이 사용되어 왔으나 현재에는 접속금구(B금구) 또는 쐐기형클램프로 접속하거나 압축슬리브 접속을 하고 있다.

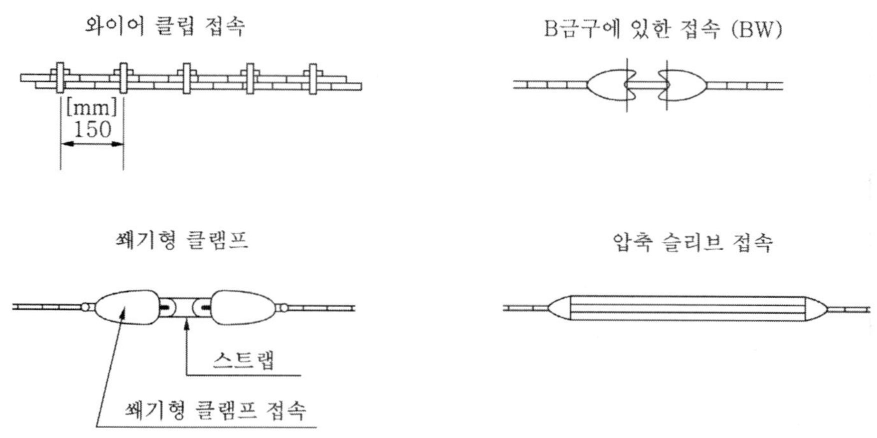


▶그림 4.23◀ 조가선의 접속

### (1) 와이어 클립에 의한 접속

접속하는 양단을 중첩하여 와이어클립 5개를 번갈아 반대방향으로 하여 체결하는 방법으로 임시설비 이외에는 사용하지 않고 있다.

### (2) 쐐기형 클램프에 의한 방법

전선을 구부려서 그 사이에 쐐기를 삽입, 인류하여 접속하는 방법으로 카드뮴동연선을 사용하는 조가선의 접속에 많이 사용되고 있다.

### (3) B금구에 의한 접속

전선의 소선을 벌려 그 심선을 쐐기(원추형)의 중심 구멍에 삽입하고, 그 외의 소선을 쐐기 외측 홈에 고른 상태로 본체에 삽입한 후 쐐기를 삽입하는 방법으로 견고하게 접속하는 방법이다.

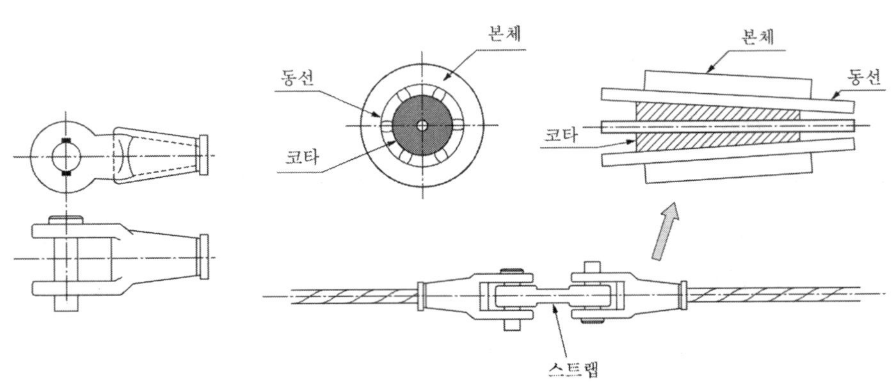


▶그림 4.24◀ B금구에 의한 조가선의 접속

### (4) 압축 슬리브에 의한 접속

압축접속 슬리브에 의한 접속 방법이다.

## 4.3.8 조가선의 진동피로 특성

### (1) 조가선의 인장하중과 만곡하중

조가선이 가설된 상태에서 적정 하중으로는 주로 경간 중앙 부분에 인장하중이 걸리고, 지지점에는 인장하중과 만곡하중이 걸린다. 지지점의 응력은 인장응력과 만곡 응력이 합하여진 것이 된다. 조가선은 전차선 등의 중량도 받기 때문에 이도에 대해서는 등가 중량이 크고, 지지점에서의 전선 경사 각도가 크게 되기 때문에 일반의 단일 전선에 비하여 만곡하중의 조건이 가혹하게 된다. 만곡응력은 지지금구 접촉부의 곡률 반지름, 선재의 만곡강성, 사용장력에 따라 다르게 되기 때문에 여기에 적용하는 설계를 할 필요가 있다.

### (2) 조가선의 진동 피로

조가선은 지지점에서 팬터그래프 통과시의 가선진동에 따른 최대 만곡(구부러짐)하중이 발생한다. 팬터그래프 통과나 바람에 의한 진동으로 발생하는 응력은 전차선 종별이나 속도 등에 따라 다르게 되지만, 대개 5~10[kg/mm$^2$]의 범위 내로 실측되고 있다. 그런 반면, 가설시의 손상이나 마모 및 부식 등의 발생에 의한 응력 집중을 고려하면 실측 이상의 응력 발생이 있는 것으로 보인다.

주요 재료의 피로강도(만곡 하중의 반복에 의하여 재료의 파괴가 일어나지 않는 응력의 최저값)의 특성을 그림 4.25에 표시하고 있다. 강선은 $10^7$ 회수 부근에서 명확한 변곡점이 있고, 만곡피로강도는 일정하게 된다. 표 4.22는 각 선종의 피로강도의 값을 나타내고 있으나, 피로강도는 인장강도에 개략 비례하고, 그 비율은 각 재질에 따라 다르게 된다. 또한, 표준의 피로 강도는 거의 완전한 상태의 선재의 특징이고, 선재 표면에 손상 등이 있는 경우에는 그것을 기점으로 하여 선재 단면의 피로 균열이 진행되어 피로강도가 상당히 저하되기 때문에 예리한 손상이 문제가 된다. 또, 선재 표면이 부식한 경우도 부식점을 기점으로 하여 피로 균열이 진행되기 때문에 피로 강도는 저하된다.

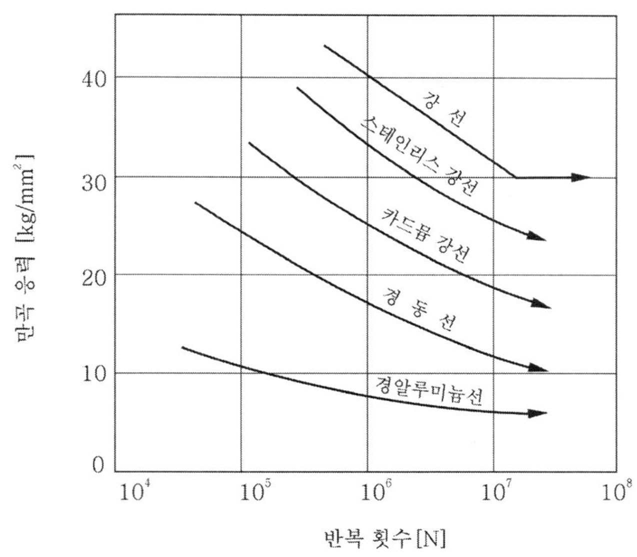


▶그림 4.25◀ 진동 피로 곡선(S–N 곡선)

표 4.22 주요 전선의 피로 강도

| 선 재 | 종 별 | 인장 강도 [kgf/mm²] | 피로 강도 / 인장 강도 | 피로 강도 [kgf/mm²] | 부식 피로 강도(염수) [kg/mm²] |
|---|---|---|---|---|---|
| 강 선 | 3종 | 70 | 약 40[%] | 30 | 5 |
| 스테인리스강선 | 연종 B호 | 70 | 약 35[%] | 26 | 15 |
| 카드늄동선 | | 63 | 약 30[%] | 19 | |
| 경 동 선 | | 표준 44 | 약 25[%] | 12 | |
| 경알루미늄선 | | 표준 17 | 약 35[%] | 7 | |

### (3) 지지점의 보강 방법

지지점 전선의 하중을 경감하여 전선의 강도 협조를 얻는 데는 지지점의 인장하중을 적게 하는 방법과 만곡하중을 적게 하는 방법 등이 있다.

#### 1) 지지점의 이중화

이것은 인장하중을 감소시키는 방법으로 지지점을 이중화하여 각각의 선조에 장력을 걸면 장력은 개략 1/2이 된다.

#### 2) 지지점의 라인 가이드

조가선에 라인 가이드를 직접 감아 주는 방법으로 선조의 만곡 강성을 크게 하고 소선의 만곡응력을 적게 하는 방법이다.

## 4.3.9 조가선의 대기 부식

### (1) 아연도강연선(St)의 경년 열화

아연도금강 연선은 시간이 흐름에 따라 다음과 같은 부식 단계를 거치게 된다.

- 제1기 : 아연도금층이 소실될 때까지의 시간
- 제2기 : 강선의 부식이 진행되는 기간

연선을 구성하는 외층과 심선의 부식 피해를 비교하면, 당연 외층선이 심선보다 조기에 피해를 받게 된다. 또, 같은 외층에서도 비, 바람이 직접 접촉하는 외면은 심선과 접촉하는 내면보다도 단기간에 제2단계에 도달한다.

### (2) 아연도강연선(St)의 아연 도금층의 부식(제1기의 부식)

제1기의 부식 피해는 아연도금층의 피해이기 때문에 제1기의 진행 중에는 강선의 강도 저하를 발생시키지 않는다(도금층의 내용 연수가 문제가 된다). 제1기는 연선의 사용환경에 지배되고, 사용환경이 동일하다면 도금의 부착량에 비례하여 내용연수가 증가한다.

표 4.23은 사용환경에 따른 아연의 부식량을 나타낸 것으로 조가선의 아연부착량을 175[g/m$^2$]로 하면, 그 아연의 내용연수는 공업지대에서는 약 6~8년, 중공업지대에서는 이보다 짧고 청정지역에서는 길게 된다.

**표 4.23** 환경의 영향에 대한 아연의 부식량

| 사용환경 | 부 식 량[g/m$^2$ · 년] |
|---|---|
| 중공업지대 | 50.2 |
| 공업지대 | 30.8~21.0 |
| 해안지대 | 15.2~12.8 |
| 내륙지대 | 6.3 |
| 청정지역 | 14.2 |

### (3) 아연도강연선(St)의 부식(제2기의 부식)

제2기의 부식, 즉 강선의 부식에 대해서는 그림 4.26에 실험 결과가 나타나 있다. 그림 4.26은 각 선의 염수, 담수, 대기 중에 대하여 노출연수와 강선의 부식량이다.

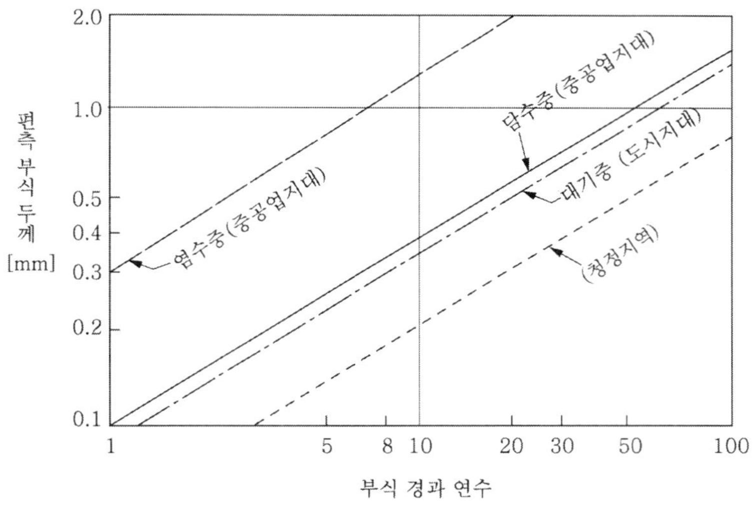


▶그림 4.26◀ 경년에 의한 강선의 부식

### (4) 아연도강연선(St)의 내식성

아연도강연선의 내식성은 정량적인 명확한 데이터는 없으나 일반적으로 다음과 같이 구분하고 있다.

| 구 분 | 아황산가스 | 유화수소가스 | 3[%]염수 | 염소가스 |
|---|---|---|---|---|
| 아연도금강연선 | E | B | D | E |
| 동제 전선 | C | D | B | E |
| 알루미늄제 전선 | B | A | C | E |

A : 부식되지 않음, B : 약간 부식, E : 어느 정도 부식, C : 부식, D : 심한 부식

① 부식 피해는 사용환경에 따라 큰 영향을 받게 된다. 특히 공업지대 등의 부식 피해는 현저하게 증가한다.

② 조가선은 대기 노출에 의한 전체 부식 외에 지지점, 행거개소, 커넥터개소 등의 타 부품과의 접촉부분이 가선진동 등에 따라 마멸 손상을 발생시킨다. 즉, 사용부위(지지점, 행거점, 접속점 등)의 사이에 따라 그 부식 피해에 차이가 있다. 특히 기계적마모 현상이 가해지는 위치에서는 부식과 마모에 따라 그 피해는 증가한다.따라서 전선의 전체 부식상태 확인과 약점 개소의 가닥절손의 유무 확인(필요에 따라 첨선, 교체 조치)과 연선의 잔존 바깥지름의 측정이 필요하다.

③ 접속금구 · 지지금구도 대기에 노출되면 부식되며 가선진동의 누적으로 금구가 균열 · 손상되어 보다 더 열화된다.

## 4.3.12 이종금속의 접촉 부식

### (1) 이종금속의 접촉에 의한 부식

두 종류의 금속이 접촉하고 있는 개소가 염분 등 전해질의 용액에 접촉하면, 그 곳에서 국부전지가 형성되어 그 용액 중의 금속 전극 전위에 의하여 생성된 마이너스 전위가 높은 금속이 양극으로 되어 용액 중에서 용해되어 부식한다.

접촉부식에 따른 부식량은 그 경우의 부식 전류량과 비례 관계가 있고, 그것은 전극전위차에 기인한다. 예를 들면, 알루미늄과 동이 조합된 알루미늄의 부식량은 철과 동이 조합된 경우의 철의 부식량보다 크게 된다. 또, 알루미늄과 동의 슬리브에서 중간금속으로 주석합금 등을 사용하고 있으나, 주석은 알루미늄과 동의 중간의 전위가 되기 때문에 이것이 게재된 것에는 각각의 전위차가 적어 부식이 경감된다. 실제로는 각종 금속체는 표면에 산화 피막이 형성된다든지, 표면이 부식으로 생성된 생성물로 피막되어 있는 복잡한 현상을 나타내고 있는 경우가 많아, 꼭 전위차에 비례하지는 않지만 원칙적으로는 이와 같은 경향을 나타낸다.

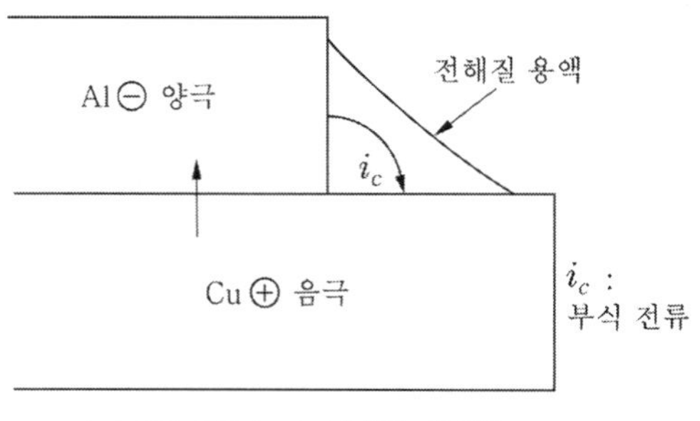


▶그림 4.27◀ 국부전지작용

표 4.24 식염수 중에 측정된 전극 전위

| 금 속 | 전극 전위[V] | 금 속 | 전극 전위[V] |
|---|---|---|---|
| 마그네슘 | −1.73 | 주석 | −0.49 |
| 아연 | −1.00 | 놋쇠 | −0.28 |
| 알루미늄 | −0.85 | 동 | −0.20 |
| 알루미늄 합금 | −0.96～−0.68 | 스테인리스 | −0.15 |
| 카드뮴 | −0.82 | 은 | −0.08 |
| 철 | −0.63 | 니켈 | −0.07 |

[주] 표준 수소전극을 0[V]로 한 경우

### (2) 이종금속의 접촉 부식 요인

#### 1) 수분의 부착, 온도의 영향

이종금속의 접촉부식은 국부전지작용(일종의 전기분해작용)이기 때문에 수분이 없으면 절대 부식은 발생하지 않지만, 대기 중에 노출되어 있으므로 수분의 부착이나 온도에 의한 영향을 받지 않을 수 없다.

#### 2) 부식환경의 영향

부착 수분의 성질, 예를 들면 염수(해안 지방), 아황산 수(공해 지대)등에 따라 물의 도전성이 높게 되고, 또 그 농도에 따라 부식은 상당히 빨라진다.

#### 3) 온도조건

온도가 높으면 부식이 빨라지고, 온도가 20[℃] 높아지면 부식 속도는 약 2배가 된다. 연간 기온이 높은 개소 또는 전류 등에 의하여 온도가 상승하는 개소는 주의가 필요하다.

#### 4) 분진의 부착

분진이 부착되면 습기를 먹고 또 분진의 성분이 습기에 용해된다.

### (3) 이종금속의 접촉에 의한 부식방지 방법

#### 1) 이종금속 간을 절연한다.

국부전지의 전류를 차단시킴으로써 부식을 방지한다.

#### 2) 중간 금속을 삽입한다.

중간 금속을 삽입함으로써 이종금속 상호의 전위차를 감소시켜 부식을 감소시킨다.

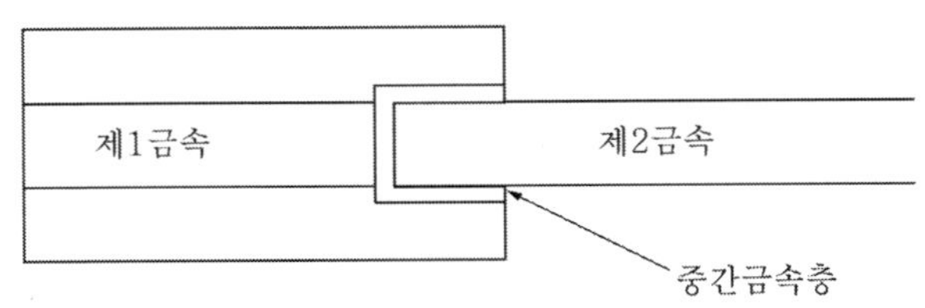


▶그림 4.28◀ 중간 금속층의 삽입

### 3) 원칙적으로 전위차가 상호 근접한 금속을 선정

두 개의 금속이 접촉하는 경우의 부식의 정도는 양 금속의 전극 전위(부식 전위)의 상대차가 큰 정도에 따라 크게 된다. 또, 표 4.26의 두 개의 금속의 접촉에는 전위가 낮은 측(표의 상방향의 것)이 항상 부식되는 측이고, 전위가 높은 측(표의 하방향의 것)은 거의 부식되지 않는다.

두 개의 금속 전위의 상대차로부터 부식의 정도를 아는 데는 식 (4-30) 방법이 있다. a 금속의 전위를 $V_a$[V], b 금속의 전위를 $V_b$[V]로 하면 상대 전위차 $V_d$는

$$V_d = \frac{V_a - V_b}{\dfrac{V_a + V_b}{2}} = \frac{2(V_a - V_b)}{V_a + V_b} \tag{4-30}$$

로 된다. 이 값으로부터 부식하는 측의 금속부식 정도를 표 4.25와 같이 분류할 수 있다.

표 4.25 상대 전위차와 부식 정도

| 상대 전위차 | 부식층 금속의 부식정도 |
|---|---|
| 0~0.2 | 거의 부식되지 않는다. |
| 0.2~0.8 | 약간의 부식이 진행된다. |
| 0.8~1.2 | 심한 부식이 진행된다. |
| 1.2 이상 | 조합 사용이 불가능하다. |

실제로 이종금속이 접촉한 경우의 부식정도는 표 4.26과 같이 된다.

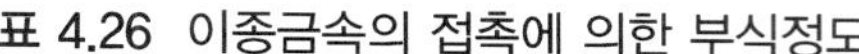

표 4.26 이종금속의 접촉에 의한 부식정도

| 접촉 금속 / 피접촉 금속 | 금 은 | 알루미늄 청동 은로우 | 동 황동 | 니켈 | 연 석 | 주강 주철 | 카드뮴 | 아연 | 스테인리스강 | 크롬 | 알루미늄 |
|---|---|---|---|---|---|---|---|---|---|---|---|
| 금, 은 | – | A | A | A | A | A | A | A | A | A | A |
| 알루미늄 청동 은로우 | C | – | A | A | A | A | A | A | B | B | A |
| 동, 황동 | C | B | – | B | B | A | A | A | B | B | A |
| 니켈 | C | A | A | – | A | A | A | A | B | B | A |
| 연, 석 | C | B | B | B | – | A | A | A | B | B | A |
| 철강 주철 | C | C | C | C | C | – | A | A | C | C | B |
| 카드뮴 | C | C | C | C | B | C | – | A | C | C | B |
| 아연 | C | C | C | C | B | C | B | – | C | C | C |
| 스테인리스강 | A | A | A | A | A | A | A | A | – | A | A |
| 크롬 | A | A | A | A | A | A | A | A | A | – | A |
| 알루미늄 | D | D | D | C | B | B | A | A | B | B | – |

A : 접촉 금구에 의한 피접촉 금구의 부식이 증가하지 않는 것
B : 접촉 금속에 의한 피접촉 금속의 부식이 약간 증가하는 것
C : 접촉 금속에 의한 피접촉 금구의 부식이 심하게 증가하는 것
D : 조합을 금하여야 할 것

## 4.3.13 Y선

변형 Y형심플커티너리식 전차선에서 지지점 부근에 삽입하는 소경간 조가선을 "Y선"이라고 한다. 아연도강연선(또는 경동연선)과 Y선 취부금구로 구성된다. 심플커티너리식 전차선에서 팬터그래프에 의한 전차선의 압상량은 지지점에서 작고, 지지점 중앙부분에서 크다.

그 차이는 고속운전에서 팬터그래프의 집전특성의 악화나 전차선의 마모를 촉진시키게 된다. 개선 대책으로서 지지점의 경도를 완화시켜 경간 중앙의 가선의 탄성을 균등화함으로써 집전특성을 좋게 할 목적으로 사용된다. 가선 지지점을 사이에 두고 조가선의 하부에 달린 소경간 조가선과 행거로 Y자형을 만든 것으로부터 "Y선"의 명칭이 생겨났다.

그러나 지지점에서는 진동방지장치나 곡선당김장치를 취부하는 경우가 많기 때문에 지지점을 피하여 행가를 취부하므로 "변 Y형"이라고 불려지고 있다. Y선의 장력은 크게 하

면 선조가 두껍게 되기 때문에, 조가선 표준장력의 20[%] 정도인 1,960[N]를 표준장력으로 하고 있다.

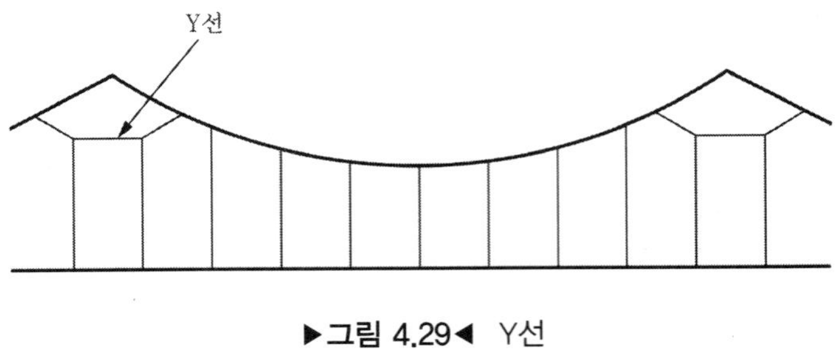


▶그림 4.29◀ Y선

## 4.3.14 보조조가선

### (1) 보조조가선의 정의

보조조가선은 콤파운드커티너리가선방식에서, 조가선과 전차선과의 사이에 가선된 전선으로서 드로퍼로 조가선에 지지되고, 행거로 전차선을 조가하고 있는 전선이다.

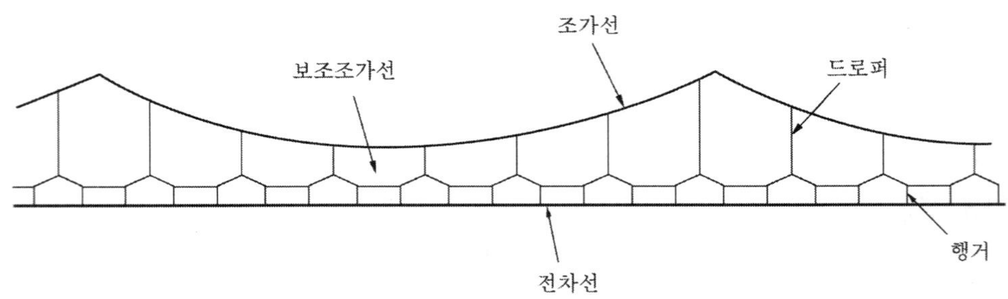


▶그림 4.30◀ 보조조가선

### (2) 보조조가선에 요구되는 성능

보조조가선은 조가선과 급전선의 역할을 일부 겸하고 있기 때문에 전기적, 기계적으로 충분한 성능을 구비하여야 한다.

### (3) 보조조가선의 선종과 표준장력

보조조가선에는 경동연선 100[$mm^2$](19/2.6)을 사용하고 표준장력은 9,800[N]로 하고 있다. 콤파운드 커티너리방식의 보조조가선에는 당초 강연선 55[$mm^2$]을 사용

하였으나, 그 이후로 경동연선 100[$mm^2$](19/2.6)을 주로 사용하고 있다.

#### (4) 보조조가선의 접속

보조조가선의 접속에는 marking dia sleeve가 사용되었으나, 현재에는 압축접속을 원칙으로 하고 있다.

## 4.3.15 행거 · 드로퍼(dropper)

#### (1) 행거

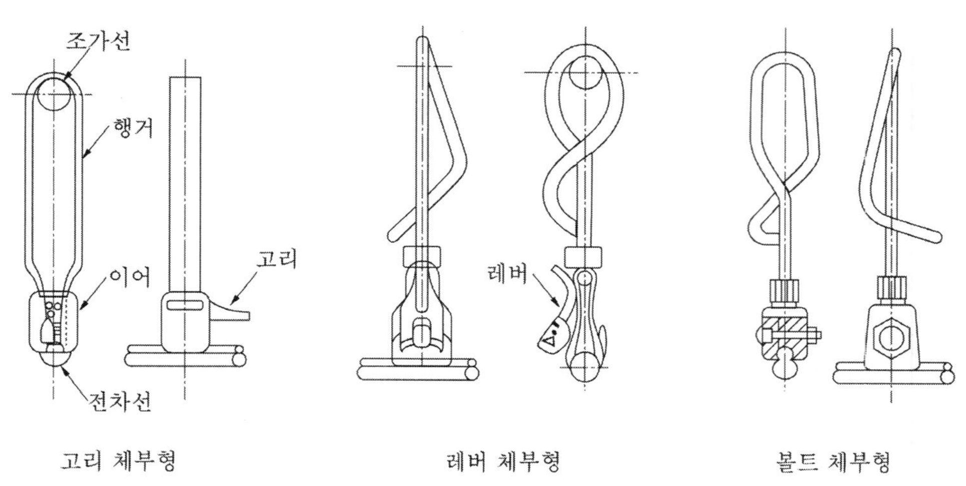


▶그림 4.31◀ 행거 형상

#### (2) 드로퍼

콤파운드 커티너리식 전차선에서 보조조가선을 조가선에 조가하는 금구 및 심플커티너리식 전차선에서 전차선을 조가선에 조가하는 금구를 "드로퍼"라고 하고, 드로퍼, 이어와 드로퍼 클립으로 구성된다. 드로퍼선의 재질로는 내부식성, 가공성 때문에 일반적으로 청동연선(Bz)이나 마그네슘합금연선(CuMg)이 사용된다. 드로퍼 클립의 재질로는 강선에 취부되는 것은 주철, 동선 또는 동합금선에 취부되는 것은 알루미늄청동이 사용되고 있다.

철계의 선종에 사용되는 것과 동계에 사용되는 것을 재질로서 구분하여 이종(異種) 금속의 접촉에 따른 부식의 방지를 도모하고 있다.

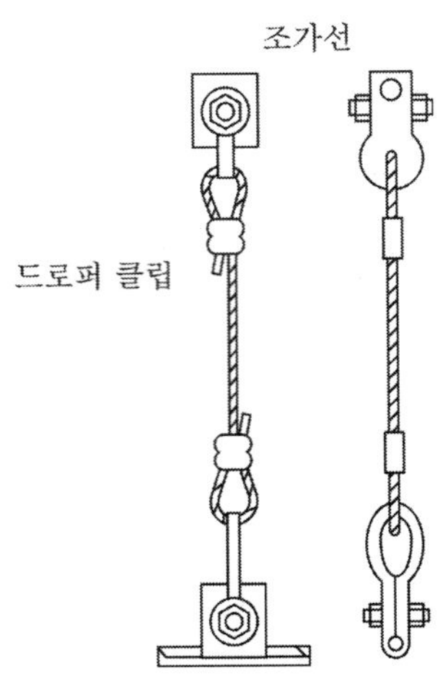


▶그림 4.32◀ 드로퍼의 형상

### (3) 행거, 드로퍼에 요구되는 성능

전차선은 어느 정도의 가요성을 갖게 되는 것이 불가결하기 때문에 경점이 있으면 팬터그래프의 도약 현상을 일으켜 이선에 따른 열차운전에 지장을 주기 때문에 경점을 제거하고자 하는 차원에서 행거, 드로퍼는 가능한 가볍게 하는 것이 필요하다.

또한, 가선진동이 가해지는 상태에서 사용되고 있기 때문에 기계적 강도가 큰 것이 필요하다. 또, 각종 환경에 대한 내식성을 작도록 함은 물론, 가선 본체와의 수명협조, 신뢰도의 향상을 도모하여야 한다. 행거, 드로퍼의 구비조건으로는 다음과 같은 것이 있다.

- 기계적 강도가 클 것(진동으로 인한 늘어짐이 없는 것)
- 가벼울 것
- 내부식성이 좋을 것
- 점검 등이 용이할 것(특히 전차선을 교체할 때 단시간에 설치가 가능할 것)

### (4) 행거, 드로퍼의 설치 간격

전차선을 커티너리방식에 의하여 조가하는 경우 행거와 드로퍼의 간격은 5[m]를 표준으로 하고 있다. 드로퍼의 설치 간격은 속도 등급에 따라 아래 표와 같이 설치할 수 있으며 전차선로의 가선시스템 및 특수경간에 따라 조정할 수 있다.

| 속도등급 | 설치간격[m] | 비고 |
|---|---|---|
| 300킬로급 | 4.5~6.75 | 350/400킬로급 : 4.5~6[m] |
| 250킬로급 | 3~4.5~5 | |
| 150~200킬로급 | 2.5~5 | |
| 70~120킬로급 | 2.5~5 | 행이어 사용 가능 |

〈참고자료〉 KR E-03130(합성전차선의 설계) 참조

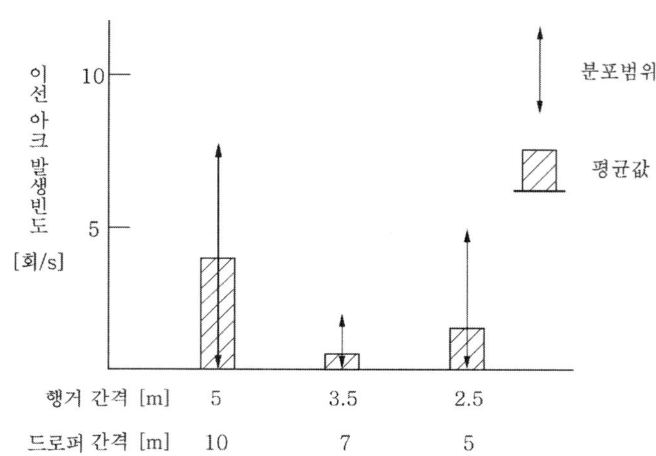


▶그림 4.33◀ 행거·드로퍼와 이선 아크발생 빈도

그림 4.33은 행거·드로퍼 간격에 따른 이선 아크발생 빈도를 시험한 결과를 나타낸 것이다. 이 그림에서 행거·드로퍼 간격을 3.5[m]·7[m]로 하였을 때 이선 아크 발생 빈도가 가장 작음을 알 수 있다.

### (5) 행거·드로퍼의 최소 길이

경간 60[m]에서 전차선의 동적 압상량 124[mm]와 이어의 길이 20~30[mm]정도를 합하여 행거의 최소길이를 150[mm]로 하고 있다.

### (6) 행거·드로퍼 길이의 계산

행거와 드로퍼의 길이는 전차선을 궤도와 수평으로 설치하기 위하여 조가선의 커티너리 곡선에 일치하는 수치로 제작하여 사용한다.

#### 1) 이도 계산의 기본식

일반적으로 전선이 가요성을 가지고, 재질이 균등하여 신축되지 않는다고 하면 이 전선을 장력 $T$로 가설한 경우에는 다음 미분방정식이 성립한다.

$$T\frac{d^2y}{dx^2} + \frac{dy}{dx} \cdot \frac{dT}{dx} - F_y\sqrt{1+(\frac{dy}{dx})^2} = 0 \tag{4-31}$$

여기서 , $F_y$ : 단위 길이당 $y$ 방향의 힘

이 식에 의하여 $T$의 $x$ 방향에 대한 변화 $\frac{dT}{dx}$는 $T$를 일정하게 하면 $\frac{dT}{dx}=0$, $F_y$는 일반적으로 전선의 단위 중량 $w$만 고려하면 $F_y = w$이다. 따라서 위 식은

$$T\frac{d^2y}{dx^2} = w\sqrt{1+(\frac{dy}{dx})^2} \tag{4-32}$$

과 같이 된다.

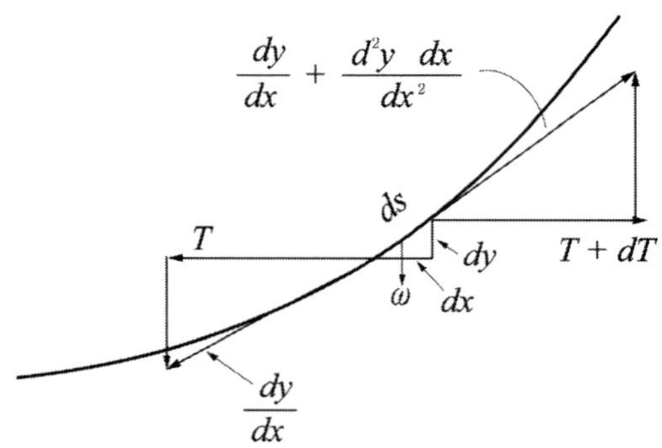


식 (4−32)의 물리적 의미는 장력 $T$의 수직방향의 변화분, 즉 구배 $\frac{dy}{dx}$의 변화분 $\frac{d^2y}{dx^2}$에 $T$를 곱한 것이지만 길이의 변화에 따라 중량 변화분과 같은 평형의 조건을 표시한 것이다.

$$ds = \sqrt{1+(\frac{dy}{dx})^2} \cdot dx \tag{4-33}$$

그러므로 식 (4−32)에서 $\frac{dy}{dx}$, 즉 가선의 접선 기울기가 1에 비하여 아주 작은 경우 $\frac{dy}{dx} \ll 1 \rightarrow \frac{dy}{dx} \fallingdotseq 0$로 하여도 오차는 작아서 식 (4−32)는 $T\frac{d^2y}{dx^2} = w$가 된다. 이 식을 풀면

$$y = \frac{wx^2}{2T} + Ax + B \tag{4-34}$$

여기서, $A$, $B$ : 원점의 위치에 따라 정해진 정수

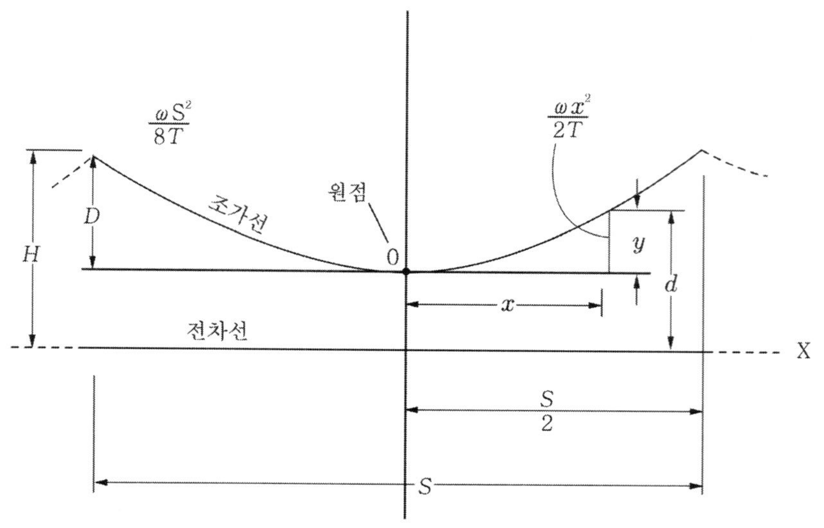


### 2) 양단의 가고가 같고 전차선이 수평인 경우

경간 양단의 지지점에서의 가고가 같고 전차선이 수평인 경우의 행거 길이의 계산식은

$$L = H - \frac{wS^2}{8T} + \frac{wx^2}{2T} \qquad (4-35)$$

여기서, $L$ : 구하고자 하는 행거 길이[m]

$H$ : 가고[m]

$T$ : 표준 온도에 있어서의 조가선의 장력[N]

$w$ : 합성 전차선(조가선, 전차선, 행거 포함)의 단위 중량[kg/m]

$S$ : 경간[m]

$x$ : 경간 중앙에서 행거 위치까지의 거리[m]

경간 중앙에서의 이도를 $D$, 임의의 점 $x$ 에서의 이도를 $R$이라고 하면 $L = H - D + R$ 이므로

$$D = \frac{wx^2}{2T} = \frac{w}{2T} \cdot \left(\frac{S}{2}\right)^2 = \frac{wS^2}{8T}$$

$$R = \frac{wx^2}{2T}$$

$$\therefore\ L = H - \frac{wS^2}{8T} + \frac{wx^2}{2T} \qquad (4-36)$$

이 된다.

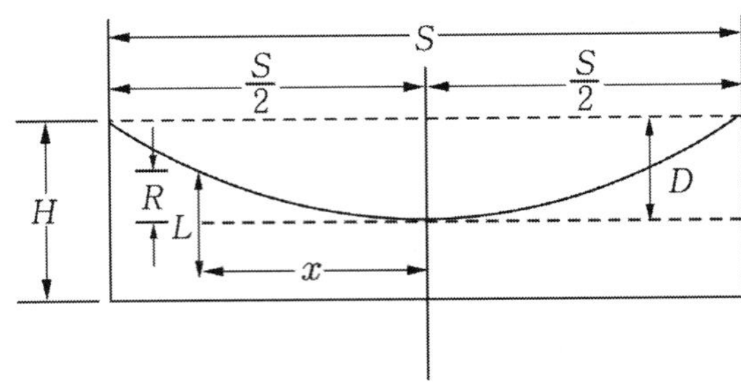


### 3) 양단의 가고가 다르고 전차선이 수평인 경우

경간 양단의 지지점에서의 가고가 다르고 전차선이 수평인 경우의 행거길이의 계산식은

$$L_1 = H - \frac{wS^2}{8T} + \frac{wx_1^2}{2T} - \frac{H-h}{S}\left(\frac{S}{2} - x_1\right)$$

$$L_2 = H - \frac{wS^2}{8T} + \frac{wx_2^2}{2T} - \frac{H-h}{S}\left(\frac{S}{2} + x_2\right)$$

일반식은 $y = \frac{wx^2}{2T} + Ax + B$ 이다.

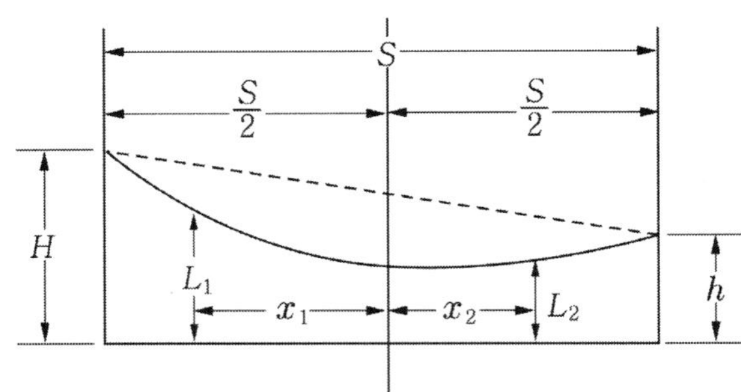


$x = 0$일 때 $B = H$, $x = S$ 일 때 $y = h$

$$\therefore\ h = \frac{wS^2}{2T} + A \cdot S + H \tag{4-37}$$

$$A = \frac{h-H}{S} - \frac{wS}{2T}$$

따라서,

$$L = \frac{wx^2}{2T} + (\frac{h-H}{S} - \frac{wS}{2T})x + H$$

$y$축을 $\frac{S}{2}$에 이동시키면

$$L = \frac{w}{2T}(x + \frac{S}{2})^2 + (\frac{h-H}{S} - \frac{wS}{2T})(x + \frac{S}{2}) + H$$

$$= \frac{w}{2T}(x^2 + Sx + \frac{S^2}{4}) + (\frac{h-H}{S})(x + \frac{S}{2}) - \frac{wS}{2T}(x + \frac{S}{2}) + H$$

$$= H + \frac{wx^2}{2T} - \frac{wS^2}{8T} + (\frac{h-H}{S})(\frac{S}{2} + x)$$

$$= H - \frac{wS^2}{8T} + \frac{wx^2}{2T} - \frac{H-h}{S}(\frac{S}{2} + x) \qquad (4-38)$$

따라서, 좌측 1/2 길이 $L_1$은 식 (4-38)의 $x$에 $(-x_1)$를 대입해서

$$L_1 = H - \frac{wS^2}{8T} + \frac{wx_1^2}{2T} - \frac{H-h}{S}(\frac{S}{2} - x_1) \qquad (4-39)$$

우측 1/2 길이 $L_2$는 식 (4-38)의 $x$에 $(x_2)$를 대입해서

$$L_2 = H - \frac{wS^2}{8T} + \frac{wx_2^2}{2T} - \frac{H-h}{S}(\frac{S}{2} + x_2) \qquad (4-40)$$

가 된다.

#### 4) 양단의 가고가 다르고 전차선이 기울기가 있는 경우

경간 양단의 지지점에서의 가고가 다르고 전차선이 기울기가 있는 경우의 행거 길이의 계산식은

$$L_1 = H - \frac{wS^2}{8T} + \frac{wx_1^2}{2T} - \frac{H-h}{S}(\frac{S}{2} - x_1) - \frac{G}{S}(\frac{S}{2} + x_1)$$

$$L_2 = H - \frac{wS^2}{8T} + \frac{wx_2^2}{2T} - \frac{H-h}{S}(\frac{S}{2} + x_2) - \frac{G}{S}(\frac{S}{2} - x_2)$$

전차선의 기울기는 $-(G/S)$, 이 기울기를 표시한 식은

$$Y = \frac{G}{S}x + G$$

$y$축을 $S/2$에 이동시키면

$$Y = -\frac{G}{S}(x + \frac{S}{2}) + \frac{G}{S}x + \frac{G}{2}$$

$x = x_2$에서

$$Y = -\frac{G}{S}x^2 + \frac{G}{2} = \frac{G}{S}(\frac{S}{2} - x^2) \tag{4-41}$$

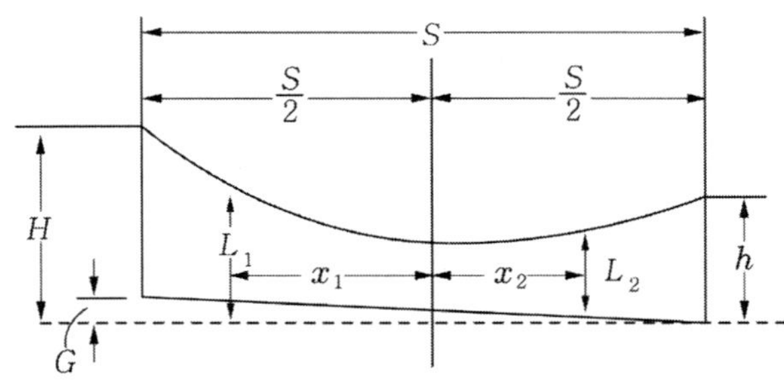


$x = x_1$에서

$$Y = -\frac{G}{S}(x_1) + \frac{G}{2} = \frac{G}{S}(\frac{S}{2} + x_1) \tag{4-42}$$

따라서 $L_1$은 식 (4−39)에서 식 (4−42)를 뺀 것이므로

$$L_1 = H - \frac{wS^2}{8T} + \frac{wx_1^2}{2T} - \frac{H-h}{S}(\frac{S}{2} - x_1) - \frac{G}{S}(\frac{S}{2} + x_1)$$

같은 방법으로 $L_2$는 식 (4−40)에서 식 (4−41)을 뺀 것이므로

$$L_2 = H - \frac{wS^2}{8T} + \frac{wx_2^2}{2T} - \frac{H-h}{S}(\frac{S}{2} - x_2) - \frac{G}{S}(\frac{S}{2} + x_2)$$

로 된다.

**5) 에어섹션 평행 개소의 경우**

A~B간 $L = \frac{P}{2T}x^2 + A \cdot x + H$

B~C간 $L = \frac{q}{2T}x^2 + B \cdot x + C - R'$

C~D간 $L = \frac{q}{2T}x^2 + D \cdot x + E - Q - R$

여기서, $A = B - \frac{x_1}{T}(P - Q)$ $\quad B = D - \frac{V}{T}$

$C = H - \frac{x^2{}_1}{2T}(P - q)$ $\quad D = \frac{h - E}{S} - \frac{q \cdot S}{2T}$

$E = C - \frac{V}{T}x^2$ $\quad R = \frac{P}{2T_1}(x_2 - x_1)^2$

$R' = \frac{w}{2T_1}(x - x_1)^2$ $\quad Q = \frac{V(x - x_2)}{T_1}$

$x_1 = S - \sqrt{\frac{2T_1}{w}} \left\{ m - \frac{V}{T_1}(S - x_2) \right\}$

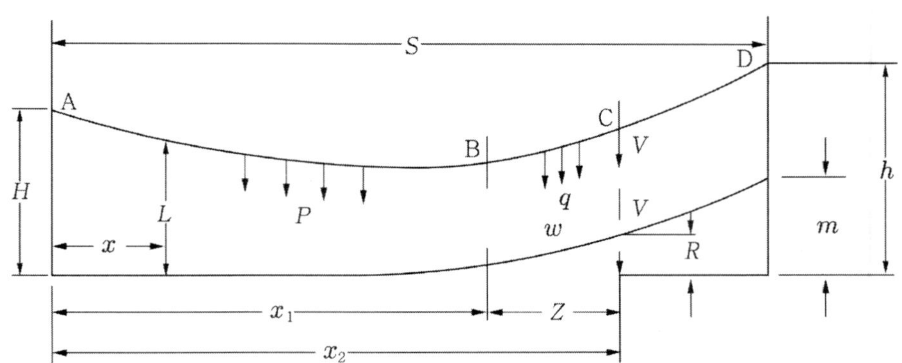


여기서, $L$ : 행거의 길이[m]

$w$ : 전차선의 단위중량[kg/m]

$q$ : 조가선의 단위중량[kg/m]

$P$ : 합성 전차선의 단위중량[kg/m]

$V$ : 애자의 중량[kg]

$T$ : 조가선의 표준장력[N]

$T_1$ : 전차선의 표준장력[N]

$x$ : A점에서 행거 위치까지 거리[m]

$m$ : 전차선의 인상 높이[m]

### 6) 에어조인트 평행개소의 경우

A~B간 $L = \frac{P}{2T}x^2 + A \cdot x + H$

B~C간 $L = \frac{q}{2T}x^2 + B \cdot x + C - R'$

여기서, $A = B - \frac{x_1}{T}(P - Q)$ $B = \frac{h - C}{S} - \frac{q \cdot S}{2T}$

$C = H - \frac{x_1^2}{2T}(P - q)$ $R = \frac{w}{2T_1}(x_2 - x_1)^2$

$x_1 = S - \sqrt{\frac{2T_1 m}{w}}$

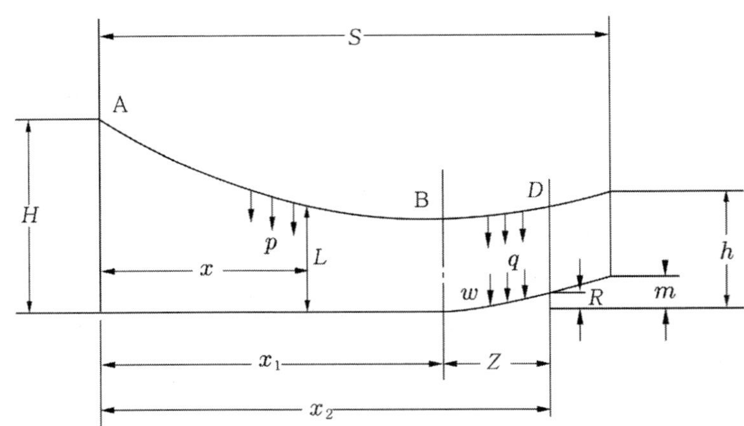


여기서, $L$ : 행거의 길이[m]

$w$ : 전차선의 단위중량[kg/m]

$q$ : 조가선의 단위중량[kg/m]

$P$ : 합성 전차선의 단위중량[kg/m]

$V$ : 애자의 중량[kg]

$T$ : 조가선의 표준장력[N]

$T_1$ : 전차선의 표준장력[N]

$x$ : A점에서 행거 위치까지 거리[m]

$m$ : 전차선의 인상높이[m]

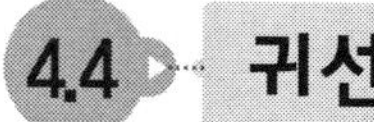

# 4.4 귀선

가공 단선식 전차선로의 전류는 변전소 정극(+)으로부터 급전선을 통하여 전차선에 흘러 전기차의 팬터그래프에 집전되어 차내의 전동기를 회전시킨 후, 차륜을 거쳐 열차 주행용 레일로 흘러 변전소의 부극(−)으로 돌아간다.

이 전기차에 공급된 운전용 전력을 변전소로 되돌려 흘리는 도체를 귀선이라 하고 이것을 지지 또는 보장하는 공작물을 포함한 설비를 귀선로라고 한다.

## 4.4.1 가공단선식 전차선로의 귀선로

### (1) 직류 급전방식

직류 전철구간의 전기차 전류(귀선 전류)는 일반적으로 열차 주행용 레일과 대지 귀로(일부 대지에 누설하는)를 흘러 임피던스본드의 중성점에 접속된 인입 귀선을 통하여 변전소의 부극(−) 모선에 돌아가는 회로로 구성되어 있다.

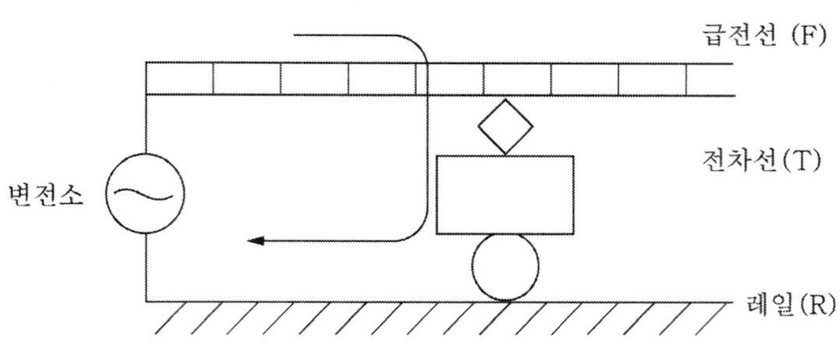


▶그림 4.34◀ 직류 급전방식의 귀선로

### (2) BT 급전방식

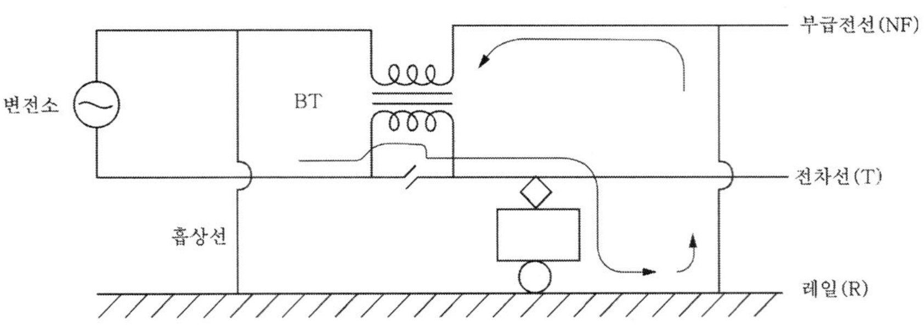


▶그림 4.35◀ BT급전방식의 귀선로

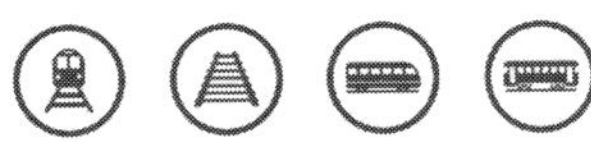



BT 방식의 교류 전철구간에는 선로 부근의 통신선에 주는 유도장해를 방지하기 위하여 흡상변압기(BT)로 강제적으로 레일(임피던스 본드)로부터 귀선전류를 흡상선을 통하여 흡상하고 부급전선(NF)을 통하여 변전소로 돌아가는 회로로 구성되어 있다.

### (3) AT급전 방식

AT방식의 교류 전철구간에는 단권변압기(AT) 설치 개소에 변압기 권선의 중성점과 레일(임피던스본드)을 중성선으로 연결하여 귀선전류를 강제적으로 단권변압기에 흘리는 회로로 구성되어 있다.

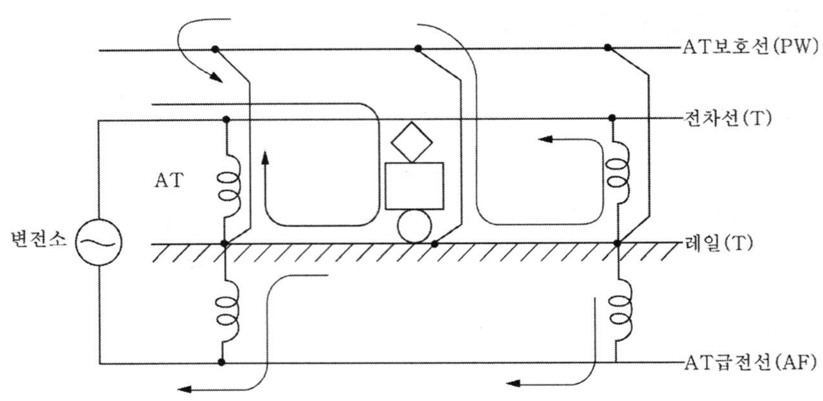


▶그림 4.36◀ AT 급전 식의 귀선로

## 4.4.2 귀선로에 요구되는 성능

### (1) 귀선로의 기본적인 요건

가공 단선식 전차선로는 1선접지회로로 되어 있으며, 이 귀선로의 기본적인 요건으로는 다음과 같은 사항이 고려되고 있다.

① 대지 누설전류가 작도록 시설하고 전식 · 통신유도장해 · 레일전위의 상승 등을 경감시킬 수 있을 것

② 귀선로용 전선은 전기차 전류에 대응한 전류용량 · 필요한 기계적강도 및 내식성을 가질 것

③ 임피던스본드 등에 단자취부 및 가공전선의 지지는 탈락, 손상이 없도록 시설할 것

④ 교 · 직류방식의 접속점에는 귀선전류의 흐름에 따른 궤도회로 지장 · 자기교란현상이 발생하지 않도록 시설할 것

## 4.4.3 대지누설전류와 레일 전위

### (1) 귀선용 레일로부터 누설되는 전류

레일과 대지와는 저저항 절연을 통하여 접촉하고 있다. 이 때문에 귀선전류의 일부는 레일과 대지간의 저저항을 통하여 누설하는 전류(누설전류)가 되어 대지로 유출되고 누설전류는 대지 및 지하 매설 금속관을 통하여 흐르게 된다.

귀선로의 전기저항이 높고 대지로 누설되는 전류가 증가하면 직류 급전방식의 경우는 전식의 원인이고 교류 급전방식의 경우는 통신선 등에 전자유도장해를 일으키는 원인이 된다. 이 때문에 귀선로의 전기저항을 극히 작게 할 필요가 있다.

레일은 부하점(전기차 위치)에서 +전위(대지 전위보다 높은)가 되고 교류의 경우는 흡상점에서 직류의 경우는 변전소 부근에서 −전위(대지 전위보다 낮은)가 된다. 또, 부하점과 변전소의 중앙점 근처에서는 레일전위와 대지전위가 동등하게 되는데 이점을 중성점이라고 한다.

중성점으로부터 부하측에는 레일로부터 대지로 누설되는 전류가 유출되고 반대로 변전소측에는 대지로부터 유입된다.

레일의 전위는

① 부하전류가 큰만큼 높게 된다.

② 레일의 고유저항이 큰(레일의 단면적이 작은)만큼 높게 된다.

③ 레일의 대지 절연저항이 큰(레일의 누설 어드미턴스가 작은)만큼 높게 된다.

④ 부하점과 변전소 또는 흡상선과의 거리가 큰(레일 통전 거리가 긴)만큼 높게 된다. 또, 교류구간과 직류구간에 따라서도 레일전위 발생의 양상이 다르다.

⑤ 교류구간에는 급전전압이 직류의 10배 이상 높기 때문에 귀선전류가 거의 1/10이 되지만 레일의 임피던스가 직류저항의 약 10배로 되어 직류구간과 거의 같은 정도의 레일 전위가 발생한다.

⑥ 교류구간에는 전차선과 레일의 상호유도작용에 의하여 레일전위를 발생시키는 전류분이 귀선전류의 거의 1/2이 되지만 직류구간에서는 귀선전류의 전부가 레일전위 발생의 요소로 된다.

### (2) 귀선용 레일의 접속

레일과 레일의 연결을 용접으로 하는 경우도 있으나 연결판을 볼트로 체결하여 접속하는 경우에는 귀선용 레일의 전기저항을 작게 하기 위하여 레일과 레일의 연결 사이에 레일본드를 취부하여 전기적으로 접속한다.

레일본드는 연동연선을 사용하고 귀선전류의 크기에 따라 필요한 단면적을 선정한다. 취부 방법에는 용접형과 타입형이 있고 용접기술이 확실하면 용접형의 방법이 전기적 · 기계적으로 완전한 접속을 할 수 있다.

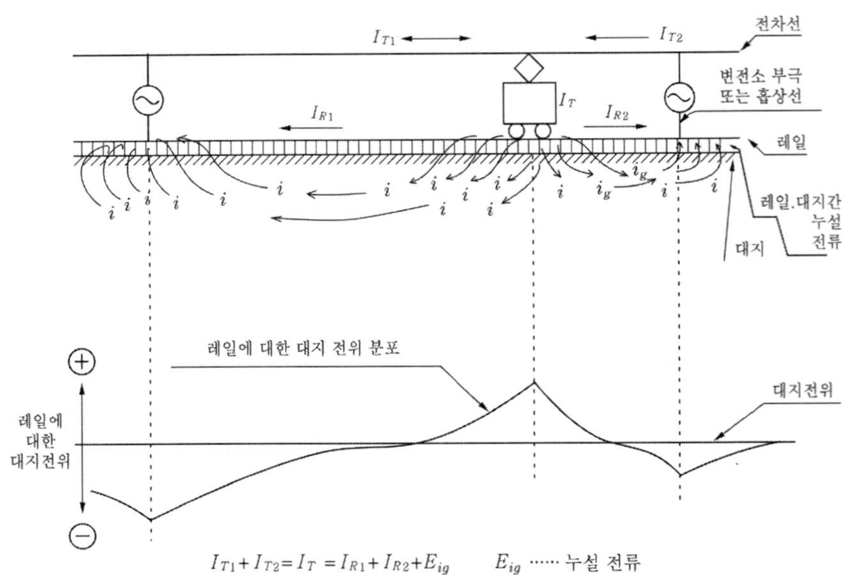


▶그림 4.37◀ 귀선전류와 레일의 대지전위 분포

표 4.27 레일본드의 허용전류

| 도체 단면적[mm²] | 허용전류[A] | 도체 단면적[mm²] | 허용전류[A] |
|---|---|---|---|
| 50 | 200 | 125 | 500 |
| 60 | 240 | 150 | 600 |
| 70 | 280 | 200 | 800 |
| 80 | 320 | 250 | 1,000 |
| 100 | 400 | 325 | 1,300 |

레일본드는 레일에 취부방법, 취부상태에 따라 접촉저항이 크게 다르지만 그 접촉저항값은 레일본드를 취부한 레일의 길이 5[m]의 저항값 이하로 유지되도록 하여야 한다.

### (3) 귀선용 레일전위에 대한 방호

레일의 대지 전위는 직 · 교류 모두 대체로 30[V] 전후의 값이고 그 정도로는 특별히 문제가 되지 않는다. 그러나 조건에 따라서는 50[V], 100[V] 이상의 전위가 발생하는

경우가 있기 때문에 이와 같은 경우에는 50[V] 이하로 낮추는 대책을 세워야 한다.

열차가 역에 정차하고 있을 때 다른 열차가 역행상태로 통과하면 정차 중인 열차의 레일전위도 상승하기 때문에 홈과 차체간에 전위차가 발생하여, 승객에 위험을 주는 경우가 있게 된다. 또한, 접지사고가 발생하면 레일전위의 상승은 더욱 크게 된다.

레일전위가 약 50[V] 이상 상승하면 인체에 위험을 줄 우려가 있기 때문에 레일과 홈과의 사이의 전위차를 억제하고, 인체에 대한 위험을 방지하기 위하여 레일전위 억제 장치로서 역구내에서의 레일전위의 저감을 도모하고 있다.

### 4.4.4 직류 귀선로와 전식 방지

직류 전차선로의 레일에 근접하고 있는 케이블 · 수도관 등의 지중 매설 금속체가 있으면 누설되는 전류는 대지보다 저항이 낮은 이들 금속체를 통하여 변전소 부근에서 레일로 되돌아가게 된다. 이때, 대지 중의 금속체는 전식작용에 의하여 전류 유출 부분이 부식되고, 마침내는 구멍이 뚫려서 각종의 장해를 발생하게 된다.

#### (1) 전식의 방지

전식(電蝕)을 방지하기 위하여 전철측에는 레일과 도상간의 절연을 좋게 하여 누설저항을 크게 한다든지, 레일본드의 접속을 완전하게 하고 필요에 따라 보조귀선을 설치하여 귀선저항을 감소시키는 등으로 하여 대지에 누설전류를 작게 하도록 노력하여야 한다.

또한, 지중 매설 금속체에서는 궤도와의 이격거리가 크게 되도록 매설 루트를 선정한다든지, 매설 금속체를 절연피복한다든지 또는 금속관에서 차폐하는 등으로 하여, 금속체에 유입하는 전류를 작게 하는 것 외에 배류개소의 매설 금속체와 레일 또는 변전소 부극(負極)과의 사이에 선택배류기를 설치하여 도선으로 연결한다든지 또는 지중 금속체의 근처에 양극(陽極) 접지체를 설치, 금속체에 전류가 흐르도록 양자간에 직류전압을 가하여 강제배류하는 등의 방법에 의하여 지중 매설 금속체를 흐르는 전류가 대지에 유출하는 것을 방지하도록 하고 있다.

레일로부터 누설전류에 의한 전식의 방지를 목적으로 지중 매설 금속체와 레일을 전기적으로 접속하여 금속체에 흐르는 전류를 일괄하고, 레일에 흘려서 분산 유출하는 것을 방지하며 전식을 작게 한다. 전기적인 접속 방법으로는 직접배류법, 선택배류법 및 강제 배류법이 있다.

#### 1) 직접배류법

지중 매설 금속체와 레일과의 직접 연결하는 방법으로 누설전류에 영향을 주는 전철 변전소가 부근에 한 개뿐이고 레일측으로부터 전류가 역류할 우려가 없는 경우에만 사용되고 적용할 수 있는 경우가 적다.

#### 2) 선택배류법

지중 매설 금속체와 레일을 연결하는 배류선에 선택배류기를 설치하여 금속체가 레일에 대하여 높은 전위에 있는 경우에만 전류를 유출시키는 방법으로서, 이 방법은 전력이나 접지가 필요하지 않고 경제적이기 때문에 전식 방지에 널리 이용되고 있고, 자연 부식의 일부에도 방지 효과가 있다.

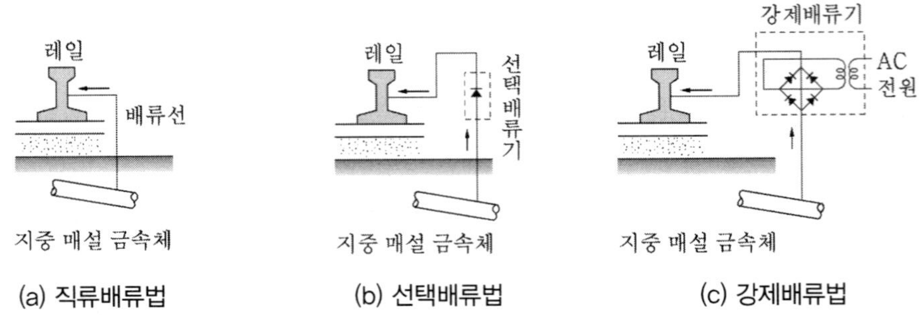


▶그림 4.38◀ 전식방지를 위한 전기적인 접속 방법

배류기는 종래 계전기식이 많이 사용되었으나, 최근에는 실리콘 다이오드를 사용하는 곳이 많다.

#### 3) 강제배류법

레일을 접지 양극으로 하는 외부 전원법으로서 외부에서 직류전원을 레일과 지중매설 금속체 사이에 가하는 방법이다. 레일을 접지 양극으로 하고, 또 선택배류법의 특성도 갖추고 있기 때문에 방식 효과가 크지만, 전철측의 신호회로 등에의 악영향도 고려할 필요가 있어 설치에 신중히 고려하여야 한다.

### (2) 금속제 지중관로의 전식 원인

금속제 지중관로의 전식은 주로 귀선의 비절연 부분으로부터 대지에 유출하는 누설전류에 원인이 있고, 누설전류의 방향, 유 · 출입의 상황을 개괄적으로 나타내면 다음과 같다.

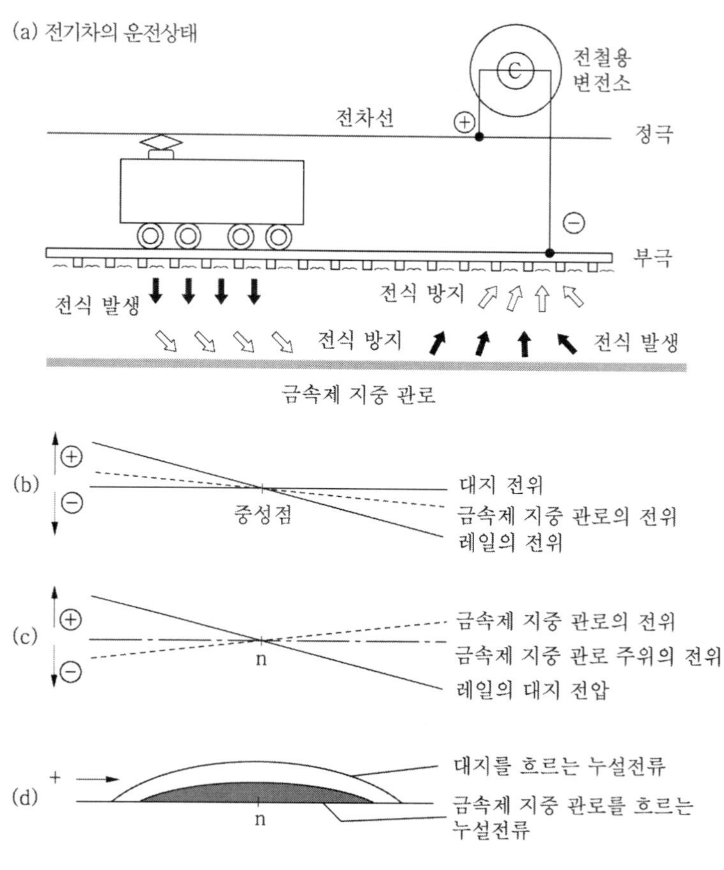


▶그림 4.39◀ 전철에서의 누설전류

그림 4.39(a)는 전기차의 운전상태를 나타내고, 그림 4.39(b)는 대지전위를 기준으로 한 경우의 레일 및 금속제 지중관로의 전위의 변화를 나타내며, 그림 4.39(c)는 금속제 지중관로 주위의 대지전위를 기준으로 한 때의 금속제 지중관로의 전위, 그림 4.39(d)는 금속제 지중관로에 흐르는 누설전류를 나타내고 있다.

중성점은 레일 및 금속제 지중관로의 전위가 대지전위와 일치하는 점으로서 변전소와 전기차 위치의 거의 중앙점에서 발생하고 중성점에서는 금속제 지중관로와 대지의 사이에 전류의 유 · 출입이 없고 금속제 지중관로를 흐르는 전류는 최대가 된다.

중성점을 경계로 하여 그에 따라 변전소측은 금속제 지중관로부터 대지에 전류가 유출하는 지역으로 전식이 발생하는 위험지역이고 그 반대측은 금속제 지중관로에 전류가 유입하는 지역으로 안전지역이 된다.

## 4.4.5 교류 귀선로와 유도 방지

전기철도 등의 전력선과 통신선이 근접하여 있으면 전력선의 전기적 에너지가 일부 통신선에 전달되고, 통신회선에 위험한 전압이나 통화 지장 및 잡음 장해가 발생한다. 이것은 정전유도작용이나 전자유도작용에 기인하기 때문에 『유도장해』라고 한다.

유도장해는 기본파(상용 주파수)의 유도전압에 의하여 인체에 위험을 주거나 통신기기의 소손으로 발생하는 것과 잡음전압에 따라 발생하는 통신장해가 있다. 기본파의 유도전압은 인체나 기기에 위험을 주기 때문에 위험전압이라고도 한다. 교류 전차선로에 평행하고 있는 통신선에는 전차선에 흐르는 전류와 부급전선에 흐르는 전류의 불평형 때문에 유도전압을 유기하여 통신 지장의 원인이 된다. 전차선의 전류와 부급전선의 전류가 전부 같고 통신선에 대하여 기하학적으로 대칭된 위치 관계에 있으면 전자유도전압을 없앨 수 있다. 그러나 실제 회로에서 전기차로부터의 귀선전류는 레일로부터의 누설전류로 인하여 유도장해가 발생하고 있다. 이 유도전압은 실용상 지장이 없는 범위 내에 유지하기 위하여 다음과 같이 제한시키고 있다.

교류 급전회로에는 흡상변압기, 부급전선, 단권변압기 등이 유도전압 경감을 위하여 설비되고 있다. 또, 통신선측의 대책으로는 케이블화나 전차선 이격을 크게 하는 것 등의 방법이 있고, 전기차에 대해서는 휠터를 설비하여 전차선의 고조파를 억제하여 유도 경감을 도모하고 있다.

**표 4.28 위험전압 · 잡음전압의 허용값**

| 위험전압 | | | 잡음전압 |
|---|---|---|---|
| 정전유도전압 | 전자유도전압 | | |
| | 평상시 | 이상시 | |
| 300[V] | 60[V] | 430[V] | 나통신선 2.5[mV]<br>케이블 통신선 1.0[mV] |

## 4.4.6 부급전선(Negative Feeder)

교류 전차선로에 접근한 통신선에는 전차선 전압에 비례하여 정전적으로 유기되는 정전유도와 전차선 전류와 귀선전류의 불평형에 따라 전자적(電磁的)으로 유기되는 전자유도에 의하여 통신장해를 발생한다.

정전유도에 대해서는 전차선과 통신선과의 이격을 크게 하면 감소시킬 수 있고, 또 통신회로를 케이블화하면 연피 등에 의하여 차폐되기 때문에 문제가 없게 된다.

그러나 전자유도에 의한 통신유도장해는 레일로부터 대지로 흐르는 누설전류에 의하여 발생하기 때문에 레일에 전류를 흘리지 않도록 할 필요가 있다.

이 통신유도장해를 경감하기 위해서는 흡상변압기(BT) 급전방식으로 레일에 흐르고 있는 귀선전류를 흡상변압기에 의하여 흡상하여 강제적으로 변전소에 되돌려 보내기 위하여 귀선과 레일에 병렬로 접속시킨 전선을 "부급전선"이라고 한다. 또, 부급전선은 통신유도장해 경감 외에 애자섬락 사고가 발생한 경우 변전소의 차단기를 신속하게 동작시켜 전차선을 보호하는 기능도 갖고 있다.

### (1) 부급전선의 선종과 표준장력

부급전선은 전선의 재질, 굵기 등에 의하여 가선되는 전선의 자기임피던스, 전선 상호간의 임피던스, 유도경감계수 및 선로정수 등에 따라 선종이 결정되고 전압강하, 기계적 강도, 온도상승, 전류용량 등에 따라 단면적이 결정된다.

부급전선의 선종은 급전선의 경우와 같이 경알루미늄연선을 표준으로 하여 채용하고, 일반적으로 200[mm$^2$]을 사용하고 있다. 또한, 선종마다의 표준장력은 다음 표와 같다.

표 4.29 부급전선의 선종과 표준장력

| 선 종 | 표준장력[N] | 비 고 |
|---|---|---|
| 비닐절연선 250[mm$^2$] | 2,490[N] | |
| 경알루미늄연선 200[mm$^2$] | 2,450[N] | |
| 경알루미늄연선 95[mm$^2$] | 980[N] | |

### (2) 부급전선의 높이

부급전선의 지표상으로부터의 높이는 지상의 인축 등에 대한 위험이나 교통상의 장해를 주지 않도록 하기 위하여 철도횡단 부분에서는 열차에 대한 건축한계와 기타의 관계를, 일반도로에서는 화물 자동차의 적하 높이를 각각 고려하여 규정하고 있다.

표 4.30 부급전선의 높이

| 종 별 | 기 준 면 | 높 이[m] |
|---|---|---|
| 도로 횡단 | 도로면상 | 6 이상 |
| 철도 · 궤도 횡단 | 레일면상 | 6.5 이상 |
| 터널 · 구름다리 교량 등 | 레일면상 | 3.5 이상 |
| 건널목 횡단 | 지표상 | 5 이상 |

### (3) 부급전선의 지지

부급전선의 지지방법은 "수직조가방식"을 표준으로 한다. 부급전선의 전압은 상시 흐르는 전류를 200[A] 정도로 가정하면 360[V] 정도이지만, 사고시에는 600[A] 정도의 전류가 흘러 약 1,000[V]로 되기 때문에 180[mm] 현수애자 1개로 절연하고 있다.

부급전선의 지지는 가공식으로 하고, 전차선로 지지물에 병가한다. 단 부득이한 경우에는 전용 전주를 가설할 수 있다. 풍압 등에 따른 진동으로 인하여 지지점 부근에서 소선의 손상이나 피로 열화가 발생하기 쉽기 때문에 진동이 많은 개소는 지지점의 소손 절손 대책으로 권부(卷付)클립을 취부하고 있다.

트러스교 등의 교량 위, 강풍구간 등에서 지지물 경간 내에 당해 지지물 이외의 구조물이 근접한 개소, 전선의 가설 루트 등 그 일부분에 풍압을 받아 이도가 누적된 개소 및 선로횡단 개소의 부급전선은 구분하여 인류하든지 지지점에서 부급전선이 미끄러지지 않도록 하는 금구를 사용하고 있다.

### (4) 부급전선의 루트

부급전선의 표준장주는 전차선로 지지주에 병가하고 고압배전선이나 통신선에 대한 루트는 전차선과 같은 내측을 원칙으로 하고 있다. 그 주된 이유는 섬락설비로 있는 지락도선의 배선에 유리하기 때문이다.

부급전선을 전차선에 근접시키면 근접 회로 임피던스가 작게 되기 때문에 전압강하 측면에서도 유리하게 되고 통신선의 유도 측면에서도 유리하다.

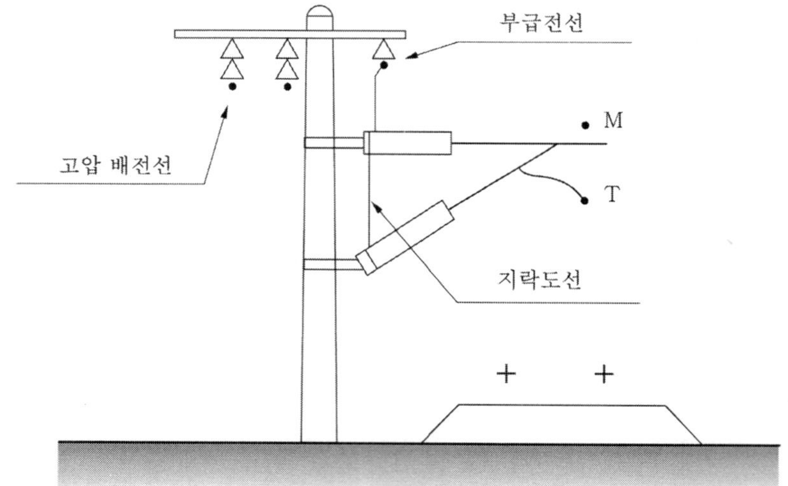


▶그림 4.40◀ 부급전선의 표준 장주

### (5) 부급전선의 접속

부급전선의 접속은 전기적 · 기계적으로 양호한 접속 성능을 얻고 내구성도 있는『압축접속』을 채용하고 있다. 전선을 접속하는 경우에는 전선의 기계적 제성능을 가능한 감소시키지 않도록 하여야 한다.

전선은 전류를 완전하게 통하는 것이 제일의 요건이기 때문에 접속부분에서 전기저항이 다른 부분보다도 증가하지 않도록 사용 전선의 전기저항 이하로 하고 있다. 또, 접속 부분이 기계적으로 약하게 되는 것을 피하기 위하여 전선의 강도를 10[%] 이상 감소시키지 않도록 하고 있다.

접속 위치는 전선의 기계적 강도에 크게 영향을 미친다. 이 위치가 지지점 근방에 있는 경우에는 국부적 피로의 원인이 되고 소선이 절손되어 단선사고의 원인이 된다. 이와 같은 단선사고를 방지하기 위하여 지지점으로부터 2[m] 이상 떨어진 장소에서 접속하고 있다.

### (6) 부급전선의 인류장치

부급전선의 인류장치는 그 지역에서 급전선의 최대장력을 고려하여 장치의 각 부재가 안전율 2.5 이상의 것으로 되어야 한다. 또 인류위치(높이)에 대해서는 최대 장력시에도 인류애자가 위로 젖혀지지 않도록 배려함과 동시에 규정의 높이를 유지할 수 있도록 하여야 한다.

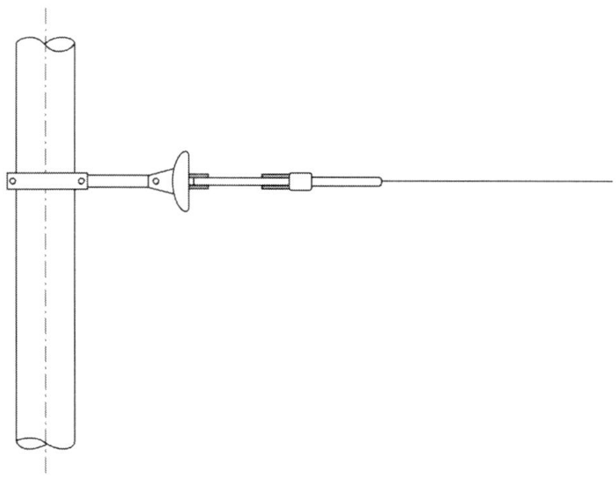

▶그림 4.41◀ 인류장치

## 4.4.7 흡상선(吸上線 ; Booster Wire)

교류 전차선로의 통신유도장해를 경감하기 위하여 부급전선이 있는 흡상변압기(BT) 급전방식의 변전소 바로 근처 및 인접 흡상변압기의 중간지점 부근에서 부급전선과 레일과를 접속하는 선을 『흡상선』이라고 한다.

흡상선은 흡상변압기의 전류흡상작용에 따라 귀선전류가 부급전선으로 이행(移行)하는 경로로 된다. 부급전선을 갖는 흡상변압기 급전방식에서는 레일보다 대지에 흐르는 누설전류를 경감시키기 위하여 각 흡상변압기의 중앙 부근에서 흡상선으로 레일과 부급전선을 접속함으로써 흡상변압기의 전류흡상작용에 따라 귀선전류의 대부분은 흡상선에 의하여 부급전선으로 흡상되어 레일을 흐르는 구간이 짧게 된다. 레일에는 2개의 레일을 연결하는 임피던스본드의 중성점에 접속한다.

교류 전철구간에는 동일 궤도에 전차선전류와 신호전류가 중첩하여 흐르기 때문에 이것을 분리하는 임피던스본드를 궤도회로의 경계로 사용되고 있다. 임피던스본드에 부착한 흡상선이 열차의 진동 등에 의하여 접촉 불량이 되면 신호회로 등에 지장을 주는 것 외에도 인축에도 위험을 줄 수 있다.

부급전선의 전압은 상시 흐르는 전류를 200[A] 정도로 가정하면 360[V] 정도로 된다. 따라서 600[V] 비닐절연전선 100[$mm^2$]의 허용전류는 290[A] 정도로서 동일 선종 이상의 성능을 갖는 것을 사용하고 있다. 흡상선은 사람이 접촉할 우려가 있는 개소에 있기 때문에, 위험하지 않도록 지상으로부터 2[m] 높이까지 합성수지관 등으로 보호하고, 임피던스본드와의 접속개소는 사람이 접촉할 우려가 특히 많기 때문에 합성수지관 등으로 보호한다.

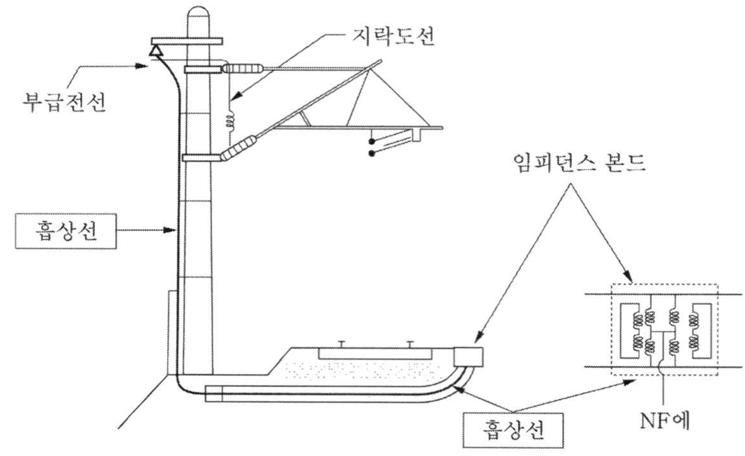


▶그림 4.42◀ 흡상선

### 4.4.8 중성선(Neutral Wire or Protective Wire)

단권변압기(AT) 급전방식의 변전소 등에 설비되어 있는 단권변압기의 중성점과 레일 임피던스본드의 중성점을 연결하는 선을 『중성선』이라고 한다. 이 중성선은 부하전류와 사고전류의 귀선로로 되고 있다. 선종으로는 600[V]비닐절연전선 100[$mm^2$] 또는 이와 동등 이상의 성능을 갖는 것을 사용하고, 지중에 매설하는 경우는 트라후에 내장하고, 지표상 2[m]의 높이까지 합성수지관으로 보호하는 등 『흡상선』에 준하여 시설한다.

### 4.4.9 보조귀선

귀선로의 전기저항이 높은 경우는 전압강하나 전력손실이 크게 되고, 대지에의 누설전류가 증가하여 전식의 원인으로 된다. 이 때문에 직류 전차선로의 전압강하 및 레일의 전위 상승이 심한 경우에 『보조귀선』을 시설한다. 보조귀선은 지중식 또는 가공식으로 하고, 대지누설전류를 작게 하도록 시설하며, 귀선 레일과의 사이를 균압선으로 접속하여 궤도회로에 지장을 주지 않도록 시설한다. 균압선은 600[V]비닐절연전선 200[$mm^2$]을 사용하고, 『흡상선』에 준하여 시설한다. 변전소의 급전구간이 긴 구간 또는 매설 금속체가 많은 시가지 등에서는 레일과 평행으로 도체를 지중에 매설하든지 또는 전차선로 전주에 가설하고, 레일과의 사이를 약 1[km] 마다 균압선으로 접속한다.

### 4.4.10 변전소 인입귀선

변전소로부터의 전류의 방향에 따라 정(正) 급전선(Positive Feeder)을 『인출한다』라 하고, 부(負)급전선(Negative Feeder) 또는 귀선을 『인입한다』고 하고 있다. 직류 급전 방식의 변전소 인입 개소에서 레일과 변전소 부극 모선을 접속하는 선을 『변전소 인입귀선』이라고 한다.

변전소 인입귀선에는 가공식과 지중식 2가지 방법이 있고, 지중식의 방법이 많이 채용되고 있다. 인입귀선에 흐르는 전류는 급전전류와 거의 같기 때문에 전선의 단면적은 지중매설의 경우 열방산 관계 때문에 가공 급전선보다 상당히 크게 된다.

지중식에는 600[V]알루미늄도체 비닐절연전선 500[$mm^2$], 가공식에는경동연선 325[$mm^2$] 또는 경알루미늄 연선 510[$mm^2$]이 많이 사용되고 있다. 인입귀선의 레일과 접속은 임피던스본드의 중성점에 접속하고 변전소 내에서는 일반적으로 고조파 제거를 위하여 직렬리액터에 접속되어 있다.

# 4.5 진동방지 · 곡선당김장치

## 4.5.1 설치 목적

진동방지, 곡선당김장치의 역할은 전차선의 동요를 억제하고 또 전차선을 곡선로에 적합한 소정의 위치에 가선되도록 하고 풍압 및 팬터그래프의 습동 등에 따라 팬터그래프의 집전이 가능하도록 전차선의 위치를 양호한 상태로 유지하기 위한 것이다.

### (1) 진동방지장치

전차선 및 보조조가선의 횡진방지 장치를 "진동방지장치"라고 한다.

진동방지장치는 직선로 및 곡선 반지름 1,600[m] 이상의 곡선로의 전차선을 상시 소정의 편위 내에 유지하는 것이나 팬터그래프 습판의 중앙에만 마모가 되지 않도록 "지그재그 편위(Zigzag Deviation)"를 주도록 하는 2차적 의미도 포함되어 있다.

진동방지장치는 일반적으로 지지물간에 고정시킨 진동방지 스팬선(SS41 지름 13[mm] 아연도금 또는 아연도금강연선 55[mm$^2$])과 진동방지금구로 구성되어 있다.

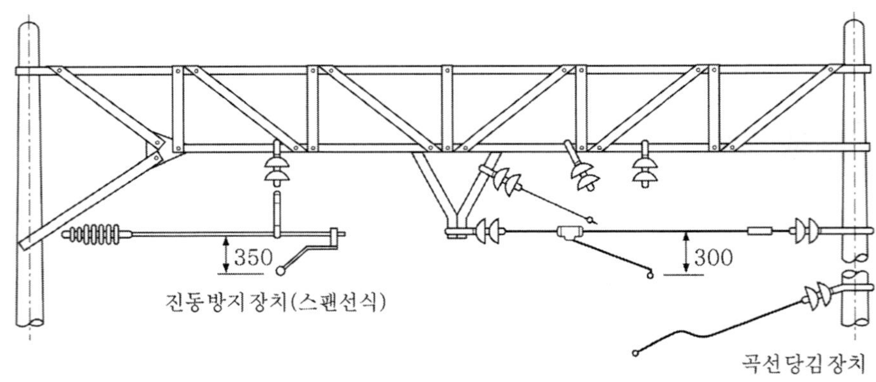


▶그림 4.43◀ 직류구간의 진동방지장치와 곡선당김장치

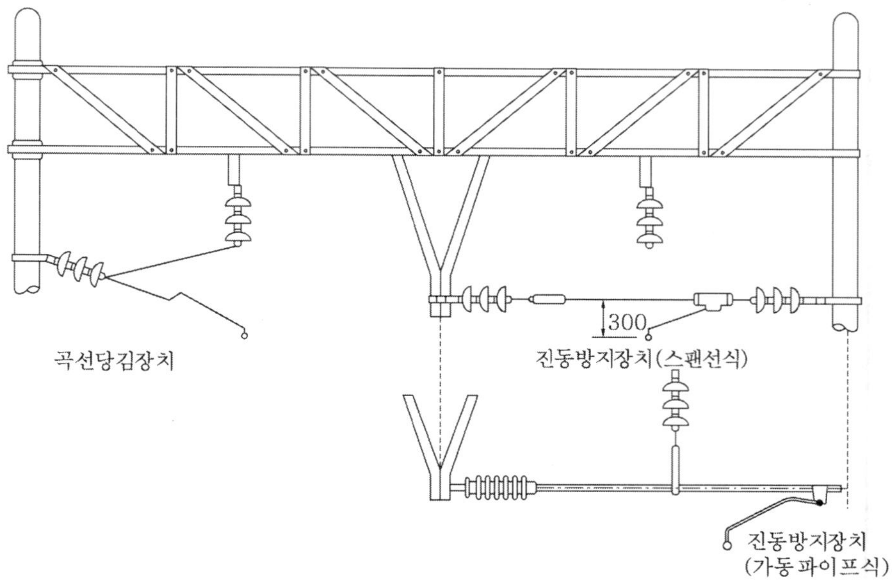


▶그림 4.44◀ 교류구간의 진동방지장치와 곡선당김장치

### (2) 곡선당김장치

곡선로에서 전차선은 곡선 횡장력에 의하여 곡선의 내측으로 장력이 작용한다. 이 때문에 전차선을 외측으로 잡아당겨 주어 전차선의 편위를 소정의 값 이내에 유지하도록 하는 장치를 '곡선당김장치'라 한다.

## 4.5.2 장치의 적용

진동방지금구는 직선구간의 전차선의 동요를 억제하고 지그재그 편위를 유지하기 위하여 전차선이나 보조조가선에 취부하는 금구를 말하고, 전차선과 직각으로 교차하는 진동방지 스팬선이나 진동방지 파이프에 지지금구로 취부하게 된다.

곡선당김금구는 곡선로에 있어서 전차선의 편위를 정해진 한도 내에 유지하기 위하여 전차선이나 보조조가선을 곡선로의 외측으로부터 당겨 주기 위하여 취부하는 금구를 말하고 당김선 및 애자로 지지물에 인류된다.

가동브래킷 개소에서는 진동방지 파이프에 지지금구로 취부된다. 진동방지금구, 곡선당김금구 모두 암과 이어 등으로 구성된다. 암은 직선형과 궁형이 있고, 또 로드형과 파이프형으로 구분된다. 이어의 종류는 쐐기형과 볼트 너트형 등이 있다.

암의 재질은 파이프식은 알루미늄합금이 사용되고, 염해 등에 따른 부식이 예상되는 곳에는 절연체를 사용한 곡선당김금구를 사용하는 경우가 있다.

## (1) 진동방지금구

진동방지금구의 적용은 다음과 같다.

| 구 분 | 진동방지금구 종별 | 비 고 |
|---|---|---|
| 본 선 | 궁 형 | 가동브래킷, 가압 빔, 가동 파이프식 |
| 측 선 | 직선형 | 스팬로드식 |

초기의 진동방지, 곡선당김금구는 볼트식의 이어를 사용하였으나, 너트부의 부식에 의한 열화나 너트의 이완 때문에 쐐기식의 볼트가 없는 형식이 개발되어 현재 가장 많이 사용되고 있는 것으로는 쐐기형의 진동방지, 곡선당김금구이다. 또, 열차의 고속화에 수반되는 차량 동요의 증대 및 열차의 장대 편성(다수 팬터그래프)에 수반되는 가선 동요 또 전차선 압상량의 증가와 풍압에 따른 가선 동요에 의한 팬터그래프 및 진동방지금구의 손상 사고가 발생하기 때문에 직선형 진동방지금구를 궁형화하여 본선은 모두 궁형으로 사용하고 있다.

따라서 가동브래킷의 곡선당김장치, 진동방지장치에는 모두 궁형 곡선당김금구를 사용하고 있다.

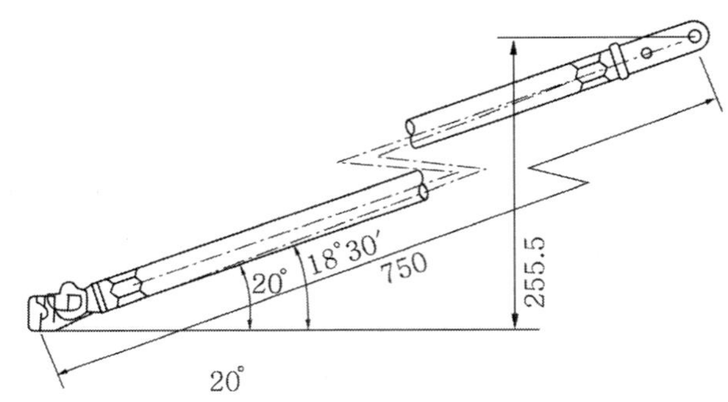


▶그림 4.45◀ 진동방지금구(직선형)

## (2) 곡선당김금구

곡선당김금구의 적용은 다음과 같다.

| 곡선당김금구 종별 | 적용 구분 |
|---|---|
| 일반용 궁형($L$=900[mm]) | |
| 가동브래킷용 궁형<br>($L$=900[mm]) | 가동브래킷 |
| 일반용 직선형($L$=750[mm]) | 궁형이 적당하지 않는 경우 |
| 일반용 직선형<br>($L$=425[mm]) | 정차장 구내에서는 $L$=750[mm]이 사용되고, 설비가 밀접하여 한계에 여유가 없는 장소, 또는 팬터그래프가 습동할 우려가 없는 경우 |

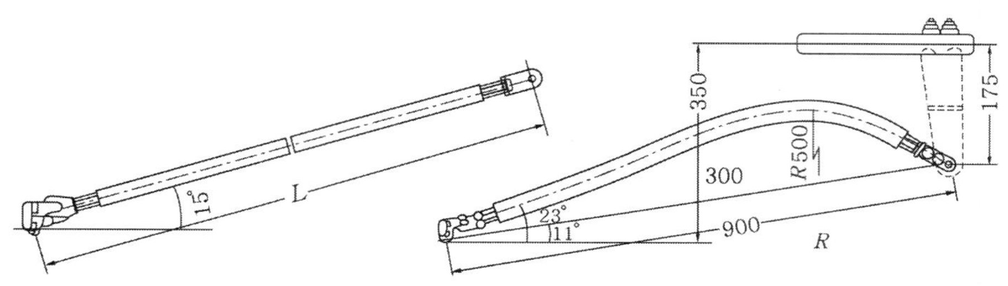


일반용 직선형　　　일반용 궁형, 가동브래킷용(심플커티너리용)

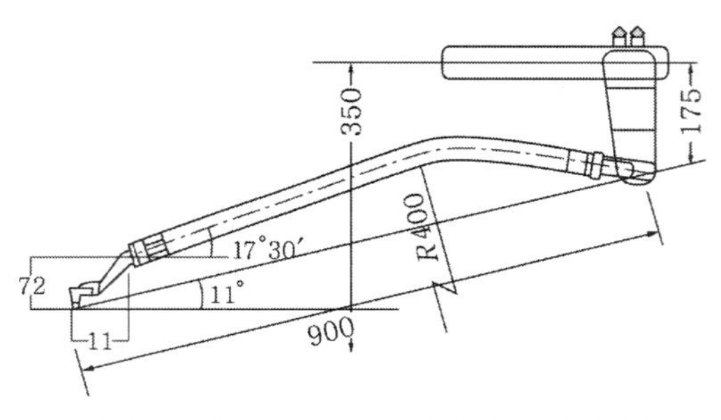


일반용 궁형, 가동브래킷용(더블 심플커티너리용)

▶그림 4.46◀ 곡선당김금구

## 4.5.3 장치의 설치 방법

### (1) 설치 간격

#### 1) 진동방지장치

① 직선로 및 곡선 반지름 1,600[m] 이상의 곡선로에 있어서는 다음에 따라 진동방지장치를 설치한다.

| 장소 | 본선 | 측선 | 비고 |
|---|---|---|---|
| 고정빔 및 고정브래킷의 경우 | 각 지지점 | 4경간마다 | 분기기 부근 등의 전차선이 밀집한 개소에 대하여는 팬터그래프의 통과에 지장이 없도록 시설한다. |
| 가동브래킷의 경우 | 각 지지점 | | |
| 강풍 구간 | 각 지지점 | | |

곡선 반지름 1,600[m] 이상의 곡선로에는 곡선당김장치를 설비하지 않고 진동방지장치를 설비하는데, 이것은 곡선 반지름이 크면 곡선로에서 횡장력이 작고, 곡선내 방향으로부터의 풍압을 받게 되면 전차선이 이동하여 곡선당김금구, 당김선 등이 느슨하게 되어 팬터그래프가 충격이나 끼여드는(할입) 등의 사고를 일으킬 우려가 있기 때문이다.

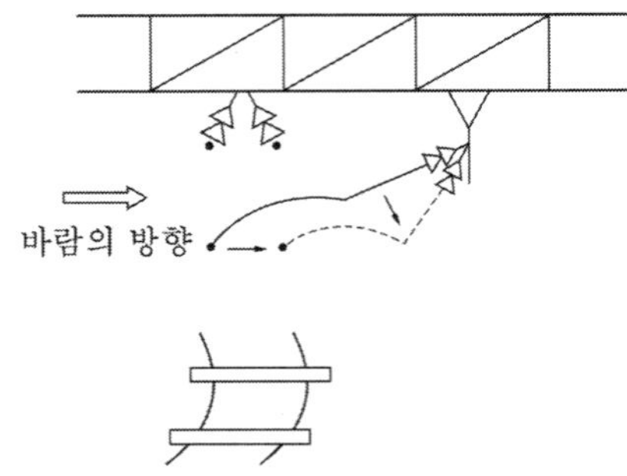


▶그림 4.47◀ 곡선 횡장력이 작을 때의 진동방지장치

② 곡선 반지름 1,600[m] 이상의 곡선로에서 진동방지장치로 하는 계산 근거

③ 운전가능 순시 최대풍속($V_x$) 30[m/s], 경간($S$) 50[m], 곡선 반지름($R$) 1,600[m], 전차선(Cu 110[$mm^2$])의 장력($T$)를 1,000[kgf]로 하면, 곡선로에 있어서 횡장력($P$)는

$$P = \frac{ST}{R} = \frac{50 \times 1000}{1600} = 31.25[\mathrm{kgf}]$$

조가선의 영향을 받지 않는 때의 전차선의 풍압하중은,

$$12.34 \times 10^{-3} \times 50 \times 100 \times \left(\frac{30}{40}\right)^2 = 34.59[\mathrm{kgf}]$$

이 경우 풍압하중 > 횡장력이 되는데, 풍압=횡장력으로 되는 곡선 반지름($R$)을 구하면,

$$R = \frac{50 \times 1000}{34.59} = 1445[\mathrm{m}] \rightarrow 1{,}600[\mathrm{m}]$$

진동방지장치 간격이 길면 길수록 풍압을 받을 때 중앙부의 편위가 크기 때문에 지형, 지지물 경간 등을 고려하여 진동방지장치의 설치 간격을 결정하고 있다.

고정빔 및 고정브래킷의 경우 풍해 사고 대책 등 때문에 본선에는 경간의 여하에 불문하고 각 지지점에 진동방지장치를 설치하고 있다. 다만, 측선에는 운전속도가 낮고 차량 동요도 작으며, 또한 운전상의 중요성, 과거의 실적 등 때문에 4경간마다 설치하고 있다. 더욱이 분기기 개소 등 전차선이 밀집하는 개소에는 팬터그래프가 전차선을 밀어올린 상태로 통과하게 되는데, 그 통과 선로 이외에 설치된 진동방지 암 등으로 인해 지장을 받지 않도록 시설하지 않으면 안 된다.

가동브래킷의 경우는 사용 개소가 주로 본선이기 때문에, 풍압에 의한 전차선의 편위를 200[mm] 이내로 하기 위하여 각 지지점으로 하고 있다.

강풍구간에서는 풍압에 따른 전차선의 경사, 부상이나 압상력의 증대, 바람에 의한 반복하중 등이 심하여 이들에 따른 풍해가 일어날 우려가 많기 때문에 각 지지점으로 하고 있다. 보통 터널구간의 경우 4경간마다 설치한다.

#### 2) 곡선당김장치

곡선 반지름 1,600[m] 미만의 곡선로의 전차선에는 곡선당김장치를 설치한다. 곡선로에 있어서 전차선의 편위를 일정한 한도 내에 유지하기 위하여 곡선 반지름 1,600[m] 미만의 전차선에는 각 지지점에 곡선당김장치를 설치하고 있다.

### (2) 취부 방법

#### 1) 진동방지장치 · 진동방지 금구

진동방지 암의 레일면에 대하여 표준 설치(당김) 각도는 속도등급 200키로급 이하에서 궁형 암의 경우 11°, 직선형 암의 경우 15°로 하고, 순간 풍속 30[m/s] 이하에서 팬터그래프의 통과에 지장이 없도록 설치하여야 한다.

진동방지금구는 진동방지 스팬선, 가동식의 진동방지 파이프 또는 가동브래킷의 진동방지파이프에 취부되어 있다.

진동방지 암의 레일면에 대한 당김 각도는 전차선과 당김 부위 취부 위치 또는 곡선당김금구와 직선형 진동방지금구의 경우 스팬선과 전차선과의 간격은 300[mm]이고 궁형 금구의 경우 진동방지 파이프와 전차선과의 간격은 350[mm]로 하고 있다.

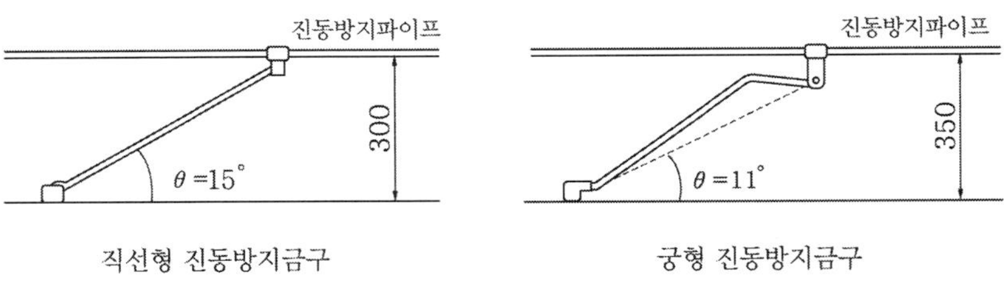


▶그림 4.48◀ 진동방지금구의 당김 각도

① 전차선의 동적 압상량

㉠ 팬터그래프에 의한 압상량

$$\zeta_0 = \frac{3P_0 S}{T_t} \times \frac{(1+\frac{T_m}{T_t})}{2(1+2n\frac{T_m}{T_t})} \times 1000 \qquad (4-43)$$

여기서, $T_m$ : 조가선의 장력[N]

$T_t$ : 전차선의 장력[N]

$P_0$ : 팬터그래프의 상승 압력[N]

$S$ : 경간[m]

$n$ : 행거 갯수[개]

㉡ 풍압에 의한 압상량

$$\zeta_1 = D_s - D_s{}' = \frac{wS^2}{8T} - \frac{(w-P\sin\theta)S^2}{8T} \qquad (4-44)$$

여기서, $P$ : 풍압에 의한 전선 장력[kgf]$= A \times (\frac{v}{40})^2 \times 100$

$A$ : 수직 투영 면적[$m^2$]

$v$ : 운전 가능 최대 풍속[m/s]

$D$ : 풍압에 의한 전선의 딥

$D'$ : 초기 전선의 딥

$w$ : 전선의 단위 중량

② 차체 동요에 의한 팬터그래프의 경사 ($\theta_1$)

차체 경사를 레일면에서 585[mm]점을 중심으로 해서 좌우 610[mm]의 수평점에서 상하 최대 32[mm]라 하면

$$\theta_1 = \tan^{-1}\frac{32}{610} = \tan^{-1} 0.052459 = 3^\circ 00'25'' \fallingdotseq 3^\circ$$

③ 복원력에 의한 팬터그래프의 경사 ($\theta_2$)

복원력에 의한 팬터그래프의 경사는 보통 3°로 하고 있다.

④ 레일면의 동요에 의한 팬터그래프의 경사 ($\theta_3$)

| 직선 | 곡선 |
|---|---|
| 1급선 6[mm] 19′ | 1급선 7[mm] 22′ |
| 2급선 7[mm] 22′ | 2급선 8[mm] 25′ |
| 3급선 8[mm] 25′ | 3급선 9[mm] 29′ |

⑤ 캔트에 의한 팬터그래프의 경사 ($\theta_4$)

최고 캔트 105[mm]의 경우

$$\theta_4 = \tan^{-1}\frac{105}{1067} = 5^\circ 36'$$

⑥ 진동방지장치의 당김 각도 계산[직선형의 경우]

직선개소의 레일면에 대한 팬터그래프의 경사각 $\theta$는

$$\theta = \theta_1 + \theta_2 + \theta_3$$

전차선의 압상량 $\zeta$ 는

$$\zeta = \zeta_0 + \zeta_1 \qquad h = l\sin\theta$$

$$H = h + \zeta \qquad \alpha = \sin^{-1}\frac{H}{l}$$

암의 당김 각도는 $\theta$이지만 고속화에 따라 차량 동요 등을 고려하여 여유로 3°를 가산하여 계산한다. 즉, $\alpha' = \alpha + 3^\circ$로 계산한다.

진동방지 스팬선에 진동방지금구를 취부한 경우 이종금속에 의한 부식이나 소선 단선 등이 없도록 하여야 하고, 동일 스팬선에 2조를 병설하는 경우에는 순환전류에 의한 손상을 받지 않도록 설치하여야 한다.

또, 전차선의 장력을 자동조정하는 경우 장력조정에 대하여 억제저항이 작도록 설치한다. 특히 스팬선식의 경우 전차선의 신축 상태를 고려하여 진동방지금구의 취부 방향을 가동 범위 내에 들어오도록 하고, 가동파이프식의 채용에 따라 전차선의 신축에 대한 저항으로 작용하지 않도록 할 필요가 있다.

### 2) 곡선당김장치 · 곡선당김금구

① 곡선당김 암의 레일면에 대하여 표준 당김 각도

궁형 암의 경우 11°, 직선형 암의 경우 15°로 하고 순간 풍속 30[m/s] 이하에서 팬터그래프의 통과에 지장을 주지 않도록 설치한다. 곡선당김 암의 레일면에 대한 당김 각도라고 하는 것은 진동방지금구와 같이 전차선과 당김부의 취부 위치 또는 당김 금구(암 취부 위치)를 연결하는 선이 이루는 각도를 말한다.

곡선당김의 당김 각도는 크게 하면 횡장력에 의하여 전차선을 필요 이상으로 끌어 올리게 되어 제1행거에 이완(느슨함)이 발생하고, 팬터그래프의 이선 및 조가선의 소선 절손의 원인으로 되기 때문에 될 수 있는 한 작게 할 필요가 있다. 그러나 작게 하면 팬터그래프 및 전차선의 압상, 차량동요, 레일의 캔트 등으로 팬터그래프의 경사 등에 의하여 곡선당김 금구에 팬터그래프가 부딪치기 때문에 표준당김 각도를 궁형의 경우 11°, 직선형의 경우 15°로 하고 있다.

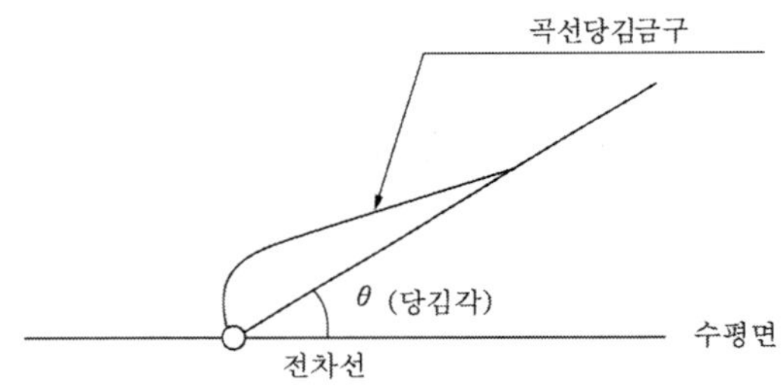


▶그림 4.49◀ 곡선당김금구의 당김각도

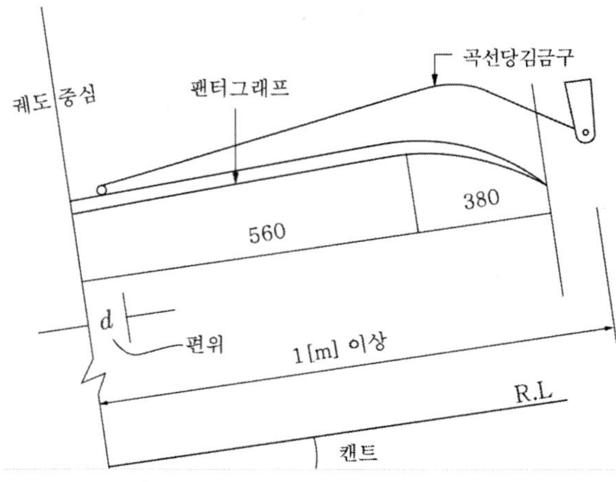


▶그림 4.50◀ 팬터그래프와 곡선당김금구의 관계

또한, 가동브래킷 및 가동파이프식의 경우는 진동방지파이프와 전차선과의 간격을 350[mm]로 하고 있다. 참고로 그림 4.50에서 행거가 부상하지 않는 범위의 곡선당김금구의 수평면에 대한 당김 각도는 식 (4-45)로 구할 수 있다.

$$\theta = \tan^{-1}\frac{P_0}{P} \text{ (정적 상태의 경우)} \qquad (4-45)$$

여기서, $\theta$ : 곡선당김 금구의 당김 각도[도]

$P$ : 곡선에 걸리는 전차선의 횡장력[N]

$P_0$ : 곡선에 걸리는 수직 하중[N]

곡선에 걸리는 수직 하중

$$P_0 = w(2\times l_1 + l_2) + \frac{2\times w_1 \times l_1 \times T_t}{S\times T_m + (S - l_1 - l_2)} \qquad (4-46)$$

여기서, $w$ : 전차선의 단위 중량[N]

$w_1$ : 곡선 당김을 설치한 경우 제1행거에 걸린 중량[N]

$T_t$ : 전차선의 장력[N]

$T_m$ : 조가선의 장력[N]

$l_1$ : 지지점에서 제1행거까지의 거리[m]

$l_2$ : 제1행거와 제2행거와의 거리[m]

$S$ : 경간[m]

② 궁형 곡선당김금구

궁형 곡선당김금구는 궤도중심으로부터 1[m] 이상 이격하거나 또는 기타의 방법으로 팬터그래프의 통과에 지장을 주지 않도록 하여야 한다. 팬터그래프의 편폭은 560+380 =940[mm]이므로 당김금구를 궤도중심면으로부터 1[m] 이상 이격하면 60[mm] 여유를 확보할 수 있다.

따라서 편위를 60[mm] 이하로 하면, 당김금구 및 끝(고수) 부분이 팬터그래프에 지장을 주기 때문에 주의가 필요하다. 또, 인접선을 궁형 곡선당김금구로 당기는 경우에도 끝(고수) 부분이 1[m] 이내에 들어와서는 안 되고 이와 같은 개소에 궁형의 사용은 적합하지 않다.

③ 전차선 장력을 자동조정하는 경우

자동장력조정 구간의 억제저항을 작게 하는 것은 장력조정의 효과면에서 당연하고, 전차선의 신축상태를 고려하여 곡선당김금구의 취부 방향을 가동 범위 내에 들

어오도록 하여 전차선의 신축에 대한 저항으로 작용하지 않도록 할 필요가 있다.

전차선에 대하여 원거리 방향에서 당기고 있는 곡선당김은 전차선이 용이하게 이동할 수 있는 범위가 넓게 되기 때문에 신축하여도 장력의 변화가 비교적 작고 억제저항을 작게 할 수 있다.

④ 완화곡선에서 횡장력이 작은 경우

완화곡선이라 함은 곡선 반지름 1,600[m] 정도의 것을 말한다. 완화곡선의 종단에 가깝게 되면 곡선 횡장력이 작게 되어 곡선당김장치로 하는 것이 부적당하기 때문에 경우에 따라 진동방지장치로 하는 방법이 유리하다.

⑤ 곡선당김장치의 이종금속 접촉

곡선당김장치는 이종금속의 접촉에 의한 부식, 소선 절손이 없도록 설치하여야 한다. 앞측, 뒤측 모두에 이종금속 등의 접촉에 의한 부식을 방지함과 더불어 2개의 선조를 접속한 구조의 경우에는 불완전접촉이 되지 않도록 주의가 필요하다.

**표 4.31** 곡선 당김 장치의 취부 각도와 위치

| $I$[m] | $X$[mm] | $I$[m] | $X$[mm] | $I$[m] | $X$[mm] | $I$[m] | $X$[mm] |
|---|---|---|---|---|---|---|---|
| 1.2 | 321<br>233 | 2.2 | 589<br>428 | 3.2 | 857<br>622 | 4.2 | 1,125<br>816 |
| 1.4 | 375<br>272 | 2.4 | 643<br>467 | 3.4 | 911<br>661 | 4.4 | 1,179<br>855 |
| 1.6 | 429<br>311 | 2.6 | 697<br>505 | 3.6 | 964<br>670 | 4.6 | 1,232<br>894 |
| 1.8 | 482<br>350 | 2.8 | 750<br>544 | 3.8 | 1,018<br>739 | 4.8 | 1,286<br>993 |
| 2.0 | 536<br>389 | 3.0 | 804<br>583 | 4.0 | 1,072<br>778 | 5.0 | 1,340<br>972 |

[주] 상단은 직선형(15°), 하단은 궁형($L$=900[mm] 11°)

## 4.6 건넘(교차)선장치(Overhead Crossing)

### 4.6.1 건넘(교차)선 장치의 설치 목적

선로가 교차하는 장소에는 전차선도 교차시킬 필요가 있다. 역구내의 본선 및 측선상에 가설된 전차선은 선로의 분기개소에서 상호 교차하여 2조의 커티너리 가선이 1개의 교차금구에서 기계적으로 또 커넥터에 의하여 전기적으로 연결된 특수한 구조를 형성하고 있다.

이 전차선 교차개소에 설비된 장치를 "건넘(교차)선장치"라고 한다. 건넘선장치는 선로의 분기개소에서 상호 전기차가 운전 가능하도록 전차선을 교차시켜 팬터그래프의 집전을 가능하게 하기 위한 설비이다.

교차하는 전차선의 레일면상의 높이를 같은 높이로 유지하여 팬터그래프가 전차선 사이에 끼여드는 사고를 방지하기 위한 설비이다.

건넘선장치는 교차금구, 커넥터 등으로 구성되어 있다. 또한, 전차선의 교차개소에는 이 건넘선장치 외에 무효부분의 전선 상호의 교차가 있다.

### 4.6.2 건넘(교차)선장치의 설치 방법

건넘선장치는 정적상태에서 파악하는 것만이 아니고 팬터그래프 통과시의 가선 동요, 진동의 이상 발생, 충격의 유무 등 동적상태를 확인 파악하여 적정한 상태를 유지하도록 하여야 한다.

건넘선장치는 분기기를 통과하는 전기차의 팬터그래프에 손상을 주지 않고 항상 양호한 습동이 될 수 있는 구조로 설비한다.

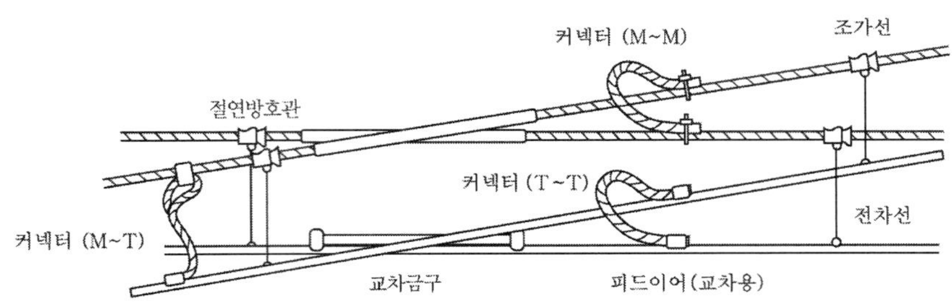


▶그림 4.51◀ 건넘선 장치

### (1) 설치 위치

**1) 주요선의 전차선을 하부에 둔다.**

교차하는 양방향의 전차선의 고저차가 전차선의 온도변화, 팬터그래프의 압상 등에 의하여 변화하면 팬터그래프가 전차선 사이를 끼여들 위험성이 있기 때문에 교차하는 아래 방향의 전차선을 팬터그래프가 높은 속도로 습동할 때 상방향의 전차선이 어느 정도의 장력 변화에 대해서도 팬터그래프가 끼여들지 않을 정도의 고저차를 주고 있다. 이 때문에 팬터그래프의 통과로 발생하는 할입(끼임) 사고방지를 위하여 고속이거나 사용 빈도가 높은 전차선을 하부에 두고 분기선측을 상부에 교차시킨다.

**2) 전차선이 교차하는 위치에는 교차금구를 설치한다.**

건넘선장치를 전기차의 팬터그래프가 통과할 때 한쪽 방향의 전차선이 압상한 경우 타 방향의 전차선도 함께 압상한다. 이 때문에 팬터그래프 통과시의 전차선 상호의 고저차를 제한하고 팬터그래프가 끼여드는 것을 방지하기 위하여 전차선이 교차하는 위치에 "교차금구(수직이동방지 금구)"를 취부한다.

건넘선장치는 교차하는 주요한 전차선이 하부에 시설되도록 하고, 교차금구는 주요한 전차선에 취부하며 타 방향의 전차선을 파이프로 억제하는 형태로 되어 있다. 또, 전차선은 온도변화에 따라 신축하기 때문에 교차하는 전차선 상호가 자유롭게 이동할 수 있는 구조로 되어 있다.

교차금구에는 1단식과 2단식이 있다. 일반적으로는 1단식이 사용되고 2단식은 고속용의 본선과 측선의 건넘선에 사용되며 전차선 교차점에서의 고저차는 59.5 [mm]로 되어 있다. 또, 1단식은 조임 볼트의 잔여 길이 부분과 다른 교차 전차선 부분과의 접촉 방지를 고려하여 R형과 L형 2종류가 있다.

**3) 교차금구는 전차선의 이동에 따라 교차하는 전차선, 곡선당김금구 등과 조화하여 팬터그래프의 통과에 지장을 주지 않도록 설치하여야 한다.**

교차금구의 취부는 하부측의 전차선으로 하고 전차선의 교차위치가 교차금구의 중심이 되도록 설치한다. 전차선은 온도변화에 따라 이동하여 교차점이 변화한다. 이 때문에 교차금구와 접촉하게 되어 전차선이 국부 마모가 되는 수가 있기 때문에 주의가 필요하다.

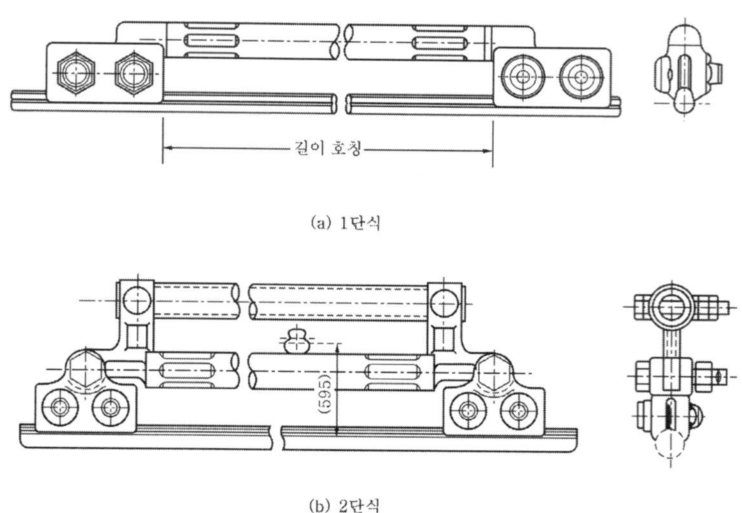


▶그림 4.52◀ 교차금구

#### 4) 교차금구의 길이는 다음과 같다.

전차선과 교차금구가 접촉하지 않도록 분기기의 크기(분기번호)에 적합한 길이의 교차금구를 취부한다.

| 분기기 번호 | 표준 길이 | 비 고 |
|---|---|---|
| 12번 분기 이하 | 1,400[mm] | |
| 15번 분기 이상 | 1,800[mm] | |

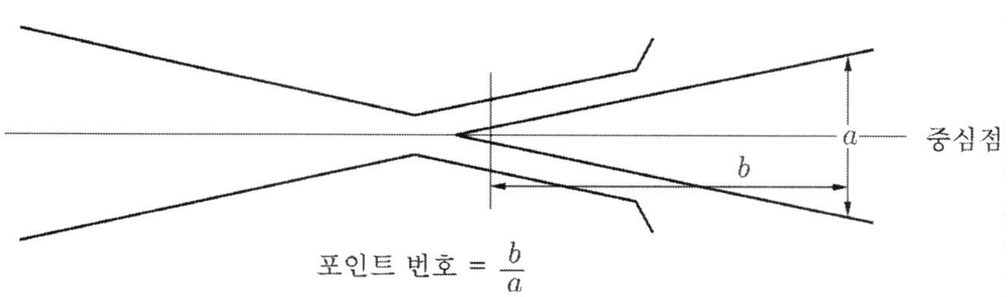


$$\text{포인트 번호} = \frac{b}{a}$$

▶그림 4.53◀ 분기기의 번호를 보는 방법

### (2) 취부 방법

#### 1) 커넥터의 접속

조가선은 상호 접촉에 따라 마모 또는 순환전류에 의하여 소선이 손상되지 않도록 권부 클립을 취부함과 동시에 조가선 상호, 전차선 상호 및 조가선과 전차선을 커넥터

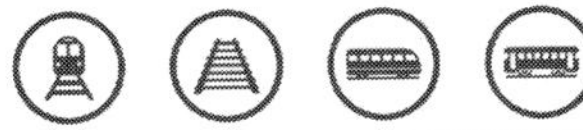



로 접속한다.

상호의 전차선과 조가선이 순환전류로 손상되지 않도록 하기 위해서는 전기적으로 완전하게 결합되게 하는 것이 필요하다.

조가선 상호 및 전차선 상호를 전기적으로 결합시키기 위해서는 각각의 커넥터로 접속한다. 이 경우 M-M 커넥터, T-T 커넥터(feed ear)를 1:1로 설비하고 또 무효부분에 대해서는 조가선과 전차선을 M-T 커넥터로 접속한다.

### 2) 전차선의 접속 개소

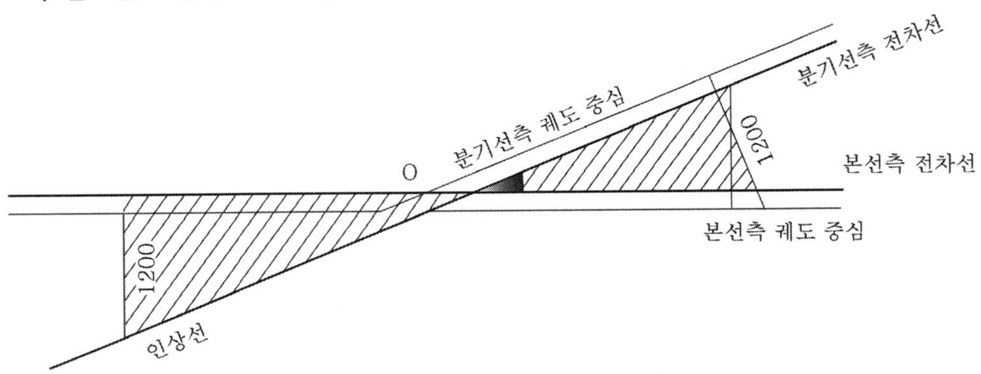


▶그림 4.54◀ 교차장치 개소에서의 전차선 접속 금지 범위

건넘선 장치에 있어서 전차선의 접속 개소는 각각의 궤도 중심선과 전차선과의 간격이 0~1,200[mm]의 범위에는 설치하지 않는다.

건넘선개소의 전차선의 접속은 팬터그래프의 전차선 압상량 및 차량 동요 등을 고려하여 팬터그래프와 더블이어에 충격을 줄 가능성이 있는 범위 내에는 설치를 금지한다.

### 3) 진동방지금구의 암(Arm)

건넘선장치(교차장치)에서 진동방지금구의 암은 상대하는 전차선의 외측에 설치한다. 전차선의 고저차, 팬터그래프에 의한 압상 등에 의하여 팬터그래프와 상대 진동방지장치와의 충격을 방지하기 위함이다.

### 4) 곡선당김금구(곡선인 금구)

건넘선장치(교차장치)에서 곡선당김금구(곡선인 금구)는 각각의 레일 중심선과 전차선과의 간격이 300~1,200[mm]까지의 범위 내에 설치해서는 안된다.

팬터그래프와 전차선 압상량 및 차량동요 등으로 팬터그래프와 이어(ear)가 충돌을 할 가능성이 있는 범위를 곡선당김금구(곡선인 금구)의 설치금지범위로 하고 있다. 또한, 곡선당김장치의 성격상 설치 위치가 한정되어 있기 때문에 소정의 편위를 유지할 수 없는 경우 등 불가피한 경우는 건넘선 장치용의 특수한 곡선당김금구를 사용하는 등 경사나 압상되는 팬터그래프 혼(horn)의 통과에 지장을 주지 않도록 한다.

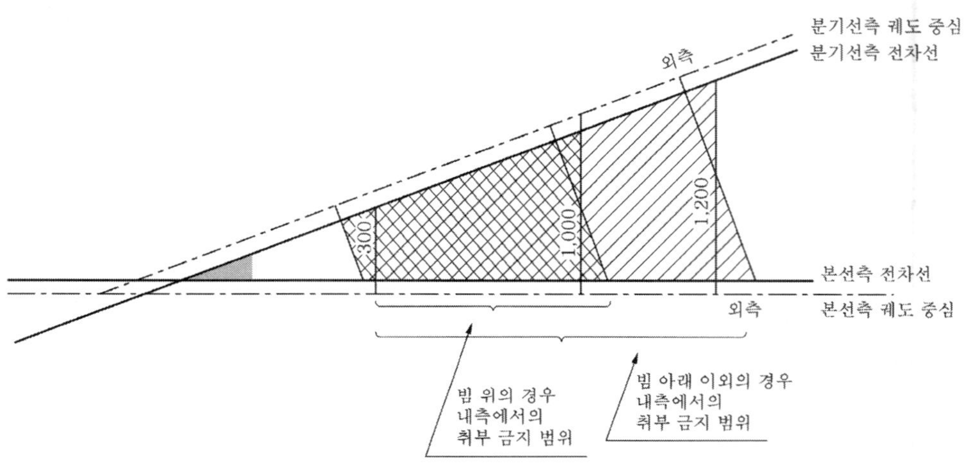


▶그림 4.55◀ 교차장치 개소에서의 진동방지, 곡선당김장치 접속금지 범위

#### 5) 전차선의 고저차

교차개소에서의 양 전차선의 고저차는 주요선의 레일중심으로부터 900[mm]의 위치에서 아래쪽으로 교차하고 있는 주요선에 대하여 교차 전차선의 정적 높이의 차를 고속구간에는 50[mm], 저속구간에는 0~30[mm]로 하고 있다.

## 4.7 구분장치(Sectioning Device)

### 4.7.1 설치 목적

전차선의 급전계통을 구분하여 전차선의 일부분에 사고가 발생하는 경우 또는 일상의 보수작업을 위하여 정전작업의 필요가 있을 경우 등에 급전정지 구간을 한정하고 다른 구간의 열차운전 확보를 목적으로 한 설비이다.

팬터그래프의 습동에 지장을 주지 않으면서 전차선을 전기적으로 구분하는 장치를 "구분장치" 또는 "섹션"이라고 한다.

## (1) 설치 방법

급전구간을 한정하기 위해서는 다음과 같은 사항을 고려하여 "급전계통"을 구분하고 이 구분점에는 각각의 구분장치가 설치되어 있다.

- 전기차의 운전계통에 대응하여 상 · 하선별, 방면별, 상별(M相, T相)로 구분한다.
- 대역사 구내, 차량기지는 본선으로부터 분리하여 계통을 구분한다.
- 역구내의 선로배선과 되돌림(전환) 운전의 가능성 및 차고로부터 본선에의 출입 방향을 고려하여 구분한다.
- 보수작업 구간을 설정하기 쉽도록 구분한다.
- 보호계전기의 사고검출 능력에 상응하도록 한다.

또, 교류 급전구간의 경우에는 단순히 구분절연용만이 아니고 전력회사의 전원계통이 다른 위상을 구분하기 위한 위상구분용으로의 역할도 가지고 있다.

## (2) 구비 조건

전기적 구분장치는 전기적, 기계적으로 충분한 강도를 갖는 것이 필요하고 다음과 같은 조건이 요구된다.

### 1) 충분한 절연성을 가질 것.

절연이 완전하고 누설전류가 작아야 하며 팬터그래프 통과시 아크가 완전하게 소멸되고, 아크에 의한 절연파괴가 없어야 한다.

### 2) 팬터그래프의 통과에 지장이 없을 것

가볍고 집전상 경점이 되지 않아야 하며 팬터그래프 통과시 동요가 적고, 적정한 압상량을 가질 것

### 3) 가볍고 기계적 강도가 클 것

전차선, 조가선의 기계적 성능과 상호 협조가 이루어지고 그 구간을 운전하는 열차의 속도에 대응할 수 있을 것

기계적 구분장치는 온도변화에 따른 전선의 신축으로 인한 가선의 늘어짐 및 과도한 장력을 방지하기 위하여 전차선을 적절하게 일정한 길이로 인류하도록 설비되어 있다.

## 4.7.2 구분장치의 종류

전차선의 구분장치는 전기적 구분장치와 기계적 구분장치로 대별된다.

전기적 구분장치는 전차선에 절연물을 삽입하지 않고 평행부분을 일정한 간격으로 유지하여 공기의 절연을 이용한 "에어섹션"과 절연재로 천연목재를 이용한 "목재섹션", 애자를 이용한 "애자형섹션" 외에 세라믹 등을 이용한 "수지형섹션" 등이 있으며 전차선의 급전계통상의 구분, 보수작업 시간의 확보, 사고 발생시의 정전시간 단축 등의 필요성에 의하여 설치된다.

기계적 구분장치는 전차선의 가선 특성상 전차선을 수평으로 유지시켜야 할 필요가 있으므로 연속하여 가선할 수 없기 때문에 섹션별로 가선이 불가피하다. 따라서 이와같은 섹션과 섹션이 접속되는 개소에 전기적으로는 접속되고(균압선으로 연결)기계적으로는 분리되는 에어조인트(air joint)가 있다.

구분장치의 종별 및 그 사용 구분은 그 구간을 운전하는 열차의 속도에 대응할 수 있는가 등을 고려하여 표 4.32와 같이 하고 있다.

운전속도가 높은 본선로에는 직류 및 교류구간 모두 집전할 때 경점으로 되지 않는 에어섹션을 채용하고 교류구간의 이상 구분용 및 교·직류 구분용에는 수지제(FRP)의 절연구분장치를 사용하고 있다.

또, 건넘선 및 측선에 설치하는 구분장치로는 섹션인슐레이터를 채용하고, 직류구간에는 수지제(FRP제 등)를 사용하며, 교류구간에는 애자형 또는 수지제(FRP제)를 설치 장소 등에 따라 사용하고 있다.

**표 4.32 구분장치의 종별과 사용 구분**

| 구 분 | 종 별 | 형 태 | 사 용 구 분 | | |
|---|---|---|---|---|---|
| | | | 직류 | 교류 | 고속선 |
| 전기적 구 분 | 에어섹션 | | 본선 구분용 | 동상의 본선 구분용<br>흡상변압기용 | 동상 및<br>이상 구분용 |
| | 애자형섹션 | 수지제 | 상·하선 및<br>측선 구분용 | 동상의 상·하선<br>및 측선 구분용 | |
| | | 애자제 | 상·하선 및<br>측선 구분용 | 동상의 상·하선<br>및 측선 구분용 | |
| | 절연구분장치 | 수지제 | 본선 구분용 | 이상 구분용<br>교·직류 구분용 | |
| 기계적 구 분 | 에어조인트 | | 기계적 구분용(전기적으로는 접속한다.) | | |

## (1) 에어섹션(Air Section)

### 1) 본선 구분용

본선 구분용 에어섹션은 집전 부분의 전차선에 절연물을 삽입하는 것이 아니고 절연하여야 할 전차선 상호 평행부분을 일정 간격으로 유지하여 공기의 절연을 이용한 구분장치의 하나이다.

팬터그래프가 한쪽의 전차선으로부터 섹션의 중앙 부근에서 두 전차선을 습동하고, 반대편의 전차선으로 옮겨가도록 구성되어 있다.

에어섹션은 전기적 절연이 안전하고 팬터그래프 통과시 전류 차단이 없고, 전기적으로 연속하여 집전할 수 있는 등의 이점이 있는 외에 집전상 경점(硬点)이 되지 않기 때문에 가장 고속운전에 적합한 섹션으로서 직류 및 교류구간에 널리 채용되고 있다.

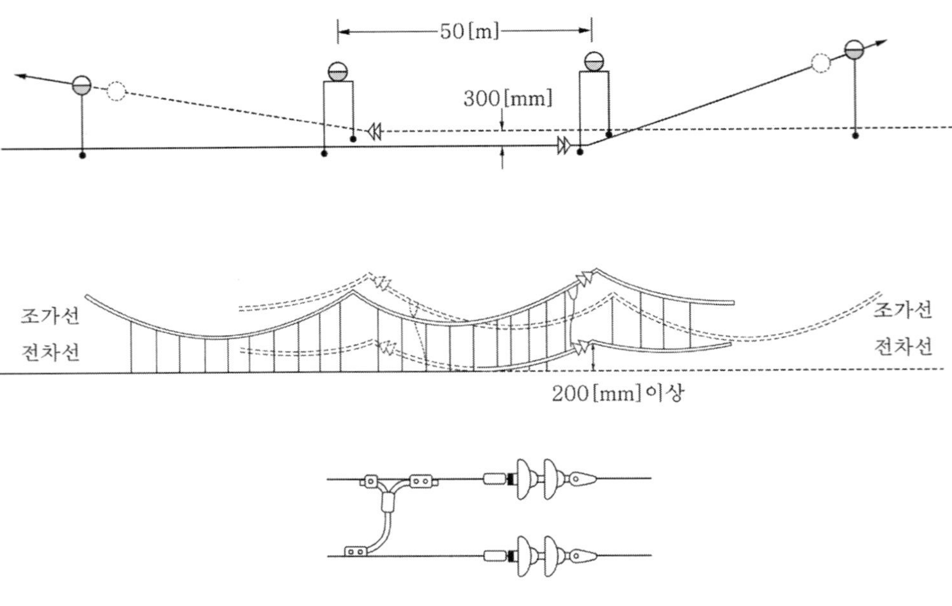


▶그림 4.56◀ 에어섹션(직류)

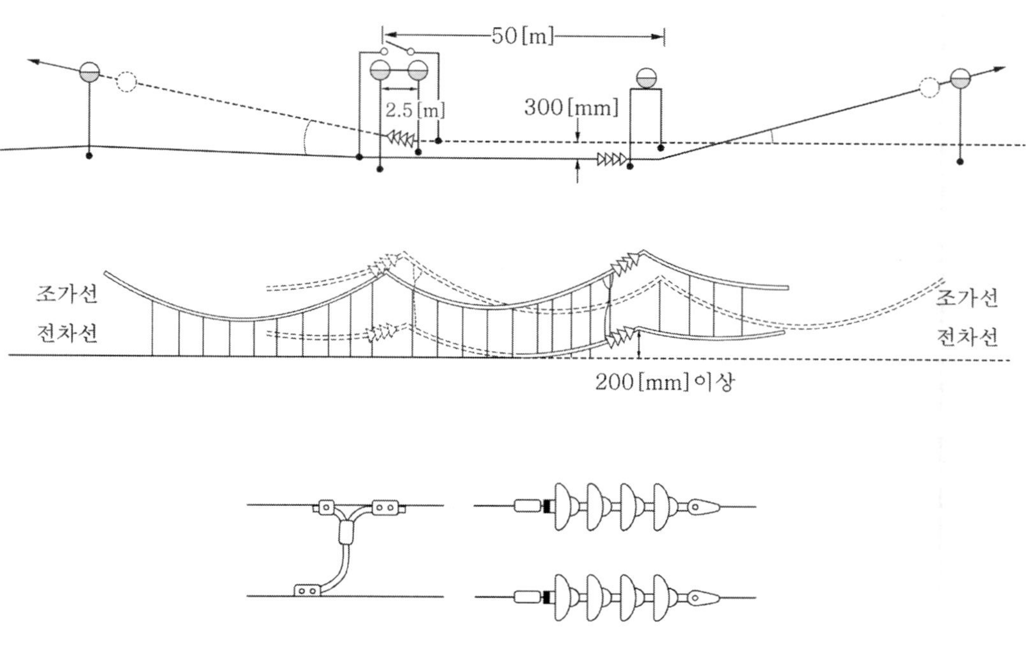


▶그림 4.57◀ 에어섹션(교류)

① 평행부분에서 전차선 상호의 이격거리

평행부분에서 전차선 상호의 이격거리는 300[mm]로 하고, 선로조건 등에 따라 부득이한 경우 교류에 있어서는 250[mm], 직류에 있어서는 200[mm]까지 단축할 수 있다(일본 신간선의 경우 전차선 상호 이격거리는 500[mm]).

전차선의 평행부분의 전기적 간격은 넓으면 좋으나 허용 편위가 직선구간에서 최대 500[mm]가 한도로 되어 있기 때문에 전차선 상호의 표준 절연이격거리를 300[mm]로 하고 있다. 또한, 한쪽 선로 정전으로 작업을 하는 경우 바람에 의한 진동으로 쌍방의 전차선이 접촉할 우려가 있기 때문에 부득이한 경우에도 교류 250[mm], 직류 200[mm]를 확보하여야 한다. 그리고 평행부분 경간의 중앙부에 있어서 500[mm] 이상의 전차선 등고(等高) 부분을 설치하고 있다.

② 구분용 애자의 하단

구분용 애자의 하단이 본선의 전차선의 높이로부터 200[mm] 이상의 높이로 시설한다. 전차선의 인상 부분에 설치되는 구분용 애자의 하단은 본선의 전차선이 팬터그래프에 의하여 압상할 때 습판과 충돌하지 않도록 이격을 줄 필요가 있다. 이 때문에 전차선의 압상량, 가선의 이도 등을 고려하여 구분용 애자의 하단은 본선의 전차선으로부터 200[mm] 이상 인상하도록 하고 있다.

※ 팬터그래프에 의한 전차선의 최대 압상량은
150[mm]+여유 50[mm]=200[mm]이다.

③ 평행부분의 경간

평행부분은 경간이 50[m] 이상의 개소에 시설한다. 단, 50[m] 미만인 경우에는 2경간으로 하든지 또는 구분애자 대신에 섹션인슐레이터를 사용하여 전차선의 인상높이를 저감할 수 있다.

평행부분의 경간을 50[m] 이상으로 하는 것은 구분용 애자의 하단을 본선의 전차선보다 200[mm] 이상 인상하기 위하여 평행부분의 경간을 50[m] 이상으로 하는 것이다. 그리고 2경간으로 구성하는 경우에도 2경간의 합이 50[m] 이상이 되어야 한다. 평행부분을 2경간으로 구성하는 것은 다음과 같은 이점이 있기 때문이다.

- 전차선의 구배가 완만하게 되고 팬터그래프의 전차선에 대한 충격이 작고, 전차선의 기계적 이상 국부 마모가 감소한다.
- 전차선의 구배가 완만하게 되어 가선 진동이 감소하고, 재질의 피로 진행도가 감소한다.
- 온도변화에 의한 오버랩 구성의 변형이 적다.

④ 계통이 다른 가압부분 상호

계통이 다른 가압부분 상호는 가동브래킷 등의 이동을 고려하여 상시 평행부분의 전차선 상호 이격거리를 유지하도록 시설한다. 섹션 부근의 전차선은 온도변화에 의한 이동량이 크고, 평행부분에서는 전차선의 이동 방향이 서로 다르기 때문에 주의가 필요하다.

자동장력조정장치의 조정거리를 800[m]로 하고, 표준온도 15[℃]에 대하여 ±30[℃]의 온도변화를 고려하면, 전차선(M : St 90[$mm^2$], T : Cu 110[$mm^2$])의 신축량은 약 ±300[mm](최대 이동량 600mm)가 된다. 이것을 게이지 3[m]의 가동브래킷의 편위량으로 환산하면 30[mm]가 된다. 평행부분의 양측에 자동장력조정장치를 설치하면, 전차선은 상호 이동하기 때문에 별로 문제가 되지는 않지만 한쪽을 고정 인류하는 경우에는 이들을 고려하여 평행 간격을 정하여야 한다.

⑤ 평행부분의 순환전류

평행부분의 동일 급전계통에 속하는 조가선과 전차선과는 각각 커넥터로 접속한다. 전차선의 종단부에 부하전류가 흐르면 그 부근의 행거에 조가선으로부터의 전류가 집중적으로 흘러 행거 및 조가선을 손상시킬 우려가 있다. 이것을 방지하기 위하여 조가선과 전차선과는 전기적으로 완전히 접속하여 행거로 전류가 적게 흐르도록 하여야 한다.

⑥ 교류구간 무가압 부분의 전파 잡음

교류구간 무가압부분의 조가선은 근접하는 가압부분의 조가선과 커넥터로 접속하고, 교류구간에서는 무가압부분의 조가선과 전차선을 커넥터로 접속한다. 교류구간에서는 무가압부분이 있으면 텔레비전, 라디오 등에 유해한 전파 잡음이 발생하기 때문에 무가압 부분을 접근하는 가압부분과 커넥터로 균압하여 수신장애를 방지하고 있다.

### 2) 흡상변압기용

흡상변압기용 에어섹션은 흡상변압기를 전차선로 회로에 직렬로 삽입하기 위한 섹션이다. 흡상변압기용 섹션 개소의 조가선은 팬터그래프 습동 등에 대하여 발생하는 아크로 인하여 손상되지 않도록 설치한다. 기타의 사항에 대해서는 본선 구분용 에어섹션에 준하여 시설한다.

급전방식에서는 3~4[km]마다에 부스터(흡상변압기)가 있고 그 부분의 전차선에는 부스터섹션이 설치된다. 이 부스터섹션이 일반의 에어섹션과 다른 점은 구분용애자는 부스터의 단자전압을 부담하면 되기 때문에 현수애자 180[mm] 1개를 사용하는 점이다.

흡상변압기용 섹션을 전기차가 역행(동력)운전하며 통과하는 경우 섹션부에 아크가 발생한다. 이 때 부하전류가 크게 되면 조건에 따라서는 아크가 과대하게 되고 조가선의 소선 절손 등으로까지 발전하기 때문에 이들에 대한 대책이 필요하게 된다. 일반적으로 아크의 성질은 복잡하여 주위의 전자력이나 풍압에 의하여 제거되기 쉽다든지 하여 심하게 되기 전에 억제시키게 되나, 이들의 대책으로 다음의 방식이 채용되고 있다.

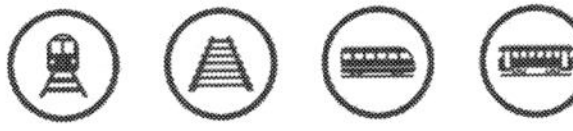



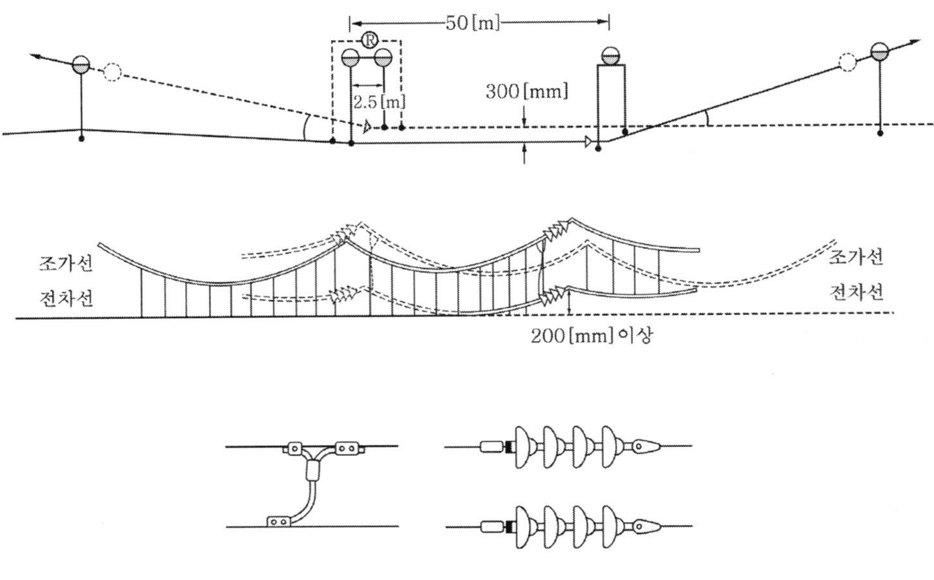


▶그림 4.58◀ 부스터 섹션

① **콘덴서(condenser) 섹션방식**

급전회로의 NF 회로에 직렬콘덴서(1.8～2.5[Ω] 정도)를 삽입하여 부하전류의 차단전류를 NF 회로에 많이 분류시켜 차단전류를 작게 하는 방식이다.

② **저항 섹션방식(Register Section)**

부스터 섹션의 전차선 회로에 아크를 방지하기 위한 소호용저항기(10[Ω])를 직렬로 삽입하여 차단전류를 억제하는 방식이다.

### (2) 애자형 섹션(section insulator)

섹션 인슐레이터는 주로 역구내의 상·하선 간 및 측선 등에 사용되고 사고시나 작업상의 정전시에 열차운전에 대한 영향을 최소 구간에 한정하기 위한 장치이다. 이것은 전기적, 기계적으로 충분한 강도를 갖도록 하여 팬터그래프의 통과에 지장을 주지 않도록 설비되어 있다.

섹션 인슐레이터는 절연구분의 재료에 절연재를 사용한 것으로서 구조, 재질에 따라 "애자형 섹션", "수지제 섹션(FRP)" 및 "목제 섹션(wood section)"으로 대별된다.

섹션 인슐레이터용 절연제가 구비하여야 할 요건은 절연내력이 크고 내아크성, 내트래킹성이 강하며 열화가 적고 항장력이 커야 한다. 또한, 습기를 함유하지 않고 열에 대한 영향이 적으며 중량이 가벼워야 한다.

### 1) 목재 섹션

목재 섹션은 절연재로 천연의 견고한 재질의 목재를 사용한 섹션으로서 직류 전철 구간의 역구내 상 · 하선간 및 측선 등의 급전구분용으로 오래 전부터 많이 사용되고 있는 접촉형의 인슐레이터이다.

절연재와 전차선 인류용 접속 금구로 구성되고, 구조가 간단하며 시공 및 보수가 용이하지만 절연재로 목재를 사용하고 있기 때문에 풍우로 인한 절연열화가 쉽고, 팬터그래프 통과시에 전류가 차단되기 때문에 아크가 발생하여 목재부가 손상되기 쉬운 결점이 있다. 이 섹션은 절연재로 목재를 이용하고 있기 때문에 “우드섹션”이라고 부르고 열차 허용속도는 95[km/h] 이하로 되어 있다.

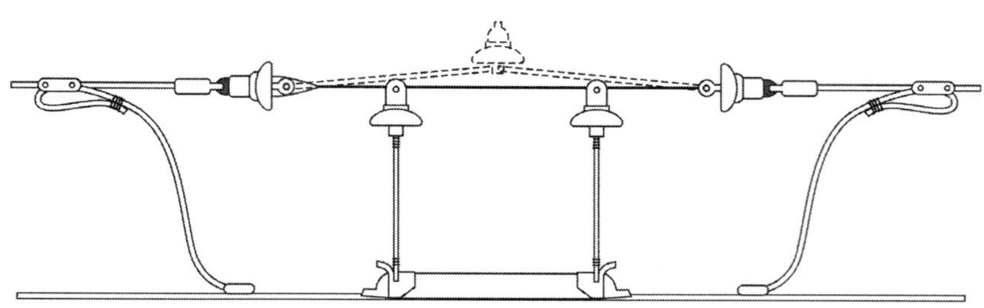

▶그림 4.59◀ 직류용 우드 섹션

그러나 목재 섹션은 양질의 목재를 구하기 어려운 점, 또 경년에 따른 절연열화 경향 및 기계적 강도의 열화 경향이 크고 품질관리에 난점이 있기 때문에 사용되지 않고 있으며, 현재에는 절연 본체로 수지제(FRP 등)를 사용하고 있다.

### 2) 애자제 섹션

#### ① 현수애자형

애자형 섹션은 현수애자를 절연재로 하고 섹션의 양측에 슬라이더를 취부하여 팬터그래프가 역행으로 습동 통과할 수 있도록 한 섹션으로 궤도 중심에 수평이 되도록 설치한다. 슬라이더는 절연구분된 양측으로부터 각각을 향하게 맞추어 올려붙여서 팬터그래프의 통과시에는 단락되게 한다. 이 섹션은 팬터그래프에 전류를 차단하지 않고 섹션을 구성하는 구분이 짧기 때문에 교류 전철구간의 역구내 등의 급전구분용에 많이 사용되고 있다. 그러나 구조가 복잡하고 조정이 어렵고, 중량이 커서 팬터그래프의 이선을 발생시키기 쉬운 점 등의 결점이 있기 때문에 허용열차속도는 45[km/h] 이하이며 우리나라 수도권 절철 개통 초기에 설치되었으나 지금은 사용

하고 있지 않다. 이 애자형 섹션은 일반적으로 "A형 섹션"이라고 부르고 있으며 주로 교류 20[kV] 전철구간의 상 · 하 구분, 본선 측선 구분 및 구내 측선 구분 등의 동상 전원 구분용에 사용되기 때문에 "동상용 애자형 섹션"이라고 한다. 또한 구분용 애자는 250[mm] 현수애자 4개(2연)를 표준으로 하고 있다.

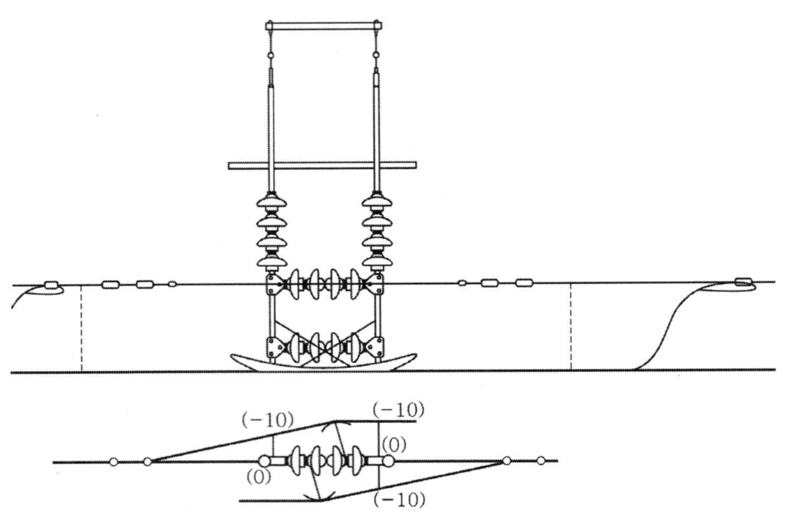


▶그림 4.60◀ 교류 20[kV]용 애자형 섹션

섹션의 양측에 취부한 슬라이더는 팬터그래프의 습동시 충격 또는 이선에 의한 아크단락 등의 지장이 없고 전기차에 전기를 원활하게 공급하는 장치이다. 이 때문에 항상 높이, 편위, 벌림 상태 등을 일정하게 조정할 필요가 있다.

조가선 인류부에는 턴버클을 삽입하여 온도변화에 따라 발생하는 선조의 이동, 변형을 조정하고 있지만, 전차선 인류부에 팬터그래프가 직접 습동하여 인류부가 손상, 국부 마모되지 않도록 슬라이더와의 고저차를 적정하게 유지할 필요가 있다.

② 장간애자형

절연재를 장간애자로 사용한 애자형 섹션으로 속도가 85[km/h] 이하인 측선 및 건넘선의 구분을 목적으로 사용한다. 구조상으로 Y형태로 되어 있어 방향성이 있으나 실제 사용에 있어서 역행하여도 팬터그래프 습동에는 크게 지장을 받지 않는 구조이다.

구조는 본체, 슬라이더, 현조장치 및 인류부분으로 되어 있으며, 슬라이더는 카드뮴 합금동대를 사용하며 절연체로는 특수 장간애자를 사용하여 전차선로의 어느 곳이나 필요한 개소에 설치할 수 있는 구조로 되어 있다. 또한 전차선의 온도변화에도

원형의 변형없이 장치 전체가 균형이 되어 이행(移行)하는 추종성이 우수한 구조로 되어 있다. 슬라이더는 팬터그래프가 습동할 때 충격 또는 이선 현상이 일어나지 않도록 높이, 편위, 전차선과 이격거리 등을 알맞게 조정하여야 하며 전차선의 본선 단말 처리부와 슬라이더간의 높이차는 7[mm]를 표준으로 하고 있다.

본체가 경사되었을 때 조정은 수평기를 사용하여 현조장치에 있는 2개의 턴버클과 본체에 있는 볼트 등으로 조정하여 양슬라이더가 완전히 수평을 이루도록 하여야 한다.

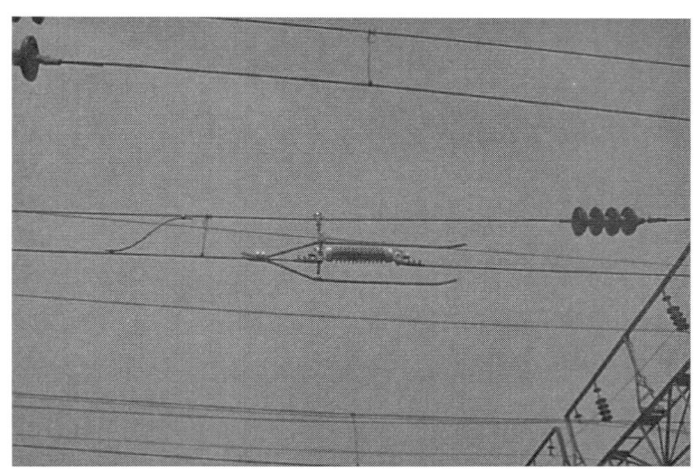

▶그림 4.61◀ 장간애자형 섹션

### 3) 수지제 섹션

① 직류 1,500[V]용

직류 섹션 인슐레이터는 절연 본체로 견고한 목재를 사용하는 우드 섹션이 있으나 목재에서 파단 사고가 다수 발생하기 때문에 사용하지 않고 있으며, 지금은 절연 본체로 수지재료(FRP)를 많이 사용하고 있다. 이것을 일반적으로 "직류 1,500[V]용 FRP 섹션"이라고 부르며 열차허용속도는 95[km/h] 이하로 하고 있다.

직류구간의 전기차는 무가압 상태에서 습동하는 것이 아니기 때문에 아킹혼은 원칙적으로 취부하지 않는다. 그러나 전차고의 입 · 출고선에서와 같이 저속으로 대전류를 단속하는 장소에는 아킹혼(R형)을 취부할 필요가 있다. 또, 최근에는 내열재, 절연재로 이용되고 내기후성, 내절연성, 내열성(내아크성), 기계적 강도가 우수한 특수내열자기(ceramic)를 이용한 섹션이 제조되고 있다.

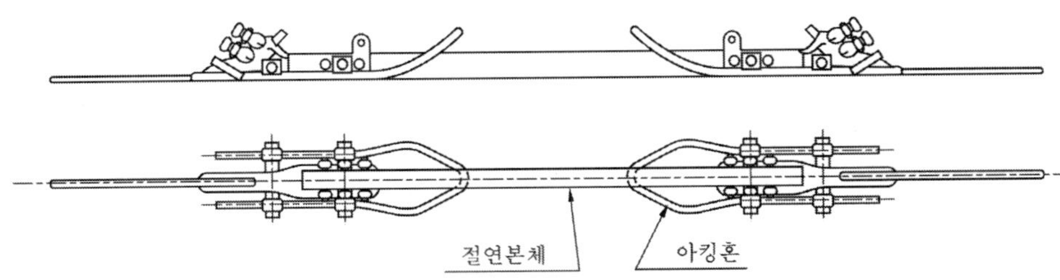


▶그림 4.62◀ 직류 1,500[V]용 FRP제 섹션

이제까지의 직류용 FRP 섹션에는 Y형(비접촉식) 또는 개량형(접촉식)이 사용되어 왔으나, Y형은 구조가 복잡하고 이상 계통전원이 서로 들어오기 때문에 전차선을 교체할 때에 양측을 정전하여야 되고, 또 개량형은 슬라이더에 의하여 이상 계통전원이 서로 겹치게 되고, 섹션의 비틀림에 의하여 슬라이더와 팬터그래프와의 충격 사고가 발생하는 등의 결점이 있다. 또, 절연 본체의 FRP도 실리콘수지를 롤 형태로 감은 것을 각형으로 성형 압축을 했기 때문에 성형할 때에 결이 생겨서 이 결을 따라 트래킹(흔적이 생기는) 현상이 발생하는 경우가 있다. 따라서 이와 같은 점을 개량한 것이 현재의 직류용 인슐레이더이다. 주된 개량점은 절연 본체를 종적층(세로 겹층)으로 하여 결을 없게 하였고, 이상 계통전원의 랩부를 없게 하였으며 작업성을 좋게 하기 위하여 목재와 같이 볼트 결합형으로 되어 있다.

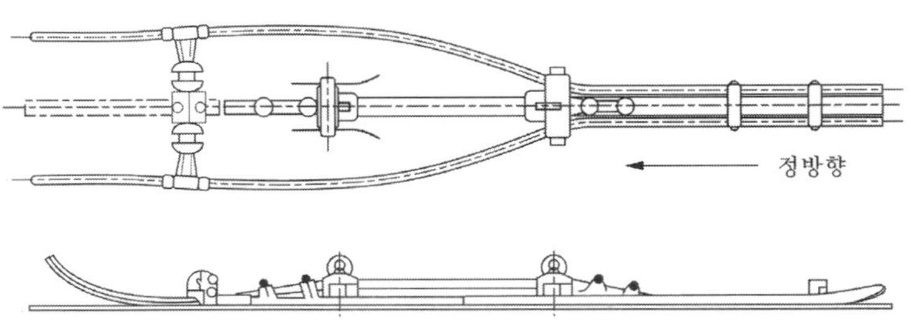


▶그림 4.63◀ 직류용 수지제 섹션(Y형)

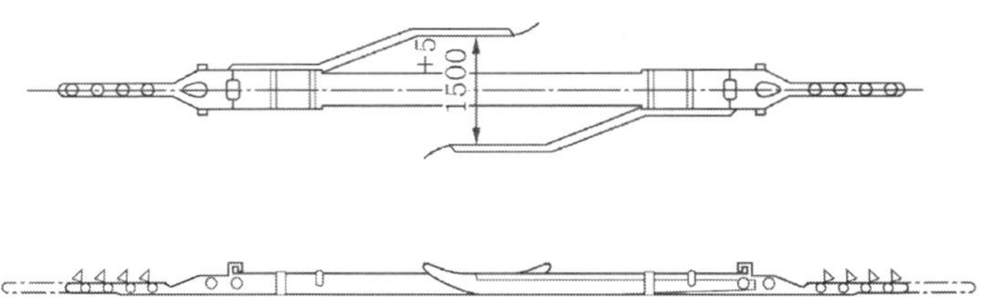


▶그림 4.64◀ 직류용 수지제 섹션(개량형)

② 교류 25[kV]용

교류 25[kV]용 수지제 섹션은 절연 본체에 FRP를 사용하고 있다. 슬라이더는 도체 슬라이더와 절연슬라이더로 구성되어 있고, 도체슬라이더는 동제, 절연슬라이더는 FRP제를 사용하고 있다.

팬터그래프가 도체슬라이더를 원활하게 통과할 수 있도록 절연슬라이더에 지지되어 있다. 이 섹션은 애자형섹션과 같은 모양으로 상 · 하선 구분 및 구내 측선 구분 등의 동상 전원구분용에 사용되며, "동상용 FRP제 섹션"이라고 한다. 또한, 열차허용속도는 85[km/h] 이하이다.

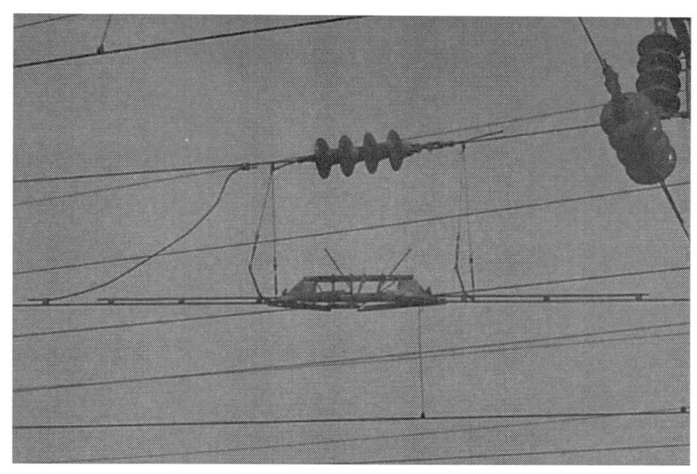

▶그림 4.65◀ 교류 25[kV]용 수지제 섹션(프랑스)

▶그림 4.66◀ 교류 25[kV]용 수지제 섹션(스위스)

### (3) 절연구간(Neutral Section)

교류 25[kV] 전철구간의 급전은 이상전원을 구분하기 위하여 변전소의 급전 인출구와 그 중간점에 교류 이상구분장치를 설치하고, 이것을 일반적으로 절연구간, 또는 교 · 교 절연구간이라고 한다. 또한, 직류 전철구간과 교류 전철구간의 접속개소에는 교직 접속용의 전기적 구분장치를 설치하고, 이것을 교 · 직 절연구간이라고 한다.

이 전기적 구분장치는 당초의 "지상절체방식"으로부터 기술의 진전과 더불어 "차상절체방식"이 주류로 되고 있다. 절연구간의 길이는 전기적 절연거리와 팬터그래프 간격을 고려하여 결정하고 있다.

교류 전철구간의 이상전원 접속개소 및 직류 전철구간과 교류 전철구간의 서로 다른 전원의 접속개소에는 서로 다른 전원의 단락(교류 구간의 이상단락, 교직 접속 개소에서의 교 · 직류 단락)을 방지하기 위하여 전차선을 전기적으로 절연 구분한 구분장치를 설치하고 있다.

구분장치의 길이는 그 구간을 운전하는 차종이나 구간의 속도 및 주행 방향에 따라 결정되고 그 길이 만큼이 무가압으로 되기 때문에 절연구간이라고 한다. 절연구간의 위치가 크게 이동하는 것은 좋지 않기 때문에 인류구간의 길이를 600[m]이하로 제한하고, 자동장력조정장치는 한쪽에만 취부하여야 한다. 또한 절연구분장치는 가능한 고정인류측에 시설한다.

절연구간 양단에서는 조가선과 전차선은 커넥터로 접속한다. 섹션 근방의 행거의 분류를 작게 하고, 행거 및 조가선의 손상을 방지하기 위하여 조가선과 전차선은 커넥터로 전기적으로 완전히 접속한다.

절연구간 개소의 조가선은 팬터그래프 습동시 등에 발생하는 아크로 손상을 받지 않도록 설치하여야 한다. 이상구분용 섹션의 절연재와 전차선 접속점 부근의 조가선이 팬터그래프 통과시에 발생하는 아크로 인하여 손상되기 때문에 해당개소의 조가선을 아연도금 로드(16$\phi$ 또는 19$\phi$)로 바꿔 설치하여 사고 방지를 도모하고 있다.

#### 1) 교류 이상구분용

교류 이상구분용 절연구간은 교류 전철구간 변전소의 급전인출구 및 그 중간의 급전구분소 등에 이상단락방지를 위하여 설치하는 구분장치로서 절연본체로 FRP(22[m])를 사용하고 있다. 또한, 아크에 의한 절연본체의 손상을 방지하기 위하여 스테인리스의 아킹혼(각형)을 사용하고 있으나, 아킹혼 자체의 절손사고가 발생하기 때문에 그 후 재질적으로 아크에 강하고 구조상 팬터그래프의 할입 우려가 없는 동제(전차선 Cu 110[$mm^2$])의 아킹혼(R형)이 개발되어 실용화되고 있다.

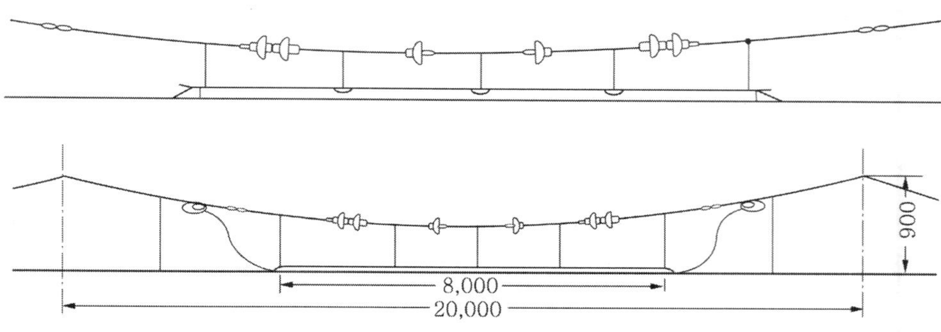


▶그림 4.67◀ 절연구간(교류-교류 8[m])

### 2) 교 · 직류 구분용

교 · 직류 구분용 절연구간은 직류 전철구간과 교류 전철구간과 같이 서로 다른 전철구간의 접속개소에 교 · 직류 단락방지를 위하여 설치하는 구분장치로서 교류 이상구분용 섹션과 동일한 절연재로 FRP를 사용하고 있다.

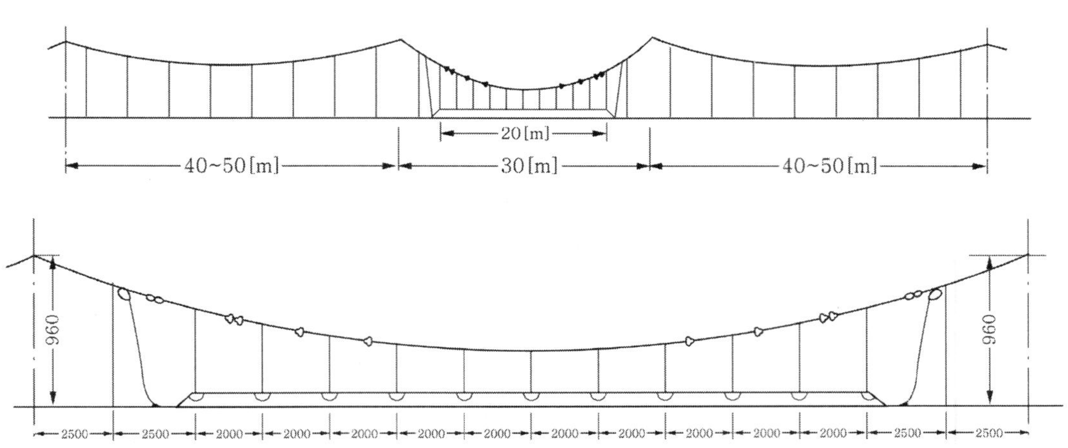


▶그림 4.68◀ 절연구간(교류-교류 22[m])

### 3) 절연구간의 길이

① 교류 이상 구분용(22[m])

섹션을 통과할 때 단(노치)-오프(무동력운전)를 원칙으로 하고 있지만 섹션의 길이를 정할 때 가장 문제되는 것은 단(노치)-온(동력운전) 상태로 통과하는 경우의 아크신도이다.

이 값은 현차시험 결과에서 3[mm/kVA] 정도로 나타났으며, 아크에너지를 최대

2600[kVA]로 가정하면 섹션의 소요 길이는

$$2600[\text{kVA}] \times 3[\text{mm/kVA}] = 7800[\text{mm}] \fallingdotseq 8[\text{m}]$$

가 된다.

또한, 전기차의 양 팬터그래프로 인한 전원 혼촉을 방지하기 위한 길이가 필요하므로 전체적인 절연구간의 길이는

$$\text{전기적 절연 길이} + \text{팬터그래프 간격} = 8[\text{m}] + 13[\text{m}] = 21[\text{m}]$$

가 된다.

여기에 여유 길이 1[m]를 가산하여 일반적인 교류 이상구분용 절연구간의 길이는 22[m]로 하고 있다.

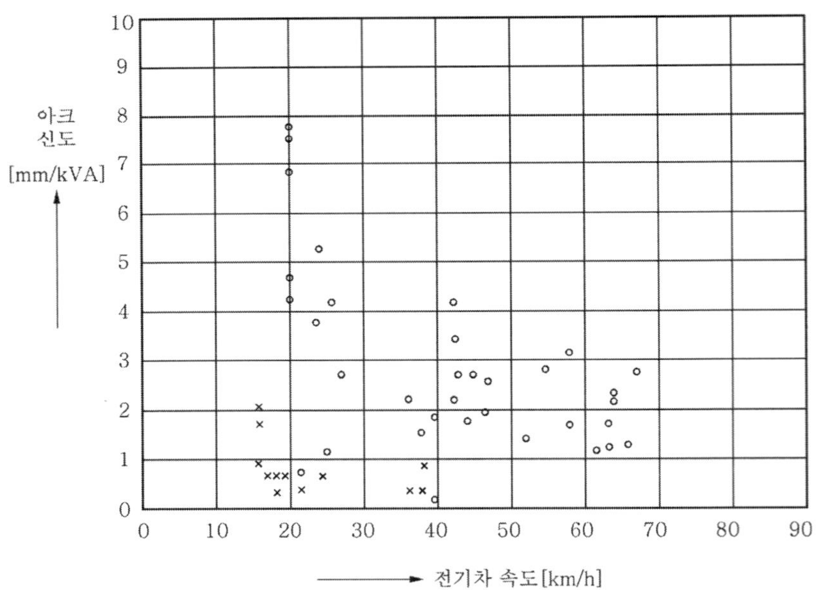


▶그림 4.69◀ 전기차 통과속도와 아크신도

② 교 · 직류 구분용(66[m])

전기차가 교 · 직류구간으로 진입하는 경우의 섹션의 길이는 기기류의 조건과 현차 시험 등 다음의 결과에 따라 정하고 있다.

$$\text{유효 길이}[\text{m}] = \text{총동작 시간} \times \text{운전속도}[\text{km/h}] \tag{4-47}$$

※ 총동작 시간 = $A + B + C + D$

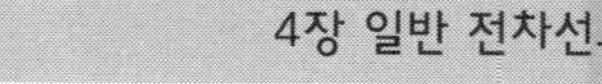



여기서, $A$ : 아크 시간 200[ms]

아크의 지속시간을 말하며 차량시험 결과에 약간의 여유를 더하여 정하고 있다.

$B$ : 전압계전기 동작시간 910[ms]

절연구간에 진입하여 무전압을 감지하여 동작되는 계전기를 말하며 동작 시간이 짧을수록 좋겠지만 일반 구분장치의 통과나 이선현상에 의한 동작으로 운전에 지장을 주게 되므로 약간의 동작지연 시간을 갖고 있다.

$C$ : 차단기의 차단시간 200[ms]

전압계전기의 동작에 의한 차단기의 차단시간을 말한다.

$D$ : 여유 100[ms]

$E$ : 전기차 속도에 의한 유효길이[m]

$F$ : 전기차의 팬터그래프의 간격[m]

이상의 방법에 따라 수도권 전동차의 예를 들어 소요 섹션의 길이를 구하면 다음과 같다.

| 항 목 | 전동차(VVVF) | 비 고 |
|---|---|---|
| $A+B+C+D$ | 1410[ms] | |
| 최고 운전 속도시<br>유효 섹션 길이 | 43.08[m] | 110[km/h] |
| 팬터그래프의 간격 | 14.05[m] | |
| 소요 섹션 길이 | 57.12≒60[m] | |

여기에 여유 6[m]를 두어 66[m]를 표준으로 하여 설치하고 있다.

### (4) 에어조인트(Air Joint)

에어조인트는 온도변화에 따른 전차선의 신축(가선의 처짐 또는 과도한 장력)을 조정하기 위하여 전차선을 일정한 길이의 것으로 인류하기 위하여 설치되어 있는 기계적인 구분장치이다.

전차선 상호의 평행부분을 일정한 간격으로 유지, 팬터그래프가 한쪽 방향의 전차선으로부터 평행부분의 중앙부근에서 양 전차선을 습동하고, 타 방향의 전차선으로 이동하도록 구성되어 있다. 에어조인트는 전기적으로 완전하게 접속시켜 연속하여 집전 가능하고, 집전상 경점이 되지 않도록 시설할 필요가 있다.

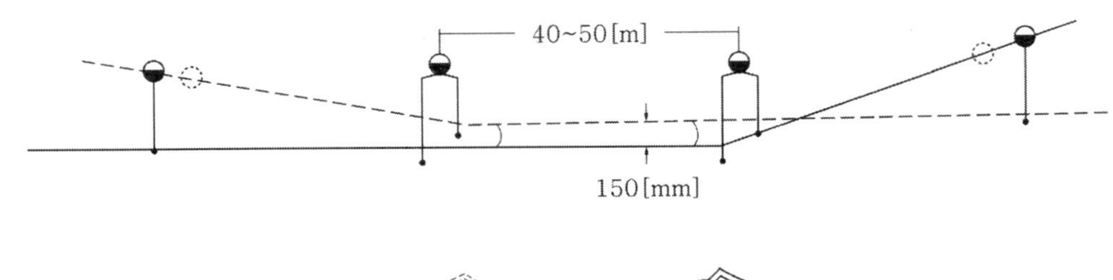


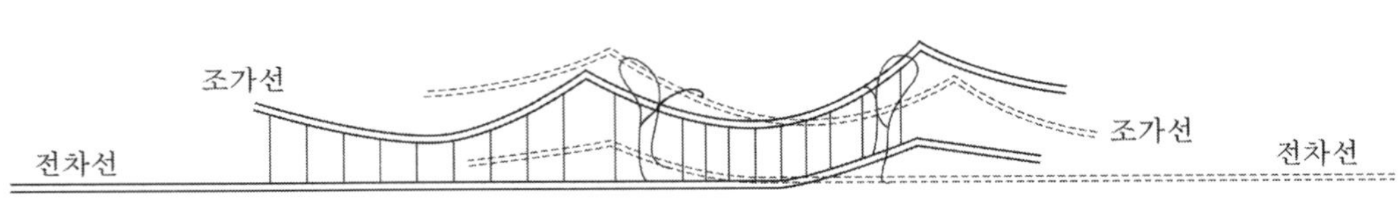


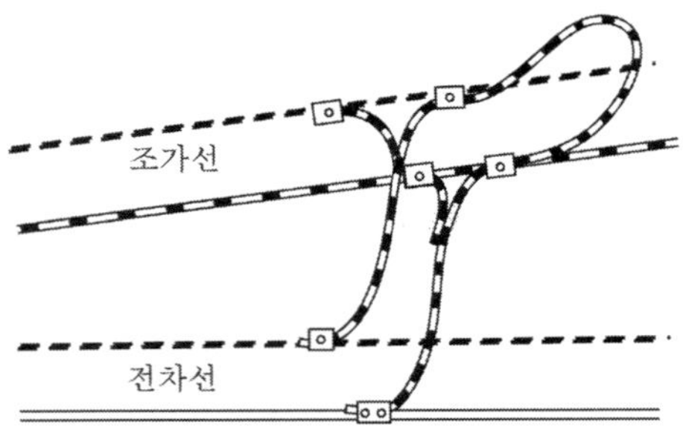


▶그림 4.70◀ 에어 조인트

평행부분에서 전차선의 간격은 150[mm]로 한다.(일본 신간선의 경우 300[m]) 평행부분의 간격이 너무 접근하면 자동장력조정장치에 의한 전차선의 이동이 커넥터에 의하여 지장을 받기 때문에 이 영향이 없는 범위로 하여 150[mm]로 하고 있다. 평행부분의 양단에서는 조가선 상호 및 조가선과 전차선을 일괄하여 접속한다. 평행부분의 전차선은 전기적으로 완전하게 접속할 필요가 있다. 이를 위하여 T-M-M-T 커넥터로 각 전선 상호를 일괄접속하도록 하고 있다. 커넥터는 평행하는 전차선의 이동에 지장을 주지 않도록 리드선에 적당한 여유를 주고, 또 아래로 처져 팬터그래프에 지장을 주지 않도록 한다. 평행부분의 전차선은 온도 변화에 따른 이동량이 크고, 전차선의 이동 방향이 양측이 서로 반대로 되기 때문에 이 전차선의 이동을 고려한 리드선의 길이의 커넥터로 전기적으로 접속되어 있다. 이 때문에 리드선이 아래로 처지는 것에 특히 주의하여야 한다.

지지점에서 전차선의 인상 높이는 될 수 있는 한 300[mm] 이상으로 하고, 접속금구 등은 팬터그래프의 통과에 지장을 주지 않도록 시설한다. 전차선의 인상 부분에 있는 요크의 하단은 본선의 전차선이 팬터그래프에 의하여 압상할 때에 습판과 충돌하지 않도록 간격을 둘 필요가 있다. 이를 위하여 전차선의 압상량, 가선의 이도 등을 고려하여 본선의 전차선을 인상시키고 있다.

평행부분은 장 경간은 40[m] 이상으로 하고, 40[m] 미만의 경우는 2경간으로 구성한다. 평행부분의 경간을 40[m] 이상으로 하는 것은 에어섹션과 같은 관점에서 요크의 하단을 본선의 전차선보다 300[mm] 이상 인상시키기 위하여 평행부분의 경간을 40[m] 이상으로 할 필요가 있기 때문이다. 또한, 2경간 구성으로 하는 경우도 2경간의 합이 40[m] 이상으로 할 필요가 있다. 또, 일본 신간선의 경우에는 부득이한 경우를 제외하고 평행부분은 2경간으로 구성하는 것을 표준으로 하고 있다.

## 4.7.3 구분장치의 설치

전차선의 전기적 구분장치는 운전보안 확보, 선로운용, 급전계통 운용 및 보수를 고려하여 다음과 같은 개소에 설비한다. 또한, 구분장치의 설치 위치 선정에는 팬터그래프의 섹션 오버에 의한 사고방지를 위하여 신호기와의 관계를 고려하여 섹션의 바로 아래에 팬터그래프가 정지하는 것을 피한다. 또한, 상향구배, 역의 발차지점 부근 등의 역행(力行) 구간을 피하고 보수의 측면에서 곡선, 터널, 교량 위 등을 피한다.

전차선로의 어느 일부에서 지락, 단락 등의 사고가 발생한 경우 또는 작업상 전차선로의 일부분을 정지하고 싶은 경우에 전구간 또는 장구간에 걸쳐 급전을 정지하는 것은 불합리하다. 이와 같은 불합리한 점을 없애고 열차의 운전계통, 사고시의 구분 및 보수작업의 정전구간의 확보 등을 미리 예상하여 사고 발생시 등에 대하여 전기운전의 영향을 최소한으로 할 수 있도록 전차선을 섹션으로 구분함과 동시에 급전선은 전차선의 각 구간에 단독으로 급전 또는 급전정지가 가능하도록 급전계통을 분리하여야 한다.

### (1) 운전 계통별, 상 · 하선별, 방면별 분리

급전계통은 원칙적으로 운전계통별, 상 · 하선별, 방면별로 분리하고, 그 구분 및 연락은 변전소, 급전구분소 및 보조급전구분소에서 차단기 또는 개폐기로 행한다.

사고시에 전기운전의 영향을 최소화하는 원칙에서 운전계통별, 상 · 하선별 등으로 구분하고 이들을 분리하면 모두 사고점이 분리되어 건전한 부분에는 타 계통 등으로부터 항상 급전 가능하도록 하여야 한다. 이와같은 역할을 맡고 있는 것이 구분장치, 차단기 및 단로기 등이다.

#### 1) 주요역 내에 대하여 타 급전계통으로부터 절체 급전이 가능한 방식

사고시에 사고구간의 단선운전 또는 부분운전을 위하여 주요한 역 내의 전차선을 방면별 또는 상 · 하선별로 구분장치로 분리하고 다른 급전계통으로부터도 상호 급전이 가능하도록 연락용 개폐기 등을 설치하여 운전지장 시간을 최소한으로 할 수 있다.

### 2) 주요한 역 구내의 본선과 측선의 분리

주요한 역 구내의 측선을 본선으로부터 분리하여 적당한 군으로 구분함으로써 본선 또는 측선의 사고시에 상호 지장시간을 최소한으로 할 수 있고 정전작업 구간의 확보가 비교적 용이하게 된다.

### 3) 전동차고 및 전기기관차고 구내의 분리

전동차고 및 전기기관차고 구내에는 차단기 트립 등의 장해가 비교적 많아 이들이 운전에 미치는 영향이나 본선의 사고로 구내의 차량검수, 입 · 출고 등에 주는 영향 때문에 본선으로부터 분리할 필요가 있다.

### 4) 신호기와 전기적 구분장치의 위치

신호기와 전기적 구분장치의 위치가 부적당할 경우, 신호기의 정지 현시에 의하여 정차한 전기차의 팬터그래프가 섹션 위치에서 정지하게 되면, 전기차는 기동불능으로 열차 운전이 불가능하게 된다.

정전작업 또는 사고복구 작업의 경우 한쪽 정전시 전기차의 팬터그래프가 섹션 위치에 걸려 단락되면 전차선의 단선, 용손사고 또는 작업원의 감전사고가 발생한다. 이 때문에 해당 구간으로 진입하는 전기차를 섹션이 전방에서 정차시킬 필요가 있다든지, 그 설치 위치에 전기차(팬터그래프)가 정차할 가능성이 없는 곳에 설치할 필요가 있다.

① 복선구간의 장내신호기 부근에 설치하는 구분장치의 설치 위치

복선구간의 장내신호기 부근에 설치하는 경우 구분장치는 장내 신호기의 위치와 일치시키든지 또는 내측에 설치한다.

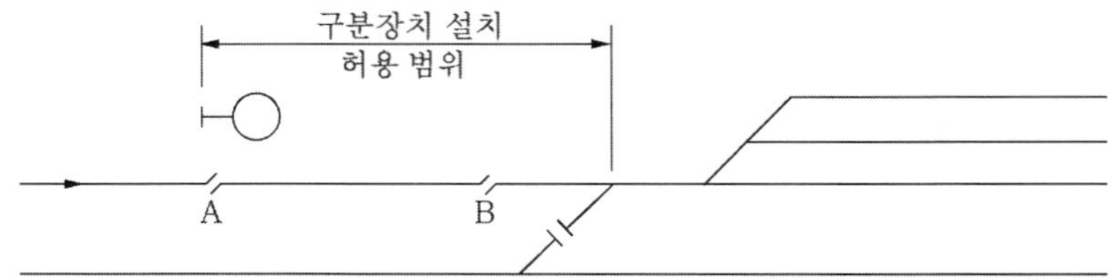


▶그림 4.71◀ 복선구간의 장내신호기 부근에 설치하는 구분장치

② 복선구간의 출발신호기 부근에 설치하는 구분장치의 설치 위치(1)

복선구간에서 출발신호기 부근에 설치하는 구분장치는 입환을 행하는 역 끝단의 분기기로부터 열차의 길이에 50[m]를 더한 길이 이상 이격한 위치에 설치한다.

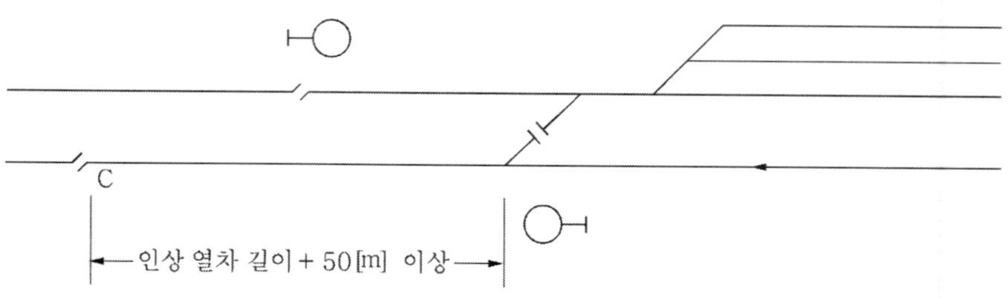


※ 사고시에 열차의 인상 등의 작업에 지장을 주지 않도록 인상 열차 길이에 50[m]를 더한 위치를 C점으로 한다.

▶그림 4.72◀ 복선구간의 출발신호기 부근에 설치하는 구분장치(1)

③ 복선구간의 출발신호기 부근에 설치하는 구분장치의 설치 위치(2)

앞에서 말한 이격거리를 둔 경우 구분장치와 그 전방의 폐색신호기까지의 거리가 당해 선로 구간을 운전하는 열차의 집전장치간의 거리 중 최대의 것에 50[m]를 더한 길이 이하일 때에는 전방의 폐색신호기의 내측에 설치한다.

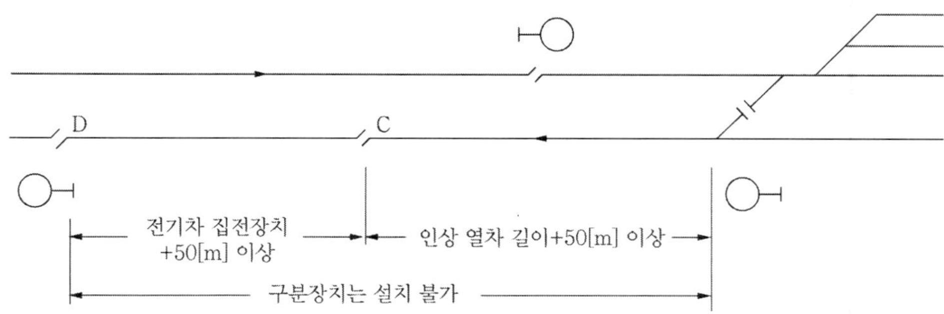


※ C점과 그 전방의 신호기와의 거리가 당해 선로 구간을 운전하는 전기차를 전기적으로 접속하는 집전 장치간의 거리 중 가장 큰 것에 50[m]를 더한 길이 이하일 때에는 전기차가 섹션을 단락할 경우가 있기 때문에 섹션 설치 위는 D점으로 한다.

▶그림 4.73◀ 복선 구간의 출발신호기 부근에 설치하는 구분 장치(2)

④ 단선구간의 장내신호기 부근에 설치하는 구분장치의 설치 위치

단선구간에서 장내신호기 부근에 설치하는 구분장치는 장내신호기의 외측에 당해

선로 구간을 운전하는 열차의 집전장치간의 거리 중 가장 큰 것에 50[m]를 더한 길이 이상 이격한 위치에 설치한다. 또한, 단선구간에서 입환을 행하는 개소의 경우는 복선구간에 준한다.

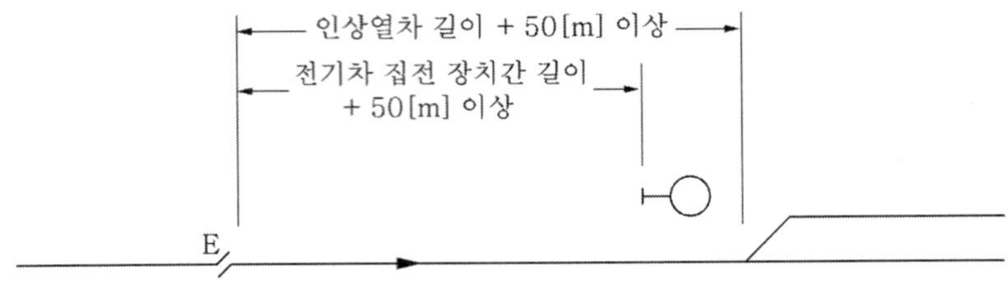


※ 설치 위치는 E점으로 한다. 입환하는 개소는 그 거리가 전기차의 접속하는 집전장치간의 거리 또는 인상 열차 길이의 어느 쪽이든지 긴 쪽에 50[m]를 더한 길이로 하여야 한다.

▶그림 4.74◀ 단선구간의 장내신호기 부근에 설치하는 구분장치

⑤ 역 중간의 폐색신호기 부근에 설치하는 구분장치의 설치 위치

역 중간에 설치하는 구분장치는 폐색신호기에 일치시키든지 또는 내측에 두도록 한다. 단선구간에서 상 · 하의 폐색신호기의 외측이 중복하는 경우에는 대향 방향의 신호기의 어느 쪽이든지 당해 선로 구간을 운전하는 열차의 집전장치간의 거리 중 최대의 것에 50[m]를 더한 길이 이상 이격한 외측에 설치한다.

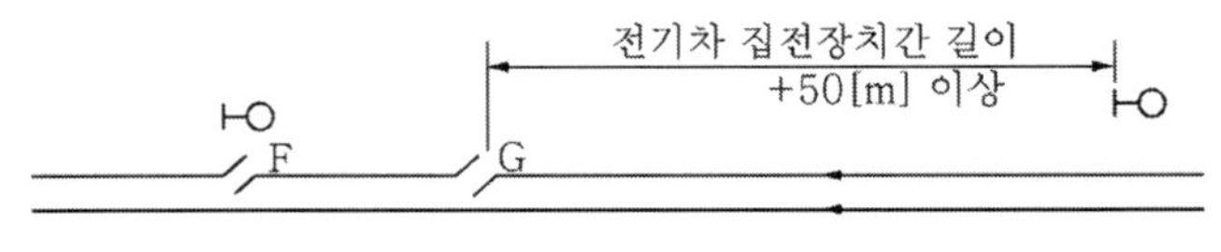


※ 설치 위치는 F점 또는 G점으로 한다.

(a) 복선의 경우

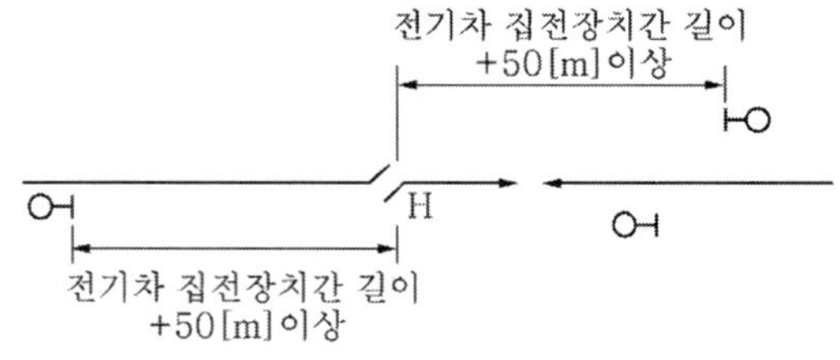


※ 설치 위치는 H점으로 한다.

(b) 단선의 경우

▶그림 4.75◀ 역 중간의 폐색신호기 부근에 설치하는 구분장치

⑥ 입 · 출고선에 설치하는 구분장치의 설치 위치

입 · 출고선에 설치하는 구분장치는 입환의 경우 후방의 운전실에서 차량정지표식을 확인하기 때문에 주행 정지시에도 섹션 오버가 되지 않도록 차량정지표지로부터 1차량 길이 만큼 앞쪽에 20[m] 이격한 위치에 설치한다.

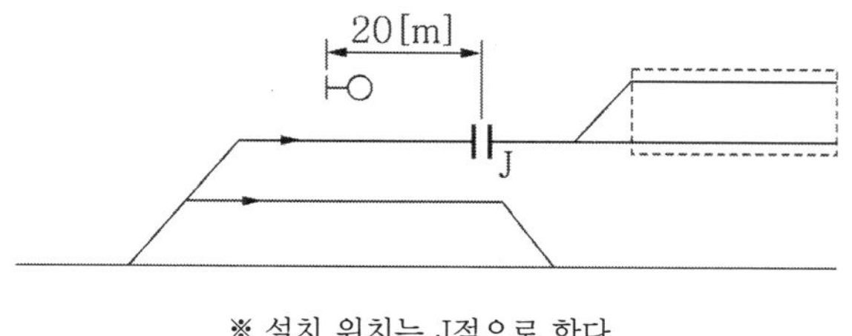


※ 설치 위치는 J점으로 한다.

▶그림 4.76◀ 입 · 출고선에 설치하는 구분장치

**5) 교류 이상구분장치 및 교 · 직류 구분장치의 설치 위치**

교류 이상구분장치 및 교 · 직류 구분장치는 열차의 단(노치) 취급, 팬터그래프 간격, 차상 기기의 절환 소요시간 등을 고려하여 운전상 지장이 없는 위치에 설치한다. 또한, 교류 이상구분장치 및 교 · 직류 구분장치는 평탄한 직선개소에 설치한다. 교류 이상 구분장치 및 교 · 직류 구분장치를 통과하는 열차의 운전조건은 단(노치) 오프를 원칙으로 하고 있다. 특히 교 · 직류 구분장치를 통과하는 경우는 타행(무동력)구간이 길고 열차의 속도 저하도 크게 된다. 이 때문에 이들의 구분장치는 열차가 고속으로 통과가 가능하도록 평탄한 직선구간에 설치한다.

## 4.8 인류장치(Straining Devece)

온도변화 등에 따라 전선이 신축하는 외에 경년 및 전차선의 마모에 따른 탄성 신장으로 선조가 늘어나서 전차선의 이도 장력에 영향을 주게 된다. 이것을 방지하기 위하여 전차선의 일정 길이마다 인류를 하고 있다. 이렇게 인류한 조가선, 보조조가선, 전차선의 양측 말단에 인류 지지하는 장치를 전차선로의 인류장치라 한다.

인류방식에는 고정식과 조정식이 있으며, 인류구간의 길이는 선로의 상태에 따라 조정되어야 하나 직선구간을 기준하여 1,600[m]를 표준으로 하고 있다.

## 4.8.1 고정식 인류장치(Fixed Straining Device)

### (1) 설치 목적

고정식 인류장치는 인류구간의 한쪽을 고정하여 합성전차선의 이동을 억제하고 장력조정이 원활하도록 하는 장치이며, 전차선의 흐름이 크게 될 우려가 있을 경우에도 사용된다. 이 장치는 연결봉과 대지로부터 절연하기 위한 인류용 애자, 전주밴드 등으로 구성되어 있다.

고정식 인류장치의 종류에는 조가선과 전차선을 각각 단독으로 인류하는 단독식과 조가선과 전차선을 같이 인류하는 일괄식이 있다.

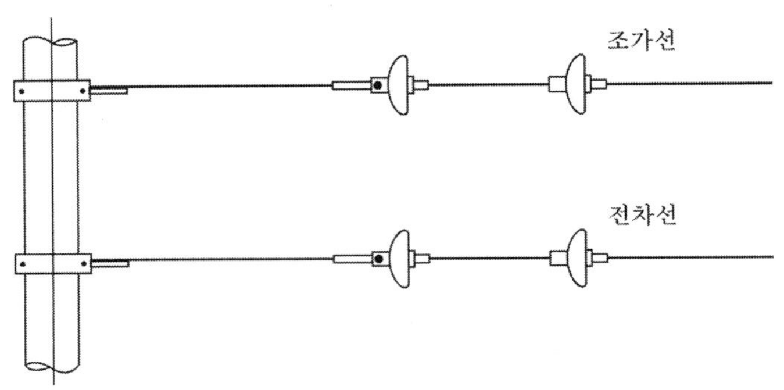


▶그림 4.77◀ 고정식 인류장치(직류)

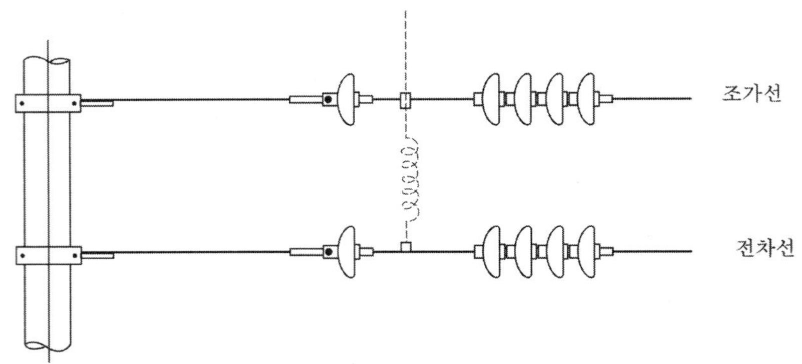


▶그림 4.78◀ 고정식 인류장치(교류 : 2중절연방식)

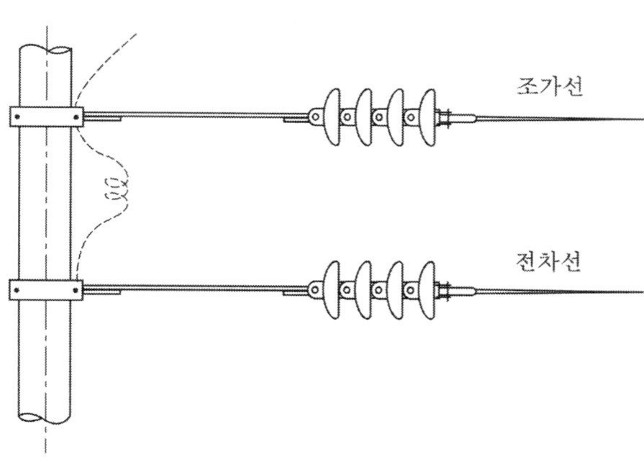


▶그림 4.79◀ 고정식 인류장치(교류 : AT보호방식)

### (2) 설치 방법

인류구간의 길이에 대해서는 장력조정장치의 조정 거리가 최대 800[m]이기 때문에 양쪽에서 조정하는 것을 고려하여 2배의 1,600[m](고속철도 구간의 일반개소는 1,200[m])를 최대로 하고 거리의 산정은 인류전주 상호간으로 하여 전차선의 무효부분(팬터그래프가 습동하지 않는 부분)을 포함한 길이로 한다.

인류장치는 전주에 견고하게 시설하여야 하며 주위의 조건 등에 의하여 부득이한 경우는 콘크리트벽 등에 인류할 수 있다.

전차선의 인류 경로는 가능한 직선으로 하고 지지물에 과대한 횡장력이 가해지지 않고, 지선을 잡아 주는 방향을 선정하여 콘크리트주 또는 철주 등의 전주에 인류하는 것을 원칙으로 하고 있다. 그러나 콘크리트벽, 터널 및 교량 등에서 전주를 건식할 수 없는 경우도 있기 때문에 이와같은 경우에는 적당한 금구를 사용하여 인류하게 된다. 이와 같이 콘크리트벽 등의 구조물에 인류할 때에는 구조물의 강도 검토는 당연한 것으로 구조물 관리자의 허가를 얻는 것은 물론, 필요에 따라 보호망 등의 전기적인 보안 대책을 강구하여야 한다.

인류전용전주는 특수한 경우를 제외하고 사용하지 않는다. 인류전용전주는 구내의 측선이나 차량기지의 유치선 등에서 가선이 종단되는 경우 등의 부득이한 경우를 제외하고 사용하지 않고 있다.

## 4.8.2 조정식 인류장치(tensioning device)

### (1) 설치 목적

전선류는 온도변화에 의하여 신축한다. 이 때문에 외기온도가 상승하면 전차선이 늘어나 장력이 감소하기 때문에 전차선의 처짐 현상이 발생한다. 이와 같은 개소에 팬터그래프가 진입하게 되면 가선 진동이 증대하여 이선과 아크가 발생하고, 전차선이나 팬터그래프 습판의 마모를 촉진하여 전차선의 단선사고를 유발하는 결과로 된다.

또, 외기온도가 낮아질 때에는 장력이 증대하여 전차선이 들어올려지기 때문에 집전할 때 요구되는 등고성을 해치게 되고, 팬터그래프의 도약이 심하게 되어 운전에 지장을 주게 된다. 이러한 조가선, 보조조가선 및 전차선은 온도변화에 따라 신축하는 외에 경년 및 전차선의 마모에 따른 탄성 신장으로 선조가 늘어나서 전차선의 이도 장력에 영향을 주게 된다.

그 결과 이선에 따른 전차선의 집전성능의 약화, 장력 증대에 따른 전차선 단선 등의 위험이 발생하여 전기운전에 지장을 주게 된다. 인류장치에 걸리는 장력은 그 구간에서 예상되는 전선의 최대장력으로 된다. 장력식의 경우 장력이 일정하다고 생각되지만 전차선의 억제저항을 고려하여 고정빔 구간(전차선만 자동조정)에 대해서는 15[%], 가동브래킷 구간(전차선, 조가선 모두 자동조정)에 대해서는 5[%]를 할증한 장력을 고려할 필요가 있다.

이 때문에 전차선의 장력을 일정한 크기로 유지하기 위하여 조정식 인류장치를 설비하는데 이러한 장치를 일반적으로 "장력조정장치(tensioning device)"라고 부르고 있다.

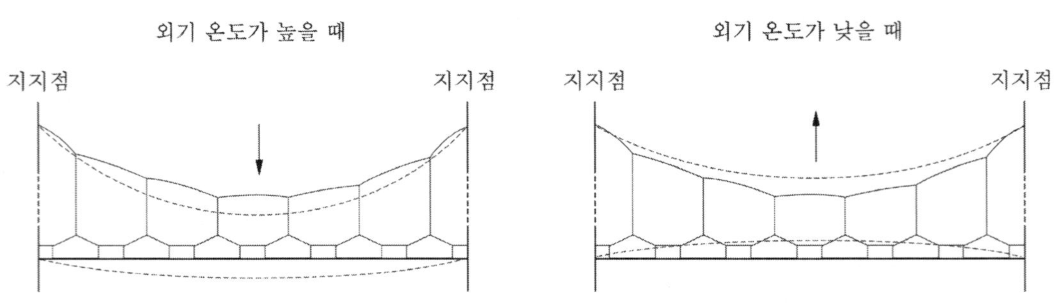


▶그림 4.80◀ 온도 변화와 전차선

장력조정장치는 자동식과 수동식이 있고 이 장력조정장치는 전기적, 기계적으로 충분한 강도를 갖는 것이 필요하다. 장력조정장치의 구비조건은 전차선의 장력에 충분히 대응할 수 있는 기계적 강도를 가지고 금구, 애자 등의 접속 결합 개소에서는 기온저하에 의한 장력의 증대 외에 열차, 풍압 등에 따른 기계적 동요, 진동에 견디며 전기적 절연내력을 가질 것이 요구된다.

## 4.8.2 조정식 인류장치의 분류

조정식 인류장치(장력조정장치)는 온도변화에 따라 전차선의 장력을 자동적으로 조정하는 "자동식"과 사람의 손으로 조정하는 "수동식"으로 대별된다. 자동식 장력조정장치로는 "활차식" 또는 "스프링식(spring type)"이 사용되고 있고, 수동식 장력조정장치로는 "와이어 턴버클" 또는 "조정 스트랩"이 사용되고 있다.

온도변화에 대하여 전차선의 집전성능을 향상 양호하게 유지하기 위하여 본선로(정차장 내에서는 주 본선)의 전차선에는 장력을 조정하는 장치를 설치하는 것으로 하고 있다. 정차장 내의 주 본선과 직접 교차하는 전차선에는 필요에 따라 장력을 조정하는 장치를 설치한다. 장력조정장치는 전차선의 특성 향상과 고도의 성능 유지를 위하여 설비한다.

장력은 온도에 따라 변동하고 그 조정은 고속 운전구간에서 보다 온도 변화에 즉시 적응하는 성능이 요구되고, 조정 효율이 좋은 것이어야 한다. 이를 위하여 본선로의 전차선 또는 조가선에는 자동장력조정장치(활차식)를 설치하고, 기타의 측선 등에는 와이어 턴버클이나 조정용 스트랩으로 수동 조정할 수 있도록 설비되어 있다. 또, 종래의 자동장력조정장치는 본선의 조가선 또는 전차선을 주로 사용하였으나, 교차개소에서는 전차선의 고저차에 따른 팬터그래프의 할입을 방지하기 위하여 주요 본선과 교차하는 곳에 대해서도 장력을 자동조정한다. 장력조정장치는 온도변화 조정거리 등을 고려하여 사용 조건에 적합한 것을 사용한다.

활차식 자동장력조정장치의 조정거리는 조정장치의 효율, 억제저항, 전선의 이동 등에 의한 곡선당김 및 진동방지장치의 이동 범위 등에 따라 한쪽 인류로 800[m]가 한도이기 때문에 인류 구간의 길이가 800[m] 이하인 경우에는 한쪽에, 800[m]를 넘고 1,600[m] 이하인 경우에는 양측에 설치한다.

표 4.33 장력조정장치의 사용구분

| 종 별 | 형 식 | 사용 구분 | 비 고 |
|---|---|---|---|
| 자동장력 조정장치 | 활차식 | • 본선의 전차선<br>• 본선과 교차하는 전차선<br>• 중요 측선의 전차선 | 인류구간의 길이가 800[m] 이하의 경우는 한쪽에, 800[m]를 넘고, 1,600[m] 이하는 양측에 설치한다. |
| | 스프링식 | • 본선교차의 건넘선의 전차선<br>• 빔하스팬선 | 인류구간의 길이가 300[m] 이하의 경우는 한쪽에, 300[m]를 넘고 600[m] 이하의 경우는 양측에 설치한다. |
| 수동장력 조정장치 | 턴버클 | • 일반 측선의 전차선<br>• 빔하스팬선 | 자동장력조정장치를 필요로 하지 않는 경우 |
| | 조정용 스트랩 | | |

스프링식 자동장력조정장치는 조정거리를 길게 하면 조정장치가 대형으로 되므로, 현재 사용하는 것은 스프링의 탄성이 강하고 장력 변화율이 커서 동절기에 표준장력보다 크게 되어 장력을 일정하게 유지하는 데는 다소 난점이 있기 때문에 조정거리를 300[m] 이하로 하고 있다.

와이어 턴버클 및 조정용 스트랩은 온도변화만을 고려한 조정범위가 아니고, 전선의 크리프 신장 등을 흡수하는 적당한 여유를 준 길이로 선정한다.

구배 구간에서는 자동장력조정장치를 한쪽에 설치하는 경우에는 그 아래쪽에 설치한다. 구배 구간에 있어서 전차선의 흐름이 크게 될 우려가 있을 때면 인류구간의 길이를 800[m] 이하로 하여 한쪽을 고정식으로 인류하는 방법이 있다. 이 경우 전차선은 자체 중량에 의하여 분산된 힘이 전차선과 평행하여 아래쪽으로 작용하기 때문에 자동장력조정장치의 조정 효과를 좋게 하기 위하여 그 아래쪽에 설치한다. 구내 등의 건넘선장치의 이동이 크게 될 우려가 있는 경우는 한쪽을 인류하고 이동이 크지 않는 건넘선의 반대측에 자동장력조정장치를 설치한다.

장력을 자동조정하는 조가선 및 전차선은 억제저항이 작게 되도록 시설한다. 곡선당김, 진동방지장치, 급전분기장치 및 가동브래킷 등의 억제저항이 크면 자동장력조정장치의 효과가 감소하기 때문에 주의가 필요하다. 특히 스팬선식 진동방지장치의 경우는 전차선의 신축 상태를 고려하여 진동방지금구의 취부 방향을 가동 범위 내에 들어오도록 하고, 또는 가동 파이프식의 채용으로 적극 전차선의 신축에 대하여 저항으로 되지 않도록 할 필요가 있다.

전차선의 장력을 일정하게 하는 것은 가선의 집전특성을 일정하게 하고, 특히 장대 편성의 전기차로 초고속 집전을 하는 경우 전차선의 장력을 항상 일정하게 유지하여 레일면의 높이를 균일하게 유지하여야 하기 때문에 자동장력조정장치를 설치하여 완전 자동조정을 할 필요가 있기 때문이다.

### (1) 활차식 자동장력조정장치(Wheel Tension Balancer)

활차식 자동장력조정장치는 활차의 원리를 응용한 것으로 활차부(대활차, 소활차)에 각각 와이어로프를 감아 소활차에 전차선을 인류하고, 대활차에 중추를 걸어 내린 것이다.

온도 변화에 수반되는 전차선의 이도 및 장력이 변화하면 활차가 회전하고, 동시에 중추가 상 · 하 운동하는데 따라 전차선이 신축하고 이도를 조정하면 전차선의 장력을 항상 표준장력으로 유지하는 구조로 되어 있다.

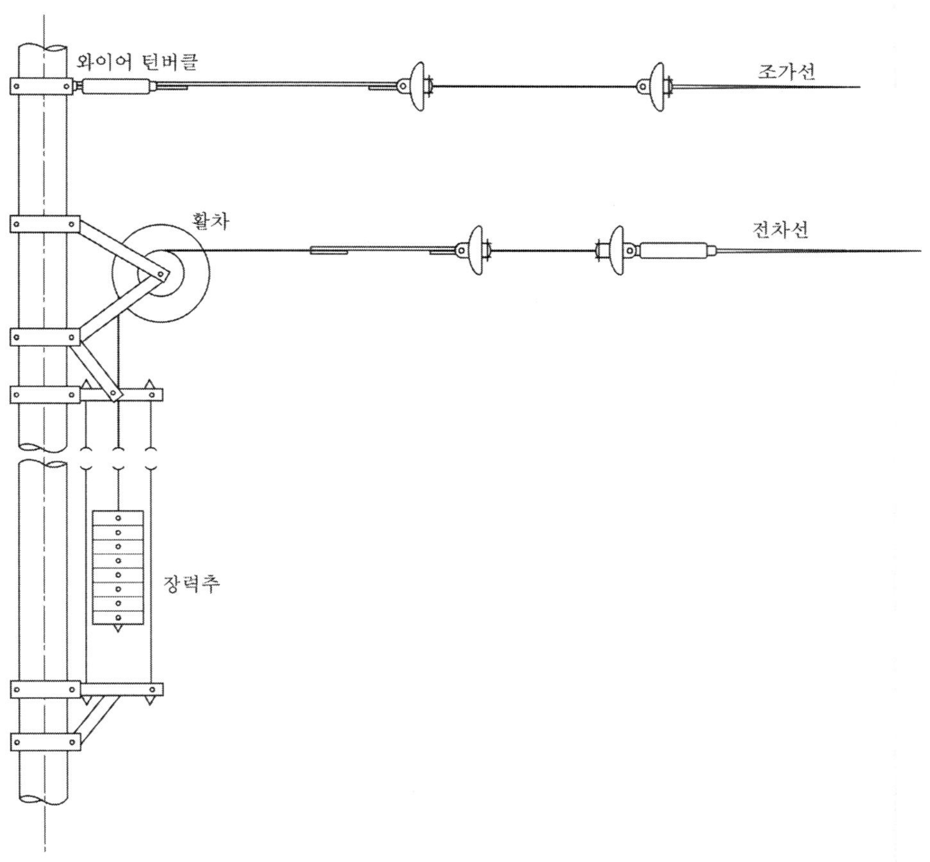


▶그림 4.81◀ 활차식 자동장력조정장치(전차선만 조정)

이 주된 구성요소가 활차부 및 중추부로 되어 있기 때문에 그 동작이 확실하고 정확하기 때문에 현재 가장 많이 사용되고 있는 장력조정장치이다. 활차비는 3 : 1, 4 : 1, 5 : 1 등이 있으며 환경과 기후조건 및 가선장치의 구성 조건 등에 따라 선택되어진다. 활차식 자동장력조정장치에는 전차선과 조가선을 일괄 조정하는 방식과 개별 조정하는 2가지 방식이 있다.

일괄 조정하는 방식은 설비가 간단하여 유지보수가 편리하고 일반적으로 많이 사용하는 방식이다. 그러나 전차선의 단선시 조가선의 장력 부담이 너무 커지게 되어 허용 인장강도가 부족하게 되며 온도의 급변 등이 야기된 때에는 전차선과 조가선의 이도가 불균형되는 등 여러 면에서 전차선의 집전특성과 안전성의 저하를 가져올 수 있기 때문에 저속구간에 적합한 방식이다.

전차선과 조가선을 개별 조정하는 방식은 조가선의 허용인장하중에 부합될 수 있도록 중추 중량을 조정할 수 있으며, 온도의 급변 등에도 전차선과 조가선의 이도를 일정하게 유지할 수 있어 전차선의 고속집전특성과 안전성을 향상시킬 수 있으므로 고속구간에 적합한 방식이다.

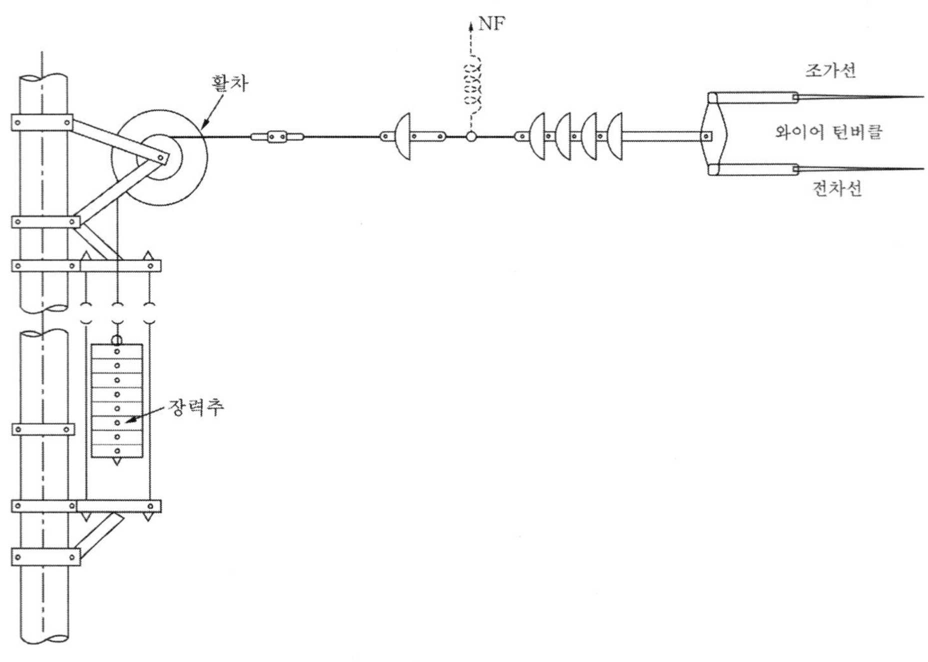


▶그림 4.82◀ 활차식 자동장력조정장치(일괄조정)

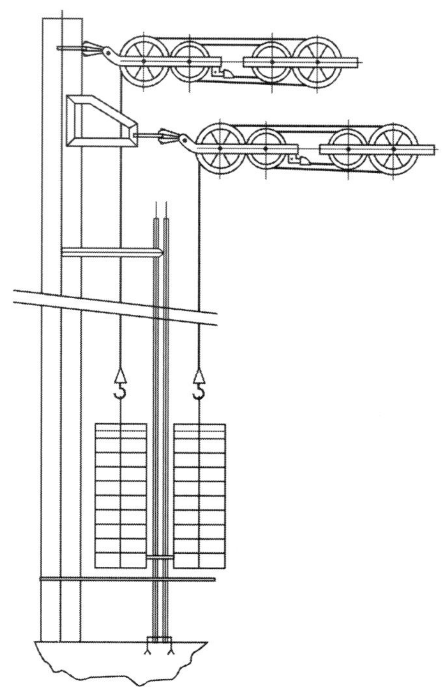

▶그림 4.83◀ 활차식 자동장력조정장치(개별 조정)

그러므로 일본의 신간선, 프랑스의 TGV, 독일의 ICE 등에서는 이 방식을 사용하고 있으며 우리나라의 경부고속전철에도 이 방식을 채택하고 있다. 향후 기존 전철구간에도 운전속도를 120[km/h] 이상으로 향상될 경우 개별 조정하는 방식으로 개선되어야 할 것이다.

#### 1) 밸런서(balancer)의 취부방향

밸런서의 취부방향은 밸런서를 전주에 취부할 때 콘크리트주의 경우는 전주밴드의 방향을 하중방향과 동일하게 향하면 밸런서에 편하중이 걸리는 일은 없으나, 철주 등에 취부할 때에는 꼭 하중방향에 향하지 않는 경우도 있어 대활차 측의 로프가 활차의 가장 자리에 접촉하면 소선절손 또는 단선의 요인으로 되기 때문에 밸런서의 취부방향은 전차선의 하중방향으로 하여야 한다.

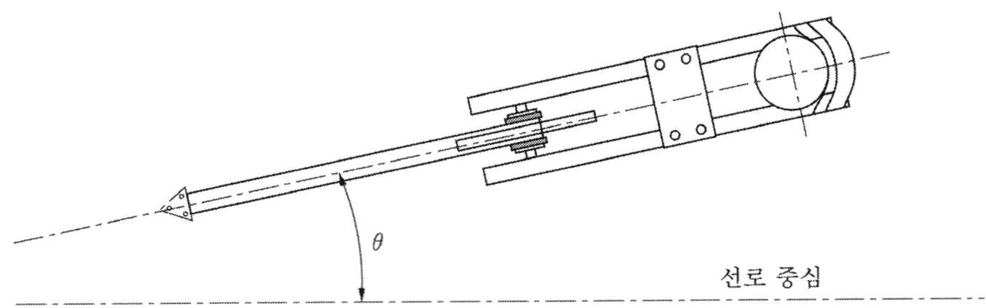


▶그림 4.84◀ 밸런서의 취부방향

#### 2) 활차식 자동장력조정장치(WTB)

WTB의 조정거리는 전차선의 억제저항, 전차선 편위의 변화량, 중추의 동작범위 및 밸런서의 효율 등에 의하여 산출된다.

WTB의 조정거리(직선개소의 경우) $L$ 은 다음 식으로 구하여진다.

$$\Delta L = \alpha \cdot L \cdot \Delta t$$

$$\therefore \; L = \frac{\Delta L}{\alpha \cdot \Delta t} \qquad (4-48)$$

여기서, $\alpha$ : 전차선의 선팽창계수

$\Delta t$ :온도변화(표준온도에 대하여)

$\Delta L$ : 전차선의 신장길이

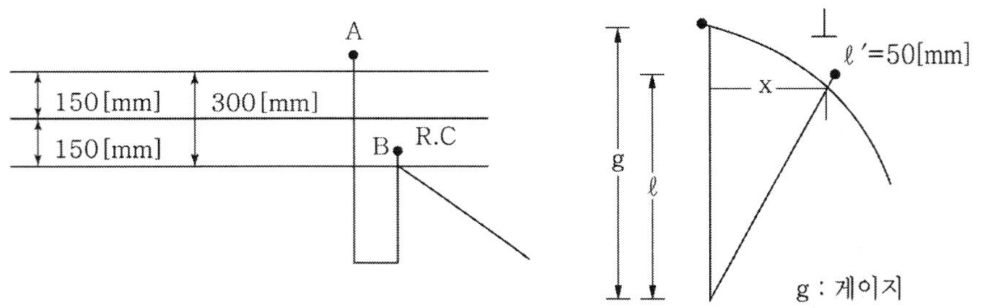


밸런서의 동작에 수반하는 전차선의 이동량이 가장 큰 오버랩(가선 상호의 간격이 300[mm]) 개소의 가동브래킷의 회전에 의한 전차선 편위로부터 조정 거리를 구하면, 전차선의 이동에 의한 가동브래킷의 회전 가능한 유도(裕度) $l'$ 는

$$l' = 200 - 150 = 50[\text{mm}] = 0.05[\text{m}]$$

$$\therefore \; l = g - 0.05$$

여기서, $g$ : 게이지[m]

전차선의 신장 길이 $X$는

$$X = \sqrt{g^2 - l^2}$$

$g$ = 2.8[m]의 경우

$$l = 2.8 - 0.05 = 2.75[\text{m}]$$
$$X = \sqrt{2.8^2 - 2.75^2} \fallingdotseq 0.53[\text{m}]$$
$$L = \frac{0.53}{1.7 \times 10^{-5} \times 30} = 1.039 \times 10^3 = 1039[\text{m}]$$

가 된다.

즉, 전차선의 편위를 기준으로 한 밸런서의 조정 거리는 $g$=2.8의 경우 1,039 [m]로 된다. 이와 같은 방법으로 계산하면 $g$=3.0의 경우는 1,070[m]로 된다. 장력추 취부용 지지대 간격에 따라 허용되는 전차선 길이는 $I \geq C \cdot L \cdot \Delta t$ 에서

$$\therefore\ L \leq \frac{I}{C \cdot \Delta t} \tag{4-49}$$

여기서, $L$ : 전차선 길이
$\Delta t$ : 최고 최저 온도차
$I$ : 신축 허용범위

또, WTB는 중추 취부용 상 · 하부 진동방지 브래킷 간격에 의하여 중추의 동작 범위가 결정되기 때문에 추 유도봉 지지대의 간격을 5,000[mm], 장력추의 길이를 $I_1$로 하면

$$I_1 = 110 \times 12 + 85 = 1,405[\text{mm}]$$

장력추의 유효 동작 범위는

$$I_2 = 5,000 - 1,405 = 3,595[\text{mm}]$$

활차비 1 : 4의 경우의 전차선의 신축 허용 범위 $I$는

$$I = \frac{3,595}{4} = 899[\text{mm}]$$

$$\therefore\ L \leq \frac{I}{C \cdot \Delta t} = \frac{899 \times 10^{-3}}{1.7 \times 10^{-5} \times 65} \fallingdotseq 814[\mathrm{m}]$$

즉, 중추 취부용 진동방지 브래킷 간격에 따라 허용되는 전차선 길이는 880[m] 이하로 된다. 따라서 게이지 2.8[m]의 경우에는 중추 취부용 진동방지 브래킷 간격에 따라 게이지 1.9의 경우에는 전차선 편위를 감안 유효동작 범위가 제한된다. 이상의 결과로부터 일반적으로는 조정거리 800[m]로 설비하면 좋은 것으로 되어 있다.

### (2) 스프링식 자동장력조정장치

스프링식 자동장력조정장치는 스프링의 탄성을 이용하여 장력을 조정하기 때문에 역구내의 상 · 하 건넘선 및 측선에 사용되고 있는 “스프링식 텐션 밸런서(STB)"와 터널에 사용되고 있는 터널용 텐션 밸런서(TTB)”가 있다.

#### 1) 스프링식 텐션밸런서(STB : Spring Tension Balancer)

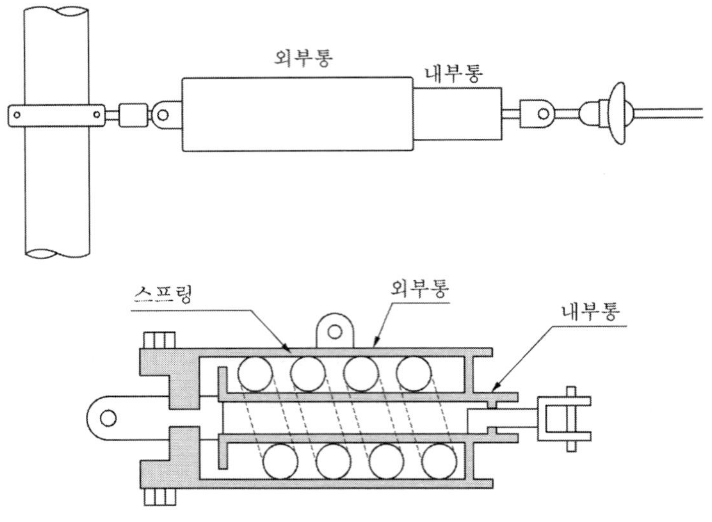


▶그림 4.85◀ STB의 구조

강철제 코일상의 스프링제의 신축을 피스톤운동과 연동시켜 전차선의 장력을 조정하는 것으로서 구조, 외관이 간단하지만 현재 사용하는 것은 스프링의 탄성 등으로부터 장력을 일정하게 유지하는 데에는 다소 어려운 점이 있으나 (장력 변동률±15[%]),

역구내에서와 같이 전차선의 이동에 대하여 억제저항이 큰 개소에 적합하고, 인류구간의 길이가 600[m] 이하(신간선에는 500[m] 이하)의 짧은 역구내의 상 · 하 건넘선 및 측선 등에 사용되고 있다.

표 4.34 스프링 자동장력조정장치의 종류

| 종류 | 조정 범위[mm] (스트로크) | 사용 장력 [N] | 종류 | 조정 범위[mm] (스트로크) | 사용 장력 [N] |
|---|---|---|---|---|---|
| A1 | 125 | 9,800 | B1 | 133 | 7,840 |
| A2 | 200 | | B2 | 200 | |
| A3 | 300 | | B3 | 300 | |
| A4 | 375 | | B4 | 400 | |

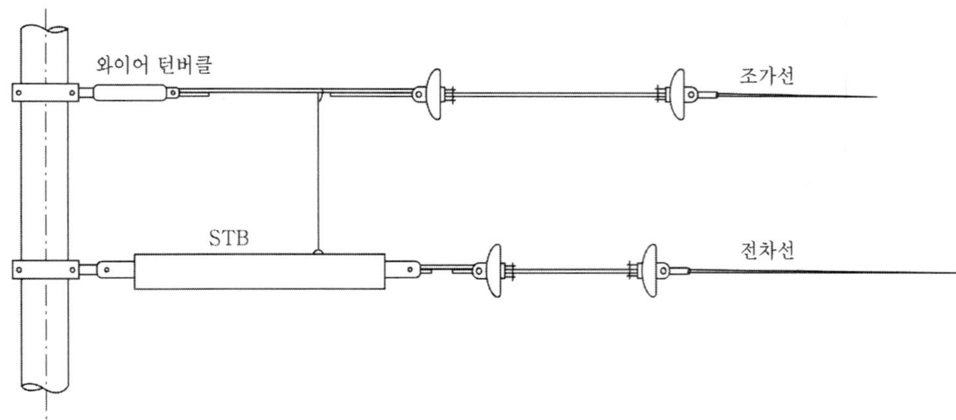


▶그림 4.86◀ 스프링 자동장력조정장치(직류 : 전차선만 조정)

**2) 터널용 텐션밸런서**(TTB : Tunnel Tension Balancer)

터널용 텐션밸런서는 텐션에 대하여 일정한 하중으로 지지되는 콘스턴트 행거의 원리를 응용한 것으로 구조는 인류가선과 스프링간에 원형구조를 조합하여 전차선의 장력을 일정하게 유지하도록 한 것이다.

장대터널 내에서 터널 단면적이 커서 여유 공간이 있을 경우에는 활차식 자동장력조정장치를 설치하면 되나, 단면적이 적어 여유 공간이 없을 때는 터널

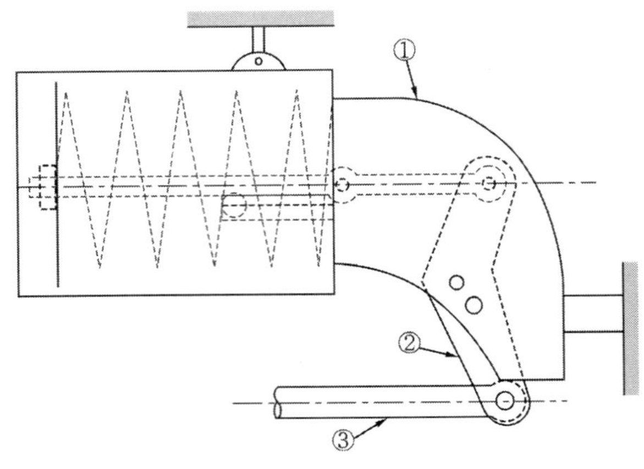


① 스프링을 조합해 넣은 본체　② 회전 암　③ 전차선에 접속한 로드

▶그림 4.87◀ 터널용 자동장력조정장치(TTB) 구조

용 텐션 밸런서를 설치하여 전차선의 장력 균형을 이루어 집전특성과 속도향상을 도모한다. 이것은 활차식 자동장력조정장치에 비하여 축소된 소형 구조로 할 수 있으므로 설치 장소에 제한을 받는 터널용으로 편리하다고 본다. 그러나 이 장치는 조정 거리에 한계가 있으므로 전차선의 길이와 터널 내의 연간 온도변화에 따라 스프링의 강도와 조정 거리를 선정할 필요가 있다.

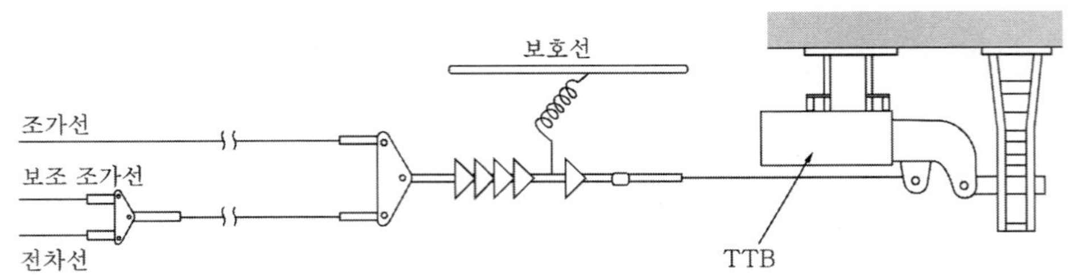


▶그림 4.88◀ 터널용 자동장력조정장치

## (3) 기타 자동장력조정장치

### 1) 레버식 텐션 밸런서(LTB : Lever Tension Balancer)

레버식 밸런서는 지렛대의 원리를 응용한 것으로 온도변화로 전차선의 장력이 변화하면 레버가 이동하고 이와 동시에 중추가 상 · 하로 움직이는데 따라 전차선의 장력을 적정하게 유지하도록 되어 있다.

### 2) 유압식 밸런서(OTB : Oil Tension Balancer)

유압식 밸런서는 원통 용기에 밀봉된 기름이 외기온도의 변화에 따라 체적의 변화가 발생(기름의 열팽창 및 수축작용) 되는 것을 이용하며 이것을 피스톤운동으로 전환하여 전차선의 장력을 조정하는 것이다.

유압밸런서는 취부 개소 주위의 온도차를 기계적인 운동량으로 변환하여 동작하기 때문에 중간위치에서의 전차선의 온도변화에 대해서는 운동하지 못하는 특성을 갖고 있으며 기름의 누설 등이 자주 발생하기 때문에 현재는 잘 사용하지 않고 있다.

## (4) 수동장력조정장치

수동장력조정장치는 역구내 등의 측선에서 간이 조정용으로 사용되는 와이어 턴버클 및 조정용 스트랩이 있다.

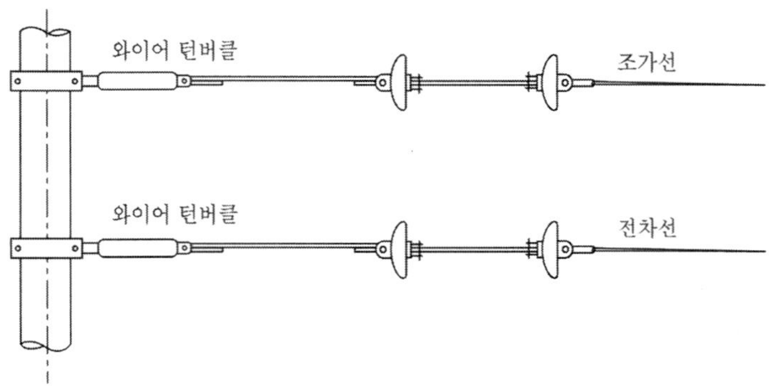


▶그림 4.89◀ 수동장력조정장치(Wire Turnbuckle : 직류)

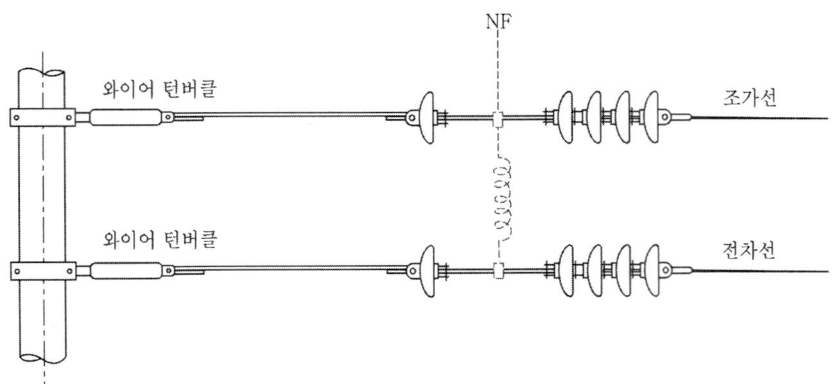


▶그림 4.90◀ 수동장력조정장치(Wire Turnbuckle : 교류)

#### 1) 와이어 턴버클(Wire Turnbuckle)

와이어 턴버클은 조가선 및 전차선 등의 장력을 수동으로 조정하기 위한 금구이다. 나사의 원리를 응용한 것으로 외부 통이 너트, 내부 통이 볼트에 상당하여 인위적으로 내부통을 신축시키는 데 따라 전차선을 손상시키지 않고 조정이 가능한 이점이 있다.

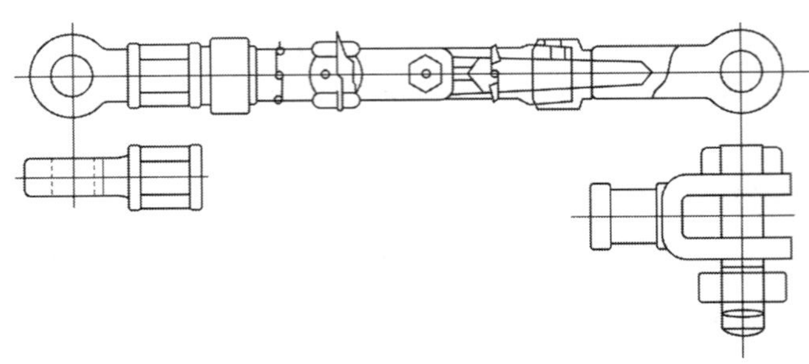

▶그림 4.91◀ 와이어 턴버클

또, 와이어 턴버클은 전선의 클립 신장에 대한 보수의 경감을 도모하기 위하여 자동장력조정장치와 조합하여 사용하기도 한다.

#### 2) 조정 스트랩(Adaptable strap)

조정용 스트랩은 평강에 구멍을 뚫어 가공한 것을 조합시켜 중첩 위치를 변경하는데 따라 조정되는 것이다.

이것은 가선장력을 일단 장선기 등으로 이동시켜 장력이 없는 상태에서 조정하도록 되어 있다. 또, 비교적 큰 조정을 할 수 있는 구조로 되어 있기 때문에 미세 조정을 하는데 적용하기 어렵다.

## 4.9 흐름방지장치(Anticreeping device)

### 4.9.1 설치 목적

전차선은 자동장력조정장치를 원활하게 동작시켜 전차선 장력을 균일하게 유지하기 위하여 전차선의 이동에 대하여 억제저항을 적게 하도록 하고 있다. 이를 위하여 전차선의 인류구간의 양측에 활차식 자동장력조정장치를 사용하면 풍압, 팬터그래프의 습동, 전차선 자신의 온도변화에 따른 신축 등에 의하여 선로의 한쪽 방향으로 전차선이 이동하는 경우가 있다. 전차선이 한쪽 방향으로 흐르면 밸런서가 기능을 잃게 되고 그에 따라 장력이 불균형하게 되어 섹션 개소 등의 전차선에 국부 마모를 일으키는 원인이 된다.

이와 같이 한쪽 방향으로 전차선이 흐르는 것을 방지하는 설비를 전차선의 "흐름방지장치"라고 한다. 또한, 현행의 활차식 밸런서는 활차의 지름비가 변화하는 구조로 되어 있어 전차선이 한쪽 방향으로 흐른 경우에 활차비가 변화하는데 따라 상호 흐름을 억제하는 복원력을 발생시키는 흐름방지 기구가 부착되어 있다.

## 4.9.2 설치 방법

곡선, 구배 등의 선로조건에 따라 전차선의 흐름이 특히 크게 될 우려가 있을 때에는 800[m] 이하의 인류구간을 만들어 한쪽에서 조정하는 것을 원칙으로 하고 있다. 그러나 한 쪽에서 전차선을 조정할 수 없는 경우 또 활차비 변화형 밸런서로 흐름을 흡수하지 않는 경우에는 전차선의 이동을 억제하는 흐름방지장치를 다음에 따라 설치한다.

흐름방지장치는 인류구간의 거의 중심점에 전선의 이동을 억제하기 위하여 설치한다. 흐름방지장치는 전차선의 양 인류구간에 대하여 전차선 장력이 평형이 되는 개소(양측의 억제저항이 같게 되는 지점), 즉 "중성점"에 설비한다. 일반적으로 전차선의 중성점은 인류구간 거리의 중앙과 일치하지 않기 때문에 전차선 가설 후에 흐름의 상황을 파악한 다음 시공하고 있다.

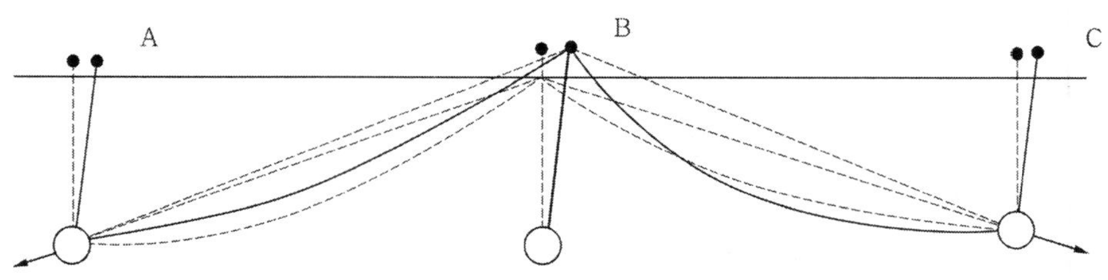


▶그림 4.92◀ 흐름 방지 장치(스팬선식)

흐름방지장치는 전선이 아래로 처져 열차운전에 지장을 주지 않도록 전선의 이도, 가고 등을 선정한다. 특히 스팬선식의 경우에는 그림에서 보는 것처럼 설비점 양측의 장력 불평형에 의하여 조가선을 고정한 스팬선의 한쪽의 이도가 특히 크게 되어 팬터그래프에 지장을 줄 우려가 있기 때문에 B점의 가고를 크게 하는 등 스팬선의 이도 및 인류 높이 등에

주의할 필요가 있다.

### (1) 중성점의 산출

밸런서의 조정거리는 다음 관계식이 성립한다.

$$\alpha F \geq \sum R + \frac{L}{S} \cdot f + r \pm R_0 \qquad (4-50)$$

여기서, $L$ : 밸런스의 조정 거리[m]

$S$ : 표준경간[m]

$f$ : 가동브래킷 1개당 억제저항[kgf]

$F$ : 전차선 장력[kgf]

$\alpha$ : 장력변동률(일괄 조정 5[%], 전차선만 조정 10[%])

$r$ : 밸런서의 내부저항[N]

$\sum R$ : 곡선로의 내부저항[N]

$R_0$ : 선로 구배, 풍압, 팬터그래프의 습동, 곡선 O형 가동브래킷 등에 따른 과선저항[N]

※ $R_0$는 정량적(定量的)으로 표시하기가 곤란하고 영향도 비교적 작기 때문에 실제 계산에서는 생략된다.

또한 전차선 일괄조정의 경우 곡선로의 억제저항 $\sum R$은

$$\sum R = 0.68 \times \frac{D \cdot x}{G \cdot g} \qquad (4-51)$$

여기서, $D$ : 곡선로의 길이[m]

$x$ : 고정점에서 곡선중심까지 거리[m]

$G$ : 곡선 반지름[m]

$g$ : 가동브래킷 게이지[m]

(전차선 장력 2000[kgf] 선팽창계수 $1.7 \times 10^{-5}$ 온도차 20[℃]의 경우)

다음과 같은 선로조건으로 전차선 일괄조정으로 하고 양단에 WTB를 설치하면 중성점(C)과 종단측 취부 위치(B)를 구한다.

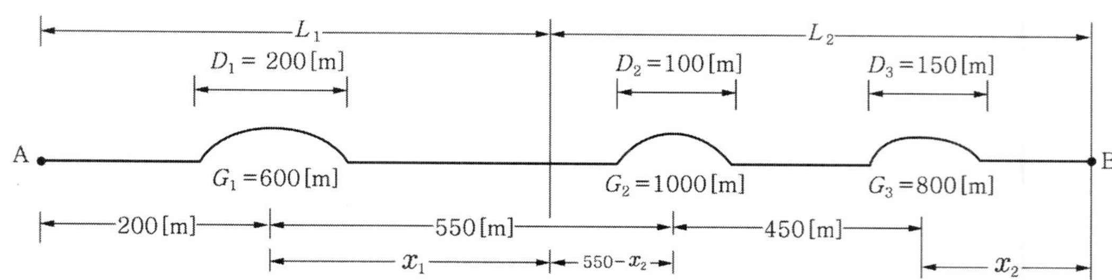


① A점 밸런서의 조정거리를 $L_1$으로 하고 그림과 같은 $C$ 점을 가정한다.

$$\alpha F \geq \Sigma R_1 + \frac{L_1}{S} f + r$$

여기서, $\alpha = 0.05$, $F = 2000[\text{kgf}]$, $S = 50[\text{m}]$, $f = 3[\text{kgf}]$, $g = 2.4[\text{m}]$를 대입하면

$$\Sigma R_1 = 0.68 \times \frac{D \cdot x}{G \cdot g} = 0.68 \times \frac{200 \times x_1}{600 \times 2.4} = 0.0944 x_1$$

$$\therefore\ 100 \geq 0.0944 x_1 + \frac{200 + x_1}{50} \times 3 + 20$$

$$x_1 \leq \frac{68}{0.1544} \fallingdotseq 440[\text{m}]$$

$$\therefore\ L_1 = 200 + x_1 = 200 + 440 = 640[\text{m}]$$

즉, A에서 640[m]의 위치가 중성점 C가 된다.

② 다음으로 C점이 조정한도가 되는 B점을 구한다.

$$\alpha F \geq \Sigma R_2 + \Sigma R_3 + \frac{L_2}{S} f + r$$

여기서, $\alpha = 0.05$, $F = 2000[\text{kgf}]$, $S = 50[\text{m}]$, $f = 3[\text{kgf}]$, $g = 2.4[\text{m}]$를 대입하면

$$\Sigma R_2 + \Sigma R_3 = 0.68 \times \frac{D \cdot x}{G \cdot g}$$

$$= 0.68 \times \left\{ \frac{100 \times (550 - x_1)}{1000 \times 2.4} + \frac{150 \times (550 - x_1 + 450)}{800 \times 2.4} \right\}$$

$$= 0.68 \times \left( \frac{100 \times 110}{1000 \times 2.4} + \frac{150 \times 560}{800 \times 2.4} \right)$$

$$= 32.87[\text{kgf}]$$

$$\therefore\ 100 \geq 32.87 + \frac{550 - x_1 + 450 + x_2}{50} \times 3 + 20$$

$$100 \geq 32.87 + 33.6 + 0.06 \times x_2 + 20$$

$$x_2 = 226$$

$$L_2 = 550 - 440 + 450 + 226 = 786[\mathrm{m}]$$

로 되고 밸런스 취부점 B가 구해진다.

### 4.9.3 전차선의 흐름 요인

전차선의 흐름을 유발하는 요인에는 활차식 밸런서의 장력추 중량의 불균형(중량차)이 되거나 선로조건(선로구배, 선로 곡선부)과 가동브래킷이 O형 또는 I형이 연속하는 경우에 발생되고 기상조건(풍향, 풍압)에도 영향을 받는다.

#### (1) 선로 구배

선로에 구배가 있는 경우 전차선 자체의 중량으로 인하여 외력이 상시 가해지고 있는 상태로 된다. 이 구배 구간의 외력은 조정구간에 대하여 양측 밸런서의 취부 위치의 높이 차에 따라 결정된다.

그림에서와 같은 경우의 외력은 다음과 같이 된다. 이 경우 A측의 장력이 $T+\alpha_g$, B측의 장력이 $T-\alpha_g$로 되고 A측의 중추는 B측의 중추에 대하여 $h$만큼 위치가 높게 되고, 전차선은 B측으로 흐르게 된다.

$$\alpha_g = w(g_1 x_1 - g_2 x_2 + g_4 x_4)$$

여기서, $w$ : 전차선의 단위 중량[kg/m]
$g$ : 선로구배[‰]
$x$ : 선로구배 연장[m]

여기서 전차선의 단위 중량($w$)은 조가선, 전차선, 행거 기타의 중량을 합한 것으로서 일괄조정시 2.0[kg/m] 정도(심플 커티너리 가선)가 적정한 것으로 생각되고 있다. 선로 구배 25/1000, 구배 연장 1,600[m]로 하면 외력 $\alpha_g$는

$$\alpha_g = 2.0 \times (25/1{,}000) \times 1{,}600 = 80[\mathrm{kgf}]$$

로 된다.

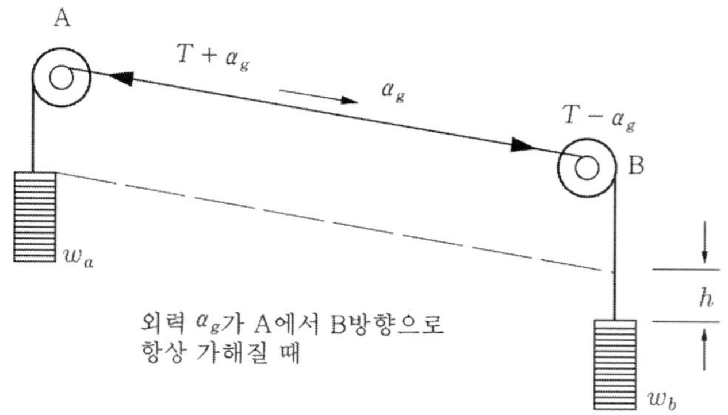


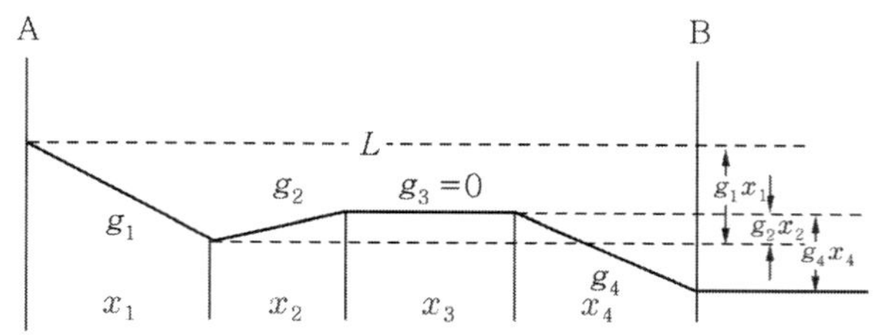


## (2) 선로 곡선

### 1) 고정빔 구간

곡선로의 경우 기온변화 등에 의하여 전차선이 이동하면 반대방향으로 작용하는 힘이 발생하여, 전차선의 신축에 따른 이동을 방해하게 된다.

$$\gamma = P\tan^{-1}\left(\frac{x}{G-\delta}\right) \qquad (4\text{–}52)$$

여기서, $\gamma$ : 전차선의 이동에 따라 발생하는 전차선 방향의 분력[N]

$P$ : 전차선의 횡장력[N]

$x$ : 전차선의 이동량[m]

$G$ : 게이지[m]

$\delta$ : 전차선의 편위[m]

이 때문에 곡선부분이 조정구간의 한쪽 방향에 치우쳐 있고, 다른 측이 직선의 경우에는 직선측 밸런서의 중추가 아래로 처지든지 또는 위로 올라간 상태가 된다. 이와 같은 경우에는 조정구간을 표준보다 짧게 하여 전차선의 이동량을 작게 할 필요가 있다.

### 2) 가동브래킷 구간

선로의 상황에 적응하여 O형과 I형의 가동브래킷이 혼재하는 경우에는 문제가 없고 O형 또는 I형이 연속 또는 집중한 때에 문제가 된다.

① 곡선 O형

전차선의 횡장력에 따라 지지점에 발생하는 전차선 방향의 분력은

$$\gamma = P\tan\theta = T \times \frac{S}{R} \times \frac{x}{G+\delta} \tag{4-53}$$

여기서, $\gamma$ : 전차선의 이동에 따라 발생하는 전차선 방향의 분력[N]

$P$ : 전차선의 횡장력[N]

$\theta$ : 가동브래킷과 선로 직각 선과 이루는 각도

$T$ : 전차선의 장력[N]

$S$ : 경간[m]

$R$ : 곡선 반지름[m]

$x$ : 전차선의 이동량[m]

$G$ : 게이지[m]

$\delta$ : 전차선의 편위[m]

또한, O형의 경우는 전차선의 이동량을 늘리는 방향의 분력으로 된다. 이 때문에 O형 가동브래킷이 연속 또는 집중하고 있은 경우 풍력 등 외력을 받아 가동브래킷이 전부 동일 방향으로 회전하게 되어 전차선이 한쪽으로 흐르게 된다. 인류점 부근에 O형 가동브래킷이 집중하고 타 방향이 직선인 구간에는 기온 상승시에 중추가 아래로 처지고, 반대로 기온 하강할 때에는 올라가게 된다.

② 곡선 I형

O형 가동브래킷과 같은 모양의 선로 방향의 분력이 발생하지만 I형의 경우는 전차선의 이동에 대하여 역방향의 힘으로 작용한다. 이 때문에 전차선의 흐름은 그만큼 문제가 되지 않는다.

I형이 인류구간의 인류점 부근에 집중하고 다른 쪽은 직선 또는 곡선 O형이 연속하여 있는 경우는 그 쪽이 올라가든지 아래로 처지든지 하지만, I형에 근접한 중추의 상 · 하 이동량보다 많게 되고 전차선 전체가 흐른 상태로 된다.

### 3) 프리 스트레치(Pre-Stretch)

일반적으로 동선이나 알루미늄선은 장시간 경과하면 장력, 이도가 고르지 않는 등 전차선이 늘어나는 현상이 나타나서, 반년이나 1년 후에는 가선금구의 취부 위치를 조정하든지 전선의 절단 보강작업이 필요하게 된다.

**표 4.35 프리 스트레치에서의 장력과 시간**

| 구분 | 종별[$mm^2$] | 과장력[N] | 시간[분] | 비고 |
|---|---|---|---|---|
| 전차선 | Cu 170 | 24500 | 30 | |
| | Cu 150 | 19600 | 30 | 경부선 |
| | Cu 110 | 19600 | 30 | 호남선 |
| | Cu 150 | 운전장력의 150% | 72시간 | 신설선 |
| | Cu 110 | 운전장력의 150% | 72시간 | 신설선 |
| 조가선 | St 135 | 29400 | 10 | |
| | St 90 | 15680 | 10 | |
| | CdCu 70~80 | 14700 | 10 | |
| | Bz 65 | 14700 | 10 | 경부선, 호남선 |
| | CdCu 70 | 운전장력의 110% | 10 | 신설선 |
| | Bz 65 | 운전장력의 110% | 10 | 신설선 |

이를 방지하기 위하여 가설 당초에 상시 사용장력보다 큰 장력(인장하중의 약 50[%] 정도)을 단시간 동안 가해서 미리 전선을 늘려 신장시켜 주는 공법을 프리 스트레치 공법이라고 한다.

이를 위하여 본선과 교차하는 전차선과 조가선은 시공할 때에 프리 스트레치를 행하여 전차선이 늘어나는 것을 작게 하고 있다.

전차선에 과장력을 가하여 30분 경과 후는 늘어나는 변화가 거의 없다고 보기 때문에 30분을 프리 스트레치 시간으로 하고, 기타의 전선은 과거의 실적으로부터 각각의 시간을 표준으로 하고 있다. 프리 스트레치 시간은 표준 이상으로 시행할 필요가 있다. 또한, 프리 스트레치의 시공에 있어서는 인류장치, 지선, 전주 등 지지물에 설계하중 이상의 장력을 가해 주기 때문에 강도 등의 주의가 필요하다.

# MEMO

Chapter 5

# 고속 전차선로

## 5.1 급전선

급전선은 급전계통에 따라 한 개 또는 여러 개로 선택되어 설치된다. 이러한 급전선들은 하나 또는 그이상의 동 또는 알루미늄 전선과 케이블로 제작된다. 이 급전용 전선은 단권변압기로부터 전차선로에 전원공급을 위하여 사용된다.

**표 5.1 급전선의 특성표**

| 구 분 \ 선 종 | | 동 급전선 | | ACSR 급전선 | | | |
|---|---|---|---|---|---|---|---|
| | | 145.8 | 262 | 228 | | 288 | |
| 단 면 적 | | 145.8 $mm^2$ | 261.53 $mm^2$ | 227.83 $mm^2$ | | 288.35 $mm^2$ | |
| 직 경 | | 15.7mm | 21mm | 19.6mm | | 22.05mm | |
| 형태 | 도선수 | 37가닥 | 37가닥 | Al=30 | St=7 | Al=30 | St=7 |
| | 지 름 | 2.24mm | 3mm | 2.8mm | 2.8mm | 3.15mm | 3.15mm |
| 단중(kg/m) | | 1.325 | 2.375 | 0.874 | | 1.107 | |
| 인장하중 | | 5370daN | 9100daN | 7710daN | | 9600daN | |
| 도 전 율 | | 98% | 98% | 61% | | 61% | |
| 구리환산단면적 | | 142.88 $mm^2$ | 256.30 $mm^2$ | 112.62 $mm^2$ | | 142.62 $mm^2$ | |
| 선팽창계수 | | $17\times10^{-6}$ | $17\times10^{-6}$ | $18\times10^{-6}$ | | $18\times10^{-6}$ | |

※ daN는 deca N으로 유업에서 사용하는 단위로 10 daN = 9.8 N 이다.

일반적으로 급전선은 지지물의 말단에 설치된 급전완철의 지지금구에 의하여 선로의 외측에 설치되며 유지보수의 특성을 고려하여 현장의 여건에 따라 선로 내측에도 설치가 된다.

### 5.1.1 급전선 설치

급전선의 설치작업 후 도체의 온도를 측정하며 온도측정시기는 마지막 인류(Anchoring) 작업을 완료하기 직전에 실시한다. 급전선을 도르래로 현수한 후 48시간에서 72시간 정도 1200[daN]의 장력을 가한 다음 장력이 골고루 배분됐는지 측정한다.

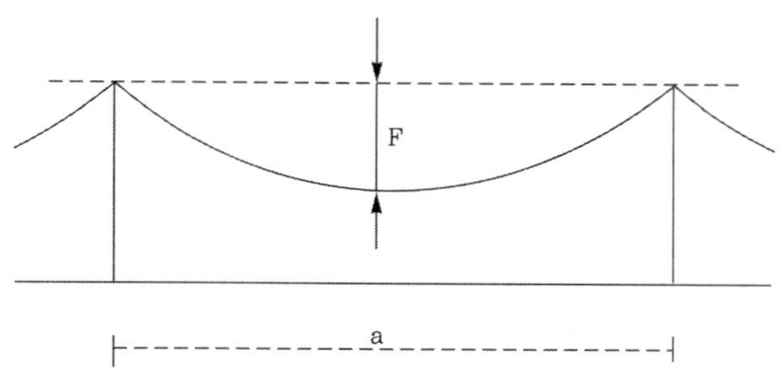


▶그림 5.1◀ 평균 경간과 전선의 이도 계산

$$F = \frac{a^2 \cdot P}{8T} \tag{5-1}$$

여기서, $F$ : 이도, $P$ : m당 하중, $a$ : 경간, $T$ : 장력

장력을 골고루 걸어주기 위하여 평균경간을 다음과 같이 산출한다.

$$P_M = \sqrt{\frac{a_1^3 + a_2^3 + a_3^3 + \cdots + a_n^3}{a_1 + a_2 + a_3 + \cdots + a_n}} \tag{5-2}$$

급전선의 경간값은 균일하게 산출되지만 전주설치에 의한 경간값과는 다르며 4.5의 배수가 아니다. 급전선(ACSR 288[mm²])의 평균 경간값과 장력과의 관계를 살펴보면 다음과 같다.

단면적 : 288.35[mm²]
직경 : 22.05[mm]
미터당 하중 : 1.107[daN/m]
선팽창 계수 : 0.000018[℃]
장력에 대한 탄성계수 : 0.000132 [mm²/daN]
무풍지대에서 12[℃]의 기준장력 : 900[daN]
무빙시 강풍 : 2.73[daN/m]

표 5.2 평균 경간과 장력

| 장 력 | | 평균 경간(m) | | | | | | | | | | |
|---|---|---|---|---|---|---|---|---|---|---|---|---|
| | | 18 | 22.5 | 27 | 31.5 | 36 | 40.5 | 45 | 49.5 | 54 | 58.5 | 63 |
| θ(℃) | −35 | 2738 | 2732 | 2725 | 2718 | 2709 | 2700 | 2690 | 2680 | 2670 | 2659 | 2648 |
| | −30 | 2546 | 2544 | 2540 | 2537 | 2533 | 2528 | 2524 | 2519 | 2514 | 2509 | 2505 |
| | −25 | 2356 | 2357 | 2358 | 2359 | 2360 | 2361 | 2363 | 2364 | 2365 | 2366 | 2368 |
| | −20 | 2168 | 2173 | 2179 | 2186 | 2193 | 2200 | 2208 | 2215 | 2223 | 2230 | 2238 |
| | −15 | 1982 | 1993 | 2005 | 2018 | 2031 | 2045 | 2060 | 2074 | 2088 | 2102 | 2116 |
| | −10 | 1799 | 1817 | 1836 | 1856 | 1877 | 1899 | 1920 | 1941 | 1962 | 1982 | 2001 |
| | − 5 | 1621 | 1646 | 1674 | 1702 | 1731 | 1761 | 1789 | 1817 | 1844 | 1870 | 1895 |
| | 0 | 1449 | 1484 | 1521 | 1558 | 1596 | 1632 | 1668 | 1702 | 1735 | 1767 | 1797 |
| | 5 | 1285 | 1331 | 1378 | 1425 | 1470 | 1514 | 1557 | 1597 | 1635 | 1672 | 1706 |
| | 10 | 1133 | 1191 | 1248 | 1303 | 1357 | 1407 | 1455 | 1501 | 1544 | 1584 | 1623 |
| | 15 | 996 | 1065 | 1131 | 1195 | 1254 | 1311 | 1364 | 1413 | 1460 | 1505 | 1546 |
| | 20 | 875 | 955 | 1029 | 1098 | 1163 | 1224 | 1281 | 1335 | 1385 | 1432 | 1477 |
| | 25 | 773 | 860 | 940 | 1014 | 1083 | 1147 | 1207 | 1264 | 1316 | 1366 | 1413 |
| | 30 | 688 | 780 | 864 | 941 | 1012 | 1079 | 1141 | 1200 | 1254 | 1306 | 1355 |
| | 35 | 619 | 713 | 798 | 877 | 950 | 1019 | 1082 | 1142 | 1198 | 1251 | 1301 |
| | 40 | 563 | 657 | 743 | 822 | 896 | 965 | 1029 | 1090 | 1147 | 1201 | 1252 |
| | 45 | 517 | 609 | 695 | 774 | 848 | 917 | 982 | 1043 | 1101 | 1156 | 1207 |
| | 50 | 479 | 569 | 654 | 732 | 805 | 874 | 939 | 1001 | 1059 | 1114 | 1166 |
| | 55 | 447 | 535 | 618 | 695 | 768 | 836 | 901 | 962 | 1020 | 1075 | 1128 |
| | 60 | 420 | 506 | 586 | 662 | 734 | 802 | 866 | 927 | 985 | 1040 | 1093 |

파스칼을 $[kg/m^2]$으로 환산하면 다음과 같다.

$$Pa = 0.102[kg/m^2]$$

최저온도시 안전율 3인 상태에서 전선이 단선되지 않아야 한다.

## 5.1.2 급전선 분기장치

급전선으로부터 전기를 전차선에 공급하기 위해 급전선과 전차선을 접속하는 전선을 말하며 그 구성장치별로는 현수애자로 현수시키는 암(Arm)식과 지지애자에 동봉 $\phi$ 18[mm]를 지지시켜 설치하는 동봉 스팬선식 및 가동브래키트에 지지시키는 가동브래키

트식의 3종류로 구분 설치한다.

급전분기장치는 주로 변전소(SS), 급전구분소(SP), 병렬급전구분소(PP) 및 구분장치 개소의 단로기 설치 개소 등에 설치한다.

사용 전선 및 접속 방법은 도면에 의해 시설되며 특히 이종금속의 접속이 필요할 때에는 이종금속 접촉부식 방지조치를 한 스리브 또는 크램프를 사용한다.

## 5.1.3 급전선의 접속

### (1) 스리브 압축접속은 다음과 같이 한다.

① 강심알루미늄전선(ACSR)의 접속은 심선인 강선은 강제 스리브에 삽입하여 유압기로 규정된 다이스로 압축접속한 다음 바깥층의 알루미늄은 소정의 알루미늄제 스리브에 도전성 콤파운드를 넣어 규정대로 전선을 삽입한 다음 압축기로 소정의 다이스를 사용하여 압축접속하는 방식이며 고속철도 전차선로의 ACSR 288[$mm^2$]의 급전선과 ACSR 93.3[$mm^2$]의 가공보호선은 이 방식으로 접속한다.

② 전차선 무효부분에 접속하는 Bz 116.2[$mm^2$], 변전소, 구분소 등의 급전 인출선인 Cu 261.5[$mm^2$] 및 일부분에 이용되는 급전선 Cu 145.8[$mm^2$]의 접속스리브는 동제 스리브를 사용하여 유압기로 소정의 다이스를 써서 규정된 회수로 순서대로 압축접속한다.

③ 나선의 조가선과 절연보호조가선 또는 절연보호조가선 상호 접속은 소정의 동스리브로 압축접속하며 이때는 특히 압축스리브 접속개소에서 비가와도 수분이 소선내로 침입하지 않도록 소정의 다이스로 규정된 회수대로 압축접속하도록 한다. 물론 스리브내에는 도전성 콤파운드를 충분히 주입하여 압축하며 압축 후는 스리브 밖으로 밀려나온 콤파운드는 잘 닦아내어야 한다.

④ 급전개폐기의 설치 개소에 사용되는 급전분기선으로 Cu 18[mm]의 동봉의 접속도 소정의 동제 스리브로 압축접속한다.

### (2) 급전용 절연케이블(Al 240[$mm^2$])과 ACSR 288[$mm^2$]의 접속

Al 240[$mm^2$]용 절연케이블 종단접속재로 단말처리를 하여 ACSR 288[$mm^2$]와 크램프로 접속하며 이때 절연케이블 단말의 한쪽은 케이블의 절연 동차폐층에 접지리드선을 접속 설치하여 매설접지선이나 가공보호선과 접속하여 접지한다. 조가선의 접속은 볼트조임식 쐐기크램프로 접속한다.

전차선을 평행형 볼트조임 크램프로 접속되며 신설시는 전차선의 접속은 하지 않는다. 균압선 및 급전분기접속은 크램프로 볼트 조임에 의해 접속하도록 되어 있어 언제나 해체 조립이 가능하여 보수, 개신, 조정시에 필요한 구조로 되어 있다.

## 5.2 전차선

고속철도의 전차선로 조가방식은 헤비 심플카티너리 조가방식으로서 전차선로는 65.4[$mm^2$]의 청동 조가선과 150[$mm^2$]의 단면적을 가지는 동 전차선으로 구성된다. 고속철도 전차선의 높이는 지지점에서 5,080[mm]로 규정하고 있으며, 전차선로에서의 표준가고는 1,400[mm]이며, 조가선과 전차선의 기계적 장력은 −20[℃]에서 +60[℃]사이의 온도 범위에서 조정된다.

### 5.2.1 전차선의 높이

고속철도 전차선의 높이는 레일면상 5,080[mm]를 표준으로 하며, 최고 5,280[mm]까지 높이를 허용하고 있다.(호남 고속철도의 경우 전차선의 높이는 레일면상 5,100[mm]이다.)

### 5.2.2 전차선의 편위

팬터그래프의 습동판이 정상적으로 균일하게 마모될 수 있도록 하기 위해 전차선이 팬터그래프 습동판의 유효집전 범위안에 어떠한 경우라도 들어갈 수 있도록 전차선의 위치와 팬터그래프의 위치 관계로부터 허용되는 치우침이 정해져 있다. 따라서 전차선은 브래키트의 곡선당김장치에 의해서 직선구간에는 200[mm]의 지그재그로 같은 크기의 편위를 주고, 곡선구간에서는 곡선반경의 크기에 따라 200[mm]를 초과하지 않는 범위를 편위로 준다. 그러나 평행구간(에어섹션, 에어조인트, 선로분기 개소 등)등의 편위는 지지점에 따라 상이하므로 팬터그래프의 집전을 원활이 할 수 있도록 소정의 편위를 확보하도록 한다. 그리고 조가선과 전차선을 수직으로 이룰 수 있도록 같은 양의 편위를 주어 수직면을 이루도록 한다.

**표 5.3 도체의 특성**

<table>
<tr><th colspan="2" rowspan="2">선종<br>구분</th><th rowspan="2">조가선</th><th colspan="3">전 차 선</th><th colspan="2" rowspan="2">보호선</th></tr>
<tr><th>원형</th><th>원형</th><th>평형</th></tr>
<tr><td colspan="2">재 질</td><td>경동</td><td>냉간 압연동</td><td>냉간 압연동</td><td>냉간 압연동</td><td colspan="2">알미늄-철</td></tr>
<tr><td colspan="2">단면적</td><td>65.4 mm<sup>2</sup></td><td>107 mm<sup>2</sup></td><td>150 mm<sup>2</sup></td><td>150 mm<sup>2</sup></td><td colspan="2">93.3 mm<sup>2</sup><br>Al = 58.9 mm<sup>2</sup><br>St = 34.4 mm<sup>2</sup></td></tr>
<tr><td colspan="2">직 경</td><td>10.5mm</td><td>12.24mm</td><td>14.5mm</td><td>13.6mm</td><td colspan="2">12.5mm</td></tr>
<tr><td rowspan="2">형태</td><td>도선수</td><td>1.5mm×37가닥</td><td rowspan="2">홈붙이선</td><td rowspan="2">홈붙이선</td><td rowspan="2">홈붙이선</td><td rowspan="2">Al 12×<br>2.5mm</td><td rowspan="2">St 7×<br>2.5mm</td></tr>
<tr><td>지름</td><td>1.5mm</td></tr>
<tr><td colspan="2">단 중</td><td>0.605</td><td>0.951</td><td>1.334</td><td>1.334</td><td colspan="2">0.437</td></tr>
<tr><td colspan="2">인장하중</td><td>4218daN</td><td>3720daN</td><td>5210daN</td><td>5210daN</td><td colspan="2">4610daN</td></tr>
<tr><td colspan="2">안전율</td><td>3</td><td>2</td><td>2</td><td>2</td><td colspan="2"></td></tr>
<tr><td colspan="2">도전율</td><td>61%</td><td>98%</td><td>98%</td><td>98%</td><td colspan="2">61%(Al)</td></tr>
<tr><td colspan="2">구리 환산 단면적</td><td>39.3 mm<sup>2</sup></td><td>104.9 mm<sup>2</sup></td><td>147 mm<sup>2</sup></td><td>147 mm<sup>2</sup></td><td colspan="2">35.9 mm<sup>2</sup></td></tr>
<tr><td colspan="2">선팽창 계수</td><td>17×10<sup>-6</sup></td><td>17×10<sup>-6</sup></td><td>17×10<sup>-6</sup></td><td>17×10<sup>-6</sup></td><td colspan="2">15.4×10<sup>-6</sup></td></tr>
<tr><td colspan="2">저항(μΩcm)</td><td>3.0205</td><td>1.7593</td><td>1.7593</td><td>1.7593</td><td colspan="2">2.8264</td></tr>
</table>

전차선로의 지지점에 편위를 주는 이유는 직선로에서는 팬터그래프의 편마모 방지하고 곡선상에서는 전주 경간의 중심에서 편위를 확보하기 위함이다. 편위를 설정할때에는 항상 팬터그래프의 축을 고려하여 결정된다. 팬터그래프의 축은 항상 선로의 중심축과 동일한 커브로 표시된다. 지지점에서 편위가 없다면, 경간의 중심에서 곡선의 편위값 F는 다음과 같은 식으로 표시된다.

$$F = \frac{L^2}{8R} \qquad (5-3)$$

여기서, $L$은 경간의 길이, $R$은 곡선반경을 나타낸다.

### (1) 바람에 의한 전차선 횡변위

풍압이 작용할 때 전차선은 횡방향으로 날리며 이때 발생하는 전차선 변위에 대한 기본방정식은 최대 경간길이를 결정하는 요소 중의 하나이다.

### 1) 곡선의 기본 방정식

양단이 고정되고 직선 형상으로 있는 전차선에 바람이 불어 전차선에 횡변위가 발생되는 경우 풍압을 받은 전차선은 양단이 고정되어 있으므로 가운데가 풍압을 받아 불룩해진다. 이 경우 풍압을 받은 전차선은 쌍곡선함수(Hyperbolic Function) 형태로 변형되나, 앞장의 드로퍼 길이 계산에서 전차선로 곡선에 대해서 보여준 바와 같이 이 곡선을 2차 포물선방정식으로 근사화하여 표현할 수 있으므로, 풍압에 의해 처진 전차선 곡선을 아래와 같이 표현할 수 있다. 여기서 $W$는 전차선 자중 대신 전차선에 작용하는 수평하중으로 단위길이당 풍압(N/m)이 된다. $T$는 그대로 전차선 장력이다.

$$y(x) = \frac{W}{2T}x(a-x) \tag{5-4}$$

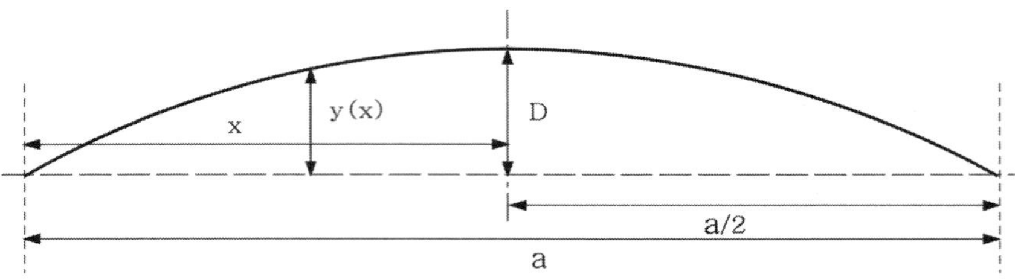


▶그림 5.2◀ 바람에 날리는 전차선로

이 식으로부터 중앙의 최대 처짐은 다음과 같다.

$$D = y\left(\frac{a}{2}\right) = \frac{W}{2T}\frac{a}{2}\left(a-\frac{a}{2}\right) = \frac{Wa^2}{8T} \tag{5-5}$$

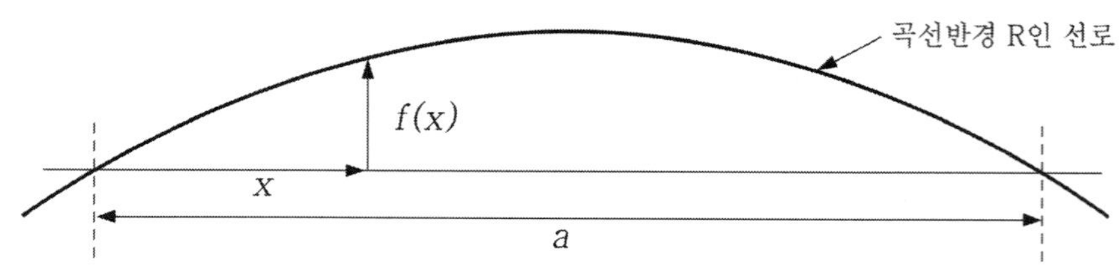


▶그림 5.3◀ 곡선반경 R인 선로

또한, 위 그림과 같은 곡선반경 $R$을 가진 선로의 기하학적 위치 관계에 대해서도 다음과 같은 형태의 방정식의 적용이 가능하다.

$$f(x) = \frac{1}{2R}x(a-x) \tag{5-6}$$

위 식을 증명하고 이 방정식에 오차정도를 확인해 보기로 한다. 먼저 위 식으로부터 중앙에서의 변위값을 구해보면 다음과 같다.

$$f(\frac{a}{2}) = \frac{1}{2R}\frac{a}{2}(a-\frac{a}{2}) = \frac{a^2}{8R} \tag{5-7}$$

한편 곡선 선로에서의 기하학적 관계에 관한 아래 그림으로부터

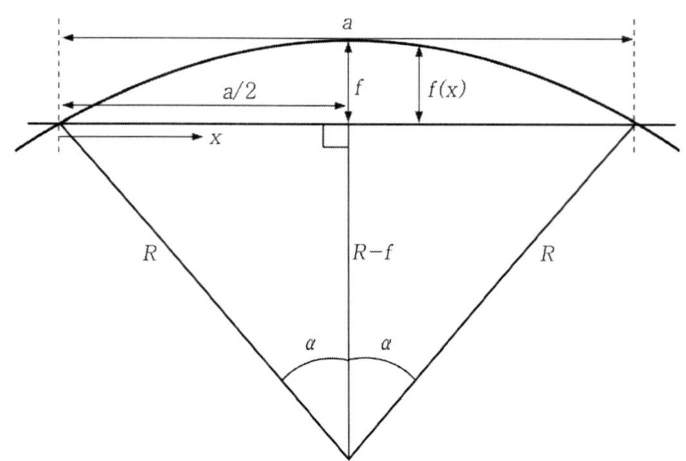


▶그림 5.4◀ 곡선 선로에서의 기하학적 관계

$$\sin\alpha = \frac{a/2}{R},\ \cos\alpha = \frac{R-f}{R} \tag{5-8}$$

이를, $\cos^2\alpha + \sin^2\alpha = 1$에 대입

$$(\frac{R-f}{R})^2 + (\frac{a/2}{R})^2 = 1 \tag{5-9}$$

$$\frac{2}{R}f = \frac{f^2}{R^2} + \frac{a^2}{4R^2} \tag{5-10}$$

따라서, $f \ll R$ 이어서 $\frac{f^2}{R^2} \approx 0$로 하면 $f = \frac{a^2}{8R}$이 된다. 그러므로 반경에 비해 경간의 길이가 작은 경우에 오차는 거의 무시할 수 있다.

**2) 편위가 같은 경우의 횡변위와 곡선의 관계**

전차선로의 양쪽 전주에서의 편위가 같은 경우는 바람에 의한 최대 처짐(변위)은 경간 중앙에서 발생하게 되며, 이 경우의 곡선 반경과 편위 및 바람에 의한 변위 사이의 관계를 유도해 보면 다음과 같다.

① 바람이 곡선의 내측 방향으로 부는 경우

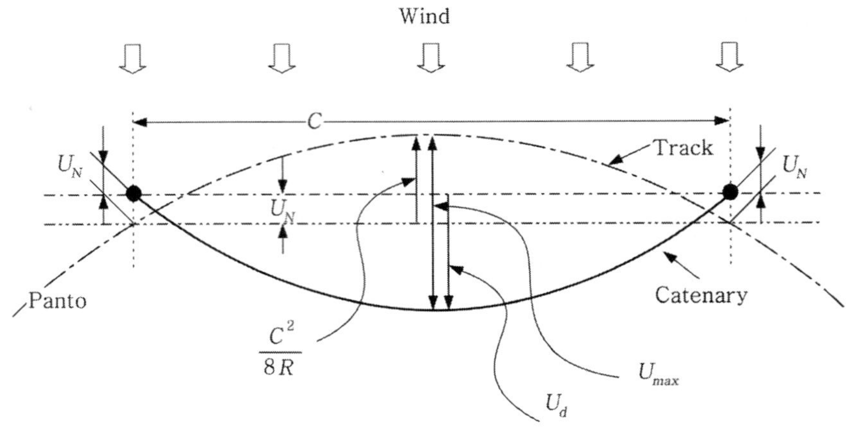


▶그림 5.5◀ 바람이 선로 내측으로 부는 경우 전차선로의 변위

$u_N$ : 전주점에서의 전차선의 편위(Nominal Offset)[m]

$u_{\max}$ : 경간 내에서 선로중심으로부터 이탈되는 전차선 최대 처짐량[m]

$Z_f$ : 전차선로의 기계적 장력[N]

$C$ : 경간길이[m]

$F_w$ : 바람에 의한 전차선로에서의 유효 작용력[N]

즉, $F_w =$ 풍압$(q) \times Drag$계수$(e) \times$전차선로 전선의 유효직경$(A)$

$u_d$ : 바람에 의한 전차선로 최대처짐(변위)량[m]

$u_R$ : 일정경간의 곡선반경내 최대변위[m] $(u_R = \frac{c^2}{8R})$

풍압에 의한 전차선로 변위의 최대는 경간 중앙에서 발생되며

$$u_d = \frac{F_f C^2}{8 Z_f} \tag{5-11}$$

위 그림으로부터

$$u_{\max} = \frac{C^2}{8R} + u_d - u_N \tag{5-12}$$

위 식을 C에 관하여 정리하면 다음과 같다.

$$C = \sqrt{\frac{8RZ_f(u_N + u_{\max})}{F_w R + Z_f}} \tag{5-13}$$

위 식은 UIC 606-1의 Curve Radius, Off-set, Blow-off 사이의 관계식으로 나타내어 있다.

② **바람이 곡선의 외측 방향으로 부는 경우**

아래 그림을 참조하여 같은 방법으로 유도하면 다음 식을 얻을 수 있다.

$$u_{\max} = u_d - \frac{C^2}{8R} + u_N \tag{5-14}$$

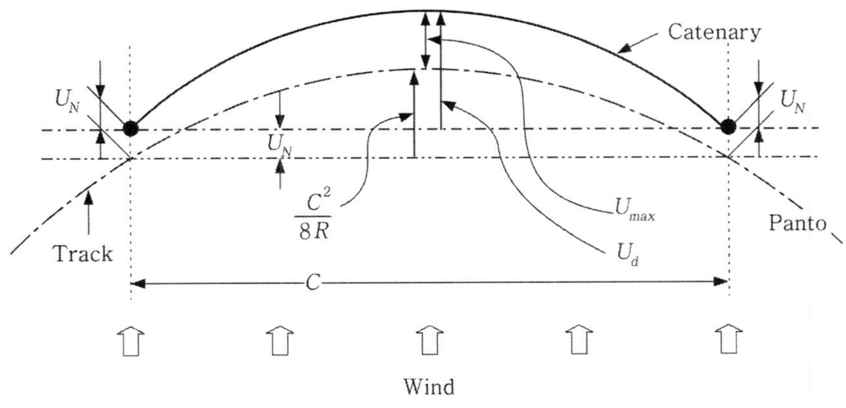


▶그림 5.6◀ 바람이 선로 외측으로 부는 경우 전차선로의 변위

### 3) 양단 편위가 다른 경우를 포함한 전차선로 횡변위 관계식

이제까지는 전차선로 경간의 좌우 편위가 같은 경우에 대하여 다루었으나 실제로는 곡선선로에서 좌우 전주에서의 편위가 다르도록 주어지게 된다. 좌우 전주에서의 편위가 다르다면 전차선로는 회전 이동한 형상이 되고 따라서 최대변위가 발생하는 위치가 중앙이 아닌 다른 곳으로 이동하므로 복잡해진다. 그러나 이 경우에 대한 변위식이 일반식이 된다.

서로 다른 편위가 주어진 상태에서 최대 처짐이 발생하는 지점의 위치와 전차선의 최대 변위를 구해보면 다음과 같다.

① 바람이 곡선의 외측 방향으로 부는 경우

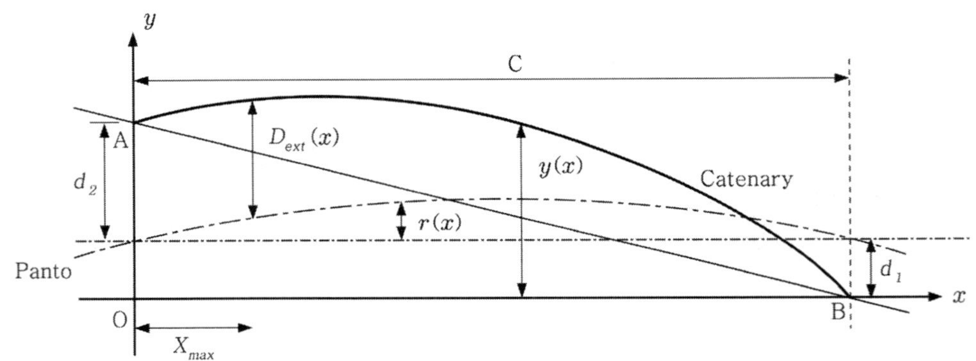


▶그림 5.7◀ 바람이 곡선 외측으로 부는 경우 전차선로의 변위

A점과 B점사이 전차선로는 $((d_1+d_2)/C)$ 만큼 기울어진 형상이 되고 $x,y$ 좌표축의 영점 O를 위 그림과 같이 잡으면 전차선로 변위$y(x)$는 식 $y(x)=\frac{W}{2T}x(a-x)$과 A–B 기울기를 조합하여

$$y(x)=\frac{F_w}{2T}x(c-x)+\frac{d_1+d_2}{c}(c-x) \tag{5-15}$$

선로 중심선의 변위 $r(x)$는 식 $f(x)=\frac{1}{2R}x(a-x)$으로부터

$$f(x)=\frac{1}{2R}x(c-x) \tag{5-16}$$

팬터그래프는 궤도 중심을 따라가므로 팬터그래프 중심축으로부터 전차선로가 벗어나는 값 $D_{ext}(x)$는

$$D_{ext}(x) = y(x) - r(x) - d_1$$
$$= \frac{F_w}{2T} x(c-x) + \frac{d_1 + d_2}{c}(c-x) - \frac{x(c-x)}{2R} - d_1 \qquad (5\text{–}17)$$

앞 절에서 $u_d$와 $u_R$를 다음과 같이 정의하였으므로

$$u_d = \frac{F_w c^2}{8T} \Rightarrow \frac{F_w}{2T} = \frac{4u_d}{c^2} \qquad (5\text{–}18)$$

$$u_R = \frac{c^2}{8R} \Rightarrow \frac{1}{2R} = \frac{4u_R}{c^2} \qquad (5\text{–}19)$$

$D_{ext}(x)$에 관한 식의 계수를 $u_d$와 $u_R$에 관한 것으로 대치하고, $d_1 + d_2 = d$로 두면

$$D_{ext}(x) = \frac{4u_d}{c^2} x(c-x) + \frac{d}{c}(c-x) - \frac{4u_R}{c^2} x(c-x) - d_1 \qquad (5\text{–}20)$$

최대가 되는 지점 $x$를 구하기 위해 $D_{ext}(x)$를 미분하여 0으로 두면

$$D_{ext}'(x) = \frac{4u_d}{c^2}(c-2x)\frac{d}{c} - \frac{4u_R}{c^2}(c-2x) = 0 \qquad (5\text{–}21)$$

위 식으로부터 구한 $x$값을 $x_{\max}$라 하면

$$x_{\max} = \frac{c}{2} - \frac{cd}{8(u_d - u_R)} \qquad (5\text{–}22)$$

이 $x_{\max}$값을 $D_{ext}(x)$에 대입하면 팬터그래프 중심축으로 부터의 전차선의 최대 횡변위값을 구할 수 있다.

$$D_{ext}(x) = \frac{4u_d}{c^2}\left[c\left\{\frac{c}{2} - \frac{cd}{8(u_d - u_R)}\right\} - \left\{\frac{c}{2} - \frac{cd}{8(u_d - u_R)}\right\}^2\right]$$
$$= \frac{d}{c}\left[c - \left\{\frac{c}{2} - \frac{cd}{8(u_d - u_R)}\right\}\right] - \frac{4u_R}{c^2}\left[c\left\{\frac{c}{2} - \frac{cd}{8(u_d - u_R)}\right\}\right]$$
$$= \left\{\frac{c}{2} - \frac{cd}{8(u_d - u_R)}\right\}^2 - d_1 \qquad (5\text{–}23)$$

위 식을 정리하면 다음 식을 얻는다.

$$D_{ext}(x_{\max}) = u_d + \frac{d_2 + d_1}{16(u_d - u_R)} + \frac{d_2 - d_1}{2} - u_R \qquad (5\text{–}24)$$

위 식에서 첫 번째와 두 번째 항은 방향을 가지는 벡터량으로서 경간길이 결정을 위한 팬터그래프 작동 영역의 잔여 너비를 계산하는 식에서 루트 안으로 들어가는 항이되고 세 번째와 네 번째 항은 직접적으로 잔여 너비에 영향을 미치는 인수가 된다.

$$u_{d'} = u_d \frac{(u_{N1}+u_{N2})^2}{16u_d} + \frac{(u_{N1}-u_{N2})}{2} \tag{5-25}$$

UIC 606-1 에 소개되어 있는 바람에 의한 전차선로의 횡변위 식은 직선선로에 대한 것으로 선로의 곡선반경을 고려하지 않은 식이다.

② 바람이 곡선의 내측 방향으로 부는 경우

$x, y$ 좌표축의 영점 O를 위 그림과 같이 잡으면 A와 B사이 전차선로는

$$y(x) = \frac{F_w}{2T}x(c-x) + \frac{d_1+d_2}{c}(c-x) \tag{5-26}$$

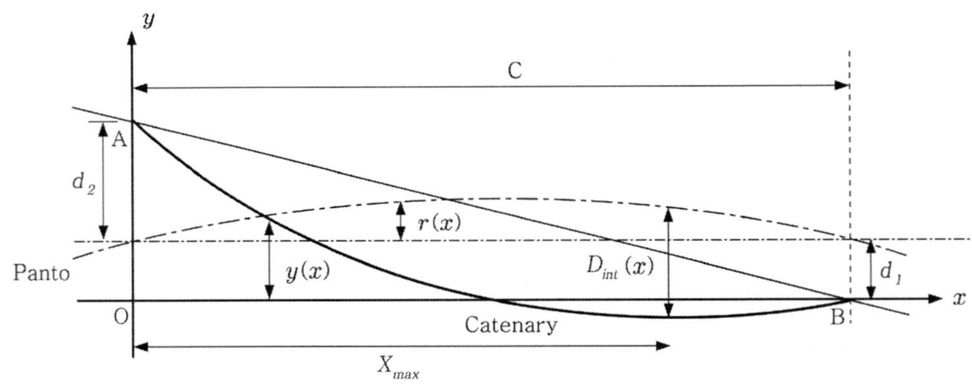


▶그림 5.8◀ 바람이 곡선 내측으로 부는 경우 전차선로 횡변위

이 되고 팬터그래프 중심축(궤도중심)으로부터 전차선로가 벗어나는 값 $Dint(x)$는

$$\begin{aligned} Dint(x) &= r(x) + d_1 - y(x) \\ &= \frac{1}{2R}x(c-x) + d_1 + \frac{F_w}{2T}x(c-x) - \frac{d_1+d_2}{c}(c-x) \end{aligned} \tag{5-27}$$

계수를 $u_d$와 $u_R$로 대치하고 $d_1 + d_2 = d$로 두고, $Dint'(x) = 0$으로 하여 최대가 되는 지점 $x_{\max}$를 구하면

$$x_{\max} = \frac{c}{2} + \frac{cd}{8(u_d + u_R)} \tag{5-28}$$

이 $x$값을 $Dint(x)$에 대입하여 팬터그래프 중심축으로부터 전차선 최대 횡변위를 구하면 다음 식이 된다.

$$Dint(x_{\max}) = u_d + \frac{d_2 + d_1}{16(u_d + d_R)} - \frac{d_2 - d_1}{2} + u_R \tag{5-29}$$

#### 4) 전차선 횡변위 관계식의 적용

전차선의 횡변위 관계식은 전차선의 양단이 고정되어 있다는 것을 가정하고 유도한 식이므로 경간 내에서만 유효하고 경간을 벗어난 지점에서는 유효하지 않다. 이것은 전차선 횡변위 식이 최대 처짐이 발생하는 지점에 대한 변수($x_{\max}$)를 대입하여 얻어지며 이 $x_{\max}$에 관한 방정식은 $u_d$와 $u_R$을 포함하는 수식을 미분하여 얻어지므로 실제 상황에 맞지 않는 값이 개입될 수 있기 때문이다. 따라서 횡변위 식을 적용하기 전에 $x_{\max}$를 먼저 계산하여 확인해 보아야 하며, $x_{\max}$가 경간 범위를 벗어날 때는 양단 고정 지점에서의 횡변위량(=편위값)을 사용해야 한다. 이를 수식으로 표현하면 다음과 같다.

① 바람이 곡선의 외측 방향으로 부는 경우

- $0 \le x_1 \le C$ 일 때

$$D_{ext}(x_1) = u_d + \frac{d_2 + d_1}{16(u_d - u_R)} + \frac{d_2 - d_1}{2} - u_R \tag{5-30}$$

- $x_1 < 0$ 또는 $x_1 > C$일 때 $\le$ $D_{ext}(x_1) = d_2$ $(d_2 \ge |d_1|)$

  여기서, $x_1$은 최대변위가 발생하는 지점의 $x$축 상 거리 ($x_{\max}$)로서 다음 식으로 구한다.

$$x_1 = \frac{c}{2} - \frac{cd}{8(u_d - u_R)} \tag{5-31}$$

② 바람이 곡선의 내측 방향으로 부는 경우

- $0 \le x_2 \le C$일 때

$$D_{int}(x_2) = u_d + \frac{d_2 + d_1}{16(u_d + u_R)} - \frac{d_2 - d_1}{2} + u_R \tag{5-32}$$

– $x_2 > C$일 때 $\leq D_{int}(x_2) = -d_1 \ (d_2 \geq |d_1|)$

여기서, $x_2$은 최대 변위가 발생하는 지점까지의 거리로서 다음 식으로 구한다.

$$x_2 = \frac{c}{2} + \frac{cd}{8(u_d + u_R)} \tag{5-33}$$

위와 같은 $x$값에 대한 제한조건식이 포함됨으로서 알고리즘이 완성되는 것이며, 가공 전차선로의 최대경간 계산을 위한 프로그램의 구성요건이 충족되는 것이다.

### 5) 전차선에 발생하는 기울기의 요소

전차선의 편위는 각 기울기 총합의 값이 집전장치 유효폭 내로 되어야 하므로 전차선의 최대 편위가 집전장치 유효폭 보다 작게 되는 경우에는 지지경간이나 지지점의 편위를 조정하여야 하며 전차선에 발생하는 기울기의 요소는 다음과 같다.

- 풍압에 의한 기울기
- 곡선로에 의한 기울기
- 지지물의 변형에 의한 기울기
- 차량동요에 의한 집전장치의 기울기
- 온도변화에 의한 가동브래키트의 회전기울기

#### ① 집전장치의 유효폭

전기동차의 집전장치 유효폭은 아래 그림과 같다.

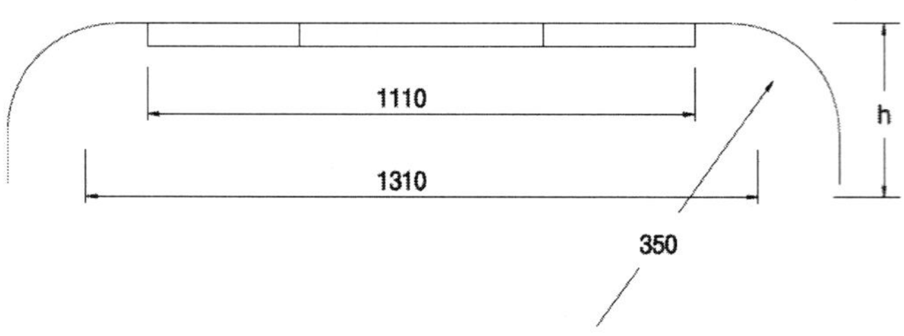


▶그림 5.9◀ 전기동차의 집전장치 유효폭

전기기관차의 집전장치 유효폭은 아래 그림과 같다.

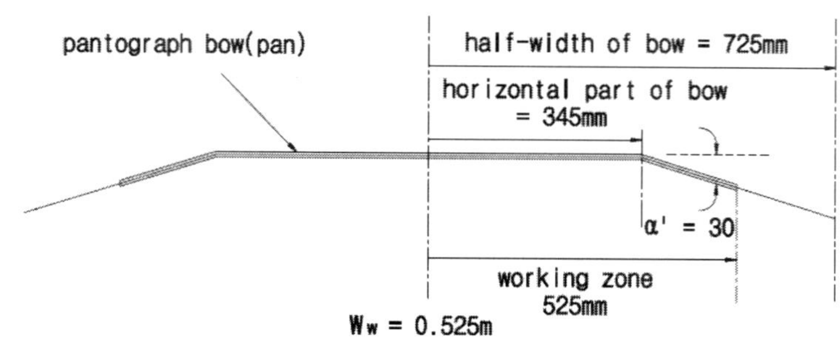


▶그림 5.10◀ 전기기관차의 집전장치 유효폭

② 풍압에 의한 전차선 기울기

바람이 불면 전차선에 기울기가 발생하기 때문에 열차의 안전운행을 위해서는 풍압에 의한 전차선의 기울기가 집전장치의 유효폭보다 작게 되도록 경간이나 기울기를 제한하여야 한다.

– 직선구간의 지그재그 편위가 있는 경우

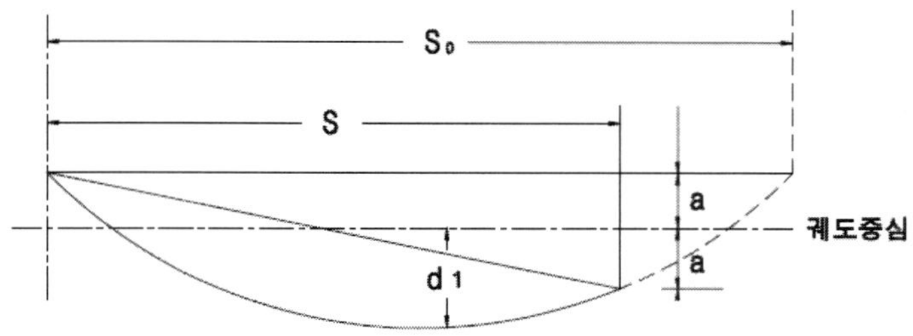


▶그림 5.11◀ 직선구간의 지그재그 편위가 있는 경우

$$d_1 = \frac{S^2(W_m + W_t)}{8(T_m + T_t)} + \frac{2a^2(T_m + T_t)}{S^2(W_m + W_t)} \qquad (5\text{–}34)$$

여기서, $d_1$ : 지그재그 기울기를 취했을 때의 풍압에 따른 전차선 기울기량[m]

$S$ : 경간[m] 50[m]

$a$ : 지지점의 설정 지그재그 편위량[m] 0.2[m]

$S_0$ : 풍압을 받았을 때의 등가경간

$W_m$ : 조가선(Bz)의 풍압하중[N/m]

$W_t$ : 전차선(Cu 110mm$^2$)의 풍압하중[N/m]

$T_m$ : 조가선(Bz)의 가선장력 11,760[N]

$T_t$ : 전차선(Cu 110mm$^2$)의 가선장력 11,760[N]

조가선의 풍압하중은 다음과 같다.

$$W_m = 0.0105[\text{m}^2/\text{m}] \times 76[\text{N/m}^2] = 0.798[\text{N/m}]$$

전차선의 풍압하중은 다음과 같다.

$$W_t = 0.01234[\text{m}^2/\text{m}] \times 76[\text{N/m}^2] = 0.937[\text{N/m}]$$

전차선의 기울기를 계산하면 다음과 같다.

$$\begin{aligned} d_1 &= \frac{50^2(0.798+0.9371)}{8(1200+1200)} + \frac{2 \times 0.2^2(1200+1200)}{50^2(0.798+0.937)} \\ &= 0.225 + 0.044 = 0.269[\text{m}] \end{aligned}$$

– 곡선로의 경우 전차선의 기울기

곡선로의 전차선은 지지점에서는 곡선의 외측에, 경간 중앙에서는 곡선 내측 위치에 시설한다. 곡선로의 경우 전차선의 기울기는 각각의 곡선 반지름에 대하여 구한다.

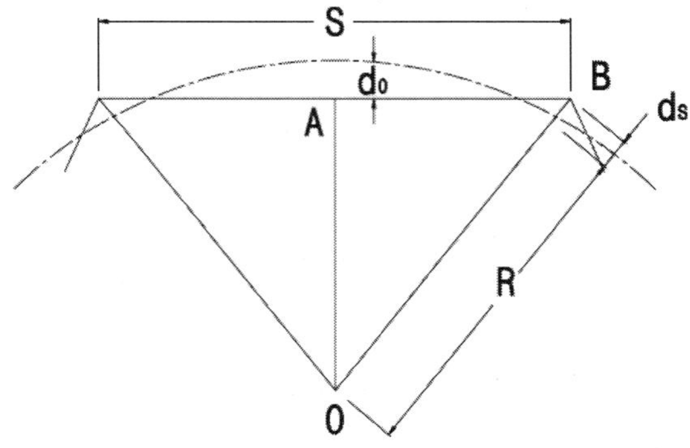


▶그림 5.12◀ 곡선로의 경우 전차선의 기울기

$$d_0 = \frac{S^2}{8R} - d_s \qquad (5-35)$$

$d_0$ : 경간 중앙의 전차선 기울기량[m]

$S$ : 전주 경간[m]

$R$ : 곡선반지름[m]

$d_s$ : 지지점의 전차선 편위[m] 0.2[m]

- 곡선반경 1,600[m]이상이고 경간이 50[m]의 경우 경간 중앙에서의 전차선의 기울기량을 계산하면 다음과 같다.

$$d_{50} = \frac{50^2}{8 \times 1,600} - 0.2 = -0.0046[m]$$

- 곡선반경 1,000[m] 이상이고 경간이 45[m]의 경우 경간 중앙에서의 전차선의 기울기량을 계산하면 다음과 같다.

$$d_{45} = \frac{45^2}{8 \times 1,000} - 0.2 = 0.0531[m]$$

- 곡선반경 700[m]이상이고 경간이 40[m]의 경우 경간 중앙에서의 전차선의 기울기량을 계산하면 다음과 같다.

$$d_{40} = \frac{40^2}{8 \times 700} - 0.2 = 0.0857[m]$$

- 곡선반경 500[m]이상이고 경간이 35[m]의 경우 경간 중앙에서의 전차선의 기울기량을 계산하면 다음과 같다.

$$d_{35} = \frac{35^2}{8 \times 500} - 0.2 = 0.1062[m]$$

- 곡선반경 400[m] 이상이고 경간이 30[m]의 경우 경간 중앙에서의 전차선의 기울기량을 계산하면 다음과 같다.

$$d_{30} = \frac{30^2}{8 \times 400} - 0.2 = 0.812[m]$$

- 곡선반경 300[m] 이상이고 경간이 20[m]의 경우 경간 중앙에서의 전차선의

기울기량을 계산하면 다음과 같다.

$$d_{20} = \frac{20^2}{8 \times 300} - 0.2 = -0.0333[\mathrm{m}]$$

• 풍압에 따른 전차선의 기울기를 계산하는 식은 다음과 같다.

$$d_2 = \frac{S^2(W_m + W_t)}{8(T_m + T_t)}$$

• 경간 50[m]의 경우에 풍압에 따른 전차선의 기울기를 계산하는 식은 다음과 같다.

$$d_{50} = \frac{50^2(0.798 + 0.937)}{8(1{,}200 + 1{,}200)} = 0.225[\mathrm{m}]$$

곡선 전주 경간 및 곡선반경에 따른 지지점의 편위, 중간 기울기, 풍압기울기 및 기울기의 합계는 다음과 같다.

**표 5.4 곡선경간별 기울기** 단위[m]

| 전주경간 | 곡선반경 | 지지점편위 | 중간기울기 | 풍압기울기 | 기울기 계 |
|---|---|---|---|---|---|
| 50 | 1,600 | 0.2 | −0.0046 | 0.225 | 0.2204 |
| 45 | 1,000 | 0.2 | 0.0531 | 0.182 | 0.2351 |
| 40 | 700 | 0.2 | 0.0857 | 0.144 | 0.2297 |
| 35 | 500 | 0.2 | 0.1062 | 0.110 | 0.2162 |
| 30 | 400 | 0.2 | 0.0812 | 0.081 | 0.1622 |
| 20 | 300 | 0.2 | −0.0333 | 0.036 | 0.0027 |

– 지지물의 굽힘에 따른 기울기

바람의 영향 또는 전선의 수평장력에 의하여 전주의 굽힘과 기초변형에 의한 전주 경사가 발생하므로 전차선 높이에 있어서의 전주의 휨을 50[mm], 기초 경사에 대하여 50[mm]로 하여 지지물의 굽힘에 따른 기울기는 100[mm] 정도의 경사를 고려한다.

$$d_3 = 100[\mathrm{mm}]$$

– 차량동요에 따른 집전장치 기울기

궤도면상 585[mm]의 점을 중심으로 좌, 우 610[mm]의 수평점에 상, 하 각각

최대 32[mm] (차량동요 최대각도 3°)까지 이동이 되므로 전차선의 높이 5,080 [mm]로 하면

$$d_A = \frac{(5{,}080 - 585) \times 32}{610} \fallingdotseq 235.8[\text{mm}]$$

– 온도변화에 따른 가동브래키트 회전 기울기

전차선은 온도변화와 장력변화에 따라서 이동하기 때문에 가동브래키트의 회전에 의하여 기울기가 발생될 수 있다. 가동브래키트의 회전에 따른 기울기는 각각의 전차선 인류길이와 가동브래키트 길이에 대해서 구하며 보통 전차선 마모의 영향이 없는 것으로 보고 온도변화에 따른 전차선의 신축에 대해서만 구한다.

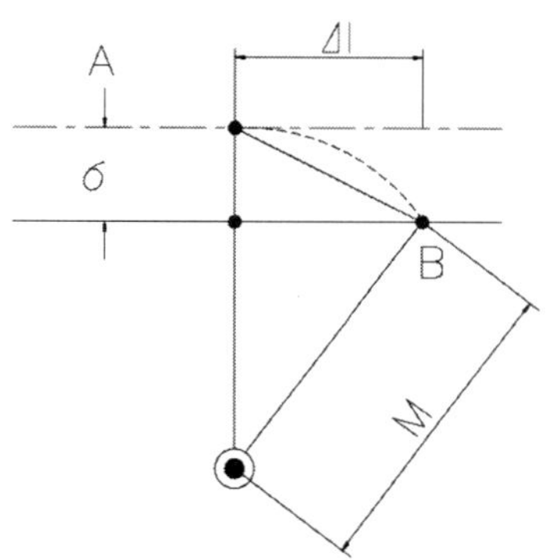


▶그림 5.13◀ 온도변화에 따른 가동브래키트 회전 기울기

$$\sigma = M - \sqrt{M^2 - \Delta l^2}$$

$\sigma$ : 가동브래키트 회전에 따른 전차선의 기울기[mm]

$M$ : 가동브래키트의 게이지[mm]

$\Delta l$ : 전차선의 이동량[mm]

가동브래키트의 게이지는 다음과 같다.

- 가동브래키트의 건식게이지 3,000[mm]
- 전주폭 318[mm]
- 전차선 편위 200[mm]

$$M = 3{,}000 - \frac{318}{2} - 200 = 2{,}640[\text{mm}]$$

전차선의 이동량은 다음과 같다.

$\alpha$ : 전차선의 팽창계수 $1.7 \times 10^{-5}$

$t$ : 최고온도 40[℃]

$t_0$ : 표준온도 10[℃]

$L$ : 전차선장력 조정길이 600[m]

$$\Delta l = 1.7 \times 10^{-5}(40 - 10) \times 600 \times 10^3 = 306[\text{mm}]$$

가동브래키트 회전에 따른 기울기는 다음과 같다.

$$\sigma = 2{,}640 - \sqrt{2{,}640^2 - 306^2} \fallingdotseq 18[\text{mm}]$$

– 직선구간에서 전차선의 기울기 여유

직선구간에서의 지지물의 굽힘에 의한 기울기 및 차량동요에 따른 집전장치의 기울기, 가동브래키트 회전에 따른 기울기와 전차선의 기울기의 여유는 다음 표와 같다.

**표 5.5** 직선구간에서 전차선의 기울기 여유 단위 : [mm]

| 구 분 | 전 기 동 차 |
|---|---|
| 집전장치 유효폭($D$) | 1,310 |
| 지지물의 굽힘에 의한 기울기($D_1$) | 100 |
| 차량동요에 따른 집전장치 기울기($D_2$) | 242 |
| 가동브래키트 회전에 따른 기울기($D_3$) | 18 |
| $\frac{D}{2} - (D_1 + D_2 + D_3)$ | 295 |
| 전차선의 풍압에 의한 기울기 | 208 |
| 기울기의 여유 | 87 |

– 곡선구간에서 전차선의 기울기 여유

곡선구간에서의 전차선의 기울기 여유는 다음 표와 같다.

**표 5.6 직선구간에서 전차선의 기울기 여유 : 단위[mm]**

| 구 분 | 전기동차 | | | |
|---|---|---|---|---|
| 집전장치 유효폭($D$) | 1,310 | | | |
| 지지물의 굽힘에 의한 기울기($D_1$) | 100 | | | |
| 차량동요에 따른 집전장치 기울기($D_2$) | 242 | | | |
| 가동브래키트 회전에 따른 기울기($D_3$) | 18 | | | |
| $\frac{D}{2}-(D_1+D_2+D_3)$ | 295 | | | |
| 전차선의 풍압에 의한 기울기 | 50m | 40m | 30m | 20m |
| | 220 | 229 | 162 | 2 |
| 기울기의 여유 | 75 | 57 | 133 | 293 |

실제 운행하는 선구의 집전장치의 사양에 따라 위의 여유 값은 다르므로 설계전에 운행계획 및 차량을 고려하여 검토하여야 한다.

## 5.2.3 전차선의 구배

고속철도 전차선의 구배는 고속 운행시 팬터그래프의 이선현상을 방지하기 위해 0(‰)으로 한다. 고속철도에서는 열차속도가 250[km/h] 이상일 때에는 전차선의 구배는 0(‰)이 되도록 가선하고 있다.

## 5.2.4 전차선의 이도

고속철도 전차선의 이도는 다수 팬터그래프의 열차가 운행해도 지장이 없도록 하기 위해 경간의 1/2000로 정하고 있다. 경간은 기존선의 9[m]의 배수에서 이상적인 집전거리를 고려하여 고속선에서는 4.5[m]의 배수로 경간을 설정하였다. 드로퍼의 간격은 4.5[m]와 6.75[m]이며 지지점에서 첫 번째 드로퍼 간의 간격은 4.5[m]이다.

팬터그래프가 경간 중앙을 통과할 때 경간 중앙부분에서 팬터그래프에 의한 압상이 많이 일어나며 지지점 부근에서 팬터의 유동이 심해 이선현상이 발생하여 집전시 아크현상의 발생으로 인한 전차선에 영향을 주는것을 보상하기 위하여 고속선에서는 경간마다 사전이도(Pre-sag)를 주어 팬터그래프의 통과시 전차선이 수평을 유지하도록 하였다. 사전이도(Pre-sag)는 TGV Sud-Est, TGV-A에서는 경간의 1/1000, TGV-Nord 및 경부고속철도에서는 경간의 1/2000을 주었다.

### (1) 경간

열차가 운행 중일때 팬터그래프는 선로조건, 차량특성, 기후상태 및 열차속도 등에 따라 여러 위치에 존재할 수 있으며, 또한 전차선도 설치상태, 바람의 조건 등에 따라 다양한 위치로 움직여질 수 있다. 그러나 어떠한 경우든 열차가 안전하게 집전하기 위해서는 팬터그래프 집전판이 전차선을 벗어나서 운행하여서는 안된다. 이를 위하여 최악조건하에서 전차선과 팬터그래프의 상대적인 좌우 측면 위치를 검토하여야 하며, 궤도, 환경, 차량, 팬터그래프 및 전차선로의 설계기준(Design Criteria)이 이미 결정된 상태에서는 전차선로의 경간길이를 제한하는 방법밖에 없다. 전차선로 경간 길이에 대한 최대 제한요소는 선로의 곡선반경이며, 최대 경간 결정에 인터페이스가 되는 각 분야에 대한 설계기준을 반영하여 전차선로의 최대경간을 계산한다.

### (2) 최대경간 길이 결정

#### 1) 최대경간 길이 결정의 원리

최대경간 길이를 결정한다는 것은 결국 팬터그래프와의 관계에서 전차선의 횡 움직임을 제한하기 위한 것이다. 전차선로의 경간 길이, 편위, 장력, 전주처짐 등이 궤도의 특성, 차량의 운동과 관련되어 적절히 선정되어 있어야 한다. 이를 통해 전차선이 팬터그래프 집전판의 어느 부분에 위치하는가를 확인하여 팬터그래프 잔여부분이 허용잔여너비보다 작지 않도록 해야 한다.

허용 잔여 너비는 고정되어 있는 값이다. 아래 그림은 전차선과 허용 잔여 팬터그래프 너비와의 관계를 설명하는 그림이다. 각 요소 중 다른 값은 변동이 어려우므로 전차선로의 횡변위량(N)을 제한하도록 하는것이 가장 합리적이며 이 횡변위는 전차선로의 경간 길이를 조정하여 결정하게 된다.

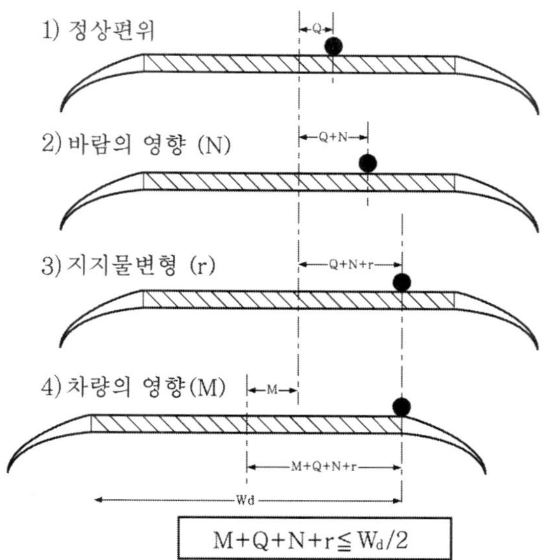


▶그림 5.14◀ 최대 경간 결정 방법

**2) 최대경간 결정 기법**

최대경간의 계산은 팬터그래프 작동 영역 중에서 절반의 폭인 잔여부분의 너비($M_w$)를 확인하는 방법으로 이루어진다. 잔여 너비($M_w$)는 열차운행시 가상할 수 있는 최악의 조건인 다음 3가지의 경우에 대하여 모두 0 이상을 유지하여야 하므로 이를 만족하는 경간 중 최대값을 구하면 된다.

① case 1 : 열차가 캔트상에 정지해 있는 경우의 잔여 너비

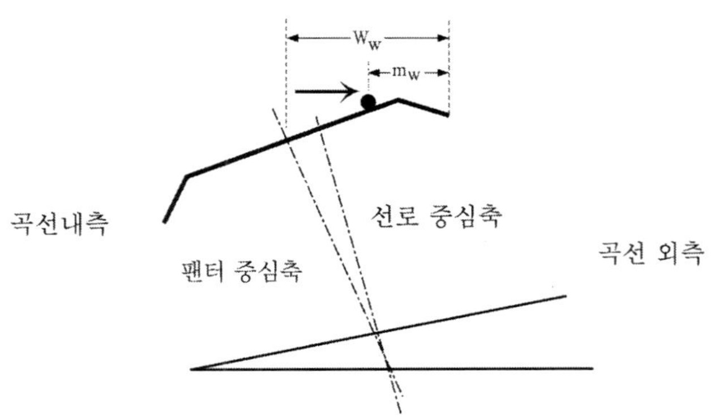


▶그림 5.15◀ 열차 정지상태에서 전주 반대측에서의 잔여 너비

② case 2 : 최고속도로 열차 주행 상태에서 곡선 외측으로부터 최대풍압이 작용할 때의 잔여 너비

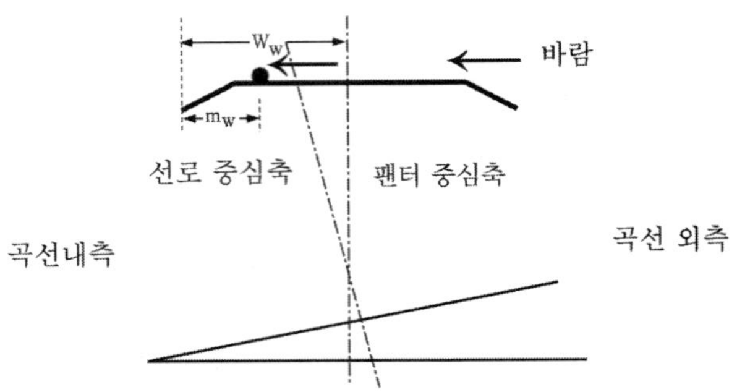


▶그림 5.16◀ 곡선 외측으로부터 최대풍압 작용시 잔여 너비(최고속도 주행)

③ case 3 : 열차 정지 상태에서 곡선 내측으로부터 최대풍압이 작용할 때 잔여 너비

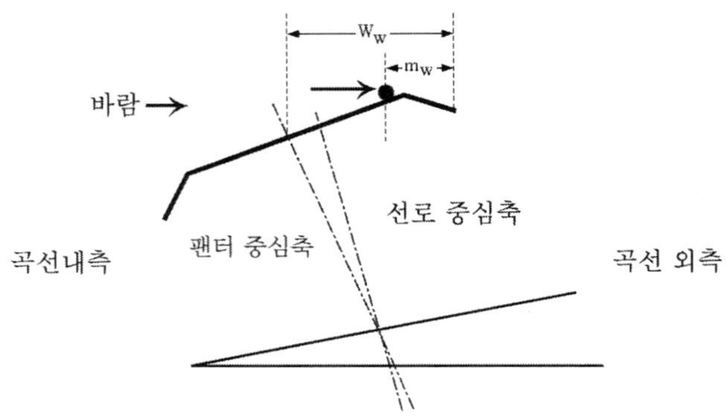


▶그림 5.17◀ 곡선 내측으로부터 최대풍압 작용시 잔여 너비(열차 정지 상태)

실제 경간길이를 전차선로 평면도상에서 결정할 때에는 경간 길이가 드로퍼 수와 간격에 따라 표준화 되어 있으므로 위의 계산으로 구한 최대경간과 같거나 작은 표준경간 중 가장 긴 경간을 도표상에서 선택하면 된다.

### 3) 잔여 너비(Mw)의 계산

① 열차가 캔트상에 정지해 있는 경우

$$M_w = w_w - e_p - u_{N1} - \frac{l - l_n}{2} - \frac{2.5}{R} - u_{unbE}$$

$$- \sqrt{T_1^2 + u_c^2 + u_0^2 + u_m^2 + u_t^2 + u_a^2} \quad (5\text{-}36)$$

② 최고속도로 열차 주행 상태에서 곡선 외측으로부터 최대풍압이 작용할 경우

$$M_w = w_w - e_p - u_N - \frac{C^2}{8R} - \frac{l-l_n}{2} - \frac{2.5}{R} - u_{unbI} - u_p$$
$$- \sqrt{T_1^2 + u_c^2 + u_0^2 + u_m^2 + u_t^2 + u_a^2 + u_d'^2} \quad (5\text{-}37)$$

③ 열차 정지상태에서 곡선 내측으로부터 최대풍압이 작용할 경우

$$M_w = w_w - e_p - u_N - \frac{C^2}{8R} - \frac{l-l_n}{2} - \frac{2.5}{R} - u_{unbE} - u_p$$
$$- \sqrt{T_1^2 + u_c^2 + u_0^2 + u_m^2 + u_t^2 + u_a^2 + u_d'^2} \quad (5\text{-}38)$$

여기서, $M_w$ : 팬터그래프 유효 접촉 운전 구역의 절반폭의 잔여 너비

$w_w$ : 팬터그래프 유효 접촉 운전 구역의 절반폭

$e_p$ : 차량특성에 따라 팬터그래프의 현(Bow) 중심축이 궤도 중심축으로부터 이탈량

$u_N$ : 전주에서 전차선의 편위 절대값 (보정하지 않은 값)

$u_{N1}$ : 2개의 연속 전주에서 1번 전주의 전차선 편위(보정하지 않은 값)

$\frac{C^2}{8R}$ : 풍압으로 인한 전차선 횡변위량

$\frac{(l-l_n)}{2}$ : 궤간 허용오차가 주는 영향

$\frac{2.5}{R}$ : 팬터그래프 현(Bow)의 최대 기하학적 한계(팬터그래프가 설치된 기관차에 대하여 곡선 선로에서 궤도 중심과 차량중심의 Offset량이 팬터그래프 설치 위치(주로 Pivot 상부)에 미치는 영향(Offset))

$u_{unbE}$ : 캔트로 인한 전차선 높이에서의 영향

$u_{unbI}$ : 캔트 부족으로 인한 전차선 높이에서의 영향

$u_p$ : 팬터그래프 압상력의 수평성분에 의한 전차선 이동량

$T_1$ : 대단위 선로보수가 이루어지기 전까지 궤도 횡이동에 대한 허용량

$u_c$ : 양 레일면 높이에 대한 허용오차가 주는 영향

$u_0$ : 차량 회전운동(Rolling)에 의한 영향

$u_m$ : 전주 횡방향 처짐(Deflection)에 의한 전차선 이동량

$u_t$ : 시공허용오차에 의한 전차선의 영향(Offset)

$u_a$ : 온도변화로 인한 가동브래키트 회전에 따른 전차선의 횡 변위 영향

$u_d'$ : 풍압으로 인한 전차선 횡변위량

### (3) 최대경간의 계산

#### 1) 선로

① 선로 곡선반경($R$)

최대경간을 계산하는 데에는 선로의 곡선 반경이 기준 데이터가 되며, 선로 곡선반경에 따라 그 구간에서의 최대설계속도가 정해진다. 설계에서 선로 곡선반경은 단계별로 범위를 나누어 관리되며 각 범위에 대해 최대경간 길이를 계산하도록 한다.

② 공칭궤간 ($l_n$)

두 레일 사이의 거리로서 보다 정확히 레일 윗면에서 14[mm] 아래에서 측정된 레일 두부 내측간 거리이다. 표준궤간은 1,435[mm]이다.

③ 실제궤간 ($l$)

실제궤간($l$)=공칭 궤간 + 허용오차 로 구하여진다.

④ 캔트/캔트 부족으로 인한 전차선 높이에서의 영향 [$u_{unbE}/u_{unbI}$]

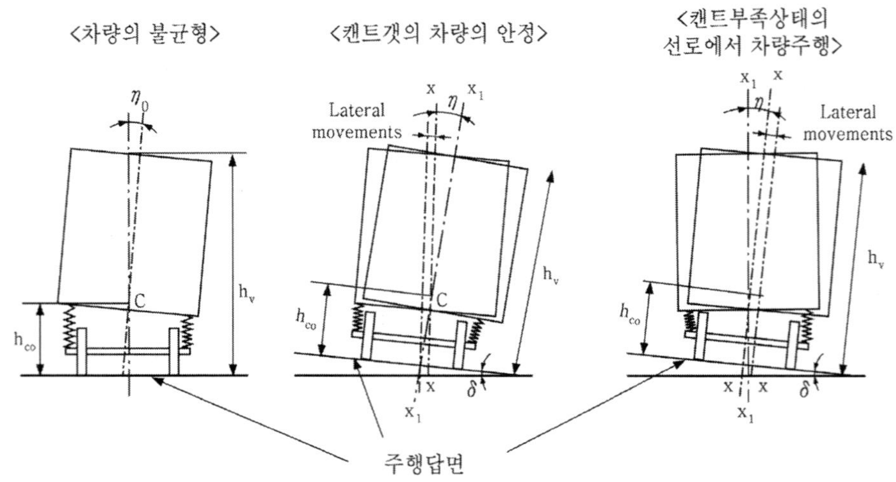


▶그림 5.18◀ 캔트/캔트 부족량에 의한 영향

열차가 곡선 구간을 주행시는 열차의 곡선 외부로 작용하는 힘과 곡선 내부로 작용하는 힘이 평형을 이루도록 바깥 측 레일의 높이를 높이는, 즉 궤도에 캔트를 주게 된다. 그러나 실제 선로에서는 계산으로 나온 캔트량보다 적은 캔트 값으로 시공하게 되며 이를 캔트 부족량(Cant Deficiency)이라 한다. 따라서 열차가 곡선구간에서 정지해 있을 때에는 캔트에 의해 팬터그래프가 안쪽으로 기울어지며 주행할 때에는 캔트 부족량 및 열차 속도에 따라 팬터그래프의 쏠림이 달라지게 된다. 이러한 캔트량 또는 캔트 부족량에 의한 전차선 레벨에서의 팬터그래프의 횡변위 영향을 $u_{unbE}$, $u_{unbI}$이라 한다.

UIC 505에서 건축한계 (Construction Gauges)와 차량한계(Kinematic Vehicle Gauges)에 대한 규정에서 이미 캔트 부족량에 의한 영향을 고려하여 차체 존과 팬터그래프 존에서의 참조 범위가 규정되어 있으며, 이 참조 범위에서 고려된 기준 캔트/캔트 부족량과 실제 사용하는 캔트/캔트 부족량과의 차이에 따른 영향을 전차선 레벨의 횡변량으로 구하기 위한 식은 다음과 같다.

$$\text{열차가 정지시 : } u_{unbE} = \frac{S_0'(h - h_{co})}{d_e}(E - E_0') \tag{5-39}$$

$$\text{최고속도로 열차 주행시 : } u_{unbI} = \frac{S_0'(h - h_{co})}{d_e}(I - I_0') \tag{5-40}$$

여기서, $E, I$ : 궤도와 캔트량 (Superelevation),
캔트부족량(Unbalance, Cant Deficiency)

$h$ : 접촉점 (팬터그래프와 전차선)의 높이

$d_e$ : 좌우 차륜중심점 사이 거리
(UIC 606-1 OR로부터 표준값으로 $d_e = 1.5m$)

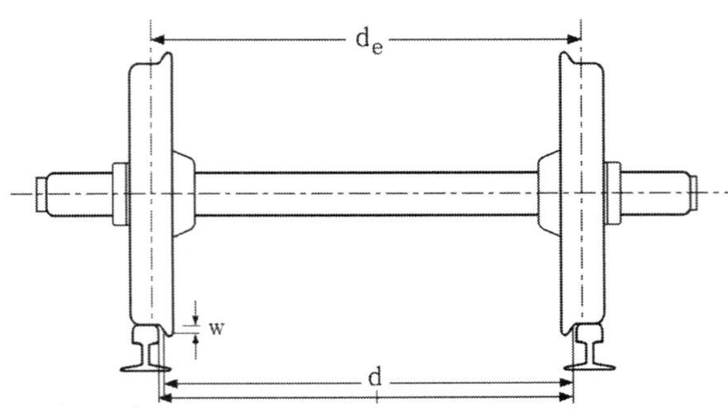


▶그림 5.19◀ 차륜 중심점 사이 거리

$h_{co}$ : 기관차의 요동 중심점(Roll Center of Locomotive)의 높이
(UIC 606-1 OR로부터 $h_{co} = 0.5m$)
$S_0'$ : 팬터그래프가 달린 기관차의 틸팅 계수에 대한 전형값
(UIC 606-1 OR로 부터 표준값으로 $S_0' = 0.225$)
$E_0', I_0'$ : 팬터그래프 존에서의 참조범위에서 이미 고려된 기준 캔트/캔트 부족량(UIC-1 OR로 부터 $E_0'$ 또는 $I_0' = 0.066m$)

$u_{unbE}$ 또는 $u_{unbI}$는 0보다 작아서는 안된다. 따라서 캔트/캔트부족량이 기준값보다 작을 때에는 0으로 두어야 한다. 즉

$$u_{unbE} = 0, \text{ if } E \le 0.066m$$
$$u_{unbI} = 0, \text{ if } I \le 0.066m$$

### ⑤ 양 레일면 높이에 대한 허용오차가 주는 영향[$u_c$]

양쪽 레일의 높이는 직선 구간에서 같은 높이이거나, 곡선 구간에서 캔트값대로 설치되어 있어야 하나, 실제 시공이나 운영 중에 설계값과 달라질 수 있으며 이런 범위를 허용오차(Tolerance)로 규정하고 있으므로 이 허용오차에 의한 전차선 레벨에서의 영향에 대한 값을 반영한다.

레일 경사에 의한 차량측의 영향은 차륜 중심 간격을 기준으로 결정되며, 경사도에 의한 기관차의 틸팅 영향은 주행 중심 높이에 비례하므로 산출식은 다음과 같아진다.

$$u_c = \frac{t_2}{d_e}[h(1+S_0') - S_0' h_{co}] \tag{5-41}$$

여기서, $h$ : 접촉점 높이
$d_e$ : 좌우 차륜중심점사이 거리 ($d_e = 1.5m$)
$h_{co}$ : 기관차의 요동 중심점의 높이($h_{co} = 0.5m$)
$t_2$ : 궤도의 캔트 허용오차
$S_0'$ : 팬터그래프가 달린 기관차의 틸팅도계수에 대한 전형값($S_0' = 0.225$)

대단위 선로보수가 이루어지기 전까지 궤도의 횡이동에 대한 허용량 [$T_1$]UIC 606-1 OR에 일반적인 값으로 $T_1 = 0.025$m가 제시되어 있다.

**2) 차량 및 팬터그래프 분야**

① 팬터그래프 유효 운전존의 반폭 $[w_w]$

팬터그래프 주체는 세 부분으로 되어있다. 카본 또는 금속카본으로 만들어진 마모 집전판(Wear Strips)과 금속 재질의 연결판(Connection Strips)과 절연성 재질의 가이드(Horn)으로 구성되어 있다.

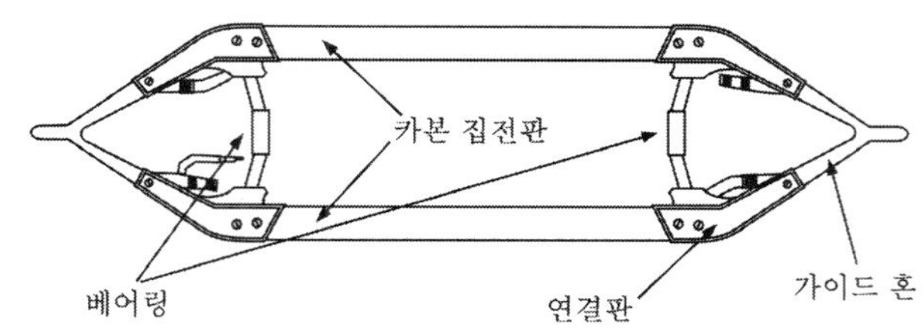


▶그림 5.20◀ 팬터그래프 주체 [GPU 25kV]

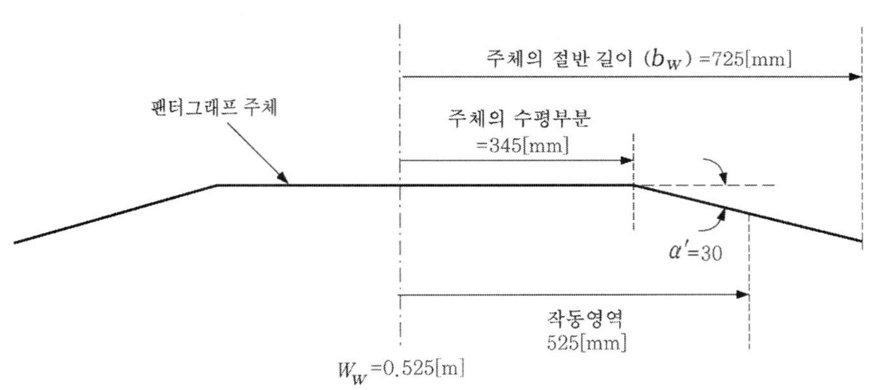


▶그림 5.21◀ 팬터그래프 유효 작동 영역

차량이 경사진 켄트가 있는 선로 위에 위치했을 때에는 중력이나 원심력에 의한 회전이 일어나기 전에 먼저 차량의 횡방향 이동이 일어나며, 아울러 팬터그래프에서도 조립부의 베어링 부위 등에서 횡변위가 발생한다.

② **차량 특성에 따라 판타그래프 주체의 중심축이 궤도중심으로부터 이탈되는 량$[e_p]$**

이러한 차량 및 팬터그래프의 유동 특성 등에 따라 팬터그래프의 주체 중심축이 궤도 중심으로부터 벗어나 이동하게 되는 양을 팬터그래프 잔류 너비 계산에서도 반영해야 하며, UIC 505-4에 의해 하부 검증 높이와 상부 검증 높이에서의 팬터그래프 형상이 구성되어 있으므로 마모 집전판은 전차선과 접촉 습동하는 주부위이며,

연결판은 전차선이 풍압에 의해 날릴때나 3 Catenary가 설치되는 분기구간등 특수구간에서 전차선과 접촉하며 이때도 정상적으로 집전이 가능하다. 그러나, 가이드혼 부분은 절연체로서 건넘선에서 팬터그래프가 전차선과 엉키지 않도록 하기 위한 목적으로 설치되어 있다.

따라서, 팬터그래프 유효 작동영역(Pantograph Working Zone)은 마모 집전판과 연결 집전판을 합친 너비에 해당되며, 경부고속전철에 사용되는 GPU 타입 팬터그래프에 대한 제원은 아래 그림과 같다.

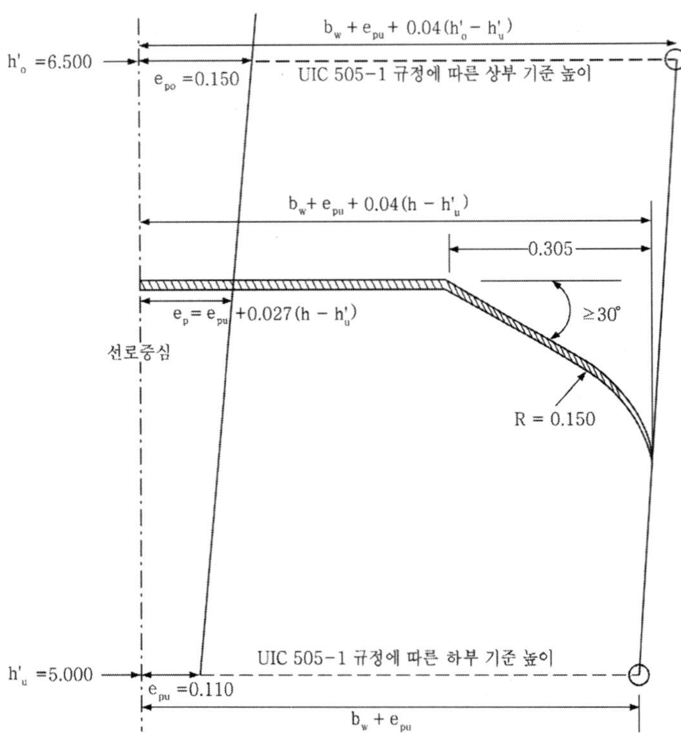


▶그림 5.22◀ 팬터그래프의 외형

어떤 높이에서의 $e_p$ 값은 아래 식과 같이 높이에 따른 비례식으로 구하면 된다.

$$e_p = e_{pu} + \frac{(h - h_u{}')}{(h_o{}' - h_u{}')}(e_{po} - e_{pu}) \qquad (5\text{-}42)$$

여기서, $h$ : 접촉점 높이

$h'_u$ : 하부 기준점의 높이(UIC 606-1 OR로부터 $h_u' = 5.0\text{m}$)

$h'_o$ : 상부 기준점의 높이(UIC 606-1 OR로부터 $h_o' = 6.5\text{m}$)

$e_{pu}$ : 하부 기준점의 $e_p$(UIC 606-1 OR로부터 $e_{pu} = 0.11\text{m}$)

$e_{po}$ : 상부 기준점의 $e_p$(UIC 606-1 OR로부터 $e_{po} = 0.15\text{m}$)

위 그림에서 보면 상부 검증높이에서의 팬터그래프 참조형상은 $e_{pu} + 0.04(h_o' - h_u')$으로부터 계산해 보면 0.170[m]이나 이것은 주체의 절반 폭($b_w$)에 대한 값이다. 그런데 $e_{po}$는 유효 운전 존의 절반 폭($w_w$)에 대한 값을 요구하므로 비율만큼 줄어든 $e_{pu} + 0.027(h'_o - h'_u)$에 따라 계산해야 한다.

**③ 팬터그래프 압상력의 수평성분에 의한 전차선 이동량 [$u_p$]**

팬터그래프 습판은 30° 이내로 기울어진 경사진 부위를 갖는다. 이 경사진 부분에 전차선이 위치하게 되면 팬터그래프가 전차선을 수직으로 밀어올리는 힘, 즉 압상력 $K$중 일부의 힘 $F$가 전차선에 횡방향으로 작용한다. 이 힘이 전차선을 횡방향으로 밀어내게 되며 따라서 잔류너비가 줄어들게 된다. 이 압상력의 수평분력에 의한 전차선의 이동량을 $u_p$라 한다.

$$u_p = \frac{C \cdot F}{4Z_{fd}} = \frac{C \cdot F \cdot \tan(a'')}{4Z_{fd}} \qquad (5\text{-}43)$$

여기서, $C$ : 경간 길이

$F$ : 팬터그래프 압상력의 수평성분

$Z_{fd}$ : 전차선 장력

$K$ : 팬터그래프 압상력

$a''$ : 수평면에 대한 습판 경사부분(Sloping part of Bow)의 각도

위 수식은 경간중앙에서 계산한 값 즉 최대값이며 전차선이 경사면에 걸림으로 인해 횡방향력이 반으로 줄어드는 것으로 보고 유도한 식이다. 한편, 수평면에 대한 습판의 경사부분의 각도 ($a''$)는 캔트를 고려하여 다음 그림으로 설명할 수 있다.

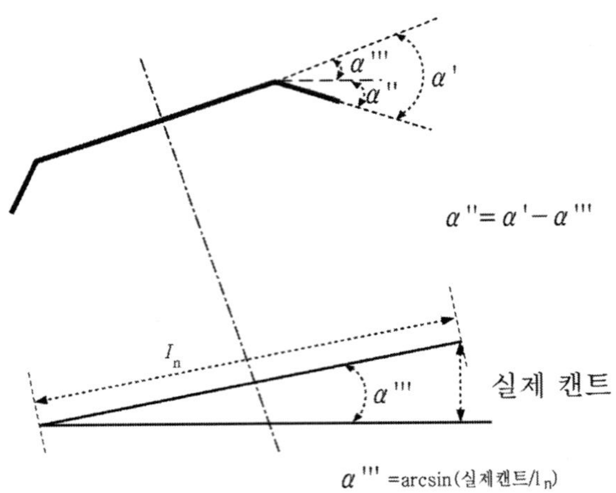


▶그림 5.23◀ 열차 정지상태에서 습판 경사부분의 각도

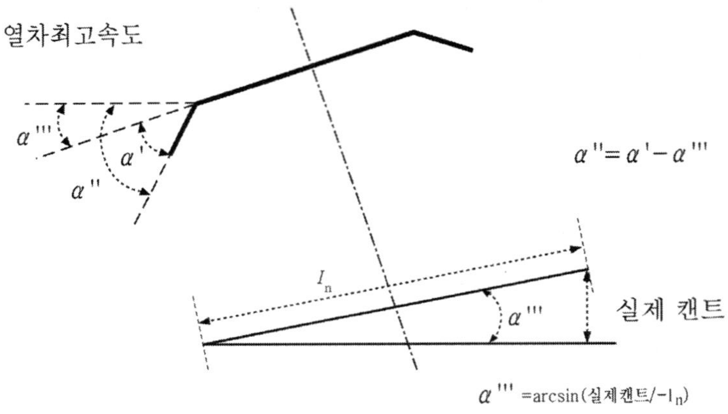


▶그림 5.24◀ 열차 최고속도에서의 습판 경사부분의 각도

④ 차량 회전운동(Rolling)에 의한 영향[$u_o$]

차량은 주행 롤링 진동(Rolling)을 하게 되며 이 운동은 대차의 스프링 특성 등에 따라 차체가 중력 중심점(Roll Center)을 중심으로 좌우회전 진동하게 되며 이에 의한 팬터그래프 접촉점 높이에서의 횡이동의 영향이 [$u_o$]이다.

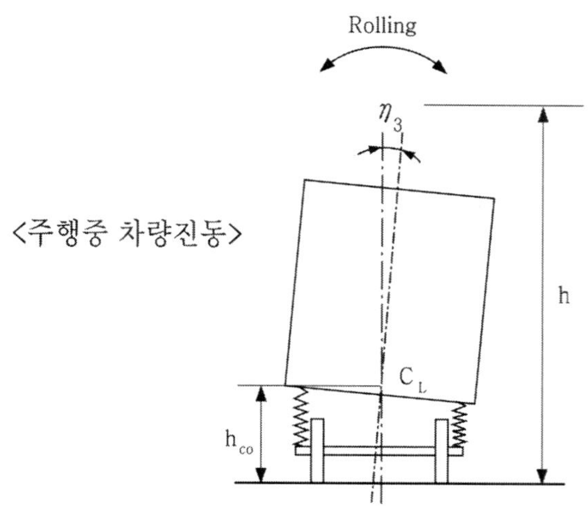


▶그림 5.25◀ 차량 주행시 횡운동(Rolling)

$$u_o = (h - h_{co})\tan(\eta_{3i}) \tag{5-44}$$

여기서, $h$ : 접촉점 높이

$h_{co}$ : 기관차의 Roll Center 높이 ($h_{co} = 0.5\text{m}$)

$\eta_{3i}$ : 차량의 동요(Oscillation)의 각도 (UIC 505-4로부터 $\eta_{3i} = 0.6°$)

### 3) 전차선로 분야

#### ① 접촉점의 높이[$h$]

팬터그래프와 전차선이 접촉하는 높이를 레일면으로부터 계산한 높이로서, 열차가 정지 상태에서는 정적 압상력에 의한 영향을 무시하면 전차선 높이에 해당하나 열차가 주행시는 팬터그래프의 양력이 전차선을 밀어올리므로 접촉점 높이가 상승한다.

#### ② 전주 움직임에 의한 전차선 이동량[$u_m$]

UIC 606-1 OR에서 다음에 의한 전주의 횡방향 처짐(Deflection)을 고려해 넣도록 하고 있다.

- 기초의 이동
- 고정 지지물, 케이블, 와이어로 인해 작용하는 하중

- 정적
- 온도의 변화에 의한 하중의 변동
- 전선 등 부속품의 추가 또는 제거로 인한 하중의 변동
- 선로를 기준으로 각 방향으로 부는 바람에 의한 영향

여기서 기초의 이동과 부속품의 추가 또는 제거로 인한 하중의 영향은 일반적으로 현장에서 편위값을 조정함으로써 보상함으로 바람에 의한 영향과 지지물에 설치된 전선의 인장응력의 변동에 의한 영향만이 고려될 필요가 있다.

③ 경간 중앙에서의 편위 값 $[u_N]$

$$u_N = \frac{u_{N1} + u_{N2}}{2} \tag{5-45}$$

여기서, $u_{N1}$, $u_{N2}$ : 양단 전주에서의 편위 값, 곡선 외측이 + 값

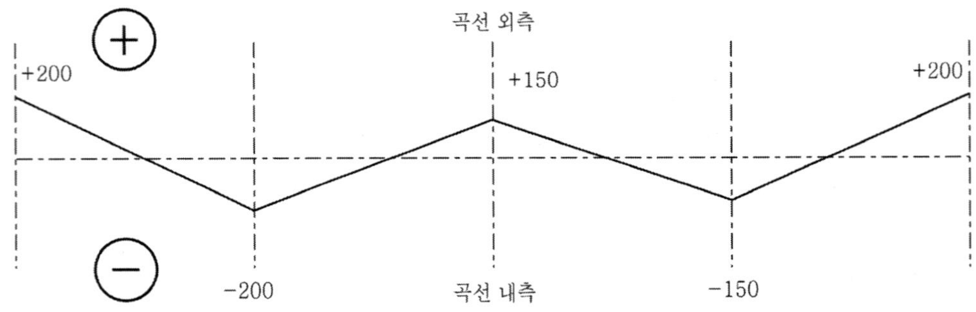


▶그림 5.26◀ 편위의 표기

④ 경간 길이 [C]

전차선로의 경간길이로서 설치오차를 고려한다.

⑤ 시공 허용오차에 의한 전차선의 편위 $[u_t]$

이 오차에서는 설치시 부정확성 뿐만 아니라, 어떤 부품을 계속적으로 조정할 수 없는 관계로 인한 틀어짐도 고려하여야 한다. 즉, 가동브래키트와 같이 정해진 주기로 조정하는 설비에 대해서 주기 조정이 이루어지기 전까지 변화 허용량에 대한 값도 고려에 넣어야 한다.

⑥ 온도변화로 인한 가동브래키트 회전에 따른 전차선의 횡변위 영향$[u_a]$

온도가 변하면 전선의 길이가 길어지거나 줄어들게 되고 이로 인해 가동브래키트가

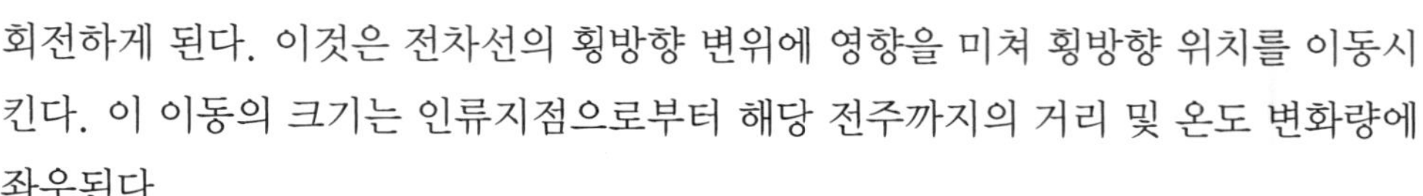

회전하게 된다. 이것은 전차선의 횡방향 변위에 영향을 미쳐 횡방향 위치를 이동시킨다. 이 이동의 크기는 인류지점으로부터 해당 전주까지의 거리 및 온도 변화량에 좌우된다.

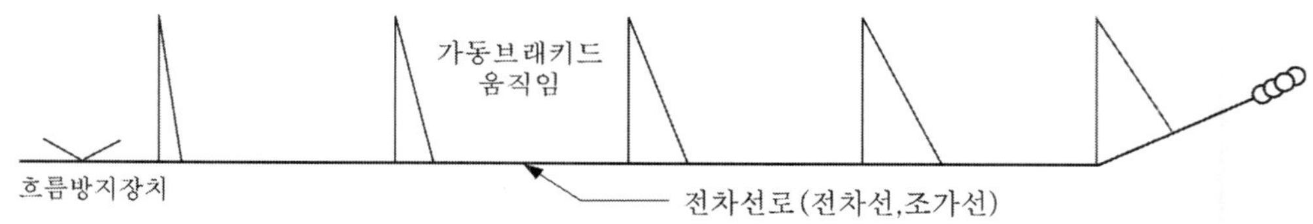


▶그림 5.27◀ 온도 변화에 따른 가동브래키트의 움직임

전차선 횡변위에 대한 영향은 전선의 신축 길이가 비례하고 가동브래키트의 길이에 반비례하므로 아래 수식으로 표현되며 가동브래키트는 평균온도에서 가동브래키트가 선로에 대해 수직임을 가정하였다. 아울러 지지점의 형태에 따라 가동브래키트가 이동되는 경우에는 고려에 넣어야 한다. 또한 온도와 가동브래키트 길이가 다른 터널구간은 일반구간과 구별하여 산출한다.

$$u_a = \frac{\left[17 \times 10^{-6} n_f \frac{\Delta t}{2}\right]}{2a_s} \qquad (5-46)$$

여기서, $\Delta t$ : 온도범위

$n_f$ : 흐름방지전주로부터 거리

$a_s$ : 가동브래키트의 공칭 길이(전주면에서 전차선 중심축까지 거리)

**⑦ 편위와 곡선반경 효과를 포함하여 풍압으로 인한 전차선 횡변위량 [$u_d'$]**

바람이 전차선로에 작용할 때 전차선은 횡방향으로 날리며 이때 발생하는 전차선 변위에 대한 내용은 앞에서 설명한 바 있다. 특히 경간의 좌우 편위가 다른 경우에는 최대 변위가 발생하는 위치가 중앙이 아닌 다른 곳으로 이동하게 되고 이러한 편위효과와 곡선구간에 대한 효과를 고려한 전차선로의 횡변위에 대해서 수식을 유도하였다. 이 횡변위 식으로부터 편위의 중심선 이동량과 곡선 반경의 최대 변위값을 제외하고 두 식을 동시에 표현하면 다음 식이 된다.

$$u_d' = u_d + \frac{(u_{N1} - u_{N2})^2}{16\left[u_d - sgn\left(\frac{C^2}{8R}\right)\right]} \quad \text{이때,} \quad u_d \neq sgn\left(\frac{C^2}{8R}\right) \qquad (5-47)$$

여기서, $sgn$ : 바람이 곡선 내측으로 볼때 −1, 바람이 곡선외측으로 볼때 +1

$u_{N1}$, $u_{N2}$ : 경간 좌우편위. 곡선외측일 때 + 값

$C$ : 경간 길이 (m)

$R$ : 선로 곡선반경 (m)

$u_d$ : 풍압에 의한 전차선로 처짐량 (직선구간에서 편위를 고려하지 않음)

$$u_d = \frac{q_w e A C^2}{8Z_f} = \frac{\gamma \frac{v^2}{2g} e A C^2}{8Z_f} \tag{5-48}$$

여기서, $e$ : 전차선로 전선의 Drag 계수(UIC 606−1 OR로부터 $e = 1.25$)

$A$ : 전차선로 전선 직경 (전차선 직경 + 조가선 직경)

$Z_f$ : 전차선로 장력 (전차선 장력 + 조가선 장력)

$q_w$ : 전차선로 전선에 작용하는 동풍압 $q_w = \gamma v^2/2g$

$v$ : 풍속

$\gamma$ : 공기의 비중 (UIC 606−1 OR로부터 $\gamma = 11.5\text{N/m}^3$)

$g$ : 중력 가속도 (UIC 606−1 OR로부터 $g = 9.81\text{m/s}^2$)

## 5.3 조가선

### 5.3.1 전차선의 가고

카티너리 가선방식의 전차선에 있어서 지지점에서 조가선과 전차선의 수직 중심간격을 가고라고 하며, 고속철도에서의 전차선의 가고는 1,400[mm]를 표준으로 정하고 있으나 과선교, 육교, 터널 앞 등의 가선 높이에 제한을 받는 개소에는 가고를 800[mm] 또는 900[mm]로 할 수 있으며 부득이한 경우라도 가고는 600[mm] 이상이어야 한다. 반면 평행개소(구분장치개소, 장력장치개소, 선로분기개소)등에는 전선 또는 브래키트의 부품간에 기계적이거나 전기적인 이격거리를 확보할 수 있도록 하기 위해 평행개소의 주축 전주 개소에는 가고를 2,000[mm], 중간전주 개소에서는 인상되는 전차선의 가고를 1,800[mm]로 높이를 확대 설치한다.

터널 내의 가고도 터널의 높이와 단면적이 충분하므로 일반 노출개소와 동일한 가고를 유지시켜 설치한다.

## 5.3.2 드로퍼의 구성

드로퍼에는 전차선이 수평을 유지할 수 있도록 조가선에 현수시키는 전선으로서 드로퍼의 설치위치에 따라 길이가 상이하므로 계산에 의해 각각의 길이를 산정한다.

드로퍼는 단면적 12[$mm^2$] 직경 5[mm] 청동선으로 제작된다. 드로퍼의 구성은 0.63[mm]의 청동선 7개로 꼬여진 중심의 1묶음과 외피를 만드는 0.5[mm]의 직경을 가지는 7개의 선으로 꼬여진 여섯 묶음으로 구성된다.

드로퍼의 양끝에는 고정링을 압착접속한 부분을 조가선과 전차선에 클립의 형태로 체결된다. 과선교 아래와 절연구분장치 개소 등 외부로부터의 이물질의 낙하, 조류등의 침입으로부터 위험을 방지하기 위해 피복보호 조가선을 사용한 곳에는 신장율이 낮고 고저항을 가진 폴리에스터 코어에 릴산 폴리아미드(Rilsan Polyamide)의 외부피복을 한 드로퍼를 사용한다.

드로퍼의 최소길이는 0.275[m] 이상으로 제한하며 드로퍼는 경간 중앙에서 경간의 1/2000의 이도를 갖도록 설치한다. 드로퍼는 모두 전주의 표준경간에 맞추어 미리 계산된 드로퍼 표에 의해 제작 사용된다.

드로퍼 설치 간격은 지지점에서의 1번째 드로퍼는 4.50[m], 2번째 드로퍼부터는 1번째 드로퍼로부터 6.75[m], 그 다음의 드로퍼는 경간의 길이에 따라서 경간의 중앙에서부터 6.75[m] 또는 4.50[m]의 간격으로 설치된다. 드로퍼가 설치되는 종류는 사용되는 형태에 따라 다음과 같이 구분하여 설치한다. 즉, 주행선로의 일반적인 경간, 특수경간, 구분개소의 경간등으로 구분된다.

## 5.3.3 드로퍼의 길이 계산

### (1) 정상 경간 전차선로에 대한 드로퍼길이 계산 일반식

사전이도(Pre-sag)가 주어지는 n개의 드로퍼를 가진 일반적인 전차선로에 대한 드로퍼의 길이 계산 공식은 다음과 같다. 양단 전주에서의 가고 및 전차선 높이가 다른 경우에도 적용된다. 단, 여기서는 애자와 같은 집중질량의 설비가 가설되어 있지 않은 것으로 가정하며, 경간의 설정은 경간 중앙에 대하여 대칭이며 양단 가고나 전차선의

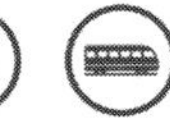

높이차가 크지 않은 것으로 가정한 상태에서 적용되는 공식이다. 평행구간에 대한 계산에도 적용되지 않는다.

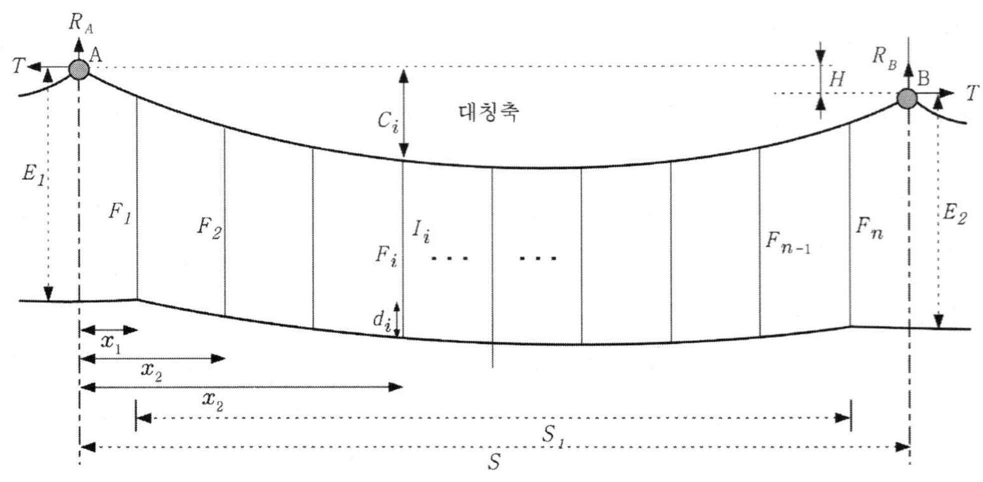


▶그림 5.28◀ 일반적인 전차선로

$S$ : 경간의 길이 [m]

$n$ : 드로퍼의 수

$T_m$ : 조가선 장력 [N]

$T_c$ : 전차선 장력 [N]

$R_A$ : $A$ 지지점에서의 반력 [N]

$l_i$ : $i$ 드로퍼 길이 [m]

$R_B$ : $B$ 지지점에서의 반력 [N]

$F_i$ : $i$ 드로퍼의 지지하중 [N]

$E_1, E_2$ : 가고(Encumbrance) [m]

$w_m$ : 조가선 단위길이당 무게 [N]

$w_c$ : 전차선 단위길이당 무게 [N]

$x_i$ : $i$ 드로퍼까지의 수평거리 [m]

$c_i$ : $i$ 드로퍼에서의 조가선 이도 [m]

$d_i$ : $i$ 드로퍼에서의 전차선 사전이도량 (Pre-sag) [m]

$d_c$ : 경간중앙의 전차선 사전이도, 즉 S/2000 [m]

$S_1$ : 전차선 sag가 주어지는 구간만의 길이 [m]

$x_1$ : 첫 번째 드로퍼까지의 거리 (Pre-sag가 주어지지 않는 구간)[m]

$H$ : *en* 현수점 높이차 (+/-) (좌측 현수점 높이-우측 현수점 높이) [m]

먼저 전차선 Sag는 사전이도(Pre-sag) 값인데 대부분의 경우 사전이도는 첫 번째 드로퍼와 마지막 드로퍼 사이에만 주어지므로 이 경우는

$$d_i = \frac{w_c}{2T}(x_i - x_1)(S_1 - (x_i - x_1)) \tag{5-49}$$

경간 중앙의 최대이도, 즉 경간의 사전이도값 $d_c$에 관한 식으로 나타내면

$$d_i = \frac{4d_c}{S_1^2}(x_i - x_1)(S_1 - x_i + x_1) \tag{5-50}$$

다음으로, 드로퍼 지지하중을 구해야 하는데 이를 일반식으로 나타내면

**1) $i = 1$일 때 (첫번째 드로퍼)**

$$F_1 = \left(x_1 + \frac{x_2 - x_1}{2} + \frac{T_c(d_2 - d_1)}{(x_2 - x_1)w_c}\right)w_c + w_d \tag{5-51}$$

**2) $2 \leqq i \leqq n-1$일 때**

$$F_i = \left(\frac{x_{i+1} - x_{i-1}}{2} - \frac{T_c(d_i - d_{i-1})}{(x_i - x_{i-1})w_c} + \frac{T_c(d_{i+1} - d_i)}{(x_{i+1} - x_i)w_c}\right)w_c + w_d \tag{5-52}$$

**3) $i = n$일 때(마지막 드로퍼)**

$$F_n = \left(\frac{x_n - x_{n-1}}{2} - \frac{T_c(d_n - d_{n-1})}{(x_n - x_{n-1})w_c} + (S - x_n)\right)w_c + w_d \tag{5-53}$$

다음으로 전차선로 현수점에서의 반력을 구한다. A, B 두 개 지지점에서 받치고 있는 경간내 전체 하중은 조가선 자중과 드로퍼를 통해 걸리는 하중 및 지지점의 높이차 만큼의 장력에 의한 모멘트 작용 하중이 된다.

A 지점의 반력은

$$R_A = \frac{w_m S}{2} + \sum_{k=1}^{n} F_k \frac{S - x_k}{S} + \frac{T_m H}{S} \tag{5-54}$$

따라서 B 지점의 반력은

$$R_B = w_m S + \sum_{k=1}^{n} F_k - R_A \tag{5-55}$$

드로퍼 지점에서의 조가선 이도(처짐량)을 구하기 위해 첫 번째 드로퍼 하중에 의한 A 지지점에서의 모멘트 평형방정식을 세우면

$$c_1 T_m + w_m x_1 \frac{x_1}{2} = R_A x_1 \tag{5-56}$$

따라서,

$$c_1 = \frac{1}{T_m}\left(R_A x_1 - \frac{w_m x_1^2}{2}\right) \tag{5-57}$$

마찬가지로 드로퍼 2에서 모멘트 평형은 윗 식을 참조하여

$$c_2 T_m + w_m x_2 \frac{x_2}{2} + F_1(x_2 - x_1) = R_A x_2 \tag{5-58}$$

따라서,

$$c_2 = \frac{1}{T_m}\left(R_A x_2 - F_1(x_2 - x_1) - \frac{w_m x_2}{2}\right) \tag{5-59}$$

일반식으로 표현하면

$$c_i = \frac{1}{T_m}\left(R_A x_i - \frac{w_m x_i^2}{2} - \sum_{k=1}^{i-1} F_k (x_i - x_k)\right) \tag{5-60}$$

이제 드로퍼 길이에 필요한 요소를 모두 갖추었으므로, 드로퍼 길이($li$) = 가고($E_1$) − 조가선 이도(처짐량)($c_i$)+전차선 사전이도($d_i$)를 적용하면 드로퍼 길이를 구하는 일반식을 얻을 수 있다.

드로퍼 길이를 구하는 일반식은 다음과 같다.

$$l_i = E_1 - \frac{1}{T_m}\left(R_A x_i - \frac{w_m x_i^2}{2} - \sum_{k=1}^{i-1} F_k (x_i - x_k)\right) + \frac{4d_c(x_i - x_1)(S_1 - x_i + x_1)}{S_1^2} \tag{5-61}$$

### (2) 드로퍼 길이의 계산

드로퍼의 길이 계산의 예를 살펴보기 위하여 실제 고속철도 전차선로에 사용되고 있는 다음과 같은 경간을 선정하였다.

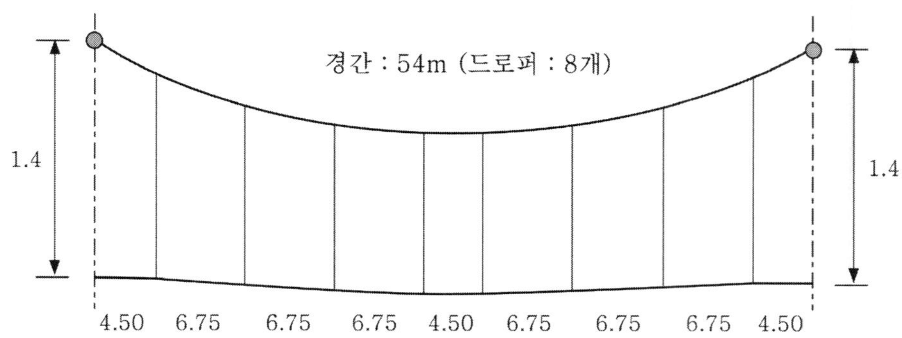


▶그림 5.29◀ 54[m] 경간 드로퍼 배치도(양단 지지점 높이 동일)

표 5.7 전차선로 데이터 값

| 구 분 | 기 호 | 데이터 값 (단위) | 비 고 |
|---|---|---|---|
| 조가선 장력 | $T_m$ | 14,000(N) | |
| 조가선 단위길이당 중량 | $w_m$ | 6.05(N/m) | |
| 전차선 장력 | $T_c$ | 20,000(N) | 드로퍼 작용하중 |
| 전차선 단위길이당 중량 | $w_c$ | 13.34(N/m) | 드로퍼 작용하중 |
| 평균 드로퍼 중량 | $w_d$ | 3.60(N) | 드로퍼 작용하중 |
| 전차선 사전이도량 | $d_c$ | 경간/2,000 (m) | 드로퍼 작용하중 |
| 전차선 사전이도구간 길이 | $S_1$ | 45(m) | |

모멘트 기법에 따라 드로퍼 길이를 계산해 보면 다음과 같다.

#### 1) 전차선 사전이도에 의한 전차선 이도

아래의 식을 적용하여 사전이도량 54/2000에 대한 2번째 드로퍼의 처짐량을 계산하여 보면

$$d_2 = \frac{4d_c}{S_1^2}(x_2 - x_1)(S_1 - x_2 + x_1)$$

$$= \frac{4\frac{54}{2000}}{45^2}(11.25-4.5)(45-11.25+4.5) = 0.01377(\text{m})$$

위와 같은 방법으로 계산한 전차선 사전이도에 의한 이도는 다음 표와 같다.

**표 5.8** 전차선 사전이도에 의한 이도

| 드 로 퍼 | 1 | 2 | 3 | 4 | 5 | 6 | 7 | 8 |
|---|---|---|---|---|---|---|---|---|
| 거리($x_i$) | 4.5 | 11.25 | 18.0 | 24.75 | 29.25 | 36.0 | 42.75 | 49.5 |
| 처짐량($d_i$) | 0.0000 | 0.0138 | 0.0227 | 0.0267 | 0.0267 | 0.0227 | 0.0138 | 0.0000 |

### 2) 드로퍼 지지하중

먼저 사전이도에 의한 전차선 높이차가 있기 때문에 전차선 장력에 의한 드로퍼 하중의 편중을 고려해야 한다.

예로서 드로퍼 3과 드로퍼 8(마지막 드로퍼)에 대하여 계산해 보면

$$F_3 = \left(\frac{x_4 - x_2}{2} - \frac{T_c(d_3-d_2)}{(x_3-x_2)w_c} + \frac{T_c(d_4-d_3)}{(x_4-x_3)w_c}\right)w_c + w_d$$

$$= \left(\frac{24.75-11.25}{2} - \frac{20000(0.0227-0.0138)}{(18.0-11.25)13.34} + \frac{20000(0.0267-0.0227)}{(24.75-18.0)13.34}\right)13.34 = 79.2(N)$$

$$F_8 = \left(\frac{x_8 - x_7}{2} - \frac{T_c(d_8-d_7)}{(x_8-x_7)w_c} + (S - x_8)\right)w_c + w_d$$

$$= \left(\frac{49.5-42.75}{2} - \frac{20000(0.0-0.0138)}{(49.5-42.75)13.34} + (54-49.5)\right)13.34 + 3.60$$

$$= 149.5(N)$$

같은 방법으로 드로퍼 전부에 대하여 계산한 결과는 다음과 같다.

**표 5.9** 드로퍼 지지하중

| 드 로 퍼 | 1 | 2 | 3 | 4 | 5 | 6 | 7 | 8 | |
|---|---|---|---|---|---|---|---|---|---|
| 높이차 ($d_i - d_{i-1}$) | 0.0 | 0.014 | 0.009 | 0.004 | 0.000 | −0.004 | −0.009 | −0.014 | 0.0 |
| 지지하중(N) | 149.453 | 79.245 | 79.245 | 66.638 | 66.638 | 79.245 | 79.245 | 149.453 | |

### 3) 전차선로 현수점(지지점)의 반력

현수점 높이차는 0이고 드로퍼 하중은 위 표의 값을 이용하면 좌측 지지점에서의 반력은

$$R_A = 6.05 \times 54/2 + 149.453 \times (54 - 4.5)/54 + 79.245 \times (54 - 11.25)/54 + \cdots = 537.930(\mathrm{N})$$

### 4) 조가선 이도

조가선 이도의 예로서 4번째 드로퍼 지점에서의 조가선 이도(처짐량)를 구해보기 위해 $i = 4$를 대입하면

$$\begin{aligned} c_4 &= \frac{1}{T_m}\left(R_A x_4 - \frac{w_m x_4^2}{2} - \sum_{k=1}^{4-1} F_k (x_4 - x_k)\right) \\ &= \frac{1}{14000}\left[537.930 \times 24.75 - \frac{6.05 \times 24.75^2}{2} - 149.453(24.75 - 4.5)\right. \\ &\quad \left. + 79.245(24.75 - 11.25) + 79.245(24.75 - 18.0)\right] \\ &= 0.488(\mathrm{m}) \end{aligned}$$

같은 방법으로 드로퍼 전 지점에 대하여 계산한 결과는 다음과 같다.

표 5.10 조가선 이도(처짐량)

| 드 로 퍼 | 1 | 2 | 3 | 4 | 5 | 6 | 7 | 8 |
|---|---|---|---|---|---|---|---|---|
| 처짐량(m) | 0.169 | 0.333 | 0.439 | 0.488 | 0.488 | 0.439 | 0.333 | 0.169 |

### 5) 드로퍼의 길이

이상과 같은 계산결과에 의하여 드로퍼의 길이는 다음에 의하여 정하여 진다.

드로퍼의 길이 = 가고 − 전차선 사전 이도에 의한 이도 + 조가선 이도

드로퍼의 길이를 산정해보면 다음 표와 같다.

표 5.11 드로퍼의 길이

| 드 로 퍼 | 1 | 2 | 3 | 4 | 5 | 6 | 7 | 8 |
|---|---|---|---|---|---|---|---|---|
| 길이(m) | 1.231 | 1.081 | 0.983 | 0.9007 | 0.9007 | 0.983 | 0.1081 | 1.231 |

## 5.3.4 특수경간에서의 드로퍼 길이 계산

드로퍼 길이 계산 측면에서 특수경간은 일반경간 중 양쪽의 가고가 다른 경우와 평행개소에서 전차선로를 인류하기 위해 무효로 만드는 경간 등이 해당된다.

먼저, 양쪽 가고가 다른 경간은 전차선로가 과선교 밑을 통과하는 경우에 필요한 이격거리를 확보하기 위한 목적으로 설치될 수가 있다. 이 경우는 전차선 높이는 같으므로 앞에서 설명한 정상경간에 대한 드로퍼 길이계산 일반식으로부터 조가선 높이차 값을 적용하여 계산하면 된다. 다음으로, 인류구간에서 무효부분이 포함되는 경간의 경우는 전차선 높이를 임의의 높이까지 상승시키며 가고도 1,800[mm]까지 높이게 된다. 무효상승경간에는 단순상승(1단계 상승)과 경간길이가 긴 경우에(49.50[m] 이상) 2단계로 상승시키는 방식이 있다.

### (1) 1단계 무효상승 경간

전주까지 자유상승하는 경간을 말한다. 포물선상승(Parabolic Elevation)이라고 한다. 드로퍼 길이는 일반경간의 경우와 같은 방식으로 계산하나 다음을 고려해 주면 된다.

#### 1) 전차선 상승분

아래의 그림에서처럼 자유상승 시작점까지는 전차선은 수평을 유지하며 이 이후로 전차선은 임의의 높이까지 상승되어 전주에 현수 된다.

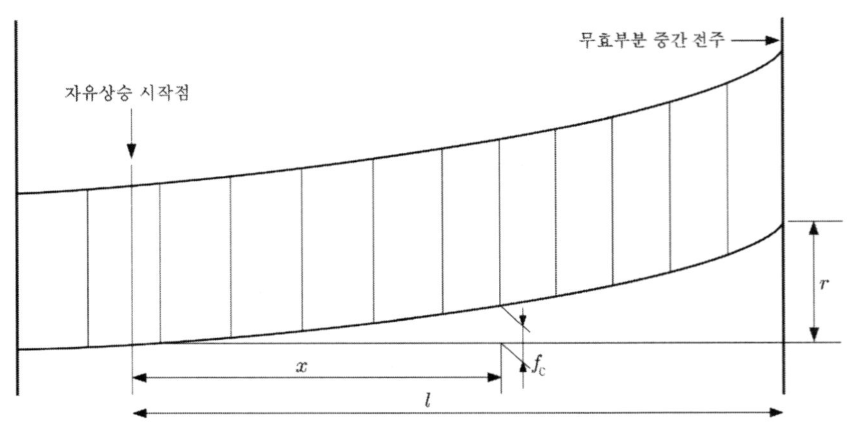


▶그림 5.30◀ 자유상승 (1단계 상승) 경간

$x$ : 자유상승 시작점부터 해당 드로퍼까지의 거리

$w_c$ : 전차선 단위길이당 무게

$T_c$ : 전차선 장력

$r$ : 상승높이 (0.55m)

$$f_c = \frac{w_c}{2T_c}x^2 \tag{5-62}$$

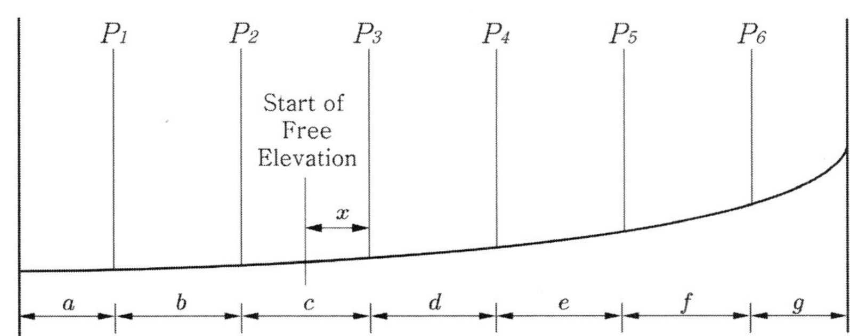


▶그림 5.31◀ 1단계 상승 (포물선 상승)

$w_c$ : 전차선 단위중량

$w_d$ : 드로퍼 중량 (근사적으로 길이에 관계없이 3.6N/개)

① 드로퍼 1의 하중

$$P_1 = (a + \frac{b}{2})w_c + w_d \tag{5-63}$$

② 드로퍼 2의 하중

$$x < \frac{c}{2}\text{이면 : } P_2 = (\frac{b+c}{2})w_c + w_d \tag{5-64}$$

$$x > \frac{c}{2}\text{이면 : } P_2 = (\frac{b}{2} + c - x)w_c + w_d \tag{5-65}$$

③ 드로퍼 3의 하중

$$x < \frac{c}{2}\text{이면 : } P_3 = (\frac{c}{2} - x)w_c + w_d \tag{5-66}$$

$$x > \frac{c}{2} \text{이면 : } P_3 = w_d \tag{5-67}$$

④ 드로퍼 4, 5, 6의 하중

$$P_4 = P_5 = P_6 = w_d \tag{5-68}$$

### (2) 2단계 무효상승 경간

임의의 드로퍼까지는 자유상승(포물선 상승)하나 이 이후로는 직선 상승토록 강제로 구성해주는 2단계 상승 경간이다. 직선상승 구간의 전차선은 파상상승(Broken Elevation) 형상을 갖는다.

#### 1) 전차선 상승분

$x$ : 자유상승 시작점부터 해당 드로퍼까지의 거리

$x_1$ : 자유상승 끝부터 해당 드로퍼까지의 거리

$l$ : 자유상승구간 거리

$l_1$ : 강제상승구간 거리

$r$ : 자유상승 높이 (m)

$R$ : 최종 현수점 높이

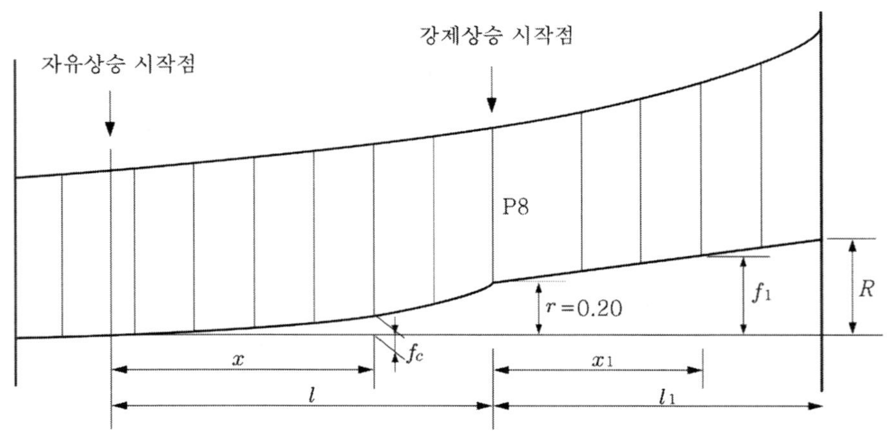


▶그림 5.32◀ 2단계 상승

1단계 무효상승 경간의 식 $f_c = \dfrac{w_c}{2T_c}x^2$ 으로부터 다음과 같이 드로퍼 $P_8$부터 상승 높이 R까지는 전차선이 직선 상승하므로 선형보간하면

$$f_1 = r + \frac{R-r}{l_1}x_1 \tag{5-69}$$

## 2) 하중

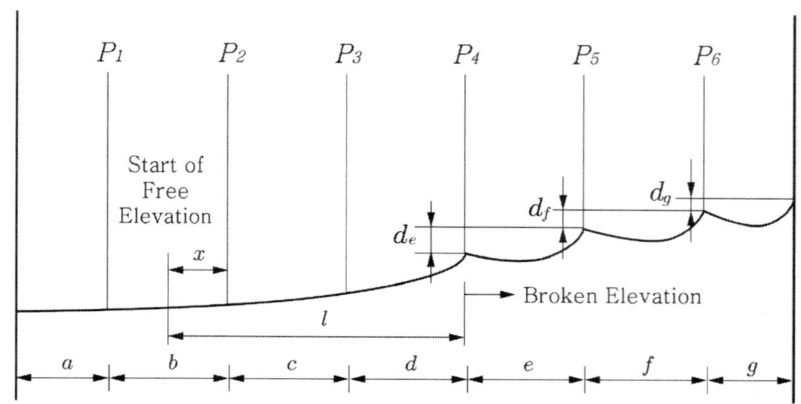


▶그림 5.33◀ 2단계 상승 (파상 상승)

① 드로퍼 1~3까지는 1단계 상승의 하중계산과 같은 방법으로 계산

② 드로퍼 4의 하중

$$P_4 = \left(l + \frac{e}{2} - \frac{T_c d_e}{e w_c}\right) w_c + w_d \tag{5-70}$$

③ 드로퍼 5, 6의 하중

$$P_5 = \left(\frac{e}{2} + \frac{T_c d_e}{e w_c} + \frac{f}{2} - \frac{T_c d_f}{f w_c}\right) w_c + w_d \tag{5-71}$$

$$P_6 = \left(\frac{f}{2} + \frac{T_c d_f}{f w_c} + \frac{g}{2} - \frac{T_c d_g}{g w_c}\right) w_c + w_d \tag{5-72}$$

한편, 인류경간에서는 애자 등의 국지하중이 포함되는데 이런 경우의 파상상승의 하중은 국지하중을 고려해주면 된다.

## 5.4 곡선당김장치

곡선당김장치는 전차선의 위치를 브래킷 바로 밑에다 고정하며 어떠한 최악의 조건하에서도 즉, 풍압에 의한 전차선의 움직임과 팬터그래프의 동요, 곡선에 의한 캔트의 변화 및 전차선의 어떠한 압상 작용하에서도 전차선의 편위를 유지시켜 팬터그래프의 습동 집전에 지장 없도록 전차선의 편위를 확보시켜주는 장치이다.

곡선당김장치의 재질은 당김자체의 무게로 인한 전차선의 경점을 최소로 줄이기 위해 알루미늄합금관으로 되어 있으며 전차선의 어떠한 외력에도 견딜 수 있는 충분한 기계적인 강도(항장력 300[N/mm$^2$], 탄성강도 230[N/mm$^2$])를 갖고 팬터그래프의 통과에 지장이 없도록 모두 활꼴 모양으로 굽어져 있다.

또한, 곡선당김장치의 길이는 일반개소 1.2[m], 구분장치 또는 장력장치 개소에서는 1.3[m]의 것을 사용하고 선로 분기개소에는 1.75[m]와 2.0[m]의 특별히 긴 것들을 사용하기로 하며 특히 곡선당김금구가 압축력을 받는 개소에는 두 개의 곡선당김금구를 용접하여 제작한 1.4[m]의 특수 곡선당김장치를 사용한다.

**표 5.12 곡선당김장치용 알루미늄관의 크기와 용도**

| 구 분 | 사 용 개 소 |
|---|---|
| 외경 $\phi$ 30mm<br>두께 2.5mm | 일반개소의 곡선당김장치<br>구분용 곡선당김장치<br>장력장치용 곡선당김장치 |
| 외경 $\phi$ 30mm<br>두께 2.5mm | 선로분기 개소용 곡선당김장치 |

### (1) 곡선당김금구의 설치 각도

곡선당김금구의 설치 각도는 가선 특성으로 보면, 될 수 있는 한 작게 할 필요가 있으나, 너무 작게 하면 팬터그래프 및 풍압에 의한 전차선의 압상, 차체 동요, 선로 캔트에 의한 팬터그래프의 경사 등에 의해 곡선당김금구에 지장을 준다. 또한 설치 각도를 크게 하면 횡장력에 의해 전차선을 필요 이상으로 인상하여 첫 번째 행거에 헐거움이 생기고, 팬터그래프의 이선 및 조가선의 소선 절단 현상의 원인이 되므로 제한을 두고 있다. 따라서 첫 번째 드로퍼가 부상하지 않는 범위에서 곡선당김장치 금구의 수평면에 대한 각도의 계산은 다음 식에 의한다.

### 1) 정적상태

$$\theta = \tan^{-1}\frac{p_0}{p} \;\rightarrow\; \tan\theta = \frac{p_0}{p}$$

$\theta$ : 곡선당김금구의 각도[°]

$p$ : 곡선에서 전차선의 횡장력 [N]

$p_0$ : 곡선당김에 미치는 수직하중 [N]

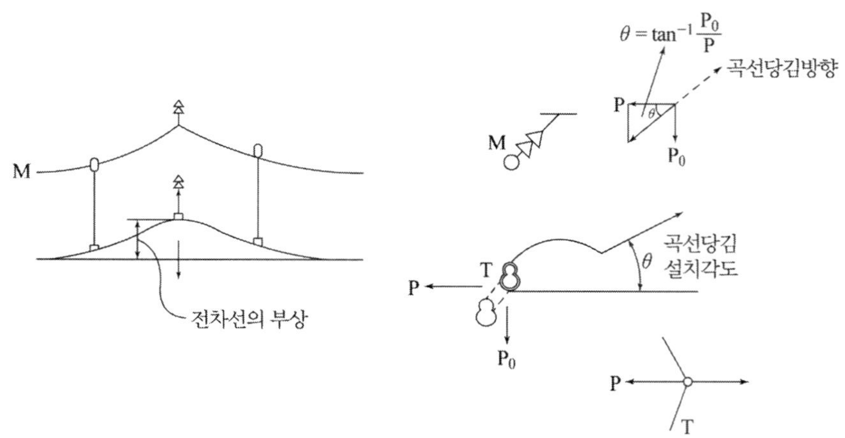


▶그림 5.34◀ 곡선당김금구의 설치 각도

그래서 그 부상의 허용한계를 첫 번째 행거가 부상하지 않는 범위로 산출한 식이 다음에 나타낸 계산식이다.

$$P_0 = w(2d_1 + d_2) + \frac{2w_1 \cdot l_1 \cdot T_t}{L \cdot T_m + (L - l_1 - l_2)T_t}$$

$w$ : 전차선(드로퍼 포함)의 단위중량 [N/m]

$w_1$ : 곡선당김장치를 설치하지 안했을 때 첫 번째 드로퍼에 미치는 중량 [N]

$T_1$ : 전차선 장력 [N]

$T_m$ : 조가선 장력 [N]

$l_1$ : 지지점에서 첫 번째 드로퍼까지의 거리 [m]

$l_2$ : 첫 번째 드로퍼와 두 번째 드로퍼와의 거리 [m]

$L$ : 전주경간 [m]

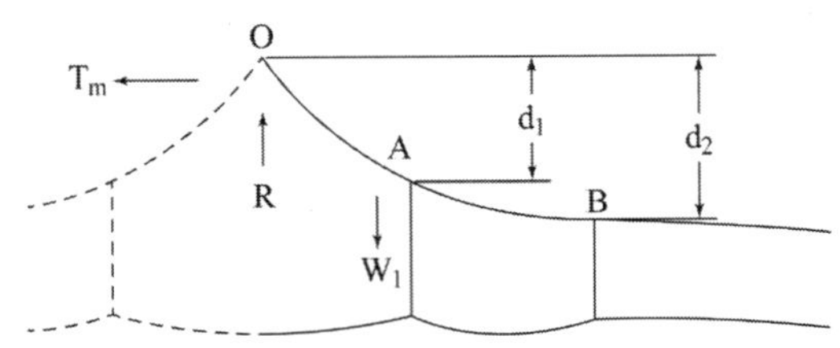


▶그림 5.35◀ 압상 이전의 전차선로 형상

우선 $P_0$의 크기는 그 점이 곡선당김을 필요로 하는 곡선로 및 필요로 하지 않는 직선로라도 수평방향의 횡장력에는 무관계한 수직방향의 힘이므로 횡장력을 제외하고 생각해도 좋다.

지금 어느 경간의 지지점에서 전차선을 어느 힘 $P_0$로 압상하여 그 힘을 순차적으로 크게 해가면, 어느 점에서 조가선이 첫 번째 행거에서 받고 있던 수직하중 $w_1$의 부담에서 개방되고, 지지점에서 두 번째 행거까지의 사이에서 자유스런 커티너리 커브(포물선이라 생각해도 된다.)를 그린 순간의 $P_0$의 값을 구하는 수직하중이라 생각한다.

아래 그림 5.36에서 지지점 O를 중심으로 좌우대칭인 우측에 대해서 생각하면, 구하는 $P_0$에 의해 A점은 압상 A'로, 또 B점은 B'가 되어 그 압상량은 각각 $\Delta d_1$, $\Delta d_2$가 된다. 이 경우 B점에서 우측은 연속 행거로 하고, 전차선은 $P_0$에 관계없이 안정되어있는 것으로 한다.

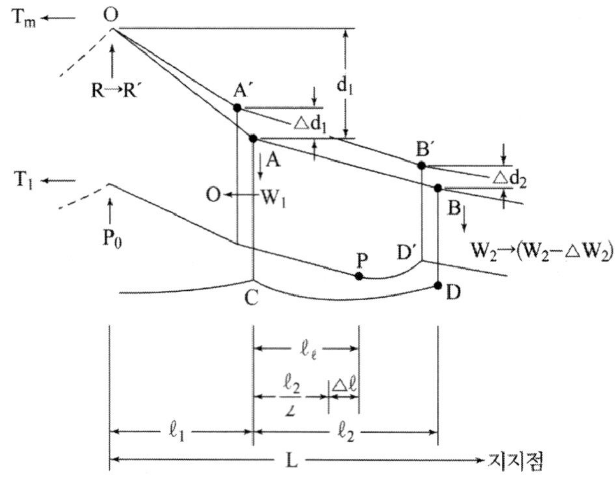


▶그림 5.36◀ 압상 이후의 전차선로 형상

$P_0$는 이 때의 전차선 커브의 최저점 P(그림 5.36 참조)에서 좌측 압상분의 전차선 중량이고 이것을 $P_0$중의 지지점에서의 우측분이라고 생각한다. 즉,

$$\frac{P_0}{2} = W(l_1 + l_l)$$

이때 두 번째 드로퍼에 걸려 있던 하중의 감소분 $\Delta W_2$는

$$\Delta W_2 = W \cdot \Delta l = W\,(l_l - \frac{l_2}{2})$$

지금 힘의 평형을 이루고 있는 상태에서, 어떤 변화 후에 있어서도 평형상태를 유지하기 위해서는, 그 변화분의 총합도 0이 되지 않으면 안되는 것에 착안한다.

우선 첫 번째 행거와 두 번째 행거의 $P_0$에 의한 하중 감소분을 지지점 0에서 반력 R이 부담하고 있는 분의 감소분 $R_{W1}$, $R_{W2}$로 환산하면

$$R_{W1} = W_1 \times \frac{L - l_1}{L}$$

$$R_{W2} = \Delta W_2 \times \frac{L - l_1 - l_2}{L}$$

그래서 A점에 주목하여 그 좌측에 있는 힘의 모멘트에 대해 그 변화분은

$$T_m \Delta d_1 = (R_{W1} + R_{W2})l_1$$

즉,

$$\Delta d_1 = \frac{l_1}{T_m}(W_1 \times \frac{L - l_2}{L} + \Delta W_2 \times \frac{L - l_1 - l_2}{L})$$

마찬가지로 B점의 좌측 모멘트에 대해서는,

$$\Delta d_2 = \frac{l_1 + l_2}{T_m}(W_1 \times \frac{L - l_1}{L} + \Delta W_2 \times \frac{L - l_1 - l_2}{L}) - \frac{W_1 l_2}{T_m}$$

다음에 전차선의 커브에 대해 생각해 보면, 그 방정식은 포물선에서 식 $R_{W1}$, $R_{W2}$을 참조하면,

$$y = \frac{W}{2\,T_t} \times \chi(A \times \chi) + B$$

A는 상수로

$$\chi = 0 \text{일 때 } y = 0$$
$$\chi = l_2 \text{일 때 } y = (-\triangle d)$$

을 대입하면

$$B = 0$$
$$A = -l_2 - \frac{2T_t \triangle d}{Wl_2}$$

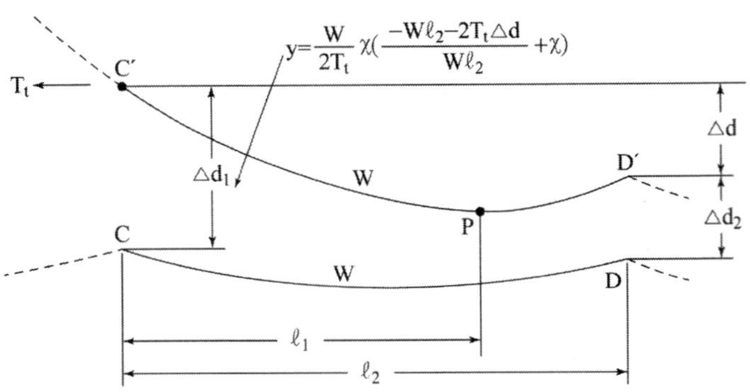


▶그림 5.37◀ 힘의 모멘트에 대한 변화분

$y$의 도함수 $y'$의 식은

$$y' = \frac{W}{2T_t}(2\chi - l_2 - \frac{2T_t \triangle d}{Wl_2})$$

여기에 조건 ($\chi = l_1$일 때 $y' = 0$)을 대입하면 $l_1 = \frac{l_2}{2} + \frac{T_t \triangle d}{Wl_2}$가 되어 변형하면

$$(l_1 - \frac{l_2}{2})\frac{Wl_2}{T_t} = \frac{l_1}{T_m}\left\{W_t \times \frac{L - l_1}{L} + W(l_l - \frac{l_2}{2})\frac{L - l_1 - l_2}{}\right\}$$
$$- \frac{l_1 + l_2}{T_m}\left[W_1 \times \frac{L - l_1}{L} + W(l_2 - \frac{l_2}{2})\frac{L - l_1 - l_2}{L}\right] + \frac{W_1 l_2}{T_m}$$

위 식을 정리하여 $l_l$에 대해 풀면

$$l_l = \frac{l_2}{2} + \frac{W_1 T_t l_1}{WT_m L + T_t(L - l_1 - l_2)}$$

여기에 처음의 식 $\frac{P_0}{2} = W(l_1 + l_l)$에 $l_l$을 대입하면

$$\frac{P_0}{2} = W\left(l_1 + \frac{l_2}{2} + \frac{W_1 T_t l_1}{WT_m L + T_t(L - l_1 - l_2)}\right)$$

그러므로, 구하는 $P_0$는 다음과 같다.

$$P_0 = W(2l_1 + l_2) + \frac{2W_1 l_1 T_t}{LT_m + (L - l_1 - l_2)T_t}$$

## (2) 곡선당김금구의 설계

### 1) 곡선당김금구

곡선당김금구의 역할은 팬터그래프의 집전판이 균일하게 마모되도록 하기 위하여 전차선에 적정한 편위를 주기 위함이다. 우리나라의 경우나 일본의 경우에는 스토퍼(stopper)를 설치하여 곡선당김금구가 최대로 압상하여도 진동방지파이프와 곡선당김금구가 접촉하지 않도록 전차선의 압상을 제한하고 있다. 한편, 경부고속철도 및 프랑스의 경우는 스토퍼를 설치하지 않고, 충분한 여유의 압상량을 두어 진동방지파이프와의 접촉을 피하고 있다.

#### ① 곡선당김금구 형상

현재 기존선에 사용하는 곡선당김금구의 최대 압상량은 100[mm]이고, 경부고속철도에 사용하고 있는 곡선당김금구의 최대 허용압상량은 200[mm]이다. 곡선당김금구의 압상량의 경우, 앞 장의 시뮬레이션 결과 및 UIC 799에서 제시한 사양을 고려하여 환경조건을 배제한 팬터그래프의 최대 허용압상량을 130[mm]까지 허용하고 최대 압상량을 200[mm]를 확보할 수 있도록 고려하였다. 그리고, 팬터그래프가 최대 200[mm]까지 압상하여도 곡선당김금구와 간섭이 없도록 형상을 설계하여야 한다.

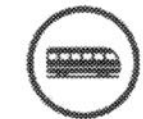

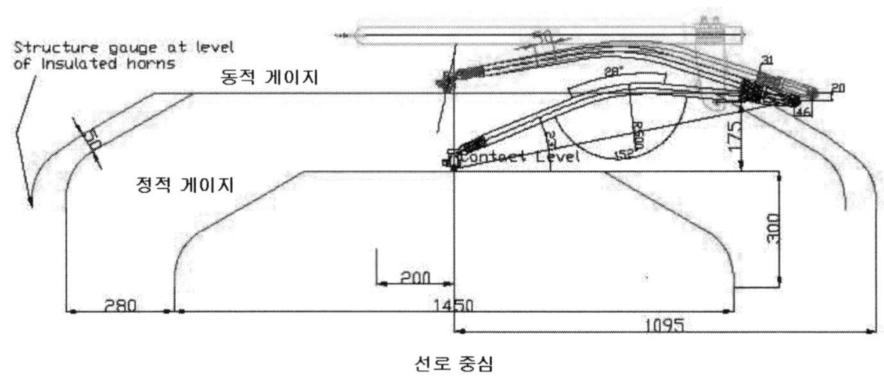


▶그림 5.38◀ 곡선당김금구의 간섭 (캔트 > 66mm)

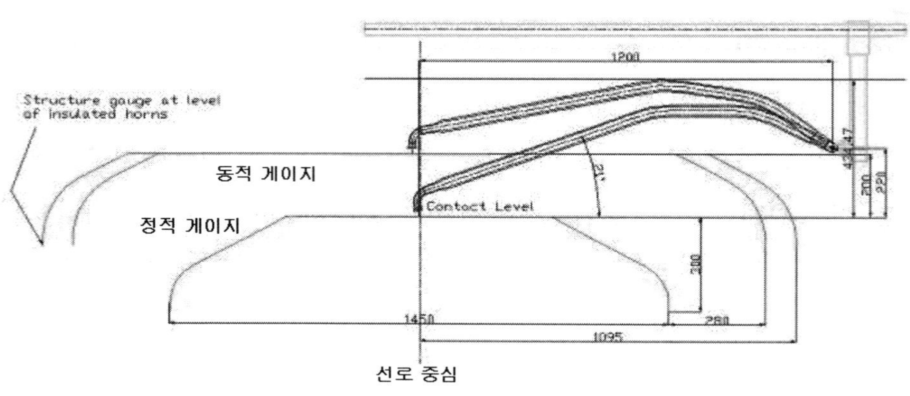


▶그림 5.39◀ 경부고속철도 형상 및 게이지 적용

따라서, 곡선당김금구가 200[mm] 압상시 Structure gauge를 고려하여 간섭이 일어나지 않도록 곡선당김금구의 형상을 변경하였다. 전차선과 암 지지금구간 직선거리를 기존에 900[mm]에서 950[mm]로 늘리고, 전차선과 암 지지금구간의 수직거리를 189[mm]로 상향 조정하여 설치되도록 하였다. 다음 그림은 개발 곡선당김금구를 gauge에 적용한 그림이다. 200[mm] 압상하였을 때 문제가 없음을 알 수 있다.

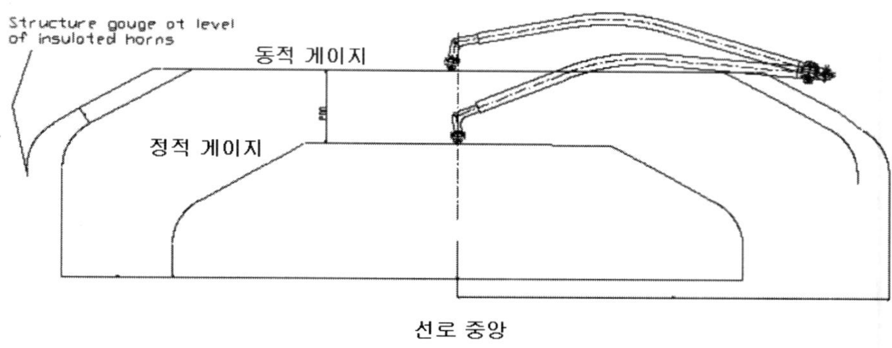


▶그림 5.40◀ 개발된 곡선당김금구 게이지 적용결과

② 곡선당김금구 구조 설계 및 해석

길이가 늘어남에 따라 곡선당김금구의 파이프에 대한 안전성을 확보하기 위하여 상용 유한요소해석 툴인 ANSYS 11.0을 이용하여 응력 해석을 수행하였다. 해석시 빔요소(beam element)를 이용하여 모델링 하였고, 하중조건 및 구속 조건은 아래와 같다.

- 하중조건은 전차선 위치에서 300[N]의 힘을 암지지금구와 평행하게 작용하였다. 한국철도표준규격의 인장 내하중 조건을 참조하여 기존의 곡선당김금구와 동일한 조건에서 동일한 하중을 가하였을 때 기존 곡선당김금구의 최대응력 이하의 응력을 갖는 직경을 선택하였다.
 ("한국철도표준규격 곡선당김금구 KRS PW 0311-06(2006. 5)"의 "인장 내하중 조건"에서 곡선당김금구 파이프 지지 고리를 구속하고 전차선에 300[kg]의 하중을 가하였을 때 영구변형이 없어야 한다라고 규정함.)

- 구속조건은 파이프 지지고리에서 변위는 구속하고, 회전은 허용하였다.
 기존의 곡선당김금구의 경우 파이프 중간부위에서 약 257[MPa] 정도의 최대응력이 작용하였다.
 제안한 형상에 기존의 곡선당김금구 파이프($\phi = 27$, $t = 4.5$)를 사용하였을 때 최대 약 271[MPa] 정도의 응력이 작용하였다.
 따라서, 파이프의 무게를 줄이면서 강도를 높게 하게 하기 위하여 파이프의 지름($\phi$)을 35[mm]로 올리고 두께($t$)를 3[mm]로 고려하여 응력해석을 수행한 결과, 아래 그림과 같이 최대 약 203[MPa] 정도의 응력이 작용하였다. 따라서, 기

존의 곡선당김금구와 비교하여 개발 곡선당김금구의 파이프가 강도 측면에서 더 유리하게 설계하였다.

곡선당김금구의 무게를 줄이기 위하여 기존의 회전클립, 압착부 및 접속부에 대한 설계를 변경하였다. 경부고속철도에 사용하고 있는 곡선당김금구의 회전클립 및 접속부를 기초로 아래와 같이 형상을 설계하여 제작하였다. 또한, 전차선이 상하좌우로 이동할 수 있도록 아래 그림과 같이 곡선당김금구와 암 지지금구간의 취부를 설계하였다. 무게는 기존의 곡선당김금구가 1610[g]인데 비해 개발된 곡선당김금구는 1430[g]으로 약 200[g] 경량화하였다. 다음은 개발한 곡선당김금구의 최종 외형이다.

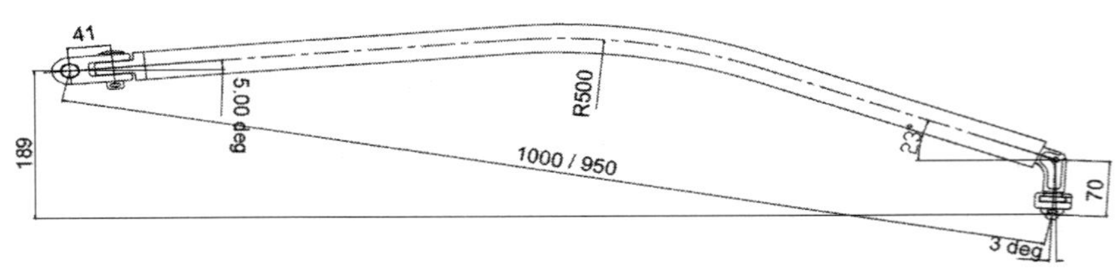


▶그림 5.41◀ 개발된 곡선당김금구 형상

## 5.5 건넘(교차)선 장치

고속철도의 건넘(교차)선장치는 선로가 분기 교차되는 개소에 시설되는 설비로서 기존선 전차선과 같이 교차금구에 의해 직접 교차시키지 않고 두 전차선로가 평행하게 교차하도록 전차선의 경점을 줄여 고속운전에 적응할 수 있는 구조로 되어 있다.

### (1) 본선 통과속도 V≥220[km/h]인 경우

본선 궤도에 운행되는 열차의 팬터그래프가 분기선로의 전차선에 의해 일어날 수 있는 측면 충격 접촉의 발생을 방지하기 위해 본선 궤도의 전차선과 분기궤도의 전차선 사이에 있는 교차설비 개소에 보조전차선을 설치하여 이 보조전차선의 조정으로 본선 궤도 전차선 및 분기궤도 전차선과 각각의 평행장치를 구성시켜 일반 구분장치 개소나 장력장치 개소에서와 같이 팬터그래프가 원활히 통과할 수 있도록 조정한 구조이다.

이 건넘(교차)선장치는 3개의 전차선을 동시에 다루어야 하므로 단독주에서는 1.6[m]의 완철에 등간격으로 3개의 가동브래키트를 설치한 단독주 구조와 또한 레일간의 거리가 너무 멀어 장치를 설치 할 수 없거나 혹은 교차설비 구간을 확보 할 수 없을 때에는 문형비임을 설치하여 특수 하수강에 의해 장치되는 구조로 이와 같은 개소에는 선간거리가 멀어서 편위조정에 사용되는 곡선당김금구는 2.0[m]와 1.75[m]의 특별히 긴 것과 1.4[m]의 압축형 곡선당김금구 등이 사용된다.

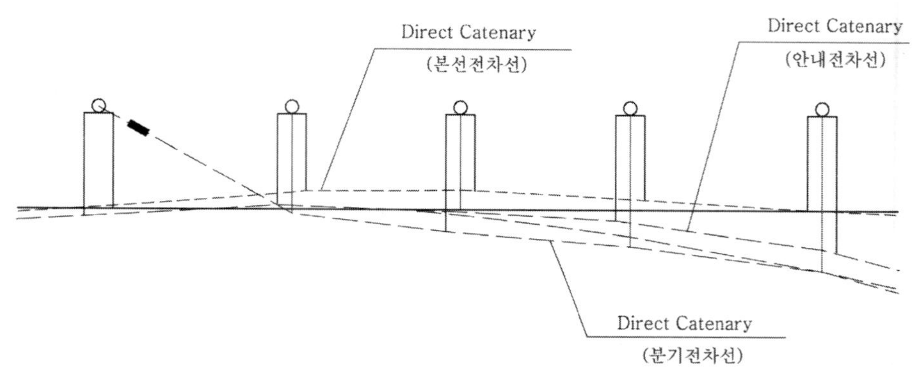


▶그림 5.42◀ 본선 통과속도 V≥220[km/h]인 경우

### (2) 본선 통과속도 V < 220[km/h]인 경우]

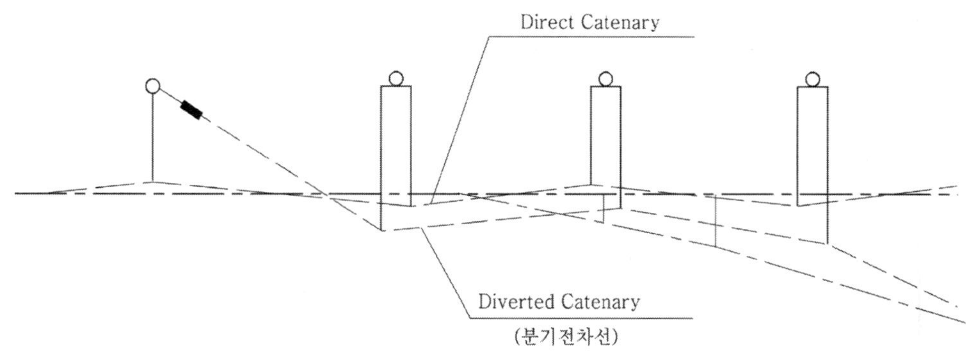


▶그림 5.43◀ 본선의 통과속도가 220[km/h] 이하인 경우

본선의 운행속도가 전차선을 과도하게 압상하는 원인이 되지 않으므로 보조전차선을 사용하지 않고 본선 전차선과 분기 전차선으로 평행구간을 만들어 일반개소의 평행장치와 장력장치개소처럼 팬터그래프 통과가 원활하도록 조정하여 사용하는 장치이다.

### (3) 46번 분기기(F46)

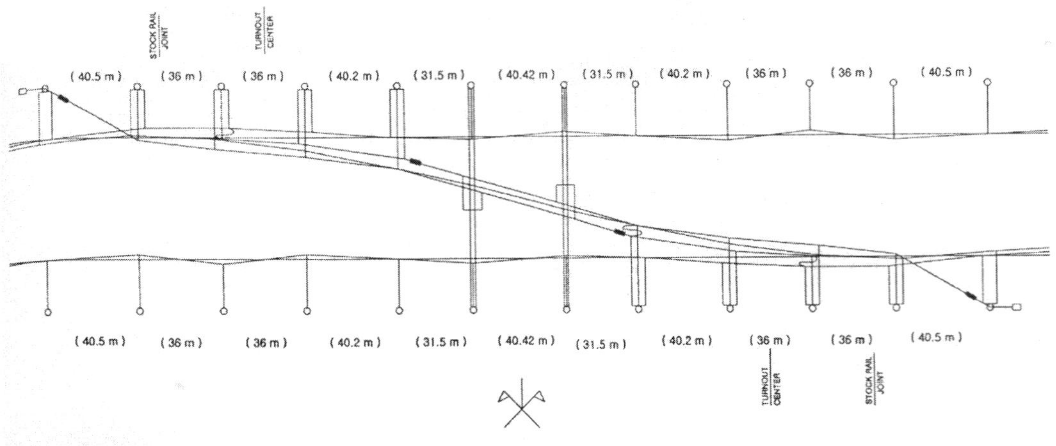


▶그림 5.44◀ 46번 분기기 (F46)

분기기가 F46형처럼 클 때에는 레일 간의 거리 관계와 교차설비를 확보하기 위해 건넘선 중앙부근에 고정빔을 설치하여 여기에 특수 하수강으로 에어섹션을 구성시켜 팬터그래프의 고속통과시 공기절연에 의한 전기적인 구분을 할 수 있도록 한 장치이다.

### (4) 18.5번 이하 분기기

분기기가 F18.5처럼 작을 경우에는 건넘선 중앙 부근에 고정빔을 설치하여 빔에서 4.5[m] 이격된 위치의 건넘선 전차선에 애자형 섹션장치를 설치하여 상, 하 본선간의 건넘선을 전기적으로 절연구분 한다. 여기에 사용하는 애자형 섹션은 운행속도가 90[km/h] 이하에 사용한다.

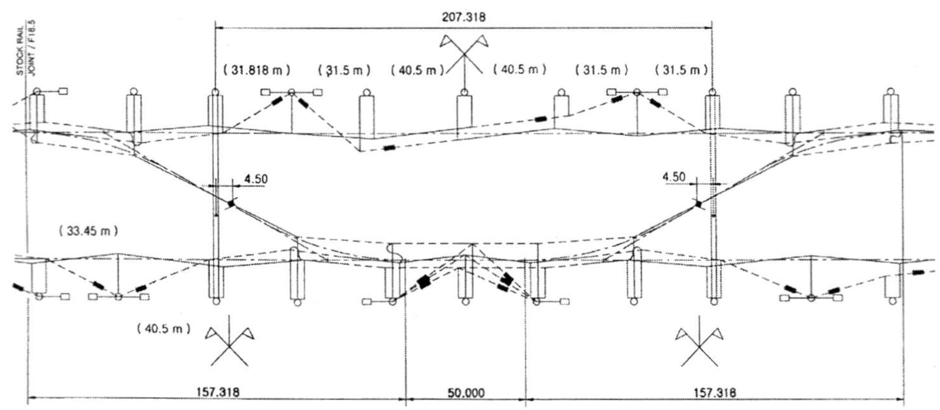


▶그림 5.45◀ 18.5번 분기기

### (5) 220km/h이상의 분기기

다음 그림은 본선 통과속도 220[km/h] 이상의 분기건넘선에서 설치하는 평면교차설비의 평면도이다.

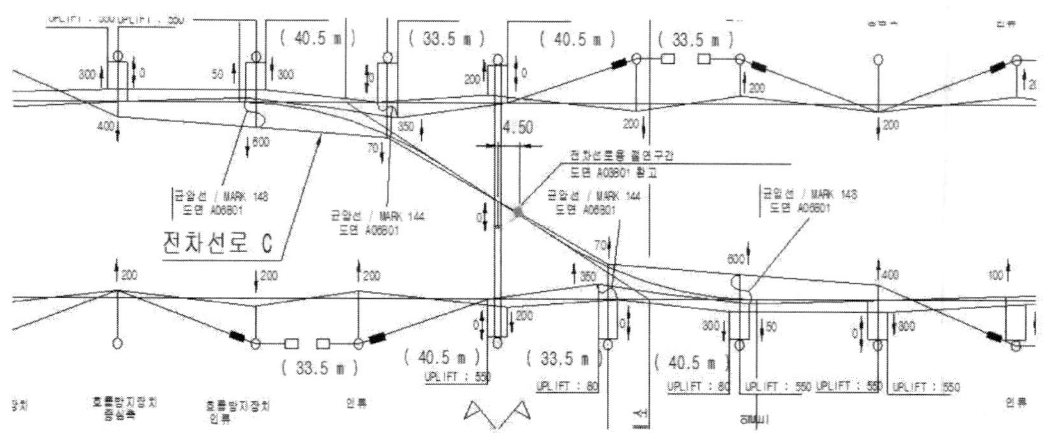


▶그림 5.46◀ 3 커티너리 건넘선장치

일반적으로 F18.5분기기의 평면교차방식 건넘선에서는 애자형섹션(동상용)을 설치하고, F46 분기기의 건넘선에서는 에어섹션으로 설치하며, 선구에 설치되는 궤도분기기 번호(분기기 통과속도)를 고려하여 평면교차방식을 선정하여야 한다.

분기 주축전주에는 본선 및 측선(분기선) 커티너리가 현수된다. 각 커티너리 편위는 각자의 궤도 중심선에 따른다. 두 커티너리의 편위는 양 궤도중심선(통과궤도 및 분기궤도) 사이에 있어야 한다. 양 커티너리 사이의 최소 이격거리는 0.10m이다.
경간길이, 가고 및 무효 인상 높이는 각 전차선로 시스템의 오버랩(평행구간)의 에어조인트 설치 원칙에 따라 시설한다.

고속철도 차량의 가이드 혼(Insulation horn)은 절연부로서 소모성 자재가 아니므로 팬터그래프 절연 가이드에 전차선이 접촉여부 검토하여야 한다. 가이드 혼은 금속보다 강도가 약한 유리섬유(Fiber Glass) 재질이다. 우리나라 KTX 고속열차 팬터그래프의 타흔의 원인은 주로 건넘선 개소에서 발생하는 것으로 알려져 있으며, 고속선 분기 전차선로 시스템을 3 커티너리로 바꾸게 된 주요 이유가 팬터그래프 압상에 의한 절연 재질의 가이드 혼에 전차선이 접촉되어 손상되는 것을 막기 위한 목적도 있다.

팬터그래프 가이드 혼 절연재질 부위에 전차선이 접촉여부를 검토시 우리나라 KTX 팬터그래프를 기준으로 검토해보면 다음과 같다.

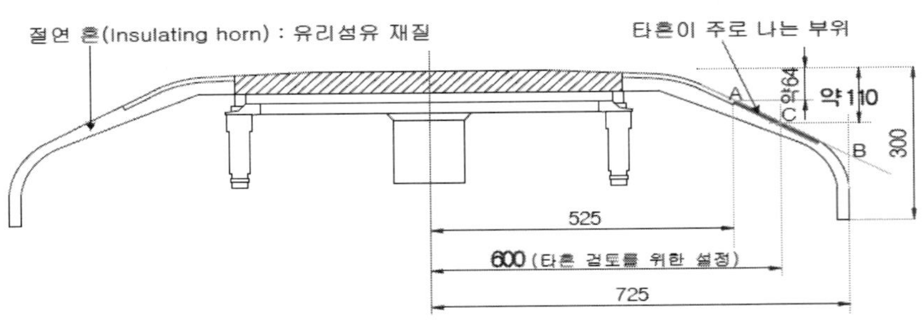


▶그림 5.47◀ 팬터그래프 치수 및 타흔 검토를 위한 설정

① 본선 주행 시 측선 전차선과 가이드 혼의 접촉 가능성

본선을 통과하는 팬터그래프에 측선(분기선) 전차선이 접촉될 가능성을 검토하기 위한 계산 기법은 다음과 같으며 해당선구의 노선 및 차량특성에 따라 계산한다.

표 5.13 본선 주행 시 측선 전차선과 가이드 혼의 접촉 가능성

| 요 소 | 항 목 | 값(mm) | 비 고 |
|---|---|---|---|
| $H_p$ | 절연 Horn 시작점의 아랫방향 높이 | 64 | + |
| $y_s$ | 팬터그래프에 의한 본선 전차선 압상량(동적) | | − |
| $\Delta H_t$ | 본선과 분기선 전차선 사이 정적 높이차(본선 기준) | 30(50) | + |
| $y$ | 접촉 가능성 $y = H_p - y_s + \Delta H_t$ | | |

$y < 0$이면 측선(분기선)이 팬터그래프 절연 가이드 부위에 접촉할 가능성이 있다는 것을 의미한다. 여기서 $y_s$의 값은 최악조건을 가정하여 실제적인 압상량 값을 넣는 것이 합리적이다.

② 궤도 분기기의 각부 거리 및 통과속도

분기기의 개요도 및 기하학적 각부 거리, 주요 분기기의 이론 교점에서 두 궤도 중심선간 거리가 600[mm] 지점까지의 거리(B)를 요약하면 다음과 같다.

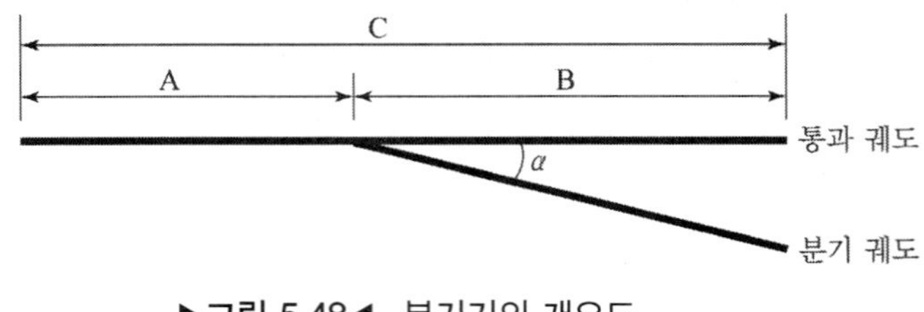


▶그림 5.48◀ 분기기의 개요도

표 5.14 분기기 탄젠트 각도 및 통과속도

| 구분 | A(m) | B(m) | α(deg) | 속도(km/h) | R(m) | 비 고 |
|---|---|---|---|---|---|---|
| F8 | 12.144 | 14.240 | 7°09′10″ | 25 | 165.19 | 고정 크로싱 |
| F10 | 14.655 | 17.740 | 5°43′29″ | 35 | 278.26 | |
| F12 | 17.36 | | 4°46′19″ | 45 | 401.70 | |
| F15.3 | 31.02 | | 3°70′04.48″ | 80 | 1,000 | 가동 크로싱 |
| F18.5 | 32.774 | 32.199 | 3°05′38.76″ | 90 | 1,200 | |
| F26 | 45.410 | 46.537 | 2°12′09.36″ | 130 | 2,500 | |
| F46 | 45.105 | 109.119 | 1°18′46.08″ | 170 | R1=3,550<br>R2=∞ | |

## 5.6 구분장치

전차선의 구분장치는 전기적 구분장치와 기계적 구분장치로 대별 된다. 전기적 구분장치는 전차선의 급전계통상의 구분(절연구분장치)과 보수작업시간의 확보 및 사고발생시 사고 구간의 단축 등(에어섹션 및 애자형섹션)의 필요성에 의해 설치한다.

전기적인 구분장치를 설치할 때에는 다음 조건을 만족하도록 설치한다.

① 절연을 완전하게 하여야 한다.

② 시설의 경량화로 집전상 경점이 생기지 않도록 한다.

③ 팬터그래프 통과시 아크가 완전히 끊어지고 아크로 인해 절연이 파괴되지 않도록 한다.

④ 팬터그래프 통과시 동요가 적도록 조정한다.

⑤ 전차선, 조가선등의 기계적 성능과 협조가 이루어지는 구조로 한다.

⑥ 그 구간을 운행하는 열차속도에 대응할 수 있는 구조로 한다.

기계적 구분장치는 전선의 설치와 시공상의 용이성, 온도변화에 의한 전선의 신축 때문에 생기는 전선의 늘어짐을 막기 위해 전선을 일정한 길이로 끊어 인류시키기 위한 설비이다.

### 5.6.1 에어조인트

작업의 용이성과 온도변화 등에 의한 전차선의 신축을 조정하기 위해 전차선을 적정한 길이로 인류하기 위해 설치되어 있는 기계적인 구분장치로서 평행개소의 전차선 상호간을 200[mm]의 일정한 간격을 유지시켜 팬터그래프가 전기적으로나 기계적으로나 연속성이 있고 원활하게 이행할 수 있는 구조로 되어 있으며 에어조인트 구성은 4경간으로 구성하는 것을 원칙으로 하고 전기적인 연속성은 균압선으로 접속하여 유지한다.

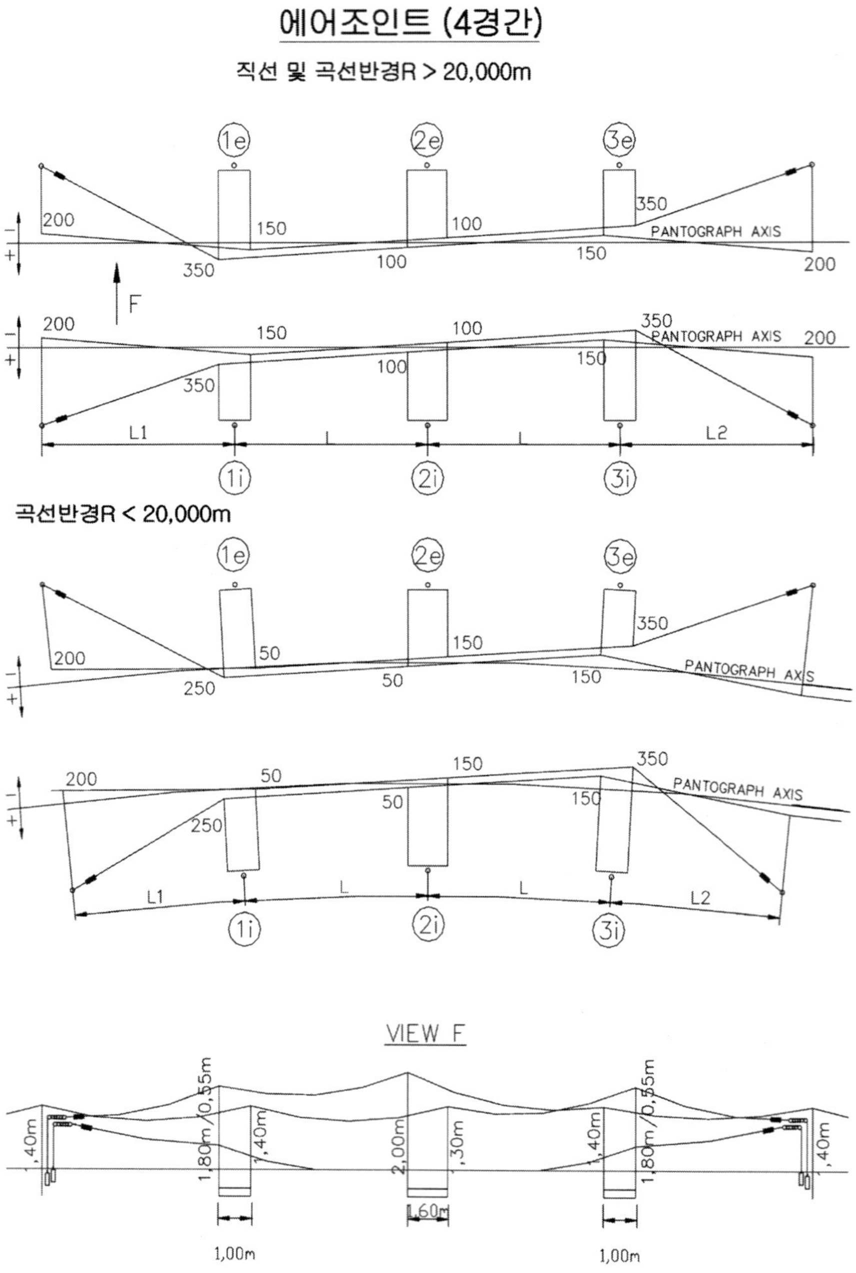

에어조인트 (4경간)

직선 및 곡선반경R > 20,000m

곡선반경R < 20,000m

VIEW F

▶그림 5.49◀ 에어조인트

## 5.6.2 에어섹션

에어섹션은 집전부분의 전차선에 절연물을 삽입하지 않고 절연하고자 하는 두 전차선 상호에 평행 부분을 일정 간격(500[mm])으로 이격시켜 공기 절연을 이용한 동상용 절연 구분 장치이다.

팬터그래프가 한쪽 전차선으로부터 섹션 중앙에 있는 주축 전주 부근에서 평행개소의 양 전차선을 습동하여 중간전주 부근에서 다른쪽 구분구간의 전차선으로 옮겨가는 구조로 되어있다. 이는 전기적 절연이 완전하여 팬터그래프 통과시 전류차단없이 전기적으로 연속집전이 되어 집전상 경점이 되지 않아 고속운전에 알맞은 절연구분장치라고 할 수 있다.

에어섹션의 설치 구간은 일반적으로는 4경간으로 구성되나 곡선이 심하거나 강풍 구간에는 5경간으로 구성되며 허용 최대경간과 편위의 크기는 곡선반경에 의해 정해진다.

평행구간의 양 전차선간의 이격거리 500[mm]와 등고의 평행개소를 유지할 수 있도록 주축 전주와 중간 전주에는 쌍브래키트를 설치하여 조정하도록 하며 평행구간의 양끝인 양 중간전주 부근에는 인장되어 인류되는 전차선과 조가선에 합성수지애자를 삽입하여 구분 절연한다. 그리고, 필요에 따라 두 전차선간을 급, 단전할 수 있도록 평행개소의 양 전차선 사이에 개폐기를 설치 한다.

4경간의 에어섹션에서 주축전주(2e 및 2i) 쌍브래키트의 간격은 1.6[m]로 하고 가고는 2.0[m]와 1.3[m]로한다. 중간 전주(1e 및 1i, 3e 및 3i)의 쌍브래키트 간격은 1.0[m]로 설치하며 가고는 1.4[m]와 1.8[m]로 하여 전차선이 상호 교차하면서 접촉하지 않도록 설치한다. 특히 중간 전주에서 인류개소로 향하는 전차선의 취부는 전차선과 팬터가 접촉하는 면에서 550[mm] 상부 진동방지파이프에 설치하며, 절연애자는 중간전주로부터 주축전주 방향으로 2[m] 이격된 위치에 설치한다.

## 에어섹션(4경간)

직선과 곡선반경 R ≥ 20,000m & R < 7,000m

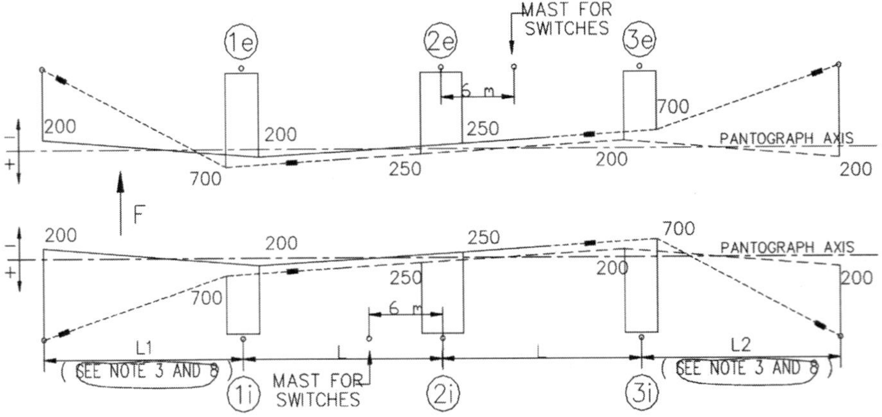


곡선반경 7,000m ≤ R < 20,000m

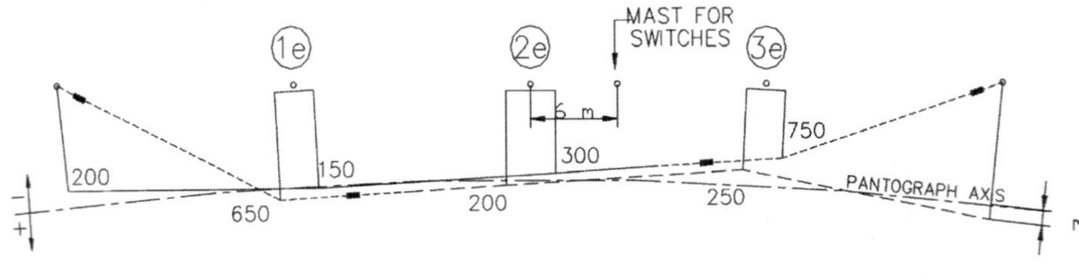


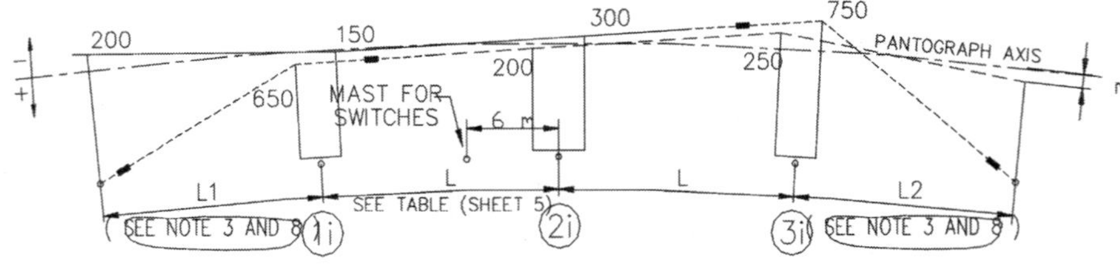


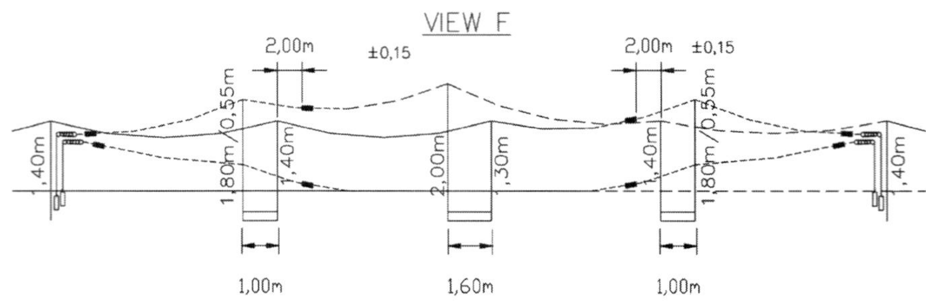


▶그림 5.50◀ 에어섹션

### 5.6.3 절연구분장치

전차선로를 구성함에 있어 변전소 앞 또는 이웃 변전소와의 중간부근에 있는 급전구분소 앞에는 반드시 이상전원을 구분하기 위해 교류 이상구분장치 즉, 절연구분장치를 설치해야 한다.

고속철도의 절연구분장치 구조는 팬터그래프를 통해 다른 2개의 이상전원이 상호 접촉되지 않도록 2개의 이상 전원사이에 중성구간(Neutral Section)을 설치하여 팬터그래프가 한쪽 전원측에서 중성구간으로 이행하는 순간은 집전이 중지되지만 곧 순간적으로 다른 전원쪽으로 이행하므로 전기적으로는 순간 단전이 되나 기계적으로는 연속성 있게 습동하도록 구성되어 있어 절연구분 구간을 전기차가 고속으로 타행(무동력)운행할 수 있는 구조로 되어있다.

절연구분장치는 7개의 경간으로 구성되며 이 구간에 무가압의 보조전차선을 별도로 한 선을 더 가선하므로서 절연구분구간의 중간 경간에는 양측 전원선이 없으므로 이 경간은 중성선(보조전차선)에 의해 팬터그래프가 습동할 수 있는 중성구간이 형성되며 중성구간 양측의 전원선과는 각각 한 개씩의 에어섹션을 구성하여 에어섹션 → 중성구간 → 에어섹션의 구조로 되어 완전한 이상 절연구분을 이루게 된다.

절연구분장치를 구성하고 있는 3개의 전차선의 조가선을 절연된 피복조가선을 사용하여 선간 단락을 방지하도록 하고 절연조가선 사용개소의 드로퍼도 절연드로퍼를 사용한다. 그리고 절연구분장치에 사용되는 절연애자는 구분장치용 합성수지 절연애자를 사용하여 절연한다.

고속철도의 절연구분장치는 중심축에서 좌우 115[m]씩 총 230[m]의 길이를 가지고 있다. 상선 및 하선의 중심축이 서로 4.5[m]에서 9[m]정도 이격시킨 이유는 상하선을 중침축에 일치시킬 경우 절연구분장치 양단의 가동브래키트 길이가 길어 서로 전기적 또는 기계적 이격거리를 확보할 수 없기 때문이다.

절연구분장치의 중심축에서 인류되는 지점으로 향하는 전차선과 조가선의 절연재(합성수지애자)는 무가압된 전차선로와 1[m]정도 이격하여 설치하며 기타 절연애자는 가동브래키트로부터 2[m] 이격하여 절연재를 설치한다. 특히 가압부분과 중성부분을 지지하는 평행틀의 가동브래키트의 상호 간격은 1.6[m]로 하여 전기적인 이격거리를 확보하여 주도록 설치한다.

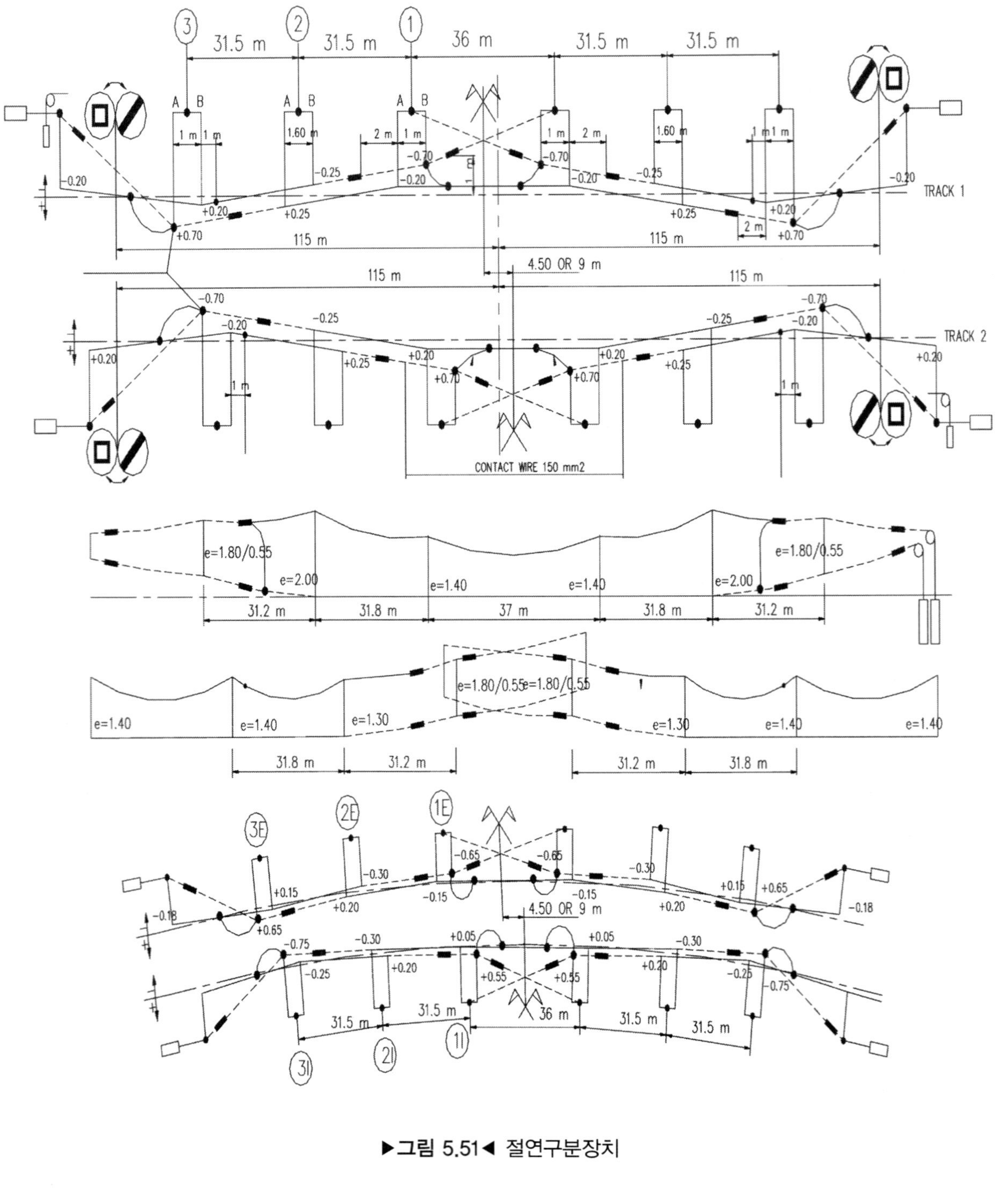

▶그림 5.51◀ 절연구분장치

# 5.7 인류장치

## 5.7.1 일반개소의 인류장치

온도변화 등으로 인한 전선의 신축 때문에 전선의 늘어짐과 과장력을 방지하고 일정한 기계적인 장력을 유지시키기 위해 전선의 신축을 흡수할 수 있도록 일정한 길이마다 전선을 인류 지지하기위하여 설치한 장치를 인류장치라고 한다. 전차선과 조가선의 최대 인류구간은 1,500[m]로 한정하며 인류구간이 750[m] 이상일 때에는 그 인류 양단에 있는 인류주에 전차선과 조가선을 각각 자동장력조정장치를 설치하여 전선의 신축을 자동 흡수 조정할 수 있는 구조로 하며 인류구간이 750[m] 이하일 때에는 한쪽 끝은 고정 인류하고 다른 한쪽 끝의 인류주에는 전차선과 조가선에 각각 자동장력조정장치를 설치하여 전선의 신축을 흡수 조정할 수 있는 구조로 한다.

인류주에는 인류된 전선의 장력으로 인해 인류주가 변형 전도되지 않도록 1단 또는 2단 지선을 설치하여 인류주의 강도를 보강한다.

## 5.7.2 터널개소의 인류장치

터널의 인류개소는 터널의 길이와 터널이 인접하여 연속되어 있을 때의 터널간의 거리 등을 고려하여 인류지점과 구간을 선정해야 하므로 터널개소에 인류구간을 정할때에는 아래 약도의 예시를 감안하여 인류구간을 설치하며 H형강의 하수강에 인류한다.

### (1) 터널길이가 700[m] 이하일 경우(L≤700[m])

터널길이가 700[m] 이하일 경우(L≤700[m])의 인류장치의 설치는 터널의 중앙에 흐름방지장치가 설치되도록 설치하고 에어조인트 개소는 터널밖에서 이루어지도록 한다. 특히 터널내에 설치되는 전차선의 인류시작 지점은 터널 입구에서 250[m] 이격하여 하여 설치하고 터널 내부에는 인류개소가 없도록 하여야 한다.

### (2) 하나 또는 여러개가 연속된 터널길이가 각각 700[m] 이하일 경우(L≤700[m])

하나 또는 여러개가 연속된 터널길이가 각각 700[m] 이하일 경우(L≤700[m])의 인류장치의 설치는 다음과 같이 한다. 흐름방지장치는 터널입구에서 350[m]정도 되는 지점에 설치하도록 하며 인류장치는 터널 외부에 설치하도록 한다.

### (3) 터널 길이가 700[m] 초과 1,050[m] 이하일 경우 (700[m]<L≤1,050[m])

터널길이가 700[m] 초과 1,050[m] 이하일 경우 (700[m]<L≤1,050[m])의 인류장치는 다음과 같이 설치한다. 인류장치는 모두 터널 외부에 설치하도록 한다. 터널내부에 설치하는 고정식 인류장치는 터널입구에서 350[m] 되는 지점에 설치하고 터널외부에 설치하는 인류장치는 자동장력조정장치로 한다.

터널을 통과하는 전차선로의 흐름방지장치는 터널내부에 설치하는 인류장치로부터 550[m] 되는 지점에 설치하고 다른 쪽의 인류장치는 터널외부에 설치되도록 한다.

### (4) 터널 길이가 1,050[m] 초과 1,500[m] 이하일 경우(1,050m<L≤1,500[m])

터널길이가 1,050[m] 초과 1,500[m] 이하일 경우(1,050[m]<L≤1,500[m])의 인류장치 설치는 다음과 같이 한다. 터널의 양단에는 터널입구로부터 350[m] 되는 지점의 터널 내부에 고정식 인류장치를 설치하고 터널 외부에 자동장력조정장치를 설치한다. 터널내부에 설치되는 전차선로는 전체길이가 1,250[m] 정도가 되게 설치하고 흐름장지장치는 인류되는 전차선로의 중앙지점에 위치하도록 설치한다.

### (5) 터널 길이가 1,500[m]를 초과할 경우(L>1,500[m])

터널 길이가 1,500[m]를 초과할 경우(L>1,500[m])의 인류장치는 다음과 같이 설치한다. 터널 외부에 설치된 전차선로는 터널에서 인류가 되지 않도록 터널 입구의 적절한 지점에 인류장치를 설치한다. 터널외부로부터 터널 내부로 설치될 전차선로의 인류시작점은 터널외부로부터 하고 이 전차선로의 흐름방지장치는 터널입구로부터 350[m]되는 지점에 설치한다. 터널 외부로부터 터널 내부로 설치된 전차선로에 설치될 인류장치는 흐름방지장치로부터 750[m] 이내로 한다.

## 5.7.3 장력조정장치

조가선과 전차선은 온도변화에 의한 신축외에도 전차선 마모에 의한 탄성신장 때문에 생기는 전차선의 신장 등으로 전차선의 이도장력에 영향을 미치게 된다. 그 결과 팬터그래프의 이선으로 인한 전차선의 집전성능의 약화와 장력증대로 인한 전차선의 단선 등의 위험이 생겨 고속운전에 지장을 주기 때문에 이런 현상을 방지하기 위해서는 전차선의 장력을 일정하게 유지할 수 있도록 하는 장력장치를 설치한다. 이 장력장치에는 자동장력조정식과 수동장력조정식이 있다.

### 5.7.4 자동장력조정장치

온도변화에 따라 전선의 이도와 장력이 변화하면 장력추의 중력의 힘으로 중력추와 연결된 활차가 회전하면서 전선의 신축을 조정하여 이도를 조정하게 되므로 장력을 항상 표준장력으로 확보할 수 있게 하는 구조이다.

장력조정장치의 구조는 5개의 알루미늄 합금제 도르래가 서로 와이어로프로 감겨져 있으며 그중 3개의 도르래는 전주 측의 고정금구에 설치되고 2개의 도르래는 전선 측과 연결된 이동블럭과 접속된다.

장력조정장치는 와이어로프의 한쪽 끝을 이동블록에 고정시켜 각 도르래를 차례대로 감은 다음 와이어로프의 다른 한쪽 끝은 장력장치용 중추지지봉과 연결시킨 구조로서 그 동작은 항상 정확하고 확실하게 작용하도록 되어있으며 도르래의 활차비는 1:5이며 장력추의 전체무게는 전선의 기계적인 장력의 1/5가 된다. 그리고 장력추의 수직 이동은 온도변화에 따른 전선의 신축길이의 5배가 된다.

장력추는 주철제로서 추 1개의 중량은 40[kg]과 20[kg]의 두 종류를 사용하며 장력장치는 종래의 방식과 같은 일괄 조정방식이 아니고 전차선과 조가선을 같은 인류주에 각각 설치하여 독립적으로 작용하는 개별 조종방식이다. 활차의 고정셋트와 이동셋트의 설치거리 및 장력추의 설치높이는 온도와 인류구간의 길이에 따라 다르므로 장력장치 설치시 반드시 기본도의 계산표에 의하여 정확히 설치하여야 한다.

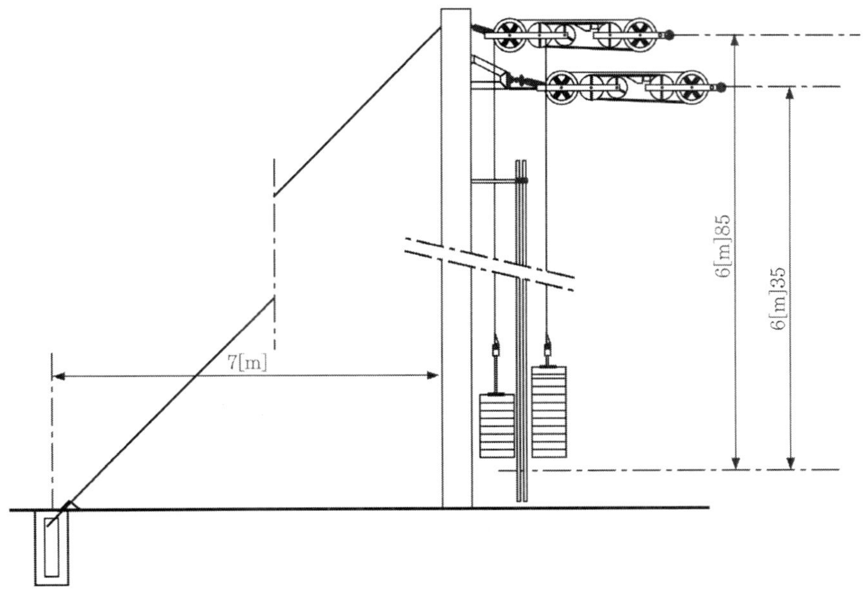


▶그림 5.52◀ 자동장력조정장치

장력조정장치는 두 개의 인접한 인류구간이 겹쳐지는 접속점에 설치되므로 접속되는 양 전차선을 팬터그래프가 고속으로 원활이 연속성 있게 습동할 수 있도록 정밀 조정이 필요한 장치이다. 자동장력조정장치의 장력 추 무게는 조가선 280[kg]이고, 전차선은 400[kg]이다.

자동장력조정장치를 초기에 설치할 때 주는 과장력은 조가선 1500[daN](규정치 : 1400[daN]), 전차선 3000[daN](규정치 : 2000[daN])으로 72시간을 주고 있다. 과장력을 주는 방법은 과장력을 72시간 가량 준 다음 과장력을 제거하고 과장력에 의하여 늘어난 케이블을 절단하고 대기온도를 측정하여 자동장력조정장치를 올바로 취부하는 순서로 진행한다. 그리고 정기적으로 전차선과 조가선의 X값과 Y값을 측정하여 늘어난 부분을 제거하여 전차선과 조가선의 장력을 일정하게 유지하도록 한다.

## 5.7.5 장력조정장치의 조정

자동장력조정장치의 도르래는 1:5의 도르래비를 가지므로 중추의 수직운동거리는 온도의 변화에 의하여 일어나는 전선의 신축의 5배에 해당되는 길이가 된다.

자동장력조정장치는 +60[℃]에서 다음과 같은 값을 가진다.

① X의 치수는 0.40[m]의 값을 갖는다.

② Y의 치수는 0[m]의 값을 갖는다.

**표 5.15** 장력조정장치의 이론적 X값 계산치

| 온 도 범 위 | | | 경간의 길이가 L인 구간의 이론적인 d의 값 | | | | | | | | | | | | | | |
|---|---|---|---|---|---|---|---|---|---|---|---|---|---|---|---|---|---|
| Zone 1 | Zone 2 | Zone 3 | $(X = d + 40\text{cm} \pm 3\text{cm})$ | | | | | | | | | | | | | | |
| −35℃<br>(+12℃)<br>+60℃ | −25℃<br>(+14℃)<br>+60℃ | −0℃<br>(+25℃)<br>+60℃ | 50m | 100m | 150m | 200m | 250m | 300m | 350m | 400m | 450m | 500m | 550m | 600m | 650m | 700m | 750m |
| −35 | | | 8 | 16 | 24 | 32 | 40 | 48 | 56 | 65 | 73 | 81 | 89 | 97 | 105 | 113 | 121 |
| −30 | | | 8 | 15 | 23 | 31 | 38 | 45 | 54 | 61 | 69 | 77 | 84 | 92 | 100 | 107 | 115 |
| −25 | −25 | | 7 | 15 | 22 | 29 | 36 | 43 | 51 | 58 | 65 | 72 | 80 | 87 | 94 | 101 | 108 |
| −20 | −20 | | 7 | 14 | 20 | 27 | 34 | 41 | 48 | 54 | 61 | 68 | 75 | 82 | 88 | 95 | 102 |
| −15 | −15 | | 6 | 13 | 19 | 26 | 32 | 38 | 45 | 51 | 57 | 64 | 70 | 77 | 83 | 89 | 96 |
| −10 | −10 | | 6 | 12 | 18 | 24 | 30 | 36 | 42 | 48 | 54 | 60 | 66 | 71 | 77 | 83 | 89 |
| − 5 | − 5 | | 6 | 11 | 17 | 22 | 28 | 33 | 39 | 44 | 50 | 55 | 61 | 66 | 72 | 77 | 83 |
| 0 | 0 | | 5 | 10 | 15 | 20 | 26 | 31 | 36 | 41 | 46 | 51 | 56 | 61 | 66 | 71 | 77 |
| + 5 | + 5 | + 5 | 5 | 9 | 14 | 19 | 23 | 28 | 33 | 37 | 42 | 47 | 51 | 56 | 61 | 66 | 70 |
| +10 | +10 | +10 | 4 | 9 | 13 | 17 | 21 | 26 | 30 | 34 | 38 | 43 | 47 | 51 | 55 | 60 | 64 |

| 온 도 범 위 | | | 경간의 길이가 L인 구간의 이론적인 d의 값 | | | | | | | | | | | | | | |
|---|---|---|---|---|---|---|---|---|---|---|---|---|---|---|---|---|---|
| Zone 1 | Zone 2 | Zone 3 | ($X = d + 40\text{cm} \pm 3\text{cm}$) | | | | | | | | | | | | | | |
| +15 | +15 | +15 | 4 | 8 | 12 | 15 | 19 | 23 | 27 | 31 | 34 | 38 | 42 | 46 | 50 | 54 | 57 |
| +20 | +20 | +20 | 3 | 7 | 10 | 14 | 17 | 20 | 24 | 27 | 31 | 34 | 37 | 41 | 44 | 48 | 51 |
| +25 | +25 | +25 | 3 | 6 | 9 | 12 | 15 | 18 | 21 | 34 | 27 | 30 | 33 | 36 | 39 | 42 | 47 |
| +30 | +30 | +30 | 3 | 5 | 8 | 10 | 13 | 15 | 18 | 20 | 23 | 26 | 28 | 31 | 33 | 36 | 38 |
| +35 | +35 | +35 | 2 | 4 | 6 | 9 | 11 | 13 | 15 | 17 | 19 | 21 | 23 | 26 | 28 | 30 | 32 |
| +40 | +40 | +40 | 2 | 3 | 5 | 7 | 9 | 10 | 12 | 14 | 15 | 17 | 19 | 20 | 22 | 24 | 26 |
| +45 | +45 | +45 | 1 | 3 | 4 | 5 | 6 | 8 | 9 | 10 | 12 | 13 | 14 | 15 | 17 | 18 | 19 |
| +50 | +50 | +50 | 1 | 2 | 3 | 3 | 4 | 5 | 6 | 7 | 8 | 9 | 9 | 10 | 11 | 12 | 13 |
| +55 | +55 | +55 | 0 | 1 | 1 | 2 | 2 | 3 | 3 | 3 | 4 | 4 | 5 | 5 | 6 | 6 | 6 |
| +60 | +60 | +60 | 0 | 0 | 0 | 0 | 0 | 0 | 0 | 0 | 0 | 0 | 0 | 0 | 0 | 0 | 0 |

※ Zone 1 : 서울~경주, Zone 2 : 경주~부산, Zone 3 : 터널

**표 5.16 장력조정장치의 이론적 Y값 계산치**

| 온 도 범 위 | | | Y 값(cm) | | | | | | | | | | | | | | |
|---|---|---|---|---|---|---|---|---|---|---|---|---|---|---|---|---|---|
| Zone 1 | Zone 2 | Zone 3 | | | | | | | | | | | | | | | |
| −35℃<br>(+12℃)<br>+60℃ | −25℃<br>(+14℃)<br>+60℃ | −0℃<br>(+25℃)<br>+60℃ | 50m | 100m | 150m | 200m | 250m | 300m | 350m | 400m | 450m | 500m | 550m | 600m | 650m | 700m | 750m |
| −35 | | | 40 | 81 | 121 | 162 | 202 | 242 | 283 | 323 | 363 | 404 | 444 | 485 | 525 | 565 | 606 |
| −30 | | | 38 | 76 | 115 | 153 | 191 | 230 | 268 | 306 | 344 | 383 | 421 | 459 | 497 | 535 | 574 |
| −25 | −25 | | 36 | 72 | 108 | 145 | 181 | 217 | 253 | 289 | 325 | 361 | 397 | 434 | 470 | 506 | 542 |
| −20 | −20 | | 34 | 68 | 102 | 136 | 170 | 204 | 238 | 272 | 306 | 340 | 374 | 408 | 442 | 476 | 510 |
| −15 | −15 | | 32 | 64 | 96 | 128 | 160 | 191 | 223 | 255 | 287 | 319 | 351 | 383 | 414 | 446 | 478 |
| −10 | −10 | | 30 | 60 | 89 | 119 | 149 | 180 | 208 | 238 | 268 | 298 | 327 | 357 | 387 | 417 | 446 |
| − 5 | − 5 | | 28 | 55 | 83 | 111 | 138 | 166 | 193 | 221 | 249 | 276 | 304 | 332 | 359 | 387 | 414 |
| 0 | 0 | | 26 | 51 | 77 | 102 | 128 | 153 | 179 | 204 | 230 | 255 | 281 | 306 | 332 | 257 | 383 |
| + 5 | + 5 | + 5 | 23 | 47 | 70 | 94 | 117 | 140 | 164 | 187 | 210 | 234 | 257 | 280 | 304 | 327 | 351 |
| +10 | +10 | +10 | 21 | 43 | 64 | 85 | 106 | 128 | 149 | 170 | 191 | 213 | 234 | 255 | 276 | 298 | 319 |
| +15 | +15 | +15 | 19 | 38 | 57 | 77 | 96 | 115 | 134 | 153 | 172 | 191 | 210 | 230 | 249 | 268 | 287 |
| +20 | +20 | +20 | 17 | 34 | 51 | 68 | 85 | 102 | 119 | 136 | 153 | 170 | 187 | 204 | 221 | 238 | 255 |
| +25 | +25 | +25 | 15 | 30 | 45 | 60 | 74 | 89 | 104 | 119 | 134 | 149 | 164 | 179 | 193 | 208 | 223 |
| +30 | +30 | +30 | 13 | 26 | 38 | 51 | 64 | 77 | 89 | 102 | 115 | 128 | 140 | 153 | 166 | 179 | 191 |
| +35 | +35 | +35 | 11 | 21 | 32 | 43 | 53 | 64 | 74 | 85 | 96 | 106 | 117 | 128 | 138 | 149 | 159 |
| +40 | +40 | +40 | 9 | 17 | 26 | 34 | 43 | 51 | 60 | 68 | 77 | 85 | 94 | 102 | 111 | 119 | 128 |
| +45 | +45 | +45 | 6 | 13 | 19 | 26 | 32 | 38 | 45 | 51 | 57 | 64 | 70 | 77 | 83 | 89 | 96 |
| +50 | +50 | +50 | 4 | 9 | 13 | 17 | 21 | 26 | 30 | 34 | 38 | 43 | 47 | 51 | 55 | 60 | 64 |
| +55 | +55 | +55 | 2 | 4 | 6 | 9 | 11 | 13 | 15 | 17 | 19 | 21 | 23 | 26 | 28 | 30 | 32 |
| +60 | +60 | +60 | 0 | 0 | 0 | 0 | 0 | 0 | 0 | 0 | 0 | 0 | 0 | 0 | 0 | 0 | 0 |

※ Zone 1 : 서울~경주, Zone 2 : 경주~부산, Zone 3 : 터널

X와 Y의 치수는 다음 공식에 의하여 계산된다.

$$X = [(17 \times 10^{-6} \times L) \times (60℃ - T℃)] + A$$
$$Y = [(5 \times 17 \times 10^{-6} \times L)(60℃ - T℃)]$$

여기서, $17 \times 10^{-6}$ : 구리(Cu)와 청동(Bz)의 선팽창계수
$L$ : 전선의 길이 (m)
$T$ : 현재온도
$A$ : +60℃에서의 X값 (0.40[m])

X값은 도체(전차선과 조가선)의 신축에 의하여 결정되며, Y값은 현수되어 있는 중추를 지지하는 와이어의 동작에 의하여 얻어질 것이다.

## 5.8 흐름방지장치

전차선의 인류구간 양측에 활차식 자동장력조정장치를 설치하면 풍압, 팬터그래프의 습동, 전선 자체의 온도변화에 의한 신축 등으로 인해 인류구간의 한쪽 방향으로만 전선이 이동하게 되는 현상을 방지하기 위하여 인류구간의 대략 중간부근에 있는 전주의 가동브래키트에 두 개의 조가선을 취부할 수 있는 조가선 현수크램프를 설치하고 이 현수크램프에 Bz 65.4[$mm^2$]의 청동연선을 고정시켜 전선의 양끝을 흐름방지용 전주 양측에 있는 전주에 10[kg](15℃)의 장력으로 합성수지제 장간애자로 전주와 절연시켜 인류하여 고정시킨다.

## 5.9 가동브래킷

전주에 설치되는 주요 장치는 가동브래키트라고 할 수 있으며 특히 고속철도에서 전차선의 집전특성 향상은 가동브래키트 성능에 의해 좌우된다 해도 과언이 아닐 정도이므로 브래키트 구조의 정밀성이 요구된다. 가동브래키트에는 전차선을 전주 쪽으로 인장하기 위해 짧은 수평파이프에 곡선당김장치를 설치한 인장형 가동브래키트와 전주 반대쪽으로 압축력이 작용하는 길이가 긴 수평파이프 끝에 설치한 곡선당김장치에 의해 전차선을

밖으로 인장하는 압축형 브래키트의 두 종류로 구분하여 사용한다.

전차선로 상하선의 지지물은 항상 등간격으로 이루어져 있으므로 상하선의 두 전주는 완전히 대칭으로 마주보게 건식되어 있기 때문에 가동브래키트 상호간의 전기적인 안전 이격거리를 확보하기 위해 항상 서로 정반대의 브래키트형을 설치해야 하므로 한쪽이 인장형이면 다른 압축형 가동브래키트가 되도록 설치한다.

## 5.9.1 가동브래킷의 설치

① 주 파이프는 아연도강관에 유리제 장간애자 또는 합성수지제 장간애자 1개를 조립하여 가동고리로 전주에 경사지게 설치 한다.

② 상부 보조파이프는 아연도강관에 길이 조정이 가능할 수 있도록 아연도 아이롯드를 내장시킨 구조이며 전주 쪽에는 유리제 장간애자 또는 합성수지제 장간애자 1개를 조립하여 가동고리로 전주에 지지시켜 주 파이프와 조립하여 조가선의 가고, 편위 위치를 조정하도록 된 구조이다.

③ 수평파이프의 아연도강관은 짧은 인장형과 긴 압축형의 두 가지로 구분된다. 수평파이프는 아연도강관 안에 아연도강봉을 내장하여 필요한 길이로 조정 가능한 구조로 주파이프와 결합되며 전차선에 0.6[m] 상부에 설치되게 조정 설치한다.

④ 조정용 지지 아연도강관을 주파이프와 수평파이프 사이에 설치하여 수평파이프의 수평 유지를 조절하도록 한다.

⑤ 곡선당김설치용 수직 아연도강관을 수평파이프와 결합시켜 수직으로 설치하고 여기에 곡선당김장치를 설치하며 수직파이프를 이동하여 편위를 조정한다.

⑥ 브래킷용 장간애자는 일반개소에는 최소 누설거리 1,000[mm]의 유리애자를 쓰며, 공해구간에는 최소 누설거리 1,100[mm]의 유리애자를 쓰도록 하고 파손 우려 개소(교량, 과선교, 터널입구 등)에는 합성수지 장간애자를 쓰도록 한다.

## 5.9.2 가동브래킷의 길이 산정

이상의 브래킷 구조는 길이 계산과 시공상세도(Shop Drawing)에 의해 부품의 길이를 정밀히 산정해야 하므로 그 계산은 다음 식에 의해 산정한다.

### (1) 주파이프 길이(C)의 계산

$$C = \sqrt{P^2 + Q^2 + Y_2^2}$$
$$P = E - m + (Y_3 \cos a)$$
$$Q = B \pm (Y_3 \sin a)$$
$$B = X - x_2$$

여기서, $Y_3$ : 조가선 현수크램프의 볼트 중심간 거리

$a$ : 조가선 현수크램프의 경사각

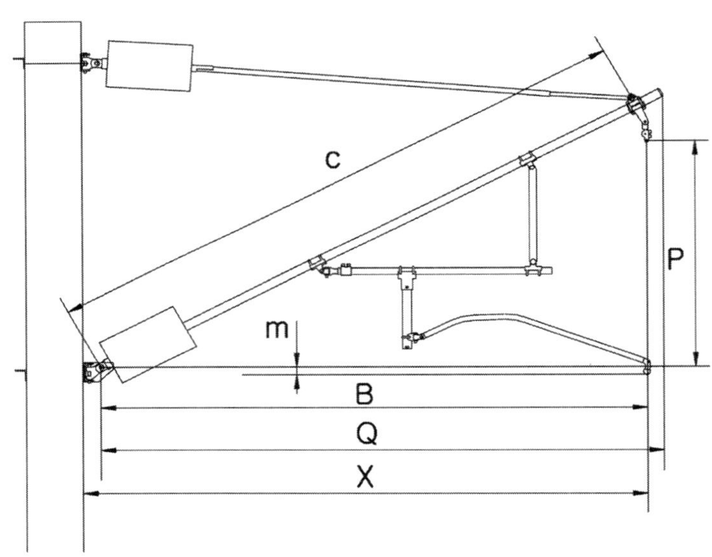


▶그림 5.53◀ 가동브래킷의 길이 산정 (1)

### (2) 상부 보조파이프(h)의 계산

$$h = \sqrt{F^2 + G^2}$$
$$F = (Q + x_2 - x_1) - (y_1 + y_2)\sin y$$

여기서, $y$ : 경사 주파이프와 수평면과의 각

### (3) 경사 주파이프와 수평면과의 각 및 G 의 계산

$$\tan y = \frac{(P \cdot C) + (y_2 \cdot Q)}{(Q \cdot C) - (y_2 \cdot P)}$$

$$y = \tan^{-1} y$$

$$G = H - drilling - (y_1 + y_2)\cos y - p - m - Hc$$

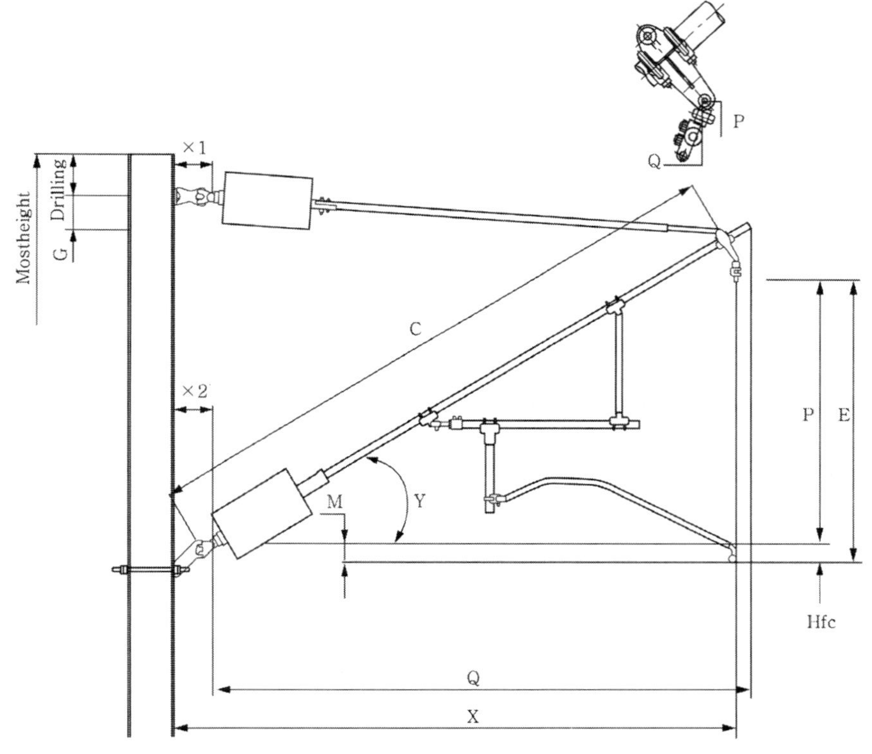


▶그림 5.54◀ 가동브래킷의 길이 산정 (2)

### (4) 진동방지파이프 설치 위치($n$)의 계산

$$n = \frac{Z}{\tan\ y} + \frac{ha - m}{\sin\ y}$$

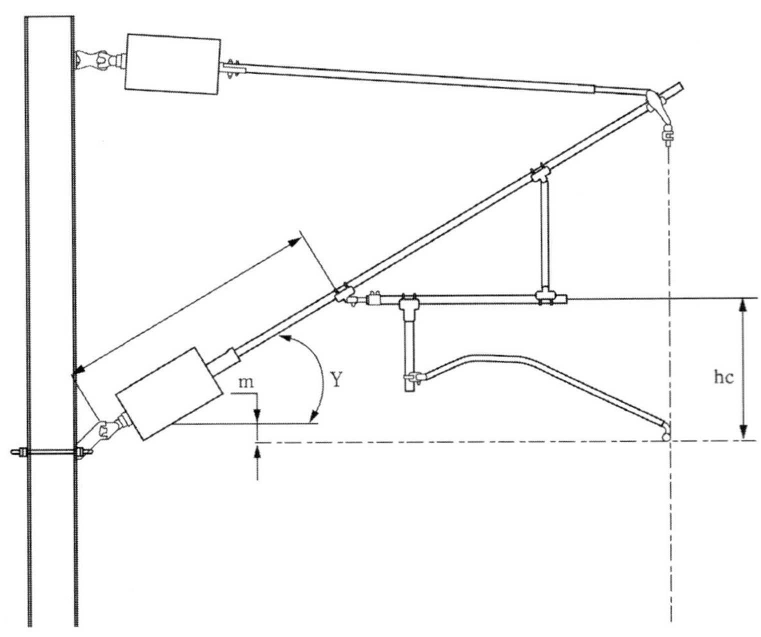


▶그림 5.55◀ 가동브래킷의 길이 산정 (3)

## (5) 진동방지파이프 길이(a)의 계산

$$a = B - n \cdot cosy - Z \cdot sin \pm 0.5$$ (인장형 : −0.5, 압축형 : +0.5)

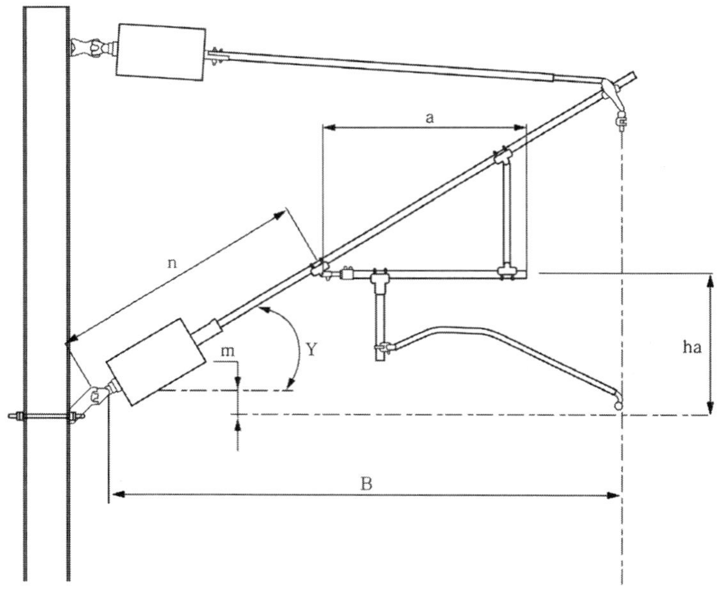


▶그림 5.56◀ 가동브래킷의 길이 산정 (4)

### (6) 수직 현수파이프(J)의 계산

① 인장형 가동브래킷의 수직 현수파이프

$$J=(Q-0.60)\tan y\frac{0.055}{\cos y}-0.60+m-0.065$$

② 압축형 가동브래킷의 수직 현수파이프

$$Hv=(C-0.40)\sin y-0.055\cos y-0.6+m-0.055$$

$$Lh=Q-\{(C-0.40)\ \cos y-0.055\ \sin y)\}$$
$$+\text{곡선당김금구 길이}+0.075-0.40$$

$$\therefore\ J=\sqrt{Hv^2+Lh^2}$$

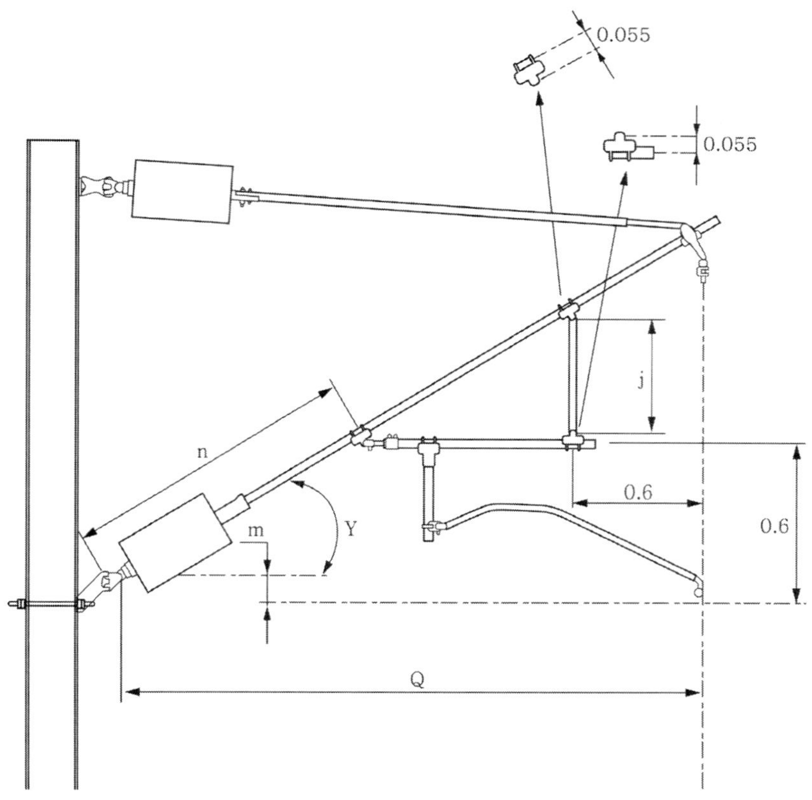


▶그림 5.57◀ 가동브래키트 길이 산정 (5)

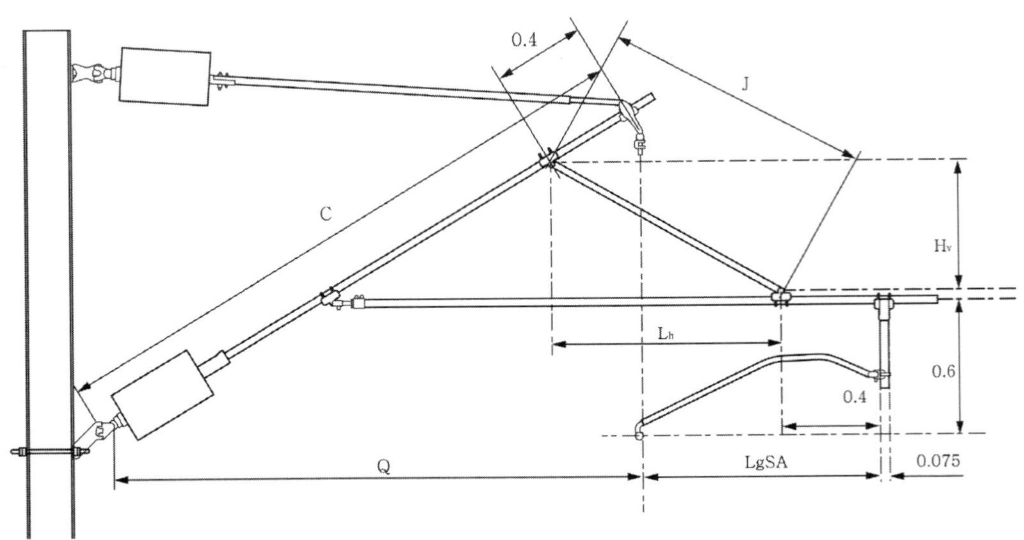


▶그림 5.58◀ 가동브래키트의 길이 산정 (6)

## 5.9.3 가동브래키트의 조정

−20∼+60[℃]의 범위에서 브래킷과 곡선당김금구를 조정시 조정범위의 평균온도 즉, +20[℃]에서는 선로와 수직한 곳에 위치하여야 한다.

브래킷와 곡선당김금구는 +20[℃] 이상일 경우 장력 추 방향으로 움직이고 +20℃ 미만일 경우 흐름방지방향으로 움직인다. 이러한 움직임은 다음과 같은 공식에 의하여 계산된다.

$$D = (17 \times 10^{-6} \times d)(T℃ - 20℃) + 20℃$$ 이상일 경우 장력 방향

$$D = (17 \times 10^{-6} \times d)(20℃ - T℃) + 20℃$$ 이하일 경우 장력 방향

$17 \times 10^{-6}$ : 구리(Cu)와 청동(Bz)의 선팽창 계수

$D$ : 브래킷과 곡선당김금구의 움직임(m)

$d$ : 브래킷 또는 곡선당김에서 흐름 방지 장치 또는 고정 인류점까지의 거리(m)

$T$[℃] : 현재 온도

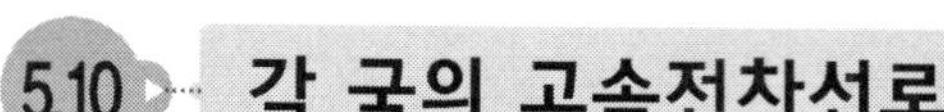

## 5.10 각 국의 고속전차선로

### 5.10.1 독일 고속전차선로(AC 15kV 16.7Hz Re 250)

독일 콜론(Cologne)-뒤렌(Düren)의 고속철도 노선은 콜론에서 벨기에의 부뤼셀(Brussels)을 250[km/h]의 속도로 유럽지역을 운행하는 구간의 일부로 구성되어 있다. 기존의 노선은 160[km/h]의 상업운전 속도로 계획되었지만 Re 250의 고속선 형태로 가공 전차선로를 설치하여 고속선으로 변경하였다. 그림 5.59(a)의 주요한 설계의 특징은 뷔르츠부르크(Würzburg)에서 하노버(Hanover)사이 독일 최초의 고속철도 노선에 적용되었던 것과 동일한 형태이다. 그림 5.59(b)는 표준형 가동브래키트의 형태이며, 그림 5.59(c)는 일반 대중이 가압된 부분에 접촉될 우려가 있는 장소에 가동브래키트의 장간애자 위치를 변경하여 설치한 것이다. Re250은 그림 5.59(d)와 같이 경사 주파이프와 수평파이프 사이를 힌지로 연결하였다.

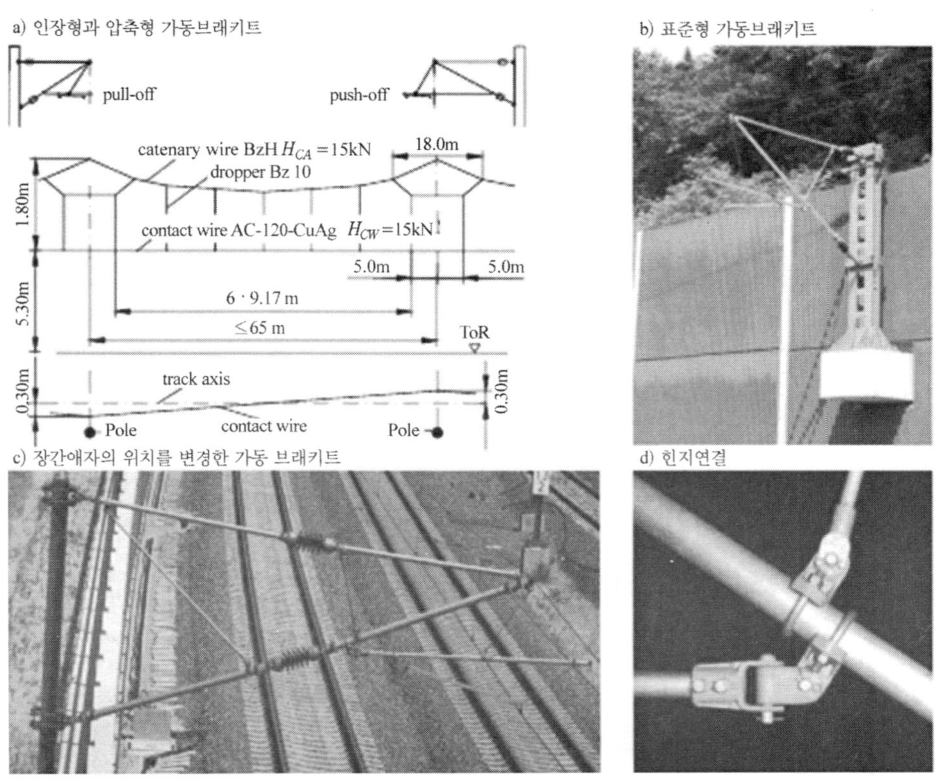


▶그림 5.59◀ 독일 고속철도 가공 전차선로

## 5.10.2 스페인 고속 전차선로(AC 15kV 50Hz)

스페인의 철도시설 관리자인 스페인 철도건설공단(ADIF, Administredor de Infraestructuras Ferroviarias)는 2010년 12월에 개통한 마드리드(Madrid)에서 발렌시아(Valencia)간에 설계속도 350[km/h]의 고속철도 노선을 추가로 건설하였다. 이 노선은 EAC 350의 가공전차선로 설비로 설치되었으며, 2015년 현재 스페인의 고속철도 노선의 총 연장은 1,600[km]이다.

그림 5.60(a)는 EAC 350의 가공 전차선로의 형태를 보여준다. 자동장력조정장치의 최대인류길이는 1,400[m]이며 최대전주경간은 63[m]이며, 드로퍼의 최소길이는 250[mm]이다.

평행개소에서의 전차선로 상호의 간격은 에어조인트의 경우에는 200[mm]이고, 에어섹션에서는 450[mm] 이다. 그림 5.60(b)는 개활지에서의 가동 브래키트의 형상이며 5.60(c)는 터널 내부에 설치된 가동 브래키트의 형태를 보여준다. 자동장력조정장치의 활차비는 조가선에서는 3:1, 전차선에서는 5:1의 값으로 설치되어 있다.

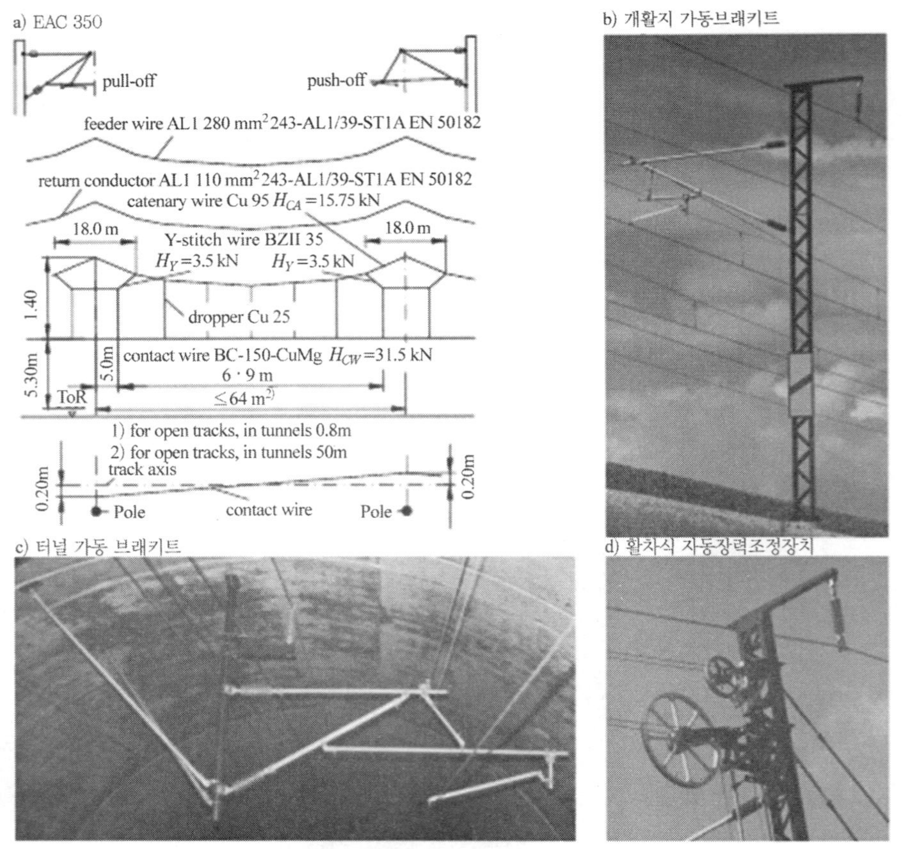


▶그림 5.60◀ 스페인 고속철도 가공 전차선로

## 5.10.3 프랑스 고속 전차선로(AC 25kV 50Hz)

프랑스의 철도공사(SNCF)는 총 1,840[km]의 고속철도 노선을 운영중에 있으며 영업속도는 300[km/h]로 직접급전 방식과 단권변압기 급전방식을 사용하고 있다.

프랑스 고속철도중 파리(Paris)에서 투르(Tours)간의 고속철도 가공 전차선로는 그림 5.61(a)와 같다. 파리(Paris)에서 리용(Lyon)에 적용한 고속철도 가공전차선로는 Y선 가선방식을 적용하였고, 동 재질의 전차선인 AC-120Cu의 인장력은 15[kN]이다. 당초 이 노선은 260[km/h]로 설계되었지만, 2009년 이후로는 270[km/h] 또는 300[km/h]로 운영되고 있다.

파리에서 르망/투르(Le Mans/Tours)의 고속철도 노선은 AC-150-Cu 전차선을 사용하여 영업속도를 300[km/h]로 증속하였으며 전차선의 장력은 20[kN]이다. 그림 5.61(c)는 전주에 설치된 급전선, 가동브래키트와 지지물의 형태이며, 가공전차선 지지물의 설계는 편위를 400[mm]까지 조정할 수 있도록 건설되었다. 장력조정장치의 도르래 비는 5:1이며, 온도 변화에 따른 전차선과 조가선의 길이를 자동으로 조정하는 역할을 수행한다.

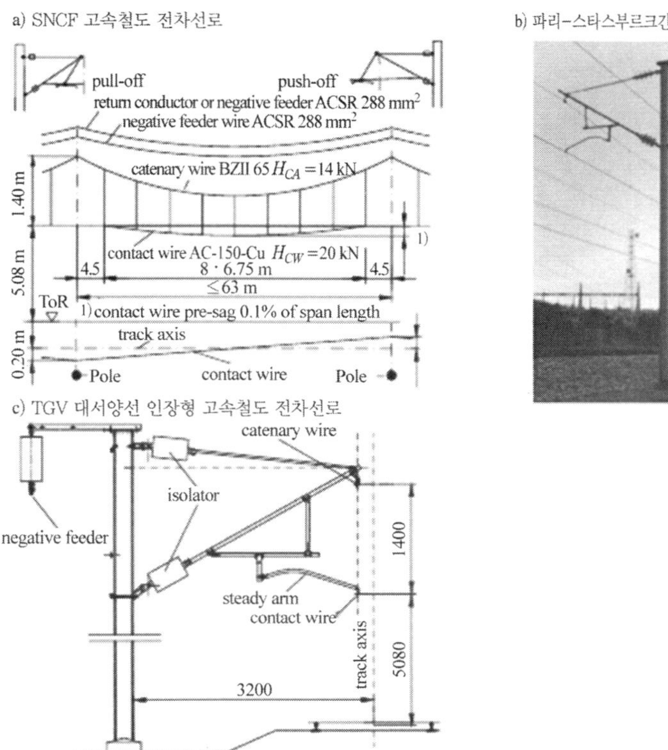


▶그림 5.61◀ 프랑스 고속철도 가공 전차선로

## 5.10.4 중국의 고속 전차선로(AC 15kV 50Hz Sicat HAC)

중국의 철도부(MOR, Chinese Ministry of Railways)는 베이징(Beijing)에서 상하이(Shanghai)간의 1단계 구간으로 베이징에서 천진(Tianjin)까지의 구간을 영업속도 300[km/h]의 설계속도로 건설하였다. 최초의 중국 고속철도는 올림픽 경기가 시작되기 전인 2008년에 개통되었다.

고속철도 가공전차선로인 Sicat HAC(그림 5.62(b))는 Y선이 설치되지 않았으며, 사전이도와 최대 경간을 50[m]로 한정하였고, 350[km/h]의 최고속도를 성공적으로 달성하였다. 그림 5.62(b)는 이 설비에 대한 주요한 설계 특징을 보여주며, 전차선의 높이는 5,300[mm]이고 사전이도는 경간의 0.05[%] 또는 30[mm]로 가선하였고 표준가고는 1,600[mm] 이다.

a) CRH 3 고속철도 차량

b) Sicat HAC의 주요 특징

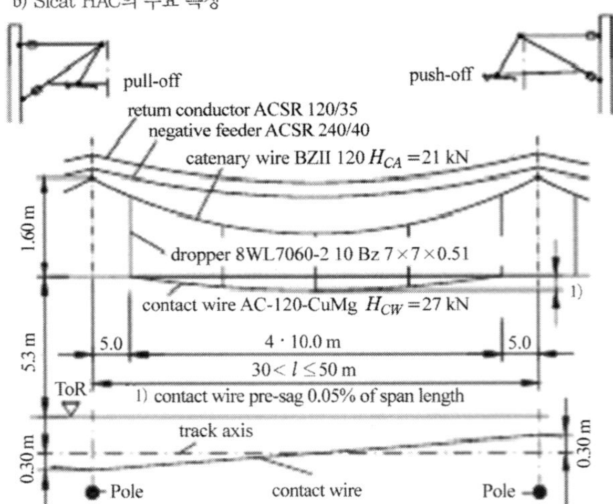


c) 인장형 가동 브래키트

d) 선로를 횡단하여 설치된 가동 브래키트

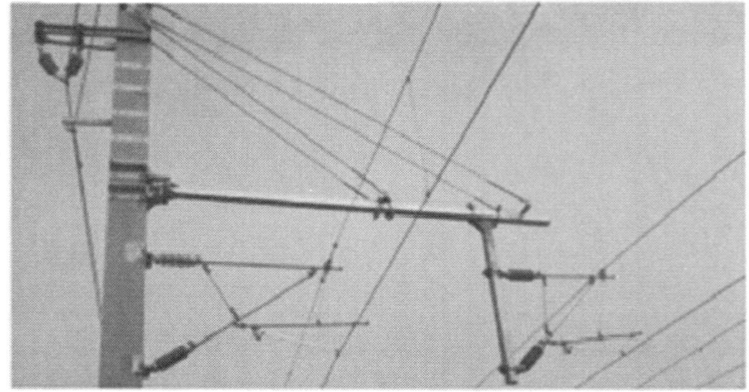

▶그림 5.62◀ 중국 고속철도 가공 전차선로

## 5.10.5 일본의 고속 전차선로(AC 25kV 60Hz)

일본철도(JR, Japanese Railways)는 도쿄(Tokyo)에서 오사카(Osaka)간 515km의 구간을 1,435[mm]의 표준궤간으로 고속철도를 건설하였다. 도카이도(Tokaido) 고속철도 노선은 1964년에 AC 25kV 60Hz의 전원을 공급받아 상업속도 210[km/h]의 속도로 운행을 시작하였다.

콤파운드 가공 전차선로(Compound overhead contact line)는 보조조가선이 설치되어 있으며, 각각의 지지점에서 상대적으로 일정한 탄성을 가지고 있다. 180[$mm^2$]의 철 조가선은 25[kN]의 장력이 가해지며, 501[$mm^2$]의 동 카드뮴(Copper cadmium) 보조 조가선과 170[$mm^2$]의 동 전차선은 15[kN]의 장력이 각각 가해진다. 각각의 진동방지금구는 150[mm]의 간격으로 전차선과 보조조가선의 편위를 유지시켜 주며, 진동방지금구는 수평파이프에 고정된다.

전차선의 높이는 5,000[mm]이며, 조가선은 선로의 위치에 따라 상부 파이프에서 조정이 가능하도록 설치되어 있다. 또한, 상부파이프에는 구멍이 뚫려 있는 판재를 고정하여 조가선 클램프가 가동브래키트 주파이프에 취부할 수 있도록 제작하였다.

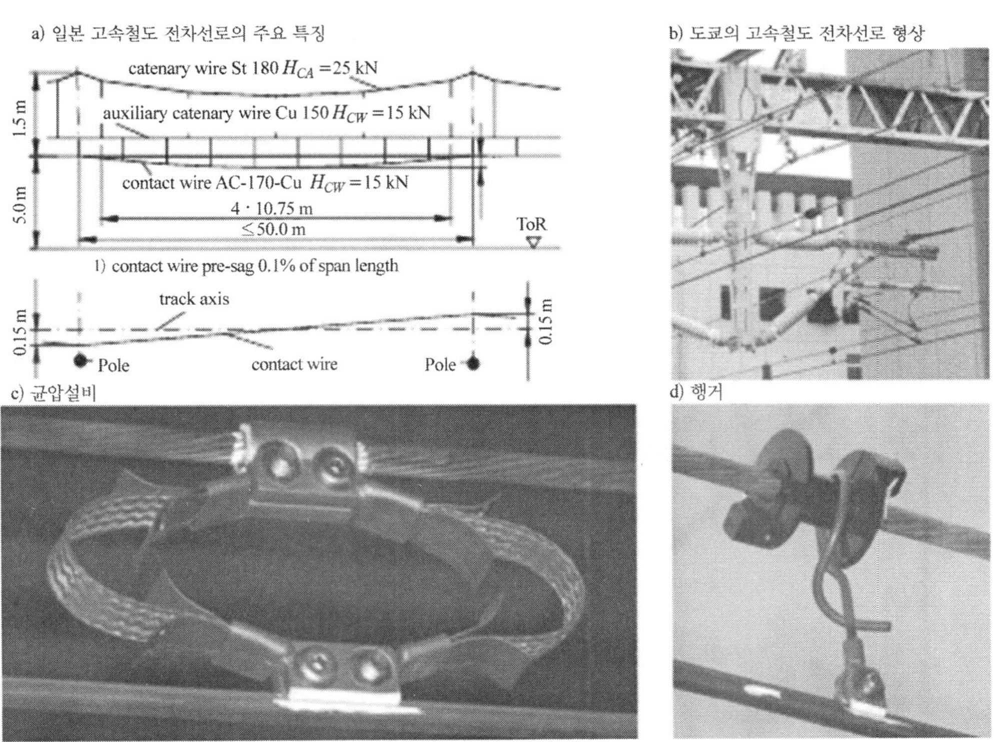


▶그림 5.63◀ 일본 고속철도 가공 전차선로

## 5.10.6 이탈리아의 고속 전차선로(DC 3.0kV)

이탈리아 국영철도(FS, Italian State Railway)는 영업속도 250[km/h]의 DC 3[kV] 고속철도를 로마(Rome)에서 플로렌드(Florence)까지 238[km]의 구간을 운영하고 있다. 이 노선의 남쪽 구간에서는 1개의 조가선과 2개의 전차선으로 구성되어 있으며, Y선이 가선되지 않았다. 조가선의 장력은 27.5[kN]이 가해지며, 두 개의 전차선에는 각각 15[kN]의 장력이 가해진다.

북쪽 구간의 전차선로는 두 개의 AC-150-Cu 전차선이 각각 15[kN]의 장력이 가해지며, 두 개의 카드뮴 동(cadmium copper) 160[mm$^2$] 조가선에 각각 15[kN]의 장력이 가해진다. 지지점에서는 2개의 Y선이 경간 내에서의 탄성을 일정하게 유지하는 것을 도와준다. 도르래 타입의 자동장력조정장치는 조가선과 전차선에 대한 장력을 조정하며, 에어조인트는 3개의 경간으로 설치되어 있어 각각의 장력구간이 교차되도록 설치되어 있다.

▶그림 5.64◀ 이탈리아 고속철도 가공 전차선로

## 5.10.7 네덜란드의 고속 전차선로(AC 25kV 50Hz)

네덜란드(Netherlands)의 고속철도 노선은 암스테르담(Amsterdam)과 벨기에(Belgium), 프랑스(France) 및 독일(Germany)를 연결하는 고속철도 노선(high-speed line HSL Zuid)이다. 이 노선의 급전전압은 단권변압기 급전방식의 AC 25kV 50Hz이며 최적의 운행속도는 300[km/h]이고 Sicat H1.0(그림 5.65(a))로 가선되어 있다.

그림 5.65(b)는 원형 강관주에 설치된 가동브래키트의 형상을 보여준다. 자동장력 조정장치는 이 노선을 위해 특수하게 제작된 건식베어링이 설치되어 있으며, 유지보수가 필요없고 전차선과 조가선 단선 등의 장애가 발생할 경우에 자동장력조정장치의 장력추가 떨어지지 않도록 래치가 체결되는 구조로 되어있다(그림 5.65(d)). 장 경간의 교량은 온도 변화에 따라 교량 거더의 신축이 발생되어 귀선로나 급전선의 길이 및 편위가 변형될 수 있다. 이를 보완하기 위하여 급전선과 귀선로의 도체에 도르래를 설치하여 교량에서의 횡방향의 변형에 따른 도체 영향을 보완하도록 하였다.(그림 5.65(e)).

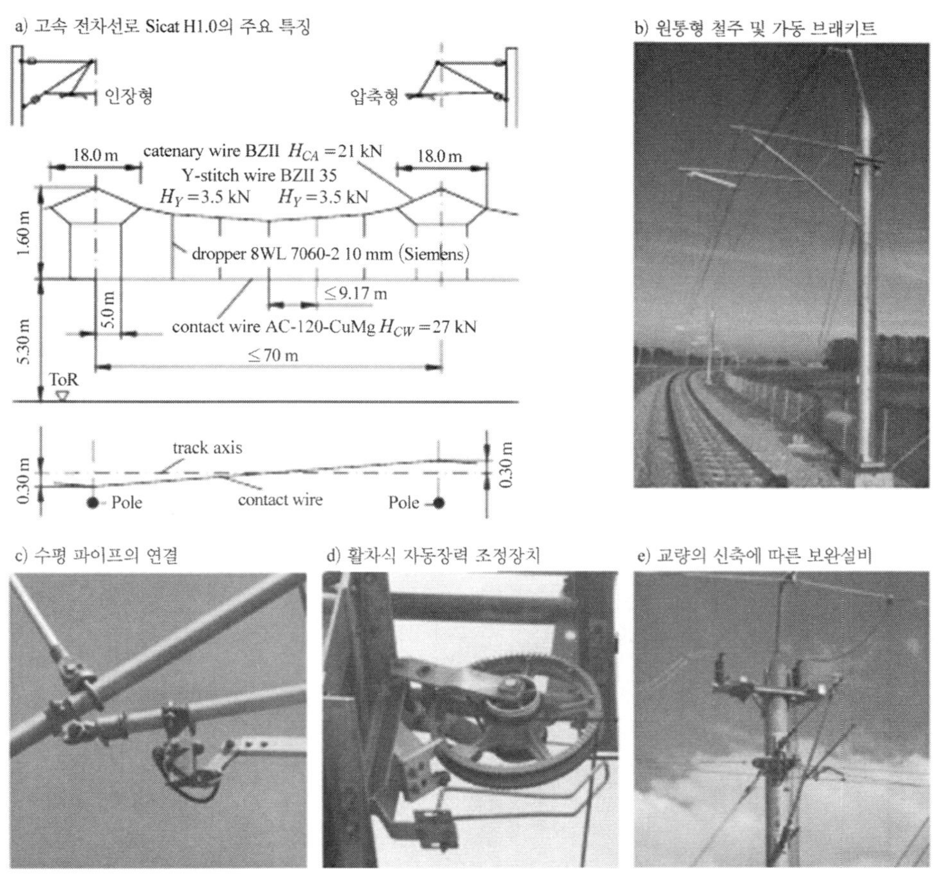


▶그림 5.65◀ 네덜란드 고속철도 가공 전차선로

# MEMO

Chapter 6

# 강체 전차선로

전차선로의 가선방식에 있어 지하구간에 적합하도록 개발되어진 가선방식으로 도시지하철 구간의 대표적인 방식이다. 일반적으로 커티너리식의 가공 전차선을 지하구간에 채용하는 것은 협소한 공간에서의 전차선 단선에 따른 안전상 문제와 보수작업이 곤란하고 터널단면이 대폭적으로 확대되기 때문에 건설비가 과다하게 소요되는 문제점이 있다. 그러므로 초기에는 이러한 것을 보완하기 위하여 제3궤조방식을 사용하다가 도시지하철 구간에 적합하고 단선의 우려가 없는 새로운 지하구간용의 가공 전차선방식으로 개발된 것이 강체 레일을 가공으로 하는 강체 전차선 조가방식이 출현하게 되었고, 현재에는 세계 각국의 지하구간의 전차선로 가선방식으로 널리 사용하게 되었다.

강체 전차선로는 전차선을 강체에 완전하게 일체화시켜서 고정한 것으로 터널 등의 천정에 애자 또는 측면에 브래킷을 취부하고 여기에 강체 전차선을 조가하는 방식이다. 강체 전차선로의 장점은 무엇보다 터널 구조물의 단면 높이를 축소할 수 있어 건설비를 절감할 수 있을 뿐만 아니라 전주나 빔이 없고 전차선과 리지드 바가 일체로 되어 있기 때문에 장력장치, 곡선당김장치, 진동방지장치가 불필요하다. 따라서 설비가 간단하기 때문에 유지보수가 쉽고 커티너리 조가식의 경우와 같은 단선의 염려가 거의 없으며 응급조치 역시 간단하다. 또한, 직류 급전방식에서는 강체 전차선이 충분한 전기적 용량을 갖고 있기 때문에 급전선을 별도로 시설할 필요가 없다.

**표 6.1** R-bar와 T-bar의 특성 비교

| 구 분 | R-bar | T-bar | 비 고 |
|---|---|---|---|
| 형 상 | 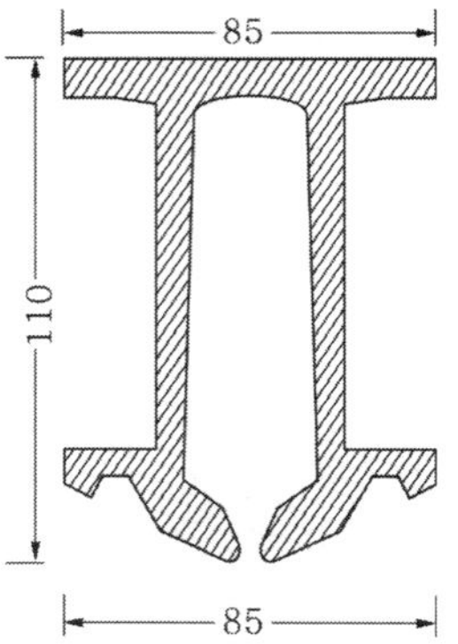 85<br>110<br>85 | 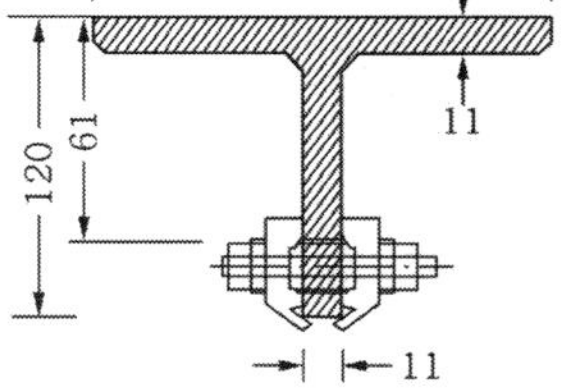 120<br>120<br>61<br>11<br>11 | |
| 단 면 적 | 2,214[$mm^2$] | 2,642[$mm^2$]<br>본체+이어(2,100+542) | 롱 이어<br>271[$mm^2$]×2 |
| 단위중량 | 5.8[kg/m] | 5.6[kg/m] | |
| 허용응력 | 16[kg · f/$mm^2$] | 11[kg · f/$mm^2$] | |
| 전차선 지지방식 | R-bar 직접 지지 | 롱 이어 부착 지지 | |

| 구 분 | R-bar | T-bar | 비 고 |
|---|---|---|---|
| 구 조 | 간단하다 | 복잡하다<br>-롱 이어 부착지지<br>250[mm]마다 볼트 조임 | |
| 강체 지지간격 | 10[m] | 5[m] | |
| 강체연결 | 10[m]마다 특수판 연결 | 10[m]마다 아르곤 용접<br>연결 | |
| 평행개소 | 평균 400[m]마다 설치<br>자동 신축 조절<br>(익스팬션 일레먼트)<br>(최대 500[m]) | 평균 200[m]마다 설치<br>(최대 250[m]) | 1구간 |
| 전차선 가선 방법 | 자동 가선<br>(1일 15[km]) | 수동 가선<br>(1일 5[km]) | |
| 곡선 반지름에 따른<br>강체 구부리기 | 자동 굴곡<br>$R=120$[m]까지 | 특수 공구 사용 굴곡 | |
| 허용속도 | 160[km/h] | 80[km/h] | |
| 비 고 | 유지 보수, 시공이 쉽다 | | |

강체 전차선로의 단점은 팬터그래프가 강체 전차선에 습동하여 운행될 때 이에 대한 추종성(追從性)이 없어 집전특성이 나쁘기 때문에 전기차 운행속도에 한계가 있으며, 유연한 가요성이 없으므로 상대적으로 전차선의 마모가 많게 된다. 특히 요철부분에 국부적인 아크로 인하여 특정개소의 마모가 심하고 팬터그래프 습판의 손상이 많다.

강체 전차선의 조가방식에는 대표적으로 직류 강체전차선로의 T-bar 방식과 교류 강체전차선로의 R-bar 방식이 있다.

## 6.1 직류 강체방식(T-bar)

### 6.1.1 급전선(Feeder Line)

직류 강체방식에서는 별도로 급전선을 가설하지 않는다. 그러나 변전소에서 강체 전차선까지 급전케이블을 포설하여 이를 터널 천장에 지지한 후 애자로 절연하고 AL T-bar의 T형 슬리브에 의하여 아르곤 가스용접을 하여 접속한다. 또한, 강체 전차선이 끝나는 터널입구의 지상부 전차선과 교차되는 곳, 지상의 급전선이 터널로 인입되는 곳에 견고한 지지장치를 하여 AL T-bar에 접속하게 된다.

급전선에는 전차선에 전압강하가 되지 않는 충분한 용량을 가진 정급전선을 시설하고 주행 레일을 전기회로로 하여 변전소와 귀선을 구성하는 부급전선으로 나누어진다.

### (1) 정급전선(positive feeder line)

변전소에서 전차선까지 급전케이블을 써서 트라후 내에 수납하거나 터널 구조물을 따라서 포설될 경우는 750[mm] 간격으로 목재 클리트로 지지하여 시설한다. 초기의 급전선은 PN케이블 500[$mm^2$]를 사용하였으나 최근에는 CV 케이블 400[$mm^2$]×2조를 사용하고 있다.

### (2) 부급전선(negative feeder line)

부급전선은 주행 레일 임피던스본드의 중성선 단자로부터 변전소 부극(−) 단로기 2차측 단자까지를 말하며, 그 시설은 클리트로 지지하여 트로프내에 수납되어 변전소로 인입된다. 케이블의 사용은 IV 전선 500[$mm^2$]를 쓰고 단궤조 방식의 기지구내에는 레일에서 바로 접속하여 변전소로 인입된다.

이 부급전선의 시설은 전기회로를 구성하고 있지만 전식(電蝕)방지를 위해서도 쓰여지고 있다.

## 6.1.2 강체 전차선(Rigid Bar Trolley Wire)

강체 전차선은 전차선을 별도로 가선하는 것이 아니고 T-bar에 밀착시켜 일체가 되게 하고 매립전에 절연체를 넣어서 지지물에 의하여 지지하고 절연애자로서 강체와 구조물을 절연시켜 직류 1,500[V]의 전력을 전기차에 공급하는 방식이다. 강체 전차선은 전차선, T형제, 롱이어, 절연매입전(節煙埋立栓), 지지금구(支持金構), 애자(碍子)로 구성되어 있다.

### (1) 전차선

강체 전차선의 전차선은 T-bar와 밀착되어 고정되므로 원형의 전차선으로는 밀착되는 단면이 적고 유연성이 없으므로 초기에 팬터그래프의 습동면적이 적으면 집전특성이 저하되므로 일반 가공 전차선에 주로 사용하는 홈붙이 원형이 아닌 홈붙이 제형의 전차선을 사용한다.

또한 전차선의 전선은 팬터그래프의 습판보다 재질이 강해야 하므로 연동(軟銅)을 사용하지 않고 경동(硬銅)을 사용하여 롱이어의 끝 부분이 전차선을 잘 집어올릴 수 있도록 만든 홈붙이 제형경동선을 사용한다.

표 6.2 전차선의 기계적 성질

| 공칭 단면적 [$mm^2$] | 인장 강도[N] | 신장율[%] 250[mm]마다 |
|---|---|---|
| 110 | 38,220 이상 | 3.0 이상 |
| 170 | 57,820 | 3.4 이상 |

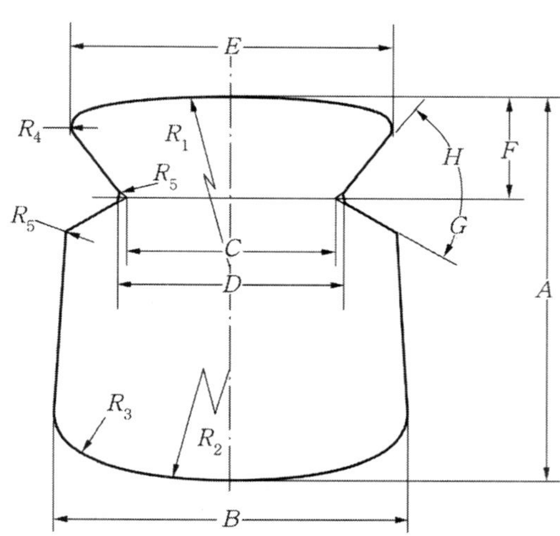


| 공 칭 단면적 [$mm^2$] | $A$ [mm] | $B$ [mm] | $C$ [mm] | $D$ [mm] | $E$ [mm] | $F$ [mm] | $R_1$ [mm] | $R_2$ [mm] | $R_3$ [mm] | $R_4$ [mm] | $R_5$ [mm] | $G$ [°] | $H$ [°] | WT [kg/m] |
|---|---|---|---|---|---|---|---|---|---|---|---|---|---|---|
| (제형) 110 | 11.7 | 10.9 | 6.85 | 7.27 | 9.6 | 3.0 | 30 | 20 | 2.5 | 0.75 | 0.38 | 27 | 51 | 0.9877 |
| (제형) 170 | 14.8 | 13.0 | 6.85 | 7.27 | 9.6 | 3.0 | 30 | 35 | 2.5 | 0.70 | 0.38 | 27 | 51 | 1.511 |

▶그림 6.1◀ 홈붙이 제형 전차선

### (2) T형제(AL T-bar)

커티너리 가선방식의 급전선과 조가선을 합친 역할을 하는 것으로 T자형의 알루미늄 합금제로 되어 있으며, 단면적은 2,100[$mm^2$]이고 애자에 달려 있는 누름금구에 의해 지지된다.

AL T-bar는 1개의 길이가 10[m]이며 중량은 1[m]당 5.6[kg]을 표준으로 하고, 아르곤 가스용접으로 접속하여 강체 전차선의 주체를 이루게 된다. 접속용접할 때는 휨이나 비틀림이 생기지 않도록 공구를 사용하여 정교하게 시공을 하여야 한다.

커티너리 전차선의 경우에는 전차선을 조정하는 자동장력조정장치가 있고 당김금구

에 의하여 수시로 편위 조정이 가능하지만 AL T-bar는 설치 후 길이의 조정이 불가능하므로 공정관리를 완전하게 하지 않으면 안된다.

T-bar는 전차선을 1개만 취부하는 단선식과 2개를 취부하는 복선식이 있지만 주로 단선식을 사용하고 있다.

T-bar는 롱이어를 붙여서 전차선이 밀착되도록 경사로 이루어진 붙임쇠가 있어 T-bar에 전차선을 취부하여 롱이어 볼트를 조이면 완전한 밀착이 되도록 만들어져 있다. 또한, T-bar는 250[mm]마다 11[mm]의 롱이어 볼트 구멍이 있고 폭은 120[mm] 이다.

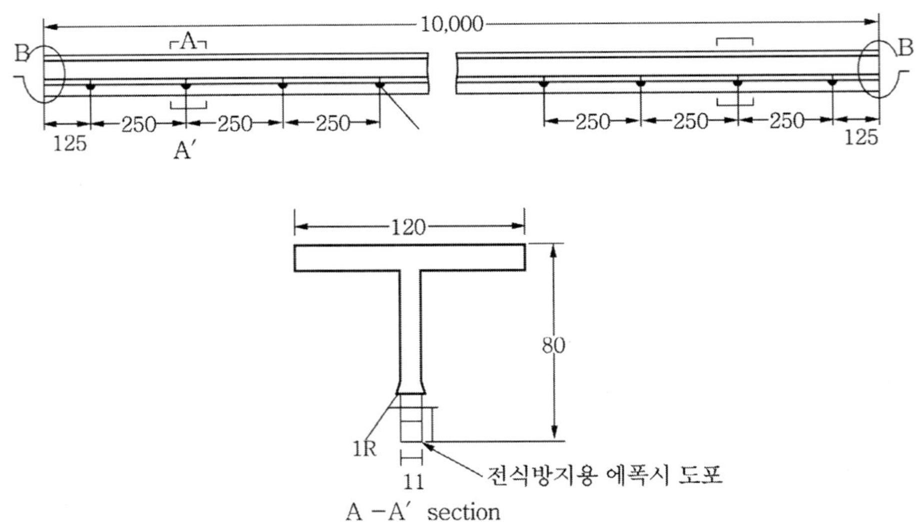


▶그림 6.2◀ AL T-bar

### (3) 롱이어(long ear)

롱이어는 전차선을 T-bar에 잘 밀착시키면서 연속적으로 고정시키는 연결금구이다. 이것은 2개 1조로 되어 있고 롱이어, 볼트, 너트, 스프링 와셔, 평 와셔 등으로 구성되어 있으며 T-bar와 전차선을 일체화시켜서 복합도체로서의 강체전차선을 구성하게 한다.

롱이어는 AL T-bar에 전차선을 완전히 밀착시켜 전기적으로 저항이 적고 열에 의한 신축률이 적으며 T-bar와 다른 금속을 사용할 경우 이(異)금속간의 부식이 발생되므로 그 화학성분과 재질이 AL T-bar와 동일한 것으로 사용한다.

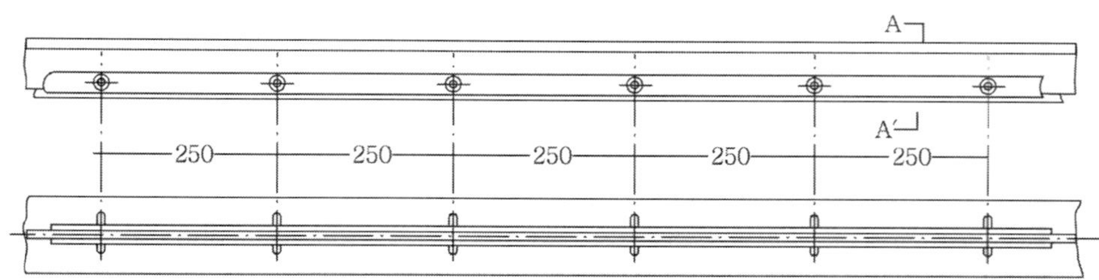


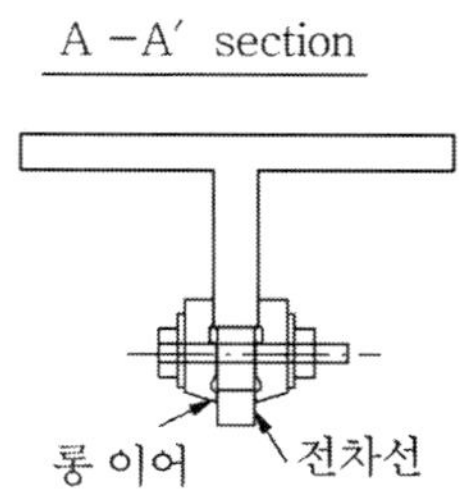


▶그림 6.3◀ 롱이어

**표 6.3 롱이어의 화학 성분**

| Cu | Si | Fe | Mn | Mg | Cr | Ti | Al |
|---|---|---|---|---|---|---|---|
| 0.01 이하 | 0.40 이하 | 0.40 이하 | 0.3~1.0 | 4.0~4.9 | 0.05 이하 | 0.15 이하 | 나머지 |

**표 6.4 롱이어의 기계적 성질**

| 인장 시험 | | |
|---|---|---|
| 인장 강도 [kg/cm$^2$] | 내력 [kg/cm$^2$] | 신율[%] |
| 28 이상 | 11 이상 | 1.2 이상 |

## (4) 절연매립전(節煙埋立栓)

전차선을 구조물에 지지하는 가장 근간이 되는 부품으로 레일 중앙점에 콘크리트 구조물을 타설할 때 설치되는 것이다.

그림 6.4에서 매입전의 너트 외부를 수지로서 절연물을 형성하고 스프링으로 연결하여 2개가 1조를 이루고 2조를 설치한다. 처음에는 볼트를 삽입하기 전 나비형 볼트를 끼어서 이물질이 들어가지 않도록 한 후 전차선을 설치할 때 매입전 볼트로 교체하여 삽입한 후 지지금구를 설치한다.

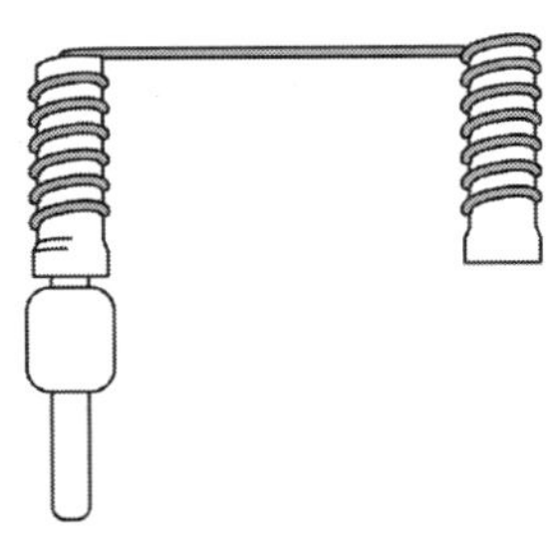

▶그림 6.4◀ 매입전 형상

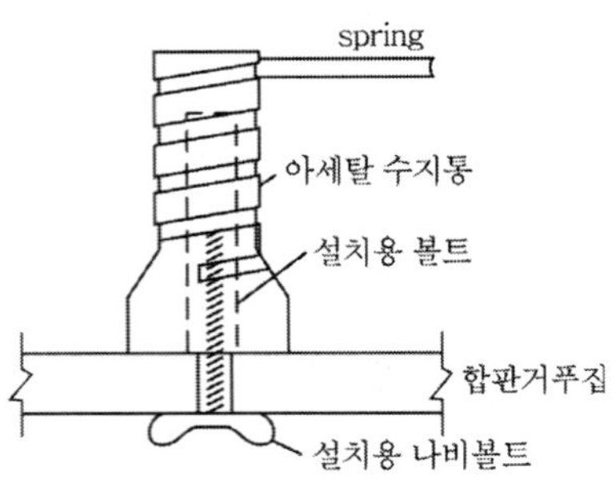


▶그림 6.5◀ 매입전의 각부 명칭

### (5) 지지금구

매입전 볼트와 애자를 연결하는 것으로 강체 전차선을 일정한 높이로 유지하고 열차 운행시 진동이나 탈락 또는 변형되지 않도록 지지해 주는 것이다.

주요 자재는 기본앵글과 지지앵글로 구성되며 이들을 조합하여 볼트 너트로 조립하게 되며 기본앵글에 100[mm] 간격으로 구멍을 내서 전차선의 좌우 편위를 조정할 수 있도록 되어 있다.

전차선의 높이가 4,750[mm]가 되도록 지지금구를 설치하여야 되며 이것은 강체 전차선의 시공의 기본이 되는 중요한 공정이다.

### (6) 애자(Insulator)

전차선을 구조물과 절연하여 전기차를 안전하게 운행하게 하며 T-bar를 붙들어 주는 역할을 하는 것으로 250[mm] 애자를 사용하며 백색 자기부와 갭, 베이스로 구성되고 T-bar를 붙들고 있는 누름금구와 이들을 접속하는 볼트 너트, 분할 핀으로 되어 있다.

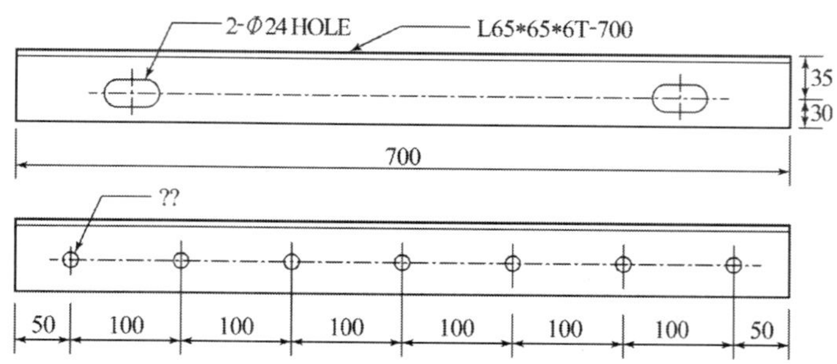


▶그림 6.6◀ 지지금구의 사양

표 6.5 지지애자(250[mm]) 성능

| 건조섬락전압 | 60[kV] | 과전압 파괴하중 | 500[kg] |
|---|---|---|---|
| 주수섬락전압 | 30[kV] | 누설거리 | 290[mm] |
| 50[%] 충격섬락전압 | 100[kV] | 상용 주파수 유중파괴전압 | 140[kV] |

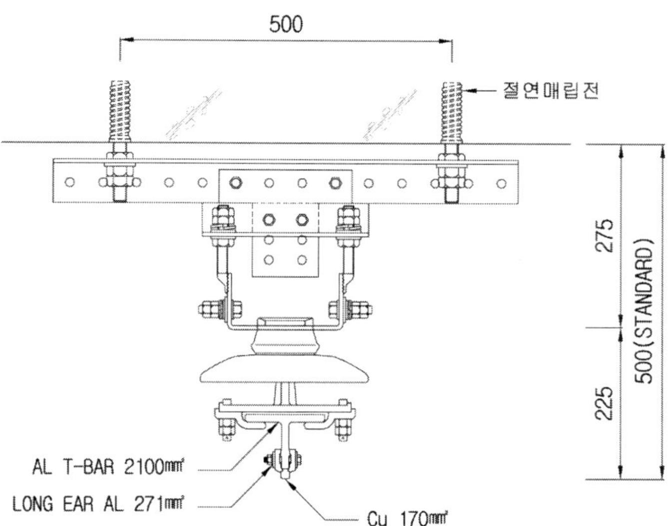


▶그림 6.7◀ T-bar의 설치 단면도

### 6.1.3 익스팬션조인트(Expansion Joint)

전차선의 접속은 직선접속을 할 경우 접합부분에 흠이 생기거나 온도신축으로 굴곡 또는 사이가 벌어지면 팬터그래프가 파손되어 열차운행에 지장을 주게 된다. 강체 전차선은 그 단면이 2,100[mm$^2$]나 되는 부피가 큰 알루미늄합금을 시설하는 관계로 온도에 따라서 늘어나고 줄어들게 되면 신축의 길이가 크게 되므로 이를 흡수하기 위하여 200[m]를 표준으로 한 경간씩 시설한다.

이때에 접합부분을 그림에서와 같이 편위 0(zero) 위치에 병렬로 겹쳐서 시공하고 전류용량을 고려하여 점퍼선을 가요연선 200[mm$^2$] 4조로써 접속하고 엔드 어프로치를 가공하여 설치한다.

익스팬션조인트 부분은 판타그래프가 습동할 때 충격을 받지 않도록 설치하여야 하고 이들 T-bar의 상호 간격은 200[mm]를 표준으로 하고 있으며, 같은 높이로 함께 습동되는 길이는 200[mm] 이상이 되도록 시공하여야 한다.

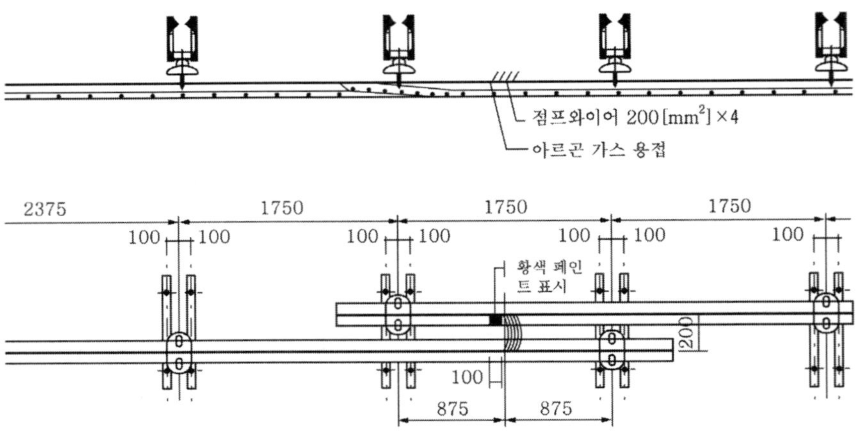


▶그림 6.8◀ 익스팬션조인트의 구조

### 6.1.4 에어섹션(Air Section)

강체 전차선의 구분장치는 익스팬션조인트와 같이 0편위에 설치되며 다른 점은 점퍼선이 없고 전차선 상호간격이 250[mm]로서 전기적으로 구분된다. 이 장치는 사고 발생시나 복구작업시 정전구간을 짧게 하거나 변전소의 급전구분 지점, 건넘선, 유치선 등에 설치하여 급전구분을 목적으로 설치한다.

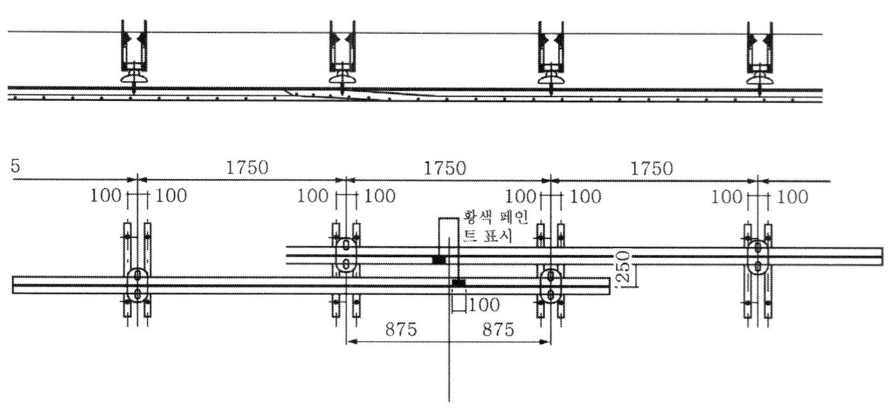


▶그림 6.9◀ 에어섹션

변전소로부터 급전된 인출구에 가장 가까운 위치에 시설하며, 특히 전동차가 상시 정차하는 구역은 피하여 설치한다.

급전케이블이 접속되는 곳은 T형 슬리브에 의해 아르곤 가스용접으로 시공한다.

## 6.1.5 흐름방지장치(Anchoring)

강체 전차선은 앞에서 설명한 바와 같이 한 스팬을 200[m]로 하고 T-bar는 애자의 누름금구에 의해 지지되지만, 전기차가 일정한 방향으로 진행하게 되면 그 방향으로 전차선이 이동하게 된다. 이러한 이동을 방지하기 위하여 그 경간 중앙의 최대 편위지점에 흐름을 저지하는 장치를 흐름방지장치라고 한다.

흐름방지장치에는 터널 내에 설치하는 마름모꼴 흐름방지장치(rhombus anchoring)와 역 승강장에 미관을 고려하여 설치하는 특수 흐름방지장치(special anchoring)의 두 종류가 있다.

흐름방지장치는 Al-T-bar 지지점 중앙에 T-bar를 고정시키기 위한 Plate를 취부하고 T-bar와 중앙 천정에 지지용 앵커볼트를 설치 Angle과 Plate로 고정하는 구조로 애자 사이에 Rod 및 턴버클을 이용하여 선로 방향의 장력변화를 조정할 수 있도록 되어 있다.

시공시 주의할 점은 현수애자와 팬터그래프간의 이격거리를 충분히 하여 접촉되지 않도록 하여야 하며 흐름방지장치 개소에 굴곡이 되어 팬터그래프 통과할 때 아크가 발생되지 않도록 하여야 한다.

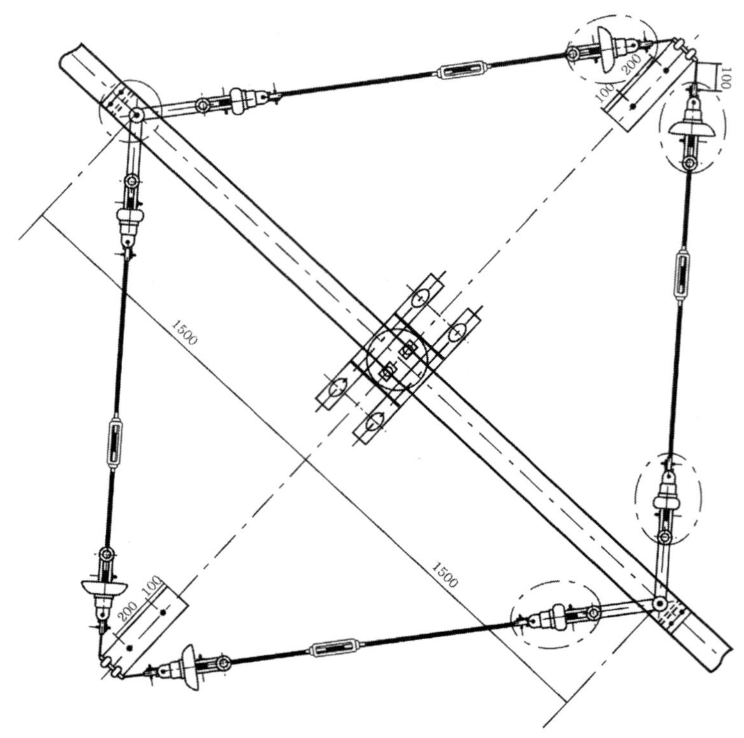


▶그림 6.10◀ 마름모꼴(롬버스) 흐름방지장치 구조

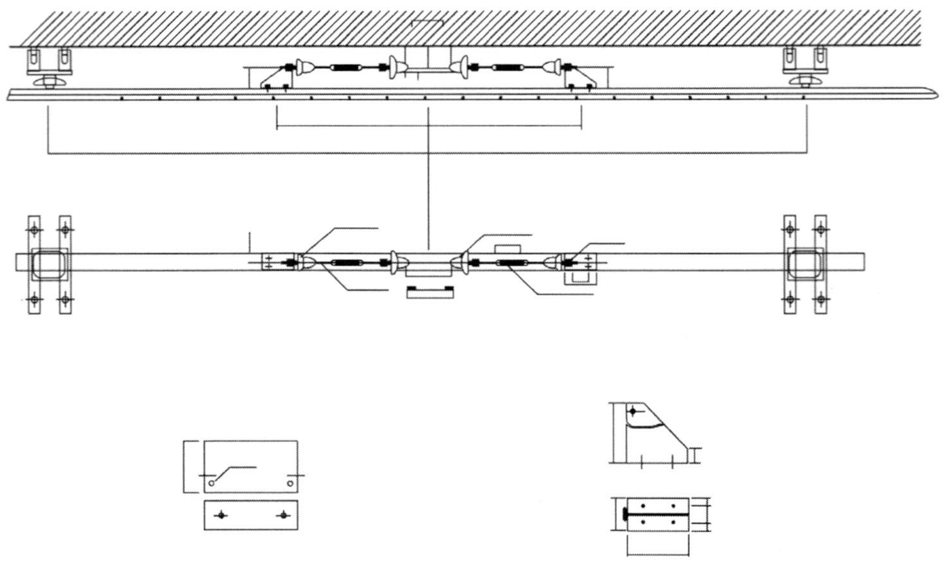

▶그림 6.11◀ 특수(스페셜) 흐름방지장치 구조

## 6.1.6 건넘선 장치(overhead cross)

건넘선 장치는 본선에서 다른 본선으로 또는 시단역(始端驛)의 되돌아오는 선 등의 전기차의 진행방향을 바꾸는 개소에 설치하여 팬터그래프가 원활하게 건너갈 수 있도록 시설하는 전차선 장치를 말한다.

건넘선의 종류에는 교차건넘선(diamond cross over), I형 건넘선(I-형 cross over), Y 건넘선(Y-형 cross over)이 있다.

교차 건넘선의 분기 선단에는 엔드 어프로치하여 설치하고 점퍼선 200[$mm^2$] 1조를 아르곤 가스용접하여 전기적으로 접속하고 에어섹션 개소는 그 길이가 5[m]이며 T-bar의 간격은 250[mm]이다. I형 건넘선과 Y건넘선의 분기 선단에는 엔드 어프로치하여 설치하되 분기선이 본선의 전차선보다 10[mm] 높게 시설한다.

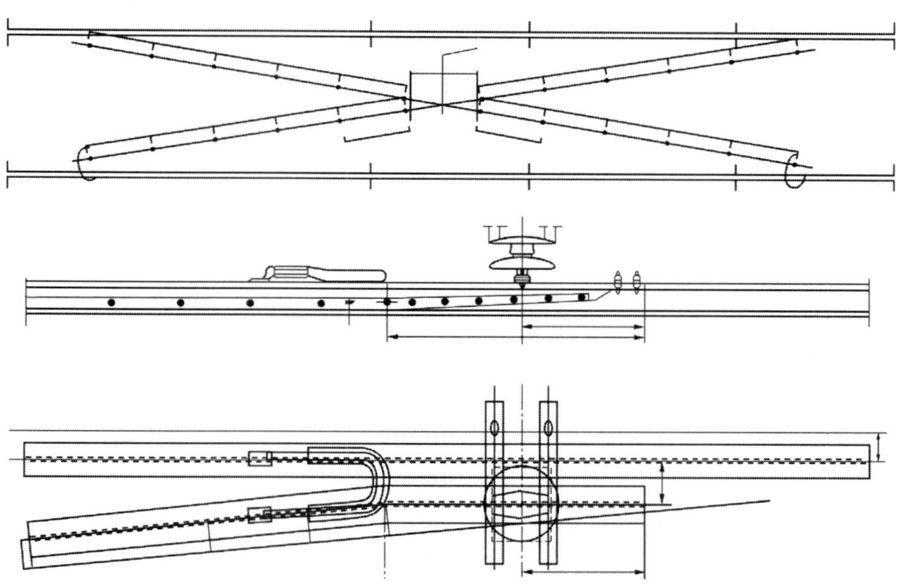

▶그림 6.12◀ 건넘선의 구조도

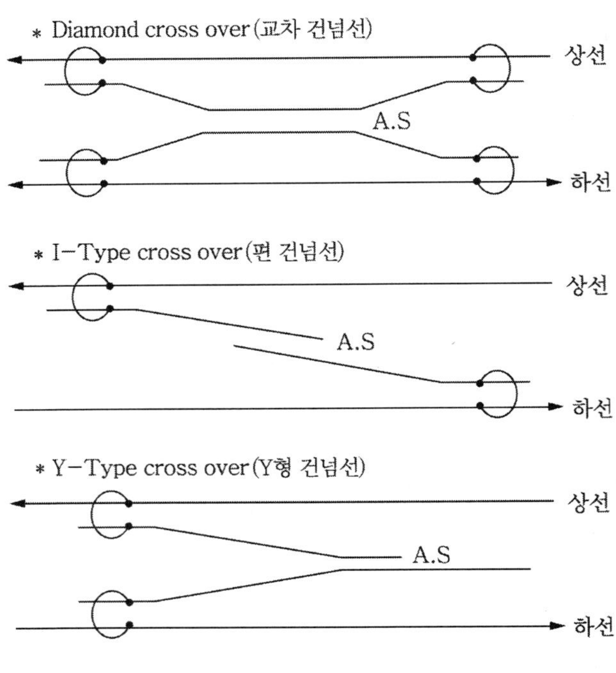


▶그림 6.13◀ 건넘선의 단선도

## 6.1.7 지상부 이행장치(이행구간)

지상부의 가공 전차선이 터널 내로 들어와 강체 전차선으로 바뀌어지는 부분에 전기차의 팬터그래프가 자연스럽게 옮겨지면서 원활하게 운행할 수 있도록 하는 장치이다. 이때의 지상부 전차선은 트윈 심플 커티너리 가선방식으로 시설하고 병행 습동 후에 터널 상부에 인류되게 한다.

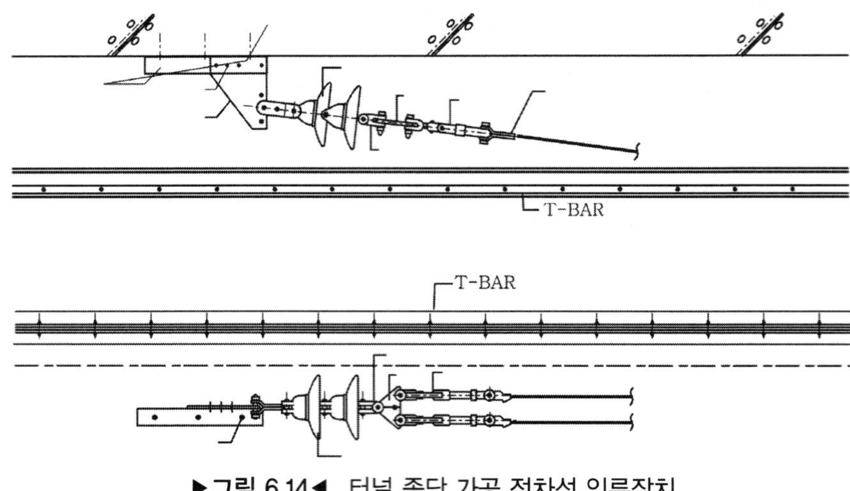


▶그림 6.14◀ 터널 종단 가공 전차선 인류장치

강체와 가공 전차선이 병설될 경우에는 팬터그래프의 압상력이 고려되어야 하므로 강체의 시단(始端)에는 엔드 어프로치하여 설치하고 강체의 지지금구는 터널 내의 것과는 다르게 800형의 금구를 사용하여 강체와 가공 전차선의 현수애자를 동시에 지지해 주는 것을 사용한다.

강체전차선로의 처음 시작부분은 커티너리 전차선의 전차선 압상량을 고려하여 100[mm] 높게 취부한다.

터널 내의 가공 전차선의 높이와 인류장치 길이는 다음 그림에 의해 산출할 수 있으며 이것을 DL 곡선도를 이용하여 쉽게 구할 수 있다.

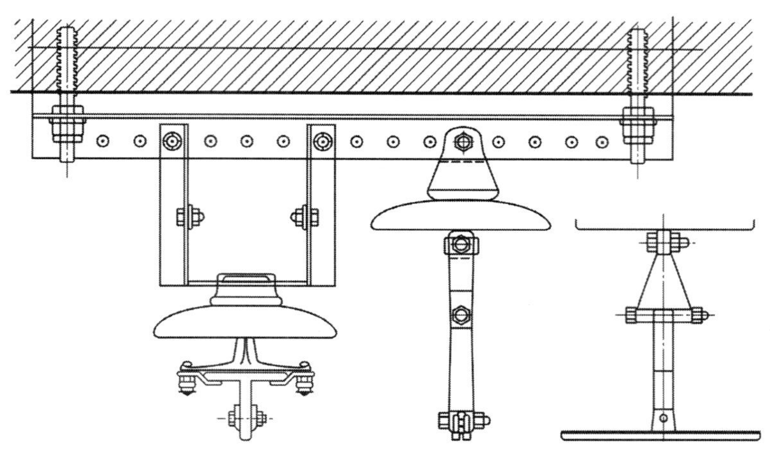

▶그림 6.15◀ 800형 지지금구 애자 설치도

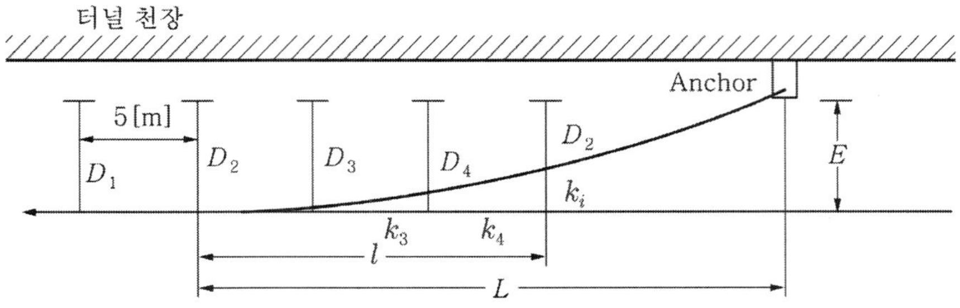


$W$: 0.9877×2=1.9754[kg/m]　　$E$ : 350[mm]　　$D_i : E - k_i$

$T$ : 2[ton] = 2,000[kg]　　$k_i : \frac{W}{2T} l^2$

▶그림 6.16◀ 가공 전차선 인류 길이 산정

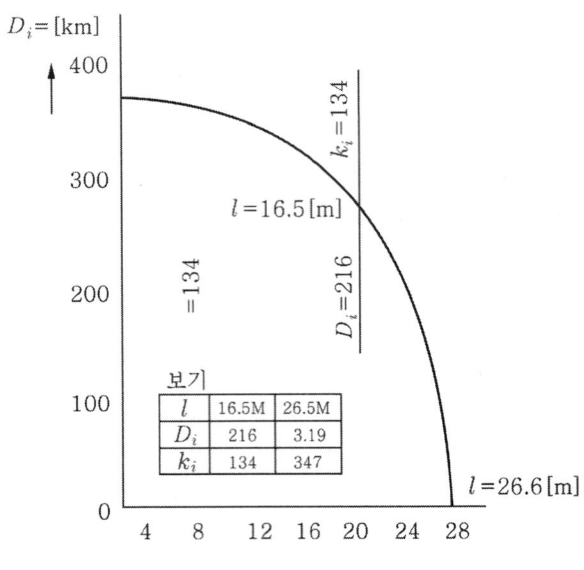


▶그림 6.17◀ DL 곡선도

## 6.2 교류강체방식(R-bar)

R-bar는 T-bar에 비하여 지지점 간격이 2배(10[m])이고 본체의 구조가 별도의 이어가 필요 없도록 되어 있으며, 가선 도르래를 이용하여 전차선을 쉽게 가선할 수 있어 시공이 간단하다. T-bar에서 어려운 공정인 아르곤용접이 필요없이 연결금구로 쉽게 접속이 가능하다. 또한, 곡선개소에서 $R=120$까지 T-bar와 같은 특수공구가 필요없이 레일과 같이 자동으로 휘어지므로 궤도부설 전이라도 설치할 수 있어 공기를 단축할 수 있는 장점이 있다.

### 6.2.1 급전선(Feeder Line)

급전방식의 커티너리방식은 AT 급전방식과 동일하며 급전선은 당초 66[kV] CV 케이블을 사용코자 하였으나 건설비가 고가이고 쥐의 피해 및 접속개소, 케이블헤드 장애가 발생시 복구에 장시간이 소요되므로 현수 클램프를 취부한 NSP-50(실리콘제) 지지애자를 개발 Cu-OC 200[mm$^2$] 전선으로 시공한다.

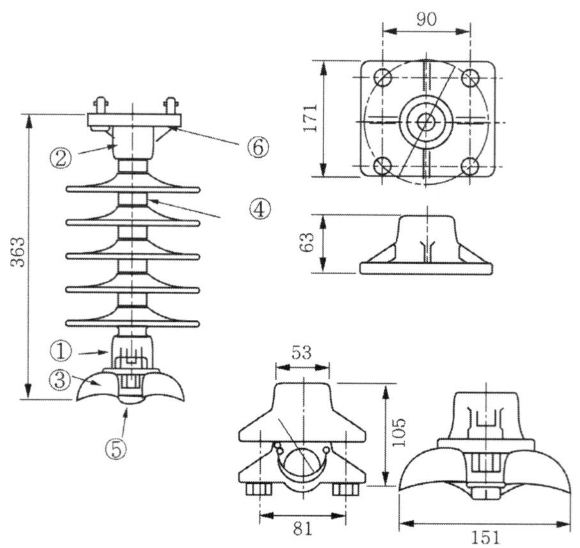


▶그림 6.18◀ 급전선용 지지애자(NSP-50)

## 6.2.2 비절연보호선(FPW)

강체 전차선로 구간의 단권변압기방식의 급전계통의 보호선은 비절연보호방식을 사용하고 있다. 이 방식은 섬락보호를 위하여 철제, 지지물을 연결하여 귀선 레일에 접속하는 방식으로 대지에 대하여 절연하지 않는 방식이다.

보호선의 가선은 그림 5.21의 섀클(shackle)을 가진 이중 접지케이블 클립으로 R-bar 브래킷에 장착하여 경동연선 75[mm]×2조를 설치하고 있다.

## 6.2.3 강체 전차선

강체 전차선은 전차선을 조가하는 조가선이 없는 대신에 강체(리지드바)에 전차선을 끼워 가선하는 것을 말하며 컨덕터 레일이라고도 한다.

이것은 전기차의 팬터그래프가 평균 6[kg/cm$^3$]의 압상력으로 주행 집전하는 전차선을 별도의 금구를 사용하지 않고 R-bar의 구조 특성을 이용하여 일정한 압력으로 고정한 것으로 가선 도르래를 이용하여 연속적으로 가선이 가능하다.

R-bar는 알루미늄제를 사용하며 알루미늄과 전차선의 사이에는 이종금속에 의한 부식 방지를 위하여 설치 과정에서 구리스펌프에 연결되어 있는 슬리이브를 통해 구리스가 도

포된다. 이 구리스는 부식방지 효과를 지니고 있으며, 카본 성분으로 인해 알루미늄과 구리 사이의 전류 흐름도 원활히 해 준다.

### (1) 강체 전차선의 구성

강체 전차선은 기본적으로 전차선(trolley wire), R-bar, 연결금구(interlocking joint) 등으로 구성되어 있다.

#### 1) 전차선(trolley wire)

강체 전차선에 있어서 전차선은 홈붙이 원형 또는 제형 110[mm$^2$]을 주로 많이 사용하고 있다.

전차선의 단면은 마모로 인해 70[%]까지 정격수 값이 감소할 수 있으나 컨덕터 레일에서는 거의 인장력을 받지 않으므로 손상의 위험이 없이 30[%]까지 마모되어도 사용이 가능하다.

표 6.6 전차선(110[mm$^2$])의 기계적 성질

| | | |
|---|---|---|
| 공칭 단면적 | $A_c$ | 110[mm$^2$] |
| 단 위 중 량 | $g_c$ | 9.69[N/m] |
| 탄 성 계 수 | $E_c$ | 127500[N/mm$^2$] |
| 선팽창 계수 | $\alpha_c$ | $1.73 \times 10^{-5}$[1/℃] |

#### 2) R-bar(rigid-bar)

공간이 불충분한 터널이나 복잡한 지하철에서 컨덕트 레일은 좁은 공간의 활용 및 안정성에서 많은 유용성을 가지고 있다. 전차선과 R-bar는 컨덕트 레일을 재래식 시스템보다 손상에 더욱 강하게 만들어서 어떠한 인장력에도 영향을 받지 않는 방법으로 설치되어 있다. 박스 모양의 알루미늄 R-bar는 자체의 무게에도 견고성을 유지할 수 있도록 되어 있다.

지하구간에서 커티너리 전차선과 조가선을 합친 역할을 하는 것으로 전차선을 R-bar의 취부구에 삽입하는데 별도의 기계(installation device)로 설치를 한다. R-bar의 단면적은 2,214[mm$^2$]로서 알루미늄합금으로 제작되며, 1개의 길이는 19[m]이고 폭은 85[mm] 이다.

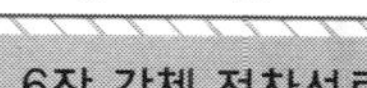



터널입구나 국부적인 습지의 경우에는 R-bar에 부식을 막는 플라스틱 커버를 씌우기도 한다. 이 커버는 10[m] 길이로 공급되며 그 자체가 견고하므로 R-bar의 처짐에는 큰 영향을 미치지 않는다. 커버는 2[mm] 두께의 PVC로 만들어지며 더 짧은 길이로 잘라서 사용할 수 있으며 부가 부품 없이 쉽게 설치할 수 있다.

R-bar는 10[m]로 제작 후 양끝 부분을 지지대 위에 얹어 놓은 상태에서 중앙 부위의 처짐(sag) 상태를 측정하였을 때 처진 정도가 직선을 기준으로 70[mm]를 초과하지 않도록 하고 있다.

**표 6.7** 연결금구의 기계적 성질

| | | |
|---|---|---|
| 공칭단면적 | $A$ | 2,323[$mm^2$] |
| 단위중량 | $g$ | 61.6[N/m] |
| y-y축 관성모멘트 | $I_{y-y}$ | 152[$cm^4$] |
| z-z축 관성모멘트 | $I_{z-z}$ | 23.8[$cm^4$] |
| y-y축 저항모멘트 | $W_{y-y}$ | 33.7[$cm^3$] |
| z-z축 저항모멘트 | $W_{z-z}$ | 15.0[$cm^3$] |
| 탄성계수 | $E_a$ | 69,000[$N/mm^2$] |
| 선팽창계수 | $\alpha_a$ | $24\times10^{-6}$[1/℃] |
| 최대허용장력 | $\sigma$ | 160[$N/mm^2$] |

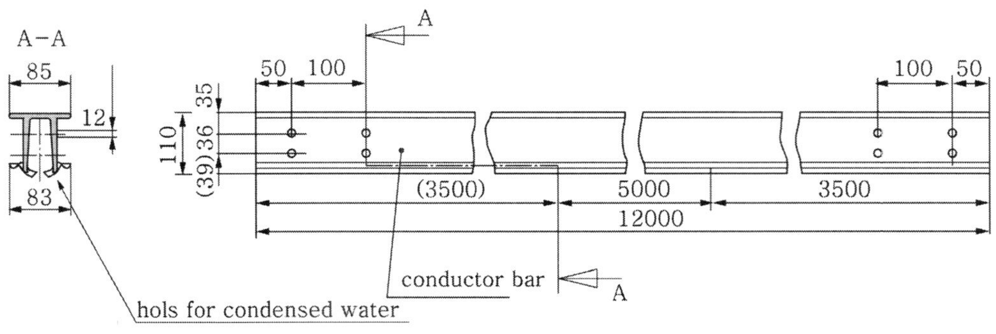


▶그림 6.19◀ R-bar(Rigid-bar)

표 6.8 R-bar의 기계적 성질

| | | |
|---|---|---|
| 공칭단면적 | $A_a$ | 2,214[mm²] |
| 둘레길이 | $U$ | 420[mm] |
| 운전하 중 | $g_a$ | 58.0[N/m] |
| y-y축 관성모멘트(수평) | $I_{y-y}$ | 339[cm⁴] |
| z-z축 관성모멘트(수직) | $I_{z-z}$ | 113[cm⁴] |
| y-y축 저항모멘트 | $W_{y-y}$ | 67.3[cm³] |
| z-z축 저항모멘트 | $W_{z-z}$ | 26.6[cm³] |
| 탄성계수 | $E_a$ | 69,000[N/mm²] |
| 선팽창계수 | $\alpha_a$ | $24\times10^{-6}$[1/℃] |
| 최대허용장력 | $\sigma$ | 160[N/mm²] |

커티너리 전차선의 경우에는 전차선을 조정하는 자동장력조정장치가 있고 당김금구에 의하여 수시로 편위 조정이 가능하지만 R-bar도 T-bar와 같이 설치 후 길이의 조정이 불가능하므로 공정관리를 완전하게 하지 않으면 안된다.

### 3) 연결금구(interlocking joint)

R-bar와 R-bar간을 접속하는 연결금구는 Rigid-bar와 동일한 합금으로 물리적 성질도 동일한 것을 사용한다. 그러나 때로는 전류 접촉면이 실제로 불만족스러운 결과를 야기시킬 수도 있으므로 조인트에는 Rigid-bar의 내측에 걸치기 위한 4개의 리브(직선으로 튀어나온 부분)가 있다. 연결 금구는 2개를 1조로 하여 접속 개소의 R-bar 내부 양측에 집어넣은 다음 외부에서 볼트로 채우는 구조로 되어 있다.

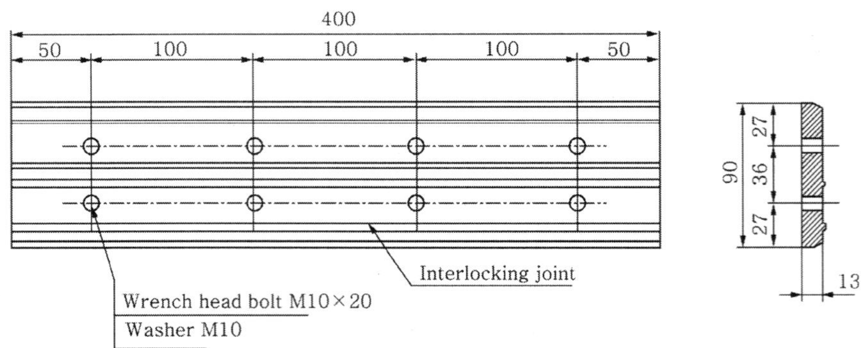


▶그림 6.20◀ 연결금구(Interlocking joint)

## 6.2.4 지지주(Suspension Pole)

지지주는 지하구간의 천장 벽면에 부착하여 브래킷을 지지하는 것이다.

지지주는 H형강(125×125[mm])과 용접판(plate)으로 제작되어 있으며, 지지주의 고정은 일반적으로 M16×240의 앵커볼트 4개를 사용하고 있으며, 고정할 때 지름 18[mm] 구멍을 지닌 케미칼앵커를 사용한다. 경사지거나 벽면의 구멍이 부정확한 모양인 경우를 위하여 볼트와 구멍 사이에 6[mm]의 여유 공간이 있다.

## 6.2.5 R-bar 브래킷(Bracket)

R-bar 브래킷은 지지주에 설치하여 강체 전차선을 지지하는 것이다.

R-bar 브래킷의 일반적인 형태는 그림 6.21과 같으며 특별한 경우, 즉 중성구간(neutral section)에 있어서 다른 형태의 지지주가 사용된다.

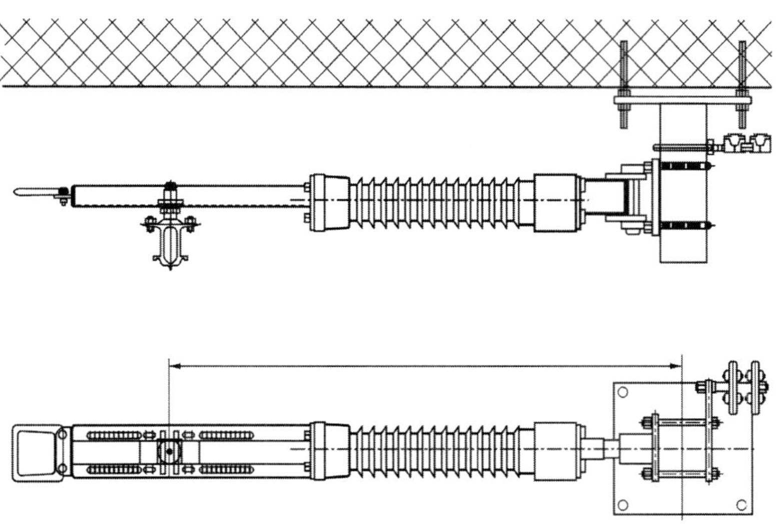

▶그림 6.21◀ R-bar 브래킷

### (1) R-bar 브래킷의 종류

① 가동형

일반적인 지지점에 가장 많이 사용되는 브래킷으로 강체 전차선의 신축에 대응되도록 브래킷이 가동되는 타입이다.

② 고정형

중성 구간에 있어서 강체 전차선의 신축이 불필요한 개소에 고정점으로 사용되는 타입이다.

③ 단축형

에어 갭 등을 따라 설치되며 길이가 짧은 Ahead 브래킷이 사용되는 타입이다.

### (2) 부품의 구성

① 꼬리금구(rear articulated bracket or hinged bracket)

컨덕터 레일의 세로측의 움직임에 대하여 가동될 수 있도록 하기 위한 금구

② 머리금구(ahead bracket or stand off bracket)

편위 조정을 위하여 R-bar의 위치를 변경할 수 있도록 만든 금구

③ 회전금구(swivel head)

컨덕터 레일의 섬세한 높이 조정과 고정을 위한 금구

④ 접지봉 연결금구(clip for earthing rod)

접지봉을 연결하기 위한 금구

⑤ 애자(insulator)

전차선을 구조물과 절연하여 전차를 안전하게 운행하게 하며 R-bar를 붙들어 주는 역할을 하는 것으로 표 6.8의 특성을 지닌다.

표 6.9 지지애자 성능

| 건조 섬락 전압 | 275[kV] | 과전압 파괴 하중 | 500[kg] |
|---|---|---|---|
| 주수 섬락 전압 | 125[kV] | 누설 거리 | 991[mm] |
| 50[%] 충격 섬락 전압 | 100[kV] | 상용 주파수 유중 파괴 전압 | 140[kV] |

### (3) 최대허용하중

브래킷의 치수는 R-bar에 의해 고정점에 대한 최대 하중을 고려한 것이다(표 6.10 참조). 그러나 사실상 대부분의 실제 상황은 훨씬 부담이 덜하다. 가장 취약부분은 애자이며 이는 최대하중이 가해질 때 적어도 3 정도에서 안전요소를 지니고 작동한다.

**표 6.10 최대허용하중**

| 수평 하중 [KN] | 수직하중[KN] | | | | | |
|---|---|---|---|---|---|---|
| | 케이스 A | 케이스 B | 케이스 C | 케이스 D | 케이스 E | 케이스 F |
| 0 | 1.8 | 2.2 | 2.8 | 1.8 | 2.2 | 2.8 |
| 2 | 1.6 | 1.9 | 2.5 | 1.9 | 2.4 | 3.1 |
| 4 | 1.4 | 1.7 | 2.2 | 2.1 | 2.6 | 3.4 |
| 6 | 1.2 | 1.5 | 1.9 | 2.3 | 2.8 | 3.7 |
| 8 | 1.0 | 1.3 | 1.7 | 2.5 | 3.1 | 4.0 |
| 10 | 0.8 | 1.0 | 1.4 | 2.7 | 3.3 | 4.3 |
| 12 | 0.7 | 0.8 | 1.1 | 2.8 | 3.5 | 4.6 |
| 14 | 0.5 | 0.6 | 0.8 | 3.0 | 3.7 | 4.9 |
| 16 | 0.3 | 0.4 | 0.5 | 3.2 | 4.0 | 5.2 |
| 18 | 0.1 | 0.1 | 0.2 | 3.4 | 4.2 | 5.4 |

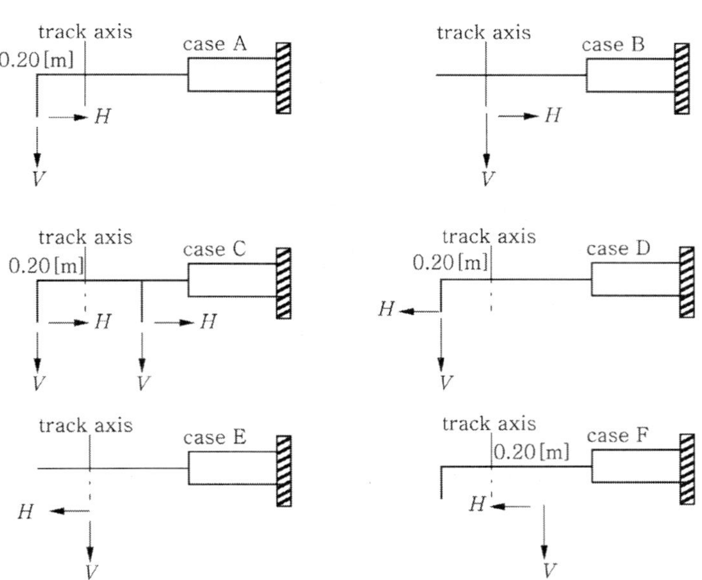


▶그림 6.22◀ 하중의 걸림에 따른 배열도

### 6.2.6 확장장치(expansion device)

전차선 축에 설치되어 있는 확장장치는 긴 R-bar 구간의 온도변화로부터 생기게 되는 리지드바의 팽창을 상쇄시켜 준다. 이러한 장치는 R-bar의 기계적, 전기적 저항이 없이 길이의 유지를 가능하게 한다.

이 장치는 상호 움직이는 두 개의 시팅 콘택트웨어가 설치 되는데 이는 R-bar가 만나는 두 지점에 차례로 조여진다. 이 두 부분은 최대 500[mm]의 상호 이격이 가능하다. 이 장치의 커렌트 브리지는 두 개의 평평한 구리 리본(300[mm])으로 만들어져 있어 가능한 직선구간에 설치하여야 하며 1개의 섹션 길이는 400~600[m]를 기준으로 하고 있다.

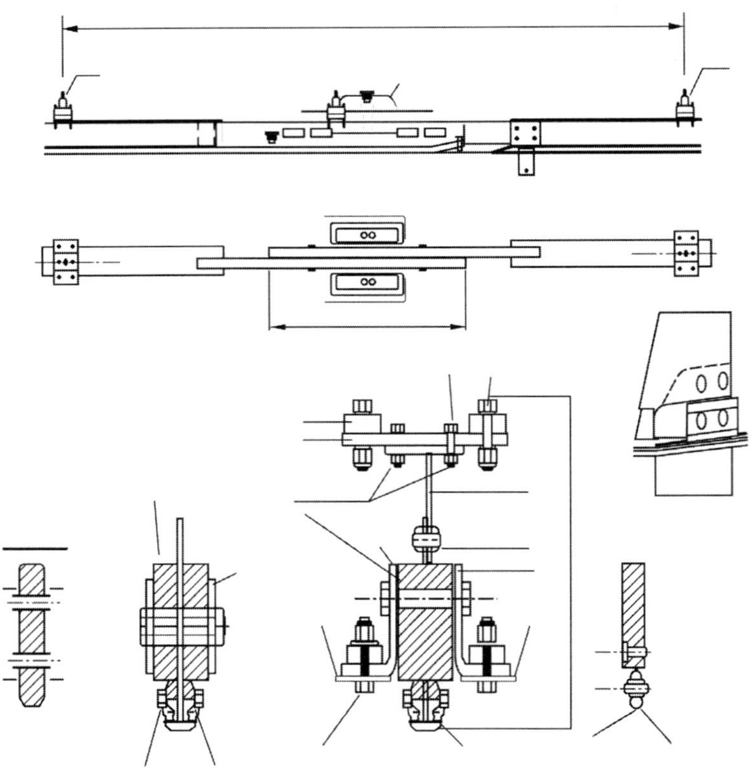

▶그림 6.23◀ 확장장치(expansion device)

### 6.2.7 직접유도장치(direct lead-in device)

가공 전차선구간과 지하 강체 전차선구간의 접속구간을 이행구간이라고 하며 이 구간으로 진입하는 개소에 설치하며 가공 전차선과 강체 전차선의 강도 차이를 점진적으로 같게 하여 직접 전기차의 팬터그래프가 통과할 수 있도록 하는 장치를 직접유도장치라 한다.

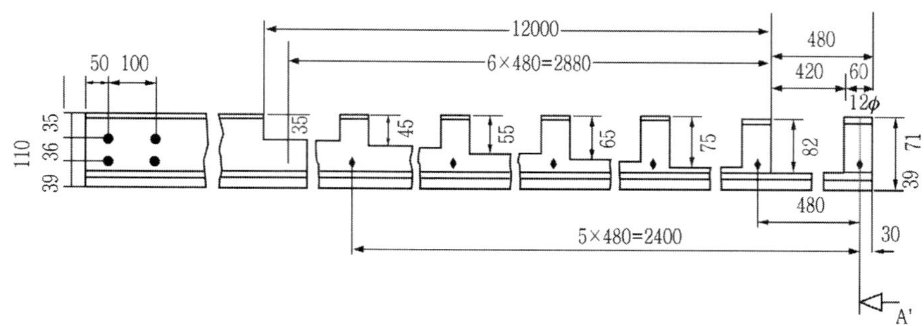


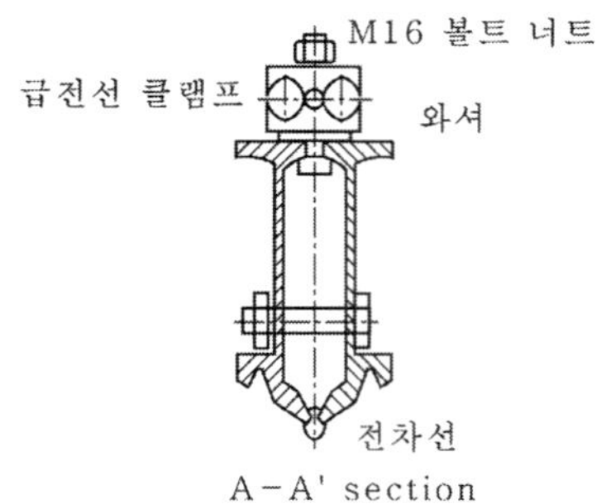


▶그림 6.24◀ 직접유도장치(direct lead-in device)

그림 6.24에서 직접유도장치를 더욱 유연하게 하기 위하여 X-Y축에 의한 관성 모멘트의 약화를 가속시키는 것을 찾아볼 수 있다. 이것은 6개의 요철로 되어 있으며 480[mm] 간격으로 420[mm] 폭으로 파여 있다.

리지드바에 원래의 클램핑 포스를 주기 위해 6개의 추가 M10 나사가 있으며, 이것이 WEB에 압력을 가한다. 리지드바의 요철 부위는 그림 6.25에서와 같이 3.5[m] 길이의 플라스틱 보호커버로 수분의 유입을 방지한다. 이것은 터널입구에 유용하며 비와 습기를 방지하기 위하여 컨덕터 레일의 3번째 서포트까지 설치한다.

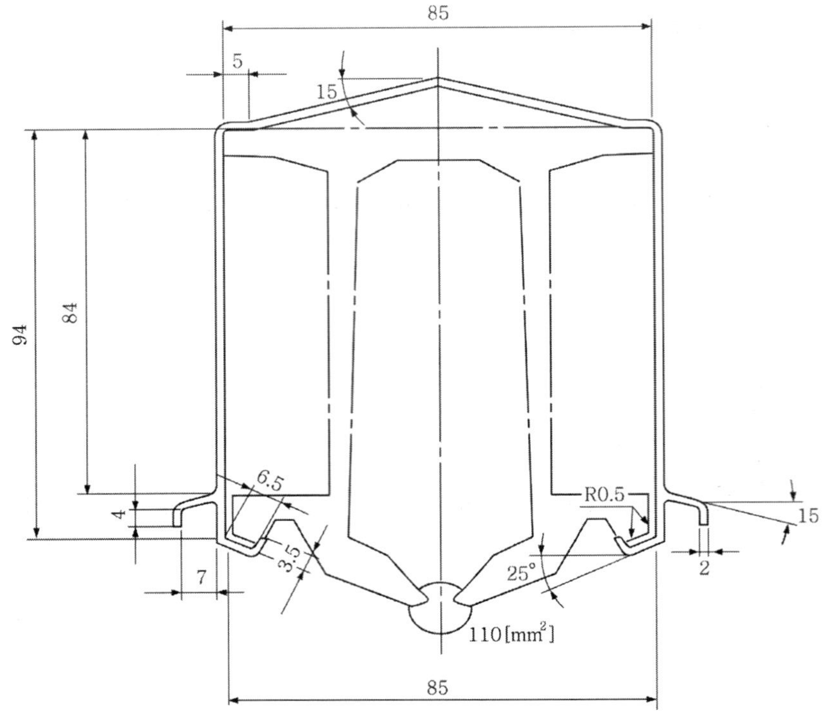


▶그림 6.25◀ 플라스틱 커버(Protecting Cover)

## 6.2.8 구분장치(section device)

강체 전차선의 구분장치는 가공 전차선과 같이 변전소, 구분소 등의 급전 구분지점이나 건넘선, 유치선 등에 설치하여 급전 구분을 목적으로 설치하며 애자형섹션과 에어섹션으로 구분한다.

### (1) 애자형섹션(insulator section)

이 장치는 건넘선이나 유치선 등에 설치하는 것으로 구분 절연체와 두 면의 러너로 구성된 섬유 유리로 만들어져 있다.

러너의 끝 부분은 열차가 통과할 때 발생되는 아크의 적절한 소호를 위하여 혼이 설치되어 있다. 양끝은 장치의 비틀림을 방지하기 위하여 완전하게 일직선상에 설치하여야 한다.

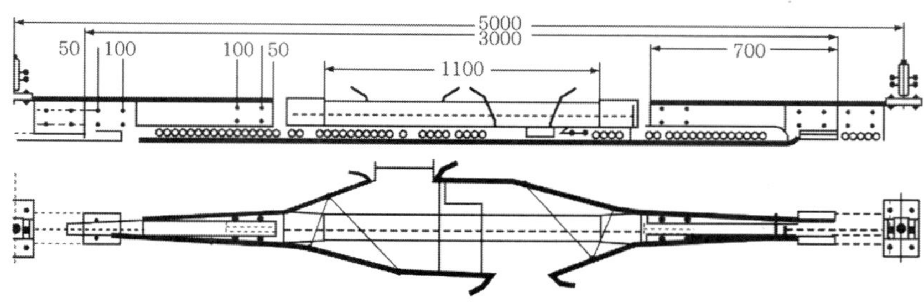


▶그림 6.26◀ 애자형 섹션

### (2) 에어섹션

이 장치는 구분소 등의 급전구분 지점 등에 설치하는 것으로 R-bar를 전기적으로 구분하기 위하여 두 개의 R-bar를 평행하게 가공 전차선로와 같이 300[mm]를 이격하여 설치한다.

평행개소에서 팬터그래프가 R-bar에서 다른 R-bar로 옮겨갈 때보다 나은 집전을 위하여 그림 6.27과 같이 끝 부분을 위로 구부린다.

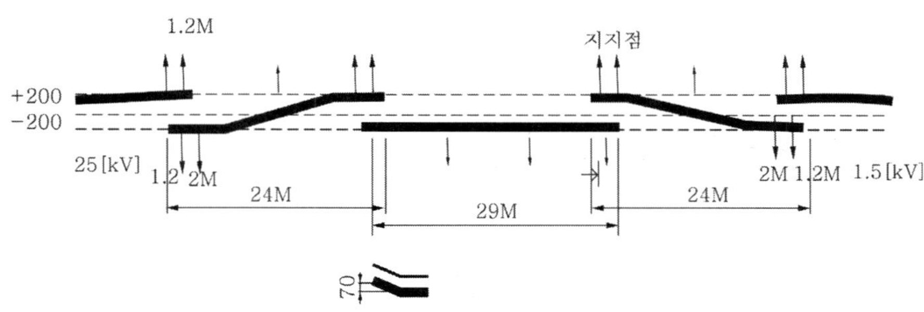


▶그림 6.27◀ 에어섹션

## 6.2.9 고정점(Fixed Point)

강체 전차선의 고정점은 가공 전차선에서의 흐름방지장치와 같은 역할을 하는 것으로 앞에서 설명한 바와 같이 한 섹션을 400~600[m]로 할 때 전기차가 일정한 방향으로 진행하게 되면 그 방향으로 전차선이 이동하게 된다. 이러한 이동을 방지하기 위하여 두 개의 확장장치 사이의 중앙에 흐름을 저지하는 장치를 고정점이라고 한다.

이 장치의 전체적 구조물은 R-bar의 수직하중 7[kN]까지 지지할 수 있다. 고정점은 중간 고정판과 앵커로프, 종단 턴버클, 애자 등으로 구성되어 있다.

### 6.2.10 제한점(end point)

제한점은 가공 전차선의 인류장치와 같은 용도로 사용되는 장치이며, 이것은 R-bar로 들어오는 전차선의 작용을 흡수하는 작용을 한다. 전체적인 구조는 전차선에 대한 최대 강도 1.5[kN]에 견딜 수 있도록 되어 있다.

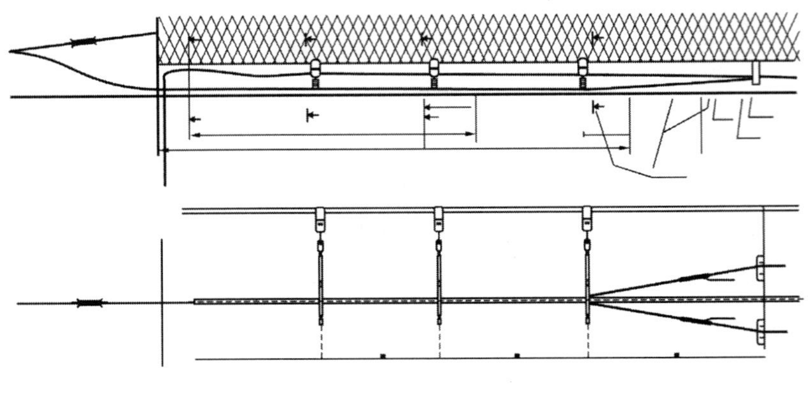

▶그림 6.28◀ 제한점

## 6.3 강체 전차선로의 해석

### 6.3.1 강체 전차선(R-bar)의 통계적 값

단 면 적 $A_{rail} = A_a + A_c$ (6-1)

단 위 중 량 $g_{rail} = g_a + g_c$ (6-2)

선팽창 계수 $\alpha_{rail} = \dfrac{A_c \times E_c \times \alpha_c + A_a \times E_a \times \alpha_a}{A_c \times E_c + A_a \times E_a}$ (6-3)

여기서, $a$ : 알루미늄, $c$ : 구리

따라서 강체 전차선(110[mm$^2$])인 경우

$A_{rail} = 2325[\text{mm}^2]$

$g_{rail} = 67.7[\text{N/m}]$

$\alpha_{rail} = 23.5 \times 10^{-6}[1/℃]$

## 6.3.2 강체 전차선의 최대 이도

양쪽 지지점에서 약 54[cm] 이상부터 강체 전차선에 수직하중이 작용하게 된다. 강체 바와 전차선은 유사한 하중을 수반한다. 이 시스템에서 전차선은 하중에 견디는 기능이 없다고 가정된다. 따라서 지지점 중앙의 이도는 다음과 같이 계산된다.

$$f = \frac{(g_a + g_c) \times a^4 \times 10^5}{384 \times E_a \times I_{y-y}} [\text{mm}] \qquad (6\text{-}4)$$

여기서, $g_a + g_c$ : 특정 경간의 중량[N/m]

$a$ : 경간 [m]

$E_a$ : 탄성계수[N/mm$^2$]

$I_{y-y}$ : $y-y$축의 관성 모멘트[cm$^4$]

**참 고** **강체 전차선 110[mm$^2$]를 사용할 경우**

$g_a + g_c = 67.7$ [N/m]
$E_a = 69000$ [N/mm$^2$]
$I_{y-y} = 339$ [cm$^4$]

경간의 길이 $a$에 대한 지지점 중앙의 이도 $f$는 다음과 같다.

| $a$[m] | 6 | 7 | 8 | 9 | 10 | 11 | 12 |
|---|---|---|---|---|---|---|---|
| $f$[mm] | 1.0 | 1.8 | 3.1 | 4.9 | 7.5 | 11.0 | 15.5 |

## 6.3.3 강체 전차선에 작용하는 힘

앞에서 설명한 바와 같이 강체 전차선의 스태틱시스템을 고려할 때 컨덕트 레일의 무게로 인하여 다음과 같은 장력이 나타난다.

$$\sigma_1 = + \frac{q \times a^2}{12 \times W_{y-y}} [\text{N/mm}^2] \qquad (6\text{-}5)$$

$$\sigma_2 = - \frac{q \times a^2}{12 \times W_{y-y}} [\text{N/mm}^2] \qquad (6\text{-}6)$$

여기서, $q$ : $g_a + g_c$[N/m]

$a$ : 경간[m]

$\sigma_1$ : 지지점에서 작용하는 힘[N/mm$^2$]

$\sigma_2$ : 중간점에서 작용하는 힘[N/mm$^2$]

$W_{y-y}$ : $y-y$축의 저항모멘트[cm$^3$]

**참 고** **강체 전차선 110[mm$^2$]를 사용할 경우**

$q = 67.7$[N/m]

$a = 10$[m]

$W_{y-y} = 67.3$[cm$^3$]

$\sigma_1 = +8.38$[N/mm$^2$]

$\sigma_2 = -4.19$[N/mm$^2$]

특정한 경우에는 이보다 더 큰 수 값이 부가될 수도 있다.

① 구리와 알루미늄은 온도변화에 따라 다르게 영향을 받는다. 편차 $\pm\Delta T$[℃]는 다음 식의 힘$F$의 전개를 유도한다($+\Delta T$와 $-\Delta T$에서 구리에는 장력, 알루미늄에는 압축력이 작용한다).

$$F = \frac{(\alpha_a - \alpha_c) \times \Delta T \times (A_a \times A_c \times E_a \times E_c)}{A_c E_c + A_a E_a}[\text{N}] \qquad (6-7)$$

여기서, $\alpha_a = \dfrac{F}{A_a}$[N/mm$^2$], $\alpha_c = \dfrac{F}{A_c}$[N/mm$^2$]

**참 고** **강체 $\Delta T$=70[℃]에서 장력 증가**

동(110[mm$^2$]) $\alpha_a = 2.7$[N/mm$^2$]

알 루 미 늄 $\alpha_c = 54.9$[N/mm$^2$]

위의 실험은 잦은 온도의 변화에도 강체 전차선 내에서 전차선의 이동이 없음을 나타내 준다.

② 작은 커브 반지름에서 강체 전차선의 구부러짐은 지지점에서의 강제적인 힘과 알루미늄구간 내의 내부장력이 발생된다. 이 두 가지는 지지점간의 반지름과 거리에 영향을

받는다.

ⓐ 지지점 중심에 있는 경우

$$f(\text{이도}) = \frac{a^2}{2 \times r}[\mathrm{m}] \tag{6-8}$$

$$F(\text{굽힘력}) = \frac{6 \times E \times I_{z-z} \times f}{100 \times a^3}[\mathrm{N}] \tag{6-9}$$

$$M_{z-z}(\text{최대 모멘트}) = \frac{F \times a}{2}[\mathrm{N} \cdot \mathrm{m}] \tag{6-10}$$

$$\sigma(\text{합성 장력}) = \frac{M_{z-z}}{W_{z-z}}[\mathrm{N/mm^2}] \tag{6-11}$$

여기서, $r$ : 반지름[m]

$E$ : 탄성계수[N/mm$^2$]

$I_{z-z}$ : $z-z$축 관성모멘트[cm$^4$]

$W_{z-z}$ : $z-z$축 저항모멘트[cm$^3$]

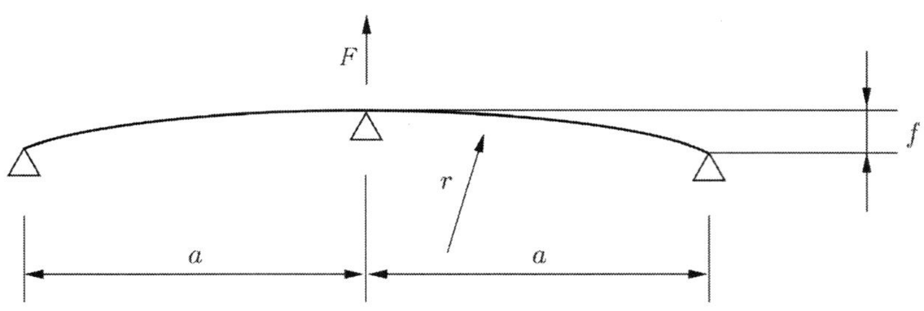


▶그림 6.29◀ 지지점 중심에 있는 경우

ⓑ 지지점 중심에 있지 않은 경우

$$f(\text{이도}) = \frac{a^2}{2 \times r}[\mathrm{m}] \tag{6-12}$$

$$F_1(\text{응력}) = \frac{F_3 \times a}{d}[\mathrm{N}] \tag{6-13}$$

$$F_2(\text{응력}) = \frac{F_3 \times (a+d)}{d}[\mathrm{N}] \tag{6-14}$$

$$F_3(\text{굽힘력}) = \frac{f \times 3 \times E \times I_{z-z}}{100 \times a^2 \times (a+d)}[\mathrm{N}] \tag{6-15}$$

$$M_{z-z}(\text{최대 모멘트}) = F_3 \times a[\text{N} \cdot \text{m}] \tag{6-16}$$

$$\sigma(\text{합성 장력}) = \frac{M_{z-z}}{W_{z-z}} \ [\text{N/mm}^2] \tag{6-17}$$

여기서, $r$ : 반지름[m]

$E$ : 탄성계수[N/mm$^2$]

$I_{z-z}$ : $z-z$축에 의한 관성모멘트[cm$^4$]

$W_{z-z}$ : $z-z$축에 의한 저항모멘트[cm$^3$]

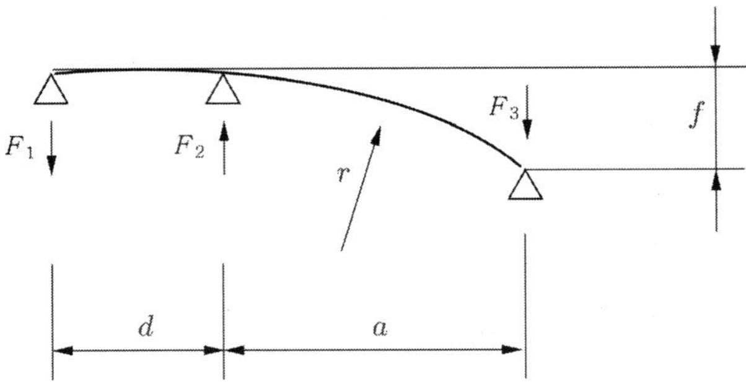


▶그림 6.30◀ 지지점 중심에 있지 않은 경우

③ 축 압력에 지배를 받는 콘덕터 레일의 전 구간은 어떤 하중 아래 지주로서 같은 작용을 하고 있다. 만일 그것이 어떤 한계를 넘어 버리면 흔들리거나 적어도 방해하는 흔들림이 나타난다. 이러한 압력은 고정점에 나타나는 것과 동일한 것이다. 더욱 위험한 구간은 고정점 다음의 첫 9인치 지점이다. 직선구간에 있어서 이론적 안정성 체크는 에러 공식으로 성립될 수 있다. 그 조건은 압력이 안전율에 의해 구획된 제동 힘보다 작다는 것이다.

커브로 강체 전차선이 이미 구부려져 있는 구간에서는 축면 휘어짐은 매우 평이하므로 압력에 대한 더욱 낮은 한계가 예견된다. 이것에 대한 계산과 그 결과는 식 (6–18)과 같다.

$$F < \frac{N_a}{\gamma} \tag{6-18}$$

$$N_a = \frac{\pi^2 \times E \times I_{z-z}}{L_a^2 \times 100}[\text{N}] \tag{6-19}$$

여기서, $F$ : 압축력[N]

$N_a$ : 굽힘력[N]

$\gamma$ : 안전율(정상적인 경우 1.6)

$E$ : 탄성계수[N/mm$^2$]

$I_{z-z}$ : 가장 약한 축의 관성 모멘트[cm$^4$]

$L_a$ : 반발길이[m]

**참 고** **반발 길이가 경간 "a"와 같은 것으로 가정하면**

여기서, $E$ : 69000[N/mm$^2$], $I_{z-z}$ : 113[cm$^4$]

$a$ : 10[m], $L_a$ : 10[m]

$N_a$ : 7695[N]

**표 6.11 조건별 압력 계산표**

| $a=8$[m] | $a=10$[m] | $a=12$[m] | |
|---|---|---|---|
| 5050 | 3200 | 2150 | $R=120$[m] |
| 5800 | 3650 | 2450 | $R=200$[m] |
| 6100 | 3850 | 2600 | $R=300$[m] |
| 6300 | 4000 | 2700 | $R=400$[m] |
| 6400 | 4050 | 2750 | $R=500$[m] |
| 6600 | 4200 | 2800 | $R=1000$[m] |

④ 귀전류를 전도하는 레일과 접지케이블에 의한 인력으로 인해 단락전류가 적은 수값으로 나타날 수 있다. : 최대 수값은 이것의 2배로 나타낼 수 있다.

$$\sigma_1 = 1.67 \times a^2 \times \left(\frac{I^2{}_1}{W_{y-y} \times h_1} + \frac{I^2{}_2}{W_{z-z} \times h_2}\right)[\text{N/mm}^2] \qquad (6-20)$$

$$\sigma_2 = 0.83 \times a^2 \times \left(\frac{I^2{}_1}{W_{y-y} \times h_1} + \frac{I^2{}_2}{W_{z-z} \times h_2}\right)[\text{N/mm}^2] \qquad (6-21)$$

여기서, $a$ : 경간[m]

$I_1$ : R-bar – 레일간의 단락전류[kA]

$I_2$ : R-bar – 접지 케이블간의 단락전류[kA]

$h_1$ : R−bar의 높이[cm]

$h_2$ : R−bar와 접지 케이블간의 간격[cm]

$W_{y-y}$ : $y-y$축의 저항모멘트[cm³]

단상 교류인 경우 이 식에서 힘과 장력의 평균값을 얻을 수 있으며 최대값은 2배 이상이다. R−bar에 작용하는 힘은 매우 작기 때문에 전차선을 잡고 있는 웹은 매우 안전하다.

### 6.3.4 연결금구에 작용하는 힘

전항에서 설명된 공식이 여기에서도 적용되며 2개의 실제 예를 들어 설명하면

#### (1) 강체 전차선에 대한 한계 무게로 인한 최고 변형성

이것은 연결금구가 지주점 가까이에 설치될 경우이다.

$$q = 67.7[\text{m}],\ a = 10[\text{m}]$$

$$W_{y-y} = 33.7[\text{cm}^3]$$

$$\sigma_3 = \frac{67.7 \times 10^2}{12 \times 33.7} = 16.7[\text{N/mm}^2]$$

여기서, $\sigma_3$ : 접속점에 작용하는 힘[N/mm²]

#### (2) 커브 반지름으로 인한 변형

$$r = 120[\text{m}],\ a = 10[\text{m}]$$

$$E = 69000[\text{N/mm}^2]$$

$$I_{z-z}(\text{R}-\text{bar}) = 113[\text{cm}^4]$$

$$W_{z-z}(\text{접속}) = 15.0[\text{cm}^3]$$

$$f = \frac{10^2}{2 \times 120} = 0.42[\text{m}]$$

작용력 $F$는 R−bar의 저항 모멘트의 비율로 계산하고 접속점은 경간 중에 아주 작은 일부분이므로 계산하지 않는다.

$$M_{z-z} = \frac{196 \times 10}{2} = 980[\text{N} \cdot \text{m}]$$

$$F = \frac{6 \times 69000 \times 113 \times 0.42}{10^2 \times 10^3} = 196[\text{N}]$$

$$\sigma_3 = \frac{980}{15} = 65.3[\text{N/mm}^2]$$

조인트 개소의 장력 $\sigma_3$는 경간의 길이에 무관하다.

### 6.3.5 고정점에 작용하는 힘

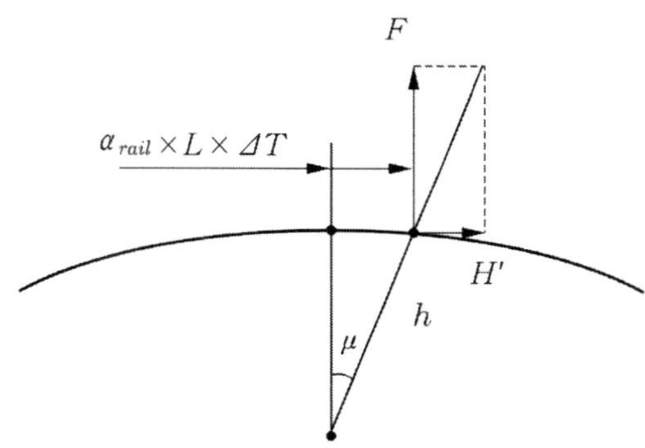


▶그림 6.31◀ 고정점에 작용하는 힘

일반적으로 고정점은 세로로 강체 전차선에 가해지는 힘을 흡수하는 데 사용된다. 이와 같은 힘은 아래와 같다.

① 전차선과 팬터그래프의 마찰로 인한 힘

② 충격에 의한 힘

(계산이 곤란하지만 이 힘들이 고정점을 심하게 누를 경우 무시할 수 없다.)

③ 경사된 지지점의 세로 방향으로 생성되는 힘

ⓐ 경사각 $\mu$[도]

$$\mu = \tan^{-1}\left(\frac{\alpha_{rail} \times L \times \Delta T}{h}\right)[\text{도}] \tag{6-22}$$

여기서, $\alpha_{rail}$ : 선팽창계수[1/℃]

$L$ : 고정점과 지지점간의 간격[m]

$\Delta T$ : 온도변화[℃]

$h$ : 지지점의 회전길이[m]

ⓑ 굽힘력 $F$[N]

$$F(\text{굽힘력}) = \frac{6 \times E \times I_{z-z} \times f}{100 \times a^3}[\text{N}] \quad (6\text{–}23)$$

ⓒ 수평분력(分力) $H'$

$$H' = F \times tan\mu[\text{N}] \quad (6\text{–}24)$$

ⓓ 고정점의 힘 $H$ : 모든 분력의 합이며

$$H = \Sigma H' \quad (6\text{–}25)$$

곡선의 지지에 따른 각 조건을 가정하면 고정점에 나타나는 힘은 다음과 같다.

$+\triangle T$에서의 내곡선 지지 : $+H$(고정점에 압축력)
$+\triangle T$에서의 외곡선 지지 : $-H$(고정점에 당김력)
$-\triangle T$에서의 내곡선 지지 : $-H$(고정점에 당김력)
$-\triangle T$에서의 외곡선 지지 : $+H$(고정점에 압축력)

④ 강체 전차선의 구배에 따라 생성되는 힘
강체 전차선은 항상 레일과 평행을 이룬다고 가정할 때 두 익스팬션장치들 사이에 모든 부분은 각각의 조건에 따라 고려되어야 한다.
경사면의 높이(고저차) $h_i$는

$$h_i = \frac{S_i \times L_i}{1000}[\text{m}] \quad (6\text{–}26)$$

여기서, $L_i$ : 경간 $i$ 부분의 길이[m]
$S_i$ : 경간 $i$ 부분의 경사[‰]
여기서, $h_i > 0$이면 오른쪽 끝이 왼쪽보다 높다.

경사각 $\alpha_i$ 는

$$\alpha_i = \tan^{-1} g \frac{h_i}{L_i} \quad (6\text{–}27)$$

여기서, $g$ : 강체 전차선의 단위 중량[N/m]

경간 $i$ 부분의 중량 $G_i$ 는

$$G_i = g \times L_i[\text{N}] \tag{6-28}$$

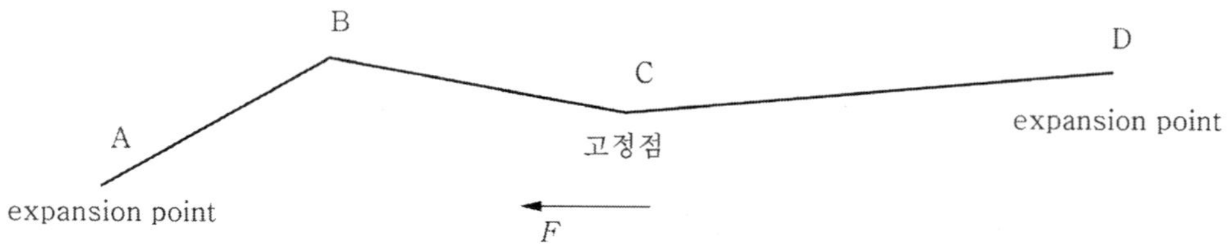


고정점에 대한 힘 $F$는

$$F = \Sigma_i G_i \times sin\alpha_i \ [\text{N}] \tag{6-29}$$

## 6.3.6 R-bar에 작용하는 힘

전차선이 설치된 이후 R-bar의 조이는 부분이 다소 확장된 상태로 남아 있기에 시간이 경과 후에는 조이는 힘이 전차선에 영향을 미칠 수 있다.

이로 인한 힘은 기본적으로 레일구간의 길이, 전차선의 크기, 그리고 고정나사의 숫자에 영향을 받는다. 이중 나사의 숫자는 전선의 인장력을 견디기 위하여 필요한 길이를 최소화시키기 위하여 취부하는 것이다.

보통 110[mm$^2$]의 전차선에 [m]당 1,620[N] 정도의 인장력이 걸릴 때 10[m] 길이당 한 개 비율로 고정나사를 취부한다.

## 6.3.7 온도변화에 따른 확장장치(Expansion Device)의 길이

두 개의 강체 전차선이 교차하는 확장장치는 기온의 변화에 따라 교차길이가 변화된다. 즉, 온도가 올라가면 강체 전차선이 팽창되어 길이가 짧아지고 온도가 내려가면 수축되어 교차길이가 길어진다.

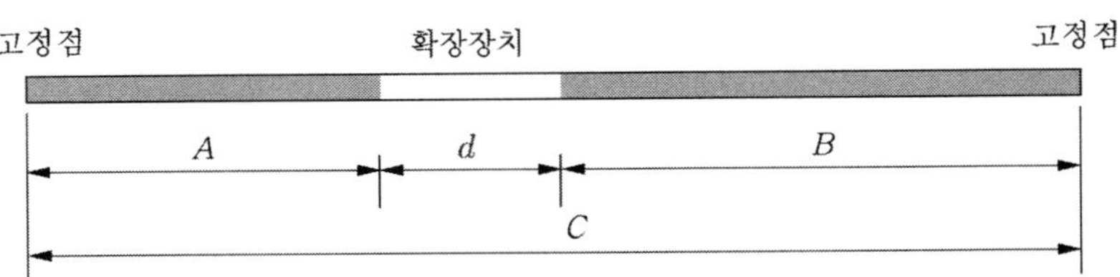


▶그림 6.32◀ 확장장치의 온도와 길이 관계

여기서, $d$ : 표준온도 $T$일 때의 확장장치 길이[m]

$A, B$ : 경간의 길이[m]

일반적으로 어떤 온도 $T'$일 때의 확장장치의 길이 $d'$는 다음 식으로 구하여진다.

$$d' = d - \alpha_{rail} \times (\Delta T - \Delta T') \times (A + B)[\text{m}] \tag{6-30}$$

여기서, $\alpha_{rail}$은 선팽창계수를 말하고 보통 $23.5 \times 10^{-6}$[1/℃]이다.

## 6.3.8 강체 전차선의 전기적 성질

### (1) 합성저항

강체 전차선의 합성저항 $R_0$는 다음 식으로 계산된다.

$$R_0 = \frac{R_a \times R_c}{R_a + R_c}[\Omega] \tag{6-31}$$

표준온도(20[℃])가 아닐 때 강체 전차선의 저항과 온도 사이의 작용 관계식에서 온도 $t$[℃]에서의 저항 $R_t$는 다음 식으로 계산된다.

$$R_t = \rho_{20} \times [1 + \alpha_r \times (T - 20)] \times \frac{L}{A}[\Omega] \tag{6-32}$$

여기서, $\rho_{20°}$ : 20[℃]에서의 고유저항

(알루미늄인 경우 : 0.0330[$\Omega \cdot \text{mm}^2/\text{m}$],

동인 경우 : 0.0176[$\Omega \cdot \text{mm}^2/\text{m}$])

$\alpha_r$ : 저항온도계수

$\alpha_{ra}$ : 알루미늄인 경우$= 4 \times 10^{-3}$[1/℃]

$\alpha_{rc}$ : 동인 경우$= 3.9 \times 10^{-3}$[1/℃]

$T$ : 강체 전차선의 온도[℃]

$L$ : 길이[m]

$A$ : 단면적[mm$^2$]

### (2) Al과 Cu간의 전류 분배

공급점에서 먼 거리의 경우 전류 경로는 마치 층류에서처럼 평행하게 흐른다. 그러므로 Al과 Cu 사이에는 어떠한 전류의 흐름도 없게 된다. 따라서 전류의 분배는 다음과 같이 계산된다.

$$\frac{I_a}{I_c} = \frac{R_c}{R_a} = \frac{A_a}{A_c} \text{ [A]} \quad (6-33)$$

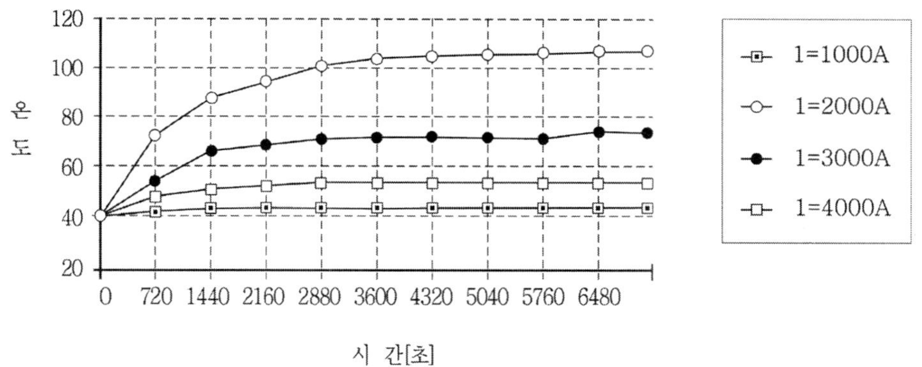


## 6.4 강체 전차선로의 설계

강체 전차선로를 설계할 때 기본적으로 노선의 조건, 운전조건, 차량조건, 전기공급조건 등을 고려하여 가선방식을 결정하게 된다. 강체 전차선 가선방식에서 가장 먼저 고려하여야 할 것은 노선의 최대속도이며 이것은 최대허용이도와 지지점간의 간격, 지지점간의 최대허용높이 차, 최대 경사차 등을 고려하여 결정한다.

## 6.4.1 브래킷의 간격

지지점간의 최대거리는 전기차 속도에 따라 결정된다. 원활한 전력의 집전을 위하여 이도는 속도 증가에 따라 감소되어질 수 있다. 속도에 따른 최대허용경간과 이도는 표 6.12와 같다.

**표 6.12 브래킷의 최대 허용 간격**

| 속 도 | 최대 허용 이도 | 최대 허용 경간 |
|---|---|---|
| $\leq$ 80[km/h] | $a/750$ | 12[m] |
| $\leq$ 120[km/h] | $a/1300$ | 10[m] |

마지막 경간의 이도는 같은 조건에서의 경간보다 거의 3배 크다. 따라서 경간의 길이는 표 6.13에서와 같이 점진적으로 감소되도록 시설하여야 한다.

**표 6.13 브래킷의 경간 조정**

| 첫 번째 경간 | 두 번째 경간 | 세 번째 경간 | 최대 경간 |
|---|---|---|---|
| 8[m] | 10[m] | 10[m] | 10[m] |
| 8[m] | 11[m] | 12[m] | 12[m] |

## 6.4.2 브래킷과 조인트간의 간격

이것에는 특별히 정해진 간격은 없다. 즉, 접속점은 경간 내의 어느 지점이나 설치될 수 있다. 다만 강체 전차선의 교체를 위하여 브래킷 위에 설치하는 것은 좋은 방법이 아니다.

## 6.4.3 강체 전차선의 경간(section) 길이

강체 전차선은 고정점과 고정점 중심에 확장장치를 설치하고 있으며, 일반적으로 1개의 섹션 길이는 확장장치와 확장장치 사이의 거리를 말하며, 이 길이는 고정점과 고정점의 길이와 같은 것으로 취급한다. 왜냐하면 1개의 섹션에 두 개의 고정점이 존재할 수 없기 때문이다. 따라서 이에 대한 길이의 계산은 식 (6-34)를 참고하여 설명하면, 전체길이 $C = A + d + B$ 일 때 여기에서 $d$의 값을 무시하면 $C = A + B$ 가 된다.

앞에서 설명한 온도와 길이의 관계식에서

$$d' = d - \alpha_{rail} \times (\Delta T - \Delta T') \times (A+B)[\mathrm{m}]$$

전개하면

$$(A+B) = \frac{d-d'}{\alpha_{rail} \times (\Delta T - \Delta T')}[\mathrm{m}]$$

$$\therefore\ C = (A+B) = \frac{d-d'}{\alpha_{rail} \times (\Delta T - \Delta T')}[\mathrm{m}] \qquad (6-34)$$

위 식에서 확장장치의 확장길이의 안전조건은 $d_{\max} - d_{\min} = 0.45$이므로 식 (6-34)에 대입하면 다음과 같은 도표를 얻을 수 있다.

**표 6.14 온도 차에 대한 경간의 길이**

| $\Delta T - \Delta T'$ | 20[℃] | 30[℃] | 40[℃] | 50[℃] | 60[℃] | 70[℃] |
|---|---|---|---|---|---|---|
| $C$ | 955[m] | 640[m] | 480[m] | 385[m] | 320[m] | 270[m] |

## 6.4.4 확장장치와 인접 지지점간의 거리

좌 · 우로의 인접 경간은 열차의 속도에 따라 그림 6.33과 같이 2가지의 형태가 있다.

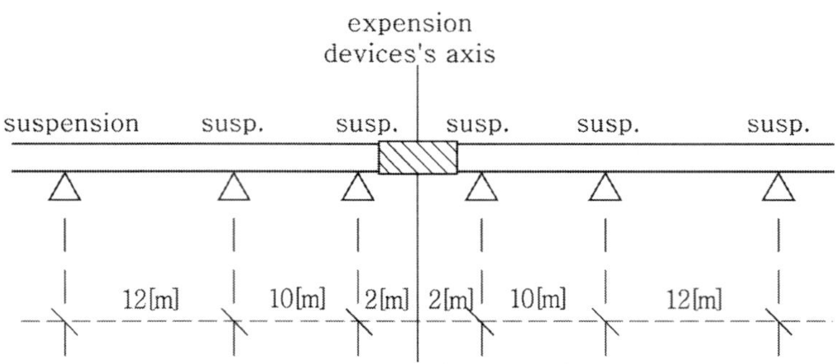


▶그림 6.33◀ 확장장치와 인접 지지점간의 거리(≤ 80[km/h]일 때)

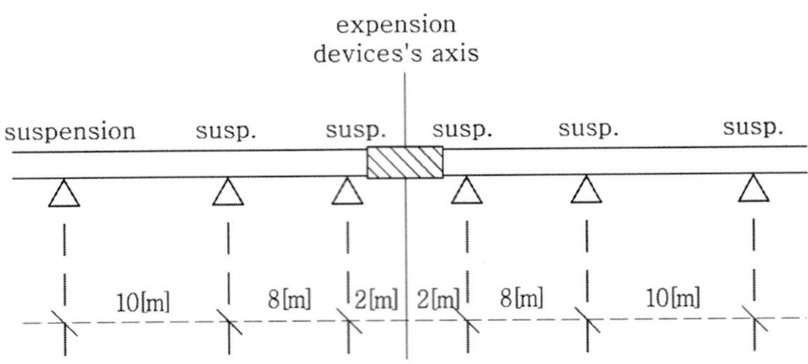


▶그림 6.34◀ 확장장치와 인접 지지점간의 거리(≤ 120[km/h]일 때)

## 6.4.5 편위

가공 전차선(overhead contact line)의 편위는 톱니형의 지그재그 형태인 반면 강체 전차선의 편위는 보다 완만한 sin 곡선의 형태를 나타낸다. 편위의 형태는 그림 6.35와 같으며 설치 기준은 표 6.15와 같다.

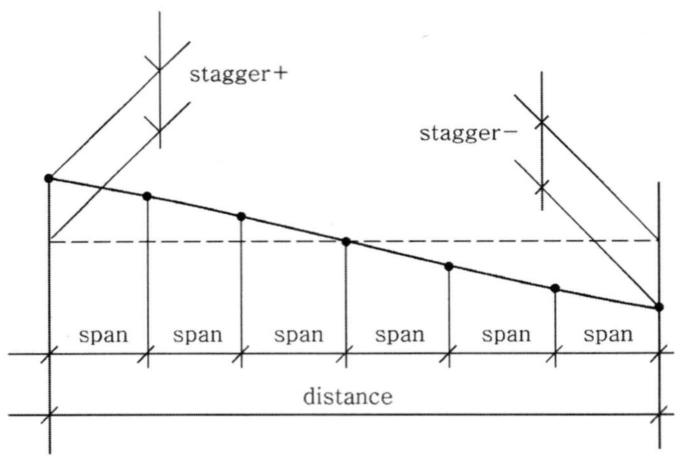


▶그림 6.35◀ 편위의 형태

표 6.15 편위의 기준

| 속도 | 경간 | 편위 | 간격 | 지지점 수 |
|---|---|---|---|---|
| ≤ 80[km/h] | 12[m] | 20[cm] | 120[m] | 10 |
| ≤ 120[km/h] | 10[m] | 20[cm] | 200[m] | 20 |

표 6.16 지지점별 편위

| 지지점 수 | 지지점별 편위 |
|---|---|
| 10 | +20, +19, +16, +12, +6, 0, −6, −12, −16, −19, −20[cm] |
| 20 | +20, +20, +19, +18, +16, +14, +12, +9, +6, +3, 0, −3, −6, −9, −12, −14, −16, −18, −19, −20, −20[cm] |

## 6.4.6 높이

강체 전차선의 전차선 높이는 레일면상 4,750[mm]를 최저로 하고 있다. 구조물의 지장으로 인하여 부득이 전차선 높이를 조정하여야 할 경우 최대 경사도의 한계와 최대 증가율을 준수하여야 하며 이에 대한 참고 값은 표 6.17과 같다.

표 6.17 전차선의 구배

| 속 도 | 경 간 | 경간 최대 구배 증가 | 최대 최종 구배 | 구배 변경 경간수 |
|---|---|---|---|---|
| ≤ 80[km/h] | 12[m] | 0.8[‰] | 5.0[‰] | 5 |
| ≤ 120[km/h] | 10[m] | 0.7[‰] | 3.5[‰] | 4 |

## 6.4.7 두 지지점간의 고저차

두 지지점간의 고저차가 심할 경우 운행되는 전기차의 집전장치에 영향을 주게 되어 이선율이 높아지기 때문에 표 6.18의 허용고저차를 준수하여야 한다.

표 6.18 허용고저차

| 속 도 | 최대 고저차 | 허용 구배 · 경간 |
|---|---|---|
| ≤ 80[km/h] | +/−10[mm] | 0.8[‰] 12[m] |
| ≤ 120[km/h] | +/−7[mm] | 0.7[‰] 10[m] |

## 6.4.8 분기개소의 설치

본선과 분기선이 서로 팬터그래프로 하여금 아무 방해 없이 원만하게 연결될 수 있도록 설치하여야 한다. 두 개의 강체 전차선은 기계적으로 서로 독립된 것이며 다음과 같이 설치한다.

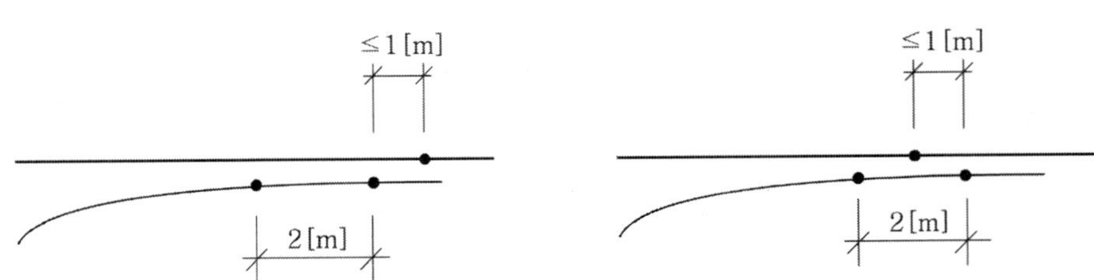


▶그림 6.36◀ 분기 개소의 설치

### (1) 세로 방향

측선의 첫 번째 지지점과 그 옆의 본선 지지점 사이의 거리는 ≤ 1[m]가 되도록 하여야 한다. 그러나 측선의 첫 번째 지지점과 두 번째 지지점 사이의 거리는 2[m]가 되어야 한다.

평행부분의 길이는 2[m] 정도로 하고 측선 부분의 압상력을 고려하여야 한다. 분기부분에 있는 지지점의 지나친 이동을 막기 위해 양 트랙에 분기부분과 고정점 간에는 적정한 거리를 유지하여야 한다.

### (2) 가로 방향

강체 전차선의 평행부분은 200[mm]의 이격거리를 가져야 한다.

### (3) 수직 방향

양 강체 전차선은 레일면 위로 같은 높이를 유지하여야 한다. 측선 강체 전차선의 높이는 가능한 한 조금 높아야 하나 본선의 것보다 절대로 낮아서는 안 된다. 측선 강체 전차선의 끝 부분은 위로 구부러져야 한다.

Chapter 7

# 제3궤조방식

## 7.1 제3궤조방식 일반

제3궤조방식은 철제차륜 AGT SYSTEM, 고무차륜 AGT SYSTEM 및 LIM(Linear Induction Motor) AGT SYSTEM에 적용할 수 있다. 급전레일은 궤도면에 낮게 설치되므로 승객 및 작업자의 안전을 확보하기 위하여 역사구내, 분기기구간, 횡단 개소 및 그 밖의 필요한 구간에는 안전보호장치(보호덮개)를 설치한다. 주행 레일을 부하전류의 귀선로로 사용하는 경우 근접된 지중 금속 매설물과 토목 구조물의 금속체에 대한 전식방지 대책이 필요하다. 제3궤조방식은 차량의 집전장치의 특성과 운행속도에 적합한 방식을 선정하며 주행 중인 차량의 진동을 고려하여 차량과 POWER RAIL과의 규정된 이격거리를 유지하여야 한다.

제3궤조방식의 도체는 도전성이 우수하고, 가볍고 기계적 강도가 높아야 하며 습동면은 마모가 적고 집전 효율이 좋아야 한다. 또한 열신축이 적고 변형이 없어야 하며 제작 및 설치가 쉬워야 한다.

제3궤조방식의 POWER RAIL 및 그 부속설비는 운행 중에 ① 차량의 동적 부하와 ② 열 신축으로 인한 압축력, 장력 및 횡력으로 인한 부하 그리고 ③ 단락으로 인한 열적 부하의 강도를 견뎌야 한다.

제3궤조방식의 기상조건은 아래와 같다.

**표 7.1** 제3궤조방식의 기상조건

| | |
|---|---|
| **온도 범위** | −25 ~ +45 ℃ |
| **습도 범위** | 5 ~ 100% |
| **최고 풍속** | 45m/s (162km/hr) |
| **최고 강우 강도** | 120mm/h |
| **일일 최고 강우량** | 414mm/day |
| **일일 최고 강설량** | 30cm/day |

## 7.2 제3궤조방식의 가선방식

제3궤조방식의 가선방식에는 상부접촉방식, 하면접촉방식, 측면접촉방식이 있다. 상부접촉방식은 통전용량이 크며 안정성이 낮고 설치 및 유지 보수가 쉬우며 철제차륜에 유리하다. 하면접촉방식은 통전용량이 작고 안정성이 높으며 철제차륜에 유리하다. 측면접촉방식은 통전용량이 작고 고무차륜에 유리하다. 이상과 같은 가선방식에 따른 특징을 정리하면 아래 표와 같다.

표 7.2 가선방식별

| 구　분 | 상부접촉방식 | 하면접촉방식 | 측면접촉방식 |
|---|---|---|---|
| 통전용량 | 크다 | 작다 | 작다 |
| 안 정 성 | 낮다 | 높다 | 보통 |
| 설치, 유지보수 | 쉽다 | 보통 | 보통 |
| 적용차량 | 철제차륜에 유리 | 철제차륜에 유리 | 고무차륜에 유리 |

### (1) 상부접촉방식

상부접촉방식은 차량의 집전자가 급전레일의 상부면을 습동하는 방식으로서 다음 그림과 같다.

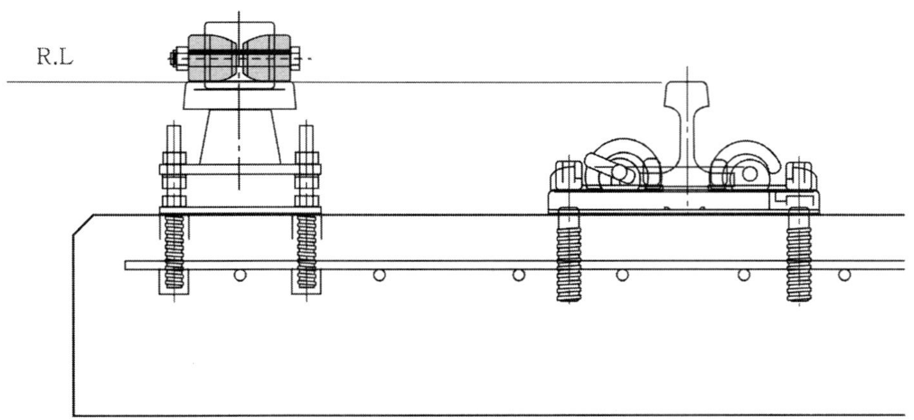


▶그림 7.1◀ 상부접촉방식

### (2) 하부접촉방식

하부접촉방식은 차량의 집전자가 급전레일의 하부면을 습동하는 방식으로서 아래 그림과 같다.

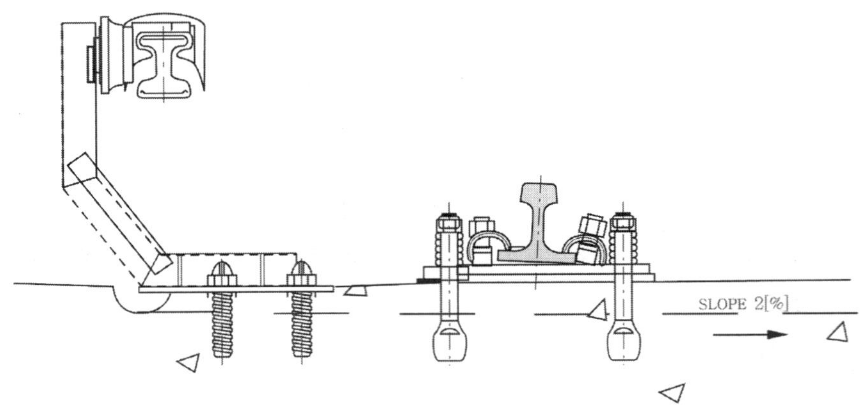


▶그림 7.2◀ 하부접촉방식

### (3) 측면접촉방식

측면접촉방식은 차량의 집전자가 급전레일의 측면을 습동하는 방식으로 아래 그림과 같다.

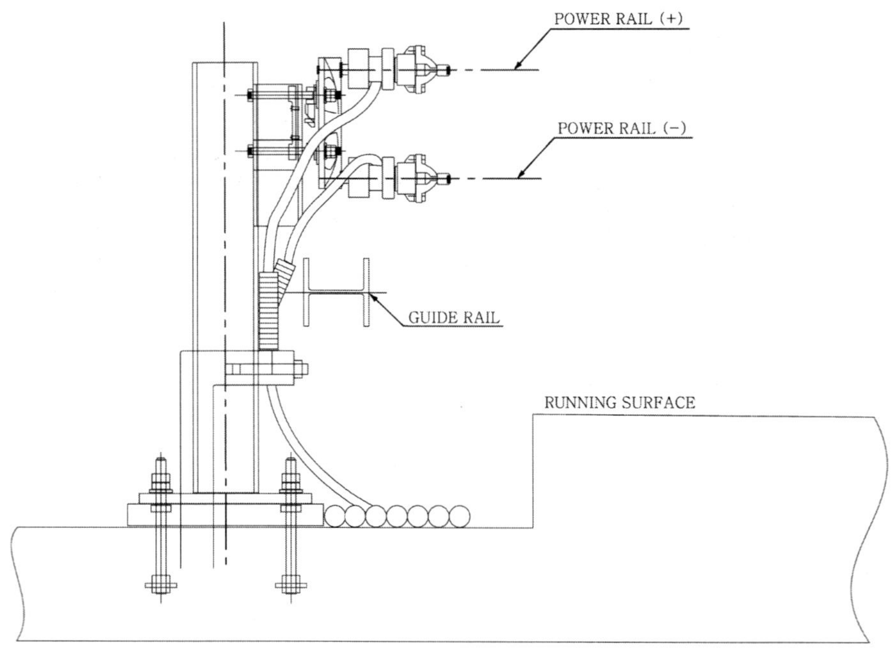


▶그림 7.3◀ 측면접촉방식

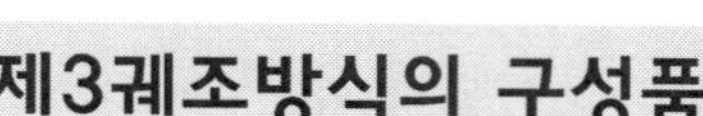

## 7.3 제3궤조방식의 구성품

제3궤조방식의 구성에는 차량에 전원을 공급하는 급전레일, 급전레일 상호간을 접속하는 급전레일 접합장치(RAIL JOINTS, SPLICE JOINT), 급전레일이 온도에 따라 길이 방향으로 신축하는 신축량을 조절하는 신축이음장치(EXPANSION JOINT), 급전레일의 신축작용이 아닌 비정상적인 좌, 우 이동을 막는 중앙고정장치(MID POINT ANCHOR)가 있다.

일정한 간격으로 급전레일을 지지하는 절연지지대(INSULATED SUPPORT), 집전레일이 끊기는 부분에서 차량의 집전자를 원활히 접촉하기 위해 집전레일의 끝부분을 경사지게 하는 습동완화장치(RAMPS, END APPROCH), 집전레일에 의한 감전 및 접지사고를 방지하기 위해 설치하는 보호덮개 및 지지대 (COVER BOARD 및 COVER BOARD SUPPORT), 급전레일에 전원을 공급하기 위해 급전레일과 케이블을 연결 할 수 있도록 하는 케이블 단자(CABLE TERMINAL) 등이 있다.

### (1) 급전레일(CONDUCTOR RAIL)

급전레일은 가선방식 및 차량조건에 따라 선정하며, 전기적 도전성이 우수하고, 가볍고 기계적 강도가 커야 한다. 또한 습동면은 마모가 적고 집전효율이 좋아야 하며 열신축이 적고 변형이 없어야 한다. 급전레일 1본의 길이는 12~15[m]로 한다.

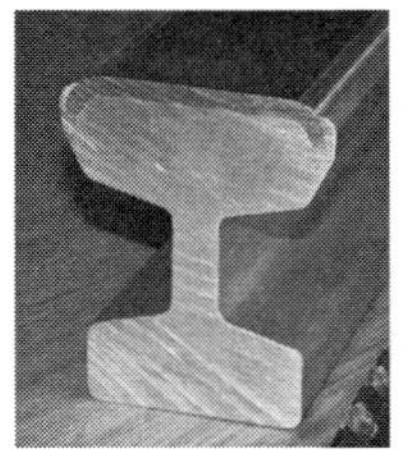

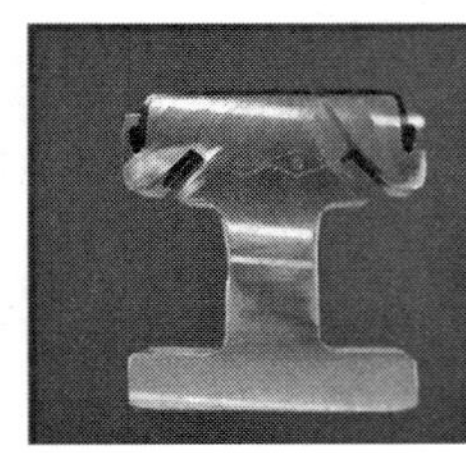
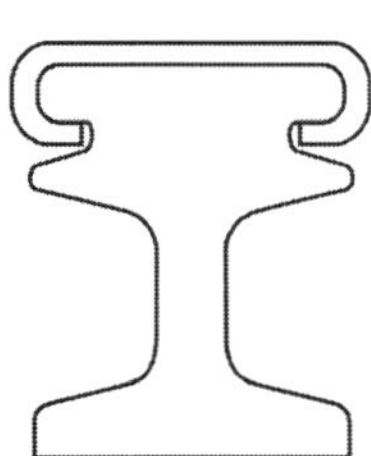

▶그림 7.4◀ 급전 레일(CONDUCTOR RAIL) 형상

### (2) 급전레일접합장치(RAIL JOINTS, SPLICE JOINT)

급전레일접합장치는 급전레일과 급전레일의 상호 접속부에 설치되며 전기적 도전성이 우수하고 가볍고 기계적 강도가 커야 한다.

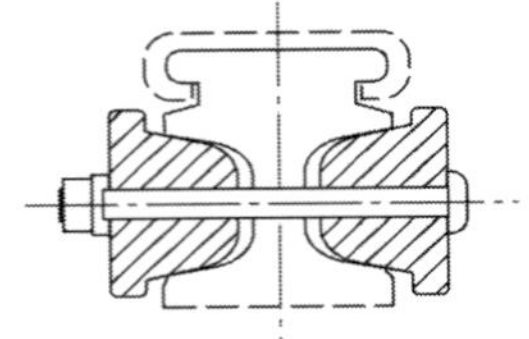

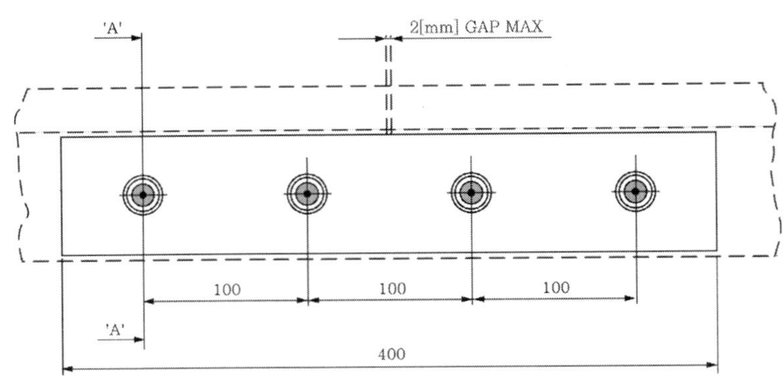

▶그림 7.5◀ 급전레일접합장치(RAIL JOINTS, SPLICE JOINT)

### (3) 신축이음장치(EXPANSION JOINT)

신축이음장치는 급전레일이 온도에 따라 길이 방향으로 신축하는 신축량을 조절하는 장치로서 급전레일 1본의 길이 결정 후 90~150[m] 간격으로 설치한다.

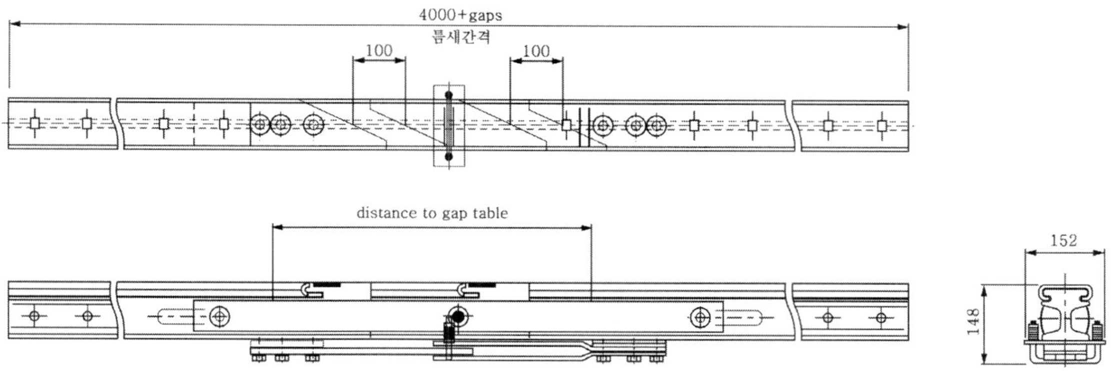


▶그림 7.6◀ 신축이음장치(EXPANSION JOINT)

예를 들어 급전레일 1본의 길이가 12m일 경우 120m마다 (12m x 10본) 설치한다.

신축이음장치는 전기적 도전성이 우수해야 하고, 가볍고 기계적 강도가 커야 한다. 또한 기계적으로는 이격시키지만, 전기적으로는 연속성을 유지하도록 연결하여야 한다.

### (4) 중앙고정장치(MID POINT ANCHOR)

중앙고정장치는 급전레일의 신축작용이 아닌 비정상적인 좌, 우 이동을 막는 장치로서 급전레일과 신축이음장치 상호간의 중간 위치에 설치한다. 중앙고정장치는 설치지점의 좌, 우로부터 받는 하중의 편차에 충분한 강도를 가져야 한다.

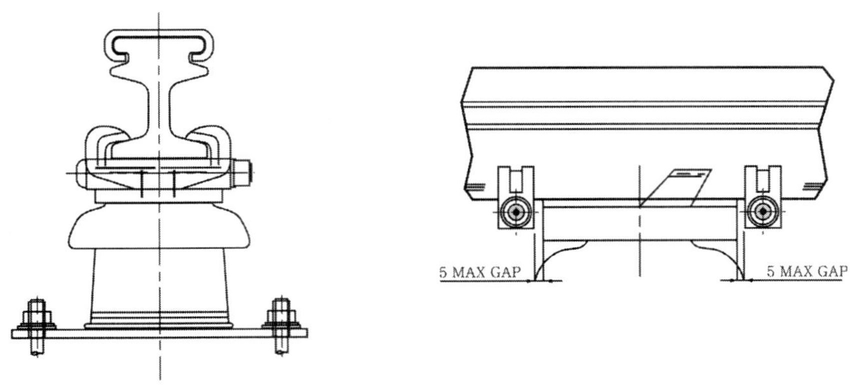

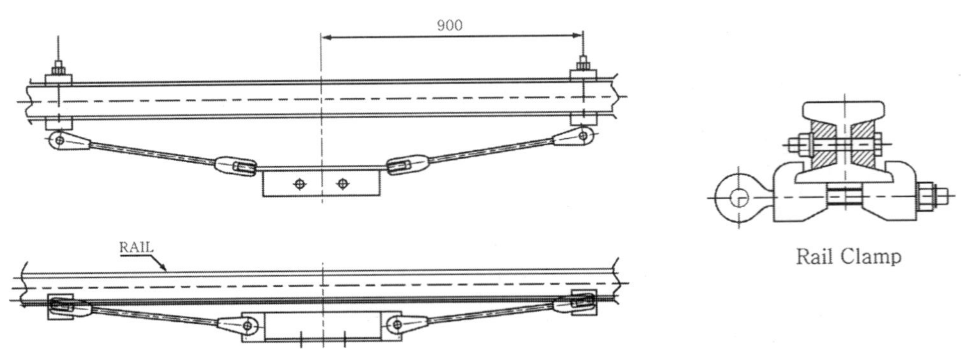


▶그림 7.7◀ 중앙고정장치(MID POINT ANCHOR)

### (5) 절연지지대(INSULATED SUPPORT)

절연지지대는 일정한 간격으로 급전레일을 지지하는 장치로써, 전기절연과 정적, 동적 및 진동하중에 견딜 수 있도록 충분한 강도를 가져야 한다. 절연지지대는 FRP 소재의 절연재를 사용하며, 전기적으로 절연이 되도록 한다. 지지대의 기계적, 전기적 결함은 차량의 운영을 방해할 수 있는 주요 원인이 될 수 있다.

절연지지대의 설치 간격은 직선구간에서는 5[m]~6[m], 곡선구간 (R=150이하)에서는 5[m] 이하로 한다.

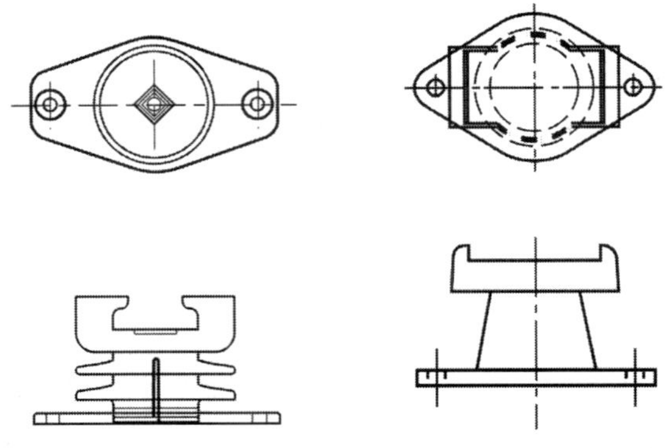

(a) 상부접촉방식

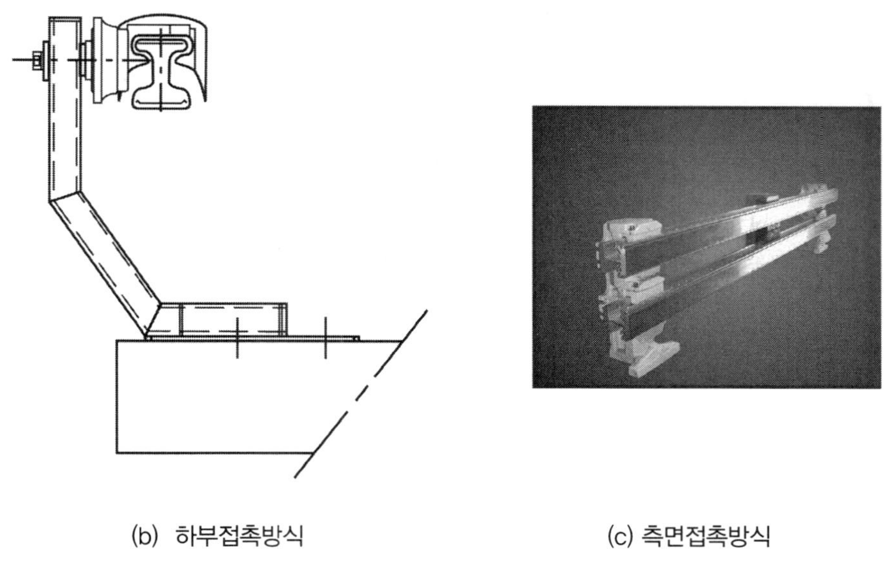

(b) 하부접촉방식 (c) 측면접촉방식

▶그림 7.8◀ 절연지지대(INSULATED SUPPORT)

### (6) 습동완화장치(RAMPS, END APPROCH)

습동완화장치는 급전레일이 끊기는 부분에서 차량의 집전자를 원활히 접촉하기 위해 급전레일의 끝부분을 경사지게 하는 장치로서 전기적 도전성이 우수해야 한다. 또한 가볍고 기계적 강도가 커야 하며 습동면은 마모가 적고 집전 효율이 좋아야 한다. 습동완화장치의 종류로는 고속과 저속용이 있으며 고속용은 본선 구간, 저속용은 본선 분기기 구간 및 차량기지 구간에 설치한다.

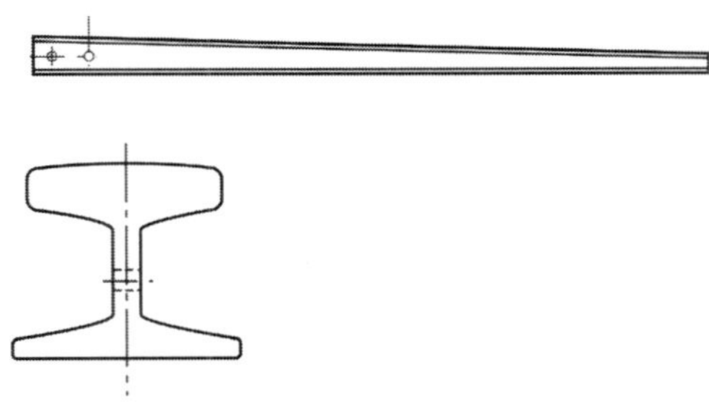

(a) 상부접촉방식

(b) 하부접촉방식 (c) 측면접촉방식

▶그림 7.9◀ 습동완화장치(RAMPS, END APPROCH)

### (7) 보호덮개 및 지지대(COVER BOARD 및 COVER BOARD SUPPORT)

보호덮개 및 지지대는 급전레일에 의한 감전 및 접지 사고를 방지하기 위해 설치하는 장치로서 지지대를 일정한 간격으로 설치하여 보호덮개를 지지하며 재질은 화재의 위험이 없고, 레일의 이상 전압, 온도 및 자외선에 견뎌야 하며 변형이 생기지 않는 재질을 사용한다.

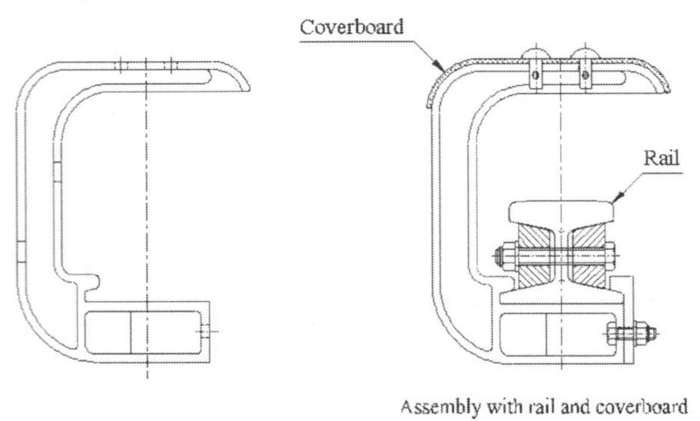

(a) 상부접촉방식 (b) 하부접촉방식

▶그림 7.10◀ 보호덮개 및 지지대 (COVER BOARD 및 COVER BOARD SUPPORT)

## (8) 케이블 단자(CABLE TERMINAL)

케이블 단자는 급전레일에 전원을 공급하기 위해 급전레일과 케이블을 연결할 수 있도록 하는 장치로서 설치 위치는 RAMP구간, 변전소 부근의 급전점등 전선 관로 위치 및 구조물의 구조에 따라 결정된다.

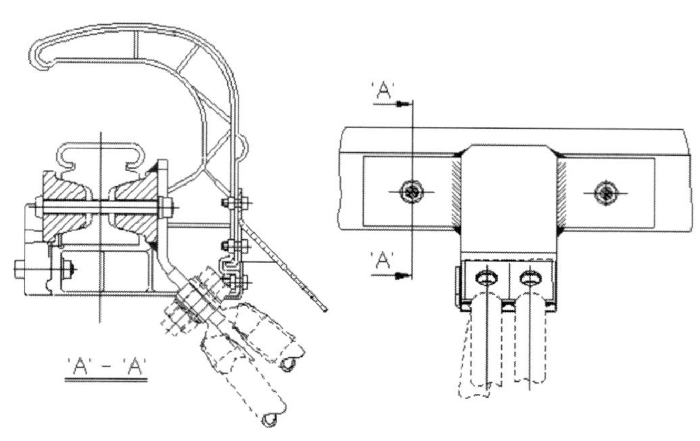


(a) 상부접촉방식

(b) 하부접촉방식

(c) 측면접촉방식

▶그림 7.11◀ 케이블 단자(CABLE TERMINAL)

## 7.4 제3궤조방식의 계산

### (1) 단락전류에 의해 파워 레일에 가해지는 힘 계산

단락전류에 의해 파워레일에 가해지는 힘을 계산하는 식은 다음과 같다.

$$F = \frac{\mu_0 \cdot l \cdot i_a i_b}{2\pi d}$$

여기서, 도체의 평면에 작용하는 힘은 : $i_a = i_b$

자유공간의 자속 투자율은 : $\mu_0 = 4\pi \times 10^{-7}[\mathrm{N \cdot Amp^{-2}}]$

주행레일과 파워레일 도심 간의 거리 : $d = 700[\mathrm{mm}]$

최대 절연지지대 간격 : $l = 5.94[\mathrm{m}]$

단락전류 계산 적용치 : $i_a = 50{,}000[\mathrm{A}]$를 대입하여 풀면 다음과 같다.

$$F = 4.213[\mathrm{kN}]$$

주행 레일에 흐르는 귀로전류는 파워레일에 흐르는 전류와 반대 방향이므로 두 도체 간에 미는 힘이 작용한다. 레일과 지지물은 반응시간의 제한으로 이러한 힘을 전부 받지는 않는다.

### (2) 단락전류에 의하여 브라켓에 걸리는 힘 계산

단락전류에 의하여 브래켓에 걸리는 힘을 계산하는 식은 다음과 같다.

단락전류에 의한 힘 : $F = 4.213[\mathrm{kN}]$

단락지속시간 : $\tau = 0.015[\mathrm{s}]$ (일반적인 값)

절연지지물의 간격 : $l = 5.94[\mathrm{m}]$

레일 회전반경 : $\rho = 19.2[\mathrm{mm}]$

레일 탄성계수 : $E_{COMP} = 89.3\,GPa$ (일반적인 값)

레일에 작용하는 단락전류에 의한 힘은 매우 짧은 동안의 사인파 펄스 형태로 작용한다. 레일의 고유진동주파수에 의해 지지대는 전부하 힘을 받지 않을 수도 있다. 무한히 단단한 계는 힘이 가해지는 순간에 작용력을 받게 된다.

유연한계에 있어서는(낮은 고유 진동 주파수) 조립체는 외력이 제거되고 무가압상태가 된 후 변형이 시작된다. 고유진동 주파수와 외부 작용력에 대한 응답을 예측하는 공식이 있으며 관심있는 시간대가 펄스의 작용 시간대와 같다는 가정하에서의 변위는 아래와 같다.

$$\text{변위} : v = \frac{F_{sc}}{k} \frac{\sin(\frac{\pi\tau}{T})}{1 - \frac{\tau^2}{T^2}} \cdot \sin[\omega_n \cdot (t - \frac{\tau}{2})]$$

지지물에 가해지는 힘 : $F = kv$

연속적이고 일정한 강철 빔의 고유진동주파수

$$A = (f_n \cdot L^4) \cdot 10^4$$

여기서, $f_n$ : 고유진동주파수 (Hz)

$L$ : 지지물의 간격 (inches)

$$P = \sqrt{\frac{I}{S}} \ : \text{회전반경 (inches)}$$

일반적인 값 (Inches) A = 31.73 m · $sec^{-1}$

S.I. 단위로 환산하면 A = 0.806 m · $sec^{-1}$

$$f_n = \frac{A \cdot \rho}{l^2 \cdot 10^{-4}}$$

$$f_n = 4.386\,\text{Hz}$$

이것이 무한히 단단한 지지물에 고정된 강철레일의 고유진동주파수이다. 실제적으로 지지물은 무한히 단단하지 않으므로 실제의 주파수는 계산치보다 낮을 것이다. 복합 레일의 고유진동수로 변환하기 위하여 다음의 관계식을 이용한다.

$$\frac{f_{steel}}{\sqrt{E_{steel}}} = \frac{f_{composite}}{\sqrt{E_{composite}}}$$

$$E_{steel} = 210\,\text{GPa}$$

$$f_{comp} = f_n \sqrt{\frac{E_{comp}}{E_{steel}}}$$

$$f_{comp} = 2.86 Hz$$

$$T = \frac{1}{f_{comp}} \quad \omega_n = 2\pi \cdot f_{comp}$$

변위와 지지물에 가해지는 힘의 식을 결합하여 풀면

$$v = F_{sc}\frac{\sin(\frac{\pi\tau}{T})}{1-\frac{\tau^2}{T^2}} \cdot \sin[\omega_n \cdot (t-\frac{\tau}{2})]$$

최대 피크치의 힘은 다음경우에 발생한다.

$$\sin\omega_n \cdot (t-\frac{\tau}{2}) = 1$$

$$\omega_n \cdot (t-\frac{\tau}{2}) = \frac{\pi}{2}$$

$$t = \frac{1}{2}(\frac{\pi}{\omega_n}+\tau)$$

$$t = 0.095[\mathrm{s}]$$

$$v = F_{sc}\frac{\sin(\frac{\pi\tau}{T})}{1-\frac{\tau^2}{T^2}} \cdot \sin[\omega_n \cdot (t-\frac{\tau}{2})]$$

그러므로 단락 전류에 의하여 브래킷이 받는 힘은

$$F = 0.567[\mathrm{kN}]$$

### (3) 자중에 의한 레일 변형량 계산

레일 빔은 절연지지대에 의해 최대 5.94[m]마다 지지된다. 근접한 구간의 상호작용에 의하여 레일은 단순지지보로 해석할 수 없다. 레일은 양 끝단이 고정되고 경간에 따라 일정하게 분산된 힘을 받는 빔으로 해석된다. 길이 $l$을 가지는 빔에 대하여 정상빔과 최대 공차조건의 빔에 대해 자중에 의해 아래의 피크치 변형이 발생한다.

$$y = \frac{w \cdot l^4}{384} \cdot E \cdot I$$

여기에서 각종 변수들을 살펴보면 아래와 같다.

알루미늄 단면적 : $A_a = 4{,}765[\mathrm{mm}^2]$

알루미늄 밀도 : $\rho_a = 2{,}720[\mathrm{kg \cdot m^{-3}}]$

스텐레스 스틸의 단면적 : $A_{st} = 684[\text{mm}^2]$

스텐레스 스틸의 밀도 : $\rho_{st} = 8{,}000[\text{kg} \cdot \text{m}^{-3}]$

경간길이 : $l = 5.94[\text{m}]$

고체탄성계수 : $E = 89250\,[\text{N} \cdot \text{m}^{-2}]$

단면계수 : $I = 6.37 \times 10^6[\text{mm}^4]$

위의 변수들을 삽입하여 계산하여 레일 변형량을 계산해보면 다음과 같다.

레일 질량 : $M = A_a \cdot \rho_a + A_{st} \cdot \rho_{st}$

$M = 18.433[\text{kg} \cdot \text{m}^{-1}]$

레일 무게 : $w = M \cdot g$

레일 변형량 : $y = \dfrac{w \cdot l^4}{384} \cdot E \cdot I$

최대 변형량 : $y = 1.031[\text{mm}]$

이 값은 제조되는 레일의 직선도 값과 결합되어야 하고 설치공차인 ±5[mm]를 초과해서는 안 된다. 일반적인 설치공차는 수평 및 수직 모두 ±5[mm]이다.

### (4) 자중과 사람이 레일에 올라선 경우의 레일 변형량 계산

자중과 사람이 레일에 올라선 경우의 레일 변형량 계산의 목적은 레일의 자중과 1500[N]의 집중력(사람이 경간의 중앙에 올라선 경우를 고려)이 작용하는 경우의 변형량을 계산하여 레일에 걸리는 응력을 결정하여 영구변형을 일으키는 항복점이 발생하는가를 검증하는데 있다.

빔은 5.94[m] 떨어진 절연지지물에 의해 지지된다. 인근 경간의 상호작용에 의하여 레일은 단순지지보로 해석할 수는 없다. 레일은 양 끝단이 고정되고 경간에 따라 일정하게 분산된 힘을 받는 빔으로 해석된다. 길이 $l$을 가지는 빔에 대하여 정상 빔에 대해 자중에 의한 분산력과 가산되는 집중력에 의해 아래의 피크 치 변형이 발생한다.

$$y_{\max} = \frac{w \cdot l^4}{384 \cdot E \cdot I} + \frac{P \cdot l^3}{192 \cdot E \cdot I}$$

길이 $l$을 가지는 빔에 대하여 정상 빔에 대해 자중에 의한 분산력과 가산되는 집중력에 의해 아래의 최대굽힘응력이 발생한다.

$$BM_l = \frac{P \cdot I}{8} + \frac{w \cdot l^2}{12}$$

여기에서 자중에 의한 변형 계산 항목을 참조하고 집중력은(1명이 레일 위에 있을 경우) 중성축으로부터 레일의 최대거리는 $y_{ef} = 59.5[\text{mm}]$이다.

레일의 변위, 최대굽힘응력 및 최대응력을 계산해 보면 아래와 같다.

$$\text{레일의 변위 : } y_{\max} = \frac{w \cdot l^4}{384 \cdot E \cdot I} + \frac{P \cdot I^3}{192 \cdot E \cdot I}$$

$$y_{\max} = 3.911[\text{mm}]$$

$$\text{최대굽힘응력 : } BM_l = \frac{P \cdot I}{8} + \frac{w \cdot l^2}{12}$$

$$BM_l = 1.645[\text{kN} \cdot \text{m}]$$

$$\text{최대응력 : } \sigma_l = \frac{BM_l \cdot y_{ef}}{I}$$

$$\sigma_l = 15.368\text{MPa}$$

계산된 최대응력 값과 0.2[%] 응력방지용 알루미늄 6063-T6의 항복응력 180[MPa](레이놀즈 알루미늄 자료 참조)을 비교해 볼 때 영구변형을 일으키는 항복응력은 발생하지 않는다.

# 부록 : 전철설비 표준도 기호

## 1. 기본도 기호

| 번호 | 명 칭 | 도 면 기 호 | 참 고 내 용 |
|---|---|---|---|
| 1-1 | 직 류 |  | |
| 1-2 | 교 류 |  | |
| 1-3 | 도선의 분기 |  | |
| 1-4 | 도선의 교차 |  | 접속하는 경우 |
| 1-5 | 도선의 교차 |  | 접속하지 않는 경우 |
| 1-6 | 접 지 |  | |
| 1-7 | 저항 또는 저항기 |  (a) (b) | 1. 필요한 경우 산의 수를 바꿀 수 있다.<br>2. (b)는 무유도를 나타낼 때 사용한다. |
| 1-8 | 정전 용량 또는 콘 덴 서 |  | |
| 1-9 | 전지 또는 직류 전원 | 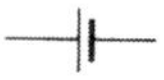 | 1. 다수 연결의 경우는 ⊣■ ⊣□로 표시해도 좋다.<br>2. 극성은 장선을 양극, 단선을 음극으로 한다. |
| 1-10 | 교류 전원 |  | |
| 1-11 | 피 뢰 기 |  | 접지할 경우 |
| 1-12 | 방 전 갭 (gap) |  | |
| 1-13 | 개 폐 기 (단로기) |  | 1. lever 단로기 : L, HOOK 단로기 : H 표기 |
| 1-14 | 변 압 기 | 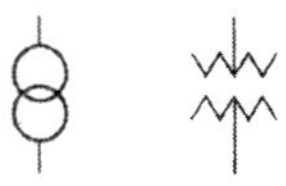 | 몰드형 : M표기 |

## 2. 전선로 지지물 및 부속 설비

| 번 호 | 명 칭 | 도면기호 | 참고내용 |
|---|---|---|---|
| 2-1 | 지지물(일반) | ○ | 목주의 경우 또는 구별할 필요가 없을 때 |
| 2-2 | 철탑(일반) | ⊠ | 필요시 형, 높이 표기 |
| 2-3 | 강관주 | ◉ | 필요시 형, 높이 표기 ◉ |
| 2-4 | 콘크리트주 | ◒ | 길이(m)-지름(cm)-형별기호, 굽힘모멘트표기(예)<br>〈2-10 심볼이동〉<br>10-35-N5,000 |
| 2-5 | 철 주<br>(4각) | □ | 1. 주주재 종별 및 높이 표시(예)<br>300 × 400 × 9 (끝 숫자는 주장[m])<br>450 × 450 × 9 (끝 숫자는 주장[m]) |
| 2-6 | 철 주<br>(삼각) | △ | |
| 2-7 | 철 주<br>(인류) | ⊏⊐ | |
| 2-8 | 철 주<br>(I 형) | I | |
| 2-9 | 철 주<br>(H형) | H | H형강 복합주의 경우 : HH (2본 복주) |
| 2-10 | 철 주<br>(스팬선) | ■ | 1. 스팬선빔용 4각철주<br>2. 종별 표시(예)<br>1000×1250-H-400×400 (H는 주장[m]) |
| 2-11 | A 주 | ○○ | 필요시 주종류 및 기초 종별, 주장 표시<br>(이하 같음) |
| 2-12 | 인형주 | ○○○ | 〃 |
| 2-13 | H 주 | ○-○ | 〃 |
| 2-14 | 계 주 | ○○ | 〃 |
| 2-15 | 찬넬 기초주 | | 〃 |
| 2-16 | 지 주 | | 필요시 주종 및 기초 종별, 주장 표시 |
| 2-17 | 전주방호 | | 필요시 재질, 규격 표시 |

| 번 호 | 명 칭 | 도면기호 | 참고내 용 |
|---|---|---|---|
| 2-18 | 보통지선 | | 1. 일반적인 표시의 경우에도 적용<br>2. 필요시 선종, 기초 종별 표시(이하 같음) |
| 2-19 | 다단지선<br>(이단지선) | (a)<br>(b) | 1. 2단을 표시, 3단의 경우 :<br>2. (b)는 전차선로에 사용한다. |
| 2-20 | 지 선<br>(V) | | 전차선로에 사용한다. |
| 2-21 | 수평지선 | | 필요시 수평의 길이, 선종 및 지주의 주종, 주장 표시 |
| 2-22 | 지 선<br>(궁형) | | 필요시 선종·길이 표시 |
| 2-23 | 지 선<br>(로드식) | | 필요시 선종·길이 표시 |
| 2-24 | 지선방호 | | 필요시 재질·규격 표시 |
| 2-25 | 빔<br>(크로스 단빔) | | 1. 특히 강관의 경우 P, H형강은 H, 찬넬은 C를 표기<br>2. 필요시 주재 종별, 길이 표시(이하 같음) |
| 2-26 | 크로스 빔<br>(복재) | | |
| 2-27 | 빔<br>(스팬선) | | 1. 고속용 : HP(헤드스팬선빔) 표기<br>2. 빔하스팬선이 2선인 경우 D-2W 표기 |
| 2-28 | 빔<br>(V 스팬선) | | 상동 |
| 2-29 | 강관빔 | | |
| 2-30 | 강관빔<br>(복재) | | |
| 2-31 | 빔<br>(평면 트러스) | | 1. 특히 라멘을 명시할 경우 R을 표기(이하 같음)<br>2. 필요시 주주재 종별, 길이 표시 |
| 2-32 | 빔<br>(V 트러스) | | 1. 2. 상동 |
| 2-33 | 빔<br>(4각형) | | 1. 특히 라멘을 명시할 경우는 R을 표기<br>2. 주주재의 종별, 길이 표시 (예 : 26.5) |
| 2-34 | 스팬선<br>(고정빔 하) | | 필요시 선종·길이 표시(빔하스팬선) |
| 2-35 | 빔(V 트러스 외팔빔) | | 주주재의 종별·길이 표시 |

| 번 호 | 명 칭 | 도면기호 | 참고내용 |
|---|---|---|---|
| 2-36 | 빔(가압) | | 필요시 주주재의 종별·길이 표시 |
| 2-37 | 고정브래킷 | | 일반 고정형 |
| 2-38 | 가동브래킷 | | 1. 표준형(3.0 [m]) 및 3.5 [m] 이상 : İȮḞ<br>2. L =2.1 [m]형 : İȮḞ<br>3. 표준길이(3, 2, 1[m]) 이외의 것은 길이 표시 (예 : 3.5)<br>4. R-Bar 브래킷 : |
| 2-39 | 저가고 가동브래킷 | | 1. 표준형(3.0 [m], 710 [m])<br>2. L =2.1[m]형 : İȮḞ<br>3. 표준 길이(3, 2, 1[m]) 이외의 것은 길이 표시 (예 : 3.5) |
| 2-40 | 끝굽힘 브래킷 | | 끝굽힘 평면 트러스빔의 경우 : |
| 2-41 | 절연 가동 브래킷 | | 브래킷 길이 표시 (예 : 4.0) |
| 2-42 | 가동브래킷 (고정빔하) | | 하수강에 취부하는 가동브래킷 |
| 2-43 | 완철(일반) | | 필요에 따라 몇선용인지 표기 |
| 2-44 | 완철(인류용) | | 필요에 따라 몇선용인지 표기 |
| 2-45 | 전주대용물 | | 문형 완철 : 2선용 , 4선용 |
| 2-46 | 하수강 | | 표준길이 이외의 것은 길이 표시 (예 : 4.0) |
| 2-47 | 하수 브래킷 | | 헤드스팬선 아래에 취부하는 브래킷 |

## 3. 전차선

| 번호 | 명 칭 | 도면기호 | 참고내용 |
|---|---|---|---|
| 3-1 | 비가선 구간 | — — — — — | |
| 3-2 | 합성 전차선<br>(전차선) | ———— | 1. 필요한 경우 섹숀 중앙 또는 시·종점에 선종 표시<br>(예)<br>Bz65 [$mm^2$] – Cu 170 [$mm^2$]<br>Bz65 [$mm^2$] – Cu 110 [$mm^2$]<br>2. 지하 강체방식의 경우 시·종점 또는 필요 개소에 R–Bar, T–Bar표시 |
| 3-3 | 가선 방식별 | (예) HS<br>———— | S : 심플커티너리<br>HS : 헤비심플커티너리<br>Y : 변Y형심플커티너리<br>T : Twin 심플커티너리식<br>RB : R–Bar<br>TB : T–Bar |
| 3-4 | 구분장치<br>(에어섹션) | | |
| 3-5 | 구분장치<br>(비상용섹션) | | |
| 3-6 | 구분장치<br>(에어조인트) | | |
| 3-7 | 구분장치<br>(동상섹션) | (예) F | 1. S형, 현수애자제(수도권)<br>2. A형, B형, C형, D형 : 장간애자제(산업선)<br>3. F형 : F·R·P제(2 [m]) (수도권) |
| 3-8 | 절연구분장치<br>(교–교용) | | |
| 3-9 | 절연구분장치<br>(교–직용) | | |
| 3-10 | 자동장력<br>조정장치<br>(MT) | | 1. M·T 일괄 조정(활차식)<br>2. 수치는 장력(ton)을 표시<br>다만, 2 [ton]의 경우 생략할 수 있다. |
| 3-11 | 자동장력<br>조정장치<br>(M 또는 T) | | 1. 전차선 또는 조가선만의 경우(활차식)<br>2. T·M 표기 |
| 3-12 | 자동장력<br>조정장치 | | spring식 |

| 번호 | 명 칭 | 도면기호 | 참고내용 |
|---|---|---|---|
| 3-13 | 인류장치<br>(MT) | 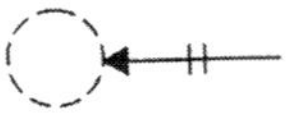 | 1. M·T 동시<br>2. 턴버클 사용시 $T_2$, $T_4$ 등 표시 |
| 3-14 | 인류장치<br>(M 또는 T) | 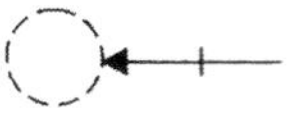 | 1. 전차선 또는 조가선만<br>2. T·M 표기 |
| 3-15 | 흐름방지장치 | 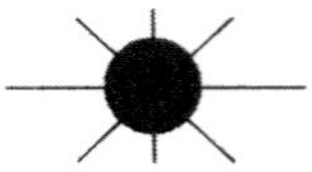 | |
| 3-16 | 교차개소<br>(유효부분) |  | |
| 3-17 | 교차개소<br>(무효부분) |  | |
| 3-18 | 교차개소 |  | 시서스 포인트(Scissors Point) |
| 3-19 | 균압장치 |  | |
| 3-20 | 보조조가장치 | 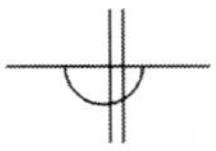 | 빔하스팬선 가선방식에서 조가선에 보조조가선을 설치하는 개소 |
| 3-21 | 애 자 삽 입 |  | 빔하스팬선에 삽입하는 경우 등 |
| 3-22 | 전 차 선 접 속<br>(무효 부분) |  | 1. 장력장치, 인류장치 등의 무효 부분<br>2. 무효 부분에 조가선 사용시 선종 표시 |
| 3-23 | 전 차 선 접 속<br>(유효 부분) | 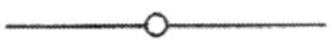 | 필요시 접속 자재 표기 |
| 3-24 | 조 가 선 접 속 | | |
| 3-25 | 곡선당김장치 |  | T : 전차선만 당김<br>M : 조가선만 당김 |
| 3-26 | 건넘선장치 |  | 1. A형 또는 B형 기입<br>2. 필요한 경우 분기기 번호 기입 |

## 4. 급전선 기타

| 번호 | 명칭 | 도면기호 | 참고내용 |
|---|---|---|---|
| 4-1 | 급 전 선 | — — — | 1. 조수를 기입할 경우는(… 〃 …) 등으로 표시<br>2. 필요에 따라 선종별을 기입 |
| 4-2 | 부급전선<br>(보호선) | —— - —— | 1. 필요에 따라 선종을 표시 |
| 4-3 | 비절연보호선<br>(차폐선) | ——- - - —— | 1. FPW(fault protection wire)<br>2. 필요에 따라 선종 표시 |
| 4-4 | 가공공동지선 | ——- - -—— | 필요에 따라 선종 표시 |
| 4-5 | 매설지선 | ——- - -—— | |
| 4-6 | 흡 상 선 | NF<br>R | |
| 4-7 | 보호선용접속선 | FPW<br>R | AT 개소에서는 중성선 |
| 4-8 | 급전분기장치 | | |
| 4-9 | 보 안 기 | NF<br>PW<br>R | |
| 4-10 | 흡상변압기 | B | BT(Booster Transformer) |
| 4-11 | 단권변압기 | AT | AT(Auto-Transformer) |
| 4-12 | 타이템퍼<br>보호금구 | | |

## 5. 변전소 · 급전구분소 등

| 번 호 | 명 칭 | 도면기호 | 참고내용 |
|---|---|---|---|
| 5-1 | 변전소 | SS | |
| 5-2 | 전철용 교류변전소 | | |
| 5-3 | 전철용 직류변전소<br>(일 반) | | |
| 5-4 | 급전구분소 | SP | 필요시 △내에 SP 표시 SP |
| 5-5 | 보조급전구분소 | S SSP | 1. 급전 Tie-post인 경우 표시<br>2. 필요시 △내에 SSP 표시 SSP<br>3. ATP의 경우 ATP 표기 |
| 5-6 | 병렬급전구분소 | P P | 고속철도 급전계통에 사용 |
| 5-7 | 급전 사령실 | | 1. 전철 급전사령실<br>2. 배전사령실의 경우 PCR로 표기 |

## 6. 경계 및 제표지

| 번 호 | 명 칭 | 도면기호 | 참고내용 |
|---|---|---|---|
| 6-1 | 지역본부 경계 | | 필요에 따라 사용 |
| 6-2 | 신 호 기(일반) | | |
| 6-3 | 완목식 신호기 | | 필요한 경우 전구의 와트수 표기 |
| 6-4 | 가선종단표지 | | |
| 6-5 | 가선절연구간표지<br>(교류용) | | |
| 6-6 | 가선절연구간표지<br>(교직용) | | |
| 6-8 | 절연구간예고표지 | | |
| 6-9 | 구분표 | | |

| 번 호 | 명 칭 | 도 면 기 호 | 참 고 내 용 |
|---|---|---|---|
| 6-10 | 역행표<br>(동력운전) | 기 | 전기기관차용 |
| | | 동 | 전기동차용 |
| | | 고 | 고속철도용 |
| 6-11 | 타행표<br>(무동력운전) | | |
| 6-12 | 전 용 전 화 box | TB | |

## 7. 토목구조물 등 기타

| 번 호 | 명 칭 | 도 면 기 호 | 참 고 내 용 |
|---|---|---|---|
| 7-1 | 교량 | | |
| 7-2 | 건널목 | | |
| 7-3 | 터널 | | |
| 7-4 | 승강장 및 화물하역장 | | |
| 7-5 | 개폐기 조작대 | | |
| 7-6 | 건널목주의표<br>(스팬선식) | | |
| 7-7 | 건널목주의표<br>(입찰식) | | |
| 7-8 | 보호장치<br>(보호망) | | |
| 7-9 | 과선교<br>(구름다리) | | |
| 7-10 | 가공전선로<br>(고배용) | | |
| 7-11 | 지중케이블 | | |

# 참 고 문 헌


1. 대한전기협회, "전기년감", 1998
2. 이종득, "철도공학", 노해출판사, 1997
3. 김선호, "철도시스템의 이해", 자작아카데미, 1997. 12
4. 철도청, "철도전기시설관리규정", 1998
5. 서울지하철공사, "전기관련규정", 1998. 10
6. 철도공무원교육원, "전기설계", 1997. 10
7. 철도공무원교육원, "고속철도", 1998. 5
8. 철도공무원교육원, "고속철도 급전시스템", 1998. 12
9. 철도청 고속철도 운영준비단, "고속철도 운영정보", 1995. 7
10. 丸山弘志, "鐵道工學", 丸善株式會社, 1981. 3
11. 日本國有鐵道, "電氣鐵道", 電氣書院, 1982
12. 日本電氣學會, "電氣鐵道", 科學圖書株式會社, 1985. 2
13. 穩田金次郎, "改訂 電氣鐵道" Ohm社, 1980
14. 日本鐵道電氣技術協會, "鐵道와 電氣技術", 1998. 12
15. 日本鐵道電氣技術協會, "鐵道技術者를 위한 電氣概論", 1990
16. Furrer+Frey, "Conductor rail manual", 1995
17. 한국철도기술연구원, "A study on the Measure of Overhead Contact line Constant and Optimal Strategy of Protection Circuit in the Substation", 1997. 12
18. 한국철도기술연구원,"Cause and Protection of Harmonics in Electric Railway", 1997. 12
19. 한국철도시설공단, "철도설계편람", 2004년
20. 국토교통부고시 제2020-503호, "철도의 건설기준에 관한 규정"
21. Publicis,"Contact Lines for Electric Railways", 2018

# 저 자 약 력


**김양수**

- 전기공학 박사, 전기철도기술사
- 한국철도대학 교수 역임
- 국립 한국교통대학교 대학원장 역임
- (사)한국전기철도기술협회 회장 역임

**유해출**

- 전기공학 박사 전기철도기술사
- 우송대학교 초빙교수
- (사)한국전기철도기술협회 회장 역임

**이유경**

- 전기공학 박사, 전기철도기술사
- 한국철도공사 전기기술단장 역임
- 한국철도공사 수도권서부본부장 역임
- (사)한국전기철도기술협회 부회장 역임
- 한국철도대학, 교통대학교, 우송대학교 겸임교수

**이성근**

- 전기공학 박사, 전기철도기술사
- 한양대학교 일반대학원 전기공학과 공학박사
- 한양대학교 공학대학원 철도시스템공학과 겸임교수
- 우송대학교 철도전기시스템학과 겸임교수
- (주)디투엔지니어링 재직

# MEMO

## 전기철도공학

**발　　행** / 2024년 8월 30일

**저　　자** / 김양수, 유해출, 이유경, 이성근

**펴 낸 이** / 정 창 희

**펴 낸 곳** / 동일출판사

**주　　소** / 서울시 강서구 곰달래로31길7 (2층)

**전　　화** / (02) 2608-8250

**팩　　스** / (02) 2608-8265

**등록번호** / 109-90-92166

판 권
소 유

ISBN 978-89-381-1636-9 93560

**값 / 32,000원**